U0315592

高合金钢丝线

唐锠世　编著

北 京
冶 金 工 业 出 版 社
2008

内 容 简 介

高合金钢丝线具有电阻高、耐高温、抗氧化、精密灵敏的特点，属高、精、尖产品，而且应用非常广泛。

本书共包括5篇21章，其内容涉及高电阻电性高合金钢丝，高电阻精密电阻合金，高电阻电热合金，电热合金生产工艺与技术，电热合金丝选用。

本书适合从事冶金工程、材料工程科研、生产的工程技术人员和大专院校相关专业的师生参考。

图书在版编目(CIP)数据

高合金钢丝线/唐锠世编著.—北京：冶金工业出版社，2008.5

ISBN 978-7-5024-4471-6

Ⅰ.高…　Ⅱ.唐…　Ⅲ.高合金钢—钢丝　Ⅳ.TG142.33

中国版本图书馆 CIP 数据核字（2008）第 039544 号

出 版 人　曹胜利

地　　址　北京北河沿大街嵩祝院北巷 39 号，邮编 100009

电　　话　(010)64027926　电子信箱　postmaster@cnmip.com.cn

责任编辑　郭庚辰　美术编辑　张媛媛　版式设计　张　青

责任校对　侯　瑂　责任印制　丁小晶

ISBN 978-7-5024-4471-6

北京鑫正大印刷有限公司印刷；冶金工业出版社发行；各地新华书店经销

2008 年 5 月第 1 版，2008 年 5 月第 1 次印刷

787mm×1092mm　1/16；28 印张；680 千字；428 页；1-3000 册

75.00 元

冶金工业出版社发行部　电话：(010)64044283　传真：(010)64027893

冶金书店　地址：北京东四西大街 46 号(100711)　电话：(010)65289081

（本书如有印装质量问题，本社发行部负责退换）

前　言

高合金钢丝线有很多种，本书所涉及的高电阻、耐高温、抗氧化、高稳定、精密灵敏的高合金钢丝线只是其中特殊的一簇，属高、精、尖产品。它的应用领域既广泛且前沿，例如高空、深水、高速、强振、强冲击、强辐射、多种应力、无线电信号、高低温急冷急热、催化燃烧、抗蚀净化的精密线绕电阻、应变栅、发射块、催化燃烧网、抗蚀矫形、各种电热元件等。与国计民生关系甚密，市场前景非常看好。

本书所涉及的高合金钢丝线在国外研发已有一个世纪，在国内也已有半个多世纪。人们谙熟其电热特性，深知其特殊功能，军用民用都不可缺少。用途既重要又非神秘。它的生产工艺难度大，要求严格，如铁铬铝合金及其丝线等，是20世纪60年代，北京钢丝厂在北京钢铁学院柯俊、朱觉教授以及清华大学冶金系、北京冶金所等单位的帮助下，研制成功的。

作者1962年毕业于武汉钢铁学院冶金系，在北京钢丝厂（特殊钢企业）工作40多年，参加工作后不久在厂科研室和葛清泉同志一起负责铁铬铝微细丝（ϕ0.01mm）（军工科研项目）研制工作。1965年初成功制成ϕ0.008mm样品并完成ϕ0.01mm试制任务，并代表厂于1966年4月在上海科学会堂召开的全国力学科技大会开幕式上专题发言，受到与会代表的热烈关注。从此便与高电阻、精密灵敏的高合金钢丝线结下不解之缘。前后参与本书中部分科研项目、现场跟踪试验，技术改革，工装改造，工艺技术管理和车间生产技术、厂技术质量及合资公司副总等实践活动。亲自操持部分产品工艺性研试探索，参与一些国产高合金材料、创企业产品品牌等技术工艺攻关项目。多次经历从备料、冶炼、锻轧、拔制和冷热处理，直至微细丝线成品检测入库的全过程，幸得同事、同行、大专院校、科研院所长年合作，亲身感受，受益颇多。

本书既是同科研机构、院校、企业长年结合、协作所取得丰硕成果的一个缩影，又是对该厂长期坚持内外三结合搞科研，以科技和管理创产品名牌的一种纪念。

受冶金工业出版社编辑之约，趁退休闲暇，整理多年资料，为加深认识和反映本行业概貌，源引同行、同事部分图片、资料、精品佳作，如袁康老师的拉丝基础，于仁伟老师的拉丝模与润滑，吴惠然老师的拉丝润滑剂等内容，提供比照佐证。其内容丰富，资料数据翔实，对指导高、中、低合金钢、不锈钢的生产，科研，教学等方面都有较高参考价值。

由于作者水平有限，书中虽示出成功的经验，也道出失败教训，但局限于当时当地技术手段和认识水平，因此所列之案例仅供参考。对所源引之作者在此一并表示衷心感谢！如有谬误和不足，恳请读者赐教，以便修正，免误他人。

编著者　唐锠世

（原首钢康太尔公司副总经理、
原北京钢丝厂技质部部长、
轧钢（制品）高级工程师）

2008 年 2 月

目　录

第1篇　高电阻电性高合金钢丝

第3篇　高电阻电热合金

第 4 篇　电热合金生产工艺与技术

第1篇

高电阻电性高合金钢丝

1 概 述

1.1 丝与钢丝

现代人们对丝已司空见惯。身边的棉丝、蚕丝、铜丝、铁丝乃至金银丝、铂丝俯首可见，非金属丝与金属丝也不难辨认。但在20世纪60年代初，当北京钢丝厂生产出比头发还细得多的高合金钢精密微细丝时，人们便惊叹不已，问题频频。

早在公元前4000年的新石器时代出现铜石并用时期，我们的祖先已经能够开采铜矿石来炼铜了。到殷商末年，已经铸造出875kg重的铜司母戊鼎。随着青铜器时代炼制青铜的需要，锡、铅矿也被开采使用，并根据不同要求配制了铜锡、铜铅、铜锡铅合金和镀层。3000多年前，我国人民开始使用陨铁。春秋战国时期我们祖先已经掌握了铸铁技术，出现了块炼渗碳钢。晋国已用铁鼎，魏国已有铁范、铁兵器和生产用铁制工具。甚至在锻造和冷加工等方面都做出伟大贡献。由此可见，铸铁技术至少比欧洲超前约2000多年。

我国古代四大发明之一的指南针约出现在战国时期，那时叫“司南”，是以天然磁石摩擦钢针制得。《天工开物》卷十“锤锻·针”条文记载：“凡针，先锤铁为细条，用铁尺一根，锥成针眼，抽过铁条成线，逐寸剪断成针。先搓其末成颖（一端细长），用小槌敲扁其本，刚锥穿鼻，复搓其外，”然后渗碳、淬火而成。其中“细条”为熟铁，即低碳钢，而充当模具的“铁尺”即为含碳量较高的碳钢。《天工开物》记载此时代“渗碳处理，以针为例，先以铁条锤打成细条，然后入炉慢火炒熬，后以土末入松木、火矢、豆豉三物遮盖，下用火蒸。察火候足时开封入水淬之”，“以纯钢，未淬火时，刚性软，可划纹，划后烧红，退出微冷后入水淬，久用乖平。入火退去，又可划纹”，都说明当时已知道渗碳、淬火、退火能改变钢的性能，抽拽铁条成线。

金属拉拔约始于汉朝，到宋朝已用到钢铁工艺中。上海博物馆藏一块“济南刘家功夫针铺”广告铜板刻着“收买上等钢条，造功夫细针”，此大规模地制针，其钢条可能是拉拔而成。

总之，钢丝拉拔至今约有2300多年的历史，沿用金属丝在“铁尺”中拉拔套路，借助轱辘，人力畜力拉拽，作坊式生产。直至清代在广东较为兴盛。尽管如此，却为后者展示了光明前景。

1.2 钢丝的分类

钢丝与线材这两个名词常在各种场合交替出现。线材这一名词在国内外是一通用称谓，在我国现行标准中称为盘条。线材通常分为钢热轧线材及铜、铝等冷轧有色金属线材。以线材为原料经过加工制成线材制品，称金属线材制品。国外也有称为钢丝及钢丝制品。

钢的线材制品品种有上百，其产品规格有上万。如普通低碳钢丝、优质碳素钢丝、合金钢丝、不锈丝网、钢绞线、钢丝绳等。其中具有代表性的产品是钢丝及钢丝绳。

钢丝的种类较多，分类方法也多。按 GB341—89 标准，通常由下列内容分类：(1) 化学成分；(2) 截面形状；(3) 尺寸大小；(4) 最终热处理（交货状态）；(5) 力学性能（抗拉强度）；(6) 表面状态；(7) 塑性变形种类；(8) 用途等。

以上分类方法中突出钢丝特征的是 (1)、(3)、(5)、(8)。习惯上往往以钢种、用途、大小、软硬挂在前边。

1.2.1　按化学成分区分

含碳钢丝往往以碳含量多少来划分，如：

(1) 低碳钢丝：钢中碳含量 $w(C)$ 一般在 0.25% 以下；

(2) 中碳钢丝：钢中碳含量 $w(C)$ 在 0.25% ~0.60% 之间；

(3) 高碳钢丝：钢中碳含量 $w(C)$ 大于 0.60%（约 1.5%）。

含合金元素钢丝则以合金元素总量多少划分，如：

(1) 低合金钢丝：合金元素总含量小于质量分数 2.5%；

(2) 中合金钢丝：合金元素总含量（质量分数）在 2.5% ~10.0% 之间；

(3) 高合金钢丝：合金元素总含量（质量分数）大于 10.0%。

1.2.2　按横截面形状划分

圆形、扁形（边角带圆弧）、方形、矩形、三角形、六角形、梯形、椭圆形、半圆形、弓字形、Z 字形、复合形状等。

1.2.3　按尺寸（直径）划分

(1) 特粗丝：大于 8.0mm 者；

(2) 粗丝：6.0 ~8.0mm 者；

(3) 中丝：1.5 ~3.0mm 者；

(4) 细丝：0.5 ~1.5mm 者；

(5) 较细丝：0.1 ~0.5mm 者；

(6) 特细丝：0.1 ~0.04mm 者；

(7) 微细丝：小于 0.04mm（以 μm 计称）者。

1.2.4　按最终热处理（交货状态）划分

(1) 不经热处理者（或叫硬丝、冷丝、白丝）；

(2) 退火丝（氧化处理丝或光亮丝）；

(3) 回火丝；

(4) 淬火并回火丝；

(5) 铅浴丝（或盐浴丝）。

1.2.5　按力学性能（抗拉强度）划分

(1) 低强度丝：抗拉强度小于 400MPa 者；

(2) 次低强度丝：抗拉强度 400 ~800MPa 者；

（3）普通强度丝：抗拉强度 800～1250MPa 者；
（4）中高强度丝：抗拉强度 1250～2000MPa 者；
（5）高强度钢丝：抗拉强度 2000～3200MPa 者；
（6）特高强度丝：抗拉强度大于 3200MPa 者。

1.2.6 按表面状态划分

（1）光面丝（仅经形变加工）；
（2）抛光丝；
（3）磨光丝；
（4）酸洗丝（或叫酸白丝）；
（5）氧化处理丝（随颜色叫黑色丝或黄色丝或彩色丝）；
（6）镀层丝（如镀锌的叫镀锌丝、镀铜丝、镀镍丝等）。

1.2.7 按塑性变形种类划分

（1）热轧钢丝（或叫热轧条）；
（2）温拉钢丝（或叫热拉钢丝）；
（3）冷拉钢丝；
（4）冷轧钢丝。

1.2.8 按用途划分

（1）普通质量钢丝：包括一般用途、制网用、制钉用、线用、链条用、包扎用、开口销用、焊接用、钎焊用、焊补用等。

（2）冷顶锻钢丝：铆钉用、螺栓用、螺钉用；

（3）电力用钢丝：电缆用、钢芯铝绞线用、铠装电缆用、电枢扎线用、架空通信线用、铁质多股导线等。

（4）纺织用钢丝：针用、梳子用、综绕用、线轴用等；

（5）钢绳用钢丝：钢丝绳、幅条、信号机用、桥梁拉索用；

（6）弹簧钢丝：强力簧、拉力簧、垫圈簧、弦用钢丝和轮胎用钢丝等；

（7）制鞋用钢丝：螺丝用和扁平丝用等；

（8）结构钢丝：钟表工业用丝、易切削用丝、滚珠用丝等；

（9）工具钢丝：丝锥、制针（缝针和针灸）等；

（10）钢筋钢丝：混凝土结构用低碳钢丝和预应力混凝土结构用丝；

（11）特殊用途钢丝：耐蚀不锈钢丝、普通电阻和精密电阻用钢丝、电热元件用钢丝、应变应力测量用钢丝、电偶用钢丝、阀用钢丝、“气保”钢丝、医用钢丝、磁性钢丝、催化、燃烧环保钢丝等。

1.3 金属与合金的电阻

1.3.1 电导与电阻

根据欧姆定律，通过导体的电流（I）与电压（U）成正比而与导体的电阻（R）成反

比，即

$$I = \frac{U}{R}$$

实验证明，对于给定的导线，其电阻（R）与其长度（L）成正比，而与其横截面积（S）成反比，即

$$R = \rho \frac{L}{S}$$

式中　ρ——电阻率，$\Omega \cdot mm^2/m$ 应为 $\Omega \cdot m$ 或 $\Omega \cdot cm$ 或 $\mu\Omega \cdot cm$。

按上式 $\rho = R\frac{S}{L}$，即：

电阻率 ρ 的含义是单位长度、单位面积的导体的电阻值。即导体长度为1m、横截面积为 $1mm^2$ 时的电阻值。这就表示材料的导电特性与导体的形状及尺寸无关而只与材料的本性有关。

电阻率 ρ 的倒数是电导率 σ：

$$\sigma = \frac{1}{\rho}$$

不同的物质导电的能力是不一样的，如金属易导电，而有的物质像陶瓷、干燥的木头就几乎不导电。严格地说，宇宙间所有物质，不论其何种结构和状态，都具有不同程度地传导电流的能力，绝对绝缘体是不存在的。按导电本领可将物质分为导体、半导体和绝缘体三大类：

（1）导体：电阻率为 $10^{-6} \sim 10^{-2}\Omega \cdot cm$；

（2）半导体：电阻率为 $10^{-2} \sim 10^{9}\Omega \cdot cm$；

（3）绝缘体：电阻率为 $10^{9} \sim 10^{22}\Omega \cdot cm$。

按导体的电阻不同，可分为：

（1）低电阻材料：电阻率≤0.2Ω·m；

（2）中电阻材料：电阻率≥0.2～1.0Ω·m；

（3）高电阻材料：电阻率≥1.0～2.0Ω·m；

（4）超高电阻材料：电阻率≥2.0Ω·m。

按导电机构可将导体分为电子导电体和离子导电体。固态或液态金属在电场作用下，电子在金属中运动，形成电流，电子成为电流负载者，这种导体称为电子导电导体或叫第一类导体。在这类导体中，电流的通过并不改变物质本身的结构和性能。而酸、碱、盐溶液及熔融状态的盐以及这些固体电解质都具有离子导电特性，离子是电流负载者，称这类导体为离子导电导体或第二类导体。当电流通过这类导体时，必然伴随化学变化——电解物的生成。

所有气体（包括金属蒸气在内），在弱电场作用下都是绝缘体。但当强电场或强磁场作用时，气体会发生电离，出现大量的电子导电和离子导电。

1.3.2　金属导电的物理本质

金属导电本领很强，在弱电场作用下，就可以通过较大的电流。金属晶体中的离子周

围存在大量的有效的电子云，在没有外电场作用时，这些自由电子进行杂乱无章的弥散运动，在所有方向的平均速度都等于零，不产生电流。而当有外电场作用时，这些自由电子便向电场正极（阳极）净运动，形成电流。由于自由电子在运动中不断受到金属中不完整的离子点阵碰撞、散射和摩擦而产生阻力，使自由电子不能在电场作用下无限加速，而获得正比于外电场的恒定电流。

导体、半导体和绝缘体之所以导电能力不同，按能带理论认为，金属中电子能级由于晶体周期场的作用而劈裂成允带与禁带相间的能带。即金属导体的能带结构特征是有未被电子填满的导带，而半导体和绝缘体的能带结构特征是除了填满电子的价带外就是没有填充电子的空带。半导体与绝缘体导电本领的差异产生于它们的禁带宽度不同，半导体的禁带宽度比绝缘体禁带宽度窄的缘故。

1.3.3 影响金属导电性能的因素

由量子自由电子理论可导出下列公式：

$$\sigma = \frac{n_{有效} \cdot e^2}{2m}\tau$$

式中 σ——电导率；

$n_{有效}$——每个单位体积中真正参加导电的电子数；

e——电子电荷；

m——电子质量；

τ——电子二次受散射相隔时间（平均自由时间）。

前面已经说到，$n_{有效}$的大小取决于能带结构，只有允带中的电子既不太满又不太少，差不多填满一半时导电最好。如一价的非过渡金属便是这样的能带结构。而二价的碱土金属则导电率较低，因为它们的允带已几乎填满，而只有少数价电子跳上相邻的允带。过渡族金属外层4S能带的电子太少，对导电更不利。表1-1列出常遇到的部分金属的电导率数值，提供比较。

表1-1 某些金属的电导率 （$(\Omega \cdot cm)^{-1}$）

金属名称	电导率(0℃)	金属名称	电导率(0℃)
钠（Na）	23×10^4	钛（Ti）	1.2×10^4
钾（K）	15.9×10^4	铬（Cr）	6.5×10^4
铜（Cu）	64.5×10^4	铁（Fe）	11.2×10^4
银（Ag）	66.7×10^4	钴（Co）	16×10^4
金（Au）	49×10^4	镍（Ni）	16×10^4
镁（Mg）	25×10^4	铝（Al）	40×10^4
钙（Ca）	23.5×10^4	铅（Pb）	5.2×10^4
锌（Zn）	18.1×10^4	锡（Sn）	10×10^4
锂（Li）	11.8×10^4	锰（Mn）	5.4×10^4

通过实验的办法可以求出电子的平均自由程，并发现在温度降低时平均自由程增加很大（比原子间距大得多）。

用量子力学理论可以证明，当电子波通过一个完整晶体点阵时，它并不受到点阵的干扰，只有在晶体点阵完整性遭到破坏的地方，电子才遭受散射（不相干散射），揭示了电阻产生的原因。如金属晶体加热时，热振动使离子发生位移而破坏了理想晶体的完整性，因而引起电子波的散射。低温时金属离子振幅不大，引起的散射不大，因而电阻增加也不多。但当温度升高时，原子位置的无序程度加大，引起较大的散射、碰撞和摩擦，故电阻增加很多。

除温度外，诸如另类原子的存在，位错、缺陷、晶界不规则等都会使理想晶体点阵的周期性遭到破坏，因此都能使电子波在这些地方发生散射而产生附加电阻。这个论断也是和实验事实相符的。这也解释了电子的平均自由程会比原子间距大得多这一事实。同时也揭示出影响金属导电的因素除由能带结构所决定的 $n_{有效}$外，还有影响τ的温度、成分（异类原子）、晶体缺陷、组织结构等因素及其他因素（影响电阻也即反射电导）。

1.3.3.1 温度对导电性的影响

金属和合金的电阻是随温度的变化而变化的，通常是随温度升高而增大。电阻率随温度的变化在工程上用下式来表征：

$$\rho_t = \rho_{20}(1 + \alpha t + \beta t^2 + \gamma t^3 + \cdots)$$

式中 ρ_t——在温度 t(℃)时的电阻率；

ρ_{20}——在室温时（20℃）的电阻率；

α，β，γ，…——电阻温度系数。

一般情况下，温度高于室温，大多数金属及合金的电阻与升温速度成线性关系（即 β、γ 均很小，$\beta t^2 + \gamma t^3 + \cdots$等项可忽略不计），所以上式可写成：

$$\rho_t = \rho_{20}(1 + \alpha t)$$

也即

$$\alpha = \frac{\rho_t - \rho_{20}}{\rho_{20} t}$$

上式表达从 20℃至 t 温度区间的平均电阻温度系数。当把温度区间减小到趋近于零时（微分）则得到在 t 温度下的电阻温度系数：

$$\alpha_t = \frac{d\rho}{dt} \cdot \frac{1}{\rho_t}$$

在工程上常用平均电阻温度系数。它标志着在某一温度区间内电阻随温度的变化。

对于纯金属，一般是在接近绝对零度时电阻与温度的五次方成正比（格留乃申公式），而在高温时则电阻与温度一次方成正比，它被实验所证实。

有些金属（如铅、锡、汞）及合金在常温下导电性并不太好，而在接近绝对零度时（即临界温度）突然失去电阻，即电阻降到零，成为超导材料。

虽说电阻率在高温段随温度呈直线变化，但仔细研究却有所偏离，金属镍就是这种情况。这是由于在高温时金属中生成一些空缺所致。尤其是在高温时保温一定时间后，空位浓度由增加至达到平衡，若将此金属从高温迅速淬火下来，则其平衡浓度时的空位便保留下来。晶体中空位浓度增加，引起点阵周期性破坏，电阻也随之增加。

电阻率与温度的一次方成正比，这一规律对于铁磁性金属及合金在居里点以下不适用。前人研究表明，在接近居里点时，铁磁金属的电阻的反常降低量与其自发磁化强度的平方成正比。铁磁金属的电阻随温度变化的这一特殊现象是由其内 d 层及 S 层电子的相互作用特点所决定的。金属加热到熔点时，电阻约增大 1.5 ~ 2 倍，这是因为金属内原子的规则排列遭到严重破坏，大大增强了对电子的散射作用所致。

1.3.3.2　温度对固溶体电阻的影响

纯金属的电阻温度系数 α 都较大且几乎都在 0.004/℃ 左右，而合金的情况就大不一样了。

A　低浓度下固溶体的电阻温度系数

马提森总结实验数据概括出如下规律：低浓度固溶体的电阻率可分为两部分，第一部分与溶剂金属相同，随温度而变化。第二部分是电阻率的附加部分，不随温度而变化。假如将固溶体冷却到绝对零度，这一附加部分将为残留电阻，而与溶剂金属相应那部分变为零。可用下式表示：

$$\rho = \rho_0 + \rho'$$

式中　ρ_0——溶剂的电阻；

ρ'——残留的电阻。

ρ' 是由于溶剂金属点阵中加入异类原子而引起点阵周期性的某些破坏，从而增加对电子散射作用而造成的附加电阻。因 ρ' 不随温度变化，而 ρ_0 随温度而变化，所以合金的电阻随温度变化与溶剂金属相同。

$$\frac{\mathrm{d}\rho}{\mathrm{d}t} = \frac{\mathrm{d}}{\mathrm{d}t}(\rho_0 + \rho') = \frac{\mathrm{d}\rho_0}{\mathrm{d}t}$$

即在低浓度下固溶体的 $\frac{\mathrm{d}\rho}{\mathrm{d}t}$ 不随成分而变化。

电阻温度系数 $\alpha_t = \frac{1}{\rho}\frac{\mathrm{d}\rho}{\mathrm{d}t}$，对于固溶体，$\rho > \rho_0$，而 $\frac{\mathrm{d}\rho}{\mathrm{d}t}$ 与纯金属相同，所以固溶体的 α_t 将小于纯金属的 α_t。比如在 Cu 中加入 Ni 后合金的电阻率变化如图 1-1 所示，随加入量的增加，电阻率随之增加，但每个成分的电阻率随温度变化的斜率并不变化，这与上述理论分析相符。

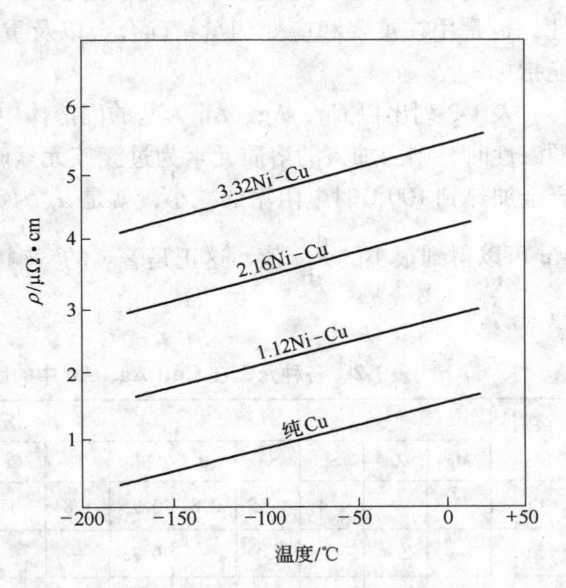

图 1-1　Cu 及 Cu-Ni 合金 ρ 与 t 的关系

运用马提森定则的前提是：合金元素不改变溶剂金属的能带结构。另一个前提是合金元素的加入不引起特微温度的改变，即合金中原子热运动引起的电子散射与溶剂金属相同。严格说来，这两个条件在任何条件下都不可能严格遵守。所以只能近似地在溶质浓度不高的固溶体中应用。从高温淬火到低温的金属中保留较多的空位，经过冷加工也会引起空位和其他缺陷，我们可以把这种空位视为溶质原子，这种缺陷的浓度通常是不高的，故在温度很低、缺陷不因热运动而有所改变的条件下，也可以应用马提森原则。

B　在高浓度下固溶体的电阻温度系数

在高浓度下固溶体的电阻随温度的变化取决于溶剂元素的电阻，又取决于溶质元素所造成的残留电阻的影响。不仅 ρ_0 随温度而变化，而且 ρ' 也随温度而变化。把上式对温度进行微分得：

$$\frac{\mathrm{d}\rho}{\mathrm{d}t}=\frac{\mathrm{d}\rho_0}{\mathrm{d}t}+\frac{\mathrm{d}\rho'}{\mathrm{d}t}=\alpha_0\rho_0+\alpha_\xi\rho'$$

式中　ρ_0 及 α_0——溶剂元素的电阻率及其温度系数；

α_ξ——残留电阻的温度系数；

ρ'——残留电阻。

在一般情况下，$\alpha_0>0$，$\alpha_\xi>0$，则 $\frac{\mathrm{d}\rho}{\mathrm{d}t}$ 为正值。即该合金的电阻率随温度升高而增大，随温度降低而减小。

实验表明，对于过渡族元素，α_ξ 可能为正值，也可能为负值。当 α_ξ 为正值时，与上述情况一样。而当 $\alpha_\xi<0$ 时，特别是当浓度高时，可能会出现 $\alpha_\xi\rho'$ 的绝对值大于 $\alpha_0\rho_0$ 的情况，此时便得到 $\frac{\mathrm{d}\rho}{\mathrm{d}t}<0$ 的结果。它的物理意义就是，当温度升高时，电阻反而下降，甚至过零值。这一结果很有实际意义，就是可以通过调整元素成分来控制 $\frac{\mathrm{d}\rho}{\mathrm{d}t}$ 的大小与正负，甚至可以找到一些恰当的溶质元素来组成新的合金，使 $\frac{\mathrm{d}\rho}{\mathrm{d}t}=0$，即在某一温度范围内电阻不随温度而变化，这就是作为精密电阻合金材料所应具备的重要特性，也是用在重要和应变测量精确合金以及重要热处理场合的电热合金材料所苛求的性能指标。

表1-2 列出以 Cu、Ag、Au 为基的固溶体中 α_ξ 的数值，当固溶体具有依温度而变的强顺磁性时，则当加入的溶质元素为过渡族元素时，α_ξ 为负。例如，Ag-Mn、Au-Cr、Au-Co 合金加热到100℃时电阻率的减小，就是 α_ξ 为负值的影响所致。Cu 中加入具有负值 α_ξ 的 Mn 可以得到很小的 $\frac{\mathrm{d}\rho}{\mathrm{d}t}$ 值，这正是著名的锰铜精密电阻合金（即锰加宁）具有低的 α_t 的原因。

表1-2　各种元素在 Cu、Ag、Au 中的固溶体在 0～100℃时的 $\alpha_\xi\cdot10^{-4}$ 值

溶剂金属	溶质金属															
	Mg	Zn	Si	Sn	P	Sb	Ti	Cr	Mn	Fe	Co	Ni	Pd	Pt	Ga	In
Cu	-2.3	—	1.4	1.55	0.8	0.95	1.8	-3.2	-2.65	-1.7	0.3	1.2	-0.3	0.8	1.6	2.3
Ag	1.4	2.4	—	1.1	—	0.72	—	—	-1.9	—	—	—	-0.5	0.7	1.5	1.5
Au	-0.5	1.9	—	1.5	—	—	—	2.5	-0.1	—	-2.6	4.1	—	0.6	2.4	2.6

1.3.3.3 多成分及其组织对导电性的影响

A 组织的影响

前面说过纯金属、低浓度溶质和高浓度溶质对金属及其简单合金导电性的影响。固溶体组元中即使只有一个是过渡金属元素，其电阻的增大也会特别显著（有时甚至增加几十倍)。这是由于过渡金属有未填满的 d 或 f 电子层存在，在组成固溶体时使得一部分价电子进驻，减少了有效电子的数目，从而使电阻增加很多。可见，如果加进过渡族元素的个数及其数量都增多，那么这种固溶体的电阻必然很高。

在一些置换固溶体中可以发生有序—无序转变，即这些合金在高温段会发生由溶质及溶剂原子在点阵结点上的有规律分布（有序固溶体）变成没有规则分布（无序固溶体）或反方向转变的现象。这种转变都会引起合金性能的显著变化，特别是在导电性方面表现得尤为显著。即有序→无序转变时，电阻增加，而无序→有序转变时，电阻减少，导电性增加。其变化数值的大小与合金的成分及转变后的有序度和无序度有关。在不少合金中存在有序—无序的转变，可以形成具有一定分子式的有序结构，常遇到的部分有序化合物为 Fe_3Al、FeAl、Fe_3Si、FeCo、CuBe、CuZn、Cu_3Al、Ni_3Fe、Ni_3Al、Ni_3Pt 和 Fe-Pt 等。

在部分固溶体中，溶质和溶剂原子的分布是不均匀的，特别是在那些含有过渡族元素的不均匀的固溶体中，会出现电阻的反常现象。起先是在 Ni-Cr 二元合金中发现了电阻的反常变化，如图 1-2 所示。从图 1-2 中可以看出合金在加热过程中电阻率的波动情况，若将该合金从高温淬火下来，再回火，则在一定的温度区间电阻率的增大如图 1-3 所示。

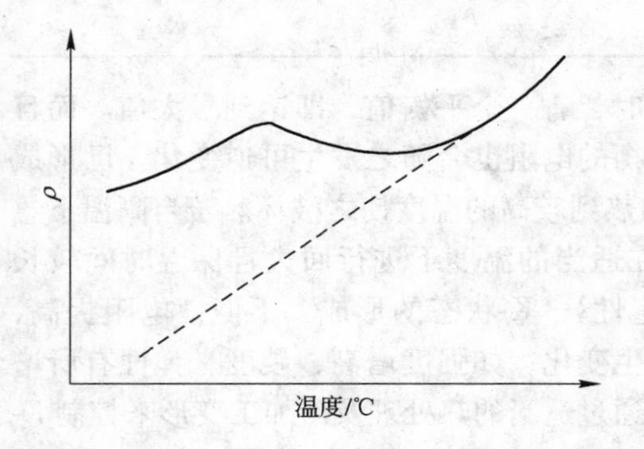

图 1-2 具有 K-状态合金（Ni-Cr 合金）的典型 R-T 曲线

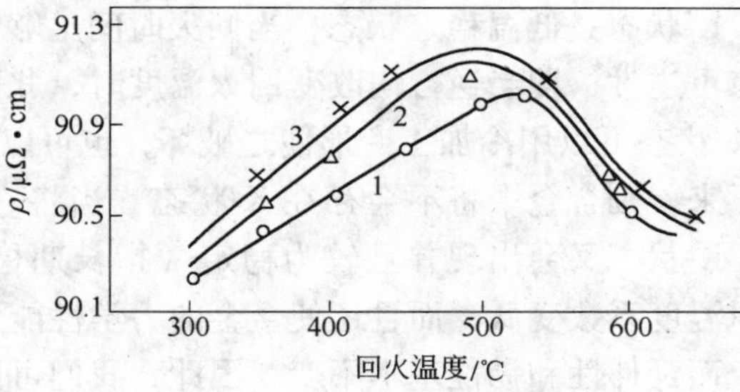

图 1-3 $w(\mathrm{Mo})=6\%$ 因瓦合金电阻随回火温度的变化（先经 950℃淬火）
1—1h；2—2h；3—10h

这些合金经回火后再进行冷加工则电阻反而下降，而在回火之后电阻又增加。人们便把这种电阻反常变化的合金的状态叫做 K-状态。这种状态存在于不少合金系内，如 Ni-Cr、Fe-Al、Fe-Cr-Al、Cu-Mn、Ni-Cu、Ni-Cu-Zn、Ag-Mn、Au-Cr 等。

对于这种电阻反常变化的本质的解释曾有两种不同观点。一种观点认为：电阻的这种反常变化可能是由于组元原子在晶体内部分布不均匀所致，即在固溶体内存在原子偏聚状态，这些偏聚区域按其成分说来是与固溶体的平均成分不同的，这就是不均匀固溶体的观点。另一种观点认为：电阻的这种反常变化是由于“短程有序”所致。它是相对“长程有序”而言的，就是有序的区域很小，短程有序区大约在 5nm 以下，而长程有序区则大约大于 100nm。事实上短程有序参数是由近邻的异类原子的分布决定的，因此它和不均匀固溶体无明显差异。可能归结于衡量尺度的不同。

通常认为，随着 K-状态的形成加强了对电子运动的散射，从而使其电阻增大。而 K-状态的形成条件之一是：必须有一组元是过渡元素。若有两个过渡族元素则形成 K-状态的程度更为激烈。K-状态一般出现在具有有序固溶体的合金系中，在这些合金系中如果成分偏离正常有序成分，或在二元合金中加入第三组元，就会使有序度下降，往往就会出现 K-状态效应。在表 1-3 中列出一些具有 K-状态的典型合金。

表 1-3 具有 K-状态的电阻合金系

合金系	已确定存在 K-状态的成分范围	有序结构
Ni-Cr	$x(Cr)=50\%\sim30\%$ $x(Cr)=10\%\sim40\%$	Ni_3Cr, Ni_2Cr
Ni-Cu	$x(Ni)=30\%\sim70\%$	
Fe-Al	$x(Al)=8\%\sim19\%$ $x(Al)=15.8\%, 25\%$ $x(Al)=29\%$	Fe_3Al
Ni-Cu-Zn	$x(Ni)=53.2\%, x(Zn)=18.3\%\ (x(Zn)=7.6\%)$	
Cu-Mn-Ni	锰铜、康铜	
Fe-Al-Mn	$x(Al)=14\%, x(Mn)=1\%\sim3\%$	Fe_3Al
Fe-Cr-Al	$x(Cr)=7\%\sim30\%, x(Al)=5\%$	FeCr

K-状态是低温稳定状态，当回火时间足够长时，有一个平衡值，即达到最大值。而且具有可逆性，即当逆方向改变回火温度时，此平衡的电阻也会随之发生可逆变化。已形成的 K-状态可以用冷加工变形使之破坏，也可以加热到较高的温度使之破坏。若自高温下急冷下来，则合金中将不会存在 K-状态，当将它在适当的温度下进行回火且保温时间较长时，K-状态又会出现并且较为稳定（指长期稳定性）。K-状态的形成，不但使电阻提高，电阻温度系数变低，而且还使合金的力学性能发生变化，如强度增高，硬度、弹性有所增加，而延伸性和韧性基本不变。因此，我们可以通过适当的热处理及冷加工变形来控制 K-状态，以使合金得到所需的性能。实际中，人们就是利用某些合金的这种特性，例如对 Ni-Cr 改良型的伊文、卡玛合金等，采用 1000℃ 左右退火而后急冷到室温，再在 500℃ 左右回火、保温几个小时，使其充分形成 K-状态，来获得较为理想的 ρ 和 α_t。

B 多相合金、金属化合物及中间相的导电

电阻有组织敏感的特性，多相合金的电阻取决于各相的相对量，晶粒的大小对电阻也有影响。

当多相合金为退火状态时无织构，其晶粒为较大等轴晶而且各相电阻又比较接近（比值在 0.75～1.75 之间）时，可以用算术相加法来估计多相合金的电导率。因此，作为电导率倒数的电阻率应按双曲线变化。通用的关系式是：

$$\rho = \rho_1^p \cdot \rho_2^q$$

式中 ρ、ρ_1、ρ_2——合金及组元的电阻率；

p、q——组元的体积浓度（$p+q=1$）。

金属化合物的电导率一般都比它的组元小得多。这是因为在形成化合物时，金属的结合部分为共价结合或离子结合所取代，可传导的电子浓度降低，即电阻增加，电导率降低。即使化合物的成分在很窄的范围内改变（即组元成分的极小偏离），都会使电导率明显波动。

中间相的电导率位于固溶体和化合物之间。它们的电阻率随温度升高而增加。有些中间相在熔化时电阻下降。

1.3.3.4 冷加工及流体静压对导电性的影响

一般，冷加工会导致金属及合金电阻值的增大，随加工变形度的增大，电阻也增大。冷加工使导体点阵畸变，对于纯金属来说冷加工可使其电阻增大2%～6%。由于在室温冷加工后纯金属的电阻-温度曲线遵守马提森定则，因此可以把冷加工引起的电阻增加与一定的杂质元素的效果等同起来。

电阻率的增加 $\Delta\rho$ 与冷加工度之间的关系可用下式来表示：

$$\Delta\rho = A \cdot e^{p}$$

式中，A 和 p 为与金属种类有关的常数；e 为冷加工度。对于单晶铜 $A=0.01$，$p=2$，冷加工度与电阻增量的关系为：$\Delta\rho=0.01e^{2}$。对于多晶铜，则 $A\approx0.1\mu\Omega\cdot\text{cm}$，$p$ 取1.4～1.5。

适度冷加工的金属或合金经退火后其电阻可恢复到冷加工前的数值（但在微细丝加工时有所减少）。

冷加工对具有织构的合金的影响较为复杂，例如对有序固溶体进行冷加工其电阻增大显著。Ni_3Fe 有序合金冷加工后的电阻可增加35%，因为一方面破坏了有序，另一方面引起了点阵畸变，所以电阻增加得多。对有K-状态合金进行冷加工时，则引起电阻的明显下降，例如，对 $w(\text{Mo})=5\%$ 的 Ni_3Fe 合金经90%变形后的电阻下降13%，这是因为破坏了K-状态，使电阻的减小远超过了点阵畸变使电阻的增加。

冷加工能使卡玛、伊文合金的 α_t 增加1倍，电阻下降10%左右，而它们的对铜热电势也有不同程度的下降。同样，冷加工使铁铬铝的电阻下降8%左右，而对铜热电势的影响亦然。

流体静压一般使电阻降低。流体静压对电阻率的影响可用下式表达：

$$\rho = \rho_0(1+\psi p)$$

式中 ρ_0——在真空中的电阻率；

ψ——电阻的压力系数；

p——流体静压。

对金属来说 ψ 通常是负值。而对合金则可正，也可负。

1.3.3.5 杂质对导电性的影响

金属中含有杂质，将使电阻增加。杂质影响金属电阻的机理与合金元素相同，因为金属中的杂质会使其基体发生晶格畸变，因而使电阻增加。其影响程度取决于杂质的种类、含量及其在金属中的分布状态等。

金属表面有污染或氧化层、油渍时，电阻增加；表面毛茬、圆扁不一、伤残、劈裂等，会造成电阻不均；金属内部有空洞、裂纹、气体等会造成电阻不确定性；表面有镀覆或包覆其他金属时，电阻也可有少许增加。

2 电性高合金钢细丝表面绝缘层

电性高合金钢细丝有的直接使用光丝来制作零部件，有的表面则需涂覆或包裹绝缘层才能使用。如精密电阻合金细丝在制作线绕电阻应用时必须涂覆或包裹绝缘层，否则因短路而不能使用。

这里简单介绍涂覆绝缘层——绝缘漆的一些知识，供生产使用时参考。

2.1 涂料与油漆

涂料，就是通称的“油漆”，它是含有颜料或不含颜料的以树脂或油制成的化工产品。将它涂覆在物体表面上，干涸后结成一层薄膜，使被涂覆物体表面互相之间，或与大气之间互相隔开，起隔离、保护或装饰作用。这层薄膜就叫漆膜。

我们祖先在几千年前就使用油漆来保护建筑物、车、船、日用品等。那时多是从漆树上采集漆液，加工成天然漆，或从桐油籽榨取桐油，加工炼制成熟桐油，然后加或不加天然颜料（如红土、银硃等）制成涂料。即常称为“油漆”。后来又增加利用一些植物油和天然树脂如松香等，扩大了油漆的品种，改进了油漆的质量。近百年来，由于合成树脂工业的出现和发展，为油漆开辟了新的渠道。广泛地利用各种合成树脂、颜料、有机溶剂来制造油漆，使其品种和性能发生了根本的变化，即合成材料做原料而制成油漆逐渐代替了天然材料的油漆，原材料变化和功效提高，统称为“涂料”。

2.2 涂料的组成

现在涂料的品种很多，成分各异，但综合起来，按其成膜的作用，基本上是由三部分组成的。

2.2.1 主要成膜物质（黏结剂）

这部分原料是构成涂料的基础，它是使涂料黏附在物体表面上成为漆膜的主要物质。其主要成膜物质的原料是油料和树脂两大类。

用油为主要成膜物质的涂料，习惯上称为油性涂料（也叫油性漆）；用树脂为主要成膜物质的称为树脂涂料（也叫树脂漆）；油和一些天然树脂合用为主要成膜物质的涂料，习惯上称为油基涂料（也叫油基漆）。

2.2.2 次要成膜物质（颜料）

这种成分也是构成涂膜的组成部分。但它和主要成膜物质不同，不能离开主要成膜物质单独构成涂膜。虽然涂料没有次要成膜物质照样可以成膜，但有了它能使漆膜性能有所改进，使涂料品种有所增多，满足更多的需求。这种成分就是涂料中使用的颜料。

2.2.3　辅助成膜物质（溶剂）

这种成分不能构成涂膜，或者不是构成涂膜的主体，只是对涂料变成漆膜过程的促进剂，是先稀释后挥发掉的溶剂及辅助材料。

上述三部分按其在漆膜中存在的状态又可归纳为：固体成分和挥发分。油、树脂、颜料和辅助材料留在漆膜材料中为固体成分。挥发分只存在于涂料中，而在涂料变成漆膜过程中挥发掉，不再存在于漆膜中，这就是溶剂。

综合涂料的组成可表示如下：

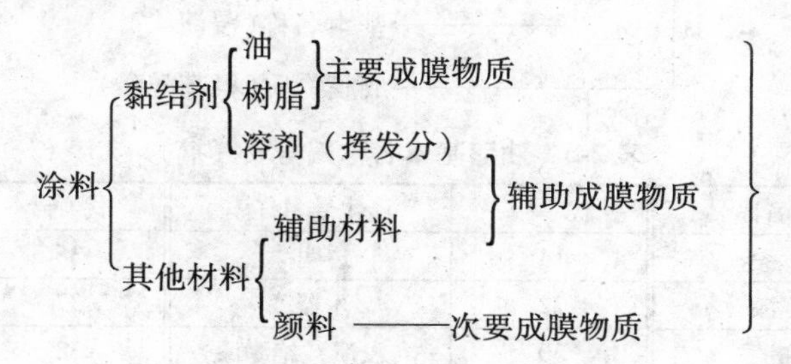

2.3　涂料的分类命名

涂料的品种已经发展达一千多种。1967 年，我国化工部制定了涂料标准，编定了统一型号和名称。产品分类是以主要成膜物质为基础，若主要成膜物质有多种，则按其在涂膜中起决定作用的一种为基础，将产品划分为 18 类。有关的名称见表 2-1。辅助材料及其代号见表 2-2。

表 2-1　常用成膜物质

序　号	代号（汉语拼音）	名　称	序　号	代号（汉语拼音）	名　称
1	Y	油　脂	11	B	丙烯酸树脂
2	T	天然树脂	12	Z	聚酯树脂
3	F	酚醛树脂	13	H	环氧树脂
5	C	醇酸树脂	14	S	聚氨酯
6	A	氨基树脂	18		辅助材料
7	Q	硝基纤维			

表 2-2　辅助材料及其代号

序　号	代号（汉语拼音）	名　称	序　号	代号（汉语拼音）	名　称
1	X	稀释剂	4	T	脱漆剂
2	F	防潮剂	5	H	固化剂
3	G	催干剂			

命名原则是：全名 = 颜料或颜色名称 + 成膜物质名称。例如，某涂料为磁漆，成膜物质为醇酸树脂，颜色为红色，称为“红醇酸磁漆”。

对于具有专业用途及特性产品，需在成膜物质后面加以说明。例如“醇酸导电磁漆”。

2.4 油漆的编号原则

油漆型号分成三部分，第一部分是成膜物质，用汉字拼音字母表示，如表2-1；第二部分是基本名称，用两位数字表示，如表2-3，第三部分是序号。

例：

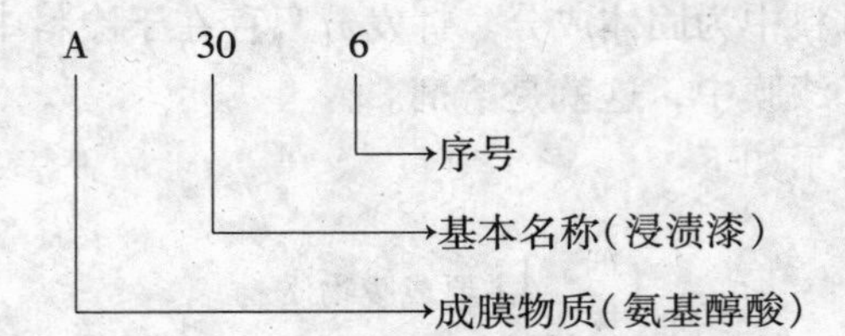

表2-3 油漆基本名称编号表（摘）

代 号	代号名称	代 号	代号名称	代 号	代号名称
01	清 漆	14	透明漆	36	电容器漆
02	厚 漆	22	木器漆	37	电阻电位器漆
03	调和漆	30	（浸渍）绝缘漆	38	半导体漆
04	磁 漆	31	（覆盖）绝缘漆	43	船壳漆
05	烤（烘）漆	32	绝缘（磁烘）漆	44	船底漆
06	底 漆	33	（黏合）绝缘漆	50	耐酸漆
09	大 漆	34	漆包线漆	51	耐碱漆
10	锤纹漆	35	硅钢片漆	53	防锈漆

编号原则：

采用00—99二位数字来表示。

00—09 代表基础品种

10—19 代表美术漆

20—29 代表轻工业用漆

30—39 代表绝缘漆

40—49 代表船舶漆

50—59 代表防腐蚀漆

60—99 其他

2.5 漆包线用绝缘漆

绝缘漆是将电机、电器、电信导电部分同其他部分隔绝电流、信号，并限制和保持电流、信号在特定的路径（电线内）通过，而不造成短路、分流损失的绝缘效果。

绝缘漆除了具有一般涂料的特性外，还必须具备一定的电气性能：

（1）电阻系数大，介电强度高。

（2）固体含量高、黏度低、渗透性好。

（3）干燥时间快速，干后膜层厚度均匀，即涂布性要好。

（4）在保证绝缘的前提下，有较高的热导率和一定的耐热性。

（5）在各种恶劣的气候条件下，要有一定的耐温变性、防潮性、抗老化性和稳定性。

（6）抗酸碱、腐蚀、耐油抗污，甚至耐溶剂性和防原子辐射。

（7）附着力强，柔韧性好，并有适当的硬度。

（8）酸值低，对绝缘体和导体不能有腐蚀性。

（9）在长期和一定温度下使用，不能有漆层变形和脱落。

（10）耐击穿电压要高，尤其匝间瞬间冲击电压要能够承受而不被击穿。

漆包线漆主要浸涂各种类型线径（圆线、扁线），如裸体铜线、合金线及玻璃丝包线外层，提高和稳定漆包线本身性能。如标准电阻、线绕电阻、电磁绕组等，制造 B 级漆包线还必须耐苯、耐刮削、耐温性高、缩小电机或零部件结构体积，提高使用期。

面对如上的高标准、严要求，一般的油基漆包线的漆膜达不到要求，因此对重要用途的精密电阻合金漆包线用漆，都趋向于使用聚酯漆包线绝缘烘漆或聚酰亚胺漆包线绝缘烘漆。前者长期稳定使用在 130℃左右，短期使用在 150℃左右。后者长期稳定使用在 150℃左右，短期使用在 180℃左右。后者制造成本要比前者高一些。

2.6 关于聚酯漆包线烘漆

聚酯漆包线绝缘烘漆，是由对苯二甲酸二甲酯与多元醇聚合缩聚而成的高分子聚合物，以煤焦溶剂稀释而成的透明液体。在施工时使用 X-24 聚酯漆包线专用稀释剂，它是由精炼重质苯与适量干燥剂配制而成的（如甲酚）。

该漆具有优越的耐热性、绝缘性能好、耐刮耐磨、耐苯、抗化学气体腐蚀等性能，适合于高标准、严要求、重要部位使用的精密电阻合金线使用。

2.6.1 酯交换反应和聚酯单体制备

对苯二甲酸二甲酯与乙二醇和丙三醇在催化剂（醋酸锌或正钛酸丁酯）的作用下，在 160～220℃的温度下进行酯交换反应，产生以下三种聚酯单体。

（1）对苯二甲酸二甲酯与乙二醇间的酯交换：

$$C_6H_4(COOCH_3)_2 + 2\,\begin{matrix} CH_2OH \\ | \\ CH_2OH \end{matrix} \xrightarrow[\text{催化剂}]{160\sim220℃} C_6H_4(COOCH_2CH_2OH)_2 + 2CH_3OH\uparrow$$

对苯二甲酸二甲酯　　乙二醇　　对苯二甲酸二乙二酯（聚酯单体Ⅰ）　　甲醇

（2）对苯二甲酸二甲酯与丙三醇间的酯交换：

$$C_6H_4(COOCH_3)_2 + 2\,\begin{matrix} CH_2OH \\ | \\ CHOH \\ | \\ CH_2OH \end{matrix} \xrightarrow[\text{催化剂}]{160\sim220℃} C_6H_4(COOCH_2CH(OH)CH_2OH)_2 + 2CH_3OH\uparrow$$

对苯二甲酸二甲酯　　丙三醇（甘油）　　对苯二甲酸二丙三酯（聚酯单体Ⅱ）　　甲醇

（3）对苯二甲酸二甲酯与乙二醇、丙三醇同时进行酯交换：

$$C_6H_4(COOCH_3)_2 + \begin{matrix}CH_2OH\\ |\\ CHOH\\ |\\ CH_2OH\end{matrix} + \begin{matrix}CH_2OH\\ |\\ CH_2OH\end{matrix} \xrightarrow[\text{催化剂}]{160\sim220℃} C_6H_4\begin{matrix}COOCH_2CH(OH)CH_2OH\\ COOCH_2CH_2OH\end{matrix} + 2CH_3OH\uparrow$$

对苯二甲酸乙二、丙三复酯
（聚酯单体Ⅲ）

2.6.2 缩聚反应

在酯交换反应中得到的三种聚酯单体，在较高温度和真空减压下进行缩聚，这样可以得到具有复杂分支的线性结构，甚至还带有少量体型网状结构的高分子聚酯树脂。将这种聚酯树脂溶于溶剂甲酚中，就制成聚酯漆包线漆。

由于聚酯漆是由二元醇和三元醇同时参加反应的，它的整个反应比较复杂，所生成的热固性聚酯树脂的结构也十分复杂，其总体结构可用以下分子式表示：

$$\left[-CH_2CH_2O-\overset{O}{\overset{\|}{C}}-C_6H_4-\overset{O}{\overset{\|}{C}}-OCH_2\underset{OH}{\underset{|}{C}H}CH_2-O-\overset{O}{\overset{\|}{C}}-C_6H_4-\overset{O}{\overset{\|}{C}}-O- \right]_n$$

2.6.3 聚酯漆在漆包线涂制过程中的成膜变化

在漆包线涂制过程中，在高温烘焙下，稀释剂被蒸发，聚酯树脂大致分为分子链的增长、漆膜交联和裂解等三步。

由于配漆中乙二醇是过量的，故所生成的聚酯树脂带有乙二醇基团作为端基，用…～CH_2CH_2OH表示；又由于用甲酚来降解，树脂端引入酚基：

$$\sim\cdots-\overset{O}{\overset{\|}{C}}-O\cdots\sim + C_6H_5-O-H \xrightarrow{\text{酚介}} \sim\cdots-\overset{O}{\overset{\|}{C}}-O-C_6H_5 + HO-\cdots\sim$$

上述两种基团由于在漆包炉内相互作用，从而导致聚酯分子链的增长，并有低分子的醇、酚产生：

$$\sim\cdots CH_2CH_2OH + OHCH_2CH_2\cdots\sim \xrightarrow{\triangle} \sim\cdots CH_2CH_2\cdots\sim + HOCH_2CH_2OH\uparrow$$

$$\sim\cdots-\overset{O}{\overset{\|}{C}}-O-C_6H_5 + HOCH_2CH_2\cdots\sim \xrightarrow{\triangle} \sim\cdots-\overset{O}{\overset{\|}{C}}-O-CH_2CH_2\cdots\sim + C_6H_5-OH\uparrow$$

如果聚酯树脂中的仲羟基参加反应，则树脂交联成为热固性漆膜：

$$\underset{OH}{\underset{|}{\top}} + HOCH_2CH_2\cdots\sim \xrightarrow{\triangle} \underset{\cdots\sim}{\underset{|}{\top}} + HOCH_2CH_2OH\uparrow$$

在高温下有可能发生下列的脱水反应：

$$\text{OH} + \text{OH} \xrightarrow{\triangle} \text{O} + H_2O\uparrow$$

在聚酯漆中，为了加速漆膜的干燥和提高漆膜的软化击穿温度，加入正钛酸丁酯。它在漆包烘炉的高温下，会与树脂中未反应的羟基发生反应，并析出丁醇，具体由下式表示：

$$4\,\text{OH} + \text{Ti}(OC_4H_9)_4 \xrightarrow{\triangle} \text{Ti}(\text{O}—)_4 + 4C_4H_9OH\uparrow$$

正钛酸丁酯有4个官能团，加到漆中，在高温下，4个官能团均能起作用，易和树脂中未反应的羟基反应增加交链度，形成网状结构，加速树脂固化，增加漆膜表面的光滑程度，漆膜的力学性能和耐苯性能都有所提高，同时可相应提高漆包速度。

在漆包烘焙过程中除了缩聚、氧化外，还要发生裂解反应。热裂解的结果，使聚酯树脂聚合度降低，相对分子质量变小。聚酯树脂的热裂解按下式进行：

$$\sim\cdots\overset{\overset{\displaystyle O}{\|}}{C}—\vdots—O\cdots\sim$$

裂解反应比较复杂，它和聚酯树脂的相对分子质量、裂解温度等因素有关。相对分子质量越大，越容易受热裂解，温度越高也越容易裂解，而且裂解往往连锁反应，即经裂解的产物产生再裂解，生成相对分子质量更小的物质。其中相对分子质量较大的裂解物在炉口、烟管凝结成胶、油。其余的相对分子质量小的，随溶剂蒸气排到大气中。故有消烟除尘问题。

3　电性高合金钢丝线标准与要求

电性合金钢，包括精密电阻、应变、电热、热电偶、导体、超导及触头等合金材料。本文重点介绍在高电阻、耐高温、抗氧化、高灵敏、高稳定、精密的高合金丝线材料，也即重点介绍高电阻精密电阻合金、应变合金和电热合金等高合金丝线材料。

3.1　合金钢丝通用标准与技术要求

各种合金钢丝（线）都在一定条件、环境和范围下使用，为了满足使用上的要求，各种合金钢丝都必须具有与之相适应的几何形状、规格、性能以及各种特殊要求，如断面几何形状（圆、扁、异形）、尺寸大小、粗细长短、化学成分、组织结构、力学性能、热处理状态、电性参数指标、使用环境、使用时间，甚至一些特殊要求（如温差很大的冷热冲击、激烈振动、核能射线辐射、微细变化的灵敏性等）。

客观使用的需求，对产品提出要求条件，有时会和生产技术上可能达到的产品性能之间存在差距。另外，一些产品使用范围较广，不同生产单位由于生产条件和技术水平的不同，必然存在一定的差异。为了统一产品需要与可能之间的矛盾以及生产者之间的差异，必须制定统一的产品标准。

按照制定权限和产品的使用要求，合金钢丝产品标准可分为国家标准（GB）、部标准（YB）、企业标准（QB）。但无论哪级哪种产品标准一般都应包括下列内容：

（1）规格标准，也称品种标准。规定了产品应有的断面形状、尺寸大小及允许的偏差，并且附有供使用参考的有关参数。有时也规定某些产品的性能、试验与交货的某些特殊要求。

（2）性能标准。规定有关产品的化学成分、物理力学性能、热处理性能、晶粒度、夹杂级别、抗腐蚀性、工艺性能、允许使用的环境条件及特殊要求的性能等。

（3）试验标准。规定了对产品进行试验时的取样部位、取样数量、试样形状和尺寸大小、试验条件及试验方法等内容。

（4）交货标准。规定产品验收、入库、交货时的包装、标志（如打印、挂牌、涂色等）、运输方式、编码、日期等。

产品标准的高低，既反映生产技术水平的高低和企业管理的状态，也反映用户需求的平均水平和意志。一般地在制定产品标准时除了要考虑产品使用的技术要求外，还要考虑产品在生产上的经济性和合理性及可能性。而对一些特殊要求者，可另作单项的特殊合同，如新品试制、专项研制等。

3.2　对高电阻精密电阻合金基本要求

对这类合金的主要性能要求是：

（1）高的电阻系数且米电阻均匀性要好（即电阻率ρ要高$1.0\Omega\cdot m$以上，同轴米电阻波动在3%以下，最好1%以下）。

（2）低的电阻温度系数（即在工作温度范围内要求 α_t 低（如 $\pm 20 \times 10^{-6}$/℃，分三个级别），高的甚至接近于零（如 $\pm 1 \times 10^{-6}$/℃））。

（3）电阻的温度-时间稳定性要好（即经年变化越小越好，如低的万分之一以内，中的十万分之一以内，高的千万分之一以内）。

（4）对铜热电势要低（即对铜引线或铜蒸气 E_{Cu} 要低，如 -55 ~ 150℃内，E_{Cu} < 1.5μV/℃，最好 < 1.0μV/℃，但在交流系统不必考虑）。

（5）在工作温度范围内有高的抗氧化性、耐腐蚀、抗生锈、耐潮湿，如光丝最低 -196℃，最高工作温度1000℃以上，漆包线180℃左右，蒸气环境。

（6）在特殊条件下，如50倍重力加速度冲击、激冷激热（如 -196 ~ +100℃）骤变、振动或放射性照射和热核辐射；超音速1.5 ~ 2倍起降、射线或中子热核辐射等。

（7）在常温下有高的塑性，以保合金能冷加工成细丝或薄带，并具有良好的缠绕性而不脆断。

（8）焊接性能要好。

（9）资源充足且比较经济。

精密电阻合金的成分与性能见表3-1。

表3-1　精密电阻合金的成分与性能

合金名称	中国牌号	化学成分（质量分数）/%	电阻率 ρ /Ω · mm² · m⁻¹	电阻温度系数 α /℃⁻¹	电阻温度系数 β /℃⁻¹	对铜热电势 E_{Cu} /μV · ℃⁻¹	使用温度 /℃
GNC108		Cr19 ~ 21, Si0.7 ~ 1.6, 余 Ni	1.08	50×10^{-6}		5	<500
Ni-Cr	6J20	Cr20 ~ 23, Mn0.7, Si0.4 ~ 1.3, 余 Ni	1.09	75×10^{-6}		4	<500
Karma	6J22	Cr19 ~ 21.5, Mn0.5 ~ 1.5, Al2.7 ~ 3.2, Fe2 ~ 3, 余 Ni	1.33	$\pm 10 \times 10^{-6}$	$\pm 0.05 \times 10^{-6}$	1.5	-55 ~ 150
Evamohm	6J23	Cr19 ~ 21.5, Mn0.5 ~ 1.5, Al2.7 ~ 3.2, Cu2 ~ 3, 余 Ni	1.33	$\pm 10 \times 10^{-6}$	$\pm 0.05 \times 10^{-6}$	1.5	-55 ~ 150
Ni-Cr-Mn-Si	6J24	Cr19 ~ 21.5, Mn1 ~ 3, Si0.9 ~ 1.5, 余 Ni	1.33	$\pm 10 \times 10^{-6}$		1.5	-55 ~ 150
Ni-Cr-Al-Mn-Si		Cr19.5 ~ 21, Al4 ~ 4.5, Mn4 ~ 4.5, Si0.9 ~ 1.25, 余 Ni	1.435	1×10^{-6}			-55 ~ 125
Ni-Cr-Mn-Mo		Cr20, Mn17.5, Mo1.5, 余 Ni	1.33	$\pm 20 \times 10^{-6}$	$\pm 0.05 \times 10^{-6}$	2 ~ 4	25 ~ 100
NiKrothai-L		Cr17, Mn4, Si3, 余 Ni	1.35	$\pm 10 \times 10^{-6}$		<2.0	-65 ~ 150
Ni-Cr-Ga-Ge		Cr15 ~ 25, Ga6 ~ 15, Ge0.1 ~ 3.1, 余 Ni	1.40 ~ 1.60	$\pm 10 \times 10^{-6}$		0.5	25 ~ 100
Ni-Cr-Mn-Al-Cu		Cr19.5 ~ 21.5, Mn1.5 ~ 2.5, Al2.5 ~ 3.5, Cu1.5 ~ 2.5, 余 Ni	1.33	2.7×10^{-6}	-0.05×10^{-6}	0.25	-60 ~ 100
Ni-Cr-Al-V		Cr20, Al4, V4, 余 Ni	1.66	$\pm 20 \times 10^{-6}$		2.0	
Ni-Cr-Mn		Ni60, Cr10, Mn30	1.75	$\pm 20 \times 10^{-6}$			

续表3-1

合金名称	中国牌号	化学成分(质量分数)/%	电阻率ρ /$\Omega\cdot mm^2\cdot m^{-1}$	电阻温度系数α /℃$^{-1}$	电阻温度系数β /℃$^{-1}$	对铜热电势E_{Cu} /$\mu V\cdot$℃$^{-1}$	使用温度/℃
Kanthal DR		Cr20,Al4.5,Co0.5,Fe75	1.35	$\pm20\times10^{-6}$		3.5	-50～150
Fe-Cr-Al Ⅰ	0Cr20Al5	Cr20,Al5,余Fe	1.355	8.2×10^{-6}		-1.9	
Fe-Cr-Al Ⅲ	0Cr16Al6	Cr16,Al6,余Fe	1.360	12.5×10^{-6}		-0.2	
Fe-Cr-Al Ⅳ	0Cr25Al5	Cr25,Al5,余Fe	1.412	9.8×10^{-6}		-3.2	
Fe-Cr-Al-Ti	0Cr25Al5Ti	Cr25,Al5,Ti1.6,余Fe	1.435	1.2×10^{-6}		-3.4	
Fe-Cr-Al-Mo	0Cr25Al5Mo	Cr25,Al5,Mo2,余Fe	1.404	10×10^{-6}		-4.0	
Fe-Cr-Al-Zr	0Cr25Al5Zr	Cr25,Al5,Zr1,余Fe	1.430	6.3×10^{-6}		-3.3	
Fe-Cr-Al-Y	0Cr25Al5Y	Cr25,Al5,Y0.1,余Fe	1.419	-10×10^{-6}		-3.0	

3.3　精密线绕电阻器总技术条件（SJ153—　）

3.3.1　产品标准

总技术条件是制定该类产品标准的依据，产品标准是总技术条件的补充。当两者发生矛盾时，以产品标准为准。产品标准中应包括：

（1）特征与用途；

（2）使用环境条件；

（3）结构外形尺寸和主要参数；

（4）技术要求和试验方法的补充规定；

（5）验收规则的补充规定；

（6）其他。

3.3.2　产品型号命名方法

（1）在设计文件中应填写：电阻器—型号—额定功率—标准阻值—阻值允许偏差—温度系数组别—产品标准代号。

例：RX71—0.5—10kΩ ±0.1%—A组SJ

其中：R—电阻器；X—线绕（材料）；7—精密；1—序号。

（2）应和以上指导性技术文件合并使用的：

1）SJ617　电阻器额定功率系列；

2）SJ153　电阻器型号命名方法；

3）SJ619　精密电阻器标准阻值系列及允许偏差；

4）SJ/Z665　电阻设备环境条件等级；

5）SJ623　电阻器验收规则。

（3）使用环境条件的等级：按SJ/Z665　优选优用，1～16级，工作在零负荷时的温度应在产品标准中规定。

（4）额定功率：根据SJ617　电阻器额定功率系列选择，如0.125、0.25、0.5～1、2W系列。

（5）阻值范围：1Ω～10MΩ 等。

（6）阻值系列、温度系数与允许偏差之间的关系应符合表 3-2 的规定（α_t 的要求与合金丝线相当）。

表 3-2　阻值系列、温度系数与允许偏差之间的制约范围

允许偏差/%	电阻温度系数/℃$^{-1}$	阻值系列	允许偏差/%	电阻温度系数/℃$^{-1}$	阻值系列
±1	≤100×10^{-6}	E96	±0.02	≤10×10^{-6}	不受系列限制
±0.5					
±0.2	≤50×10^{-6}	E192	±0.01		
±0.1	≤20×10^{-6}	特殊要求时 不受系列限制	±0.005	≤5×10^{-6}	
±0.05					

（7）温度系数等级见表 3-3（α_t 的要求与合金丝线相当）。

表 3-3　温度系数等级

等　级	温度系数/℃$^{-1}$	等　级	温度系数/℃$^{-1}$
A	±100×10^{-6}	D	±10×10^{-6}
B	±50×10^{-6}	E	±5×10^{-6}
C	±20×10^{-6}		

（8）电阻器的最高工作电压分为 1000V、500V、300V、200V、100V 五级（均为交流有效值）。

（9）凡总技术要求未注明者，则所有试验的环境温度均为(20±2)℃，相对湿度不大于 70%，大气压力为(33.3305±3.99966)kPa((250±30)mmHg)的气候条件下进行试验。

（10）在全部试验过程中，所提到的电阻值的测量，均应在第（9）条规定的气候条件下放置 2h 后进行。测量仪器的精度应保证比被测电阻器的精度高 2 级。例如：测量精度为 ±0.1% 的电阻时，则其测量精度应不低于 ±0.005%。

（11）凡涉及总阻变化者，均应在试前与试后分别测量出实际电阻值，并按下式计算总阻的变化：

$$\Delta R = \frac{R_2 - R_1}{R_1} \times 100\%$$

式中　ΔR——总阻变化，%；

　　R_1——试前实测总阻值，Ω；

　　R_2——试后实测总阻值，Ω。

为避免总引线电阻带来测量误差，试前和试后应在引线的同一位置进行测量。

（12）外形尺寸应符合产品标准规定，并用精度 ±0.1mm 的量具测量。

（13）表面质量要标志清晰牢固，外壳和引线应无机械损伤，并与标准样品对照。可用浸有酒精的棉花往返擦拭三次后进行检查。

（14）实际阻值与标称阻值的允许误差应在规定的等级内。

（15）引出端的强度应能承受以下所规定的负荷而不松动和其他损伤（静载荷，保持 10s）。

功率/W	拉力/N(kgf)
0. 25 ~0. 125	5N (0. 5)
0. 5 ~2	10N (1)

(16) 引出线应能经受往返90°弯曲而不断裂或损伤（在引出线根部5mm处，弯曲半径为1mm)。

(17) 在距根部10mm处进行焊接，试验后应无机械损伤，其阻值变化应符合产品标准规定（用45W电烙铁将电阻器与ϕ1mm引线焊接，时间为5s，进行测阻和外观检查)。

(18) 机械强度按表3-4顺序做试验：试验后，应符合产品标准规定，并无机械损伤。(距电阻器根部10mm处夹紧夹具上，用卡箍固定，在垂直或水平方向上进行试验，振动稳定性按SJ/Z665—第五条说明进行。)

表3-4 机械强度试验顺序

顺 序	项 目	顺 序	项 目
1	振动强度	3	冲 击
2	振动稳定性	4	离 心

(19) 负荷：在产品标准规定的满负荷温度、额定功率（不超过最大工作电压）和时间进行试验。试后阻值变化应符合产品标准规定。(被测电阻器在负荷作用时的相互间隔至少为外径的3倍)。试后测量电阻值并计算阻值变化。负荷电压按下式计算：

$$U = \sqrt{P \cdot R}$$

式中 U——负荷电压，V；

P——额定功率，W；

R——标称电阻值，Ω。

(20) 绝缘电阻：在正常条件下外壳与引线的绝缘电阻不小于1000MΩ（将金属箔制成试验电极卷在电阻器外壳的中间部分，约为外壳长度的1/3)，测量电压为100V，经1min后取读数。

(21) 抗电强度：要求外壳与引线之间在气压高46. 6627kPa(350mmHg)下应能承受产品标准规定的2倍的最高工作电压，在666. 61Pa(5mmHg)气压下应能承受1/2的最高工作电压的作用而无击穿或表面无飞弧现象（将金属电极卷在电阻器外壳的中部约为外壳长度的1/3处，在10s内将试验电压均匀地上升到规定值，并保持1min，应无击穿或表面飞弧现象)。

低气压试验在低气压箱内进行。试验电源功率不低于0. 25kW，电压测量误差应不低于±5%。

(22) 温度系数：应符合产品标准的规定。

正温系数：测出实际阻值R_1，再放入正极限温度（正极限温度即为负荷为零时的温度）条件下，保持30min后测出电阻器的实际电阻值R_2；负温系数：测出实际阻值R_3，再放入负极限温度条件下，并保持30min后，测出电阻器实际电阻值R_4。

温度系数按下式计算：

正温系数

$$\alpha_{(+)} = \frac{R_2 - R_1}{R_1(T_2 - T_1)}$$

负温系数

$$\alpha_{(-)} = \frac{R_4 - R_3}{R_3(T_4 - T_3)}$$

式中，T_1、T_2、T_3、T_4 分别是测量 R_1、R_2、R_3、R_4 时的实际温度。

(23) 温度循环：按产品标准规定的负极限温度和零负荷温度循环后，应无机械损伤，阻值变化应符合产品标准规定。

按以下顺序循环三次：

1) 在负极限温度 ±5℃，保持 30min；

2) 在正常条件下，恢复 15min；

3) 在零负荷温度 ±5℃，保持 30min；

4) 在正常条件下，恢复 15min。

试验后检查外观、测量电阻、计算阻值变化。

(24) 潮湿：在相对湿度为 95% ~98%，温度为 (+40 ±3)℃的条件下，按产品标准规定的时间试验后，引出线和金属外壳应无锈蚀，绝缘电阻和阻值变化应符合产品标准的规定。

将试样放入潮湿箱内，并加上 10% 额定功率的直流电压，电阻小于 1kΩ 的试样不加电压，试后按产品标准规定的恢复时间放置后，测量绝缘电阻，并计算阻值变化。

以上为电阻器总技术条件和试验条件方法，其验收及包装、存储的规定省略。

3.4 高电阻精密电阻合金丝材料的技术条件标准

了解高电阻电阻器的总技术条件要求之后，对制作它的高电阻精密电阻合金细丝（线）的技术要求成为自然。

下面为 YB/T 5260—1993《镍铬基精密电阻合金丝》和某生产企业的企标，它曾被多家电阻器厂家及其电子工业上级主管部门认可。在此，综合写出，供参考。

高电阻精密电阻合金按精密合金牌号表示方法属于第 6 类电阻合金，电阻合金现行标准是 YB/T 5259—1993《镍铬电阻合金丝》和 YB/T 5260—1993《镍铬基精密电阻合金丝》。电阻合金的牌号和化学成分见表 3-5，镍铬精密电阻合金丝的物理性能见表 3-6。

表 3-5 电阻合金的牌号和化学成分（质量分数） （%）

合金牌号	C	Si	Mn	P	S	Cr	Ni	Al	Cu	Fe
6J20	≤0.05	0.40 ~ 1.30	≤0.70	≤0.01	≤0.01	20.0 ~ 23.0	余	≤0.30		≤1.50
6J15	≤0.05	0.40 ~ 1.30	≤1.50	≤0.03	≤0.02	15.0 ~ 18.0	55.0 ~ 61.0	≤0.30		余
6J10	≤0.05	≤0.20	≤0.30	≤0.01	≤0.01	9.0 ~ 10.0	Ni + Co 余		≤0.20	≤0.40
6J22	≤0.04	≤0.20	0.50 ~ 1.50	≤0.01	≤0.01	19.0 ~ 21.5	余	2.70 ~ 3.20		2.00 ~ 3.00
6J23	≤0.04	≤0.20	0.50 ~ 1.50	≤0.010	≤0.010	19.0 ~ 21.5	余	2.70 ~ 3.20	2.00 ~ 3.00	
6J24	≤0.04	0.90 ~ 1.30	1.00 ~ 3.00	≤0.010	≤0.010	19.0 ~ 21.5	余	2.70 ~ 3.20		≤0.50

表3-6 镍铬精密电阻合金丝的物理性能

物 理 量	性能指标	物 理 量	性能指标
电阻率/μΩ · m(Ω · mm^2 · m^{-1})	1.33	熔点/℃	1400
密度/g · mm^{-3}	8.04 ~ 8.10	质量热容/J · (g · ℃)$^{-1}$	0.46
平均线(膨)胀系数(20 ~ 300℃)/℃$^{-1}$	13.6 × 10^{-6}	(cal · (kg · ℃)$^{-1}$)	110
抗拉强度/MPa	950 ~ 1400	最高使用温度(光线)/℃	300

本标准适用于制造各种仪器、仪表等精密电阻元件及其他特殊用途的高电阻精密电阻合金细丝及漆包线。使用温度范围为：－55 ~ 130℃（指漆包线)。

3.4.1 裸线技术条件

（1）合金牌号：生产有镍铬铝铁、镍铬铝锰硅、镍铬铝铜等牌号的高电阻精密电阻合金裸线，在保证合金细丝性能的条件下，化学成分不作判定依据。用户所需合金牌号请在合同中注明。

（2）合金线供应状态，合金裸丝一般按软态供货。

（3）合金细丝尺寸及允许公差：合金细丝直径为0.01 ~ 0.20mm 的丝，其尺寸公差及椭圆度应符合表3-7 的规定。

表3-7 直径为0.01 ~ 0.20mm 丝的尺寸公差及椭圆度

公称直径/mm	允许公差/mm	椭圆度/mm	公称直径/mm	允许公差/mm	椭圆度/mm
0.01 ~ 0.015	±0.001	0.001	>0.07 ~ 0.10	±0.004	0.004
>0.015 ~ 0.035	±0.002	0.002	>0.10 ~ 0.20	±0.005	0.005
>0.035 ~ 0.07	±0.003	0.003			

（4）电阻温度系数（α_t）：合金细丝的电阻温度系数大小分为三级，具体规定如表3-8。有特殊要求者在合同中注明。

表3-8 合金细丝的三级电阻温度系数

级 别	电阻温度系数(α_t)/℃$^{-1}$	级 别	电阻温度系数(α_t)/℃$^{-1}$
1	≤ ±5 × 10^{-6}	3	≤ ±20 × 10^{-6}
2	≤ ±10 × 10^{-6}		

（5）电阻率（ρ）为 1.24 ~ 1.42Ω · m，按规格每米阻值的上下限规定列于 YB/T 5260—1993 中。

（6）对铜热电势（E_{Cu}）：合金对铜热电势 E_{Cu}≤1.5μV/℃（0 ~ 100℃平均)。

（7）力学性能（σ_b，δ）：合金的伸长率 δ 大于5%。当合金细丝直径≤0.015mm 时，其测量数据不作判定依据。

抗拉强度 σ_b 不小于784MPa，直径0.01 ~ 0.05mm 合金丝的破断力按表3-9 规定。直径大于0.05mm 合金丝的破断力不做要求，以抗拉强度为准。

表 3-9 直径 0.01 ~ 0.05mm 合金丝的破断力

公称直径/mm	破断力/dyn(gf)	公称直径/mm	破断力/dyn(gf)
0.010	60 ~ 130(6 ~ 13)	0.025	420 ~ 800(42 ~ 80)
0.012	100 ~ 190(10 ~ 19)	0.030	620 ~ 1120(62 ~ 112)
0.014	130 ~ 250(13 ~ 25)	0.035	850 ~ 1500(85 ~ 150)
0.016	150 ~ 350(15 ~ 35)	0.040	1080 ~ 2030(108 ~ 203)
0.018	200 ~ 440(20 ~ 44)	0.045	1390 ~ 2530(139 ~ 253)
0.020	250 ~ 530(25 ~ 53)	0.050	1740 ~ 3090(174 ~ 309)

（8）合金丝的每轴净重：每轴丝由一根丝组成，每轴净重应符合以下规定，例如：ϕ0.010mm 0.2g/轴、ϕ0.014mm 1.0g/轴、ϕ0.020mm 5g/轴、ϕ0.025mm 12g/轴、ϕ0.030mm 26g/轴、ϕ0.050mm 50g/轴、ϕ0.10mm 80g/轴、ϕ0.15mm 120g/轴、ϕ0.20mm 200g/轴等。

特殊要求者，在合同中注明。

（9）合金丝的表面质量：要求表面光亮、清洁、无氧化色、不允许有严重的竹节、划伤、每轴丝都应排线整齐、平整而且紧密。

3.4.2 漆包线技术条件

（1）各牌号的聚酯高强度漆包线是用合格的高电阻精密电阻合金细裸线漆包而成。漆包后，除仍保证裸线的性能符合要求以外，还应符合下面的规定要求：

（2）漆层厚度要求：在保证漆层性能要求的情况下，漆层厚度可适量减薄（即越薄越好）。漆包线最大外径应符合表 3-10 要求。

表 3-10 漆包线最大外径要求 (mm)

裸线 ϕ	漆包线外径	裸线 ϕ	漆包线外径
0.016	0.030	0.070	0.095
0.020	0.035	0.080	0.105
0.025	0.040	0.10	0.135
0.030	0.045	0.13	0.165
0.040	0.060	0.15	0.195
0.050	0.075	0.18	0.225
0.060	0.085	0.20	0.245

由表 3-10 可见，漆皮厚度随裸线尺寸增大而适当加厚，一般单边漆厚从 0.007mm ~ 0.018mm ~ 0.023mm，相对裸丝为 ϕ0.016mm ~ ϕ0.10mm ~ ϕ0.20mm。

（3）漆包线表面质量应光滑，漆层均匀，色泽一致，无麻点，没有影响性能的缺陷，排线严密而平整。

（4）每轴合金漆包线的任何部位，每米阻值的允许偏差请参考表 3-11 的数据，不作考核。

（5）漆包线应能承受表 3-12 所规定的耐压试验而无击穿现象。

表 3-11 多轴合金漆包线每米阻值允许偏差

公称直径/mm	每米阻值允许偏差/%	特殊要求时
0.016 ~ 0.05	±10	每米阻值误差不大于1/万 ~ 5/万
>0.05 ~ 0.10	±8	
>0.10 ~ 0.20	±5	

表 3-12 漆包线耐压试验

公称直径/mm	交流实验电压/V
0.015 ~ 0.020	250
>0.02 ~ 0.10	300
>0.10 ~ 0.20	400

(6) 对漆包线针孔要求：每 15m 长漆包线针孔数目不得超过 3 个。

(7) 漆包线每轴净重应符合表 3-13 规定。

表 3-13 漆包线每轴净重

漆包线直径 ϕ/mm	每轴净重(不小于)/g	漆包线直径 ϕ/mm	每轴净重(不小于)/g
0.015	0.7	0.10	80
0.020	5	0.15	120
0.025	12	0.20	200
0.05	50		

(8) 漆包线耐热性试验：试样在 (150 ±5)℃烘箱中连续保温 48h，漆皮不应有开裂和粘连现象。

(9) 合金线直径测量应用精度不低于 2μm 的微米尺。

(10) 裸丝和漆包线都用肉眼检查外表面。

(11) 逐轴测量米电阻，长度测量精度不低于 0.2%，电阻值测量精度不低于 0.5%。

(12) 逐轴测量漆包线的 α_t。

(13) 按出厂批号，每批 3% 测量合金的 E_{Cu}。

(14) 裸线每批 3% 进行力学性能测试，试样长度为 100mm，在专用细丝（纤维）拉力机上进行，三数平均值为结果。

(15) 漆包线逐轴作耐压试验，试样缠绕在直径为 30mm 磨光的金属圆滚筒上，成为两个 8 字形，缠绕拉力按 10MPa（1kgf/mm^2）计算，滚筒直径为 55mm，在滚筒和线芯上施以 50Hz 交流电压（有效值）平稳地由零增加到试验所要求的电压值，并保持不少于 5s，以不击穿为合格，生产工序为保证电阻器厂家要求和心中有数，往往把试验电压升到 1000V 而不击穿为出厂标准。

(16) 漆包线针孔试验是逐轴进行，将 15m 长的试样，以 20 ~ 30m/min 的速度通过长度为 (20 ±2) mm 的水银槽。试样与水银间的直流电压为(60 ±2) V，工作电流不小于 1mA，继电器的动作时间为 0.01s。有气孔便自动记数。

(17) 漆包线的 α_t 测量强调试样缠绕的骨架尺寸应统一为 $\phi_{外}$ 9.5mm × $\phi_{内}$ 5mm × 17.8mm 长的两槽骨架，因它的误差最小。

(18) 测量漆包线米电阻的电桥精度应高于 0.05 级，其分辨率不低于十万分之一。

(19) 试样必须在 (130 ±5)℃的恒温箱内连续老化 48h 后降至室温才能测量漆包线的 α_t。

（20）对铜热电势 E_{Cu} 为 0～100℃ 的平均热电势，是将 1m 长的合金丝，一头与 ϕ1.0mm 纯铜丝的一头焊牢作为一端，另一头作为一端，将两端分别插入温度为(0±0.5)℃和(100±0.5)℃的恒温槽中，其插入深度不小于 50mm，用鉴别能力不小于 5μV 的电位差计测量其两端的电势值，热电势的测量精度为 5%。在试验中，0～100℃间热电势与温度的关系可视为直线性，因此每度的电势值可用平均热电势 $\overline{E}$ 来表示：

$$\overline{E} = \frac{E}{t_1 - t_0}(\mu V/℃)$$

式中　E——测得的热电势；

t_1——热端的温度，即 100℃；

t_0——冷端的温度，即 0℃。

以上（17）～（20）条必须在（20±2）℃恒温室中进行测量。

附：国外主要生产国家电阻合金标准，供参考。

（1）美国 ASTM B267—1990（2001 确认）《线绕电阻用合金丝》标准

（2）日本 JIS C2532—1999《一般电阻元件用丝材、条材、板材》标准

（3）俄罗斯 TOCT 8803—1989《电阻元件用高电阻精密合金圆形细丝技术条件》

（4）德国 DIN 46460/1—1986《电阻合金裸线圆丝交货技术条件》

（5）德国 DIN 46460/2—1977《漆包绝缘…电阻合金圆丝交货技术条件》

（6）德国 DIN 46460/3—1977《漆包绝缘，耐温 180℃W180 电阻合金圆丝包装技术条件》

（7）德国 DIN 46462/1—1979《漆包绝缘电阻合金圆丝尺寸》

（8）德国 DIN 46463—1981《镍基电阻合金裸线圆丝尺寸、米电阻、重量》

（9）德国 DIN 46465—1977《裸型电阻合金扁丝尺寸和米电阻》

（10）俄罗斯 TOCT 12766/1～5—1990《高电阻精密合金丝材技术条件》

（11）中国 GB 6109.1—1990《漆包圆绕组线》第一部分，一般规定

（12）中国 GB 6109.2—1990《漆包圆绕组线》第二部分，155 级改性聚酯漆包圆线技术条件

3.5　高电阻、高灵敏应变电阻合金及要求

高电阻、高灵敏应变电阻合金，是在高电阻精密电阻合金基础上发展起来的，主要用于制作应变计。应变计的研究，美国从 1938 年就开始，日本从 1945 年开始，苏联、瑞典、英国、法国、瑞士都在研制，我国从 1954 年开始研制和应用应变计。应变计是用来测量压应力、拉应力、剪切应力、冲击应力、载荷、加速度、位移和扭矩等物理量。应变电阻合金丝材测量以上参量的基本原理是利用电阻-应变效应，将应力引起的应变转换成电阻值的变化，经检测显示出具体数值，以期分析判断。

3.5.1　对应变电阻合金性能的基本要求

（1）高的电阻系数，电阻率 ρ 在 0.5Ω · m 以上。

（2）高的应变灵敏系数，且稳定性要好，经受高温、低温、反复拉伸或压缩，其应变

灵敏系数不变，灵敏系数 K 应在 2.0 以上，最好在 2.5 以上。

（3）电阻温度系数 α_t 要小，电阻-温度曲线的线性度要好（和精密电阻合金要求一致）。

（4）合金丝材对铜热电势 E_{Cu} 尽可能小（低于 1.5μV/℃）。

（5）合金丝材尺寸、米电阻均匀，弹性模量尽量小。

（6）合金的线膨胀系数比一般金属要大（在 14×10^{-6}/℃以上）。

（7）耐温范围大（-150 ~ 1000℃）、抗氧化、抗酸碱、耐潮湿不生锈、抗高温蠕变性能好，抗疲劳性好。

（8）应有良好的冷加工和焊接性能，易加工成细丝和超薄带，不脆断。

（9）对黏结剂的适应性要好。

应变电阻合金化学成分及电学性能见表 3-14。

表 3-14 应变电阻合金的化学成分及电学性能

俄罗斯牌号	化学成分（质量分数）/%	$\rho/\Omega\cdot mm^2\cdot m^{-1}$	α/℃$^{-1}$	β/℃$^{-1}$	K	E_{Cu}/μV·℃$^{-1}$	工作温度/℃	常用规格 ϕ/mm
X20H75IO-ВИ	Cr20 ~ 22, Al3.1 ~ 3.6, Fe2.7 ~ 3.5, 余 Ni	1.3 ~ 1.4	$(0\sim15)\times10^{-6}$	$(0.06\sim0.07)\times10^{-6}$	2.1 ± 0.05	1.5	-70 ~ 300	0.03 ~ 0.2
X20H73IOM-ВИ	Cr19 ~ 21, Mo1.3 ~ 1.8, Al3.1 ~ 3.6, Fe1.3 ~ 2.0, 余 Ni	1.4 ~ 1.45	±20①$\times10^{-6}$	$(0.06\sim0.07)\times10^{-6}$	2.1 ± 0.05	1.5	-196 ~ 400	0.03 ~ 0.2
HM23XIO-ИЛ	Cr2.5 ~ 2.9, Mo22 ~ 24, Al1.8 ~ 2.2, 余 Ni	1.5 ~ 1.6	(0 ~ 20①)$\times10^{-6}$	-0.02×10^{-6}	2.2 ± 0.05	4	-196 ~ 430	0.02 ~ 0.25
HM20IOФ 含 Ge	Mo19 ~ 21, Al2.4 ~ 2.8, V0.8 ~ 1.2, Ge1.0 ~ 1.5, 余 Ni	1.7 ~ 1.8	$\pm5\times10^{-6}$		2.2 ± 0.05	4	-269 ~ 430	0.2 ~ 0.3
HM23IOФ-ВИ	Mo21 ~ 23, Al2.6 ~ 3.0, V1.5 ~ 2.6, 余 Ni	1.6 ~ 1.7	(0 ~ 20①)$\times10^{-6}$		2.2 ± 0.05	4	-269 ~ 430	0.03 ~ 0.2
X13IO5ФM-ВИ	Cr13.8 ~ 15.2, Al5.0 ~ 5.7, Mo1.1 ~ 1.5, V3.2 ~ 3.8, 余 Fe	1.44 ~ 1.48	$(-2\sim-20)\times10^{-6}$		2.2 ± 0.05		-269 ~ 300	0.03 ~ 0.2
X21IO5ФM-ВИ	Cr20 ~ 22, Al4.8 ~ 5.8, Mo1.1 ~ 1.5, V2.4 ~ 2.9, 余 Fe	1.4 ~ 1.5	$<40\times10^{-6}$		2.7 ± 0.05		-196 ~ 480	0.03 ~ 0.2

①电阻温度系数 α 可以调整。

3.5.2 应变灵敏系数

金属材料在拉伸时电阻值会发生变化，在弹性范围内电阻相对变化与应变成正比，应变灵敏系数表示应变电阻合金丝在外力作用下，电阻的相对变化与长度相对变化之比。其表达式为：

$$K = \frac{\Delta R}{R} \bigg/ \frac{\Delta L}{L}$$

式中　K——应变灵敏系数；

ΔR——电阻变化值；

R——原始电阻；

ΔL——长度变化值；

L——原始长度。

由上式可见，ΔR 大，K 大；ΔL 小，K 大。也即如果某合金材料长度微小变化能造成大的电阻变化，K 值就大。而合金材料本身 K 大，说明它越灵敏。

应变计（即应变片）就是利用线状导体的电阻和线应变之间的关系来测量某物体受力时产生的应力，它们之间的关系由下式表示：

$$\mathrm{d}R = RK_s e_x$$

式中　$\mathrm{d}R$——变形前后电阻改变量；

R——应变片每片的电阻值（标定的）；

K_s——应变片每片的灵敏系数（基本上是合金丝的灵敏系数）；

e_x——应变片的线应变（也即所测物体材料的线应变）。

对已知类型的应变片，R 和 K_s 均为已知，所以只需将变形前后的电阻改变量 $\mathrm{d}R$ 量出，就能计算 e_x，确定其应变值。又根据材料力学中的虎克定律可计算出被测物体材料受力时的应力：

$$\sigma = Ee_x$$

式中　σ——被测量材料受力后所产生的应力；

E——被测量材料的弹性模量；

e_x——同上式，即应变片的线应变（也是所测物体材料的线应变）。

由此将非电量（应变）变成电学量（电阻）来测量，因而为动载荷实验及自动记录提供了有利条件，所以它已成为目前和今后应力测量最合适的工具。

同时可知，当其他条件不变时，应变计所用合金材料的弹性模量（E）越大，则绝对变形 ΔL 越小，即弹性模量 E 表示合金材料抵抗弹性变形的能力。当合金材料确定，E 也为已知。在一般结构材料所受应力范围之内，弹性模量 E 可视为常数。这样便可知上述虎克定律：当应力不超过某一极限时，应力与应变成正比。

对 E 要求稳定，且尽可能小。普通钢的 E 一般为(200 ~ 210) GPa((2 ~ 2.1) $\times 10^6$ $\mathrm{kgf/cm^2}$)，而合金材料一般为(220 ~ 240) GPa((2.2 ~ 2.4) $\times 10^6 \mathrm{kgf/cm^2}$)。

3.5.3　影响弹性模量（E）的因素

弹性模量（E）表示物体抵抗弹性变形的能力，在数量上，它相当于应变等于 1 时所需的应力，且具有相同的单位。

普通钢也好，合金钢也罢，在弹性变形区域内，应变与应力关系曲线，不管是在拉伸或压缩时都不是一条很直的斜线，而是一条弧线，也即它的斜率（即弹性模量 E）是有变化的，不是一个常数。只不过是因为它的工作温度范围宽，受力范围大，便将有微小变化的弧线视同一直线，即合金丝材的弹性模量为常量。

一般地说，熔点高和蒸发热大的元素具有高的弹性模量。在钢中溶解极限大的元素，降低钢的弹性模量的能力小，而在钢中溶解极限小的元素，降低钢的弹性模量的能力反而大。金属元素在周期表中，弹性模量随金属原子序数的增加而增大，这与价电子的增加及原子半径的减小有关。同一族元素中，在原子序数增加和原子半径增大的同时，弹性模量减小。

过渡族金属则表现出特殊的规律性。它们的弹性模量都比较大。如 Se、Ti、V、Cr、Mn、Fe、Co、Ni 等。当 d 层电子数等于 6 时，弹性模量有最大值。在 d 层电子数相同的条件下，随原子序数的增加，弹性模量增大，如 Fe、Ru、Co。而非过渡族元素则相反。过渡族元素的这种规律性在理论上还有待探讨。

一般认为，弹性模量是结构不敏感的性能，用普通的合金化和热处理方法很难改善它。只有化学成分的重大改变和一定性质的第二相产生才可以使弹性模量发生较大改变。

3.5.4　线［膨］胀系数

使用应变计测量应力等物理量时，需将应变计粘贴在被测物体上，为防止温升过程中产生附加应变，应变电阻合金丝的线［膨］胀系数应尽量能与被测物体的线［膨］胀系数一致，至少应大于被测物体的线［膨］胀系数。所以应变电阻合金的线［膨］胀系数比一般金属要大。

3.6　高电阻电热合金和标准

高电阻电热合金本身就是优质不锈钢和耐热钢，在一些特定场合可作为不锈钢或耐热钢使用。如牙科用的矫形钢丝和固定假牙用的钢丝，使用 Cr20Ni80 是因为合金丝具有优良的耐蚀性能，其线［膨］胀系数与牙齿相近。部分化工设备选用 Cr20Ni80 或 Fe-Cr-Al合金丝编织的筛网用的是合金的耐蚀性能和催化性能。制作滑动电阻器的合金丝，要求有适当的硬度和良好的耐磨性能。铸造高温炉底板既要求耐高温、耐急冷急热，又要高温变形小，防翘起和炸裂。Fe-Cr-Al 丝网或薄带网是汽车尾气催化燃烧器或远红外烘烤器的最佳选择。Cr20Ni80 合金为无磁材料，用在仪器仪表中不会产生磁性干扰等。

高电阻电热合金是 20 世纪最重要的发明之一，Ni-Cr 系电热合金是由美国人 March 于 1906 年最先提出的，首先在美国得到推广应用。Fe-Cr-Al 系合金是由瑞典人汉斯 · 丰 · 康佐于 1925 年研制成功并申请了专利。前苏联柯尔尼洛夫等人在深入实验研究后，于 1939 年首先发表了 Fe-Cr-Al 合金三元相图，为该类合金的开发和应用奠定了坚实理论基础。我国上海、大连在 20 世纪 50 年代也开始研制和小批量生产高电阻电热合金丝。由于形势所迫，20 世纪 60 年代初在北京掀起试制 Fe-Cr-Al 和追超世界名牌的高潮，国产高电阻电热合金丝迅猛扩展，并基本满足市场需求。

现在，我国高电阻电热合金已经形成比较完整的标准体系，现行的电热合金、电阻合金的产品及检验标准见表 3-15。国外高电阻电热合金标准见表 3-16。

表 3-15　高电阻电热合金的产品及检验标准

序号	标准编号	标准名称	序号	标准编号	标准名称
1	GB/T 1234—1995	高电阻电热合金	6	GB/T 2039—1997	金属材料拉伸蠕变及持久试验方法
2	YB/T 5259—1993	镍铬电阻合金丝	7	GB/T 4067—1983	金属材料电阻温度特性参数测量方法
3	YB/T 5260—1993	镍铬基精密电阻合金丝	8	GB/T 13300—1991	高电阻电热合金快速寿命试验方法
4	GB/T 228—2002	金属材料室温拉伸试验方法	9	GB/T 13301—1991	金属材料应变灵敏系数试验方法
5	GB/T 351—1995	金属材料电阻系数测量方法	10	YB/T 5260—1993	附录 A：对铜平均热电势测试方法

表 3-16　国外高电阻电热合金标准

序　号	合金种类	标准编号	标　准　名　称
1	电热合金	ASTM B344—1992	电热元件用冷拉或轧制 Cr-Ni 和 Ni-Cr-Fe 合金
2	电热合金	ASTM B603—1995	电热元件用冷拉或轧制 Fe-Cr-Al 合金
3	电热合金	JIS C2520—1999	电热用合金丝和带材
4	电热合金	DIN 17470—1984	电热合金圆丝和扁丝交货技术条件
5	电热合金	ТОСТ 12766/1—1990	高电阻精密合金丝技术条件
6	电阻合金	ASTM B267—2001	线电阻用合金丝
7	电阻合金	JIS C2532—1999	一般电阻元件用丝材、条材和板材
8	电阻合金	DIN 17471—1983	电阻合金交货技术条件
9	电阻合金	DIN 46460—1986	电阻合金裸圆丝交货技术条件
10	电阻合金	ТОСТ 8803—1989	电阻元件用高电阻精密合金细丝技术条件
11	电热合金	JIS C2524—1979	电热合金线材、带材的寿命试验方法
12	电热合金	ASTM B76—1990	镍铬和镍铬铁电热合金快速寿命试验方法
13	电热合金	ASTM B78—1990	铁铬铝电热合金快速寿命试验方法

3.6.1　电热合金的标准及牌号

电热合金现行标准 GB/T 1234—1995 包含冷拉丝、热轧棒和盘条、冷轧和热轧带材等品种，标准列出的牌号有 12 个，其化学成分见表 3-17。

表 3-17　高电阻电热合金的牌号和化学成分

合金牌号	化学成分(质量分数)/%									
	C	Si	Mn	P	S	Cr	Ni	Al	Fe	其他
0Cr27Al7Mo2	≤0.05	≤0.60	≤0.20	≤0.025	≤0.025	26.5～27.8	≤0.06	6.0～7.0	余	Mo 加入量 1.8～2.2
0Cr21Al6Nb	≤0.05	≤0.60	≤0.70	≤0.025	≤0.025	21.0～23.0	≤0.06	5.0～7.0	余	Nb 加入量 0.5

续表 3-17

合金牌号	化学成分(质量分数)/%									
	C	Si	Mn	P	S	Cr	Ni	Al	Fe	其他
0Cr25Al5	≤0.06	≤0.60	≤0.70	≤0.025	≤0.025	23.0~26.0	≤0.06	4.5~6.5	余	
0Cr23Al5	≤0.06	≤0.60	≤0.70	≤0.025	≤0.025	20.5~23.5	≤0.06	4.2~5.3	余	
0Cr21Al6	≤0.06	≤1.00	≤0.70	≤0.025	≤0.025	19.0~22.0	≤0.06	5.0~7.0	余	
1Cr20Al3	≤0.10	≤1.00	≤0.70	≤0.025	≤0.025	18.0~21.0	≤0.06	3.0~4.2	余	
1Cr13Al4	≤0.12	≤1.00	≤0.70	≤0.025	≤0.025	12.0~15.0	≤0.06	4.0~6.0	余	
0Cr20Ni80	≤0.08	0.75~1.60	≤0.60	≤0.02	≤0.015	20.0~23.0	余	≤0.50	≤1.0	
0Cr30Ni70	≤0.08	0.75~1.60	≤0.60	≤0.02	≤0.015	28.0~31.0	余	≤0.50	≤1.0	
0Cr15Ni60	≤0.08	0.75~1.60	≤0.60	≤0.02	≤0.015	15.0~18.0	55.0~61.0	≤0.50	余	
0Cr20Ni35	≤0.08	1.00~3.00	≤1.00	≤0.02	≤0.015	18.0~21.0	34.0~37.0		余	
0Cr20Ni30	≤0.08	1.00~2.00	≤1.00	≤0.02	≤0.015	18.0~21.0	30.0~34.0		余	

电热合金丝一般以软态交货，其表面颜色可协商。不同牌号的室温电阻率 ρ 见表 3-18。

表 3-18 不同牌号电热合金丝的室温电阻率

合金牌号	直径/mm	电阻率(20℃)/μΩ·m	合金牌号	直径/mm	电阻率(20℃)/μΩ·m
Cr20Ni80	<0.50	1.09±0.05	0Cr27Al7Mo2	0.03~8.00	1.53±0.07
	0.50~3.0	1.13±0.05	0Cr21Al6Nb	0.03~8.00	1.45±0.07
	>0.30	1.14±0.05	0Cr25Al5	0.03~8.00	1.42±0.07
Cr30Ni70	<0.50	1.18±0.05	0Cr23Al5	0.03~8.00	1.35±0.06
	≥0.50	1.20±0.05	0Cr21Al6	0.03~8.00	1.42±0.07
Cr15Ni60	<0.50	1.12±0.05	1Cr20Al3	0.03~8.00	1.23±0.06
	≥0.50	1.15±0.05	1Cr13Al4	0.03~8.00	1.25±0.08
Cr20Ni35 Cr20Ni30	<0.50	1.04±0.05			
	≥0.50	1.06±0.05			

直径小于1.0mm的软态电热合金丝不再考核电阻率，只考核每米的电阻值，相关标准对直径0.03~1.00mm合金丝的每米电阻值及允许偏差作了明确规定。实际使用中，由于不同国家和地区的不同设计习惯、使用要求，可在订货时协商。

电阻均匀性的考核标准是：每轴（盘）合金丝任意部位每米电阻值相差不应大于4%。实际实践中，由于不同国家和地区的使用用途不一，要求各异，具体可在订货时商定。

电热合金丝在规定试验温度下的快速寿命值应符合表3-19的规定。

表 3-19　电热合金丝在规定试验温度下的快速寿命值

合金牌号	试验温度/℃	快速寿命值(不小于)/h	合金牌号	试验温度/℃	快速寿命值(不小于)/h
Cr20Ni80	1200	80	0Cr27Al7Mo2	1350	50
Cr30Ni70	1250	50	0Cr21Al6Nb	1350	50
Cr15Ni60	1150	80	0Cr25Al5	1300	80
Cr20Ni35	1100	80	0Cr23Al5	1300	80
Cr20Ni30	1100	80	0Cr21Al6	1300	80
			1Cr20Al3	1250	80

此外，标准对电热合金丝的伸长率和工艺性能（缠绕或反复弯曲）作了相应的规定。

综合起来，对高电阻电热合金的要求是：

（1）高的电阻率，$\rho \geqslant 1.0\Omega \cdot m$，中档 $1.4\Omega \cdot m$ 左右，高档 $1.5 \sim 1.8\Omega \cdot m$ 以上。

（2）单相组织，在使用温度范围内电阻不发生突变，以保证电性的稳定性。

（3）小的电阻温度系数 α_t，Ni-Cr 系 $\alpha_t < 80 \times 10^{-6}/℃$，Fe-Cr-Al 系 $\alpha_t < 40 \times 10^{-6}/℃$。一般要求为正的电阻温度系数，负 α_t 应特别告之。

（4）电阻均匀性要好。同一批丝材的每一轴（盘）的任何部位的米电阻值波动在 5% 以内，中档 3% 以内，严格要求时应在 1% 以内。

（5）能承受较大的表面负荷。一般要求 $\geqslant 1W/cm^2$，中档要求 $3W/cm^2$ 左右，高的要求 $5W/cm^2$ 以上。

（6）允许使用温度高，寿命长。低档低于 800℃，中档 1100℃ 左右，高档 1300℃ 左右（指炉气温度，此时炉丝表面温度高出 100 ~ 150℃）。其寿命与具体使用条件、方法和用途有关。

（7）高温下抗氧化性要好。在所使用的高温下，合金的氧化增重量不大于 2.0×10^{-2} $g/(cm^2 \cdot h)$。

（8）好的抗高温蠕变极限。在 1200℃ 时，Ni-Cr 系合金的蠕变强度为 0.5MPa，而 Fe-Cr-Al 系的蠕变强度为 0.1MPa（在 1% 变形量、1000h 条件下）。

（9）小的线胀系数。在 1000℃ 时，Ni-Cr 系的平均线胀系数为 $17 \times 10^{-6}/℃$，Fe-Cr-Al 系的平均线胀系数为 $15 \times 10^{-6}/℃$。

（10）对一定的介质有强的耐蚀性。

（11）在热、冷状态下均有较好的塑性，能冷加工成微细丝和极薄丝带，且软、硬要均匀。

（12）可焊性要好。

3.6.2　部分国家电热合金的技术标准特点

3.6.2.1　日本

日本的电热合金国家标准为 JIS C2520—1990，其特点是：

（1）丝材和带材分类分级设置指标要求，并标以不同颜色。

（2）快速寿命的试样为 ϕ0.50mm，长度为 200mm。

（3）测量导体电阻时的标准温度为 23℃。

（4）发热元件的表面温度最高为 1250℃。

3.6.2.2　美国

美国电热合金没有国家标准，而是采用美国材料试验协会（ASTM）制定的标准。电热合金的ASTM标准分为镍铬、镍铬铁系电热合金标准（ASTM B344—1992）和铁铬铝系电热合金标准（ASTM B603—1995）。其特点是：

（1）除买方要求外，通常对合金材料的各项性能不做测定。

（2）线径以英寸为标征。

（3）名义电阻率是合金试样于788℃以上淬火后，在25℃时测量的电阻率。

（4）电阻率的实际值和α_t的实际值均未列表，由于化学成分的影响大，同时与合金的加工方法及热处理后的具体性能有关，故只标范围。

（5）未给出FeCrAl的寿命试验温度。

（6）Ni-Cr系电阻随温度变化的名义变化率以百分值表示。如：

Cr20Ni80从94℃～538℃～1100℃过程中，名义变化率由0.43%～1.90%～1.66%；

Cr20Ni60从94℃～538℃～1100℃过程中，名义变化率由0.78%～5.77%～8.66%；

Cr20Ni35从94℃～538℃～1100℃过程中，名义变化率由2.6%～15.6%～23.5%。

3.6.2.3　德国

德国电热合金标准为DIN 17470—1984（以下以不同序号表示不同合金系），例如合金DIN 17470—NiCr8020或合金DIN 17470—2·4869。其特点有：

（1）化学成分是其平均值，因以电性能为主，化学成分为次，牌号多一个Cr20Ni25。

（2）米电阻是20℃时测量的电阻，其长度最好为1m。详细规格的米电阻是电阻率的计算值。

（3）部分电阻率是不同温度时的测量值（有括弧），另一部分电阻率是计算值。计算时是以有效横断面面积（而不是名义横断面面积）和米电阻阻值为多次重复测量值。

（4）列出了部分合金的脆性温度区间数据。

（5）丝的缠绕试验，以观察螺旋体伸长2～4倍于原长度后的螺距均匀程度。

（6）现行标准是1953年版和1963年版综合修改本，扩大了合金的种类，换算成标准国际单位。

第2篇

高电阻精密电阻合金

4 高电阻精密电阻合金概况

4.1 精密电阻合金的用途要求和分类

4.1.1 精密电阻与合金材料

精密电阻是指那些电阻元件的电阻值不随所使用环境温度和时间变化而变化，或者说，变化越小越精密，也就越稳定。根据精密电阻不同的用途对其年稳定度的要求也不一样，如0.01级标准电阻，它的年稳定度规定为20×10^{-6}以内，同时要求制造这类标准电阻器的精密电阻合金的年稳定度要小于10×10^{-6}。用在国家计量部门的“等级”标准电阻要求更高，二等标准电阻用的精密电阻合金年稳定度要小于5×10^{-6}，而一等标准电阻用合金的年稳定度要求小于1×10^{-6}。国家基准电阻稳定度的要求就更高了。目前国际上最好的标准电阻器的年稳定度在0.1×10^{-6}以下，即一年内电阻值的变化在千万分之一以下。当然，制作一般仪器的电阻的年稳定度在100×10^{-6}以下即可。

我们知道，纯金属铜的电阻温度系数（α）是4300×10^{-6}/℃（20~100℃），铝的$\alpha_{20}=4230\times10^{-6}$/℃，银的$\alpha_{20}=4290\times10^{-6}$/℃，金的$\alpha_{20}=3500\times10^{-6}$/℃，而Ni80Cr20电热合金的$\alpha=85\times10^{-6}$/℃（20~1100℃），0Cr25Al5电热合金的$\alpha=(30\sim40)\times10^{-6}$/℃（20~1200℃）。精密电阻合金Au-Cr（即金-铬合金）的$\alpha_{20}=1\times10^{-6}$/℃，说明精密电阻合金的电阻温度系数比纯金属小几千倍，比电热合金小近百倍。

200多年前，最早发明的电阻合金是德银（Cu15Ni20Zn余），它的$\alpha=450\times10^{-6}$/℃。用德银制作的分流器，温度升到40℃时，电阻变化2%，因此无法制成1.0级电表。一般情况下，要求电阻元件的电阻值变化在10^{-4}/℃以内，则对合金材料的要求是α在10^{-6}/℃之内（［日］平山宏之），即两级数以内。

为了提高电表等的精度就必须制造出比德银更好的精密电阻合金，这就是100年前仪表工业发展中遇到的一个迫切问题。

人造卫星等各种飞行器中的电子计算机及高电阻箱，不但要求其电阻值高且要求其体积轻小，这就要求精密电阻合金材料不但电阻率要高而且能制成极细丝和小扁丝。

［美］Herbert Wagner得知前苏联制成玻璃包微细线导线后指出，苏联人由于使用微细导线制造微型变压器和微型继电器，其体积尺寸只有原来的1/10~1/100。在检流计中以6μm微细线代替标准的ϕ0.2mm细线，就可增加绕组匝数10倍，因此能提高其灵敏度而不改变其重量。若提高灵敏度10倍，使用2.5μm的细线才可达到。当需要提高电阻时，微细线显示出更重要的作用，可用下面计算公式来说明：

$$R=\frac{\rho L_0}{\left(\frac{\pi}{4}\right)d_0^2} \tag{4-1}$$

式中　R——某一段导线的电阻；

ρ——合金线的电阻率；

L_0——导线的长度；

d_0——导线的直径。

若原来的直径 d_0 减少到1/10，为得到相同电阻时所需的长度 L_1 可由下式求得：

$$R = \frac{\rho L_1}{\left(\frac{\pi}{4}\right)(0.1d_0)^2} \tag{4-2}$$

以式（4-1）除以式（4-2），求解 L_1 得：

$$L_1 = 0.01L_0 \tag{4-3}$$

同理，若原来的直径减小到 $0.1d_0$，对于相同电阻所需导线的重量将减低至原来重量的1/10000，即：重量 = 密度 × 体积

$$w_0 = 密度 \times \left(\frac{\pi}{4}\right)d_0^2L_0 \tag{4-4}$$

$$w_1 = 密度 \times \left(\frac{\pi}{4}\right)(0.1d_0)^2L_1 \tag{4-5}$$

即
$$w_1 = 密度 \times \left(\frac{\pi}{4}\right)(0.1d_0)^2(0.01L_0) \tag{4-6}$$

解为
$$w_1 = 0.0001w_0 \tag{4-7}$$

可见微细线的价值之显著。

有了高电阻的精密电阻合金细线，才能绕制小体积、重量轻的100MΩ级电阻器。非线绕电阻虽然也能达到所要求的体积尺寸，但它的电阻温度系数大且稳定性远不如线绕精密电阻。

4.1.2　精密电阻的用途

精密电阻是无线电设备、精密仪表的重要元件。其主要用途有：

（1）测量仪器用电阻：如标准电阻器、电阻箱，分流器中的电阻，测量仪器（电桥、电位差计等）中的电阻。

（2）电器回路部件用电阻：无线电、通信、卫星、电视、计算机、导弹系统等电路元件的电阻和大功率精密绕线电阻。

（3）控制电流用电阻：滑线电阻、启动电阻、制动电阻。

（4）各种应力测量用电阻。

4.1.3　对精密电阻合金材料的期望和要求

精密电阻是设计与制造高精度仪器仪表所不可缺少的材料，在“精确”、“定点”的高科技战争中，要求精密、准确和灵巧的遥测、遥控及制导系统。火箭、导弹、人造卫星、飞船等航天系统，都应用着大量的电阻元器件，它既要承受高温、低温、急热急冷、冲击振动、真空静压、各种射线辐照，又希望它电阻高、体积小、重量轻，在此恶劣条件下其阻值不变，既稳定又可靠。又如制造高精度数字电压表、欧姆表和模拟计算机等仪器

都要求有高阻值、高稳定可靠的电阻元件。有人统计，诸如此类的无线电设备中，电阻元件和电容元件合占总件数的70%左右。而电阻元件的电性及稳定性直接影响仪器的精度及可靠性，改进仪器仪表的精度及可靠性的重要途径之一就是改善精密电阻合金材料的性能。由此可见，精密电阻合金材料是军工、航天航空、仪器仪表工业的重要材料之一。

根据精密电阻合金材料的不同使用条件，对其在性能上提出各有不同侧重的要求。其一般共性要求概括如下：

（1）电阻率要高。尤其要求阻值高且体积轻小的无线电设备。电阻率高，且便于加工，也省材料。

（2）电阻温度系数要小。包括一次电阻温度系数α和二次电阻温度系数β均小。部分地方要求电阻随温度变化为直线性。在使用温度范围内电阻温度系数小就意味着电阻随温度变化小，把这样的元件用在仪表上，此仪表受环境温度变化所引起的性能波动小。如AA级的仪表要求精密电阻材料的α在$(-5\sim10)\times10^{-6}/℃$，$\beta$在$-0.7\times10^{-6}/℃$以内。又如标准电阻要求精密电阻材料的$\alpha$在$1\times10^{-6}/℃$之内。

（3）电阻值均匀且稳定。电阻值均匀本身就意味材质和工艺质量都好，对稳定性就有先期良好基础。稳定性是随使用时间的延长而发生电阻值的变化很小，以年为计量时间单位。如标准电阻器的电阻值，在一年内变化不超过百万分之一，即在1×10^{-6}以内。而用于制作一般仪器的电阻的年稳定值在100×10^{-6}左右即可。

（4）对铜热电势要小。现实中，铜是常用的导线（引线）。而精密电阻合金线与铜导线连接（焊接）处因温度不同而产生热电势，形成一附加电流，这对直流仪器测量造成偏差，而对交流仪器不受其影响，故直流仪器系统就必然对精密电阻材料的对铜热电势提出必要的要求。

（5）耐高温、抗急冷急热、抗氧化、抗腐蚀、抗振动、抗冲击、抗各种射线辐照等，不同使用条件时有所侧重。例如温度，有$-150\sim0℃$，150℃，350℃，500℃甚至850℃。有的冲击速度达到50倍重力加速度。

（6）要有良好的塑性，易加工成细线和小扁线，易焊接，还要耐磨等等。

4.1.4　精密电阻合金的分类

4.1.4.1　按合金成分划分

精密电阻合金按合金成分一般划分为：

（1）铜-锰系合金
（2）铜-镍系合金
} 中阻类

（3）镍-铬系合金（包含镍-铬-铁合金）
（4）铁-铬-铝系合金
} 高阻类

（5）贵金属系精密电阻合金等（低阻类）

4.1.4.2　按电阻率高低划分

精密电阻合金按电阻率高低一般划分为：

（1）低阻类：贵金属系列精密电阻合金（铂钨合金和钯金铁铝合金除外）

（2）中阻类：

1）铜-锰系精密电阻合金。

2）铜-镍系精密电阻合金。

（3）高阻类：

1）镍-铬系精密电阻合金（包含镍-铬-铁合金）。

2）铁-铬-铝系精密电阻合金等。

4.2　贵金属系精密电阻合金

早在 19 世纪上半期，英国人用铂金属制造标准电阻，因电阻温度系数大而失败。当时他们又把铱（Ir）及银（Ag）加入铂（Pt）中，α 稍有改善，但仍然没有得到应用。还是英国人 Mattkiesson 对 100 多种合金进行了系统研究，得出当时认为最好的合金成分为 2/3Ag、1/3Pt 合金，其电阻温度系数为 $325\times10^{-6}/℃$，用它制成英国学术协会的标准电阻，并在 19 世纪 50 ~60 年代发表大部分研究和实验结果文章。1887 年成立的德国技术物理研究所（简称 P. T. R）推进了这方面的研究工作，研究出 Pt-Ir 和 Ag-Al 两组精密电阻合金。1928 ~1938 年间，在美国标准局（简称 N. B. S）工作的 Thomal 受 J. O. Simde“Au、Ag、Cu 的电阻率 ρ 上升与稀释剂的原子百分比成正比、同时与其在周期表中的相对位置有关”的启发，制成 Au-Cr、Au-Co 合金。而且发现 Au-Cr 合金在热处理后的 ρ 上升，α 下降，并能用不同的热处理方法来控制 R-t 曲线，甚至可把 α 调整到零。其缺点是 E_{Cu} 为 $7\mu V/℃$，稍高。而 Au-Co 的 E_{Cu} 高达 $45\mu V/℃$，稳定性也不高，显然大量使用尚待改进。

由此可见，贵金属精密电阻合金材料是指以金、铂、银、钯等贵金属为基，加入少量合金元素而制成的精密电阻合金。这类材料的优点是：电阻温度系数小，有的合金 α 达 $0.1\times10^{-6}/℃$ 以下，年稳定性好，抗氧化抗腐蚀性好，接触电阻小等。其缺点是资源缺少、价格昂贵。

在 Au 中加入 Cr、Co 使合金的电阻温度系数降低很显著，如图 4-1 所示。由于 Au-Co 合金的对铜热电势 E_{Cu} 太大，故取用 Au-Cr 作为精密合金。Au-Cr 中 Cr 含量 $w(Cr)$ 以 1.8% ~2% 为宜，经 200 ~400℃ 时效处理后的性能为：$\rho=0.33\Omega\cdot m$，$\alpha=1\times10^{-6}/℃$，年稳定性也很好。但它的缺点是 E_{Cu} 约为 $7\sim8\mu V/℃$，较大，且热力学性能较差（如弹性极限较低，机械强度较软，微小应力就能使电阻发生变化），因此作为标准电阻使用时，最好和“锰加宁”并用。

Au-Cr-Ni 合金。在遥测装置和电子计算机等用的高灵敏高精密的电位计及可变电阻器中所使用的电阻材料，要求很低的 α、高抗拉强度的极细丝，还要求耐磨和抗氧化，甚至要求无“噪声”（灵敏电位计）。为此，Bert Brenner 等人研制出 65% Au、10% Cr、25% Ni、0.2% Mn 合金，其具有最佳性能，没有明显的“噪声”。其 $\rho=91.4\mu\Omega\cdot cm$，$\alpha=10\times10^{-6}/℃$（0 ~100℃）。

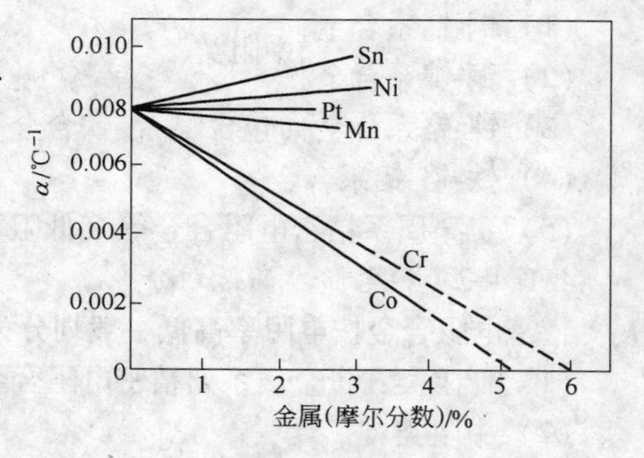

图 4-1　Au 基合金的电阻温度系数

当合金成分为：70% Au、10% Cr、20% Ni、0.2% Mn 时，其电阻率 ρ 可提高到 $102.2\mu\Omega\cdot cm$，$\alpha<\pm30\times10^{-6}/℃$（0 ~100℃）。

Ag-Mn 合金随 Mn 含量的增加电阻温度系数

α 下降，直到负值。选择适当的 Mn 含量及退火温度可以使 $\alpha=0$。低 Mn 含量时，随 Mn 含量的增加 ρ 及 E_{Cu} 也增大。含 7%～8% Mn（质量分数）的 Ag-Mn 合金可作为精密电阻合金使用。

Ag-Mn-Sn 合金，在 Ag-Mn 合金中加入 Sn 是为了增加其耐蚀性和降低 E_{Cu}，加入 Sn 后 ρ 也有所增加。Ag-Mn-Sn 精密电阻合金对热处理制度很敏感。为了得到理想性能就必须对退火温度及保温时间进行严格控制。合金成分为 Ag 82%、Mn 10%、Sn 8% 的铸锭经 700℃ 热轧后拉成 ϕ0.40mm 丝材，中间经 500～600℃ 退火，最后硬拉的总压缩量为 55%，于不同退火温度下 α_{25} 的变化情况如图 4-2 所示。由此可按使用要求选择合适的热处理制度来达到所希望的性能目标。

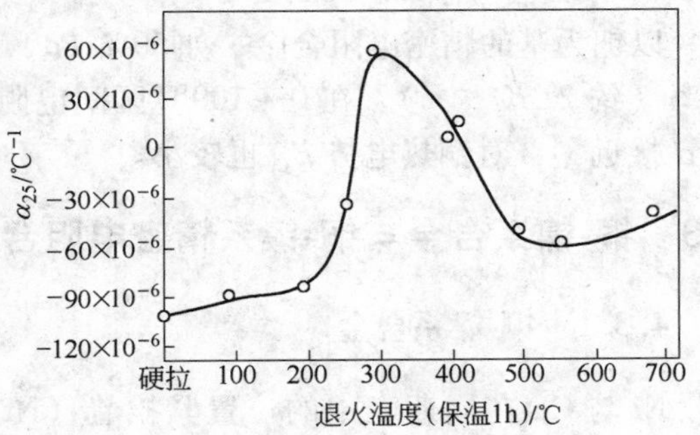

图 4-2 Ag-Mn-Sn 合金的 α_{25} 与退火温度的关系

Ag-Mn 系精密电阻合金的成分与性能见表 4-1 所示。

表 4-1 Ag-Mn 系精密电阻合金的成分及性能

性能参数 \ 合金牌号		Ag-Mn	Ag-Mn-Sn①			
			NBW-87	NBW-103	NBW-139	NBW-173
化学成分（质量分数）/%	Ag	91.22	85	82	78	80
	Mn	8.78	8	10	13	17
	Sn		7	8	9	3
电阻率 $\rho_{20℃}$/μΩ·cm	加工后	32	43.5	55	61	58
	退火后	28		51	57	40
电阻温度系数（20℃）	加工后 α	-40×10^{-6}	$(10\sim15)\times10^{-6}$	$(-30\sim50)\times10^{-6}$	-80×10^{-6}	-105×10^{-6}
	退火后 α	-0.85×10^{-6}		1.70×10^{-6}	-0.47×10^{-6}	-0.49×10^{-6}
	退火后 β	-0.042×10^{-6}		0.23×10^{-6}	0.27×10^{-6}	0.05×10^{-6}
热电势 E_{Cu}/μV·℃⁻¹		2.5	−0.40	0.3～0.5	−0.1～0.2	2
退火	温度/℃	250		175 或 430	195	270 或 400
	时间/h	10～12		10	6×3 次	6×3 次
σ_b/MPa	加工后	450	290	610	450	470
	退火后	360		300	520	570
δ/%	加工后	2		2	1	1
	退火后		22	12		
密度/g·cm⁻³		9.50	9.70	9.58	9.45	9.12
压力系数②/（10⁵Pa）	退火后	3.3×10^{-7}	1.1×10^{-7}	1.0×10^{-7}		
	加工后	3.2×10^{-7}				

①Sn 含量高对年稳定性有些不利影响：1）要尽量减少 Sn 含量；2）要采用高温正火或低温长时间正火后使用；3）Sn 含量高、Mn 含量高都有析出物，影响高稳定要求。

②具有高的压力系数可作为压力计材料，特别是动态压力计方面的应用。

以铂为基的合金，如70% Pt、22.5% W、7.5% Re合金在70～500℃温度区间具有小的电阻温度系数，在100～200℃温度区间电阻率约为1.1Ω·m，其性能不次于Au—Cr（Cr 2.1%）合金。

以钯为基的精密电阻合金，如50% Pd、38% Au、11% Fe、1% Al合金具有较大的电阻率（约2.3Ω·m），在0～100℃区间电阻温度系数α接近零，对铜热电势E_{Cu}也较小。

4.3　铜-镍系合金与铜-镍系精密电阻合金

4.3.1　铜-镍系合金

Ni与Cu在周期表中的位置紧挨着（Ni的原子序数28，Cu的原子序数29），原子半径相差很小（相差2%），Ni、Cu具有面心立方晶格点阵，而且电学性质也很相近。Cu-Ni形成面心立方点阵的无限固溶体β相，如图4-3所示。从图可知，可在广泛的成分范围内选定电阻合金。

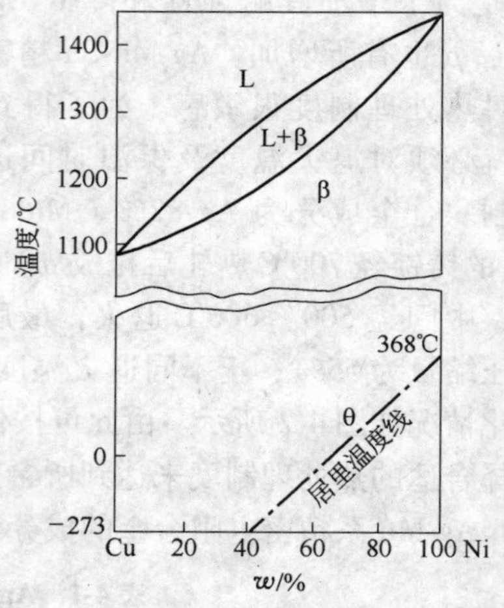

图4-3　Cu-Ni二元合金相图

不同成分的合金的电性如图4-4所示。在约50% Ni附近ρ呈最大值，α最小，符合精密电阻条件。康铜的标准成分Cu 54%、Ni 45%、Mn 2%就在其中，但此成分范围内合金的E_{Cu}很大（约为−40μV/℃），对于精密电阻来说是较大的缺点。而用它与Cu配对作为温差热电偶材料的一个极，却是很好的材料。另外利用康铜E_{Cu}负值大特性作为温度补偿导线也是好的方向性材料。

Cu-Ni成分与ρ及温度之间的关系如图4-5所示。

综合图4-3与图4-5可见，不同成分的居里温度如点画线所示。在居里温度下，合金具有铁磁性。在居里温度以上随温度升高其电阻-温度曲线的线性趋好。这正是

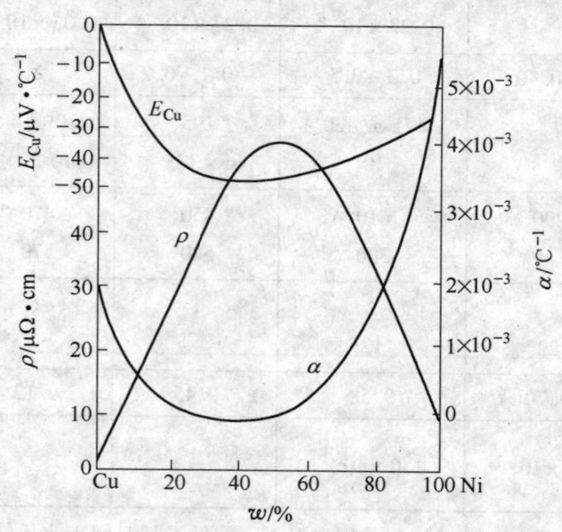

图4-4　Cu-Ni合金的成分-电性关系

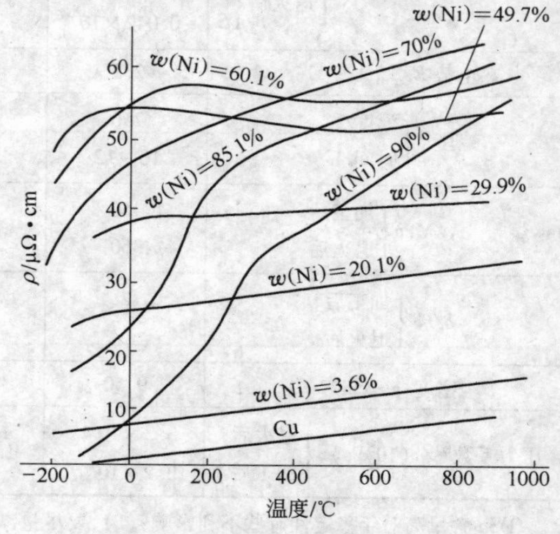

图4-5　Cu-Ni合金化学成分（质量分数）与性能（ρ）及温度的关系

Cu-Ni 系合金的一个优点。Cu-Ni 系合金的加工性良好，耐蚀、耐磨，使用温度较高（400℃）。Cu-Ni 系合金的品种牌号较多，成分变化范围大，性能差别也大。部分 Cu-Ni 合金的成分与性能如表 4-2。

表 4-2 Cu-Ni 合金的成分与性能

合金类型	化学成分(质量分数)/%	电阻率 $\rho/\mu\Omega\cdot cm$	电阻温度系数 $\alpha/℃^{-1}$
高 Ni 型	Ni70Cu30	48.2	100×10^{-6}
	Ni67Cu32	45	500×10^{-6}
低 Ni 型	Ni30Cu 余	40.5	520×10^{-6}
	Ni22Cu 余	30	180×10^{-6}
	Ni5Cu 余	10	800×10^{-6}
	Ni2Cu 余	4.48	1300×10^{-6}
Cu-Ni-Zn	Ni30Zn15Cu 余	42~48	250×10^{-6}
	Ni20Zn20Cu 余	34.5	300×10^{-6}
	Ni12Zn20Cu 余	23.5	$(350\sim500)\times10^{-6}$
	Ni7Zn20Cu 余	18	

4.3.2 铜-镍系精密电阻合金

铜-镍系精密电阻合金在“锰加宁”合金出现以前就已广泛采用。当时德国 Basse 等厂生产的 Cu 60%-Ni 40%合金，定名为“Kon-stantan”，即康铜。其合金具有低的电阻温度系数，但对铜热电势太高，故只能用于交流系统。当时康铜的标准化学成分（质量分数）为 40% Ni、<1% Mn、<1% Fe、余 Cu、最佳性能为 $\rho=0.49\Omega\cdot m$，$\alpha=\pm20\times10^{-6}/℃$，$|\beta|=\pm1\times10^{-6}/℃$，$E_{Cu}=-43\mu V/℃$。康铜的电阻温度变化曲线的线性较好，可以在较宽的温度范围内（400℃以内）使用，耐蚀性、加工性和钎焊性均较好。用作不同级别电阻器，对铜镍电阻合金线的要求列于表 4-3，供参考。

表 4-3 对电阻器用铜镍合金的要求

级 别	电阻率 ρ	测定点/℃	平均电阻温度系数/$℃^{-1}$	最高使用温度/℃
A	$49\pm3\mu\Omega\cdot cm$	20±2	<20	200
B		50±2	<50	200
C		50±2	<100	400

以锰代替部分镍的“尼凯林”合金，其电阻率 ρ 降低了，同时 α 升高很多，E_{Cu} 有些下降，所以不是理想的合金。还有一种以锌代镍的合金，即“德银”，其性能稍差一些，但比较便宜，当温度升到 200~300℃时会变脆，常用在限流电阻器上，其占统治地位已经一百多年了。

以上三种合金的成分与性能见表 4-4。

表4-4 康铜、尼凯林、德银三种合金的化学成分与性能

合金	化学成分(质量分数)/%				$\rho/\mu\Omega\cdot cm$	$\alpha/℃^{-1}$	E_{Cu} /$\mu V\cdot ℃^{-1}$	σ_b/GPa	工作温度范围/℃
	Ni	Cu	Mn	Zn					
康铜	45	54	1		50	30×10^{-6}	−43	50~70	400
尼凯林	30	67	3		40	$(100\sim200)\times10^{-6}$	20	40	300
德银	54~62	17~20		24~27	34	$(330\sim360)\times10^{-6}$	14.4		<200

为了提高康铜性能，可以加入一些其他合金元素，如锰、硅、铍等均可提高其耐热性从而提高康铜的使用温度范围，并可控制温度系数。如增加 Mn 的含量，适当调整镍和铜的质量分数，便得到一种低电阻温度系数（$\alpha=\pm20\times10^{-6}/℃$）和良好抗蚀性的 Monel 401 合金，且易加工和热处理，其最高使用温度可达500℃左右。其化学成分（质量分数,%）是：C≤0.10、S≤0.015、Ni + Co 40 ~ 45、Mn≤2.25、Fe≤0.75、Si≤0.25、Co≤0.25、余 Cu。

这类合金由于E_{Cu}高，不能作为直流标准电阻和测量仪器中的分流器使用。但在交流系统中的精密电阻、滑动电阻，启动、调节电阻器、高阻箱以及应变计等方面都在采用。

4.4 铜-锰系精密电阻合金

锰铜合金具有优异的性能，其电阻温度系数小，对铜热电势小，经年稳定性良好，原材料易得、易加工且便宜。经过调整合金成分和改造生产工艺等措施，锰铜的品种不断增加，性能不断改进和提高。

1888 年，英国人 Weston 首先提出 Cu-Mn-Ni 及 Cu-Ni 系合金，前者即常说的“锰加宁”合金。此后长时间内它们一直是主要的精密电阻材料。1889 ~ 1892 年间，Weston 不断地发表锰铜合金的性能、生产和应用的文章，德国利用这些成果很快地进入工业化生产。1910 年美国人 Thomas 提出 Therlo 合金。1930 ~ 1940 年间 Thomas 等人又研制出铜-锰-铝合金、新康铜、金-铬合金、银-锰-锡合金等。1948 年，Schulze 发现铜-锰系添加少量Ge(w(Ge) = 0.3% ~1.0%)可提高其ρ，改善加工性能。同时提出铜-锰-硅系的 W306 合金。1957 年，［日］平山宏之提出铜-锰-硅系和铜-锰-锗系新合金，认为 Ge 还提高合金的稳定性。1969 年前苏联 A. M. Керолбков 提出铜-锰系中添加 Ge 和 Zr 可使α近于零，但电阻率ρ比标准“锰加宁”低。

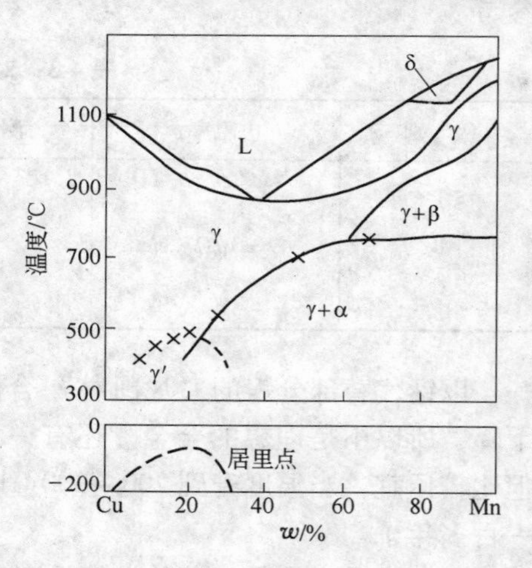

图 4-6 Cu-Mn 二元合金相图

总之，锰铜合金出世百余年的历史，又是不断研究与发展的历史。现在还在不断完善。

4.4.1 Cu-Mn 二元合金的相结构与性能

Cu-Mn 二元合金的相图如图 4-6 所示。在高温

范围内，Cu 与 20% 以上 Mn 组成无限固溶体，而在较低温度下则分解为 $\gamma+\alpha$ 两相区。由于 Mn 在 γ 面心立方结构的固体中扩散很慢，故低温下的平衡状态很难建立，图中画出虚线表示。在零度以下，含 Mn 量 $w(\mathrm{Mn})$ 为 10% ~ 30% 的居里点如虚线所示。Cu-Mn 系合金存在 Cu_5Mn 和 Cu_3Mn 有序⇌无序转变，相当于 16.6% 原子数分数 Mn 和 25% 原子数分数 Mn。图中 γ' 表示有序相。

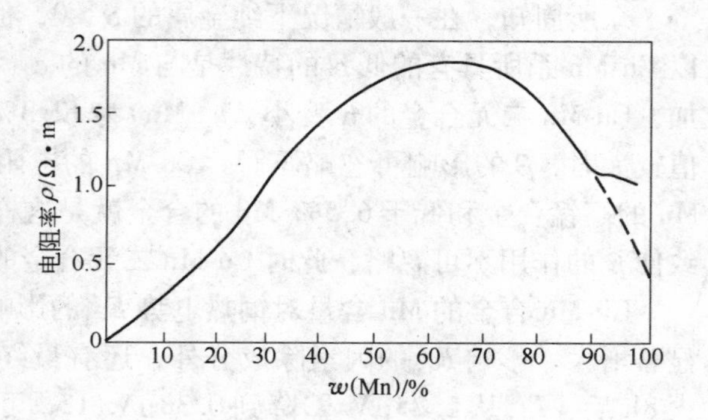

图 4-7　Mn 含量对 Cu 二元合金电阻率的影响
（曲线是在 300℃下测量的）

电阻合金一般要求是单相固溶体，故 Mn 含量 $w(\mathrm{Mn})$ 应在 20% 以下。

Mn 含量对 Cu 基电阻率的影响如图 4-7所示。由图可见，$w(\mathrm{Mn})=60\%\sim70\%$ 才是电阻率的峰值。电阻率随 Mn 含量之变化，可用马提森定则来描述：

$$\rho=(1-c)\rho_{\mathrm{Cu}}+c\Delta\rho_{\mathrm{Mn}}$$

式中　ρ_{Cu}——铜的电阻率，取 $2\times10^{-2}\Omega\cdot\mathrm{m}$；

c——锰的含量；

$\Delta\rho_{\mathrm{Mn}}$——铜中每加入 1% Mn 后电阻率的改变值，为 $2.86\times10^{-2}\Omega\cdot\mathrm{m}$。

由二元合金相图可知，电阻率峰值区域是两相区。为得到单相合金，可加入其他合金元素，如分别加入 3% Al、3% Fe 的高电阻锰铜合金（质量分数），Mn 65% ~69%、Al 3.4%、Fe 3.77%、余铜，电阻率 $\rho=1.78\sim1.92\Omega\cdot\mathrm{m}$，$\alpha=\pm60\times10^{-6}/℃$，$E_{\mathrm{Cu}}=1\mu\mathrm{V}/℃$，即为单相合金。应指出其 α 较大。

图 4-8 示出锰含量 $w(\mathrm{Mn})$ 在 10% 以下时，α 随 Mn 含量的增加而下降。在 Cu 中加入 Mn 会使 ρ 增加而 α 下降，其原因是 Mn 属过渡族元素，3d 层与 4s 层重叠，自由电子少，尤其是 3d 层才 6 个电子，远没填满，与 Cu 组成固溶体，价电子跑到深层，造成导电的有效电子减少之故。

图 4-9 所示，随着 Mn 含量的增加，二次温度系数 β 呈线性下降。约在 $x(\mathrm{Mn})=7\%$ 处

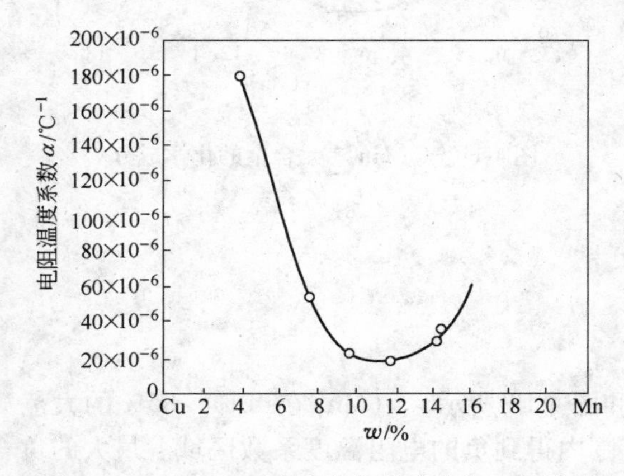

图 4-8　Cu-Mn 二元合金的化学成分与 α 的关系

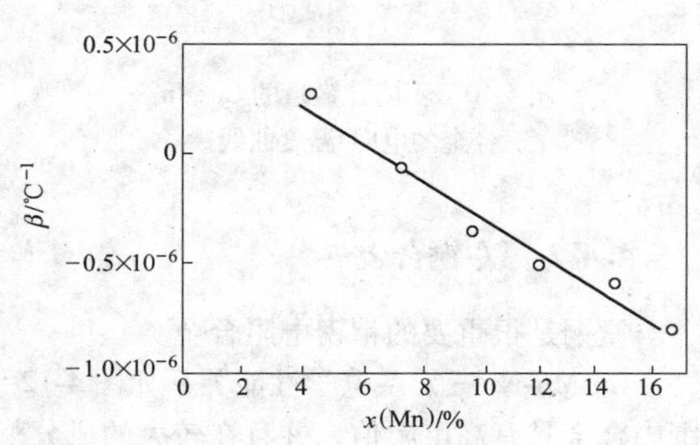

图 4-9　Cu-Mn 二元合金的化学成分与 β 的关系

β接近于零。再增加Mn则β降为负值。

众所周知，在一般情况下纯金属的$\alpha>0$，但溶质锰的$\alpha_{0\sim100℃}=-2.65\times10^{-4}<0$，所以Cu-Mn系所具有的低$\alpha$的特性是与Mn的$\alpha<0$有关。从图4-10看出，随Mn含量的增加，Cu-Mn二元合金的α变小，w(Mn)为12.3%时出现负的α。从图4-10又可看出，当α值较大时，β的影响可忽略不计，Cu-Mn的电阻-温度是线性关系，例如质量分数为65% Mn的高锰合金和低于6.5% Mn的合金就是这样。而w(Mn)在6.5%～25%时α值较小，致使β的作用不可忽略，此时Cu-Mn二元合金的电阻-温度关系为曲线。

Cu-Mn合金的Mn含量对铜热电势E_{Cu}的影响如图4-11所示。x(Mn)在8.0%以上E_{Cu}显著增大。影响E_{Cu}的因素除成分外，还有最终热处理制度，例如锰铜合金在200℃下回火8h后，E_{Cu}从1.25μV/℃降到0.38μV/℃。可见，可以通过适当的热处理工艺制度来获得较理想的E_{Cu}。关于化学成分与E_{Cu}的关系，有人概括出如下一些规律：非过渡族金属（例如Ⅲ和Ⅳ族金属）一般使E_{Cu}向负的方向移动。对于过渡族金属如具有小于或等于基体金属的费米面，则这些元素使合金的E_{Cu}向负的方向移动。相反，则合金的E_{Cu}朝正的方向移动，如Cu中加入Mn就属于后一种情况，即随Mn的加入，合金的E_{Cu}增大。

根据精密电阻在性能上的要求，Cu-Mn二元合金其w(Mn)在11%～12%范围内较为合适。但总的来看该合金性能不够理想，其α还不够小，E_{Cu}又较大，耐蚀性较差，稳定性也就差。采用加入其他合金元素的办法可以改善合金的性能。锰铜合金就是在Cu-Mn系中加入Ni等元素获得的。

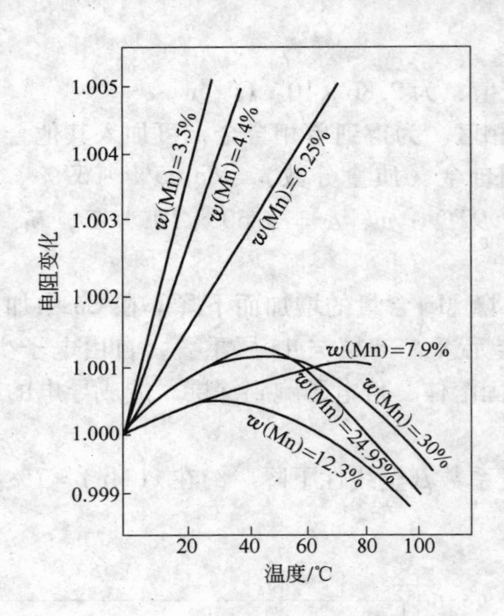

图4-10 不同含锰量的Cu-Mn合金的电阻-温度曲线

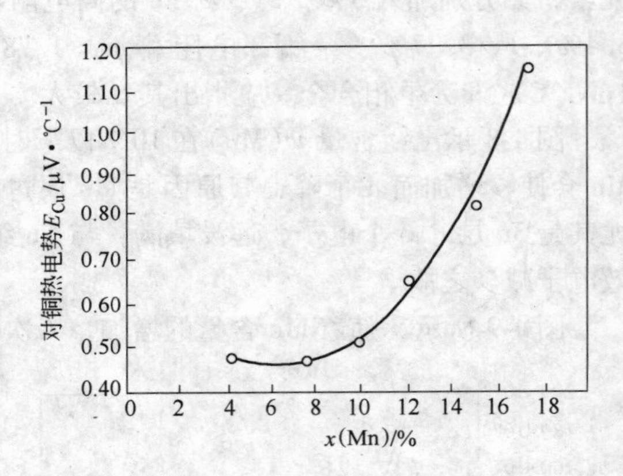

图4-11 Cu-Mn二元合金的化学成分与E_{Cu}的关系

4.4.2 锰-铜合金

锰铜是很重要的精密电阻合金。

Cu-Mn-Ni三元系电学性能关系如图4-12和图4-13所示，w(Mn)在40%～85%的大范围内合金具有高电阻值，并且在较大的成分范围内得到负的电阻温度系数区域。最大的负值$\alpha=-270\times10^{-6}$/℃。而63.4% Mn、31.6% Cu、5% Ni（质量分数）合金之$\alpha=-840\times$

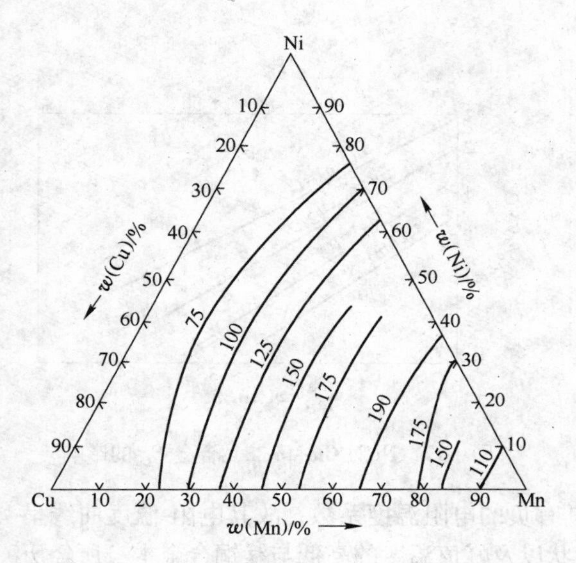

图 4-12　Cu-Mn-Ni 三元合金的电阻

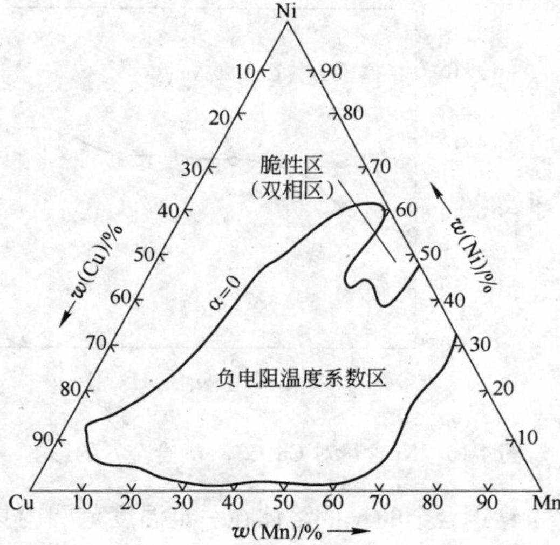

图 4-13　Cu-Mn-Ni 三元合金的电阻温度系数

10^{-6}/℃，95% Mn 或 5% Mn 合金（质量分数）的 $\alpha = 2000 \times 10^{-6}$/℃。在大成分范围内的 Cu-Mn 二元合金及 Cu-Mn-Ni 三元系若干合金的 α 为零。这意味着探讨高阻精密电阻合金，Cu-Mn-Ni 系具有较大潜力。

锰铜合金从 20～40℃之间电阻温度曲线上有一个峰值，其峰值处的温度以 t_m 表示。在 t_m 以下锰铜的电阻温度系数为正值，高于 t_m 锰铜的 α 为负值。温度等于 t_m 处则 dR/dt_m 为零，在 t_m 附近合金具有低的 α，因此合金在 t_m 附近使用为宜。标准电阻器要求在恒温下使用就是这个道理。如图 4-14 所示，改变 t_m 就改变了合金的电阻温度系数。研究结果表明，可以通过调整合金成分，改变冷加工及最终热处理制度来控制 t_m 值，以达到改变 α 的目的。

在 Cu-Mn 二元合金中加入合金元素 Ni 可以改善合金的电学性能，降低 α 和 E_{Cu}，还可提高合金的抗腐蚀能力。这就是著名锰铜“锰加宁”合金。常用“锰加宁”合金的标准成分为 12% Mn，2%～4% Ni，余为铜。

Ni 对 Cu-Mn 合金的 α、β、E_{Cu} 的影响如图 4-15、图 4-16 和图 4-17 所示。

由此可知，Cu-Mn 合金中加入 Ni，其 α 和 E_{Cu} 都得到很大改善，对 β 负值有所减小，综合起来看，w(Ni) 含量在 2%～4% 之间效果最佳。

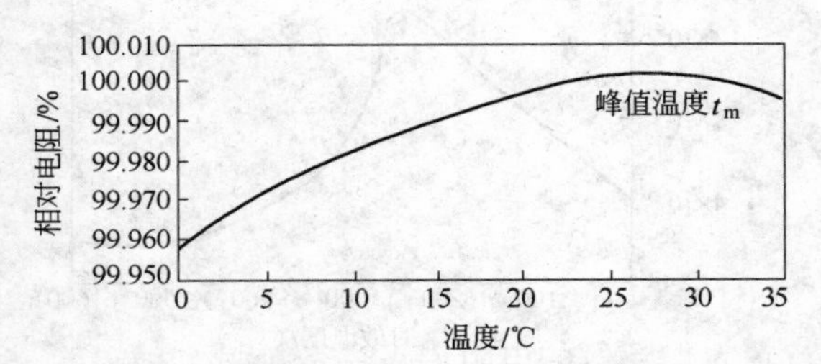

图 4-14　锰铜合金典型的电阻-温度曲线

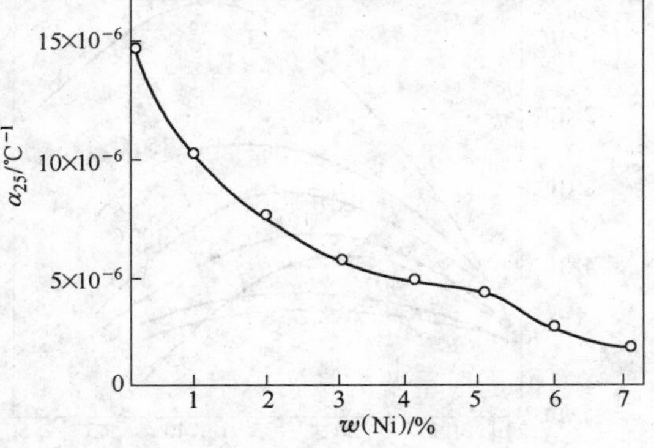

图 4-15　Ni 含量对 Cu-12% Mn 合金 α 的影响

Cu-12% Mn；变形率 80%；退火温度 200℃

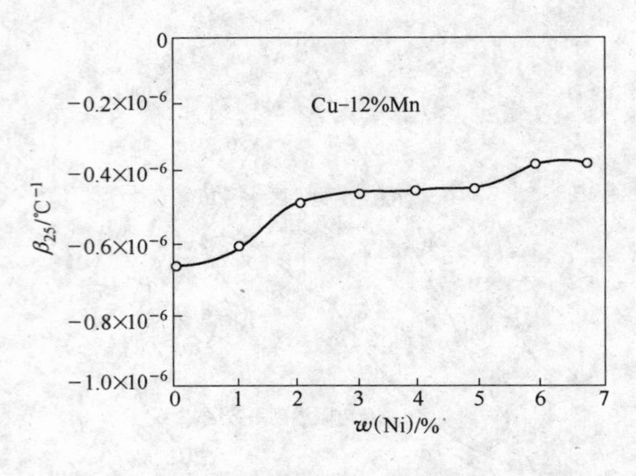

图 4-16 Ni 含量对 Cu-12% Mn 合金 β 的影响

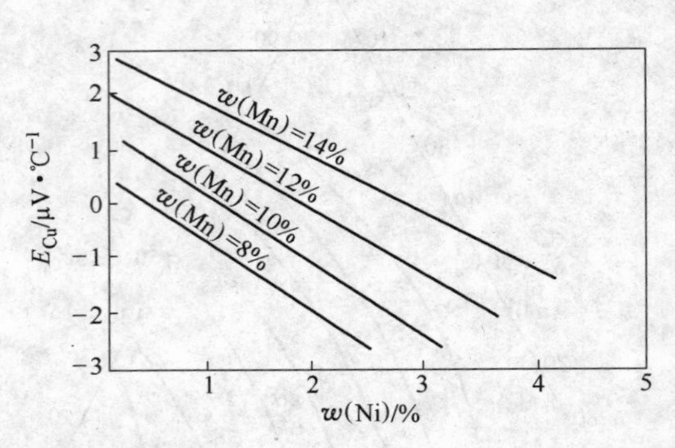

图 4-17 Ni 对 Cu-Mn 二元合金 E_{Cu} 的影响

锰铜合金的 γ 固溶体在一定温度范围内具有负的电阻温度系数，故其电阻-温度曲线呈抛物线形状，并存在一个峰值温度。曲线的形状以及峰值温度的高低与锰铜合金本身所经历的热处理制度具有密切关系。如图 4-18 所示为锰铜合金电阻-温度曲线与回火温度的关系。图中曲线 a 是经冷加工（未退火）的锰铜，其余是在不同温度下回火的锰铜。若以电阻温度系数 α-回火温度的关系来表达则如图 4-19 所示，即采用不同温度处理的锰铜具有不同的 α 值，这具有实际的使用价值。至于锰铜所以有这些变化的原因，又将回到前面能带理论的不同说法。当根据磁测量法研究锰铜时，提出 Cu-Mn 系中存在有序→无序转变，转变的温度及化学成分范围如图 4-6（Cu-Mn 二元合金相图）所示。在有序过程中形成 Cu_5Mn（x(Mn) = 16.6%，转变温度 450℃）。因在有序过程中改变了电子在能带中分布的状态，因此引起电子性能及其他性能的变化。另一种观点认为，锰铜合金中存在 K-状态，即与近程有序组构有关。K-状态形成过程中伴随着 d、s 层电子的重新分布，在形成近程有序时，为 s-d 层电子的交换创造好了条件，因为过渡族金属 d 层的费米能级非常接近。在形成 K-状态时除电学性能发生变化外，晶格常数及磁化率减小，硬度增加，霍尔常数朝正值变化。

锰铜合金的最终热处理，即冷变形后在再结晶温度以上退火及稳定化处理。热处理时除进行再结晶过程外，还有 K-状态的形成。K-状态形成的特点是使合金的 α 降低甚至为负值。因此，为了使再结晶完全和获得最好

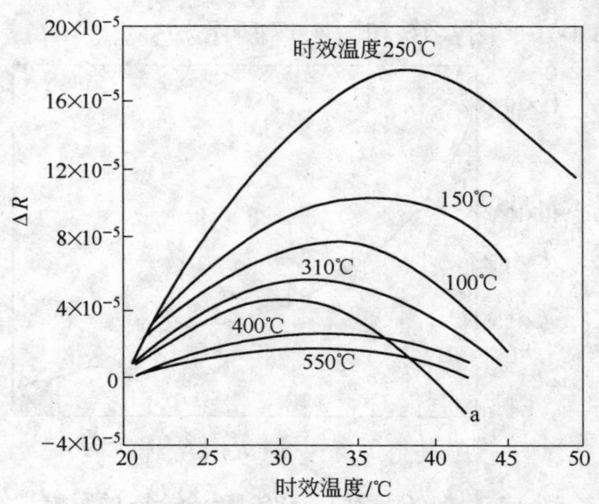

图 4-18 锰铜的电阻与时效温度的关系

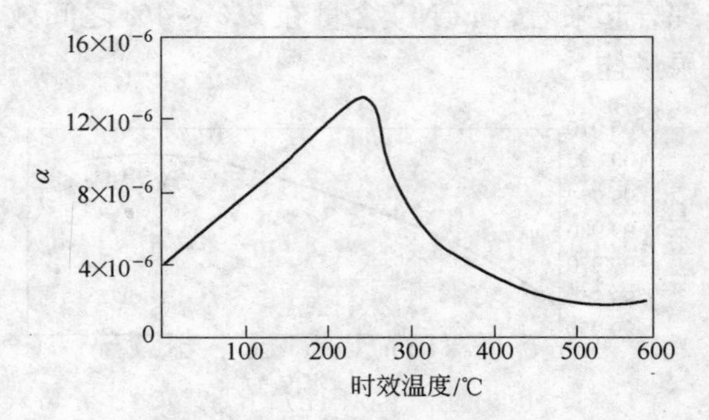

图 4-19 锰铜的 α 与时效温度的关系

的 α，热处理温度和保温时间以及处理气氛的选择成为关键。

锰铜合金最佳的退火温度为500℃，但还应掌握退火前的变形量。在变形量小于50%的情况下，对K-状态破坏较小，在该温度下退火，合金将得到更负的 α（与在退火前变形量大于50%的情况相比）。

为了提高合金的稳定性，退完火的锰铜合金还应在100～150℃下保持50～200h，而后在工作温度环境下放置几个月，以使其组织状态接近平衡。

为了进一步改进锰铜的性能，在Cu-Mn-Ni的基础上又加入其他合金元素，如Fe、Si、Al等。加入合金元素可以提高锰铜的电阻率 ρ，其提高量可用马提森定则来推测：

$$\rho = \rho_m + c\Delta\rho$$

式中 ρ_m——溶剂金属的电阻率；

$\Delta\rho$——每加入1%合金元素后电阻的改变值；

c——合金元素的浓度。

对于多元锰铜合金，可将上式扩展为：

$$\rho = (1 - \Sigma c_i)\rho_m + \Sigma c_i \Delta\rho_i$$

式中 c_i——i种组元的原子百分数；

$\Delta\rho_i$——i种组元与溶剂组成二元合金时电阻率的变化值。

根据实验数据，取 $\rho_{Cu} = 0.02\Omega \cdot m$，则Cu中每加入1%原子百分比的合金元素电阻率的改变为：

$$\Delta\rho_{Mn} = 0.0286\Omega \cdot m$$

$$\Delta\rho_{Ni} = 0.0118\Omega \cdot m$$

$$\Delta\rho_{Fe} = 0.058\Omega \cdot m$$

$$\Delta\rho_{Si} = 0.0395\Omega \cdot m$$

$$\Delta\rho_{Al} = 0.01115\Omega \cdot m$$

Fe的作用可使锰铜的 t_m（峰值温度）向低温移动；Fe取代锰铜中部分Ni时，可降低 E_{Cu} 和 α，但Fe含量 w(Fe)在0.25%～0.5%范围内才有效，再多加反而使性能变坏，因为更多的Fe会使固溶体分解，使合金抗腐蚀性变坏。

Si的作用在于改善锰铜的电学性能，但Si的含量 w(Si)一般不超过0.25%，Si再高则合金变脆。例如锰铜的成分为12% Mn、2% Ni、0.25% Fe、0.1% Si、余为Cu。冷变形20%后在550℃退火1h的性能为：$\alpha_{20} < 2 \times 10^{-6}$/℃，$|\beta| < 0.5 \times 10^{-6}$/℃，$|E_{Cu}| < 0.5\mu V$/℃，$\rho = 0.42\Omega \cdot m$，$t_m = 20$～25℃。

从冷加工和热处理角度来说，不同研究者有不同的主张，有的主张大加工量（80%～90%），有的主张小加工量（20%～50%）；有的主张低温热处理（200～300℃），有的主张高温热处理（500～700℃）；有的主张不同规格采用不同热处理（退火）温度，如 ϕ1.0mm用750℃，ϕ0.50mm用700℃，ϕ0.10mm用550℃；有的主张同规格在不同保护气氛下退火采用不同的温度，如 ϕ1.0mm在木炭保护下退火时用750℃保温1.5h，α 最低。氢气保护下退火时应以650℃，保温0.5h左右为好。在真空系统中退火时应以550℃，保温1～1.5h为佳。但在往后的回火处理上大家较一致认为，需经100～150℃、50～200h的真空回火处理，再在中性油（如聚硅氧烷）中浸泡或在工作环境温度中存放几个月的稳定化处理。对一般仪器仪表使用的电阻材料则可不必经过真空处理。

总的目标都是为了获得小的 α 及良好的稳定性。从这两点来看，合金的本质以及添加少量的合金元素来调配适宜，即化学成分是基础，辅以合理的工艺制度才能达到理想的结果。

A. H. M Arnoed 认为，用热处理来调整 α 还与合金材料的来龙去脉有关，而 C. Dean Starr 等人的试验结果与此不一致，分析认为两者热处理方法（退火）有别。有趣的是，两者相同的是随着处理时间的延长，α 值由正变零，转为负值，再从负值经零转为正。而且电阻温度系数与电阻值变化的关系遵循下式：

$$\gamma = a(\rho - \rho_0)$$

式中 γ——电阻温度系数（20～100℃），$\times 10^{-6}$/℃；

ρ——电阻系数（电阻率，圆密尔）；

ρ_0——零度时的电阻系数（电阻率，圆密尔）；

a——常数。

上式可改写为：

$$\frac{\rho_2}{\rho_1} = 1 + \frac{\rho}{a\rho_1}(\gamma_1 - \gamma_2)$$

或

$$\frac{R_2}{R_1} = 1 + \frac{L}{aR_1 d^2}(\gamma_1 - \gamma_2)$$

式中 R_2——相当于 γ_2 时的电阻；

R_1——相当于 γ_1 时的电阻；

L——丝的长度；

d——丝的直径；

γ_1，γ_2——温度系数。

当 R_1 测定后，$\frac{L}{aR_1 d^2}$便是常数，由实验结果得出大致为2000，故：

$$\frac{R_2}{R_1} = 1 + 2000(\gamma_1 - \gamma_2)$$

式中 γ——温度系数。

此公式对用热处理调整 α 是有用处的。

从前面的研究与分析看，对于锰铜合金的成分选配、材质的净化、冷热加工量度、热处理方法及工艺制度的配合，稳定化妥善处理等是一个严密的系统的质量管理工程。

部分发达国家的锰铜合金成分如表4-5。

表4-5 部分发达国家锰铜合金的化学成分（质量分数） （%）

名 称	Cu	Mn	Ni	Fe	Si
镍锰铜（德）	86	12	2		
镍锰铜（日电试）	85.6	12	2	0.25	0.1
镍锰铜（美 NBS）	81.7～83.4	12.1～13.2	4.2～4.6	0.3～0.5	
NPL ohmal A（英）	87	9	3.6	0.3	0.1
NPL ohmal B（英）	85	11	3.6	0.3	0.1
BOS Nr 36	79.1	10.2	10.3	0.4	

这种合金的缺点是耐蚀性能不好，可使用温度范围窄。由于β值较大，电阻-温度曲线的线性不好。生产工艺较难控制，尤其在大生产中更难保证完全良好。制成高阻元件（细丝）稳定性较差，体积也较大且耐磨性也差。尽管如此，在各国仍习惯地用在基准测量中。

4.4.3　Cu-Mn 系其他精密电阻合金

在 Cu-Mn 系中加入 Al、Sn、Si、Ge、In、Fe 等合金元素可获得一系列的精密电阻合金。

（1）在 Cu-Mn-Ni 系中，随着 Mn 含量之增加，α与E_{Cu}均增加，但 Ni 含量的增加有抑制作用，即降低α及E_{Cu}。由于 Ni 含量和 Mn 含量的同时增加可使ρ增高，如质量分数为 15%～20% Mn、9%～21% Ni 的 Cu-Mn-Ni 合金成为时效硬化合金，其特性是耐蚀、耐磨、弹性好，可用作弹性材料、轴承材料及电阻材料。

（2）高 Mn 的锰铜合金，其成分范围为：Mn 63%～68%，Ni 2.5%～3%，V 0.2%，余 Cu。

其性能为$\rho \geqslant 1.8\Omega \cdot m$，$\alpha \leqslant \pm 20 \times 10^{-6}/℃$，$E_{Cu} < 2\mu V/℃$，稳定性良好，焊接性好，加工也不大困难。

（3）用 Al 代替 Cu-Mn-Ni 中的 Ni，使α、$|\beta|$均下降，而ρ增加，抗蚀性加强，但E_{Cu}变化不大。

在 Cu-Mn-Al 合金中加入少量 Ni、Fe、Si 时可使α及E_{Cu}降低。Si 对提高ρ有较大影响。Fe 与 Ni 对降低E_{Cu}有显著效果。Fe 对α之降低最有效。

Al 含量增多，易产生偏析，也易氧化，加工性和焊接性均变坏。质量分数为 4%～5% 的 Al 使合金的加工性已较差，如果合金中还有 Fe、Si 等，那么该合金（例如 Esabellin 合金）的稳定性比 Cu-Mn-Ni 合金要差。新康铜有严重磁滞现象。虽然捷尔罗成为“锰加宁”的劲敌，但如果热处理不好，能变脆。

几种 Cu-Mn-Al 合金的成分及性能见表 4-6。

表 4-6　几种 Cu-Mn-Al 合金的成分及性能

名　称	化学成分（质量分数）/%					α_{20}/℃$^{-1}$	β/℃$^{-1}$	E_{Cu}/μV·℃$^{-1}$	ρ/μΩ·cm
	Cu	Mn	Al	Fe	Si				
依沙别林（Esabellin）	83.35	12	3.5	0.9	0.25	$(-4.38 \sim -6.97) \times 10^{-6}$	$(-0.29 \sim -0.42) \times 10^{-6}$	0.2	50
新康铜	82.5	12	4	1.5		$(2.59 \sim -1.60) \times 10^{-6}$	$(-0.37 \sim -0.35) \times 10^{-6}$	0.3	45
捷尔罗（A）（Therlo）	85	9.5	5.5			−2.5～7	0.35	0.7	50
赫尔曼（Holman）	83.5～85.5	10.5～11.5	4～5	0.04～0.24	0.02～0.04				42.4～47.8

根据日本资料，Cu-Mn-Al 系精密电阻合金的最佳成分（质量分数）为：

Mn 11%、Al 2.5%、余 Cu。其性能为$\alpha_{25}=0$，$\beta=0.40 \times 10^{-6}/℃$，$E_{Cu}=0.58\mu V/℃$，$\rho=43\mu\Omega \cdot cm$。

Mn 11.5%、Al 3%、余 Cu。其性能为$\alpha=0$，$\beta=0.45 \times 10^{-6}/℃$，$E_{Cu}=0.7\mu V/℃$，

$\rho = 45\mu\Omega \cdot cm$。

（4）Cu-Mn 合金中加入 Sn，对 α 的改善比 Ni、Fe、Al 更为有效，在三元合金中 α 固溶体区域一直延伸到20% Mn 及25% Sn 范围内。Cu-Mn-Sn 合金有 W 306 合金，其成分为7% Mn、3% Sn、0.5% Fe、余 Cu 及 10.5% Mn、4% Sn、余为 Cu，均进行工业化生产。可获得高性能精密电阻的 Cu-Mn-Sn 合金的成分及性能如表4-7。

表4-7 Cu-Mn-Sn 合金的成分与性能

化学成分（质量分数）/%	α_{25}/℃$^{-1}$	β/℃$^{-1}$	E_{Cu}/μV·℃$^{-1}$	ρ/μΩ·cm
Mn 11，Sn 0.3，余 Cu	0	-0.56×10^{-6}	0.43	38.5
Mn 11，Sn 0.3～0.4，余 Cu	0	-0.50×10^{-6}	0.40	39
Mn 9，Sn 2，余 Cu	0	-0.30×10^{-6}	0	32
Mn 9.5，Sn 2.3，余 Cu	0	-0.50×10^{-6}	0	34

（5）在 Cu-Mn 合金中加入少量 Fe 及 Si 可以改善合金的电性和稳定性，适于制作标准电阻器和精密测量用电阻器。但 Si 的加入使合金在高温退火时，会引起固溶体的分解，当 w(Si)超过2%时，合金的加工性变坏。而且，此类合金对热处理工艺参数的波动极为敏感。已由实验获得 $\alpha=0$，$E_{Cu}=0$ 及 α 为负值的 Cu-Mn-Si 合金的化学成分及性能如表4-8。

表4-8 Cu-Mn-Si 的化学成分与性能

化学成分（质量分数）/%	α_{25}/℃$^{-1}$	β/℃$^{-1}$	E_{Cu}/μV·℃$^{-1}$	ρ/μΩ·cm
Mn 11～12，Si 0.1～0.15，余 Cu	0	-0.55×10^{-6}	0.4	41.5
Mn 11～12，Si 0.15～0.25，余 Cu	0	-0.53×10^{-6}	0.35	42
Mn 8.5～9，Si 0.2～0.3，余 Cu	0	-0.30×10^{-6}	0	32
Mn 9，Si 0.3～0.35，余 Cu			0	33
Mn 9～12，Si 1 以上，余 Cu	负 值			

A. M. ФИРСОВ（前苏联）提出6%～10% Mn、1%～5% Ni、0.8%～3% Si、0.05%～0.5% B、余 Cu 的合金，$\rho=35\sim45\mu\Omega\cdot cm$，$\alpha=(0\sim30)\times10^{-6}$/℃，该合金可以铸造微细线。

（6）在 Cu-Mn、Cu-Mn-Ni 和 Cu-Mn-Al 系合金中添加 Ge 均可降低 α、β、E_{Cu}，提高 ρ 和抗拉强度、抗氧化、抗蚀性、加工性及焊接性。其稳定性比加入 Sn、Si 更有效。Ge 的原子序数与 Cu 相近，从尺寸因素及溶解度极限方面考虑加 Ge 也是合适的。在 Cu-Mn 合金中加入 Ge 后，α 呈直线性下降，能从正值降到负值，即使经过高温退火，电阻-温度曲线也很少恶化。此类合金中最具代表性的是“锗拉宁”合金，它是一种单相合金，用热处理或其他方法都不能使其析出第二相。在0～70℃温度范围内合金的电阻变化很小，如图4-20所示：由图4-20可见，在0～70℃范围内，$\Delta R/R$ 与 t(℃)关系基本上是一段水

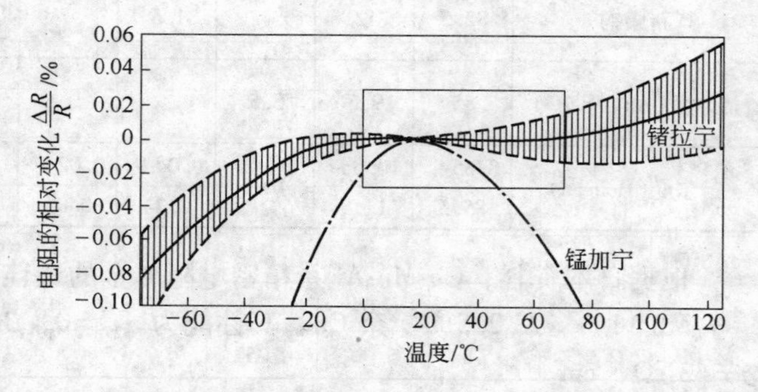

图4-20 锗拉宁合金的电阻-温度关系曲线

平直线。

Ge 含量对 Cu-Mn 合金电性的影响见表 4-9 所示。

表 4-9　Ge 含量对 Cu-Mn 合金电性的影响

化学成分(质量分数)/%				$\rho/\mu\Omega\cdot cm$	$\alpha_{20}/℃^{-1}$	$\beta/℃^{-1}$	$E_{Cu}/\mu V\cdot ℃^{-1}$
Mn	Ni	Ge	Cu				
11.5 ~ 12	0.2	0.45 ~ 0.5	余	42 ~ 45	$\pm 1\times 10^{-6}$	$(-0.3\sim 0.5)\times 10^{-6}$	±0.4
9.5		0.7	余	37	$\pm 1\times 10^{-6}$	-0.35×10^{-6}	0
9 ~ 10		0.3 ~ 0.5	余	42 ~ 45	$\pm 1\times 10^{-6}$	$(-0.3\sim 0.4)\times 10^{-6}$	0.2 ~ 0.4

从表 4-9Cu-Mn-Ge 化学成分与电性参数可见，“锗拉宁”合金是目前制造高精度仪器仪表的最佳材料之一。

有人指出，向 Mn-Cu 合金中添加 0.1% ~ 0.3% 铈和 0.1% ~ 0.3% 锆，能使 $\alpha=0$，而且使 t_m（电阻峰值温度）向低温方向移动 10℃，而 $|\beta|$ 不变。就是说，稀有元素对精密电阻合金电性的影响应进一步探讨。

（7）以 Cu-Mn（2% ~ 38%）为基加入 Al、In、Ni、Fe 元素后，制成一系列精密电阻合金。这些合金在某些性能上比锰铜优越，如有的合金的电阻温度系数 α 比锰铜合金还低，例如 Mn 7.18%、Al 1.82%、In 1.85%、Ni 8.78%、Fe 0.12%、余 Cu 的合金，其 $\alpha=0.18\times 10^{-6}/℃$，可以用调整化学成分的办法来控制峰值温度（自 12℃到 56℃区间，需要什么样的 t_m 几乎均可做到）。有的合金的 E_{Cu} 很小，一般情况下，在相同的温度下其 E_{Cu} 为锰铜合金的 1/3，ρ 变化范围较大，其稳定性、加工性、抗氧化性均与锰铜相近，故可以根据不同的使用条件选择合适的合金。部分 Cu-Mn-Al-In-Ni-Fe 系精密电阻合金的化学成分与性能列于表 4-10，供参考。

表 4-10　部分 Cu-Mn-Al-In-Ni-Fe 系合金的化学成分与性能

化学成分(质量分数)/%						ρ_{25}	E_{Cu}	$\alpha/℃^{-1}$	$t_m/℃$
Mn	Al	In	Ni	Fe	Cu	$/\mu\Omega\cdot cm$	$/\mu V\cdot ℃^{-1}$		
14.25	4.25	1.87	1.69	0.281	余	59.90	+0.54	-0.48×10^{-6}	—
3.00	2.00	2.00	2.81	0.100	余	16.00	-3.07	0.31×10^{-6}	—
2.00	2.00	2.00	2.00	0.250	余	17.74	-4.23	0.21×10^{-6}	—
2.15	1.87	2.24	1.66	0.100	余	16.00	-3.0	0.30×10^{-6}	—
6.30	1.90	1.95	2.74	0.310	余	39.58	-2.03	0.039×10^{-6}	—
8.40	1.96	1.89	2.76	0.050	余	37.10	-1.44	0.32×10^{-6}	38.4
21.19	1.50	1.56	3.92	0.250	余	83.15	+1.16	-0.55×10^{-6}	11.0
26.93	0.02		6.00	0.050	余	95.91	+1.80	-0.73×10^{-6}	55.7
27.16	1.12		6.01	0.400	余	103.23	+1.77	-0.54×10^{-6}	25.6
27.10	1.62		6.00	0.450	余	104.92	+1.77	-0.53×10^{-6}	12.5
26.90	2.43	0.38	6.04	0.310	余	107.50	+1.82	-0.47×10^{-6}	2.6
25.00	2.25	0.75	6.00	0.250	余	101.77	+1.60	-0.49×10^{-6}	7.7

5　镍-铬系高电阻精密电阻合金

5.1　前人的工作简况

作为精密电子仪器仪表用的标准电阻器、电位计以及应力测量的应变计等，多用卷绕电阻器和圆、扁微细丝栅。以往常用Cu-Mn-Ni（锰加宁）及Cu-Ni（康铜）合金细丝。这两种材料都是19世纪末发明的。一战期间德国停止供给，促使各国在20世纪上半叶不断探讨改进，但基本上都局限于这两种基材。这两种材料成为百年当中精密电阻材料的主宰。

由于人造卫星、飞弹、航天器、喷气式发动机、电子计算机、地面伺服器等尖端设备所需的电阻材料必须高阻、微型、耐高温、抗氧化、抗蚀、耐振、抗大冲击，强辐射等苛刻条件下保持精密、准确、稳定可靠。而锰铜比电阻过小，极限阻值为$10^6\Omega$，制作兆欧尤其百兆、千兆电阻不行，制成更细的丝机械强度不够。其标准电阻器只能用在45℃以内而且需浸泡在保温油罐中使用。英国“N. P. L”认为，使用Ni-Cr系细丝ϕ0. 025mm可制成1～100MΩ，使用ϕ0. 015mm可制成1000MΩ电阻器，Ni-Cr合金和Fe-Cr-Al合金初步具备这些条件。Ni-Cr合金在19世纪欧、美用作一种耐热构件，20世纪初，美国人企图采用Ni-Cr合金制作电热元件没有成功。后来欧洲人逐渐采用Ni-Cr丝材制作电热元件和小型化仪器线绕电阻。二战期间，由于军用飞机的燃气涡轮发动机叶片急需解决高温蠕变大的问题，参战国都在努力探索改进当时使用的镍铬型调质奥氏体钢。英国人在Ni80Cr20合金基础上分别加入Al、Ti、Nb、Co，创造出既耐800℃以上的高抗拉强度蠕变又小的尼莫尼克镍铬75～100型合金。它告诉人们，Cr20Ni80合金的电学性能和高温性能是可调整的。正因如此，研究者穷追不舍。

Cr20Ni80二元合金退火后的性能见表5-1。

表5-1　Cr20Ni80合金退火后的性能

电阻率ρ/μΩ · cm	α/℃$^{-1}$	E_{Cu}/μV · ℃$^{-1}$	σ_b/MPa	δ/%	密度/g · cm^{-3}
107	120×10^{-6}	4. 1	705	30	8. 4

由表5-1可见，其α和E_{Cu}都比锰加宁差，因此直接使用它制作精密电阻是不行的。

Ni-Cr二元合金状态图如图5-1所示。在含Ni 70%～80%处（温度540℃）虚线峰值为Ni_3Cr有序化，这个异常现象到后来才被人们认识和利用。

图5-2为Cr20Ni80合金的电阻值随退火温度的变化，是一条S形的曲线图，不符合精密电阻的要求。研究者发现，在Cr20Ni80合金中加入质量分数为1%～4%的Al和Fe，其电阻提高近20%，而且电阻随温度的变化趋于平缓，且峰值移向低温方向。这时的$\Delta R/R$-t曲线如图5-3所示，其与Ni80Cr20合金的$\Delta R/R$-t曲线的比较一目了然。

早在1940年，人们就开始寻找耐高温的高阻精密电阻合金。1948年美国领先在Ni-Cr合金基础上研制成功Evanohm（伊文）及Karma（卡玛）两种合金。前者化学成分（质量分

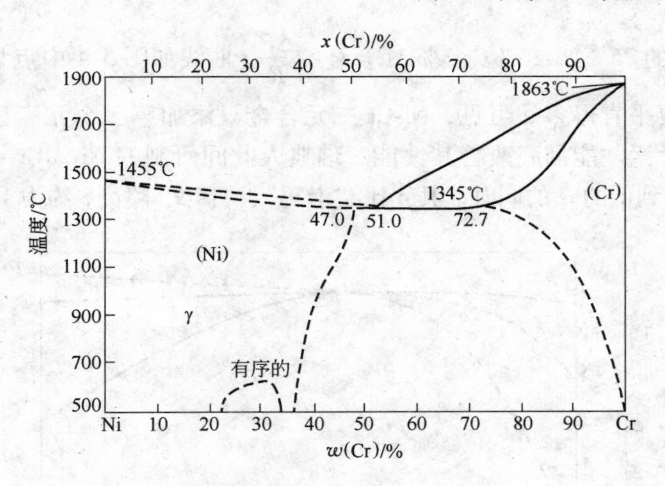

图 5-1 Ni-Cr 合金相图

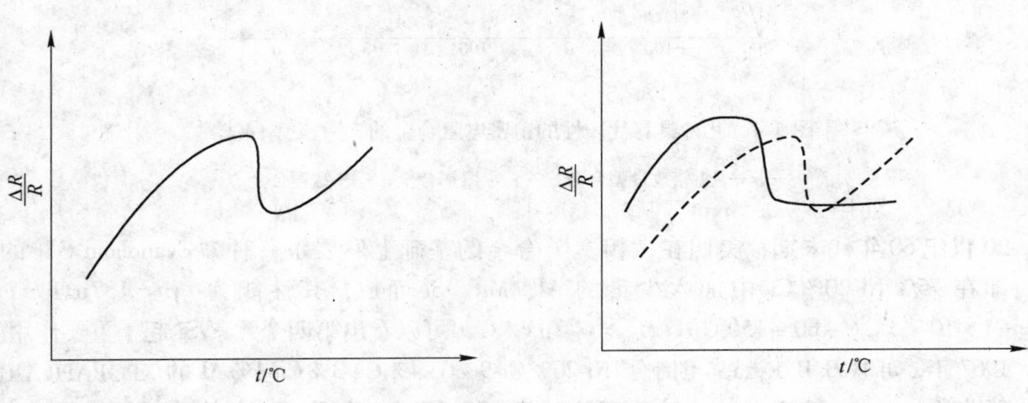

图 5-2 Ni80Cr20 合金的$\frac{\Delta R}{R}$-t 关系

图 5-3 NiCrAlFe（卡玛）合金与 Ni80Cr20 合金的$\frac{\Delta R}{R}$-t 曲线的比较

- - - Ni80Cr20；——NiCrAlFe

数）为75% Ni、20% Cr、2.5% Al、2.5% Cu，后者只将前者中 Cu 改为 Fe。它们的ρ比“锰加宁”高近3倍，α可用热处理来控制，$E_{Cu}=2\mu V/℃$左右。当$\frac{\Delta R}{R}$-t 曲线的 B 段调到室温时，曲线的曲率只有“锰加宁”的1/10，比康铜小一半。用它们来制作高阻值电阻是很优越的。缺点是需要硬焊，E_{Cu}还大，稳定性差。后来英国、西德、日本、瑞典、法国、苏联相继而上。1956 年英国国立物理实验室深入研究 Ni-Cr 改良型合金，尤其是在长期稳定性方面做了大量工作，促进了包括伊文合金在内的 Ni-Cr 精密电阻合金的工业化生产。1960 年日本人河野充在 Ni-Cr 合金中加入 Al 和 Mn，得到性能良好的“纽玛”合金，只是焊接性差，成分为 Ni-20% Cr-3% Al-3% ~8% Mn，在常温下的性能如表 5-2 所列。

表 5-2 纽玛合金常温下的性能

电阻率ρ /$\mu\Omega\cdot cm$	α/℃$^{-1}$	E_{Cu}/$\mu V\cdot ℃^{-1}$	σ_b/MPa	δ/%	线［膨］胀系数 /℃$^{-1}$	HV
130	$\pm 20\times10^{-6}$	2.0 以下	约 730	20 以上	约 14×10^{-6}	约 220

单独加入 Al 的 75% Ni-20% Cr-3% Al 合金的$\frac{\Delta R}{R}$-t 曲线如图 5-4 中点划线所示，它比锰铜和康铜的线性要平直得多。可见，Ni-Cr 二元合金只添加第三个元素远不够，必须再添加第四个以上的元素才能彻底改善其性能。瑞典人此间研制的 Ni-20Cr-4Mn-4Si "NiKroL-holL" 合金，在得到低的 α 的同时，其 ρ 比"卡玛"、"伊文"略高，约为 135μΩ · cm。

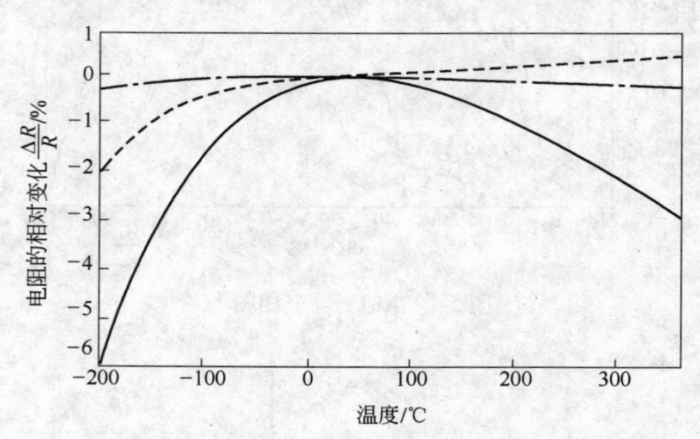

图 5-4 几种具有代表性的精密电阻合金的$\frac{\Delta R}{R}$-t 关系曲线

—·— 镍-铬改良型合金；- - - 康铜合金；—— 锰铜合金

20 世纪 60 年代末期，美国在"伊文"合金的基础上发展了一种"Evanohom S"的合金，即在 75% Ni-20% Cr 中加入少量的 Al、Mn、Si 而成，其性能为：$\rho = 137\mu\Omega \cdot cm$、$\alpha = \pm1\times10^{-6}/℃$（$-60\sim150℃$）、$E_{Cu} = 0.2\mu V/℃$，可以看出第四个元素 Si 起了重要作用。

1967 年，苏联 B. B. Кухарь 创制了 Ni-20% Cr-9% V-4% Ge-3% Cu-1% Al 的 ХРОВАНГАЛⅠ合金，其性能为：$\rho = 135\mu\Omega \cdot cm$、$\alpha = \pm20\times10^{-6}/℃$、$E_{Cu} = 2.5\mu V/℃$，这种合金不需经过中间热处理，其变形量可达 99.2% ~ 99.6%。到 70 年代初，Д. И. Менделеева 等人又研制出 ХРОВАНГАЛⅢ的高阻合金，其性能为：$\rho = 200\mu\Omega \cdot cm$、$\alpha = \pm10\times10^{-6}/℃$、$E_{Cu} = +5.0\mu V/℃$、$\beta = <0.1\times10^{-6}/℃$。

以上研制成功的两种新型高阻精密合金可制成直径小于 10μm 的丝材，$\frac{\Delta R}{R}$-t 关系为线性，并且具有高的耐蚀性和高的力学性能，给绕制电阻提供方便，简化了制造工艺。

此后，各国都围绕更高电阻及如何提高其稳定性而进行探讨。

在我国，20 世纪 50 年代就生产锰铜。而 Ni-Cr 改良型于 60 年代才开始研制。起初出于解决 400℃静态应变丝材和 800℃以上动态应变丝材问题。1963 年武汉冶金所在中科院上海冶金所的帮助下试制卡玛丝（Ni-Cr-Al-Fe）。1965 年，北航与上海冶金所合作研制采用卡玛丝制作的静、动态应变片。同年，上海有色所在试制伊文细丝漆包线。1965 年初，北京钢丝厂研制 ϕ0.01mm Fe-Cr-Al 微细丝成功。同年 5 月，北京市科委组织电阻厂、钢丝厂、清华大学、冶研所对 U-2 飞机用电阻元件进行分析并开始研制卡玛细丝和铁铬铝应变细丝。1966 年，上海、西安、北京、天津等针对大压力张力精密细丝进行研制。1968 年，北京钢丝厂研制 Ni-Cr-Al-Fe 细丝漆包线成功并转入正式生产，后来为进一步提高电阻率及稳定性而研制成功 Ni-Cr-Al-Mn-Si 五元高阻精密电阻合金微细线。

5.2 合金元素对改良型 Ni-Cr 合金性能的影响

5.2.1 铬的影响

由 Ni-Cr 二元相图 5-1 可看出，Ni 与 Cr 形成有限固溶体。作为精密电阻合金只有单相区 γ 才是可能的成分范围，即 Cr 含量 $w(\mathrm{Cr})$应在35%以下。在 Ni 中加入 Cr 可有效地提高合金的电阻率，如图5-5 所示。Cr 含量小于20%（质量分数）时，Cr 的加入可减小 α，如图5-6 所示。而 Cr 的加入量超过20%（质量分数）时 α 将增大。Cr 的加入还可降低合金的 E_{Cu}，如图5-7 所示。若只考虑 E_{Cu}一项，当 Cr 的加入量达到30%（质量分数）时，E_{Cu}接近于零。Cr 还可提高合金的机械强度而降低其伸长率。过高的 Cr 含量会使加工困难。权衡几种性能，以选择 Cr 含量为20%为宜。这个成分正好是 Ni80Cr20 的标准成分，也是改良型 Ni-Cr 合金电学特性的基础。其本身虽然有优越的条件，但作为精密电阻还差得较远。

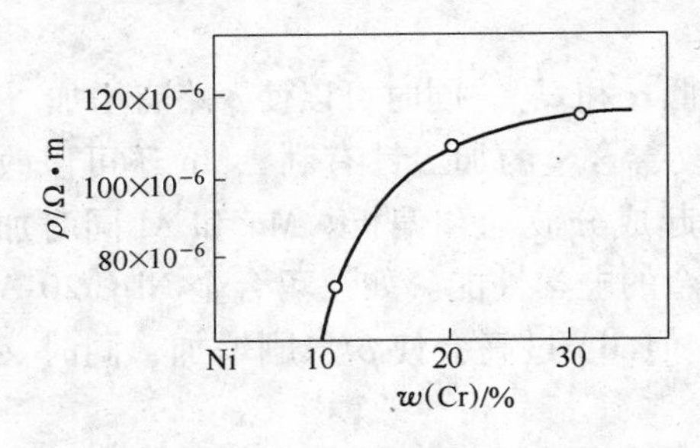

图5-5 Cr 含量对 Ni-Cr 合金电阻率的影响

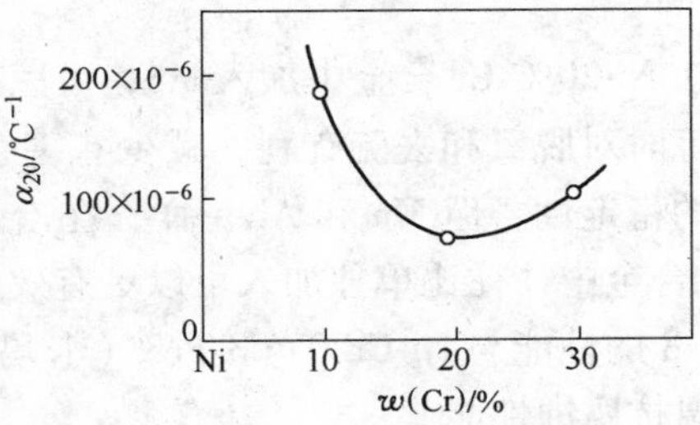

图5-6 Cr 含量对 Ni-Cr 合金电阻温度系数的影响

通过前人的研究工作发现，在 Ni80Cr20 基础上加入 Al、Fe、Mn、Si、Ti、Mo、Cu、Zr、Ge、Y 等元素，对改善合金的电学性能是有效的。如图5-8 ~ 图5-10 所示。

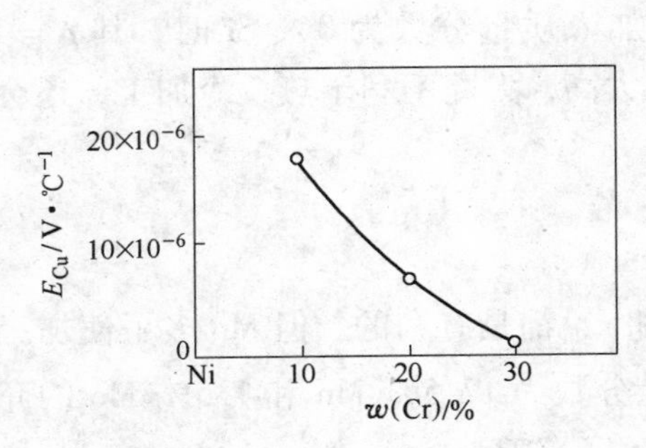

图5-7 Cr 含量对 Ni-Cr 合金对铜的热电势的影响

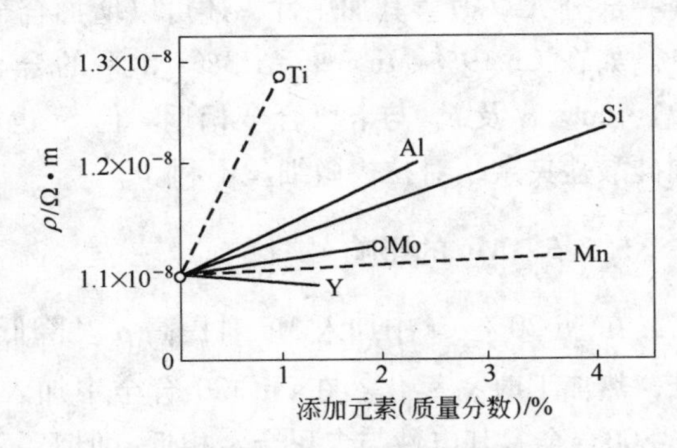

图5-8 不同添加元素含量对 Ni80Cr20 合金电阻率的影响

5.2.2 Al 的影响

在 Ni-20% Cr 合金中加入 Al，可明显提高 ρ，降低 α 及 E_{Cu}。但 Al 含量不可过高，当 Al 含量 $w(\mathrm{Al})$大于5%时，合金将会形成第二相（γ 相 + Ni_3Al 化合物）。Al 在冶炼时常引起成分波动和偏析，造成化学成分不均匀。Al 还使合金晶粒长大和硬化，不利于加工。在改良型 Ni-Cr 合金中一般将 Al 含量控制在2.5% ~3%为宜。但其合金稳定性还不行。

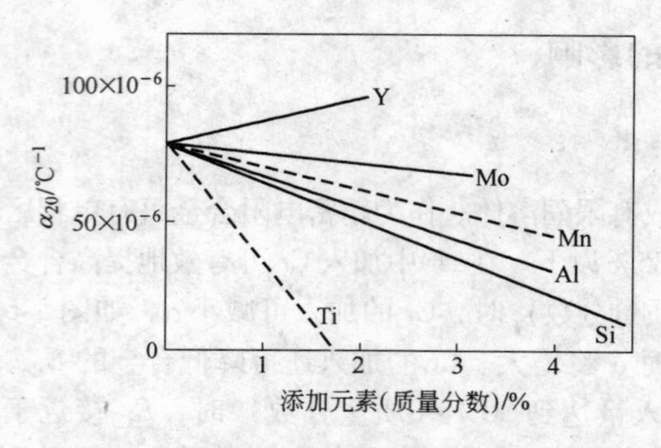

图5-9 不同添加元素含量对Ni80Cr20合金电阻温度系数的影响

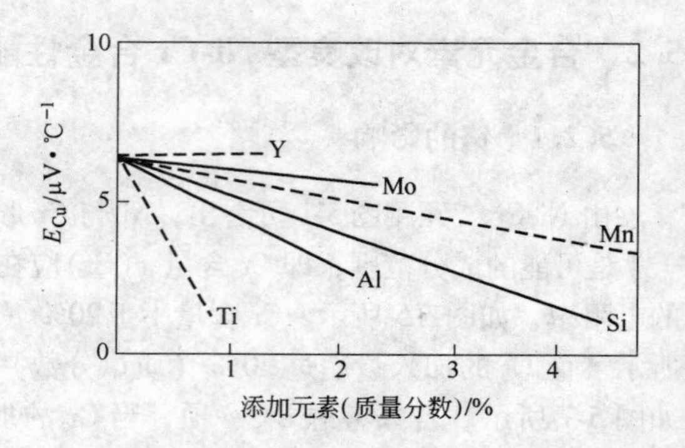

图5-10 添加元素对Ni-20% Cr合金热电势的影响

5.2.3 Mn的影响

在Ni-20% Cr合金中加入Mn，可以有效地降低α和E_{Cu}，同时可以使ρ略有增加。Mn在冶炼时对脱氧和去硫有利，减少有害杂质，对改善合金的加工性有利。Mn还可以改善合金的稳定性。但Mn和Al一样，在冶炼时常引起成分波动和偏析。Mn和Al同时加入Ni-Cr合金中往往比单独加入可以更有效地提高合金的电学性能。如纽玛合金Ni-Cr20-Al3-Mn3~8的性能与Ni-Cr20-Al3-Fe3（卡玛）相似。但Mn过高会使ρ急剧增加，同时又降低高温抗腐蚀性能。

5.2.4 Si的影响

在Ni-20% Cr合金中加入Si，可以显著地提高其ρ和降低其α及E_{Cu}。Si的加入可置换一部分Al，改善其加工性，还可以增加合金的组织均匀性，提高ρ，使α及E_{Cu}保持优良。如在Cr 19%-Mn 3%-Al 3%-Ni系的合金中加入质量分数为3% Si时，其$\rho = 145$ μΩ·cm、α及E_{Cu}与卡玛合金相近。但Si也不能太高，太高不利于热、冷加工，还会增加硅酸盐夹杂，对拉拔微细丝不利。

5.2.5 Mo的影响

在Ni-20% Cr中加入Mo对提高ρ及降低α和E_{Cu}都是有利的。但Mo多了使加工困难，热加工时易氧化。在NiCr20合金中加入质量分数为17.5% Mn和1.5% Mo的介拉夫-800合金，其电性与卡玛合金相近。但$E_{Cu} = 4\mu V/℃$较高。

5.2.6 Fe的影响

在Ni-20% Cr合金中同时加入质量分数为2.5% Al和2.5% Fe比单独加入Al可以更有效地改善合金的电性。Fe有利于提高合金的电阻及稳定性，可以改善合金的加工性能和高温力学性能。Fe的加入可抑制Al所引起的晶粒急速增大。但随Fe加入量的增多，E_{Cu}也增大。若Fe单独加入也会使合金晶粒急剧增大。故一般选择其含量为质量分数2%~3%。

5.2.7 Cu的影响

铜的加入，可以防止添加Al引起的晶粒急促长大，并可使合金的热加工性能和冷加工性能有所改善。0.7%～4.8% Cu单独加入Ni-20% Cr中对合金电性影响不大，而把Al与Cu同时加入合金中则可以有效地提高ρ，降低α及E_{Cu}，增加合金的稳定性。在NiCr20合金中加入2.5% Al，2% Cu就是伊文合金，其电学性能与卡玛合金相近。但过高的Cu可降低合金的高温抗腐蚀性，一般控制$w(Cu)=2\%$左右。

5.2.8 Ti的影响

在Ni-20% Cr合金中加入Ti能显著提高合金的ρ及降低其α和E_{Cu}。预期加入Ti有可能获得电学性能更加优良的精密电阻合金，现在有人在研制高Ti的精密电阻合金。但Ti含量高时，氮化物夹杂物多且颗粒大和硬度高；引起加工困难，尤其在拉拔微细丝时往往会出现"蛇吞蛋"的现象而断裂。

5.2.9 Y、Ge、Zr、Ce的影响

Y的加入对Ni-20% Cr的电性能影响不显著，但对合金的高温抗腐蚀、抗氧化和强度都有增强，有利于提高合金丝和电阻元件的工作温度。Y和其他元素一起加入可以提高合金的电性能。

Ge的单独加入对合金电性能的影响也不明显，和其他元素一起加入对提高合金的电性能有利，但Ge含量不能高，加入多了加工较难成功。

Zr和Ce的加入对合金的电性能影响也不明显。但它们的加入加强了合金晶界的结合强度，阻挡氧的渗透，对合金的长期稳定性有利和生产微细丝得到保证。当然，稀有元素对改良型Ni-Cr精密电阻合金的影响仍有待深入研究。

综上所述，充分利用高阻、耐高温、热强、抗腐、电性可调、力学性能优良为基础的Ni80Cr20合金，加入Al、Mn、Si、Cu、Fe、Mo、Ti、Y、Zr、Ce等合金元素，进行适当的成分调整，可以得到具有优异性能的精密电阻合金。

5.3 不同成分的不同电学性能

值得指出的是，前面所列的图示和所提到的合金中单独加入第三种元素对其电性能的影响以及同时加入第四、第五种元素对其电性能的影响情况，[日] 平山宏之等人的工作值得参考，其资料简介如下。

Ni-Cr和在Ni-Cr合金中添加Al、Fe、Mo、Ti、Y、Si、Mn、Cu等所组成的合金试样的编号，配料成分（质量分数,%）及其经400℃ ×1h退火后的电学性能示于表5-3中，二次温度系数$\beta=\pm0.2\times10^{-6}/℃$，未发现成分和热处理引起$\beta$的明显差异。图5-11和图5-12所示为试样的成分与α_{20}、E_{Cu}、ρ的关系。在Ni-20% Cr合金中添加第三种元素所测得的结果，其化学成分与性能的关系未必是一直线或圆滑曲线。这是因为其中的Cr含量和第三种元素的含量会有微量变动所致。但为了观察所添加元素的影响，在图中对于Al、Si、Mn，是以测定值的平均值连接成直线来表示化学成分与相应性能的关系（看趋向）。

表 5-3　合金元素含量对 Ni-Cr 合金性能的影响（400℃退火 1h 保温）

编　号	化学成分（质量分数）/%									电阻温度系数 α_{20}/℃$^{-1}$	电阻率 ρ/μΩ · cm	对铜热电势 E_{Cu}/μV · ℃$^{-1}$
	Ni	Cr	Al	Fe	Mo	Si	Mn	Ti	Y			
1	余	10								195.4×10^{-6}	72.8	18.2
2	余	20								78.4×10^{-6}	107.7	6.4
3	余	30								116.4×10^{-6}	114.0	0.7
4	余	20	1							51.1×10^{-6}	119.6	3.8
5	余	20	2							48.7×10^{-6}	112.2	4.9
6	余	20	2	2						62.3×10^{-6}	119.9	3.5
7	余	20	2	2			0.5			66.8×10^{-6}	120.7	3.4
8	余	20			2					75.9×10^{-6}	110.9	5.8
9	余	20				2				47.1×10^{-6}	113.9	3.9
10	余	20				4				28.7×10^{-6}	124.8	1.6
11	余	20					2			99.8×10^{-6}	107.4	6.0
12	余	20					4			23.7×10^{-6}	116.0	3.0
13	余	20				2	2			93.7×10^{-6}	107.1	6.3
14	余	20				4	4			97.1×10^{-6}	108.9	6.6
15	余	20						1		36.1×10^{-6}	127.5	0.9
16	余	20							1	89.8×10^{-6}	108.2	6.4

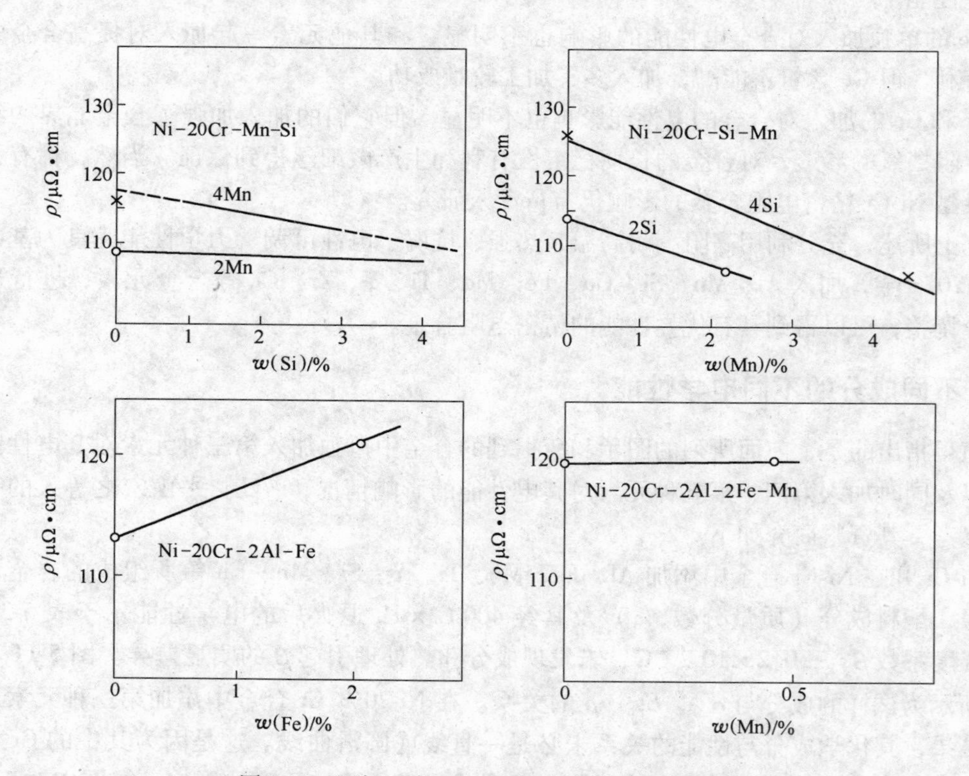

图 5-11　添加元素对 Ni-Cr 合金电阻率 ρ 的影响
（400℃退火 1h）

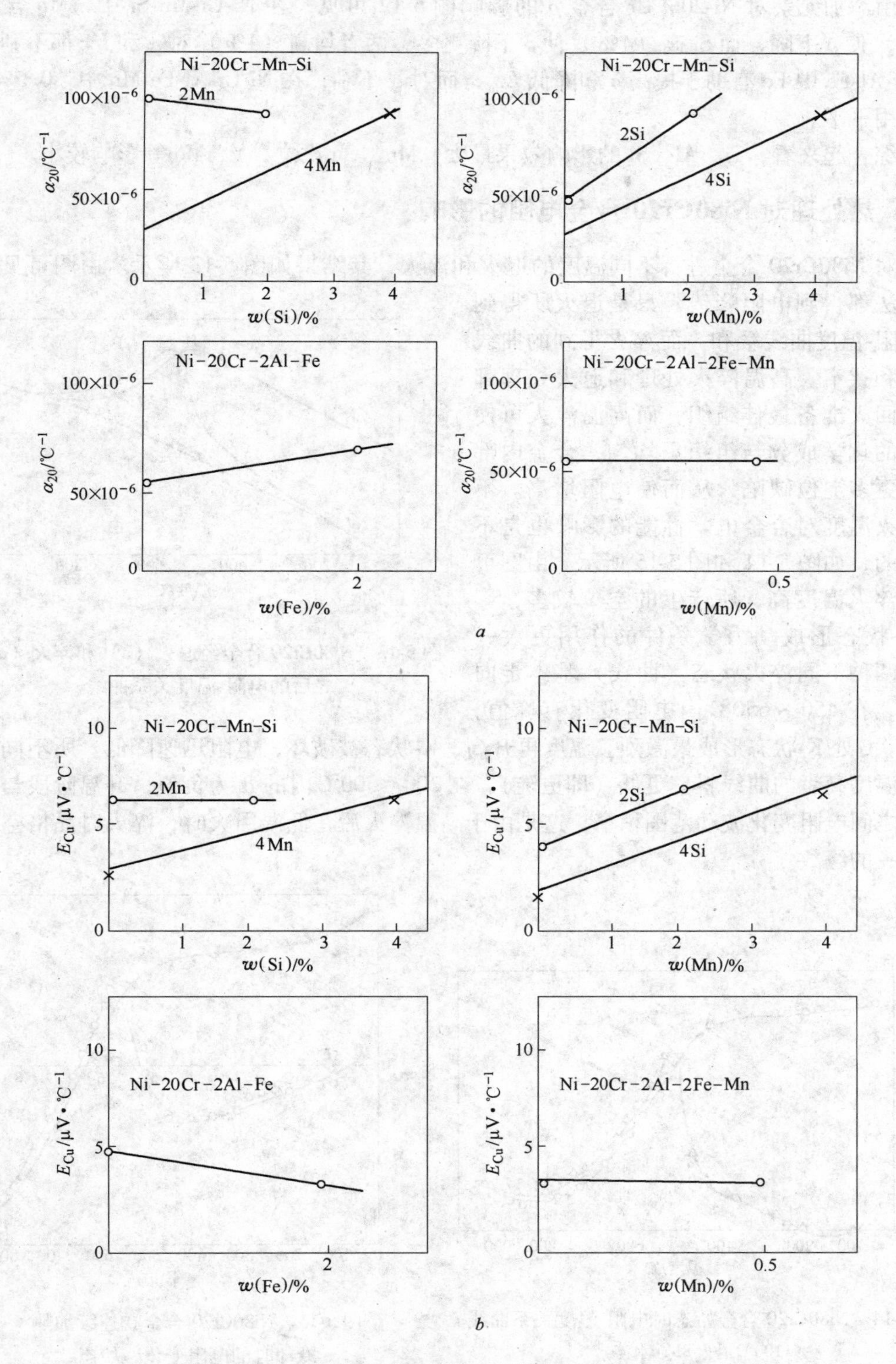

图 5-12 添加元素对 Ni-Cr 合金的电阻温度系数 α_{20} 及 E_{Cu} 的影响

（400℃退火 1h）

由添加元素对 Ni-20% Cr 合金 ρ 的影响图 5-12 可见，在 Ni-Cr-Mn-Si 中，Mn 含量高（4%）使 ρ 下降，而 Si 高（4%）使 ρ 下降更多，两者均高（4%）对 α 和 E_{Cu} 都不利；在 Ni-Cr-Al-Fe 中 Fe 有助于提高 ρ 和降低 E_{Cu}，而对 α 不利；在 Ni-Cr-Al-Fe-Mn 中，0.5% Mn 的作用平平。

综合起来看，Ti、Al、Si 的影响效果最大，Mn、Cu 次之，Y、Mo 等影响较小。

5.4 热处理对 Ni80Cr20 合金电阻的影响

对 Ni80Cr20 合金进行不同温度的退火和淬火，其结果如图 5-13 所示。由图可见，两种方法都得到电阻峰值，只是退火所得到的电阻-温度曲线缓和，而淬火得到的曲线较陡和狭窄。高温淬火处理和退火处理都是为回火准备最佳组织，而高温淬火可使合金的化学成分与组织更均匀，合金内部形成更多空位缺陷，从而使电阻增高。不同淬火温度对合金电学性能的影响也是不一样的，如图 5-14 和图 5-15 所示。由图可见，淬火温度高，所产生的空位较多，影响 K-状态形成动力学条件的作用更大一些。两种不同淬火状态（曲线）基本走向相似，在 450 ~ 650℃ 内电阻变化有峰值，约 550℃ 处 K-状态形成最激烈。温度再升高，K-状态被破坏，电阻迅速降低。所不同的是淬火温度高者的曲线斜率更低（即更陡），在 200 ~ 500℃ 内的 α 为负值，升温阶段与降温阶段之间电阻变化波动范围稍窄。这是由于高温淬火后在低温回火时，淬火时晶格空位消除不一的缘故。

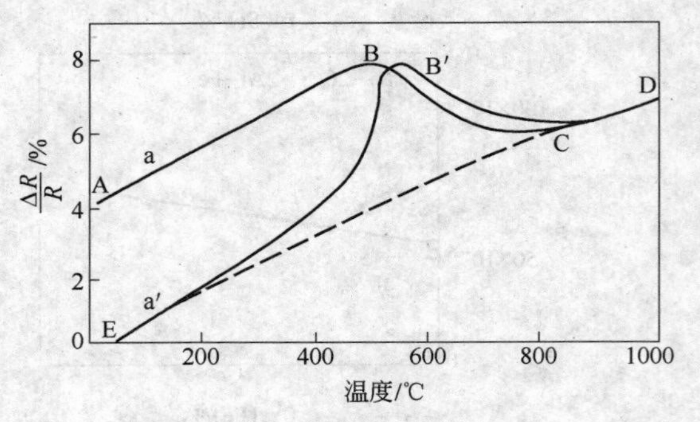

图 5-13 Ni80Cr20 合金经退火（a）和淬火（a′）之后的电阻-温度关系曲线

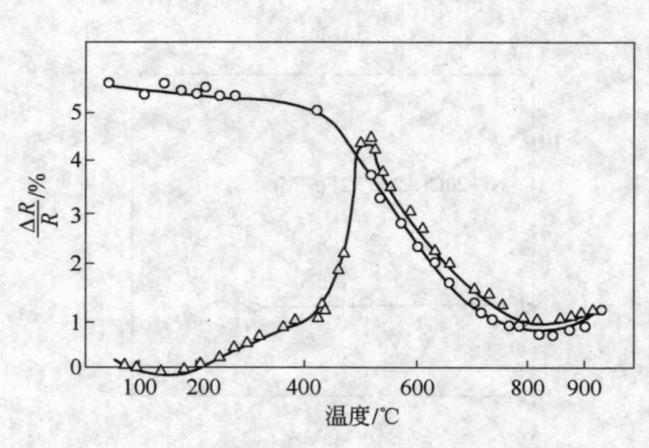

图 5-14 Ni80Cr20 合金始态时电阻-温度关系曲线
（1100℃退火 8h，水淬）
○—升温阶段；△—降温阶段

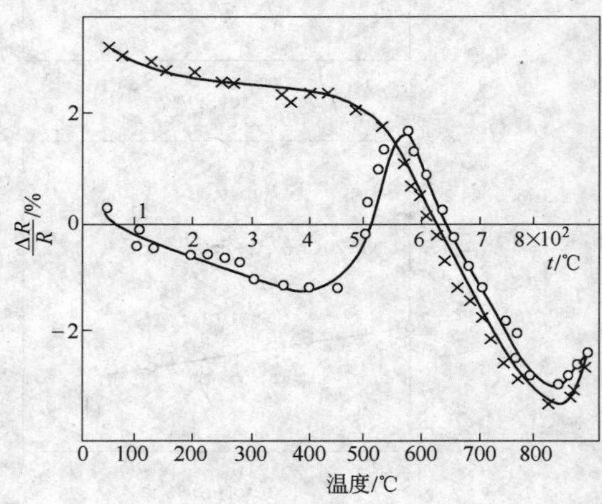

图 5-15 Ni80Cr20 合金在连续加热冷却时的电阻变化，始态
（1200℃水淬）
×—升温阶段；○—降温阶段

淬火保温时间对其性能的影响与淬火温度相似。温度高、时间长、原子扩散容易，化学成分就越均匀，所产生的淬火空位也越多。但温度高、保温时间长，会使晶粒长大，反而降低电阻。

冷却速度越快，是为了将高温时的状态保存下来。冷却速度的大小是由冷却介质决定的，不同冷却介质的冷却速度不一。但随着冷却速度的加大，晶格畸变也趋于严重，导致残余应力也大，使合金的稳定性变差。

回火处理是最终的热处理，目的是使合金充分形成K-状态组织，使其性能达到最佳状态，提高稳定性。不同的回火温度及时间的热处理，合金的性能可能会相差很大。如图5-16所示，由图可见，保温时间长使电阻增大且峰值移向低温。

以上试验说明，热处理制度对 Ni80Cr20 合金电学性能影响很大，要想得到满意的性能，就得优选好工艺制度。图5-17为纽玛合金的热处理结果，其 ρ、α、E_{Cu}三个性能的最佳温度点并不重合，促使人们择优选择，保重弃轻。

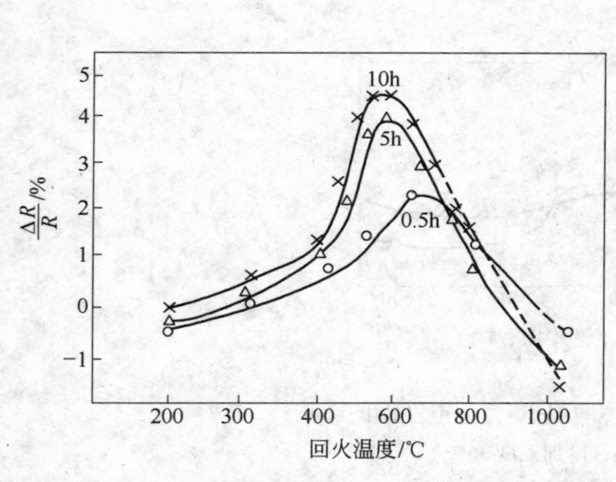

图5-16 不同回火温度、保温时间对 Ni80Cr20 合金电阻的影响

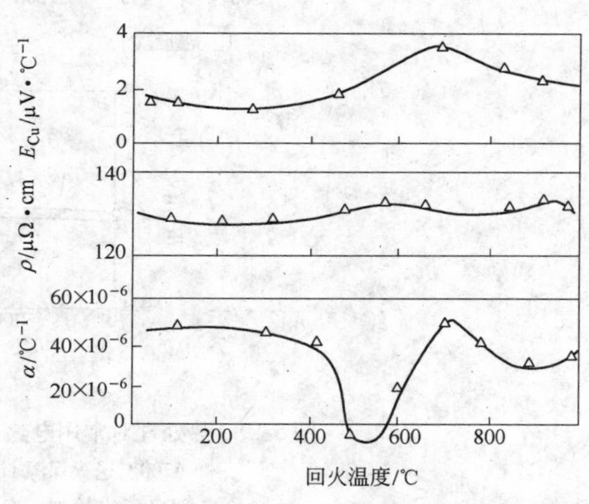

图5-17 Ni-20% Cr，3% Al，3%～8% Mn（纽玛合金）的ρ、α及E_{Cu}与回火温度的关系（合金预先经过900℃加热后快冷）

5.5 加工度和热处理的影响

以常用ϕ1.0mm Ni80Cr20 电热合金丝进行真空淬火后进行拉拔，拉拔过程中随模具取样，直拉至ϕ0.7mm，总加工度51%，对样品进行ρ、α_{20}、E_{Cu}测试，将其结果作图，如图5-18所示。由图可见，因冷加工造成α_{20}和E_{Cu}上升而ρ下降，$\beta=\pm0.2\times10^{-6}$/℃，几乎不变。

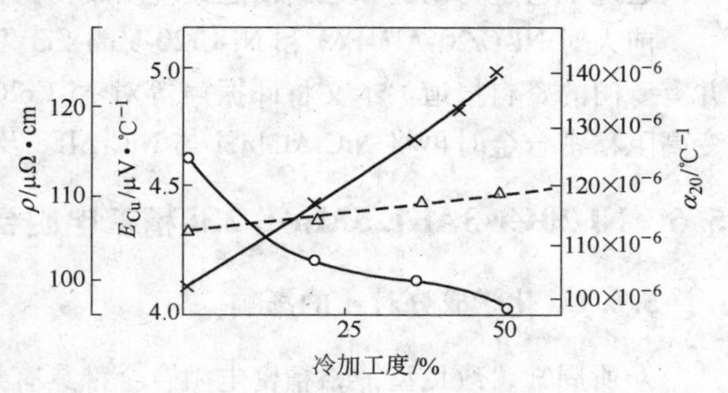

图5-18 冷加工对 Ni80Cr20 合金电性能的影响
×—α_{20}；△—E_{Cu}；○—ρ

将真空淬火后的ϕ1.0mm Ni80Cr20 丝拉拔至ϕ0.80mm、加工度为36%的丝材，其中一部分丝材在700℃退火后淬火再于不同温度下退火1h，其电学性能变化如图5-19所示。由图可见，淬火丝比

冷拔丝的电性能变化小。所有丝材经过400～600℃退火后的α_{20}和E_{Cu}都变得很小，ρ变大。经冷拔加工丝材的α变大、ρ变小，而退火后α_{20}和E_{Cu}变得更小，ρ变得更大。这种情形与Fe-Cr-Al系合金发生的现象相似。大多数研究者把这种现象视为近程有序晶格（K-状态）的生成与消失所致，也被认为是电阻材料之所以产生特有的S形电阻-温度曲线的原因。这就让人回味Ni-Cr二元相图中Ni含量w(Ni)＝70%～80%、温度543℃处的有序化问题。

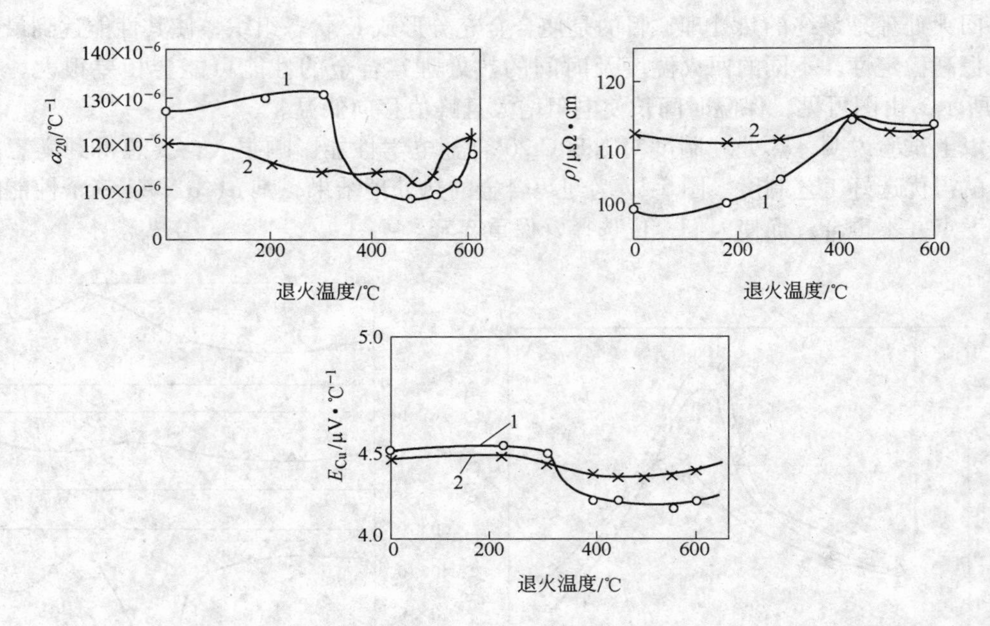

图5-19 热处理对常用电热Ni80Cr20合金电性能的影响
（700℃退火保温1h，冷加工度36%）
1—Ni80Cr20冷加工态；2—Ni80Cr20淬火态

关于K-状态，前面在合金的组织结构中作了交代，尽管两种观点不一致，多数研究者支持并用实验证实短程有序论点，也遇到一些未能解释的难题。但实际中Ni-Cr与改良型Ni-Cr和Fe-Cr-Al系合金都存在着上述电学性能、体积效应、热效应以及力学性能变化，如何通过工艺进行制造和控制以达到应用成为关键。

前人对Ni-Cr20-Al3-Fe3和Ni-Cr20-Mn3-Si3及伊文（Ni-Cr20-Al3-Cu3）作了大量研究并有专门的资料报道。本文将邱振声等对Ni-Cr20-Al-Mn-Si探索情况列出，而后在探讨应变高阻精密合金时再将NiCrAlMnSi与NiCrAlFe及NiCrAlCu一起探索汇报，以供参考。

5.6 Ni-20Cr-3Al-1.5Mn-1.2Si精密电阻合金

5.6.1 化学成分对α的影响

众所周知，改良型镍铬精密电阻合金都具有类似的电阻温度系数α与回火温度关系的“井”曲线（或称V形曲线）。由于合金牌号不同（化学成分不同），α趋于零的回火温度点也不同。例如表5-4和图5-20（指工艺相同）（详细数据见附表）所示。

表 5-4　卡玛、伊文和 NiCrAlMnSi 的成分与 α 过零值温度点①

合金牌号	编号	化学成分（质量分数）/%							α 过零温度点(图 5-20)/℃	
		Si	Mn	Cr	Al	Fe	Cu	Ni	左　侧	右　侧
NiCrAlMnSi	1 号	1.05	1.58	20.20	2.80	0.16		余	434	560
NiCrAlFe	2 号	0.30	0.56	20.40	2.60	2.42		余	425	580
NiCrAlCu	3 号	0.74	0.41	19.30	3.20		2.63	余	415	570

①详细数据见附表。

由表 5-4 与图 5-20 可见，不同牌号的精密电阻合金的“井”曲线和 α 过零的回火温度点（以下简称 α 过零温度点）是不一样的。同一牌号的精密电阻合金而化学成分有较大差异时，它的“井”曲线和 α 过零温度点由表 5-5 和图 5-21 表示（详细数据见附表）。

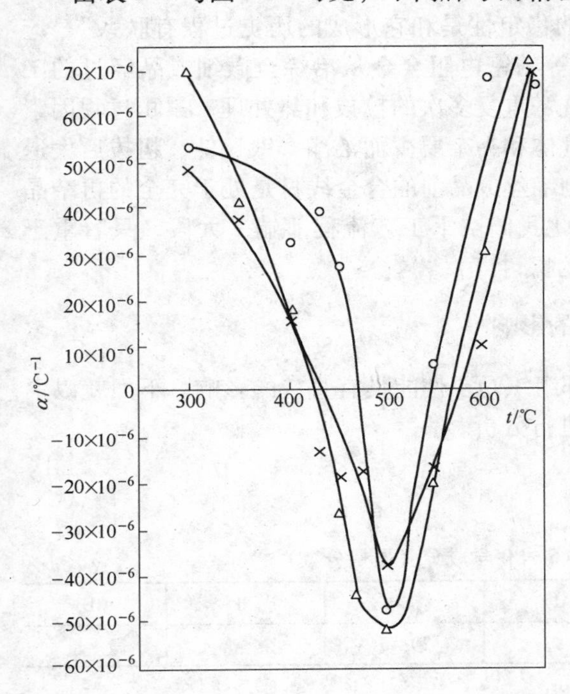

图 5-20　不同牌号合金的 α 与回火温度 t(℃)的关系
○—1 号；×—2 号；△—3 号

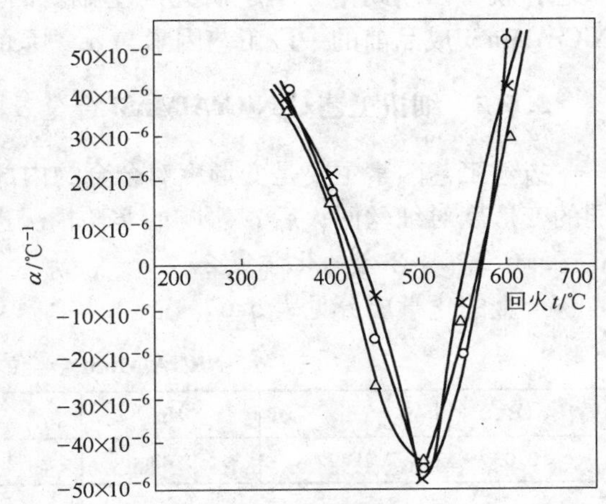

图 5-21　NiCrAlMnSi 成分波动时（不同炉次）α 与回火温度 t(℃)的关系曲线
○—4 号；△—5 号；×—6 号

表 5-5　NiCrAlMnSi 化学成分波动与 α 过零点的关系①

合金牌号	编号	化学成分（质量分数）/%							α 过零的温度点/℃	
		C	Si	Mn	Ni	Cr	Al	Fe	左　侧	右　侧
NiCrAlMnSi	4 号	0.010	1.02	1.52	余	19.60	2.50	0.70	425	560
NiCrAlMnSi	5 号	0.010	1.08	2.75	余	19.70	2.51	0.30	417	564
NiCrAlMnSi	6 号	<0.03	1.17	1.43	余	20.40	2.87	—	435	560

①详细数据见附表。

这种成分波动指炉与炉之间，与炼钢每炉操作以及成分控制有关。

由表 5-5 和图 5-21 可知，对同一牌号，当化学成分有较大差异时，α 过零值的温度点也是不同的（指工艺操作一致）。随着 Si、Cr、Al 含量的增加，α 的左侧（“井”曲线左侧低温过零值点）α 过零值温度点有些提高，而右侧（“井”曲线右侧高温过零值点）α 过零值温度点有些降低，但效果并不明显。Mn 能降低左侧 α 过零温度点。

综合上面两种情况可以看出：(1) 对不同牌号的改良型镍铬系精密电阻合金的“井”曲线都存在着 α 的两个过零值回火温度点；(2) 同是 NiCrAlMnSi 合金而化学成分有差异时，α 的过零值温度点（包括左、右两侧）也有些变动。因此，保证冶炼出化学成分均匀、纯度高的合金钢锭是至关重要的。另一方面，均匀纯净的合金材料为我们后续工序获得小的 α 创造了好的内因条件。也就是说，一旦化学成分确定，能不能获得具有很小 α 值的合金微细丝材，有待于去找到工艺与 α 相关联因素。

按照有些研究者的断言“精密电阻材料的稳定性是和它形成的历史过程有联系”，应该严格把握每一环节。但又由于 NiCrAlMnSi 等精密电阻合金从冶炼至微细成品经过的工序多，工艺路线长，冶炼、锻、轧、拔、酸洗、重复多次的拉拔和热处理，累积过程因素多且复杂。我们除了要求冶炼成分要均匀、气体和夹杂要少而洁净，锻、轧、粗拔后大退火、酸洗正常不出异常以外，还要求进入拔制细丝成品前的合金线材是处于完全的再结晶状态，就可以以此作为本题研究的基础。因此我们空下工艺流程前端一大段，只着重于 NiCrAlMnSi 成品前的一段工艺因素与 α 关系的探讨。

5.6.2 细拔工艺对 NiCrAlMnSi 合金 α 的影响

拔丝工艺因素主要是变形度对合金的内部组织乃至性能具有直接的影响。下面就以不同的变形度对细丝回火后 α 影响的实验情况进行分析。

5.6.2.1 合金的化学成分

合金的化学成分见表 5-6。

表 5-6 NiCrAlMnSi 合金的 6 号化学成分（质量分数） (%)

C	Si	Mn	Al	Cr	Ni	RE
<0.03	1.17	1.43	2.87	20.40	余 量	微 量

5.6.2.2 工艺流程（拔制和退火）

原料：至 φ0.382mm 以前工艺照常规。<φ0.382mm 后的变形工艺如表 5-7 所示。

表 5-7 近前与当前变形工艺情况

φ0.382～0.06 工艺情况/mm	φ0.06～0.03 工艺情况/mm
φ0.382 —(1050℃退火 / 30.12m/min)→ φ0.15 —(1050℃连续退火 / 21.98m/min)→ φ0.06 —(990℃退火 / 20.1m/min)→	φ0.06 —(K① =75%)→ φ0.03 —(990℃连续退火 / 28.88m/min)→ 样品 1 号
φ0.382 —(1050℃退火 / 30.12m/min)→ φ0.15 —(1050℃连续退火 / 21.98m/min)→ φ0.078 —(990℃退火 / 20.1m/min)→	φ0.078 —(K① =85%)→ φ0.03 —(990℃连续退火 / 28.88m/min)→ 样品 2 号
φ0.382 —(1050℃退火 / 30.12m/min)→ φ0.125 —(1050℃连续退火 / 21.98m/min)→	φ0.125 —(K① =95%)→ φ0.03 —(990℃连续退火 / 28.88m/min)→ 样品 3 号

①K 为加工度。

5.6.2.3 回火工艺（真空回火）

采取 350℃、400℃、430℃、450℃、470℃、500℃、530℃、550℃、570℃、600℃共 10 个回火温度点，均保温 5h，其他操作按生产工艺要求。

试验结果列于表 5-8 和作于图 5-22 所示。

表 5-8　NiCrAlMnSi ϕ0.03mm 三个不同加工度回火 α 结果表

不同变形度的回火 α / 回火温度/℃	α/℃$^{-1}$（真空炉体中的中间位置、平均值）		
	75%，1 号	85%，2 号	95%，3 号
350℃	39.5×10^{-6}，38×10^{-6}，平均 39×10^{-6}	35.6×10^{-6}，35.3×10^{-6}，平均 35×10^{-6}	34.5×10^{-6}，35.9×10^{-6}，平均 35×10^{-6}
400℃	20.9×10^{-6}，24.1×10^{-6} 平均 22×10^{-6}	21×10^{-6}，26.3×10^{-6} 平均 23×10^{-6}	17×10^{-6}，17.5×10^{-6}，平均 17×10^{-6}
430℃	-2.7×10^{-6}，-3.4×10^{-6}，平均 -3×10^{-6}	1×10^{-6}，0.4×10^{-6}，平均 1×10^{-6}	-8.2×10^{-6}，-4.6×10^{-6}，平均 -6×10^{-6}
450℃	-13.6×10^{-6}，-13×10^{-6}，平均 -13×10^{-6}	-19.9×10^{-6}，-18.1×10^{-6}，平均 -19×10^{-6}	-23.9×10^{-6}，-23.7×10^{-6}，平均 -23×10^{-6}
470℃	-38.7×10^{-6}，-33.7×10^{-6}，平均 -36×10^{-6}	-31.8×10^{-6}，-31.3×10^{-6}，平均 -31×10^{-6}	-36.1×10^{-6}，-36.9×10^{-6}，平均 36×10^{-6}
500℃	-45.3×10^{-6}，-46.6×10^{-6}，平均 -46×10^{-6}	-52.7×10^{-6}，-49×10^{-6}，平均 -50×10^{-6}	-48.9×10^{-6}，-49.1×10^{-6}，平均 -49×10^{-6}
530℃	-24.6×10^{-6}，-30.2×10^{-6}，平均 -27×10^{-6}	-38.7×10^{-6}，-36.9×10^{-6}，平均 -37×10^{-6}	-34.5×10^{-6}，-37.5×10^{-6}，平均 -36×10^{-6}
550℃	-7.2×10^{-6}，-9.4×10^{-6}，平均 -8×10^{-6}	-5.9×10^{-6}，-7.3×10^{-6}，平均 -6×10^{-6}	-8.8×10^{-6}，-13.6×10^{-6}，平均 -11×10^{-6}
570℃	19.9×10^{-6}，11.2×10^{-6}，平均 15×10^{-6}	27.6×10^{-6}，20.4×10^{-6}，平均 23×10^{-6}	9.4×10^{-6}，9.9×10^{-6}，平均 9.7×10^{-6}
600℃	45.8×10^{-6}，45.2×10^{-6}，平均 45×10^{-6}	44.8×10^{-6}，42.7×10^{-6}，平均 43×10^{-6}	39.1×10^{-6}，36.3×10^{-6}，平均 37×10^{-6}

由表 5-8 和图 5-22 可以看出：（1）三种变形度的回火“井”曲线相似，其形状都较陡，这说明合金的电阻温度系数对回火温度比较敏感，大约温度波动 ±10℃，α 波动 $\pm10\times10^{-6}$；（2）不同变形度对回火“井”曲线有一定影响。变形度在 75% ~85% 时，影响的差别不大，其“井”曲线基本重叠。当变形度增至 95% 时，“井”曲线下移，就是说改变了 α 过零值点的回火温度点，即使 α 在“井”曲线左侧过零值温度点（低温侧），向低温降低 10℃ 左右，而右侧（高温侧）α 过零值点向高温上升 10℃ 左右，也即“井”曲线范围扩大了，意味着随加工变形度的增加，回火时，K-状态的形成变得提前而且更加激烈和灵敏了。

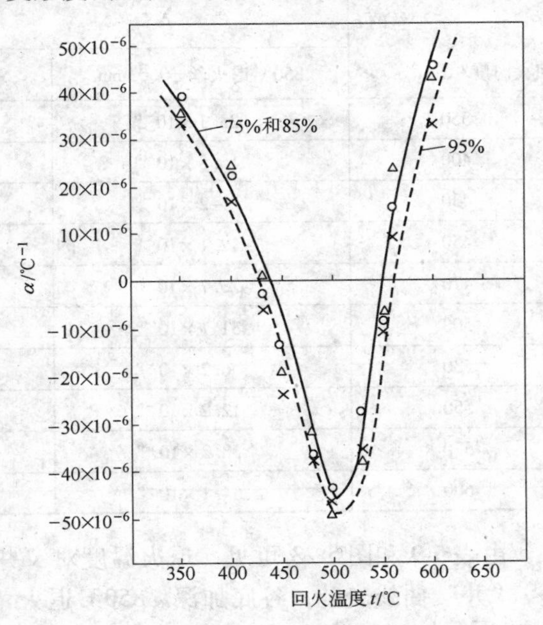

图 5-22　NiCrAlMnSi 不同加工度 α 与回火温度的关系

○—75%；△—85%；×—95%

据此，随冷加工变形度的改变，应适当地调整回火温度，以求得到更小的 α。变形度对回火后 α 值的影响较大，变形度相差 20% 左右，α 过零温度点相差 ±10℃。

也可以说，回火温度相差1℃时，α 即相差 1×10^{-6}左右。这似乎说明95%的加工度好，节省热处理次数，效率提高，产量也提高。但从电阻分散度来看，在变形度超过92%以后其分散度就加剧了，在实际生产中要加以注意。

值得强调的是，为了获得电学性能的均匀一致、稳定可靠，加工度必须统一一致，要固定一种加工度，以便给后步处理创造良好的、方便的条件。

5.6.3 退火工艺对 NiCrAlMnSi 合金 α 的影响

退火温度是退火工艺因素中的首要因素。采用同一变形度（95%）、同一规格（NiCrAlMnSi 合金6号成分的 ϕ0.03mm）进行不同温度850℃、990℃、1050℃的连续退火后，按同一回火工艺规范进行回火，其结果列于表5-9和制作回火温度与α关系的“井”曲线如图5-23所示。

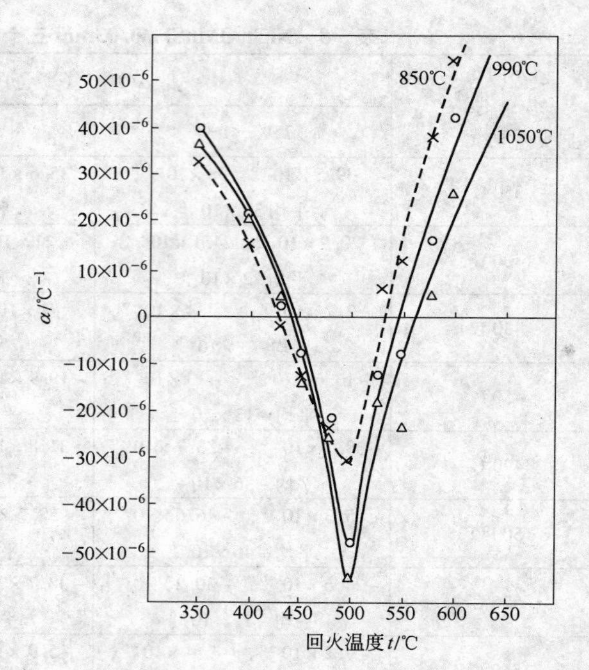

图5-23 NiCrAlMnSi 不同温度退火后，α 与回火温度的关系

×—850℃；○—990℃；△—1050℃

表5-9 NiCrAlMnSi 三种不同温度连续退火后回火温度与α的关系

三种丝的α / 回火温度/℃	α（平均）/℃⁻¹		
	850℃退火丝 ϕ0.03mm	990℃退火丝 ϕ0.03mm	1050℃退火丝 ϕ0.03mm
350	33.1×10^{-6}	40×10^{-6}	37.6×10^{-6}
400	15.8×10^{-6}	21.7×10^{-6}	20.9×10^{-6}
430	-2×10^{-6}	3.2×10^{-6}	3.7×10^{-6}
450	-12.1×10^{-6}	-6.6×10^{-6}	-13.3×10^{-6}
470	-23.7×10^{-6}	-21.8×10^{-6}	-24.1×10^{-6}
500	-31.1×10^{-6}	-48×10^{-6}	-54.7×10^{-6}
530	6.2×10^{-6}	-13.5×10^{-6}	-18×10^{-6}
550	12.2×10^{-6}	-8×10^{-6}	-23.3×10^{-6}
570	38.2×10^{-6}	16×10^{-6}	4.8×10^{-6}
600	54.1×10^{-6}	42.2×10^{-6}	25.4×10^{-6}

由表5-9和图5-23可见，退火温度对“井”曲线的影响比较复杂，随退火温度的升高，“井”曲线变陡，谷底加深。850℃退火“井”曲线坡度最小，谷底最浅。影响的趋势可分为三段：

（1）350～430℃段：990℃与1050℃退火丝的“井”曲线线段斜度相差不大，基本重叠。850℃退火丝的“井”曲线线段明显分离，低于990℃和1050℃两线段。

在α过零值的左侧（即低温点侧）：850℃退火的零点温度是427℃，而990℃退火的零点温度是434℃和1050℃退火的零点温度是436℃。也即在430℃回火后，经850℃退火丝的α为-2×10^{-6}/℃，而经990℃退火丝的α为3.2×10^{-6}/℃，两者相差5.2×10^{-6}/℃。

（2）430~480℃段：三种不同退火温度丝回火后的“井”曲线线段基本重合，如470℃回火的α值相差很小，见表5-10。

表5-10　三种不同退火温度丝470℃回火的α值

样　品	回火温度/℃	α/℃$^{-1}$
850℃退火丝	470	-23.7×10^{-6}
990℃退火丝	470	-21.8×10^{-6}
1050℃退火丝	470	-24.1×10^{-6}

（3）480~600℃段：不同温度退火丝在回火后的“井”曲线线段明显分离，退火温度越高，“井”曲线越低，谷底越深，在同一回火温度下，α数值越负。位于谷底500℃处时的α值见表5-11。

表5-11　不同温度退火丝在500℃回火时的α值

样　品	回火温度/℃	α/℃$^{-1}$
850℃退火丝	500	-31.6×10^{-6}
990℃退火丝	500	-48×10^{-6}
1050℃退火丝	500	-54.7×10^{-6}

在α过零值点的右侧（即高温点侧），随退火温度的升高，α过零值温度点向高温方向移动：850℃退火丝的α过零值温度点为535℃左右，990℃退火丝的α过零值温度点为550℃左右，1050℃退火丝的α过零值温度点为573℃左右。

由以上分析结果可见，退火温度低的丝的“井”曲线斜度小，退火温度高的丝的“井”曲线斜度大。斜度小的α对回火温度敏感性小，也即可控温度范围宽些，而斜度大的α对回火温度敏感性大，也即可控温度范围窄。从这点上说，退火温度低的对回火控温有利。但850℃是NiCrAlMnSi合金的Ni_3Cr析出范围以内的温度，由于Ni_3Cr析出会使合金的强度增高，脆性也增大，往往出现整卷丝脆崩的现象，这就不如在脱离Ni_3Cr析出温度范围的990℃以上温度（Ni_3Cr的析出温度为750~950℃）再进行回火的性能好。

同时可见，相同成分、相同变形度、相同退火温度制作出来的丝，在不同的回火温度进行回火处理，也得到不同的α值，由此得到的重要启示是：回火工艺是最后的决定性的一关。

淬火速度虽然是第二位的，但也不能忽视。曾将ϕ0.12mm的卡玛合金丝在氢气保护的连续退火炉中，于1050℃，分别以40m/min和14m/min两种速度淬火，而后在500℃真空回火炉中回火、保温4h，其ρ和α结果为：40m/min者，$\rho=128\mu\Omega\cdot cm$，$\alpha=44.4\times$

10^{-6}/℃；14m/min 者，$\rho = 138\mu\Omega \cdot cm$，$\alpha = -3.9 \times 10^{-6}$/℃。

另外，将于 1050℃，以 40m/min 淬过火的 ϕ0.12mm 丝分别在 520℃和 550℃真空回火炉中回火保温 4h，其结果为：真空回火 520℃保温 4h 者，$\rho = 129\mu\Omega \cdot cm$，$\alpha = 40.2 \times 10^{-6}$/℃；真空回火 550℃保温 4h 者，$\rho = 129\mu\Omega \cdot cm$，$\alpha = 28 \times 10^{-6}$/℃。

此结果说明，淬火速度快了，回火效果不好，而且采用三种回火温度都难以得到小的 α。已造成这种低劣结果的合金丝，挽救的办法是将它重新进行高温慢速淬火，再进行适当的回火。此办法能够挽回相当部分电学性能低劣的合金丝。但经过多次反复热处理的合金丝易产生脆化，在稳定性方面需进一步考察。

电学性能低劣的合金丝重新进行高温（1050℃）连续退火速度为 7m/min 的 ϕ0.2mm 丝结果为：NiCrAlFe（卡玛）丝，$\rho = 127\mu\Omega \cdot cm$、$\alpha = 55.5 \times 10^{-6}$/℃、$\beta = -0.1 \times 10^{-6}$/℃、$E_{Cu} = 0.86\mu V$/℃；NiCrAlCu（伊文）丝，$\rho = 133\mu\Omega \cdot cm$、$\alpha = 20 \times 10^{-6}$/℃、$\beta = 0.07 \times 10^{-6}$/℃、$E_{Cu} = 0.40\mu V$/℃，供参考。

5.6.4　回火工艺对 NiCrAlMnSi 合金 α 的影响

5.6.4.1　不同的真空回火炉对 α 的影响

选取 NiCrAlMnSi 合金 6 号（见表 5-5）成分，ϕ0.03mm，变形度 95%，退火温度 990℃的样品，在三种不同控温精度的真空回火炉的恒温区中，按同一回火工艺进行回火，结果如表 5-12 所列。

表 5-12　在三种不同控温精度的真空回火炉中回火后的 α

1 号炉				2 号炉				3 号炉			
恒温区高度/mm	炉温/℃	控温精度/℃	α/℃$^{-1}$	恒温区高度/mm	炉温/℃	控温精度/℃	α/℃$^{-1}$	恒温区高度/mm	炉温/℃	控温精度/℃	α/℃$^{-1}$
			-4.1×10^{-6}				1×10^{-6}				-3.5×10^{-6}
			-11.1×10^{-6}				4.5×10^{-6}				-8.5×10^{-6}
			-11.8×10^{-6}				-2.2×10^{-6}				-3.7×10^{-6}
100	430	±10	-14.3×10^{-6}	100	430	±0.5	1×10^{-6}	350	430	±5	-5.7×10^{-6}
			-32.6×10^{-6}								-1×10^{-6}
											-1×10^{-6}
											1×10^{-6}

由表 5-12 可见，回火炉炉温对 α 的影响，表现在控温仪表的控温精度以及炉膛的上下温差上。仪表控温精度低的，如 1 号炉的回火结果是 α 波动大；仪表控温精度高的，如 2 号炉的回火结果是 α 波动小。3 号炉控温精度中等，炉膛大一些，α 波动也属中等。同时也进一步证明，大约温度每波动 1℃，α 波动 1×10^{-6}左右。因此，要获得 α 最小，提高仪表控温精度，改造回火炉电热丝的分布和功率设计，扩大炉膛温度均匀程度及区域，是很重要的办法之一。

5.6.4.2　回火温度对 α 的影响

回火温度对 α 的影响见表 5-13 和表 5-14。由此可见，1 号和 3 号合金在同设定 10 个温度中 α 较小，而 2 号合金 α 偏大；同一牌号但化学成分有些波动的 4 号至 6 号合金中，只6号的 α 较小。总之试验温度间隔仍需缩小才行。

表 5-13 三种不同牌号合金的 α 与回火温度的关系①

合金牌号 NiCrAlMnSi 1号			合金牌号 NiCrAlFe 2号			合金牌号 NiCrAlCu 3号		
规格 ϕ /mm	回火温度 /℃	α/℃$^{-1}$	规格 ϕ /mm	回火温度 /℃	α/℃$^{-1}$	规格 ϕ /mm	回火温度 /℃	α/℃$^{-1}$
0.02	300	53.5×10^{-6}	0.02	300	48.5×10^{-6}	0.02	300	44×10^{-6}
0.02	350	77.5×10^{-6}	0.02	350	38×10^{-6}	0.02	350	40×10^{-6}
0.02	400	33×10^{-6}	0.02	400	15×10^{-6}	0.02	400	21.4×10^{-6}
0.02	430	39.5×10^{-6}	0.02	430	-13×10^{-6}	0.02	430	3.2×10^{-6}
0.02	450	2.7×10^{-6}	0.02	450	-19×10^{-6}	0.02	450	-6.6×10^{-6}
0.02	470	3.5×10^{-6}	0.02	470	-17.5×10^{-6}	0.02	470	-21.8×10^{-6}
0.02	500	-47×10^{-6}	0.02	500	-38.5×10^{-6}	0.02	500	-48×10^{-6}
0.02	550	7×10^{-6}	0.02	550	-15.5×10^{-6}	0.02	550	-8×10^{-6}
0.02	600	68×10^{-6}	0.02	600	9×10^{-6}	0.02	600	16×10^{-6}
0.02	650	67.5×10^{-6}	0.02	650	70.5×10^{-6}	0.02	650	42.2×10^{-6}

①合金化学成分见表5-4。

表 5-14 同是 NiCrAlMnSi 不同规格不同回火温度与 α 的关系①

合金牌号 NiCrAlMnSi 4号			合金牌号 NiCrAlMnSi 5号			合金牌号 NiCrAlMnSi 6号		
规格 ϕ /mm	回火温度 /℃	α/℃$^{-1}$	规格 ϕ /mm	回火温度 /℃	α/℃$^{-1}$	规格 ϕ /mm	回火温度 /℃	α/℃$^{-1}$
0.05	350	40×10^{-6}	0.05	350	36×10^{-6}	0.03	350	40×10^{-6}
0.05	400	16.5×10^{-6}	0.05	400	16.0×10^{-6}	0.03	400	21.7×10^{-6}
0.05	450	-16.5×10^{-6}	0.05	450	-27.0×10^{-6}	0.03	450	-6.6×10^{-6}
0.05	500	-47×10^{-6}	0.05	500	-46×10^{-6}	0.03	500	-48×10^{-6}
0.05	550	-20×10^{-6}	0.05	550	-12×10^{-6}	0.03	550	-8×10^{-6}
0.05	600	53×10^{-6}	0.05	600	30×10^{-6}	0.03	600	42.2×10^{-6}
0.05	未回火	44×10^{-6}	0.05	未回火	40×10^{-6}			

①合金化学成分见表5-4。

5.6.4.3 回火保温时间对 α 的影响

不同回火保温时间对 α 的影响见表5-15。

表 5-15 不同回火保温时间对 α 的影响

保温时间/h 性能	1	3	4	5	6	8	备 注
α/℃$^{-1}$	27.2×10^{-6}	7.7×10^{-6}	-1.1×10^{-6}	3.8×10^{-6}	2.3×10^{-6}	-7.9×10^{-6}	平均值

由表5-15可见，不同的回火保温时间对 α 的影响不同，保温时间短，相当于温度低，

α 明显大；保温时间过长，相当于提高了温度，α 向负方向变大，同时效率低，浪费钱财，因此，确保其保温时间 4 ~ 5h 是必要的。

5.6.4.4 连续回火对合金电性能的影响

在没有真空回火条件，又出于充分利用现有连续退火设备进行大批量生产，有人曾对 ϕ0.2mm 和 ϕ0.04mm 卡玛丝进行了在氨分解气保护下的连续回火试验，其结果如表5-16和表 5-17 所示。

表 5-16 ϕ0.20mm 卡玛丝 1100℃、7m/min 淬火、连续回火后的性能

回火工艺 \ 性能	ρ /μΩ · cm	α/℃$^{-1}$	E_{Cu} /μV · ℃$^{-1}$	回火工艺 \ 性能	ρ /μΩ · cm	α/℃$^{-1}$	E_{Cu} /μV · ℃$^{-1}$
600℃ (1.2m/min)	127	34.4×10^{-6}	0.78	800℃ (1.2m/min)	132	24.3×10^{-6}	2.22
700℃ (1.2m/min)	131	19.5×10^{-6}	0.84	900℃ (1.2m/min)	124	26.5×10^{-6}	2.18

表 5-17 ϕ0.04mm 卡玛丝 1050℃、12m/min 淬火、连续回火后的性能

回火工艺 \ 性能	ρ /μΩ · cm	α/℃$^{-1}$	β/℃$^{-1}$	回火工艺 \ 性能	ρ /μΩ · cm	α/℃$^{-1}$	β/℃$^{-1}$
680℃ (12m/min)	138	17.0×10^{-6}	-0.07×10^{-6}	750℃ (12m/min)	138	20.3×10^{-6}	-0.1×10^{-6}
710℃ (12m/min)	134	16.6×10^{-6}	0.09×10^{-6}	800℃ (12m/min)	132	24.0×10^{-6}	-0.1×10^{-6}

由表 5-16 和表 5-17 数据可知，α 值仅在正值范围内变化，经多次试验结果均未出现负值。即很难把 α 控制到零值附近，且还应对其稳定性进行考察。

目前改良型镍铬系精密电阻合金已列入标准的国内外主要牌号成分、电学性能如表 5-18所列，供参考（表中参数出自资料不一，与实物可能有差异）。

表 5-18 已列入标准的国内外改良型 Ni-Cr 系精密电阻合金的主要牌号及其化学成分和电学性能

牌号名称	化学成分(质量分数)/%									电 学 性 能				工作温度 /℃
	Ni	Cr	Al	Cu	Fe	Mn	Mo	Si	RE	ρ/μΩ · cm	α /℃$^{-1}$	β /℃$^{-1}$	E_{Cu}/μV · ℃$^{-1}$	
6J22	余	19.5 ~ 21.5	2.7 ~ 3.2			0.5 ~ 1.5		<0.2		133	$\pm20\times10^{-6}$	—	<2.5	-50 ~ 125
6J23	余	19 ~ 21	2.7 ~ 3.2	1.8 ~ 2.2		0.5 ~ 1.5		<0.2		133	$\pm20\times10^{-6}$	—	<2.5	-50 ~ 125
Karma（美）	73	20 ~ 21	2 ~ 3		2 ~ 3					133	$(\pm5\sim\pm20)\times10^{-6}$	$\pm0.05\times10^{-6}$	<2.5	-65 ~ 125
Evanohm（英）	73	20 ~ 21	2.5 ~ 3	2.5 ~ 3						133	$(\pm10\sim\pm20)\times10^{-6}$	$\pm0.05\times10^{-6}$	<2.5	-65 ~ 125
纽 玛	余	20	3			3 ~ 8				130	$\pm20\times10^{-6}$	—	2	—
NiKrothal-L	76	17				4		3 ~ 4		135	$(\pm10\sim\pm20)\times10^{-6}$	—	<2.0	-250

续表 5-18

牌号名称	化学成分(质量分数)/%									化学性能				工作温度/℃
	Ni	Cr	Al	Cu	Fe	Mn	Mo	Si	RE	$\rho/\mu\Omega\cdot$cm	α /℃$^{-1}$	β /℃$^{-1}$	$E_{Cu}/\mu V\cdot$℃$^{-1}$	
Karma（英）	余	20	3		3					133	$\pm20\times10^{-6}$	—	0.12	20～100
尼克罗斯尔	75	17				8		8		130	$\leqslant\pm10\times10^{-6}$	—	≤2	—
Jelliff-800(美)	余	20				17.5	1.5			133	20×10^{-6}	$\pm0.05\times10^{-6}$	约 4	20～100
ISA-ohm	71	21			3					132	$\pm10\times10^{-6}$	—	0.5	-250

5.7 精密电阻的稳定性

5.7.1 稳定性含义及界定

精密合金的电阻值应在长时间内具有高度的稳定性，这是对精密电阻材料一项很重要的要求，尤其是它使用在恶劣、苛刻而重要的工作条件下时更加显示其重要性和珍贵性。所谓“长时间”即在它被应用期内都应是稳定的。考核它的标尺约为两种，一种为长期静置的，如标准电阻器类，其长期稳定性一般用电阻值的年稳定度来表示，每隔一段时间定期测量其阻值，三数一平均，每年一有效数值与基值相比。例如年稳定度为 1×10^{-6}，即表示电阻值一年内的变化率为 1×10^{-6}。由于用途不同，对其年稳定度要求也不一，如 0.01 级标准电阻，它的年稳定度被规定为 20×10^{-6} 之内，据此对制造它的精密电阻合金的年稳定度要求应小于 10×10^{-6}，即两倍之差。用在国家计量部门的“等级”标准电阻要求更高，二等标准电阻用的精密电阻合金年稳定度要小于 5×10^{-6}，而一等标准电阻用的精密电阻合金的年稳定度要小于 1×10^{-6}。国家基准电阻要求就更高了，技术发达国家的基准电阻年稳定度要达到千万分之几。另一种类型是要求动态使用的，不可能将电阻器都拿去存放几年，经过长年考核才能使用（当然，对重要用途的、要求非常严格者也要稳定化处理半年左右）。按照不同用途和性能参数不同，也有一个基本规定如下，供参考。现以电子仪器、仪表使用的精密线绕电阻器为例进行说明。

（1）环境条件。

1）环境温度：-55～+85℃（+125℃）；

2）相对湿度：（40℃时）98%；

3）大气压力：666.61Pa（5mmHg）（低真空）；

4）振动：振频 50Hz，加速度 10g；

5）振动稳定性：振频 10～600Hz，加速度 10g；

6）冲击：冲频 40～80 次/min，加速度 50g；

7）离心：加速度达 100g。

（2）电阻器的标称电阻值、精度等级、额定功率、最高工作电压（交流有效值）见

表5-19。

表5-19 标称电阻值、精度等级、额定功率、最高工作电压（交流有效值）[①]

额定功率/W	精度							最高工作电压/V
	±0.01%	±0.02%	±0.05%	±0.1%	±0.2%	±0.5%	±1%	
2	100Ω~5MΩ	50Ω~5MΩ	20Ω~5MΩ	10Ω~5MΩ	5Ω~5MΩ	1Ω~5MΩ		1000
1	100Ω~4MΩ	50Ω~4MΩ	20Ω~4MΩ	10Ω~4MΩ	5Ω~4MΩ	1Ω~4MΩ		1000
0.5	150Ω~1MΩ	100Ω~1MΩ	50Ω~1MΩ	20Ω~1MΩ	10Ω~1MΩ	5Ω~1MΩ	1Ω~1MΩ	500
0.25	150Ω~500kΩ	100Ω~500kΩ	50Ω~500kΩ	20Ω~500kΩ	10Ω~500kΩ	5Ω~500kΩ	1Ω~500kΩ	300

①标称电阻不受系列限制；额定功率是对精度为±0.1%而言，当精度高于±0.1%时应降低使用功率。

(3) 焊接牢靠。要求电阻变化：当电阻≥100Ω时，要求电阻变化不超过±0.02%；当电阻<100Ω时，要求电阻变化不超过±0.02Ω。

(4) 机械强度。要求经过振动、冲击、离心试验后，其电阻值变化：当电阻≥100Ω时，要求电阻变化不超过±0.02%；当电阻<100Ω时，要求电阻变化不超过±0.02Ω。

(5) 负荷试验。要求连续负荷240h后，其阻值变化：当电阻≥100Ω时，要求电阻变化不超过±0.1%；当电阻<100Ω时，要求电阻变化不超过±0.1Ω。

(6) 电阻温度系数的要求。当电阻器精度为0.01%~0.05%（含0.05%）时，要求合金丝的电阻温度系数$\leqslant 10 \times 10^{-6}$/℃（即D级）。

当电阻器精度为0.05%~0.5%（含0.5%）时，要求合金丝的电阻温度系数$\leqslant 20 \times 10^{-6}$/℃（即C级）。

当电阻器误差>0.5%时，要求合金丝的电阻温度系数为$\leqslant 50 \times 10^{-6}$/℃（即为B级）。

(7) 温度循环试验。要求电阻器经受-55~+125℃温度循环试验后，其阻值变化，当电阻≥100Ω时，电阻值变化不超过±0.02%；当电阻<100Ω时，电阻值变化不超过±0.02Ω。

(8) 耐潮湿试验：电阻器在相对湿度为95%~98%、温度为(+40±3)℃的条件下试验240h，其漆皮绝缘电阻不小于1000MΩ，其电阻值变化：当电阻≥100Ω时，电阻值变化不超过±0.02%；当电阻<100Ω时，电阻值变化不超过±0.02Ω。

这些线绕精密电阻器经过以上试验测试后，还应在使用环境条件下放置几百小时或几个月处理后再使用更为妥当。其目的就是使它的稳定度更令人满意。

另外，还有像精密电位器有耐磨要求，应变计有高温蠕变、线胀系数、灵敏度等个性要求等，不在此赘述。

5.7.2 精密电阻不稳定的原因分析及措施

引起电阻器不稳定的原因大体可分为内因和外因两部分。内因约为材质本身成分偏析不均而继续扩散、组织结构不完善、气体的析出、氧化物剥离、残余应力的变化、夹杂物变化等。外部原因约有腐蚀、温度急变、绝缘物变化、焊点变化、电阻器结构与骨架、撞击等因素。

材质化学成分不均匀，尤其是 Al 和 Mn 多时，在冶炼时不易掌握，加之出钢时搅拌手段不足，易造成成分不均。真空度或氩气保护不够，Cr、Al、Mn、Si、Cu、Ti 等均易氧化，生成物多。脱氧除气不够，或二次氧化和吸气较多，造成钢中氧、氢、氮气体含量高。尤其是镍铬钢吸氢快，Ni 和 Mn 都是强吸 H_2 元素，而氮和铬常扯在一起。氧本身就是活泼元素。这些气体在固溶体中多是间隙元素，尤其氢元素逃逸窜出属头一位。氧除了氧化物剥离（尤其是 MnO）外，氧化物夹杂不可忽视。硅酸盐夹杂往往面积大，影响也大。单氧不多，除非 CO 和 H_2O 存在。氮化物往往因强度高、颗粒大，偏聚也易，不但冷加工困难（如 TiN 颗粒大且硬度高）拉不成微细丝，而且锻造热加工也最头痛。这些成分不均和气体逸出都要造成元素的继续扩散、成分变动，电阻也随着变化。除采取充分扩散时间和搅拌均匀外，添加元素不要超过溶解极限。

晶体内部—K-状态形成不完全，主要是由于热处理和稳定化处理不妥当，造成 K-状态形成不充分，往后还在形成或破坏当中。例如温度过高、过低，冷却速度过快过慢、保温时间过短等，都会造成 K-状态的欠缺。K-状态在继续变动，电阻也随着变化。显然须完善热处理制度和稳定化措施来保证。

残余应力既和冷加工后热处理完好与否有关，也和线绕加工后稳定化处理是否完全有关。残余应力的继续释放，即点阵缺陷的消除，造成电阻变低。

夹杂物往往造成局部电阻不均。颗粒大且有塑性的，随加工变形而被压扁或被拉长；而硬脆性的颗粒造成加工开裂。部分夹杂熔点低，在往后的热加工过程中造成热脆或冷脆。这些都会给加工微细丝带来不利。例如 3 ~ 4 级夹杂物中的硅酸盐、氧化物、氮化物之类，尤其是 TiN 棱角夹杂物，颗粒尺寸几个微米大小就拔不成 ϕ0.03mm 以下的微细丝，阻值也不均匀。为减少夹杂物和气体必须在冶炼前挑精料、选好渣，最好采用真空炉冶炼或电渣渣洗、或电渣重熔后再真空熔炼纯化、脱气、净化才是。

H_2 在 Ni、Mn、Cu、Co 中的溶解度如图 5-24 所示。在冶炼时防氢和热处理时低温 200 ~ 500℃脱氢或合金丝中通以直流电，由于氢离子向阴极移动，从而自合金中析出。或采用超声处理，促进氢气扩散析出，都有利于电阻的稳定性。

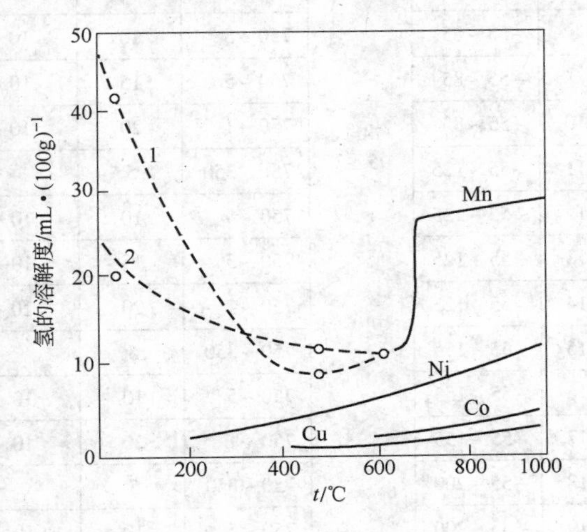

图 5-24　H_2 在 Ni、Mn、Cu、Co 中随 t 变化的溶解度图示（锰铜）

1—在空气中加热；2—在油中加热

外因方面，腐蚀（酸气、碱盐、潮湿）、氧化都会使合金丝表面产生锈蚀和直径断面变化，引起电阻变化（尽管镍铬系精密电阻合金抗蚀性比锰铜强）。

温度和湿度都对合金丝漆包线有一定影响，热胀和冷缩使合金与绝缘漆胀缩不一，引起丝体受到拉力或压力，使电阻值产生波动。不同类型的绝缘漆受潮热引起的胀缩也不同，影响电阻的效果也不一。

绝缘漆本身受高温、辐照而老化，不但其绝缘能力下降，还可因潮解而对合金丝起腐蚀作用。同时由于硬化而使合金丝受到张力，漆层越厚，张力越大。高阻值的微细丝有时会因此而被拉断。

焊点不清洁（一般为银焊剂和正磷酸苯胺）。焊接时高温会使接点成分发生变化，将引起电阻不稳定。

瓷骨架大小和合金线直径大小相匹配，因为随骨架外径增大，丝材的 α_T 向负值方向变化。缠绕张力控制的均匀性与缠绕应力相联系，机控与人工就不一样。电阻器阻值大小与合金丝直径也应相当，如 ϕ0.025mm 直径的合金丝对应电阻器阻值为 30kΩ 较为理想，α 波动不大。

所有电阻元件制成后一定要先经过人工时效处理，再放在库中进行自然时效。一般采用控温精度高的恒温干燥箱 120～140℃ 处理 24～48h。对耐温高的漆包线也可采用 160℃ 处理。也有采用(120～140)℃ ×8h 循环处理多次（一周左右）的。

有关 Ni-Cr 系精密电阻稳定性的研究试验数据不多，列举表 5-20～表 5-22 供参考。

表 5-20 精密电阻、电容元件使用的环境条件等级和指标（供参考）

等级	环境温度/℃	相对湿度/%	大气压力/mmHg	振动强度（负重）(50Hz, 3h)/gf	振动稳定性（往返为一次，共扫描三次，对 10～2000Hz 每次为 10min，其余为每次 5min）		冲击力/gf		离心力/gf
					频率/Hz	负重/gf	冲频(60～80次/min 共4000次)负重/gf	大的加速度(冲击9次)负重/gf	
1	-40～70	+40℃, 95±3	750～350	5	—	—	15	—	—
2	-40～70		750～5	10	10～600	10	25	—	10
3	-40～85		750～350	5	—	—	15	—	—
4	-40～85		750～5	10	10～600	10	25	—	10
5	-55～70		750～350	5	—	—	15	—	—
6	-55～70		750～5	10	10～600	10	25	—	10
7	-55～85		750～350	5	—	—	15	—	—
8	-55～85		750～5	10	10～600	10	25	—	10
9	-55～85		750～5	15	10～600	15	50	100	25
10	-55～85		750～1	20	10～2000	20	75	150	50
11	-55～125		750～350	5	—	—	15	—	—
12	-55～125		750～5	10	10～600	10	25	—	10
13	-55～125		750～5	15	10～600	15	50	100	25
14	-55～125		750～1	20	10～2000	20	75	150	50
15	-55～155		750～350	5	—	—	15	—	—
16	-55～155		750～5	10	10～600	10	25	—	10
17	-55～155		750～1	20	10～2000	20	75	150	50
18	-55～200		750～350	5	—	—	15	—	—
19	-55～200		750～5	10	10～600	10	25	—	10
20	-55～200		750～1	20	10～2000	20	75	150	50

注：1mmHg = 133.322Pa；1gf = 10dyn。

表 5-21 改良型镍铬精密电阻的稳定性（$℃^{-1}$）试验资料

材料名称	规格 ϕ /mm	阻值/Ω	起始月	一月后	半年后	一年后	备注（生产地）
卡 玛	0.025	1M	0	$+21\times10^{-6}$	$+60\times10^{-6}$	$+18\times10^{-6}$	北京
伊 文	0.030	1M	0	$+18\times10^{-6}$	$+42\times10^{-6}$	$+4\times10^{-6}$	北京
NiCrMnSi	0.025	1M	0	$+11\times10^{-6}$	$+37\times10^{-6}$	$+4\times10^{-6}$	上海
卡 玛	0.023	1M	0	$+12\times10^{-6}$	$+42\times10^{-6}$	$+3\times10^{-6}$	上海
伊 文	0.020	1M	0	$+11\times10^{-6}$	$+31\times10^{-6}$	$+5\times10^{-6}$	上海
NiKrothal-L	0.020	1M	0	$+14\times10^{-6}$	$+98\times10^{-6}$	$+40\times10^{-6}$	瑞典
卡 玛	0.040	100k	0	$+7\times10^{-6}$	$+27\times10^{-6}$	$+8\times10^{-6}$	北京
伊 文	0.045	100k	0	$+4\times10^{-6}$	$+23\times10^{-6}$	$+18\times10^{-6}$	北京
卡 玛	0.045	100k	0	$+2\times10^{-6}$	$+10\times10^{-6}$	$+16\times10^{-6}$	上海
伊 文	0.045	100k	0	$+2\times10^{-6}$	$+7\times10^{-6}$	$+10\times10^{-6}$	上海
伊 文	0.045	100k	0	$+7\times10^{-6}$	$+16\times10^{-6}$	$+20\times10^{-6}$	上海
NiKrothal-L	0.04	100k	0	$+8\times10^{-6}$	$+35\times10^{-6}$	$+30\times10^{-6}$	瑞典
卡 玛	0.07	10k	0	$+3\times10^{-6}$	$+30\times10^{-6}$	-1×10^{-6}	北京
NiCrMnSi	0.07	10k	0	-1×10^{-6}	$+29\times10^{-6}$	$+3\times10^{-6}$	上海
NiCrMnSi	0.07	10k	0	$+3\times10^{-6}$	$+35\times10^{-6}$	$+4\times10^{-6}$	上海
NiKrothal-L	0.07	10k	0	$+3\times10^{-6}$	$+30\times10^{-6}$	0	瑞典

表 5-22 锰铜精密电阻的稳定性 （$℃^{-1}$）

处理时间 /h	材料名称	规格 ϕ /mm	阻值/Ω	起始月	一个月后	半年后	一年后	备注（生产地）
48	锰铜	0.1	1k	0	-1×10^{-6}	-60×10^{-6}	-34×10^{-6}	英国
48	锰铜	0.1	1k	0	$+6\times10^{-6}$	-31×10^{-6}	-11×10^{-6}	上海
96	锰铜	0.1	1k	0	$+3\times10^{-6}$	-53×10^{-6}	-24×10^{-6}	英国
96	锰铜	0.1	1k	0	$+6\times10^{-6}$	-20×10^{-6}	$+2\times10^{-6}$	上海
121	锰铜	0.1	1k	0	-1×10^{-6}	-58×10^{-6}	-28×10^{-6}	英国
121	锰铜	0.1	1k	0	-1×10^{-6}	-28×10^{-6}	-9×10^{-6}	上海
48	锰铜	0.173	100	0	-8×10^{-6}	-35×10^{-6}	-23×10^{-6}	英国
48	锰铜	0.17	100	0	$+25\times10^{-6}$	$+10\times10^{-6}$	$+11\times10^{-6}$	上海
96	锰铜	0.173	100	0	$+8\times10^{-6}$	-20×10^{-6}	-7×10^{-6}	英国
96	锰铜	0.17	100	0	$+18\times10^{-6}$	-3×10^{-6}	0	上海

6 高电阻应变合金

6.1 应力的测量和对材料要求

6.1.1 物体受力后应力测量的意义

物体受力便有应力，要想知道这个应力是多少，过去工程设计和设备制造中多用计算方法。遇到复杂情况计算起来很麻烦，便有假设和估算。估计往往掺杂着凭经验，有的靠谱，有的便心中没底。尤其是特殊条件，如高温、急冷、高速、超低温、高振动、大冲击、强辐照、高空、深水、形体奇异等等，计算起来很麻烦，有的等不及，也赔不起。

20 世纪 60 年代，全国应变片交流大会上，北航一专家直言“工业、农业、水利、交通、航空、国防、航天等建设事业都应用着应变片。应变片用于一切凡是有‘力’存在的地方，而用不着进行复杂的计算，既快捷又直观”。例如：

(1) 万吨水压机的两根大柱和横梁，如果没有应变片测量，光靠计算，恐怕搞不成。

(2) 武汉长江大桥的钢板和槽钢的质检，承受寿命，没有应变片的测量，光靠计算既复杂又难切合实际。

(3) 大型农业机械在研制和生产过程中都必须进行应力测量和分析，应变片测量成为捷径。

(4) 在国防工业上更不可缺少应变片测试。飞机、火箭、炮筒、炮座、发射井架等都要应力检测分析和遥测监护，如美国的 F-105D 型全天候战斗轰炸机，一架就粘贴 5000 多片应变片。

(5) 在医疗上，人体的脉搏频率（尤其空中飞行跟踪）、肌肉膨胀与收缩能力的测量等等都需要应变计测量。

上述例子是常温的。实际中应用的环境是多种多样的，如：

(1) 温度在 $-150 \sim 0 \sim 1000$℃。

(2) 压力从零点几个微应变至上万个微应变。

(3) 速度从每秒零点零几米至几十公里（几倍于声速以上）。

(4) 气流压力从几十达因力至几亿牛顿力。

(5) 转速从每分钟几十转至 100000r/min。

(6) 电流频率从直流至 50kHz。

(7) 介质有各种酸、碱、盐、硫、氮、氢、碳、大气、蒸汽、热核辐射等等。

(8) 应力的方向：有纵、横、交错、剪切、拉、压，甚至几种综合等。

6.1.2 对常温应变片用丝材的要求

(1) 电阻率 $\rho \geqslant 1.0\Omega \cdot m$，而且加上 3600$\mu\varepsilon$ 后 ρ 基本不变；

(2) 灵敏系数 $K \geqslant 2 \sim 3$；

（3）$\frac{\Delta K}{K}$：±1%以内；

（4）α：最佳 $\alpha=\pm5\times10^{-6}/℃$，其次 $\alpha<-30\times10^{-6}/℃$（作补偿）；

（5）$\frac{\Delta\alpha}{\alpha}$：$10^{-7}\sim10^{-8}$；

（6）重复性：升温、降温时电阻-温度曲线尽量是同一条曲线；

（7）线径：$\phi0.015\sim0.031$mm；

（8）热滞后：越小越好；

（9）应变线性好。

注意：以上其中最主要的是：α_t 应小且均匀，R 的分散性要小，K 的分散性也要小。

6.1.3 中高温应变片对丝材性能的要求

（1）$\rho\geq0.5\Omega\cdot m$ 以上，最好 $\rho\geq1.0\Omega\cdot m$；

（2）$K\geq1.9$，当加 3000～4000$\mu\varepsilon$ 或 8000～10000$\mu\varepsilon$（变形度）时，$\frac{K}{\mu\varepsilon}$=常数（即相对应变为常数）；

（3）α_t：1）重复性：丝材应不变；2）分散性：$\pm0.2\sim0.4\times10^{-6}/℃$；3）直线性：良好（凡自补偿者均要求）；4）当温度为≤400℃时，$\alpha_t=(-30\sim10)\times10^{-6}/℃$；5）可正、可负，但线性必须良好（≥400～1000℃）；

（4）零点漂移：±20～50$\mu\varepsilon$/h，（在最高使用温度时）；

（5）能焊接：分别与 NiCr、康铜、FeCrAl 能熔焊（≤400℃时能银焊、≥400℃能熔焊）。

（6）线径：$\phi0.01\sim0.03$mm；

（7）滞后：越小越好。

注意：其中最主要是 α_t 的重复性和分散性，以及焊接性能要好。

以上要求基本上都是制作静态测量应变片时对丝材的要求，而制作动态测量的应变片时对丝材不作严格要求。

应变片（亦称应变计）的研究，美国从 1938 年开始，日本从 1945 年研制，前苏联、瑞典、英国、法国、瑞士等都相继进行研制。我国从 1954 年由北航开始研制并自此扩展开来。

应变片测量物体受力时的应力虽然简便、快捷、直观，但遇到复杂形体和物体内部深层处的应力情况也有棘手和测不准问题。

6.2 应力测量原理和所用材料

电阻材料在受到应力时产生应变，应变引起电阻值的改变。把电阻细丝贴在机器需测量的某个部位，当这个部位受到应力时则引起电阻细丝的电阻值变化，计量这电阻变化值便可知道该机器某部位所受之应力。这里所用的电阻丝材就是应变电阻材料。利用丝状电阻线的电阻与线应变之间的关系式便可算出应力值。

$$dR=R\cdot K_s\cdot e_x$$

式中 dR——变形前后电阻的改变量；

R——应变片（即所用电阻丝的）每片标明电阻；

K_s——所用电阻丝的灵敏系数（在此为该应变片的灵敏系数）；

e_x——应变片的线应变（即所用电阻丝的线应变），即$\frac{dL}{L}$。

所用应变片 R 和 K_s 为已知，故量出 dR 就可计算出 e_x，再根据材料力学的虎克定律：

$$\sigma = E \cdot e_x$$

式中 σ——应力；

E——电阻丝材的弹性模量，已知。

按上式便可计算出机器受力后所产生的应力。再与机器所用材料的强度极限比较，便可得知该部位当前所处何种状态。也即把非电量（应变）变成电学量（电阻）变化来测量，因而又为动载荷实验及自动记录提供了有利条件，就是说，上面的计算可由应变仪器来完成，所指示数值已是所需的当前应力状态数值。可见既直观又便捷。

能用于应变片的材料为康铜、卡玛、铁铬铝、贵金属丝和康铜箔、卡玛箔。其中，康铜只能用于（-50~350)℃，因为当温度高于350℃时，康铜氧化速度加快，应变性能参数相当不稳定。而当温度低于-50℃时变脆，应变性能参数也不稳定。卡玛丝只能用于（-50~450)℃，因为（450~550)℃是有序⇄无序多变区，而温度高于550℃和低于-50℃时电阻温度系数和灵敏系数分散性较大。不少研究单位和用户提出，Fe-Cr-Al 可以在（-150~1000)℃范围内应用。当前能用于不低于450℃的应变丝属 Fe-Cr-Al 和贵金属。国外已将 Fe-Cr-Al 用于850℃下动态测量和中高温静态自补偿应变测量系统。我国对两类材料在高温静态测量方面是处于边使用、边研究之中。因为高温应用要求“三不掉”——整（震）不掉，吹不掉，烧不掉，是非常严格的。

6.3 高阻铁铬铝应变合金

高阻 Fe-Cr-Al 应变合金是铁铬铝精密电阻合金的一部分。Fe-Cr-Al 系精密电阻是近半个世纪出现的一个合金系列。它们是在 Fe-Cr-Al 系电热合金的基础上进行成分的调整后获得的。它的基本特性与 Ni-Cr 改良型精密电阻合金相近。如高电阻、高耐热性、高抗氧化性，线胀系数适中，对铜热电势随成分可控，电阻温度系数随成分和加工热处理尚可调，热输出和热滞后也可由添加元素及热处理适当调节，可加工成微细丝以及可焊性等特性难能可贵，对精密电阻器件和应变片及应力测量材料的微型化、特殊环境条件使用都非常有意义。

Fe-Cr-Al 基本成分与电学性能的关系如图6-1所示。由图可见，其电学性能随成分有显著变化。适当选择成分并经过加工热处理就可以找到性能良好的精密电阻合金。例如，0Cr20Al5（Cr 20%、Al 5%、Fe 余量）经过200~300℃的低温处理后的性能为 $\rho = 135\mu\Omega \cdot cm$，$\alpha_{20} = \pm 10^{-6}/℃$，$\beta = 0.2 \times 10^{-6}/℃^2$，$E_{Cu} = -1.9\mu V/℃$；0Cr15Al6（Cr 15.5%、Al 6.5%、Fe 余量）经过200~300℃低温处理后的性能为：$\rho = 138\mu\Omega \cdot cm$，$\alpha_{20} = \pm 10^{-6}/℃$，$\beta = 0.2 \times 10^{-6}/℃^2$，$E_{Cu} = 0$。

上述成分的合金可以作为精密电阻材料。由于 Al 的波动，α 变化很大。为使 α 小且稳定，必须调配 Cr 及添加 Si、Ti、Zr 等。可见表6-1和表6-2。

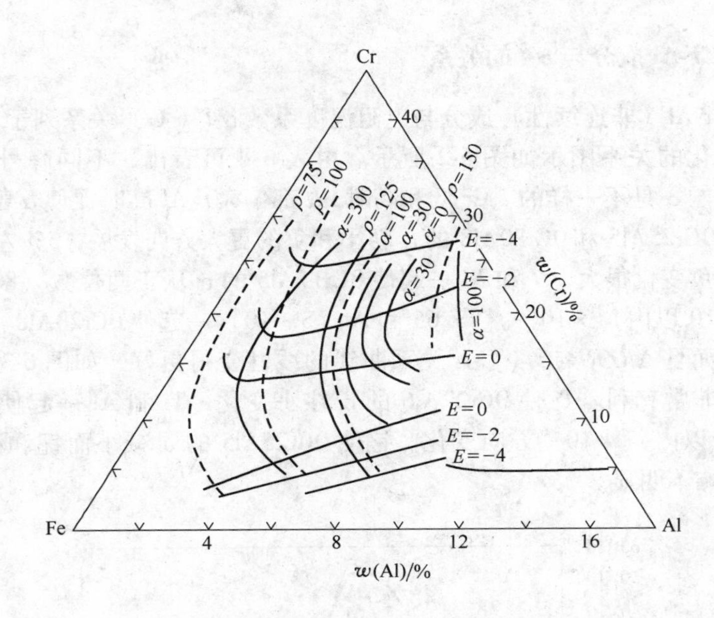

图 6-1　Fe-Cr-Al 系的成分与性能的关系（300℃退火 1h）
（图中各量单位：α_{20}为 $\times10^{-6}$/℃；ρ 为 μΩ · cm；E_{Cu}为 μV/℃）

表 6-1　铁、铬、铝的电性能随合金成分的变化

化学成分（质量分数）/%										α_{20}/℃$^{-1}$	ρ /μΩ · cm	E_{Cu} /μV · ℃$^{-1}$
Cr	Al	Ti	Zr	Co	Mo	Y	Fe	Si	Mn			
23.94	4.41	0.08					余			11.3×10^{-6}	146.8	-3.7
23.84	5.52	1.0					余			8.4×10^{-6}	139.6	-3.4
24.16	5.34	1.63					余			1.2×10^{-6}	143.5	-3.4
23.77	4.5	0.51	0.01				余			11.8×10^{-6}	146.0	-3.9
23.78	4.12			1.2			余			14.1×10^{-6}	140.9	-4.0
23.04	4.66			2.11			余			16.8×10^{-6}	146.2	-3.6
24.02	5.66				1.95		余			10.0×10^{-6}	140.4	-4.0
24.02	5.66					0.1	余			-10.0×10^{-6}	141.9	-3.0

表 6-2　高铬高铝的 Fe-Cr-Al 精密电阻合金成分、性能及用途

品种牌号	化学成分（质量分数）/%			ρ /μΩ · cm	α(20 ~ 100℃) /℃$^{-1}$	E_{Cu}(0 ~ 100℃) /μV · ℃$^{-1}$	用　途
	Cr	Al	Fe				
派洛麻克斯 P	23.0	8.0	余	187	-287×10^{-6}	1.14	温度补偿器，应变片补偿材料
派洛麻克斯 Q	11.0	8.5	余	115	50×10^{-6}	3.76	精密电阻材料，应变片材料
派洛麻克斯 R	5.0	9.0	余	137	135×10^{-6}	4.75	各种电阻材料

6.3.1 Fe-Cr-Al 成分与 α-t 的关系

以常用Fe-Cr-Al（非连续性）成分与电阻温度系数 α-t（℃）关系列于表6-4，部分成分的 α 随温度变化的关系图示如图6-2所示。由表6-4可看出，不同牌号（亦即不同成分）的Fe-Cr-Al的 α 是不一样的。Cr低和高时，α 都偏大，Al高时促使 α 朝小和负的方向发展，Al、V使0Cr25Al5和0Cr20Al8的 α 朝小和负的更大方向发展，3%左右的V能使它们的 α 从正向大负变化很大。V和Ni一起使0Cr17Al5的 α 从正两位数（80~90）$\times10^{-6}$ 降至正一位数（10以内）$\times10^{-6}$。V3.65和Al（5~10）一起使0Cr20Al8、0Cr25Al5的 α 向负方向变化，而且 $\Delta R/R$ 与 t（℃）关系曲线的线性变得更好，如图6-3所示。对制作应变片补偿材料非常有利。Ti使0Cr27Al6的 α 往小变化，Ti和Al一起使0Cr27Al6的 α 往正一位数（10以内）$\times10^{-6}$ 方向变化。钇使0Cr25Al5的 α 减小而铌和稀土（RE）对Fe-Cr-Al的 α 影响不明显。

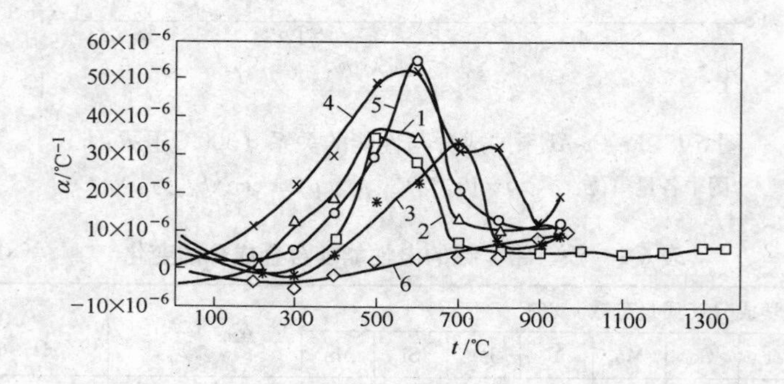

图6-2　四种牌号6种成分的Fe-Cr-Al合金的 α-t(℃)关系曲线

1—0Cr25Al5RETi电渣双联，生产品；2—0Cr27Al5RETi电渣双联，试验品；3—0Cr25Al5RE氧Ti真空感应+真空自耗，科研；4—0Cr23Al5RETi电渣双联，试验品；5—0Cr25Al5高频炉返回钢；6—0Cr20Al8V电渣双联，试验品

0Cr26Al5.5（新2-2批）多次测试（包括制成应变片）都证明，该材料是制作应变片的较好材料。

以上情况，Cr对 α 的影响其含量在20%处是个分界线。即 $w(\text{Cr})<20\%$ 时为降低 α，而 $w(\text{Cr})>20\%$ 时反而增加 α。而Ti、Al、V降低 α 的作用显著。

由图6-2可以看出，除0Cr20Al8V外，其余成分的Fe-Cr-Al合金的 $\Delta R/R$ 与温度 t(℃)的关系，当温度升至300℃以上时，其电阻急剧增加，450~650℃之间为高峰区，超过650℃以后都几乎急剧下降，900℃以后电阻值又重新抬头。这种现象和前面Ni-Cr系精密电阻合金的 $\Delta R/R$-t(℃)的关系曲线相似。在此不再赘述。需说明的是，图中

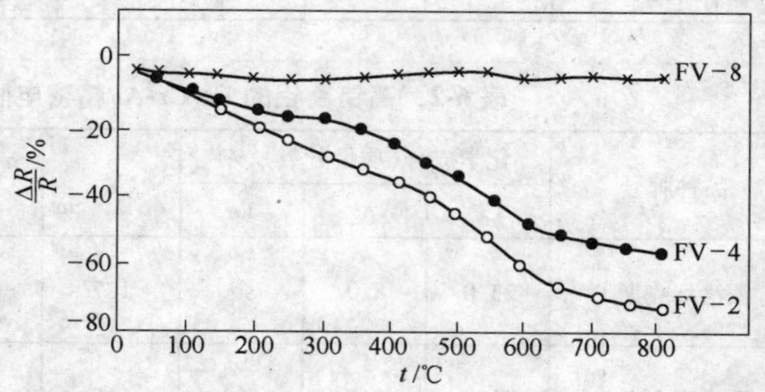

图6-3　Fe-Cr-Al+V的电阻-温度关系曲线

（中科院上冶所资料）

0Cr20Al8V 的 α 曲线只是一个趋向示意曲线，其负向直线性不容置疑，只是斜率将随成分波动及处理工艺操作会有出入。重在 V 和 Al 的含量搭配及热处理工艺调节。可见表 6-3。

表 6-3 Fe-Cr-Al + V 化学成分（质量分数） （%）

编 号	Cr	Al	V	Fe	备 注
FV-2	25.30	6.00	3.91	余	*R-t* 曲线见图 6-3
FV-4	24.04	6.09	3.70	余	
FV-8	25.42	4.96	3.65	余	

注：中科院上海冶金所资料。

表 6-4 Fe-Cr-Al 成分与 α-t 关系（非连续成分）

测试单位	牌 号	α/℃$^{-1}$		批号，规格，状态
		温度范围/℃	结 果	
在京院校	0Cr17Al5	10 ~ 50 50 ~ 10	91.5×10^{-6} 50.2×10^{-6}	ϕ0.027mm，软态
在京院所	0Cr17Al5VNi	20 ~ 1000	3×10^{-6}	ϕ0.8mm，软态
在京院所	0Cr20Al8	20 ~ 1030	14×10^{-6}	ϕ0.8mm，软态
在京院所	0Cr20Al8V3	20 ~ 800	-149×10^{-6}	ϕ0.8mm，软态
在京院校	0Cr20Al8V	20 ~ 1050	-9×10^{-6}	ϕ0.03mm，软态
在京院所	0Cr23Al5RETi	100 ~ 950	53×10^{-6}	ϕ0.8mm，软态
在京院校 01	0Cr26Al5.5	20 ~ 120	5 ~ 6	新 2-2 批 ϕ0.020mm，软态
上海院所	0Cr26Al5.5	20 ~ 200	7 ~ 9	新 2-2 批 ϕ0.025mm，软态，9 个样平稳
在京院校	0Cr26Al5.5	20 ~ 1200	14×10^{-6}	新 2-2 批 ϕ0.300mm，软态
京 06 所	0Cr26Al5.5	20 ~ 120	-20×10^{-6}	新 2-2 批 ϕ0.020mm 应变片对 30CrMnSi
在京院所	0Cr25Al5Y	20 ~ 1050	11×10^{-6}	ϕ0.80mm，软态
在京院所	0Cr25Al5Nb1.7	20 ~ 850	36×10^{-6}	ϕ0.80mm，软态
在京院校	0Cr25Al5V2.8	10 ~ 50 50 ~ 10	-32.8×10^{-6} -51.7×10^{-6}	ϕ0.03mm，软态
在京校所	0Cr25Al5RE0.03Ti0.15	20 ~ 850	20.4×10^{-6}	ϕ0.30mm，软态，5 个样均匀稳定
在京院所	0Cr27Al6Nb1.3	20 ~ 800	38×10^{-6}	ϕ0.80mm，软态
在京院所	0Cr27Al6RETi	100 ~ 200	1.7×10^{-6}	ϕ0.80mm，软态
在京院所	0Cr27Al6RETi	100 ~ 1350	15×10^{-6}	ϕ0.80mm，软态

6.3.2 Fe-Cr-Al 合金冷拔态电阻与时效 t(℃)的关系

Fe-Cr-Al 合金丝冷加工电阻和 Ni-Cr 系合金一样随冷变形加大而下降。同样，经不同的热处理其电阻随温度变化率不一。从图 6-4 可以看出，硬态 Fe-Cr-Al 微细丝直接中温回火的电阻变化趋前得多，也激烈得多。降温时电阻变化缓和多了，但升与降之间的电阻差距范围也大多了，即重复性不好，可见硬态丝不能直接做应变丝使用。退过火的软态丝再经中温回火时电阻随温度升高在 450℃前增加缓慢，到 450℃上升加速。500℃降温时，电阻下降也缓慢。升降之间电阻差距比硬态小多了，这是第一次热循环的结果，而经过第二次热循环就可以得到较好的重复性，经过第三次热循环时电阻-温度变化关系曲线基本重合在一条线上。但第三次加热至350℃即可。其变化趋向如图6-5所示。退火后经475℃保温15～20h对提高重复性有好处。但保温超过15h，合金的抗拉强度上升10%，而伸长率下降20%～30%。

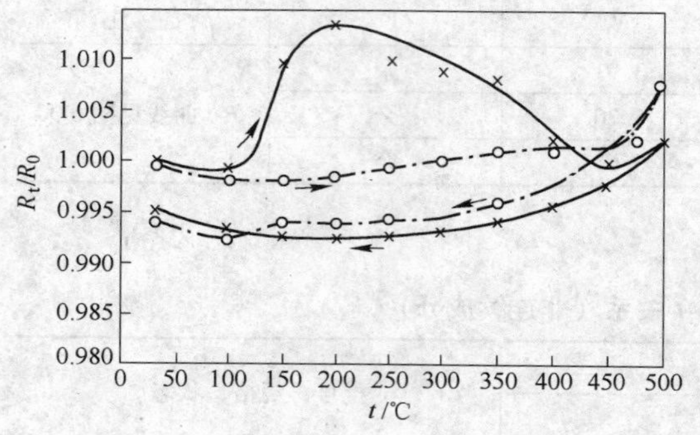

图6-4 0Cr26Al5.5（新2-2批）冷拔硬态与退火软态的回火电阻-温度关系

×—冷拔硬态 ϕ0.025mm，压缩比92%；

○—850℃真空退火2h缓冷，软态

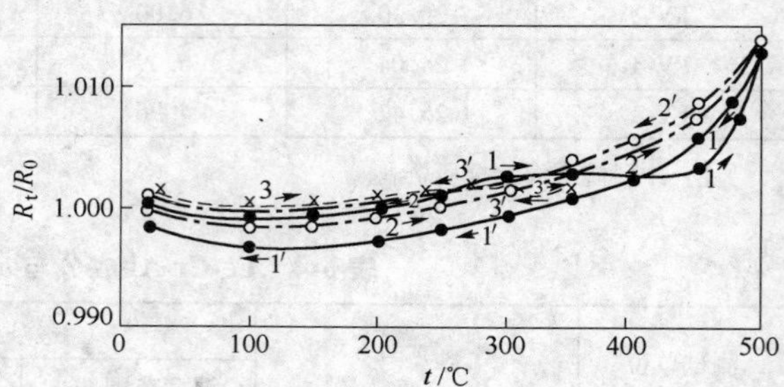

图6-5 0Cr26Al5.5（新2-2批）电阻-温度变化关系的重复性

原850℃真空退火2h+475℃×20h

●—第一次加热冷却；○—第二次重复加热、冷却；

×—第三次重复加热至350℃后冷却

由此可见，电阻的$\Delta R/R$变化量随热循环次数的增加而减小，第三次热循环的电阻-温度变化关系曲线基本重合。这说明电阻越来越稳定，由增加热循环次数来提高电阻稳定性是可取的办法之一。当然不能说是热循环次数越多越好。美国阿尔莫（ARFJ）研究基地将Fe-Cr20Al10合金ϕ0.05mm和ϕ0.025mm丝片在871℃下进行第五次热循环时，ϕ0.025mm丝片保持63h后的电阻-温度曲线的形状和斜率发生了很大变化，温度系数由负变正，电阻变化量远超过10%的正常值。ARFJ认为，其原因一是丝材氧化变细；二是化学成分中有的元素氧化掉。据此，高温下，加V的Fe-Cr-Al合金微细丝的抗氧化性比不加V者强，而涂上保护胶者比裸露光丝栅的抗氧化性强。

6.3.3 热处理对Fe-Cr-Al合金微细丝的α及E_{Cu}的影响

热处理在管式真空炉、钨丝真空炉（带油冷装置）及大气马弗炉中进行。真空炉的真空度为0.133322Pa（10^{-3}mmHg）。

Fe-Cr-Al合金微细丝的化学成分如表6-5所列。

表6-5 Fe-Cr-Al合金微细丝的化学成分

编号	化学成分（质量分数）/%										冶炼方法	公称规格尺寸/mm	备注
	C	Si	Mn	P	S	Cr	Ti	Al	V	RE①			
2						17		6			双联电渣	ϕ0.054	余量为Fe
3	0.03	0.26	0.78	0.005	0.004	25.59	0.07	4.82	2.81	Y0.3	真空感应炉	ϕ0.058	余量为Fe
4	0.03	0.26	0.78	0.005	0.007	25.69	0.04	4.18	2.94	La0.2	真空感应炉	ϕ0.058	余量为Fe
5	0.02	0.26		0.011	0.003	26.10		5.65			双联电渣再经真空自耗	ϕ0.025	新2-2批

①稀土为加入量。

实验结果如图6-6和图6-7所示。退火温度对3号、4号的α影响不大。4号只进行750℃退火，其α几乎与3号重合。5号经600℃真空油冷后α很小，但由于冷速较大而造成重复性不好，如图6-7所示。2号退过火与未退过火的比较，退火使α显著减小，但未经退火的2号重复性也差。如图6-10所示。

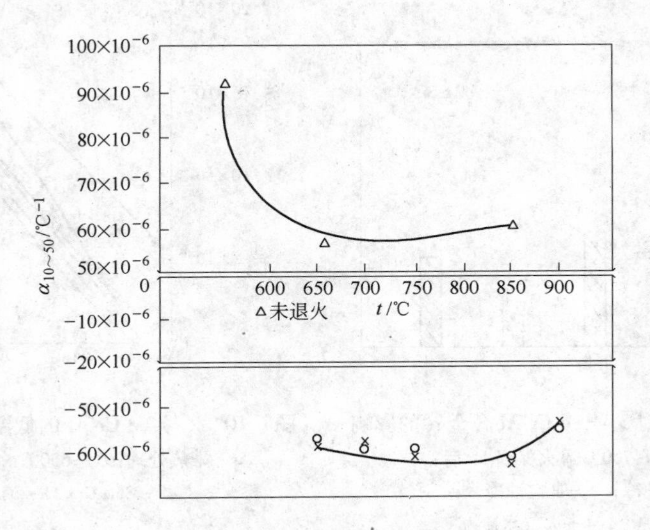

图6-6　退火温度对Fe-Cr-Al的电阻温度系数α的影响

△—2号真空炉冷保温1h；×—3号真空炉冷保温1h；
○—4号真空炉冷保温1h

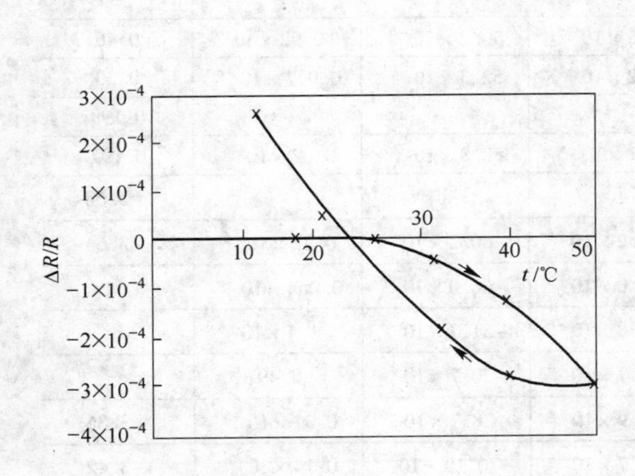

图6-7　5号(新2-2批)Fe-Cr-Al的$\Delta R/R$-t(℃)低温重复性曲线

(5号真空炉中600℃×45min，油冷)

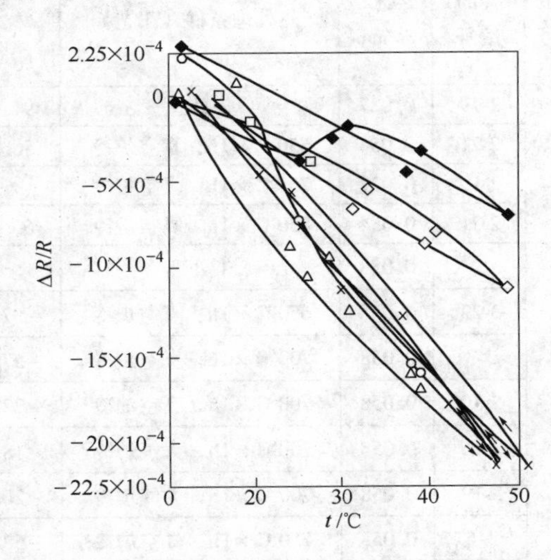

图6-8　3号Fe-Cr-Al合金的$\Delta R/R$-t(℃)曲线

×—650℃1h，真空炉冷；△—750℃1h，真空炉冷；○—850℃1h，真空炉冷；□—700℃1h，大气炉冷；◆—700℃1h，大气水冷

不同加热介质和冷却速度对α有较大影响，如图6-8和图6-9所示，经大气炉冷退火后3号合金的α变化很小，约为-20×10^{-6}（见表6-6）。但在大气中热处理或加热后快冷对电阻

稳定性是不利的。在大气中进行热处理的细丝的 $\Delta R/R$ 变化重复性都较差。

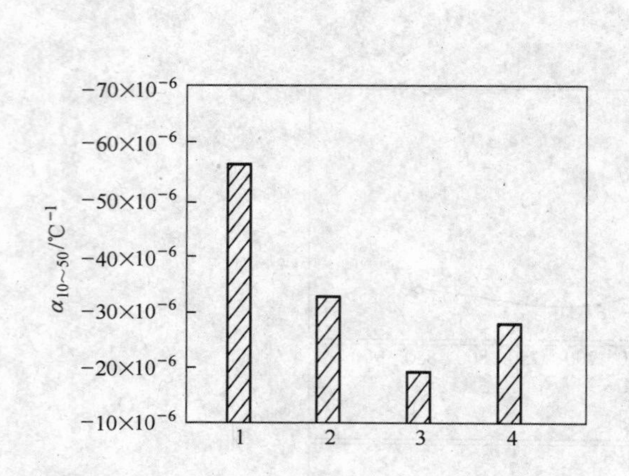

图6-9 热处理条件对3号Fe-Cr-Al合金 α 的影响
3号合金不同炉700℃退火保温1h后：
1—真空炉冷；2—真空油冷；
3—大气炉冷；4—大气水冷

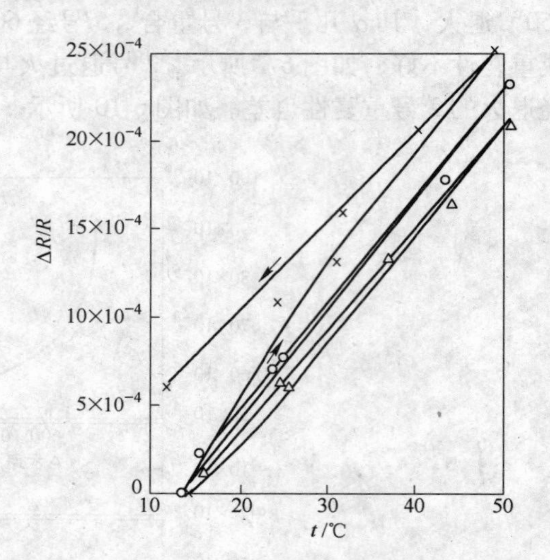

图6-10 2号Fe-Cr-Al的低温 $\Delta R/R$-t(℃)曲线
×—未热处理；△—650℃×1h，真空炉冷；
○—850℃×1h，真空炉冷

表6-6 Fe-Cr-Al不同热处理条件时的电学性能

合金编号	样品编号	丝径 ϕ/mm	热处理条件（工艺）	$\alpha_{10\sim50}$ /℃$^{-1}$	$\alpha_{50\sim10}$ /℃$^{-1}$	$\beta_{10\sim50}$ /℃$^{-1}$	E_{Cu} /μV·℃$^{-1}$ (0~100℃)
2	2-19	0.027	未处理	91.5×10^{-6}	50.2×10^{-6}	-0.92×10^{-6}	0.46
	2-21	0.054	650℃×1h，真空炉冷	56.2×10^{-6}	52.3×10^{-6}	0.077×10^{-6}	0.20
	2-19	0.027	750℃×1h，真空炉冷				0.199
	2-21	0.054	850℃×1h，真空炉冷	60.1×10^{-6}	58.8×10^{-6}	0.02×10^{-6}	0.197
3	3	0.058	未处理				-3.68
	3-22	0.058	650℃×1h，真空炉冷	-57.2×10^{-6}	-60.2×10^{-6}	0.22×10^{-6}	-3.64
	3-3	0.058	700℃×1h，真空炉冷	-57.0×10^{-6}	-66.0×10^{-6}	0.064×10^{-6}	
	3-30	0.058	700℃×1h，真空油冷	-32.8×10^{-6}	-51.7×10^{-6}	-1.4×10^{-6}	
	3-16	0.058	700℃×1h，大气炉冷	-18.7×10^{-6}	-20.7×10^{-6}	0.49	
	3-19	0.058	700℃×1h，大气水冷	-20.9×10^{-6}	-28.7×10^{-6}	0.31×10^{-6}	-3.86
	3-6	0.058	750℃×1h，真空炉冷	-58.7×10^{-6}	-70.10×10^{-6}	0.14×10^{-6}	-3.42
	3-13	0.058	850℃×1h，真空炉冷	-61.3×10^{-6}	-57.3×10^{-6}	0.15×10^{-6}	-3.37
	3-28	0.058	900℃×1h，真空炉冷	-53.1×10^{-6}		0.12×10^{-6}	-3.6
4	4	0.058	未处理				-4.03
	4-7	0.058	750℃×1h，真空炉冷	-58.7×10^{-6}	-56.7×10^{-6}	0.09×10^{-6}	-3.72
5(新2-2批)	5-2	0.025	未处理				-3.5
	5-31	0.025	600℃×45min，真空油冷	-6.8×10^{-6}	-14.7×10^{-6}	0.36×10^{-6}	-3.11

由上面试验分析看，2 号、3 号合金在850℃保温 1h 后炉冷的重复性比其他工艺好。5 号合金（新 2-2 批）由于没加 V 而 α 变得很小，而 3 号、4 号合金加 V 且成分相近，α 也相近，尽管负值较大，但线性较好。

热处理对 Fe-Cr-Al 的对铜热电势（E_{Cu}）的影响如图 6-11 所示，可见其影响很小。经退火后热电势 E_{Cu} 能稍微降低，但不很明显。主要决定于化学成分，如 3 号、4 号、5 号的 E_{Cu} 几乎都在（$-3\sim-4$）μV/℃，而 2 号合金的 E_{Cu} 在 +0.5μV/℃以内。

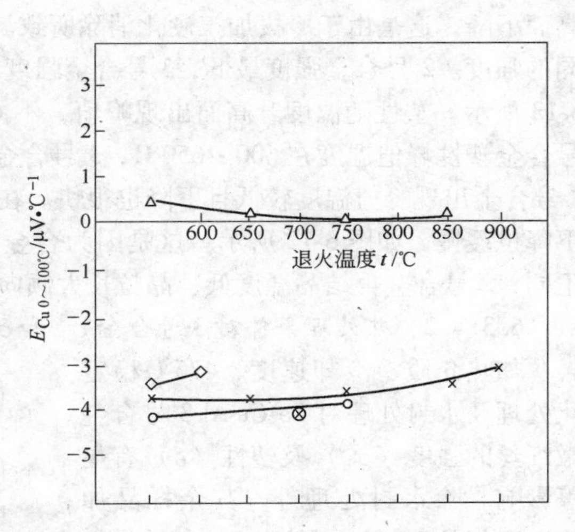

图 6-11 热处理对 Fe-Cr-Al 的 E_{Cu} 的影响

△—2 号真空炉冷保温 1h；×—3 号真空炉冷保温 1h；○—4 号真空炉冷保温 1h；◇—5 号真空油冷保温 45min；⊗—3 号大气水冷保温 1h

6.3.4 热处理对 Fe-Cr-Al 合金微细丝的强度和塑性的影响

用作应变片和线绕电阻等元件的Fe-Cr-Al微细丝，除需要有良好的电学性能外，对其力学性能也有一定要求，没有足够的强度和塑性将绕制不成元件。因此要综合起来选择最佳化学成分及工艺。

选择合金的化学成分同前面 2 号、3 号、4 号合金。热处理条件也同前。强度和延伸在岛津纤维拉力机上进行。

6.3.4.1 真空中退火温度的影响

退火温度由 600 ~ 900℃，保温 1h，真空度为 0.133322Pa（10^{-3}mmHg）。实验结果如图 6-12 和图 6-13 所示，由图 6-13 可看出，三种成分合金具有共同规律，强度随退火温度升

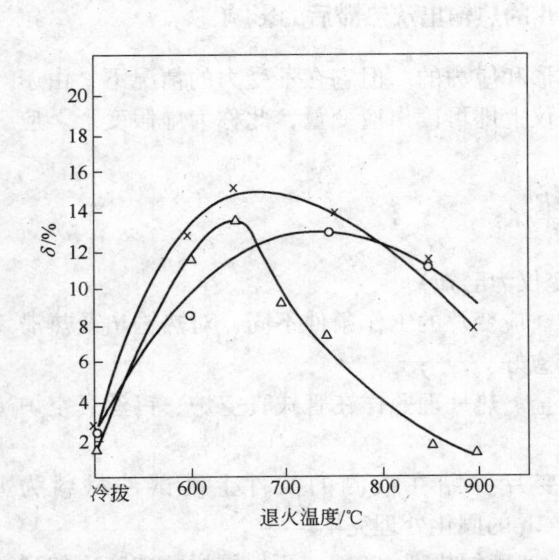

图 6-12 退火温度对 Fe-Cr-Al 微细丝塑性的影响

△—2 号；×—3 号；○—4 号

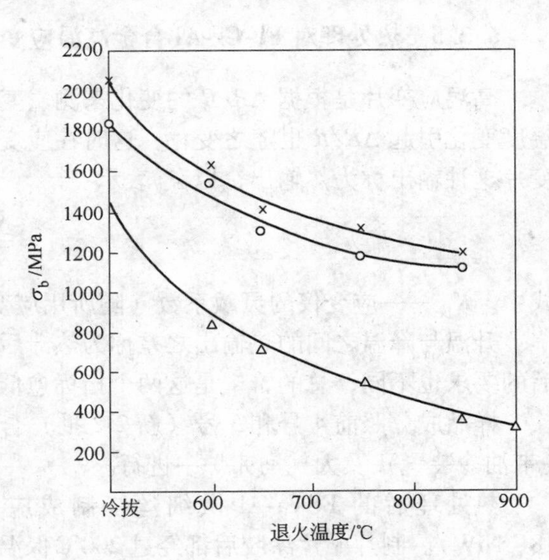

图 6-13 退火温度对 Fe-Cr-Al 微细丝强度的影响

△—2 号；×—3 号；○—4 号

高而下降，这是由于冷拔加工硬化消除所致。成分不同的合金在相同温度下退火后具有不同的强度。2 号合金强度最低，3 号合金强度最高，4 号合金比 3 号合金强度稍低，详见图 6-13 所示。塑性随温度升高而出现峰值，不同成分的合金出现塑性峰值的温度也不同，2 号合金塑性峰值温度在 600 ~650℃，3 号合金为 650 ~700℃，4 号合金为 700 ~750℃。而 2 号合金出现峰值温度较低且下降也很快。在较高温度出现峰值的 4 号合金过峰值温度后下降也缓慢，如图 6-12 所示。这是因为合金成分不同其再结晶温度及晶粒长大的倾向也不同，2 号合金再结晶温度低，晶粒长大倾向大，而 4 号合金正相反。

6.3.4.2 热处理条件对 3 号合金 σ_b 和 δ 的影响

加热介质、冷却速度、475℃稳定化处理及水封处理对 Fe-Cr-Al 3 号合金微细丝的强度（σ_b）及塑性（δ）有显著影响。除水封处理外，其余样品加热温度都是 700℃，保温 1h，其结果如图 6-14 所示。真空退火时的 σ_b 和 δ 具有最好的配合，真空油冷时的 σ_b 及 δ 都下降。真空油冷再经 475℃、15h 稳定化处理后 σ_b 显著增加而 δ 却变得很低，这与普遍认为的 475℃ 脆性相吻合。大气中退火比真空中退火的强度及塑性都下降，大气水冷后强度和塑性在较低水平上有较好的配合。水封热处理后塑性很低，这可能与没有充分再结晶有关。

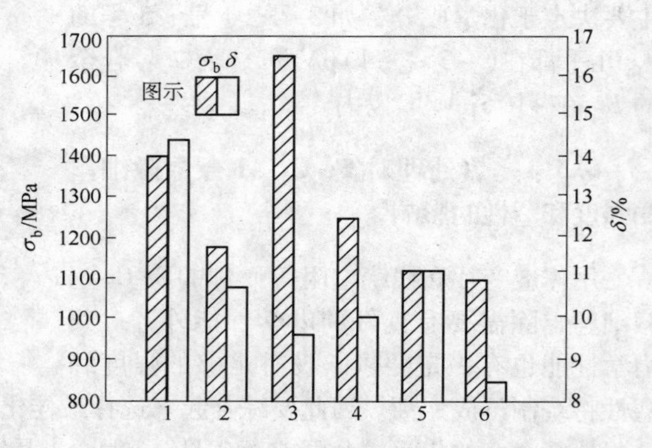

图 6-14 热处理条件对微细丝强度及塑性的影响（Fe-Cr-Al 3 号）

1—真空炉冷；2—真空油冷；3—真空油冷，475℃ ×15h；4—大气炉冷；5—大气水冷；6—水封处理

6.3.5 热处理对 Fe-Cr-Al 合金高温应变片的热输出及热滞后的影响

高温应变片是根据 $\Delta R/R$ 的变化来测量变形和应力的。但它在不受力的情况下，由于温度变化引起 $\Delta R/R$ 也随之变化，这时在应变仪上即可读出应变量，此称为虚假变形。应变片这种输出称为热输出，以 $\varepsilon_{仪}$ 表示：

$$\varepsilon_{仪} = \frac{\Delta R}{R}/K_{仪}$$

式中 $K_{仪}$——应变仪的灵敏系数（随所用应变仪为已知）。

升温与降温之间的热输出之差称为热滞后。应变片的工作条件不同，对热输出及热滞后的要求也不同，总的希望是这两个指标愈低愈好。

样品成分照前 4 号和 5 号（新 2-2 批）合金。热处理照样在管式真空炉、钨丝真空炉（带油冷装置）及大气马弗炉中进行。

热处理后的 Fe-Cr-Al 微细丝绕制成应变片并贴在被测的试件上（试件材料为 18CrNiW）。制片贴片涂胶后都经过 200℃保温 2h 的固化处理完毕。

测热输出时将试样放在炉中以 10℃/min 的速度加热到 400℃，再以同样的速度冷却到室温，每 3min 读一次温度及热输出 $\varepsilon_{仪}$，并记录。$\varepsilon_{仪}$ 是在静态应变仪上读出。

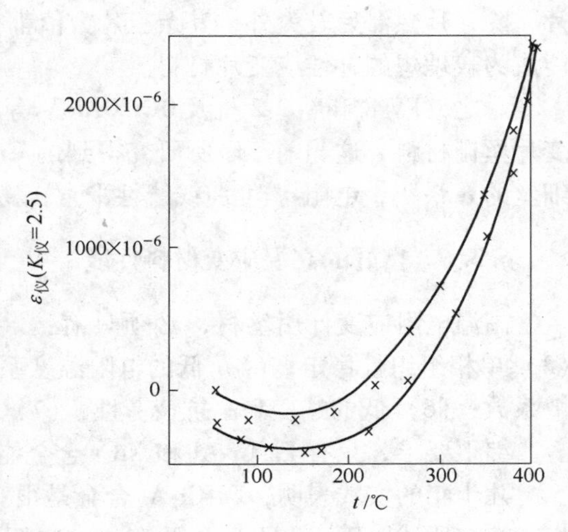

图 6-15 5 号（新 2-2 批）合金微细丝热输出曲线
（热处理：850℃ ×2h，炉冷，475℃ ×20h）

由于在第一次、第二次温度循环时测的数据很分散（绕制应变片时产生较大的应力所致），故所采用的是第三次循环时的稳定数据。

所测量的结果如图 6-15 和图 6-16 所示。其中 5 号（新 2-2 批）第一种方案是经 850℃、保温 2h 真空退火再进行 475℃ ×20h 稳定化处理的微细丝样品，绕制应变片并固化处理后的测量结果如图 6-15 所示。共测量 8 个样品，其结果相近，热输出及热滞后都较大，而且该丝塑性很低，绕制应变片困难，成品率很低。因此，改用 600℃真空油冷的第二种方案，其结果如图 6-16 所示，热滞后得到改善。看来，热输出与稳定化处理关系甚大，不经稳定化处理的热输出较大（显示负值），经 15h 稳定化处理的热输出也较大（显示正值），而经 5h 稳定化处理的热输出较小（由负到正），可用于高温应变片。为了验证此最佳工艺的可重复性，又重新绕制一批应变片，测量结果都很接近。故可认为，5 号合金（新2-2批）微细丝经 600℃真空退火、保温 45min、真空油冷后再经 475℃ ×5h 的稳定化处理可获得最低的热输出和热滞后。即其工艺制度可行。

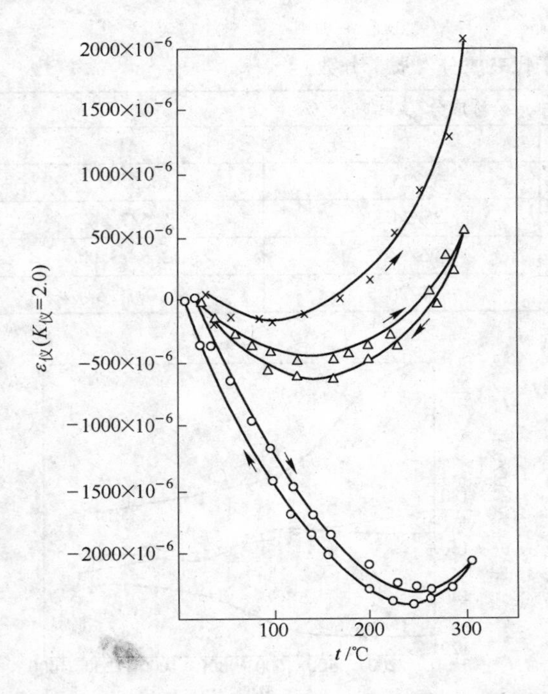

图 6-16 5 号(新 2-2 批)Fe-Cr-Al 微细丝热输出曲线
○—600℃ ×45min,真空油冷；△—600℃ ×45min,真空油冷，475℃ ×5h；×—600℃ ×45min，真空油冷，475℃ ×15h

4 号合金微细丝在水封管式半真空炉中，经 740℃ 连续退火（线速度 10m/min）后，热滞后很小，线性很好，但热输出较大（负值），如图 6-17 所示。共测试 4 个应变

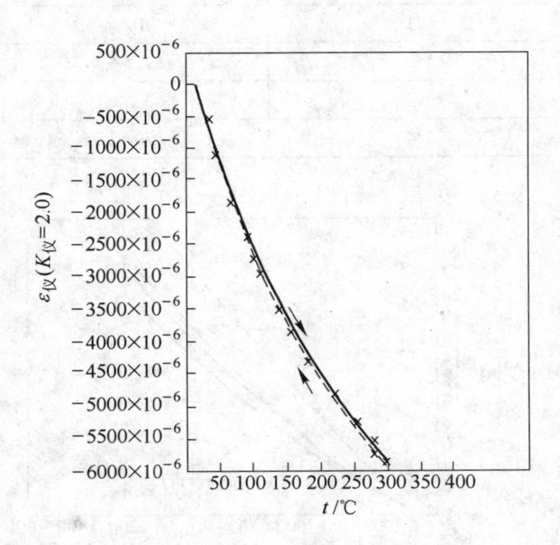

图 6-17 4 号合金微细丝热输出曲线

片，除一片热滞后较大外，其余三片数值都很接近且较小。预示着 Fe-Cr-Al 加 V 的合金可能成为较理想的补偿应变片材料。

总之，FV-8 和新 2-2 批及 0Cr20Al8V 等成分的 Fe-Cr-Al 合金完全可成为理想的高温应变片丝栅材料。这与前苏联所研究得到的 Cr 26.6%、Al 5.5%、V 3.48% 余 Fe 的合金微细丝的 α 最小，电阻-温度曲线线性平直，稳定性好的结果相一致。

6.3.6 良好的高温应变材料性能

高温电阻应变计用丝材，必须具有：（1）抗氧化性强；（2）高且稳定的电阻率；（3）单相组织且稳定；（4）低的电阻温度系数和低的线［膨］胀系数；（5）高的应变灵敏系数；（6）低的蠕变和高抗疲劳性；（7）好的工艺性能及对粘结材料的适应性。

综上要求，只有 Fe-Cr-Al 和 NiCr 合金能满足要求。

几十年的实践表明，Fe-Cr-Al 合金是很有前途的高温电阻应变计材料。

按前所述，Fe-Cr-Al 合金具有高的电阻率，低的电阻温度系数，优良的高温抗氧化性，有和不锈钢相近的线［膨］胀系数，高的应变灵敏系数，加入某些合金元素或稀土后，其性能得到进一步改善。选择合适成分和处理工艺能减少组织结构的影响等。使 Fe-Cr-Al 合金可成为高温电阻应变材料和合适选择。

阿穆尔（Armour）研究基地选择 Fe-Cr-Al α 单相区中四个代表成分（见表 6-7）研究了电阻系数、线胀与温度的关系，应变灵敏系数与热循环次数及保持该温度-时间的关系。经过 871℃退火处理后的 ϕ6.3mm×76.2mm，测定其线［膨］胀系数和电阻温度系数如图 6-18 和图 6-19 所示。

表 6-7 α单相区中 4 个代表成分（质量分数）

所选合金编号	公称成分/实际成分/%		
	Fe	Cr	Al
1	70/余	25/25.18	5/5.00
2	67.5/余	25/24.89	7.5/7.84
3	62.5/余	25/24.7	12.5/13.00
4	70/余	20/20.5	10/10.5

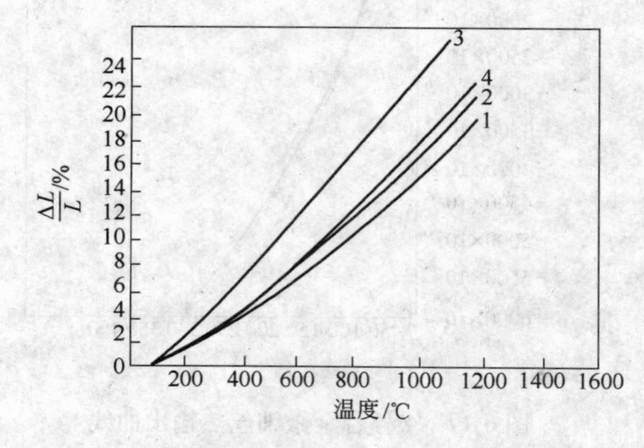

图 6-18 四种 Fe-Cr-Al 合金在 20～1200℃的线［膨］胀系数

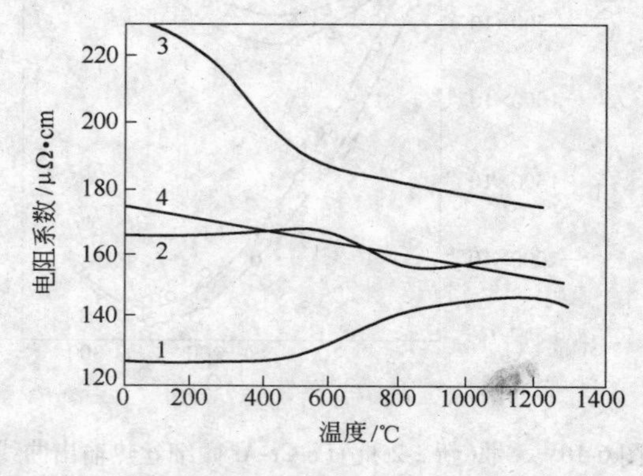

图 6-19 四种 Fe-Cr-Al 合金的电阻系数与温度的关系

合金的平均线［膨］胀系数和平均电阻温度系数见表6-8。

表6-8 合金的平均线［膨］胀系数和平均电阻温度系数

合金编号	平均线［膨］胀系数（20～1000℃）/K^{-1}	平均电阻温度系数（20～1000℃）/K^{-1}	合金编号	平均线［膨］胀系数（20～1000℃）/K^{-1}	平均电阻温度系数（20～1000℃）/K^{-1}
1	13.8×10^{-6}	12.7×10^{-5}	4	16.3×10^{-6}	-11.0×10^{-5}
2	15.4×10^{-6}	-6.1×10^{-5}	302不锈钢	19.1×10^{-6}	
3	21.0×10^{-6}	-22.6×10^{-5}	低碳钢	12.4×10^{-6}	

由表6-7可知，1号合金线［膨］胀系数最小，电阻温度系数最大。3号合金线［膨］胀系数最大，负的电阻温度系数也最大。2号和4号合金都介于1号和3号之间。舍去1号、3号，对2号和4号合金进一步研究它们的应变灵敏系数和电阻稳定性。

用直径为ϕ0.025mm的2号和4号合金细丝做成应变计贴在302不锈钢试件上，在760℃以下施加单位应变量500～1000微吋/吋测得静态应变灵敏系数（平均值）见表6-9。由表6-9可见，其都在2.0～2.1之间。

表6-9 静态应变灵敏系数

温度/℃	2号合金			4号合金
	第一次循环	第二次循环	第三次循环	
室 温	1.889	—	2.37	没有资料
537	2.02	2.11	2.06	
649	2.08	—	2.04	
760	—	1.84	1.99	

在钛-7%锰试件上，当施加单位应变量600～1500微吋/吋于室温、328℃、537℃时，合金的静态应变灵敏系数平均值：2号合金为2.06～2.10，4号合金为2.05～2.10。

分析所测结果，应变灵敏系数分散度不大，热循环次数对它们的影响也不大。但应变计的电阻都随热循环而减小。其变化量为室温时应变计电阻的1%～10%，这是必须认真对待的。

为此，选取ϕ0.025mm、ϕ0.0375mm和ϕ0.05mm的2号和4号合金细丝以自由状态并粘贴在302不锈钢上经受热循环测试，对测试结果分析后认为：（1）裸丝的电阻漂移量大，粘贴后大有改善；（2）粗丝的电阻比细丝的电阻稳定；（3）高温下长时间保持后电阻变化大，即电阻由下降转为增加，是由于氧化造成的。但根本上是由于电阻系数的下降所引起的电阻减少，原因是一种或几种元素氧化损失的结果。

为寻求更好的Fe-Cr-Al合金成分，前苏联人较详细地研究了含Cr 25%～30%、Al 5%～8.5%，其他常见元素含量接近相等的10个合金成分，见表6-10。

表 6-10　前苏联人研究的 10 个 Fe-Cr-Al 合金的物理性能

编号	化学成分（质量分数）/%			电阻率 /Ω · m	线［膨］胀系数/K^{-1}	电阻温度系数/K^{-1}		
	Cr	Al	Fe			50 ~ 400℃	400 ~ 600℃	600 ~ 1000℃
1	25.34	5.45	余量	1.42	—	2.8×10^{-5}	10.4×10^{-5}	6.9×10^{-5}
2	30.71	5.90	余量	1.41	14.30×10^{-6}	2.6×10^{-5}	7.0×10^{-5}	1.9×10^{-5}
3	28.95	5.10	余量	1.45	13.50×10^{-6}	0.9×10^{-5}	5.4×10^{-5}	1.1×10^{-5}
4	33.02	5.10	余量	1.43	13.90×10^{-6}	1.3×10^{-5}	3.4×10^{-5}	0.4×10^{-5}
5	24.45	5.00	余量	1.39	—	4.7×10^{-5}	10.4×10^{-5}	3.3×10^{-5}
6	25.54	6.35	余量	1.50	13.90×10^{-6}	-0.6×10^{-5}	6.6×10^{-5}	1.3×10^{-5}
7	25.55	6.89	余量	1.45	14.10×10^{-6}	2.5×10^{-5}	11.7×10^{-5}	2.6×10^{-5}
8	25.70	6.55	余量	1.52	14.80×10^{-6}	-3.4×10^{-5}	3.0×10^{-5}	-0.1×10^{-5}
9	25.45	7.26	余量	1.56	14.95×10^{-6}	-4.6×10^{-5}	0.7×10^{-5}	-0.8×10^{-5}
10	25.53	8.50	余量	1.62	14.95×10^{-6}	-7.9×10^{-5}	-4.0×10^{-5}	-2.5×10^{-5}

由表 6-10 可见，在铝含量不变时，随着铬含量的增加，其电阻率和线［膨］胀系数变化很小，电阻温度系数略有减小。Cr 达 28% 时，Fe-Cr-Al 合金变脆。

铝含量由 5% 增加到 8.5% 时，电阻率由 1.39Ω · m 增大到 1.62Ω · m，而电阻温度系数约由 10×10^{-5}/℃下降到 -4×10^{-5}/℃。此时的线［膨］胀系数由 13.9×10^{-6}/℃增加到 14.95×10^{-6}/℃。铝超过 6.35%，加热时发现电阻减少，电阻温度系数变为负值。铝含量达 6% 以上的 Fe-Cr-Al 合金变脆。

向上述成分的 Fe-Cr-Al 合金固溶体中添加钴、钛、铌和铜，对合金的电阻率和线［膨］胀系数无影响。但含 V 的合金是个例外。钒提高 Fe-Cr-Al 合金的电阻，大大降低其温度系数。铝含量为 5.5%，V 含量为 3.48% 的 Fe-Cr-Al 合金的电阻温度系数最小，随着这两种元素含量的增加，电阻温度系数为负值，并且在 550 ~ 700℃范围内绝对值有所增加，这是应变材料所希望的。

利用热处理可以改善含 V 的 Fe-Cr-Al 合金的性能。众所周知，Fe-Cr-Al 合金中，在 400 ~ 500℃范围内可能出现与铁铬结合的富铬弥散相，而这种弥散相在加热至 600℃以后才会逐渐溶解。淬火后加热的 Fe-Cr-Al 合金，在 200 ~ 500℃电阻出现最大值，在重复加热时极大值消失，并且得到良好的加热和冷却重复性。但重复加热时，Fe-Cr-Al-V 合金的电阻减少。500℃时有拐点，是该合金在居里点附近引起的电阻变化。淬火后室温电阻增加 2.5%，而往后每次退火后室温电阻减小 0.3% ~ 4%。这些现象表明，Fe-Cr-Al-V 合金的性能受加热的影响。采取 900℃长时间退火，不同冷却方式会得到不同的电阻温度系数值。

添加 V 的 Fe-Cr-Al 合金，电阻率达 1.47Ω · m，加热至 900℃时的线［膨］胀系数为 13.6×10^{-6}/℃。加热温度在 1000℃以下的电阻温度系数分别是：50 ~ 400℃时为 13×10^{-6}/℃；400 ~ 600℃时为 9×10^{-6}/℃；600 ~ 1000℃时为 7×10^{-6}/℃。

采用 0Cr26Al10 合金时，等于电阻率和应变灵敏系数乘积的输出信号比现有的要增大 2 ~ 3 倍。

我国航天研究所测量的 0Cr26Al6 合金的性能数据如表 6-11 所示。

表 6-11 0Cr26Al6 合金 ϕ0.025 ~ 0.08mm 丝的有关性能

项目	ρ /Ω · m	α /℃$^{-1}$	β /℃$^{-1}$	灵敏系数 K（自由裸线）	弹性模量 E/GPa	抗断力 /N	伸长率 δ/%	电阻分散度 $\sigma_{均方根}$ /%	灵敏度（粘贴后）	线［膨］胀系数 /K^{-1}	对铜热电势 E_{Cu}
要求指标	≥1.25	(20 ~ 350℃)(−5 ~ 20) × 10^{-6}	—	≥2.7	—	对 ϕ0.025mm ≥1.3	≥5	<1	≥0.5	≥10 × 10^{-6}	—
实测 ϕ0.025 ~ 0.08mm	1.25 ~ 1.45	(−6 ~ 30) × 10^{-6}	(10 ~ 100℃) 9.18 × 10^{-6}	2.7 ~ 2.8	2.67	1.5 ~ 1.7	ϕ0.025 10% ±	约 1	1.7	(11 ~ 13) × 10^{-6}	−1.35 ~ 3.50

6.3.7 对 Fe-Cr-Al 应变片实测部分结果的列示及说明

在航天部某所对 Fe-Cr-Al 应变片实测部分性能结果如下：

第一次：

（1）测试目的：

了解 Fe-Cr-Al 丝片的基本性能。

（2）测试内容：

1）灵敏系数 K 和机械滞后；

2）蠕变性能（室温 20℃和 70℃）；

3）漂移情况（室温 20℃和 70℃）。

（3）测试实物：

0Cr25Al5 + RE，丝径为 ϕ0.030mm；制成电阻丝片的标准名义阻值为 120Ω，规格为 $L \times B = 10\text{mm} \times 2\text{mm}$，粘贴在 1Cr18Ni9Ti 材料试件上，其灵敏系数见表 6-12。

表 6-12 电阻丝片的灵敏系数 K

电阻丝片序号	1	2	3	4	5	平均值 $\overline{K}$
K	2.41	2.46	2.47	2.46	2.46	2.45

（4）测试结果：

1）灵敏系数 K 平均为 2.45；

2）K 值分散度为 1.6%；

3）机械滞后 $\Delta\varepsilon = 16\mu\varepsilon$（在 ±3000$\mu\varepsilon$ 载荷下）；

4）蠕变：

室温 20℃时为 6$\mu\varepsilon$

温度 70℃时为 −126$\mu\varepsilon$

5）漂移：20 ~ 70℃时为 −123$\mu\varepsilon$/h；

6）电阻值分散度为 0.25%。

所测阻值见表 6-13。

表 6-13 电阻片阻值

电阻片序号	1	2	3	4	5	6	7	8	9	10
阻值 Ω	120.2	120.6	120.5	118.9	118.9	118.9	120.5	119.4	119.4	119.4

注：标准电阻值为 120Ω。

第二次：

（1）测试实物：

1）0Cr27Al6Nb，丝径为 ϕ0.030mm，丝片粘贴在 1Cr18Ni9Ti 试件上。

2）0Cr20Al8RETi，丝径为 ϕ0.030mm，丝片粘贴在 1Cr18Ni9Ti 试件上。

（2）测试内容：

1）线性：0.5% ~1.0%；

2）α：25 ~70℃时为 24 ~33$\mu\varepsilon$/℃；

3）热滞后：0.5% ~1.0%；

4）热输出：25 ~70℃时为 20 ~40$\mu\varepsilon$/℃；

5）漂移：70℃保温 2h 时为 50 ~100$\mu\varepsilon$/h。

（3）在室温条件下测灵敏系数 K 及机械滞后：

1）0Cr27Al6 + Nb 的灵敏系数与机械滞后（表 6-14）：

表 6-14 0Cr27Al6 + Nb 的灵敏系数与机械滞后

热处理条件	平均 $\overline{K}$	$\overline{K}$ 分散度/%	在 ±3000$\mu\varepsilon$ 载荷下的机械滞后/$\mu\varepsilon$
真空退火前	2.53	1.58	26
真空退火后	2.63	1.14	26

2）0Cr20Al8 + RE + Ti 的灵敏系数与机械滞后（表 6-15）：

表 6-15 0Cr20Al8 + RE + Ti 的灵敏系数与机械滞后

热处理条件	平均 $\overline{K}$	$\overline{K}$ 分散度/%	在 ±3000$\mu\varepsilon$ 载荷下的机械滞后/$\mu\varepsilon$
真空退火后	2.47	0.81	26

由此可见热处理对 K 影响不大，K 的分散度和机械滞后数值是允许的。

对以上测试结果须说明：

（1）样品焊接效果不理想，引线同为 Mn-Cu 引线。

（2）粘贴效果也不太理想。

故以上测试结果只看趋向，这些波动数值基本都在标准要求的范围之内。

6.3.8 热循环对应变灵敏系数、电阻稳定性的影响

（1）关于 Fe-Cr-Al 合金的应变灵敏系数，美国阿莫尔研究基地（ARFJ）对 Cr 24.89% Al 7.84%（Ⅰ）和 Cr 20.5% Al 10.5%（Ⅱ）合金的测试如下：

测试方案如图 6-20 和图 6-21 所示，贴有应变计的试棒放入立式管式炉中并加上纵向拉力。用铂带伸长计和目镜刻道的显微镜来测量应变。通过装置横梁上面夹持器的细牙螺纹来加负载，纯粹的静应变灵敏系数由这个装置测得，与此仪器相连接的测量电路图见图 6-20，它是改良的惠斯登电桥。用精密电阻保持其桥臂比值为

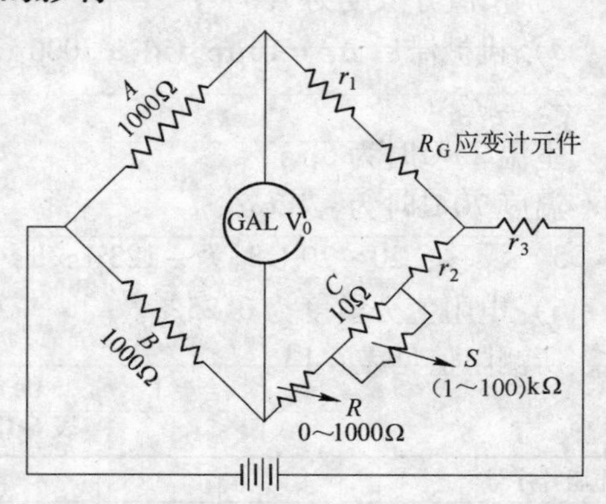

图 6-20 用于在不同温度下静态校准三线应变计的惠斯登电桥线路图

1∶1。因此应变计电阻在桥臂中将产生1∶1关系的变化。对应变计采用三线法连接是为了消除导线电阻的影响。测量臂并联和串联一个平衡电阻，分别用于粗调和细调。

应变计是用直径为0.025mm的细Fe-Cr-Al丝扁平地绕5圈，10股绕成平行的栅形。并适当地点焊在卡玛（Karma）引出片上。图6-21*b*所示是一个应变计的图样。两种不同成分的应变计有时可成对地进行试验。

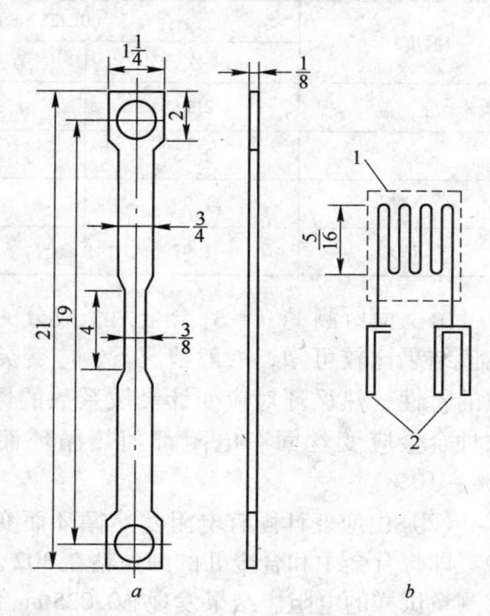

图6-21　用于静态校准试验的试验梁和应变计
a—试验梁（不按比例）；*b*—应变计（放大了）
1—工作栅；2—引线

采取如下步骤进行应变灵敏系数的测定：

1）使测试梁和应变计在测试温度下处于热平衡状态；

2）在试件板梁上加上一个任意的应变量；

3）记录同时测定的应变计电阻和光学引伸仪的伸长；

4）把加上的应变迅速减到零，再进行一组同样的测量。

5）把有载荷下的电、光学总的应变量减小到对应于空载下的应变量。用一般的方法计算应变灵敏系数，利用此法所得到的应变灵敏系数消除了漂移的影响。

用直径为0.025mm的Cr 24.89% Al 7.84%（Ⅰ）和Cr 20.5% Al 10.5%（Ⅱ）细丝做成的应变计分别粘贴在302不锈钢、钛合金C-100M（含Mn7%的合金）和UDIMET 500（高温镍基合金）等试件材料上，试验温度在760℃以下，单位应变量在2195微吋/吋以下时的应变灵敏系数。并且测试了几次热循环对应变灵敏系数的影响。试验结果列于表6-16～表6-18中。

表6-16　在302不锈钢试件下测得的静态应变灵敏系数的平均值

（应变范围大约为500～1000微吋/吋）

温度/℃	合金Ⅰ（0Cr25Al8）			合金Ⅱ（0Cr20Al10.5）
	第一次循环	第二次循环	第三次循环	
室　温	1.88	—	2.37	
537	2.02	2.11	2.06	
649	2.08	—	2.04	
760	—	1.84	1.99	

表6-17　在钛合金C-100M试件上测得的静态应变灵敏系数平均值

（应变范围大约为600～1500微吋/吋）

温度/℃	合金Ⅰ（0Cr25Al8）		合金Ⅱ（0Cr20Al10.5）	
	第一次循环	第二次循环	第一次循环	第二次循环
室　温	2.02	1.98	1.99	1.99
328	2.06	2.13	2.11	2.14
537	2.09	2.08	2.11	2.07

表 6-18　在 UDIMET 500 合金基体上测得的静态应变计灵敏系数平均值

（应变范围大约为 600 ~ 2200 微吋/吋）

温度/℃	合金Ⅰ（0Cr25Al8）		合金Ⅱ（0Cr20Al10.5）	
	第一次循环	第二次循环	第一次循环	第二次循环
室　温	2.21	2.29	2.23	—
328	2.13	—	2.15	—
537	1.99	—	2.03	—
760	1.97	—	1.97	—

由上面所测 Fe-Cr-Al 合金两个成分的 4 个温度和 2 ~ 3 次热循环的应变灵敏系数平均值结果比较可知，一般情况下，应变灵敏系数分散不大。而且两种成分的合金具有类似的特性，热循环对应变计灵敏系数的影响不大，然而对应变计的电阻来说并非如此，两种合金应变丝固有电阻都随热循环而减小，其变化量为原来室温时应变计电阻的 1% ~ 10%。

（2）由应变计固有电阻随热循环而变小的情况，促使对两种成分的微细丝进一步试验。即将合金Ⅰ和合金Ⅱ的细丝粘在 302 不锈钢试件上经受热循环。在不同热循环中，定期测量试样的电阻。结果发现 ϕ0.025mm 的合金Ⅰ丝材在自由状态和粘结状态下其热循环特性曲线不同，裸丝试样电阻偏离初始电阻值的漂移量相当大，而用黏结剂覆盖者漂移量小，说明黏结剂覆盖的丝在某种程度上防止了氧化所致。

在热循环试验时还比较了不同直径的合金Ⅱ的细丝制作的应变计性能，发现直径粗些的应变计的电阻稳定性比较细的好。见表 6-19。

表 6-19　Cr20.5Al10.5 合金不同直径丝的应变计三次热循环电阻变化（Ⅱ合金）

应变计尺寸/mm	电阻变化量与原始电阻的百分比		
	第一次循环	第二次循环	第三次循环
轧扁的 ϕ0.025	−1.1	−2.2	−3.5
直径 ϕ0.025	−1.75	−2.65	−3.15
直径 ϕ0.0375	−1.41	−2.10	−2.50
直径 ϕ0.050	−0.75	−1.10	−1.40

由表 6-19 中结果数据可见，直径为 0.05mm 的丝材比 0.025mm 的丝材稳定得多。前者经三次循环的改变量比后者一次循环的改变量还要小。另一方面，在这些特殊循环下，在 537 ~ 871℃ 的温度范围内，ϕ0.025mm 丝材电阻的改变量要比 ϕ0.05mm 丝材电阻的改变量小。

由于上面三次循环在最高温度的时间短（约 1h 左右），现将它们继续进行第四次热循环后，在第五次热循环的冷却前 871℃ 下进行保持 63h 处理。测试结果如图 6-22 所示，可见其在长期置于 871℃ 高温下，电阻-温度曲线的形状和斜率发生了很大变化，ϕ0.025mm 丝的变化最大，而 ϕ0.050mm 丝的变化最小。分析其电阻不稳定的原因，认为与高温时氧化过程有关。一是氧化造成横截面减小而电阻增加，二是丝材的成分发生变化，某些元素与氧化合而失掉，使电阻减小，图中总趋势是应变计电阻减小，说明成分变化为主。

总之，通过研究认为，Fe-Cr-Al 合金作为电阻应变计材料使用是有希望的。其电阻率高，应变灵敏系数大，使用的试件材料不管是302 不锈钢或钛合金或高温镍合金对应变灵敏系数的影响不大，应变灵敏系数从室温到760℃范围内几乎恒定不变。所研究的两种含 Al 较高的合金的电阻随温度升高而下降，且 α 也大（从正到负），其降低量和应变计以前的温度-时间经历有关。经受热循环时，Cr20.5Al10.5 合金的 ϕ0.05mm 丝材制作应变计其电阻比 ϕ0.025mm 丝做的稳定性好得多。

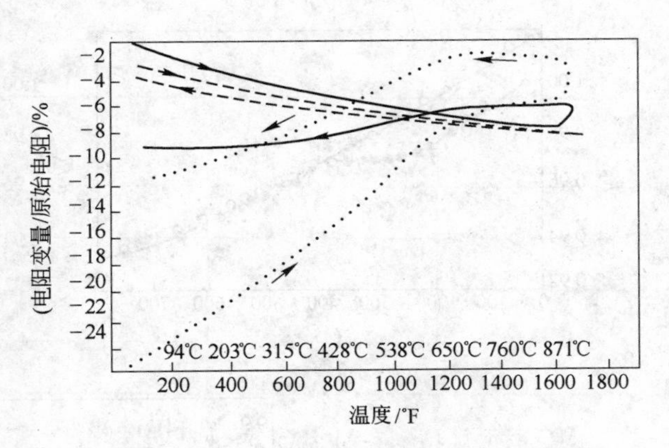

图 6-22　经四次正常热循环后在 887℃保温 63h 的热循环对合金Ⅱ电阻的影响

材料：合金Ⅱ；基体材料：302 不锈钢；黏结剂：AP-I

——ϕ0.05mm；－－－ϕ0.0375mm；……ϕ0.025mm

（3）俄国人 В. Я. Агароник 等人为了得到从液氮温度到 800℃温度范围内测量结构件应力的应变计，他们早期研制了 0Cr21Al5VMo 合金，在氧化介质中加热到 600℃时仍具有良好的热稳定性。但加热到 700～800℃时发生严重的氧化，导致 α 增大和热滞后迅速增大而造成不稳定。后来根据文献报道含 10% Al 的合金可以作为 850℃高温应变栅使用，且美国 KF 商行有售这种合金（合金 D），他们便研制 0Cr20Al9～10（含少量铈及钛），其具体成分如表 6-20 中所列，其中 2 号合金加 Ti 0.7% 和 1 号、3 号、5 号合金加 Ce 0.1%～0.3% 都是为了脱 O_2 及细化晶粒。2 号合金晶粒最小。

表 6-20　铁基合金的化学成分（质量分数）　（%）

合金号	C	Si	Mn	S	P	Cr	Al	Ce	Ti	Fe	备　注
1 号	0.04	0.05	0.25			20.5	8.90	0.086		余	5 号是先真空处理熔化的铁和铬，后在开放式感应炉中熔炼的
2 号	0.03	0.06	0.03	0.003	0.005	19.62	9.40		0.68	余	
3 号	0.03	0.05	0.03	0.004	0.002	19.58	9.73	0.0065		余	
4 号	0.03	0.06	0.03	0.003	0.001	20.30	10.05			余	
5 号	0.04		0.19	0.002	0.004	19.62	10.15	0.074		余	

上述合金的丝材通过热处理后进行热循环结果如下：

直径 ϕ1.0mm 的 2 号～4 号 Fe-Cr-Al 合金淬火后的丝材，通过三次热循环时电阻与温度的关系见图 6-23。第一次加热时，只在 300～350℃电阻上升，而后温度升到 800℃电阻一直在下降。以后的几次加热，电阻与温度的关系总是负值，200～350℃之间电阻不再增加，升到 800℃电阻都是单调地下降。其特点是稳定的重复性和 R_t/R_0 与温度的关系是线性的。

合金在 20～800℃之间都有负的相对增量和负的电阻温度系数列于表 6-21 中。

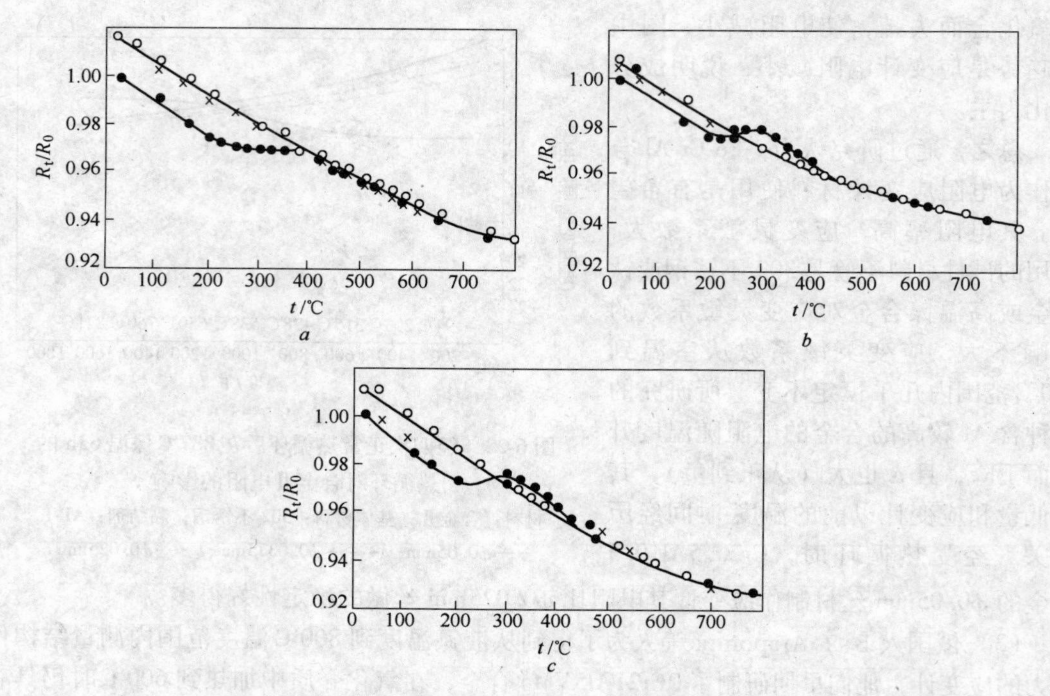

图6-23 三种加热情况下，电阻与温度的变化关系
a—2号合金；b—3号合金；c—4号合金
●—第一次加热；×—第二次加热；○—第三次加热
原始状况：ϕ1.0mm的丝材；热处理制度：加热到750℃，保温10min；
水冷，升降均200℃/h，每20～30℃测电阻

表6-21 1～4号合金在20～800℃的电阻温度系数

合金号	$\rho/\mu\Omega\cdot cm$		二次加热后的最大值	20～800℃之间的
	硬 态	淬火态	$\Delta R/R$	$\alpha/℃^{-1}$
1号		165	-3446×10^{-5}	-4.40×10^{-4}
2号	153	176	-8145×10^{-5}	-10.5×10^{-4}
3号	153	176	-6630×10^{-5}	-8.5×10^{-4}
4号	163	179	-8299×10^{-5}	-10.6×10^{-4}

图6-24是直径ϕ0.03mm 4号合金丝材的电阻与温度的关系曲线，它与ϕ1.0mm特征一样，证明合金是稳定的，具有良好的耐热性。图6-25是1号合金淬火后在有液氮的杜瓦瓶中从-200℃缓慢升温至室温的R_t/R_0-温度关系曲线，显示几乎是一条直线。其$\alpha=(-1.5\sim1.7)\times10^{-4}/℃$。

应变特性的测量是在1号合金ϕ0.3mm丝上进行。室温下的应变灵敏系数是2.13～2.16。电阻的增量与丝的伸长变形的关系不超过0.2%时是线性且稳定。丝材三次伸长到0.2%时电阻恢复到原始值。经三次拉伸的电阻变化率点重合于一条直线上。说明相对延伸不超过0.2%时合金是在弹性变形区内工作的。

1号合金的应变灵敏系数随温度变化的关系见表6-22。

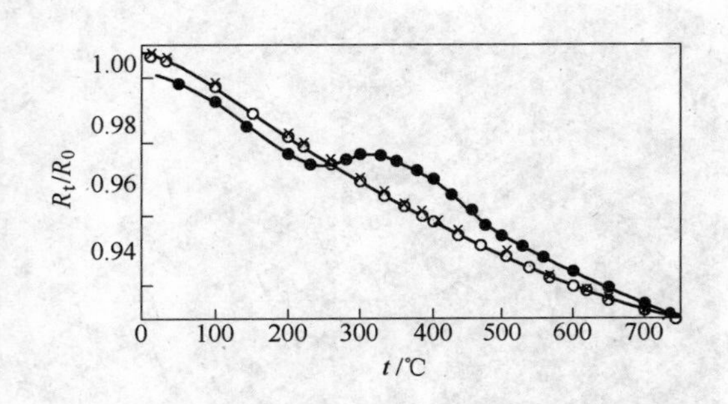

图 6-24　4 号合金 ϕ0.03mm 的电阻与温度曲线
●—第一次加热；×—第二次加热；○—第三次加热
（原始状况：直径 ϕ0.03mm 的丝材，
850℃的氢气炉中进行热处理）

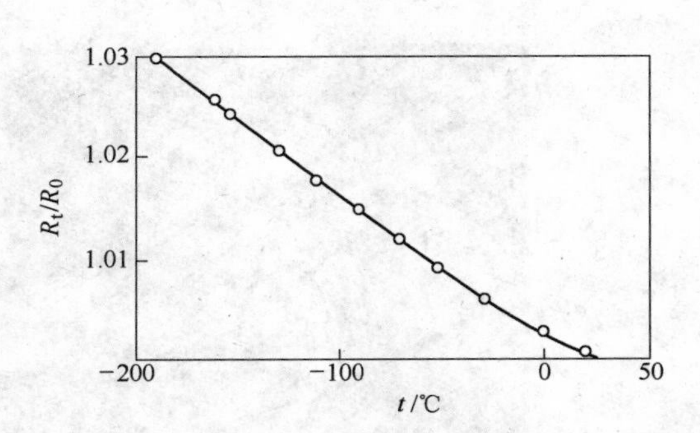

图 6-25　1 号合金 ϕ0.03mm 的电阻与温度的关系
（1 号合金淬火后放在有液氮的杜瓦瓶中，
从 −200℃缓慢加热至室温）

表 6-22　1 号合金的应变灵敏系数随温度的变化

温度/℃	应变灵敏系数	温度/℃	应变灵敏系数
20	2.13 ~ 2.16	400	2.30 ~ 2.35
100	2.24 ~ 2.26	500	2.11 ~ 2.14
200	2.34 ~ 2.35	600	2.14 ~ 2.15
300	2.33 ~ 2.35		

由上述数据结果可见，应变灵敏系数随温度的升高而增大，到 400℃最高点后转向下降方向，至 600℃便止降。这也成为 Fe-Cr-Al 合金的一个特点。

膨胀曲线是由淬过火的 4 号合金试样上测绘的，结果如图 6-26 所示。由图可见，试样在加热最初发生膨胀，到 365℃的地方曲线出现拐点，是由于试样收缩之故。在 425℃试样由收缩转为膨胀并于 500℃结束。超过 500℃后曲线变得平滑。线［膨］胀系数为 14×10^{-6}/℃。淬过火的 3 号合金的显微硬度 H 是 2650 ~ 2700MPa（265 ~ 270kgf/mm^2），与铁素体晶粒的显微硬度相符。

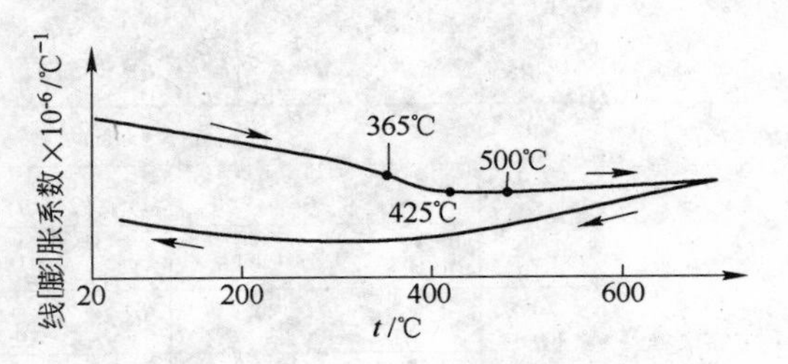

图 6-26　4 号合金淬火后试样在加热和冷却时的膨胀测定曲线

Fe-Cr 20% Al10% 合金的显微组织是在晶粒内部和沿着晶界有非金属夹杂的多面体晶粒，如图 6-27 照片所示。

从图 6-27 看出，不经真空熔炼的 5 号合金的夹杂多，易受到晶间腐蚀。其原因同碳化物沿着晶界析出有关，其结果造成贫铬固溶体，故防蚀能力下降。

1 号 ~5 号合金都很脆。为防酸洗腐蚀而热处理软化后直接拉丝，尤其是细丝采用氢气保护下退火保证了良好的强度和塑性。

经上面研究分析认为，Cr20Al9 ~ 10（含少量铈和钛）的 Fe-Cr-Al 合金比以前可加工的高温应变计合金具有最大的热稳定性。热处理后合金的电阻率 ρ = 165 ~ 179μΩ · cm。可以适用于 −200 ~ 20℃ 及 20 ~ 800℃ 应变计的材料。$\alpha_{20\sim800℃} = -100\times10^{-6}$/℃，而

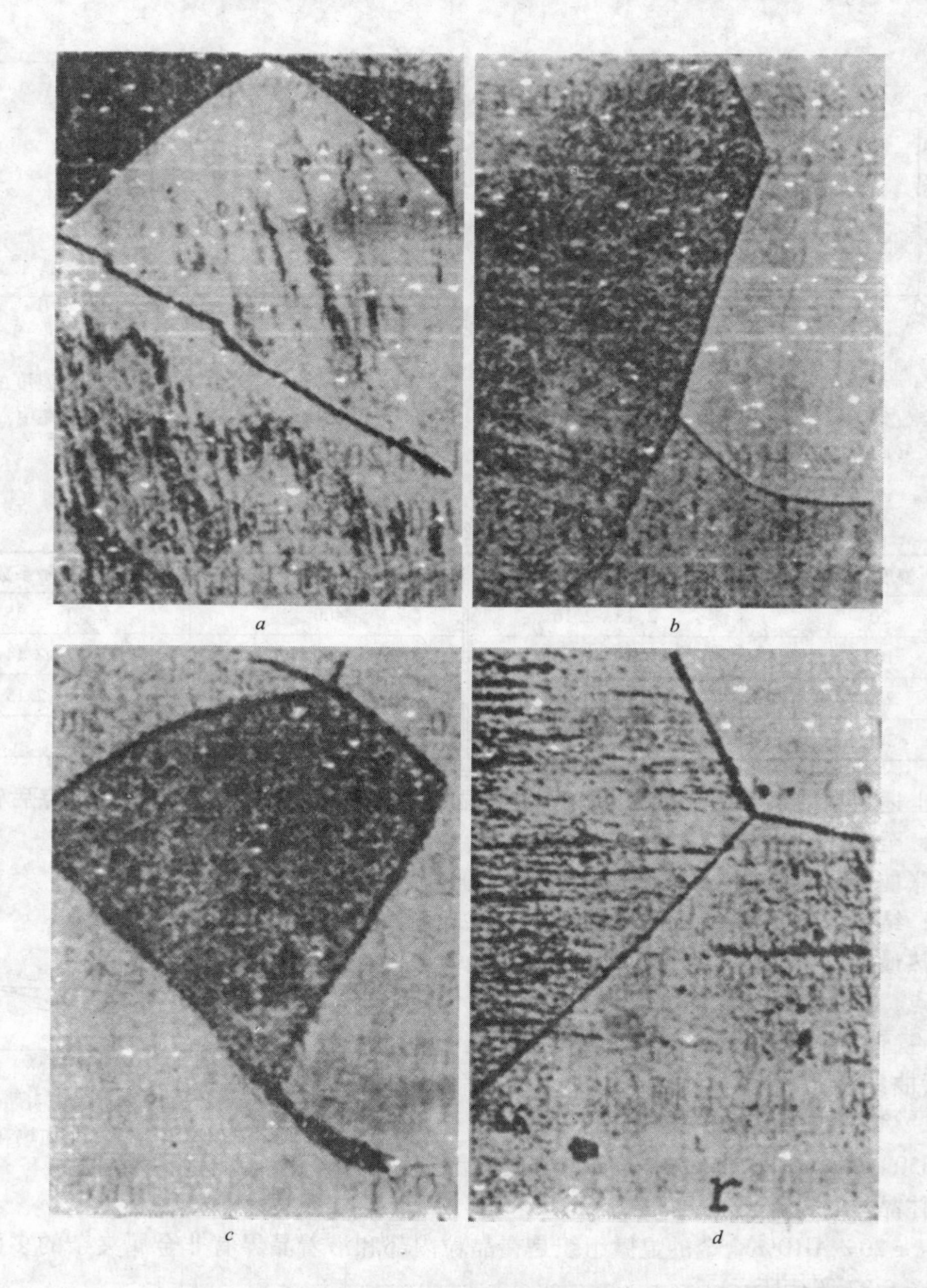

图6-27 铁铬铝合金的显微组织

a、*b*—合金5；*c*、*d*—合金3

（热处理：在氢气炉中加热到750℃，保温15min，在冷却器中冷却）

（图中白点非材质问题）

$\alpha_{-200\sim20℃}$ = （－150～170） ×10^{-6}/℃。线［膨］胀系数20～800℃为14×10^{-6}/℃。应变灵敏系数为2.16±0.05。力学性能为：σ_b=880～990MPa，δ=9%～15%。

7 镍铬改良型应变合金

前面研究分析镍铬系高电阻精密电阻合金时知道，Ni80Cr20 合金有许多优越的品质，却有一条“S”型的电阻-温度关系曲线。精密电阻材料要求“在规定使用温度范围内应具有一个几乎不变的电阻”，应变合金材料除了这个要求外，还要求$(\Delta R/R_0)/(\Delta l/l_0)$即应变灵敏系数大及弹性应变极限大且稳定，或者$R_t/R_0$-$t$(℃)关系曲线呈一条直线。恰好在 Ni-Cr 合金的“S”曲线的拐弯处切线与横坐标（温度）平行，对要求温度系数$\alpha=0$的难题，可以通过改变化学成分和处理工艺来调整。下面以一典型张力传感器的具体用途及要求来探索。

该张力传感器用精密合金微细丝材研制，是北方课题小组邱振声等经多年努力的结晶。

7.1 张力传感器用镍铬改良型应变丝的条件

该张力传感器体积不到一个手拇指大小，要求它测定 0～0.1MPa(0～1kgf/cm²)的压力，其精度要高于 0.5%，即千分之五以上。

应变丝栅在传感器上桥式线路中作为四个臂应力元件，其直径要求在 ϕ0.008～ϕ0.010mm，每个元件用丝长度为 25mm，其性能主要须达到如下要求：

（1）电阻率$\rho>100\mu\Omega\cdot$cm，而且要均匀，在 25mm 长度上阻值的偏差小于 0.5%；

（2）电阻温度系数α在 -60～70℃范围内不大于$\pm5\times10^{-6}$/℃，而且要均匀稳定；

（3）对铜热电势$E_{Cu}<1.5\mu$V/℃；

（4）应变灵敏系数$K>2.4$（弹性应变极限要大，机械滞后要小）；

（5）比例极限$\sigma_p>1700$MPa，伸长率$\delta>11\%$；

（6）丝表面要光亮，其粗糙度值要低于 0.04μm（▽12）等。

7.2 微细丝材制备

根据上面使用条件，天津冶材所与北京钢丝厂等单位，结合当前国内外应变电阻微细丝性能和使用情况，选择镍铬为基的四种改良成分，进行制备，提供测试、使用，以求所获。

7.2.1 真空双联冶炼工艺简要

采用真空感应炉合金化后经真空自耗重熔提纯的真空双联冶炼方法。

真空感应炉采用优良镁砂碱性坩埚和精选的合金原材料，其合金料纯度如表 7-1 所示。

表 7-1 合金料纯度 (%)

结晶 Si	金属 Mn	金属 Al	金属 Cr	电解 Ni	电解 Cu	纯 Fe	金属 Zr	RE
98	98	99.9	99.8	99.9	99.9	99.5	99 以上	50 以上

四种合金均在 ZG-10 型真空中频感应炉中冶炼，真空度最高可达 0.0666Pa(5×10^{-4} mmHg)。冶炼过程中，当 Ni、Cr 熔化之后，依次加入合金元素，如 Si、Al，而易挥发的 Mn 和稀土 RE 是在关闭真空系统并充入氩气 6.6661～13332.2Pa(50～100mmHg)后加入。精炼后断电浇铸成 8.6kg 钢锭。自加料到浇铸共计冶炼时间为 1h 左右。在铸锭冒口发现较深的缩孔。

经过真空自耗重熔前后的化学成分如表 7-2 所列。

表 7-2　真空自耗重熔前后的化学成分（质量分数）　（%）

合金编号	说　明	C	Si	Mn	P	S	Ni	Fe	Cr	Al	Cu	RE	Si-Ca
7 号 (6C-1)	重熔前两个钢锭的平均成分	0.015	1.02	1.63	<0.005	<0.005	余	0.42	19.73	2.56		0.08	
	重熔后两锭平均成分	0.010	1.02	1.52	<0.005	<0.005	余	0.70	19.60	2.50		0.07	
8 号 (6C-2)	重熔前两锭的平均成分	0.021	1.03	2.86	<0.005	<0.005	余	0.22	19.71	2.64		0.09	
	重熔后两锭平均成分	0.010	1.08	2.75	<0.005	<0.005	余	0.30	19.70	2.51		0.08	
9 号 (6C-3)	重熔前两个钢锭的平均成分	0.013	0.61	0.45	<0.005	<0.005	余	2.64	19.84	2.63		0.08	
	重熔后两锭平均成分	0.011	0.65	0.47	<0.005	<0.005	余	2.55	19.87	2.51		0.07	
10 号 (6C-4)	重熔前两个钢锭的平均成分	0.021	0.34	2.43	<0.005	<0.005	余		19.71	2.60	2.10		
	重熔后两锭平均成分	0.011	0.36	2.33	<0.005	<0.005	余		19.75	2.50	2.00	0.07	

铸锭剥皮后锻成 40 ~ 50mm^2 方形电极供真空自耗炉重熔。重熔锭剥皮后在室式油炉内加热至 1080℃ 锻造成 30mm × 30mm 方坯。

7.2.2　锻造与轧制工艺简要

上列四种成分的改良型 Ni-Cr 合金铸锭锻打相当困难，可塑性温度范围很窄，需多次回炉，轻打快锻，还易产生裂纹，甚至报废。经过重熔后的钢锭，锻造性能较大好转。锻裂的锻坯试样的金相照片中，发现奥氏体（A）晶界多为圆弧状，晶粒粗大。在某些部位有明显的粗条，经金相显微镜暗场及偏光观察证实，粗条状是氧化物及硅酸盐类非金属夹杂物，如图 7-1 所示。图 7-1*a* 为正常组织，图 7-1*b* 为锻坯裂纹粗线条，图 7-1*c* 为局部晶

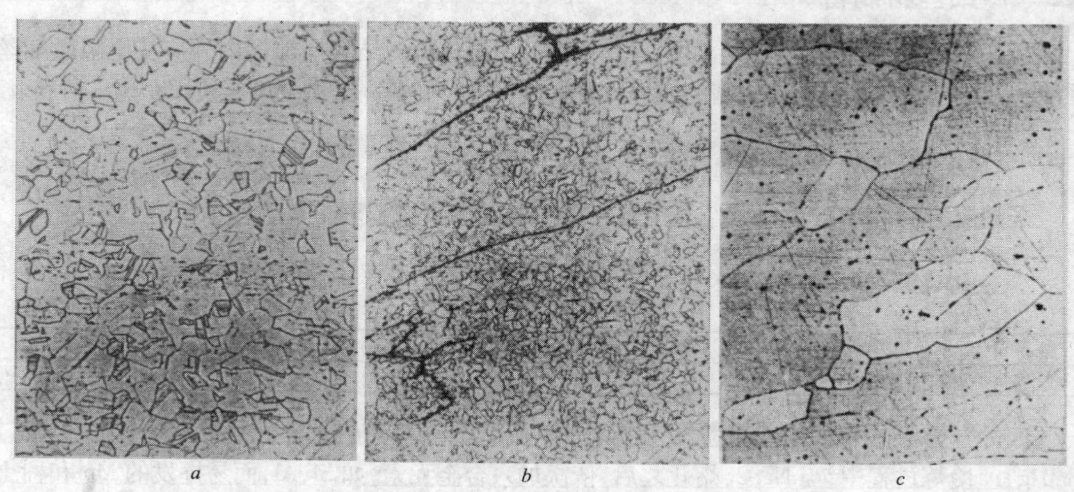

图 7-1　NiCr 改良型合金氧化物及硅酸盐类非金属夹杂物

a—正常组织；*b*—锻坯裂纹情况；*c*—裂坯局部晶粒及夹杂

界弧状及夹杂物点。

合金的锻造工艺如图 7-2 所示。

合金的轧制工艺如图 7-3 所示。

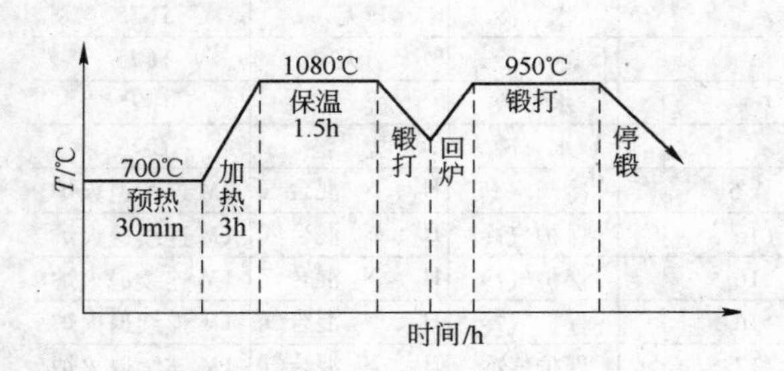

图 7-2 合金的锻造加热工艺曲线
(8kgNi-Cr 改良型合金钢锭)

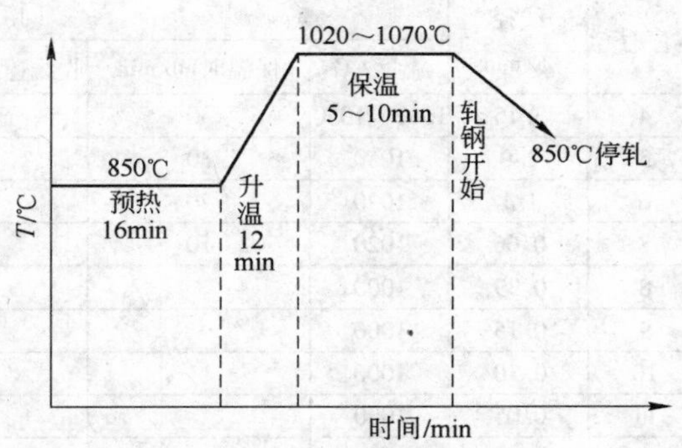

图 7-3 合金的热轧工艺曲线
(30mm 方坯)

7.2.3 合金的冷拔与热处理工艺简要

合金的冷拔工艺列于表 7-3 中。

表 7-3 改良型 Ni-Cr 合金的冷拔工艺

序号	线径 φ/mm	总变形量/%	道次变形量/%	模具材质	润滑剂	所用拔丝设备
1	8.0～6.0	44	44	合　金	皂粉+硫磺粉+MoS_2	581 型拉丝机
2	6.0～4.5	44	44	合　金	皂粉+硫磺粉+MoS_2	581 型拉丝机
3	4.5～3.15	51	40～20	合　金	皂粉+硫磺粉+MoS_2	581 型拉丝机
4	3.15～2.0	59.5	30～20	合　金	皂粉+硫磺粉+MoS_2	D5A 型拉丝机
5	2.0～1.1	69.7	30～20	合　金	皂粉+硫磺粉+MoS_2	D5A 型拉丝机
6	1.1～0.66	64	30～20	合　金	皂粉+硫磺粉+氯化石蜡	D5A 型拉丝机
7	0.66～0.39	65	10～20	钻石模	皂粉+硫磺粉+氯化石蜡	自制水箱拉丝机
8	0.39～0.15	85	10～20	钻石模	皂　水	自制水箱拉丝机
9	0.15～0.10	56	10～20	钻石模	皂　水	自制水箱拉丝机
10	0.10～0.05	75	10～20	钻石模	皂　水	LS-818 型拉丝机
11	0.05～0.03	64	10～15	钻石模	皂　水	LS-818 型拉丝机
12	0.03～0.016	72	10～15	钻石模	皂　水	LS-818 型拉丝机
13	0.016～0.008	75	10～15	钻石模	皂　水	改进 MB-300 微拉丝机

合金的热处理工艺列于表 7-4 中。

表 7-4 改良型 Ni-Cr 合金的热处理工艺

序号	线径 φ/mm	固溶处理工艺					所用设备
		温度/℃	保温时间/min	收线速度/m·min^{-1}	冷却方式	保护气体	
1	8.0	1000	30		水　冷	无	H-75
2	6.0	980	30		水　冷	无	H-75
3	4.5	1020	30		水　冷	无	H-75

续表 7-4

序号	线径 ϕ/mm	固溶处理工艺					所用设备
		温度/℃	保温时间/min	收线速度/m·min^{-1}	冷却方式	保护气体	
4	3.15	1000~1050	30		水 冷	无	H-75
5	2.0	1050	30		水 冷	无	H-75
6	1.1	1020	20		水 冷	盐 浴	C-75
7	0.66	1020	10		水 冷	盐 浴	C-75
8	0.39	1000		4.5	冷却水套	H_2、N_2 混合气	2M 连续退火炉
9	0.15	1000		16	保护气冷	H_2、N_2 混合气	1M 连续退火炉
10	0.10	1000		16	保护气冷	H_2、N_2 混合气	1M 连续退火炉
11	0.05	1000		16	保护气冷	H_2、N_2 混合气	1M 连续退火炉
12	0.03	1000		17	保护气冷	H_2、N_2 混合气	1M 连续退火炉
13	0.016	1000		17	保护气冷	H_2、N_2 混合气	0.75M 连续退火炉
14	0.008	1000		3.5	保护气冷	H_2、N_2 混合气	0.3M 连续退火炉

合金丝自 ϕ0.39mm 以下均采用还原性气体保护热处理，其气氛是由氨分解后的氢氮混合气体。这种 Ni-Cr 基改良型精密电阻合金丝材对保护气氛有着极其严格的要求。对此采取了以下措施：（1）对用于氨分解后的气体净化的矽胶、分子筛采用“热装罐”，且必须定期更换烘烤干燥；（2）尽量减少微细丝在炉管中的静候时间，并对细丝进入炉管前用干燥棉花擦拭干净；（3）保证氨分解气体经净化（干燥）后的露点达到 -50℃或气体含量达 99.9% 以上；（4）杜绝用手直接接触光亮成品微细丝。

7.2.4 真空回火（即低温时效处理）工艺条件

为使上述合金达到所要求的主要性能，获得在低温很稳定的组织状态，采用400~600℃之间低温时效处理——在真空中回火保温处理的工艺。所采用的真空机组必保真空炉炉腔中在空炉时其真空度达到 133.322×10^{-7}Pa(10^{-7}mmHg)以上，而在回火炉正式热处理微细丝整个工作过程中，炉腔内真空度始终保持在($133.322\sim5\times133.322$)$\times10^{-6}$Pa($1\times10^{-6}\sim5\times10^{-6}$mmHg)之间。炉腔内装有 XA 型测温用热电偶，其偶头（热端）与所要回火处理的微细丝同一高度，以便直接反映合金丝受热处理的温度值。

合金丝经真空回火保温处理后其结果情况在后面逐渐分析。

7.2.5 性能测试方法和条件

精密电阻合金的性能的检测方法和条件还在试行，尚未统一规定。在关联单位之间不断校核，其结果基本一致。就现有条件和方法交代如下。

7.2.5.1 电阻温度系数（α）的测试

计算公式如下：

$$\alpha = \frac{3(R_2 - R_1) + (R_3 - R_1)}{60R_2}$$

式中 α——一次电阻温度系数，1/℃；

R_1——试样在10℃时的电阻值，Ω；

R_2——试样在20℃时的电阻值，Ω；

R_3——试样在40℃时的电阻值，Ω。

把试样缠绕在螺旋瓷骨架上，放入DL-501型超级恒温器中（±0.1℃），用精度为万分之二的电桥QJ-36型分别测出10℃、20℃、40℃时的电阻值，代入上式求出α值。

试样取改良型Ni-Cr合金ϕ0.05mm漆包线（该漆包线漆包温度250~280℃下制得），阻值为500Ω或1000Ω，绕制试样后放在(135±5)℃烘箱中，经48h“老化处理”（消除绕制加工应力）后进行测试。

7.2.5.2 对铜热电势（E_{Cu}）的测试

采用308电位差计配AC9/4检流计进行测试。与试样配对铜丝用ϕ0.5mm的紫铜漆包线和试样相接。一端为0℃（放入冰水中），另一端放入100℃恒温器中，在保温情况下进行测试。测得的热电势值除以100便为所求的对铜热电势值（μV/℃）。

7.2.5.3 力学性能的测试

力学性能分别在M100型纤维拉力机（岛津产），量程为1000g/2000g和100g/200g及LJ-500型（广州产）拉力试验机上进行。试样标距均为100mm。

7.2.5.4 常温电阻测量

微细丝常温电阻测量采用QJ-23便携式电桥（测量精度为0.2%）。试样长度取1m。

7.2.5.5 应变灵敏系数的测定

取ϕ0.05mm长500mm的改良型Ni-Cr应变合金丝，将一端焊在导体片上固定，另一端焊在压痕显微载物台上的一个导体片上固定。电阻丝变形是通过改变载台上的微调机构，其精度为0.01mm。以500mm长的试样变形万分之五为计算起点（即抵消人为的松紧弯直），每变形0.1%，由QJ-36型电桥测量试样的电阻变化值。然后除去变形，恢复原始，再调整微动使丝变形0.1%，测量其电阻变化值，经过这样反复测量，记录其电阻变化数值，由下式计算应变灵敏系数：

$$K=\frac{\Delta R/R}{\Delta l/l}$$

式中 K——应变灵敏系数；

ΔR——变形0.1%时的电阻变化值；

R——单丝长度为500mm时的原始电阻；

Δl——丝长变化值（0.1%）；

l——单丝试样长度500mm。

7.2.5.6 线[膨]胀系数的测试

合金丝的线[膨]胀系数是在高温热膨胀仪上进行测定。

7.2.5.7 热输出试验

热输出试验在兄弟单位进行。

7.3 工艺条件对合金性能的影响

7.3.1 冷变形量对同一成分合金性能的影响

其合金成分(质量分数)为(%)：(取自同一盘ϕ0.45mm细丝)

C	Si	Mn	Al	Cr	Ni	RE
0.03%	1.17%	1.43%	2.85%	20.40%	余	微

该料为真空感应熔炼加电渣重熔，其他同前，不同冷变形量见表7-5。

表7-5　拔丝退火工艺流程

序号	工艺流程
1	ϕ1.4→ϕ0.45→ϕ0.382→退火1050℃（120r/min）→ϕ0.15退火→ϕ0.06→退火990℃（160r/min）→ϕ0.03mm退火990℃ 230r/min（15m/min）
2	ϕ1.4→ϕ0.45→ϕ0.382→退火1050℃（120r/min）→ϕ0.15→ϕ0.078→退火990℃（160r/min）→ϕ0.03mm退火990℃ 230r/min（15m/min）
3	ϕ1.4→ϕ0.45→ϕ0.382→退火1050℃→ϕ0.125→退火1050℃→ϕ0.03mm退火990℃ 230r/min（15m/min）

最后获得三种变形量的同成分试验丝：

（1）ϕ0.06mm拉至ϕ0.03mm，变形量为75%；

（2）ϕ0.078mm拉至ϕ0.03mm，变形量为85%；

（3）ϕ0.125mm拉至ϕ0.03mm，变形量为95%。

退火规范为990℃光亮连续退火，收线速度为15m/min。不同冷变形量对回火“井”曲线的影响如图7-4和图7-5所示：由图7-4和图7-5看出，三种变形量的回火“井”曲线类似，形状都很陡，说明合金的α_T对回火温度很敏感。同时说明不同变形量对回火

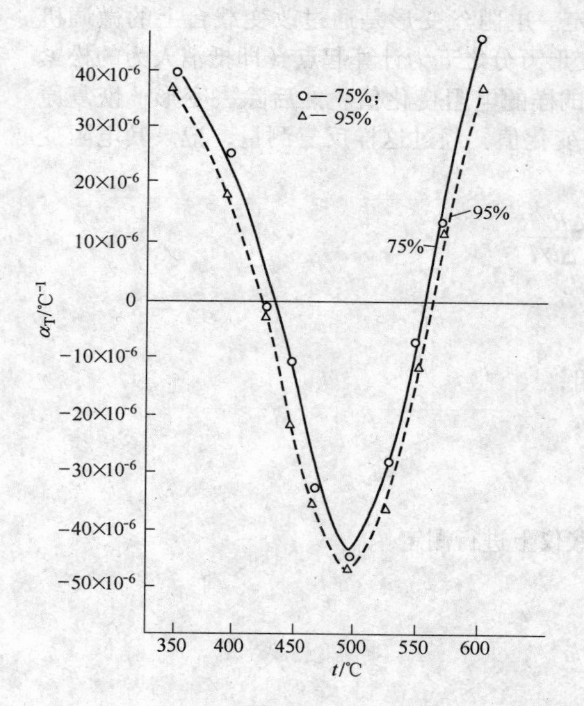

图7-4　α在不同变形量（平均值）与回火温度的关系

（注：本图为三个样品的平均值）

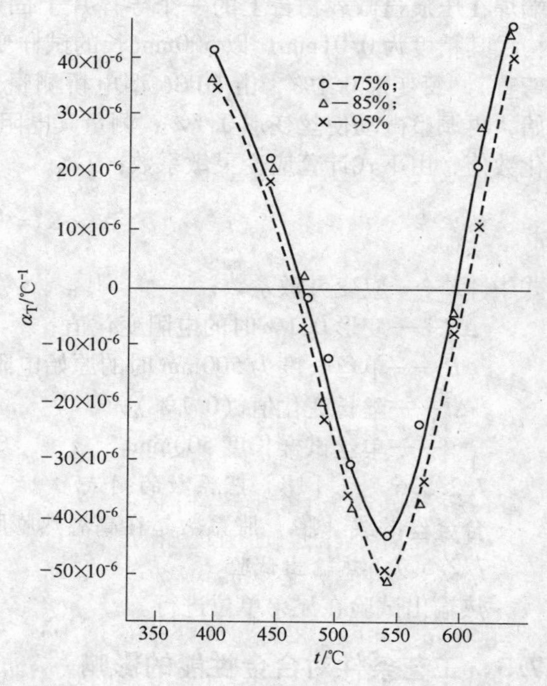

图7-5　炉内同一水平位置不同变形量的α与回火温度的关系

（注：同一炉同一高度三卷丝的测试结果）

"井"曲线总的影响为微细丝品位的 α_T 1~2 级，甚至出格。变形量为75%和85%的曲线基本重合，而变形量为95%的曲线整体下移，这就改变了 α_T 趋于零值点的回火温度，即左侧（低温端）温度点移向低温，右侧（高温端）温度移向高温。具体为：75%~85%变形量的 α_T 趋近零值点，低端为430℃，而高端为555℃；95%变形量的 α_T 趋近零值点，低端为420℃，而高端为565℃。即不同变形量使其 α_T 波动$(5\sim10)\times10^{-6}$。

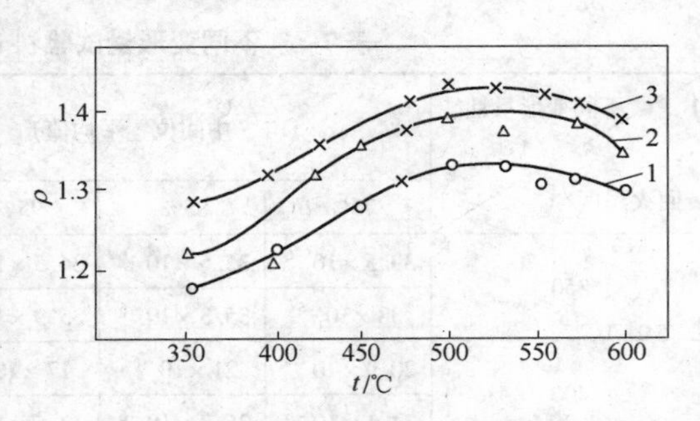

图7-6　不同变形量对同一成分细丝ρ的影响
变形量：1—75%；2—85%；3—95%

不同变形量对同成分合金丝电阻率的影响，见表7-6。图7-6是不同变形量对同一成分细丝电阻率的影响，由图7-6可见，总的趋势是，随回火温度的提高，由于扩散形成K-状态，使ρ增加，500℃时，K-状态形成充分，ρ达到峰值。温度再高，K-状态有所破坏，ρ有所下降。在同一回火温度下，变形量大者，其ρ值也大。

表7-6　不同变形量对同成分合金丝电阻率（Ω·m）的影响

回火温度/℃	75%	85%	95%	95%与85%之差值
430	1.25	1.32	1.35	0.1
500	1.32	1.38	1.42	0.1
550	1.30	1.40	1.32	0.02
600	1.29	1.34	1.38	0.09

不同变形量对力学性能的影响是，同成分的细丝经不同变形量加工后在回火时力学性能反常，如图7-7和图7-8所示。

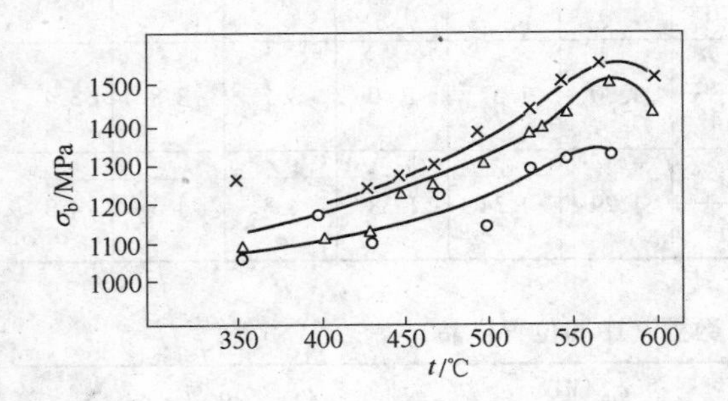

图7-7　同一成分合金细丝经不同变形量在不同回火温度下的强度极限
×—75%；△—85%；○—95%

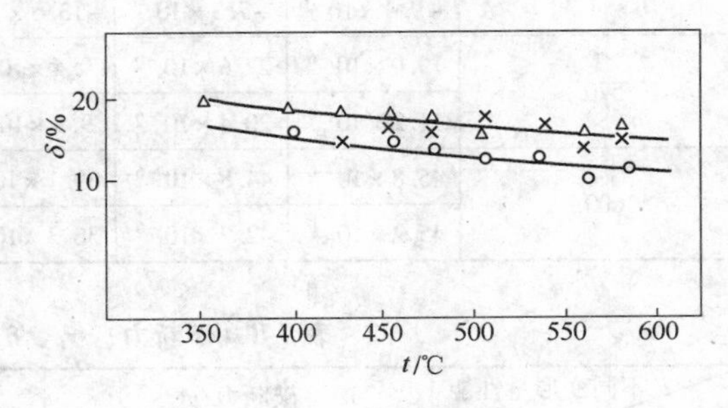

图7-8　不同变形量细丝在不同回火温度下的伸长率
×—75%；△—85%；○—95%

由图7-7和图7-8可见，变形量增大后，σ_b 处于下位，即总的趋势是，σ_b 降低了，δ%也在下降。在75%~85%变形量时还不明显，当变形量达到95%时，影响就显著了。例如，按产品标准规定，ϕ0.03mm微细丝的 $P_b>700$dyn(70gf)，δ%>10%属合格范围。但对应变丝栅要考核它的分散性，就是说，由于变形量大于92%后，丝材电阻的分散度和热滞后增加，对应变片不利，绕制应变丝栅也不利。

变形量为95%的合金微细丝 ϕ0.03mm 在430℃回火、保温5h后，σ_b 为1130MPa，$\delta\%$ =14.8%，属合格品。

具体数据见表7-7和表7-8。

表7-7 不同变形量试验料 ϕ0.03mm 回火后的性能数据

不同变形量性能 / 回火温度/℃	α/℃$^{-1}$（中间位置平均值）			ρ/Ω·m			E_{Cu}（中间位置平均值）/μV·℃$^{-1}$		
	75%	85%	95%	75%	85%	95%	75%	85%	95%
350	39.5×10^{-6}	35.6×10^{-6}	34.5×10^{-6}	1.18	1.22	1.27	0.6	0.6	0.6
	38×10^{-6}	35.3×10^{-6}	35.9×10^{-6}						
400	20.9×10^{-6}	21×10^{-6}	17×10^{-6}	1.22	1.20	1.31	0.6	0.5	0.4
	24.1×10^{-6}	26.3×10^{-6}	17.5×10^{-6}						
430	-2.7×10^{-6}	1×10^{-6}	-8.2×10^{-6}	1.25	1.32	1.35	0.1	0.2	-0.3
	-3.4×10^{-6}	0.4×10^{-6}	-4.6×10^{-6}						
450	-13.6×10^{-6}	-19.9×10^{-6}	-23.9×10^{-6}	1.27	1.35	1.36	-0.6	-0.6	-0.7
	-13×10^{-6}	-18.1×10^{-6}	-23.7×10^{-6}						
470	-38.7×10^{-6}	-31.8×10^{-6}	-36.1×10^{-6}	1.30	1.40	1.35	-0.7	-0.6	-0.7
	-33.7×10^{-6}	-31.3×10^{-6}	-36.9×10^{-6}						
500	-45.3×10^{-6}	-52.7×10^{-6}	-48.9×10^{-6}	1.32	1.38	1.42	0.2	0.2	0.1
	-46.6×10^{-6}	-49×10^{-6}	-49.1×10^{-6}						
530	-24.6×10^{-6}	-38.7×10^{-6}	-34.5×10^{-6}	1.32	1.35	1.41	1.7	1.4	1.7
	-30.2×10^{-6}	-36.9×10^{-6}	-37.6×10^{-6}						
550	-7.2×10^{-6}	-5.9×10^{-6}	-8.8×10^{-6}	1.30	1.40	1.32	2.8	2.9	2.8
	-9.4×10^{-6}	-7.3×10^{-6}	-13.6×10^{-6}						
570	19.9×10^{-6}	27.6×10^{-6}	9.4×10^{-6}	1.30	1.37	1.40	3.7	3.8	3.4
	11.2×10^{-6}	20.4×10^{-6}	9.9×10^{-6}						
600	45.8×10^{-6}	44.8×10^{-6}	39.1×10^{-6}	1.29	1.34	1.38	4.3	4.3	4.3
	45.2×10^{-6}	42.7×10^{-6}	36.3×10^{-6}						

表7-8 破断力、σ_b、δ 数据（中间位置样品）

不同变形量性能 / 回火温度/℃	破断力/gf			σ_b/MPa			δ/%		
	75%	85%	95%	75%	85%	95%	75%	85%	95%
原　始	87.5	90	85	1320	1180	1200	18.4	17.9	15.6
350	88	83	77	1330	1100	1090	17.5	19	16.2
400	79.5	92	79.6	1200	1220	1120	19	18.8	15.3
430	83	75.8	79.7	1250	1010	1130	15	18.1	14.9
450	85	95	82.2	1280	1260	1240	17	17.9	15.2
470	85.5	96.5	82.6	1290	1280	1250	16.7	17.7	14.4
500	91.8	98	81	1390	1300	1140	17.7	16.6	12.8
530	95	104	92	1430	1380	1300	16.7	16.2	13.4

续表 7-8

不同变形量性能 / 回火温度/℃	破断力/gf			σ_b/MPa			δ/%		
	75%	85%	95%	75%	85%	95%	75%	85%	95%
550	101	108	92.5	1520	1440	1310	14	16	11
570	103	115	93.8	1550	1520	1320	15.1	15	12.2
600	100	107.5		1510	1430		14	14.5	

注：$1gf = 10^{-2}N$。

7.3.2 冷拔变形量对改良型 Ni-Cr 合金物理性能的影响

（1）冷拔变形量对合金电阻率的影响如图 7-9 所示，随变形量提高到 60% 以上，其电阻率下降 8% ~14%。

（2）冷拔变形量对合金对铜热电势的影响如图 7-10 所示，随变形量提高到 60% 以上，其对铜热电势提高 30% ~50%。

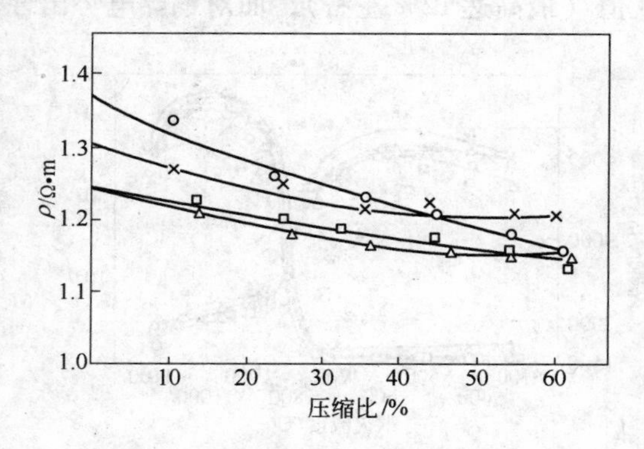

图 7-9 冷加工量对合金电阻率的影响

○—7 号；×—8 号；△—9 号；□—10 号

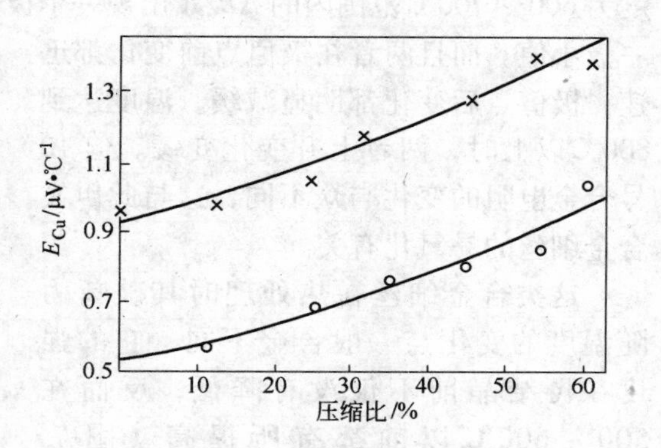

图 7-10 冷加工量对合金的对铜热电势的影响

○—8 号；×—10 号

根据资料介绍，这时合金的电阻温度系数在上升。

（3）冷拔变形量对合金丝材的抗拉强度和伸长率的影响如图 7-11 所示。由图可见，当冷拔变形量提高到 60% 以上时，合金的抗拉强度几乎增加 1 倍。当冷拔变形量达到 35% 以上时，合金丝的伸长率已经变得很小（约 1%）。

7.3.3 热处理对合金性能的影响

7.3.3.1 热处理对合金细丝物理性能的影响

改良型 Ni-Cr 合金细丝经冷变形后在不同温度下，进行连续光亮热处理时，其电阻和对铜热电势的变化情况如图 7-12 和图 7-13 所示。由图可知，合金在热处理温

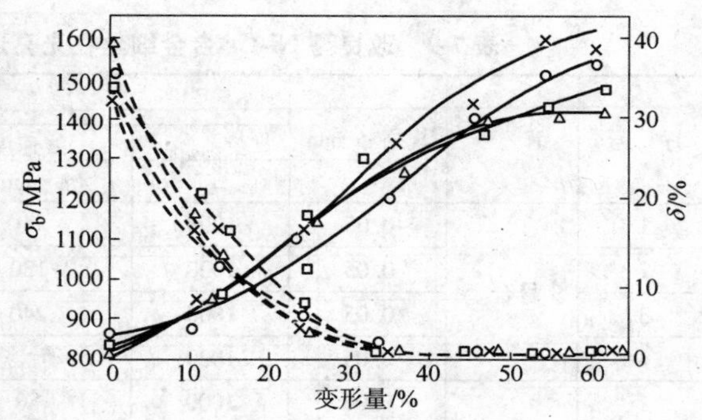

图 7-11 冷拔变形量对改良型 Ni-Cr 合金丝材 σ_b 和 δ 的影响

○—7 号；×—8 号；△—9 号；□—10 号

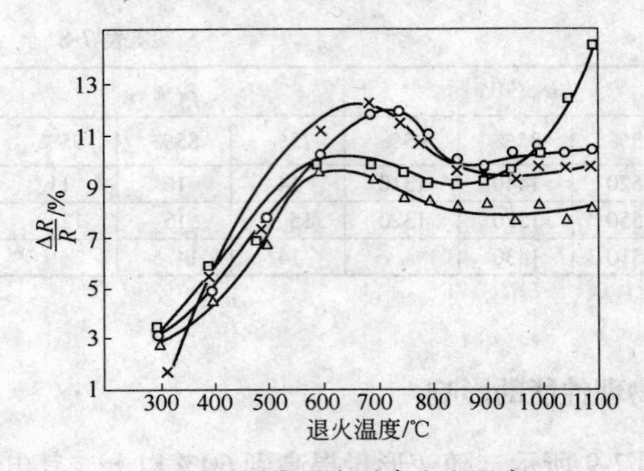

图 7-12 退火温度对合金电阻率的影响（ϕ0.05mm）
○—7号；×—8号；△—9号；□—10号

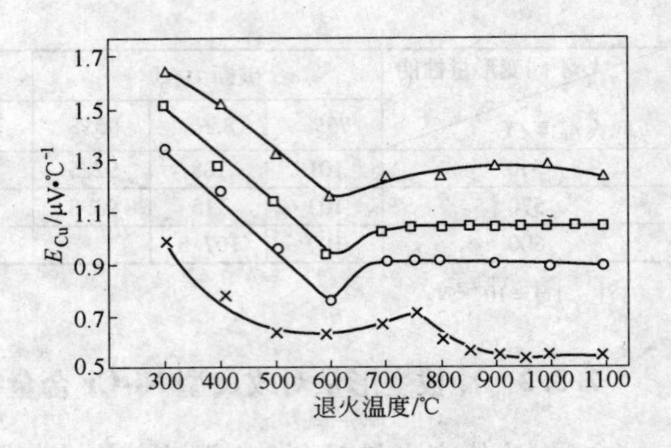

图 7-13 不同退火温度对合金的对铜热电势的影响（ϕ0.05mm）
○—7号；×—8号；△—9号；□—10号

度为600 ~700℃范围内的$\Delta R/R$出现一个极大值（最高达12%左右），而对铜热电势出现一极小值。而且两者在极值点前变化都迅速，极值点后变化都明显减缓。温度达到800℃以上时，两者上升变化变缓。但10号合金电阻的变化与众不同，这与此伊文合金细丝的易氧化有关。

这类合金细丝在热处理时其破断力随温度的变化与一般合金不同，它的强度在再结晶前不仅没有降低，反而在500 ~ 600℃以前都有所提高（图7-14）。其伸长率在700℃以后急促上升，1000℃以后才有所下降。就是说合金在700℃以上再结晶起始，而在1000℃与晶粒长大及氧化有关。

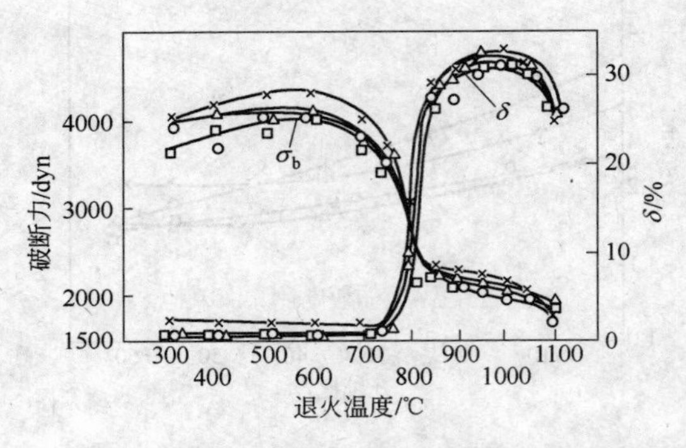

图 7-14 不同退火温度对合金冷拉细丝力学性能的影响（ϕ0.05mm）
○—7号；×—8号；△—9号；□—10号

合金细丝在连续光亮热处理时，收线速度对性能的影响见表7-9。

表 7-9 改良型 Ni-Cr 合金细丝在光亮连续退火时性能随收线速变化情况

序 号	钢 号	规格 ϕ/mm	工 艺		米电阻/Ω·m^{-1}		破断力/dyn	δ/%
			温度/℃	线速度 /m·min^{-1}	退火后电阻 $R_{退}$/Ω	($\Delta R/R_{退}$) /%		
1	9号合金	0.05	1000	80	598	8.3	2100	33
2		0.05	1000	130	598	8.3	2100	32
3		0.05	1000	240	594	7.6	2100	32
4		0.05	1000	硬 态	552		3600	1
1	10号合金	0.05	1000	80	626	12.2	2050	31
2		0.05	1000	130	618	10.8	2050	31
3		0.05	1000	240	615	10.1	2050	30
4		0.05	1000	硬 态	558		3400	1

由表7-9可知，在一般常用的线速下，只是电阻值随收线速度加快而减少百分之几，σ_b 和 δ 变化不大。

7.3.3.2　热处理对合金稍粗丝物理性能的影响

对于精密电阻合金乃至精密应变电阻合金，其电学性能往往与合金历史状况有关，因此适当联系微细丝之近邻稍粗丝的性能状态，以便后续工作加以借鉴。

改良型Ni-Cr合金 ϕ1.1mm 丝材固定退火时的性能变化如图7-15和图7-16所示。由图可以看出，ϕ1.1mm 丝材的 $\Delta R/R$、σ_b 以及 δ 的变化规律与 ϕ0.05mm 细丝是相同的，这进一步说明，镍铬基精密电阻合金的电阻随温度变化具有反常的"S"曲线的普遍性。所不同的是，ϕ1.1mm 细丝的电阻变化在550～650℃范围内的峰值，其变化率比 ϕ0.05mm 细丝的更大，而且其伸长率在1100℃仍无下降。

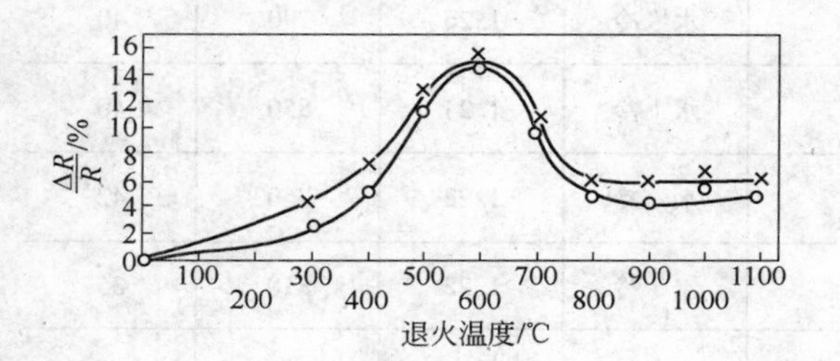

图7-15　改良型Ni-Cr合金 ϕ1.1mm 细丝退火温度对其电阻的影响
○—8号；×—10号

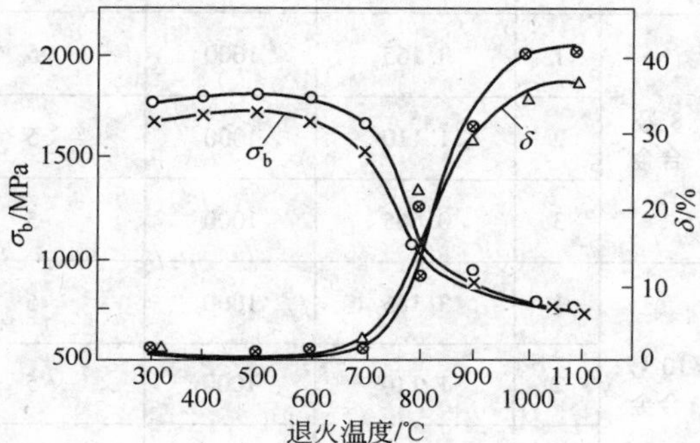

图7-16　退火温度对合金 ϕ1.1mm 细丝的 σ_b 和 δ 的影响
（每次保温5min，水冷）

7.3.3.3　冷却介质对合金丝性能的影响

不同规格的合金丝材退火后冷却介质对其性能的影响情况见表7-10。

表7-10　冷却介质对合金丝性能的影响

序号		规格 ϕ/mm	热处理工艺			$\rho/\Omega\cdot m$	σ_b/MPa	δ/%
			温度/℃	保温时间/min	冷却方式			
8号合金	1	3.16	1000	5	干冰冷	1.34	820	40
	2	3.16	1000	5	水冷	1.24	770	49
	3	3.16	1000	5	空冷	1.37	880	36
	4	1.11	1000	5	干冰冷	1.35	840	36
	5	1.11	1000	5	水冷	1.26	790	40
	6	1.11	1000	5	空冷	1.38	910	34
10号合金	1	3.16	1000	5	干冰冷	1.25	780	42
	2	3.16	1000	5	水冷	1.20	760	42
	3	3.16	1000	5	空冷	1.30	800	38
	4	1.11	1000	5	干冰冷	1.25	840	39
	5	1.11	1000	5	水冷	1.22	810	35
	6	1.11	1000	5	空冷	1.30	860	39

由表7-10可见，两种成分合金丝的两种规格在热处理后期冷却介质不同，其电阻、强度都有明显的差异，而伸长率变化差值不明显。水冷却造成合金电阻、强度都最低，空冷则相反。

7.3.3.4 合金丝材不同规格对其热处理性能的影响

合金丝材不同规格在相同热处理制度下的性能见表7-11。

表7-11 合金丝材不同规格对其热处理性能的影响

序号		规格 ϕ/mm	热处理工艺			$\rho/\Omega\cdot m$	σ_b/MPa	δ/%
			温度/℃	保温时间/min	冷却方式			
8号合金	1	3.165	1000	5	水冷	1.24	770	49
	2	1.110	1000	5	水冷	1.26	790	40
	3	0.665	1000	5	水冷	1.24	850	40
10号合金	1	3.165	1000	5	水冷	1.22	760	42
	2	1.110	1000	5	水冷	1.22	810	35
	3	0.665	1000	5	水冷	1.22	850	33

由表7-11可见，在相同的热处理制度下三种规格丝材的电阻率几乎一样，而强度和伸长率不一，其基本规律是，随着规格的变细，合金丝的强度增加而伸长率减小。

7.3.4 回火（低温时效）对合金性能的影响

固溶处理后进行低温时效，回火温度和时间对合金细丝物理性能的影响，是精密电阻合金成品微细丝获得最佳性能的关键环节。

7.3.4.1 回火温度对合金电阻的影响

经固溶处理后合金细丝，再经过不同回火温度和保温时间的处理，其物理性能的变化情况分别如图7-17～图7-20所示。

四种合金中，每种合金以一种成分的ϕ0.05mm丝在淬火后制样再进行真空回火处理，其电阻随回火温度的升高而变化的情况如图7-17所示。8号合金（Mn高）电阻变化快、峰值最高、下降曲线也较陡。7号合金在升温时电阻变化起步稍晚些，其峰值比8号合金也低些，但下降曲线比另三种成分合金都陡且直。10号合金（伊文），在升温阶段一开始其电阻上升比7号、8号合金都平缓，但过350℃以后电阻上升非常迅速，其上升曲线的斜率比另三种成分的合金都大，下降曲线最平缓。9号合金（Ni-Cr-Al-Fe—卡玛）在升温阶段电阻上升最慢，但过400℃后几乎垂直上升，下降曲线比另三种成分的合金平缓。7号、9号、10号三种成分合金的电阻峰值都差不多，只是8号合金最高。

用四种合金的每种两个成分的ϕ0.05mm丝的电阻随回火温度变化的平均值作图得图7-18，除8号合金峰值超前又最高外，9号合金电阻变化较平缓，7号和10号处于中间，8

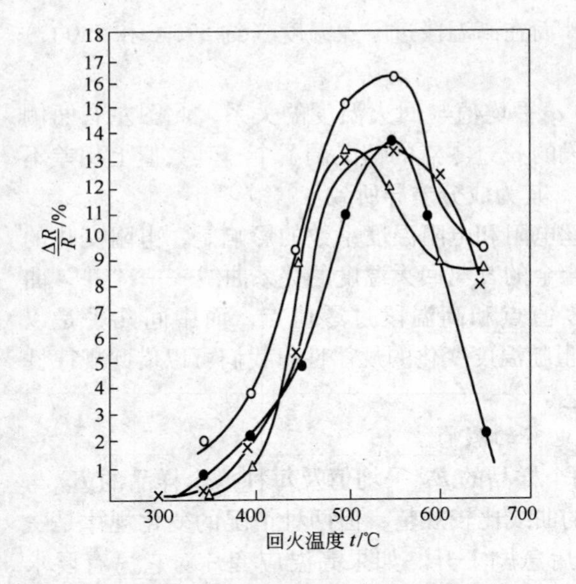

图 7-17　回火温度对合金电阻
（ϕ0.05mm 细丝）的影响
●—7 号；○—8 号；△—9 号；×—10 号

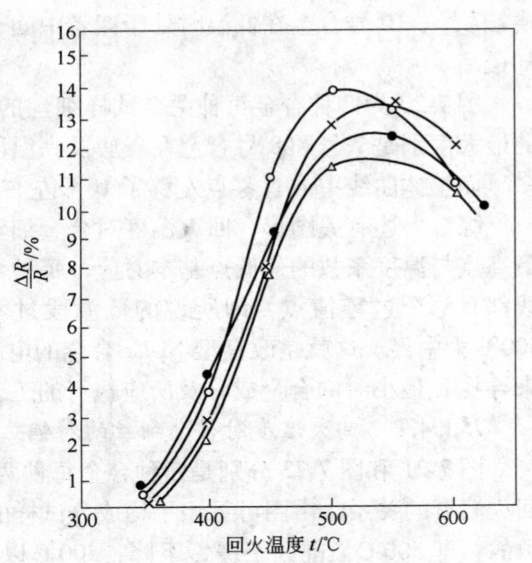

图 7-18　改良型 Ni-Cr 合金 ϕ0.05mm 细丝
淬火后 R 与回火温度的关系
●—7 号；○—8 号；△—9 号；×—10 号

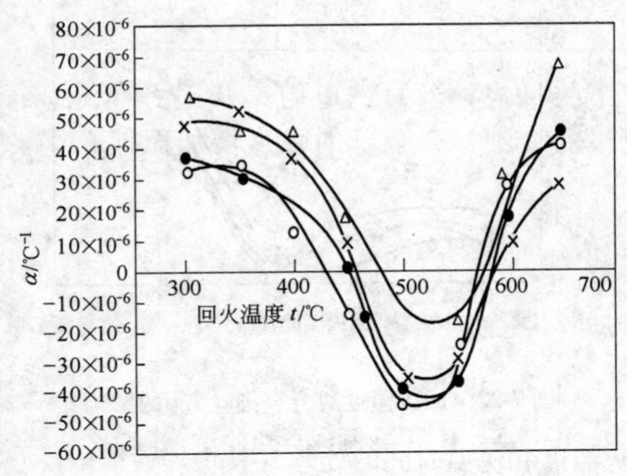

图 7-19　回火温度对合金细丝的电阻温度系数的影响
●—7 号；○—8 号；△—9 号；×—10 号

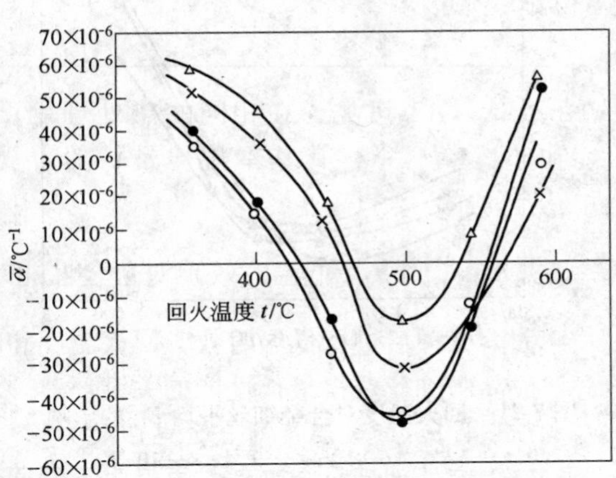

图 7-20　回火温度对合金细丝平均 $\bar{\alpha}$ 的影响
●—7 号；○—8 号；△—9 号；×—10 号

号合金的电阻变化最猛烈。

图 7-17 和图 7-18 反映出改良型 Ni-Cr 合金电阻随温度的变化趋势与 Ni-Cr 合金母体本身一致，都是一条“S”形曲线，只是由于具体成分（加入合金元素的种类及数量）不同而不同。

7.3.4.2　回火温度对合金电阻温度系数的影响

图 7-19 所示为四种合金每个试样细丝（ϕ0.05mm）的 α 随回火温度的变化。由图 7-19可见，8 号合金低温时 α 最小，在低温段过零点的温度（435℃左右）也最早，其谷底也最深。9 号合金在低温时 α 最高，在低温段过零点（475℃左右）也最晚，其谷底最

浅。7号、10号合金在低温时处于四者中间，而在高温段过零点温度（约575℃和580℃）却最高。

图7-20为四种合金每种两个试样细丝的α平均值与回火温度的关系，此图左右两侧的最大区别是7号和8号合金在谷底及高温段的α过零点的情况调了个，其数值上相差不多。而整体曲线中α过零点左移了10℃左右，其为成分差异所致。

综合上述有关图形，回火温度对合金细丝电阻和电阻温度系数的影响是，电阻变化的最高点与温度系数的最低点基本对应，每种合金的α与回火温度的关系曲线——"井"曲线都有两个过零值点，即所说的低温段过零值点和高温段过零值点，而中间几乎是以500℃为中界。这就是改良型Ni-Cr合金的电阻随温度变化的规律性。我们可以借此规律性来寻找α最小时的合金成分及所应执行的工艺。

7.3.4.3 回火温度对合金细丝的对铜热电势的影响

图7-21和图7-22分别是四种合金每种两个样品的E_{Cu}平均值及每种一个样品的E_{Cu}与回火温度的关系。由图可见，平均成分试样的曲线比较规整，但两种情况的变化规律是一致的。即500℃以前处于缓慢下降，500℃以后急剧上升。如果高温应变片对它另有要求时，就须采取对抗措施或只限制它在500℃以下使用。

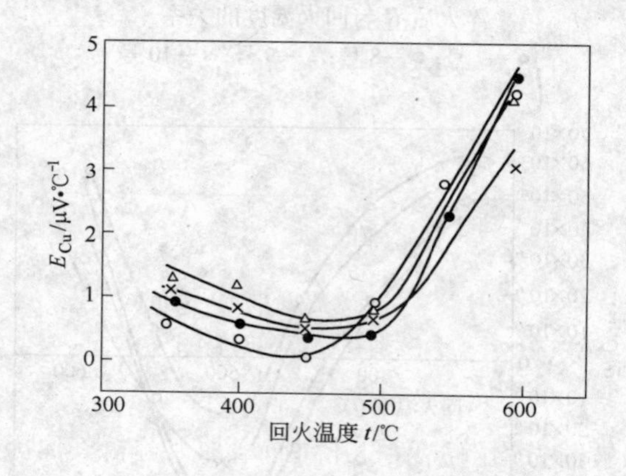

图7-21 回火温度对合金细丝平均E_{Cu}的影响

●—7号；○—8号；△—9号；×—10号

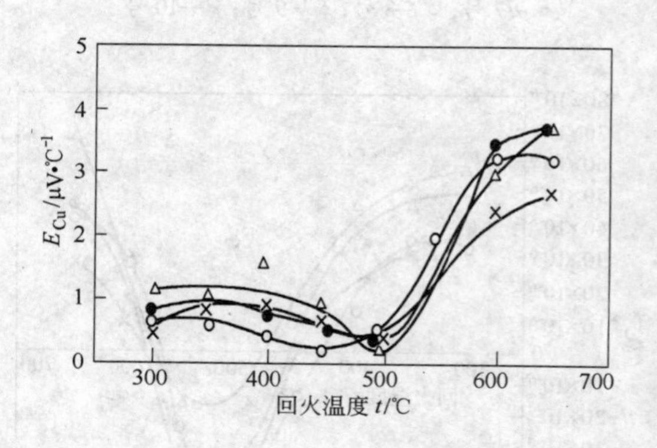

图7-22 回火温度对合金细丝E_{Cu}的影响

●—7号；○—8号；△—9号；×—10号

7.3.4.4 回火温度对合金细丝应变灵敏系数的影响

图7-23为回火温度与合金细丝应变灵敏系数的关系，450℃前合金的应变灵敏系数K变化平缓，8号、9号合金K值稍微下降，7号、10号合金下降稍多些。450℃以后，四种合金的K值均较快上升，7号合金的K值上升较快，超过9号、10号合金。10号合金的K值上升最为平缓。8号合金的K值始终最大。

7.3.4.5 回火温度对合金细丝强度和塑性的影响

回火温度对ϕ0.05mm合金细丝破断力的影响如图7-24所示，四种合金的破断力均随温度的升高而增加，10号合金始终处在高位，7号合金始终处在低位。8号合金波动稍大，其余上升斜率差不多。图7-25所示，其抗拉强度随回火温度的上升而增加，与破断力的变化规律一致。

回火温度对ϕ0.05mm合金细丝的伸长率的影响不大，合金细丝的伸长率随温度升至

500℃后稍微下降，其四种 ϕ0.05mm 合金细丝的伸长率数值重合在一条线上，如图 7-26 所示。

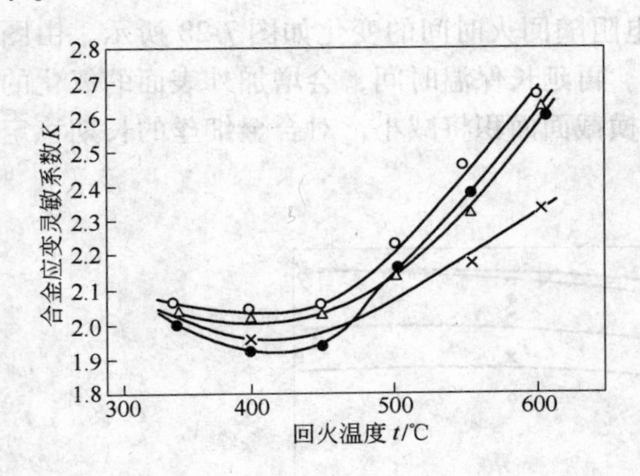

图 7-23　回火温度对合金细丝应变灵敏系数的影响

●—7 号；○—8 号；△—9 号；×—10 号

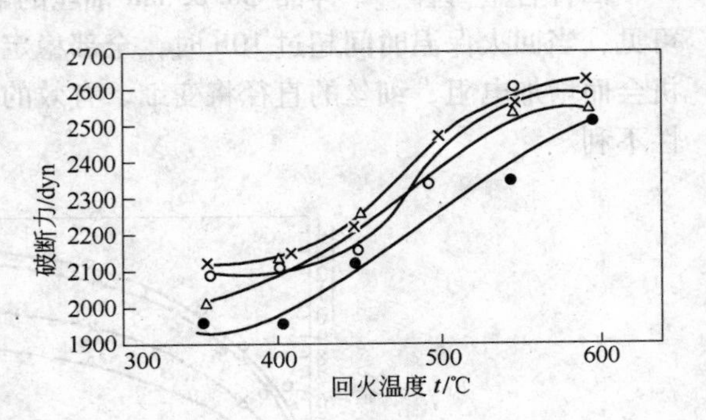

图 7-24　回火温度对 ϕ0.05mm 合金细丝破断力的影响

●—7 号；○—8 号；△—9 号；×—10 号

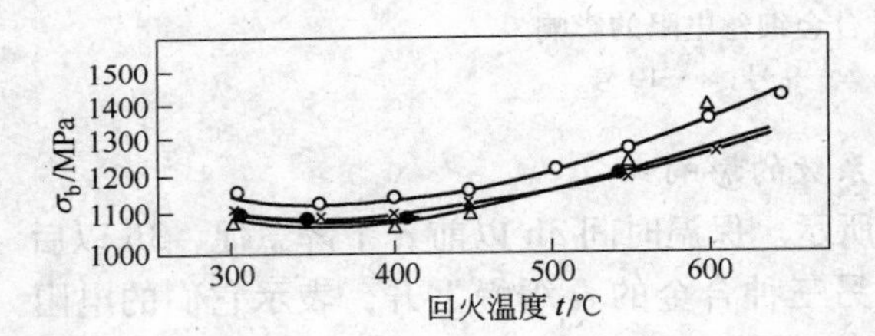

图 7-25　回火温度对合金细丝抗拉强度的影响

●—7 号；○—8 号；△—9 号；×—10 号

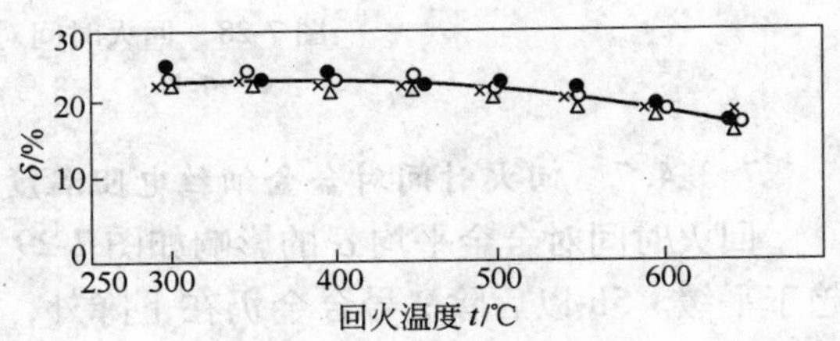

图 7-26　回火温度对 ϕ0.05mm 合金细丝伸长率的影响

●—7 号；○—8 号；△—9 号；×—10 号

回火温度在 600℃以前，其合金的强度和破断力均随温度的升高而增加，分析其原因与 K-状态的形成有关，它既无组织（相变）变化而又与一般金属不同，其理由与原子重新聚合有关。

7.3.4.6　回火时间对合金细丝电阻的影响

四种合金每种合金的两个样品的 ϕ0.05mm 细丝电阻随回火时间的变化如图 7-27 所示。由图可见，回火保温时间在 5h 前，电阻随时间延长而增加，尤其是在 1～2h 前增加最为猛烈，而后速度放慢。5h 后除 7 号、10 号合金还有些增加外，8 号、9 号合金基本处于稳定状态。415℃回火的 8 号和 465℃

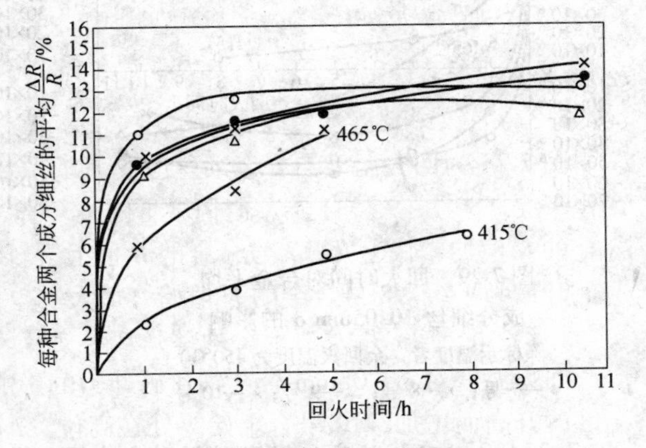

图 7-27　回火时间对合金细丝电阻的影响

（除标出温度者，余为 450℃回火）

●—7 号；○—8 号；△—9 号；×—10 号

回火的 10 号合金经过 5h 后仍有增加势头，尤其是 8 号合金为甚，即 K-状态的形成仍在继续。

四种合金每种一个样品 ϕ0.05mm 细丝的电阻随回火时间的变化如图 7-28 所示。由图可见，当回火保温时间超过 10h 时，全部稳定。再延长保温时间，会增加外表面的氧化的机会而增加电阻，细丝的直径将变细，有效的横截面面积将减小，对合金细丝的长期稳定性不利。

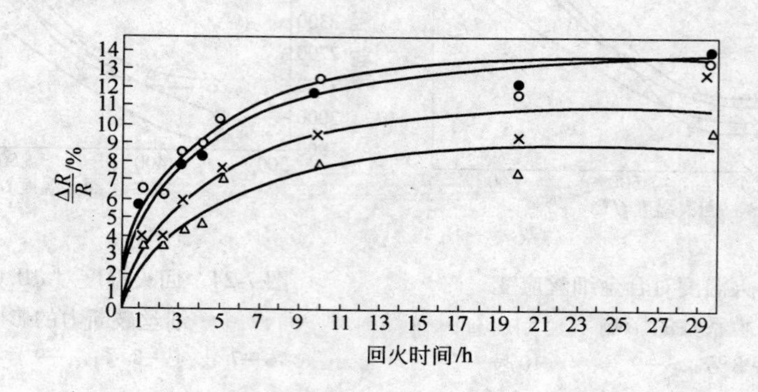

图 7-28　回火时间对合金细丝电阻的影响

● —7 号；○ —8 号；△ —9 号；× —10 号

7.3.4.7　回火时间对合金细丝电阻温度系数的影响

回火时间对合金平均 α 的影响如图 7-29 所示。保温时间 3h 以前 α 下降急促，3h 以后趋于平缓。5h 以后除 9 号合金仍在下降外，另三种合金的 α 缓慢上升，表示它们的电阻都在继续变化。再延长保温时间的 α 变化如图 7-30 所示。8 号合金从 20h 后 α 开始回升，而另三种合金的 α 保持缓慢下降，直至 30h。说明 Mn 含量高的 8 号合金容易氧化。总的来说，过长的回火保温时间对合金并无益处。

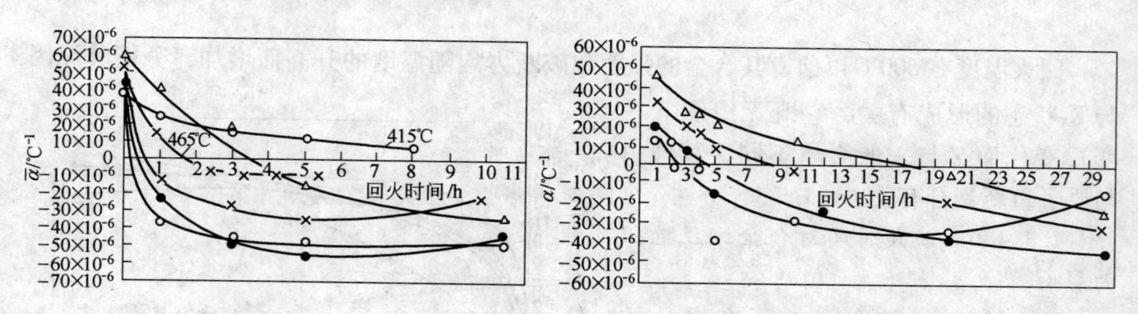

图 7-29　回火时间对合金平均成分细丝 ϕ0.05mm α 的影响

（除标示温度者，余回火温度为 450℃）

● —7 号；○ —8 号；△ —9 号；× —10 号

图 7-30　回火时间对 ϕ0.05mm 合金细丝电阻温度系数 α 的影响

● —7 号；○ —8 号；△ —9 号；× —10 号

7.3.4.8　回火温度和保温时间对合金 E_{Cu} 的影响

由图 7-31 和图 7-32 可见，在 500℃ 前回火合金的 E_{Cu} 缓慢下降，保温 5h 后基本上无变化，10h 后曲线更加平直了。

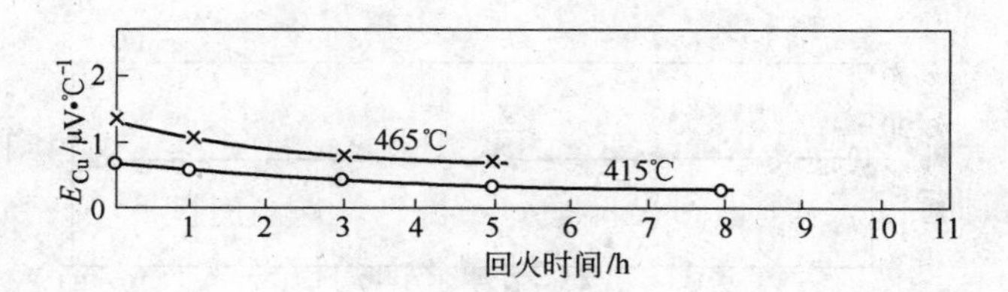

图 7-31 回火时间对 ϕ0.05mm 合金平均成分细丝的对铜热电势的影响

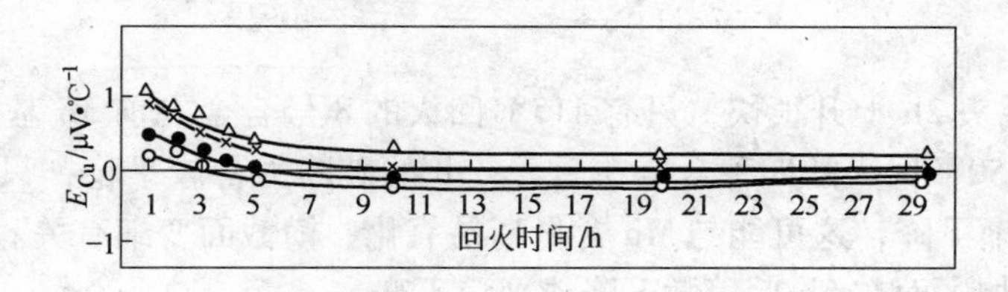

图 7-32 回火时间大延时对合金细丝的对铜热电势的影响

●—7 号；○—8 号；△—9 号；×—10 号

7.3.4.9 回火时间对 ϕ0.05mm 合金细丝应变灵敏系数的影响

图 7-33 表示回火时间对合金 8 号和 10 号 ϕ0.05mm 细丝的应变灵敏系数的影响，虽然只对两种合金细丝进行了试验测试，它们的应变灵敏系数都随保温时间的延长而平缓下降，说明保温时间过长（超过 5h）对应变片丝材是不利的。

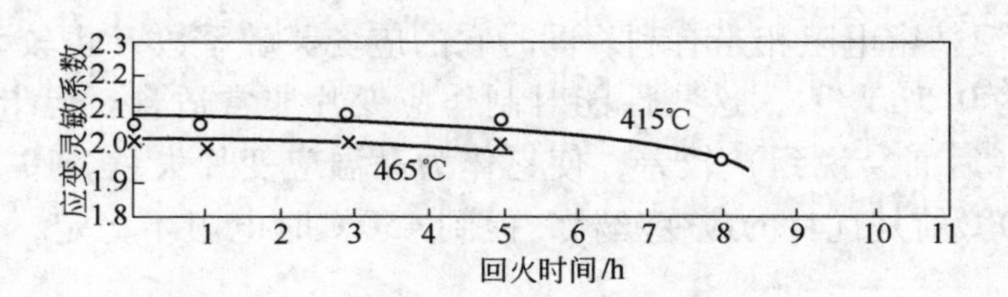

图 7-33 回火时间对合金细丝应变灵敏系数的影响

7.3.4.10 回火时间对合金力学性能的影响

回火保温时间对 ϕ0.05mm 合金细丝破断力和伸长率影响如图 7-34 和图 7-35 所示。由

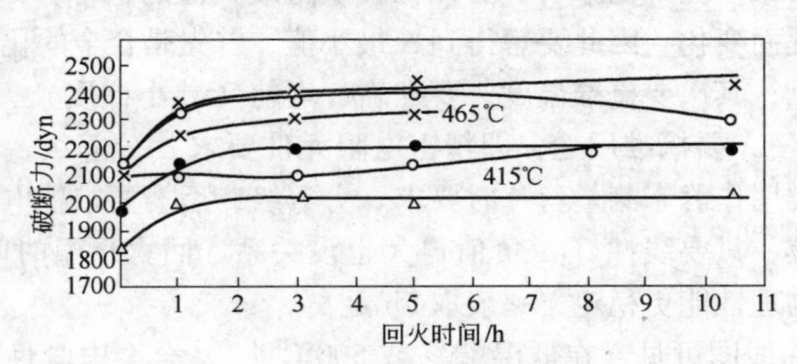

图 7-34 回火时间对 ϕ0.05mm 合金细丝破断力的影响

（除标温度者外，余回火温度均为 450℃）

●—7 号；○—8 号；△—9 号；×—10 号

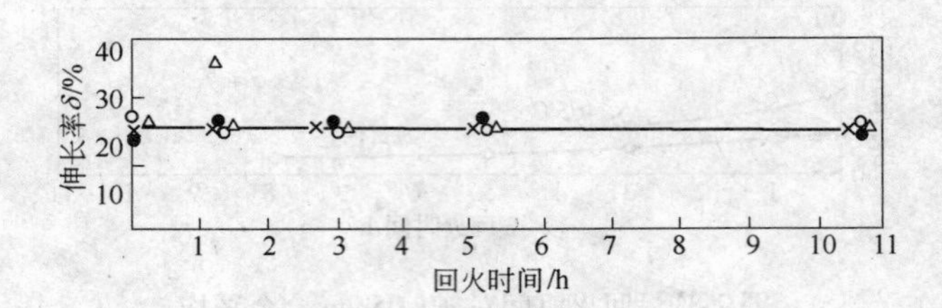

图 7-35　回火时间对 ϕ0. 05mm 合金细丝伸长率的影响

● —7 号；○ —8 号；△ —9 号；× —10 号

图可见，破断力在头 2h 上升很快，只有 415℃回火的 8 号合金在前 3h 基本不变，而在 3h 后有所上升。在 450℃回火的四种合金在后 2 ~ 5h 的破断力都较平稳，只有 8 号合金在保温 5h 后破断力逐渐下降，这可能与 Mn 含量高易氧化、横截面变细有关。四种合金的伸长率在 5h 前稍有增加，而在 5h 后稍微下降或平稳不变。

7.4　分析总结

（1）淬火只为回火进行合金组织结构的准备。合金在回火时电学性能均起较大变化，这些变化体现在曲线图上各有差异，首要原因是化学成分不同，其次是工艺条件促成。例如含 Mn 3% 左右的 8 号合金（即高 Mn 的 Ni-Cr-Al-Mn-Si），其 $\Delta R/R$、α、E_{Cu}、K 等电学性能指标几乎都领先。而 9 号合金（即通常称为 Ni-Cr-Al-Fe—卡玛），以上几个性能指标居中或靠后，尤其是其“井”曲线谷底最浅，其低温端 α 过零值点约为 475 ~ 490℃，对制作高温精密电阻相当有利。同时它的应变灵敏系数 K 也较大且稳定，E_{Cu} 在 485 ~ 495℃时约为 0. 5μV/℃，这些性能对制作应变片非常适合。但卡玛丝片在 500℃以上电阻稳定性（后面会说到）较差，使它作为高温应变片失色。10 号合金（即通常称为伊文）在 400℃前是优良的应变丝材，但到 450℃时电阻不稳定，作为高温应变片不妥。

（2）回火温度比回火保温时间对合金物理性能的影响大。从回火“峰”、“井”曲线看，在 450 ~ 550℃之间合金的 $\Delta R/R$ 最大值（峰值）对应 α 最低值（谷底），但不是 α 的最小值（过零值点），也即 α 两端（低温端和高温端）过零值点都不是合金电阻最大值，为保精密电阻要求 α 最小为好的条件，必须牺牲电阻最大值的指标。α 在两端过零值点的温度随合金成分变化而变化，因此要想得到 α 最小值，首先是合金的化学成分要准确、均匀、纯净、不要混钢；其次要搞准温度，要准确、均匀（减小梯度）、稳定（不随时间变动）、不能氧化；第三，要搞准用途，即精密电阻元件要求 α 分等级，而应变片则分纯片和补偿片两类，前类用作静态测量丝片时要求 α 分等级，后类要求把电阻与温度的变化成线性关系放在第一位，只要线性好 α 负值再大也没关系。回火保温时间是促进 K-状态的形成更完善，合金物理性能更稳定，一般取 5h 足矣。

由回火“井”曲线图可见，在低温端（或 500℃前），合金电学性能变化较缓慢，过谷底后变化都加快。它预示着，精密电阻材料一般运用 α 在低温端过零值点，较少考虑利用 α 在高温端过零值点。当前改良型 Ni-Cr 精密电阻元件的使用温度在 500℃以下者为多。而应变丝片也大多如此，少数用于更高温度者，其处理工艺仍在探索。500℃以后，合金的应变灵敏系数随温度的升高而增加，这对高温应变片有利。

综合上面试验研究分析，9号仿卡玛合金经485℃ ×5h真空回火的综合物理性能较好，比较适合用作应变丝材。其基本性能为：电阻率 ρ 在1.25 ~ 1.30Ω · m，电阻温度系数 α 近于零，对铜热电势 E_{Cu} < 0.5μV/℃，应变灵敏系数大于2，ϕ0.05mm 丝的破断力约2300dyn（230gf），抗拉强度约1200MPa，伸长率约20% ~25%，拉拔成 ϕ0.008mm 微细丝变为现实。实际应用中，此类化学成分的合金微细丝材用于制作500℃以下使用的应变丝栅已不成问题。

至于7号合金（即通常成分的Ni-Cr-Al-Mn-Si）有待于进一步分析。

7.5 问题的探讨

通过前面一系列的试验结果，看出此类合金的电学性能乃至一些力学性能与一般金属相比，出现反常，例如其电阻随温度的升高而剧烈增加，到500 ~600℃电阻峰值后，温度继续升高而电阻急促下降，力学性能也跟着变化，淬火是这样，回火也是这样，只不过两者起步和速率有别。这些客观事实的存在，结合前人的研究情况，可以认为：这些合金在热处理与冷加工过程中发生的反常现象与K-状态的形成和破坏有关。在K-状态形成时伴随着合金中原子结合力的增大，某种原子偏聚现象加重，自由电子浓度减少，或许伴随着空位的产生或增多。最明显的是回火加热有利于K-状态形成，合金的电阻增加，电阻温度系数降低，对铜热电势下降，抗拉强度上升，伸长率有所下降，应变灵敏系数也跟着下降。所有回火温度与回火保温时间对合金细丝物理性能的影响，在所有进行的试验中都得到与上述相同的结果。

当K-状态破坏时，合金所有性能变化正好与上述情况相反。即当回火温度过高时，K-状态开始破坏，合金所有物理性能变化规律与上述结果相反。除温度这个因素外，冷加工变形同样使K-状态破坏。图7-9和图7-17便是证明。

合金冷变形后进行光亮热处理时的情况，与合金经过固溶处理后再进行回火处理时K-状态的形成与破坏时的趋势近似。但各有其特点：即前者在冷温段开始形成K-状态的温度比后者要低，而且速度快。在高温段K-状态开始破坏时，前者所引起的物理性能变化不大，而且速度慢。但后者则相反，由于K-状态破坏所引起的物理性能变化大且速度快。

再者，在固溶处理时，冷却条件对K-状态的形成也有影响，冷却速度快不利于K-状态的形成。反之亦然。这可从表7-10和表7-11中的结果得到证实。

总之，未经回火且足够保温处理的合金，其性能是不够稳定的。合金材料的研究和生产者都要熟悉这些特点，进行综合考虑，以选择合适的合金成分和处理工艺来获得理想的合金材料。

所研制的合金丝材样品与国外同类产品的对比见表7-12。

7.6 合金细丝电学性能的均匀性探索

改良型Ni-Cr合金细丝电学性能的均匀性是应变片性能的稳定的前提条件之一。

所研究分析的 ϕ0.02mm 细丝合金的三种成分见表7-13。

表 7-12 所研制合金丝材样品与国外同类产品性能的比较

序号	牌号品种	规格 ϕ/mm	主要化学成分（质量分数）/%						主要电学性能			力学性能	
			Ni	Cr	Al	Mn	Si	其他	ρ /$\Omega\cdot$m	α/℃$^{-1}$	E_{Cu} /μV·℃$^{-1}$	σ_b /MPa	δ /%
1	7号常规（NiCrAlMnSi）	0.05	余	19.63	2.50	1.52	1.02		1.29	1×10^{-6}	0.73	1135	23.5
2	尼克罗塔尔 Lx	0.04	余	19.90	2.80	1.70	0.86		1.36	$\pm4\times10^{-6}$	≤1.5		
3	8号（NiCrAlMnSi）Mn高	0.05	余	19.30	2.51	2.75	1.08		1.30	-14.3×10^{-6}	0.17	1209	24.5
4	3406058 美专利		余	19.50~21.0	约4.30	约5.0	约1.1		1.44	$<1\times10^{-6}$			
5	9号常规（NiCrAlFe）	0.05	余	19.87	2.52	0.47	0.65	Fe 2.55	1.24	16.5×10^{-6}	0.92	1112	23.1
6	Karma（美）		75	20	2.50			Fe2.50	1.35	$<2\times10^{-6}$	1		
7	10号常规（NiCrAlCu）	0.05	余	19.31	2.60	2.43	0.34	Cu 2.10	1.20	9.4×10^{-6}	0.63	1152	23.7
8	Evanohm（美）		75	20	2.50			Cu2.50	1.35	$<2\times10^{-6}$	1		

表 7-13 ϕ0.02mm 细丝合金的三种成分（质量分数） （%）

牌 号	Si	Mn	Cr	Al	Fe	Ni	备 注
11号（NiCrAlMnSi）	1.10	1.45	20.40	2.85	0.19	余	C.S.P未作分析
12号Al上限（NiCrAlMnSi）	1.14	1.47	20.70	2.92	0.22	余	
13号Al上限（NiCrAlFe）	0.72	0.44	19.65	2.91	2.24		
9号Cr上限（NiCrAlFe）	0.57	0.66	21.04	2.65	2.13		

前端生产工艺与上述情况一致。只是本次试验过程中，中丝酸洗不净，细丝表面氯化石蜡润滑剂清洗不净，淬火时表面均有氧化色。中、细丝拉丝按不同变形量经950℃光亮连续退火后，真空回火460℃，保温5h；测试其电学性能较分散，12号合金细丝的性能变化情况列于表7-14。

表 7-14 12号合金 ϕ0.02mm 细丝电学性能随总变形量的变化

序号	规格 ϕ /mm	总变形量/%	电阻变化最大百分数/%	平均变化率/%	α_T 最大与最小值/℃$^{-1}$	α_T 统计平均值/℃$^{-1}$	实验轴数	备 注
1	0.02	84.0	−11.74~9.95	0.325	$(3\sim11)\times10^{-6}$	6.7×10^{-6}	10	从 ϕ0.05mm 拉至 ϕ0.02mm
2	0.02	88.9	−4.29~20.24	4.44	$(-8.1\sim5.4)\times10^{-6}$	0.58×10^{-6}	10	从 ϕ0.06mm 拉至 ϕ0.02mm
3	0.02	92.9	−2.42~18.6	8.60	$(-5\sim23.4)\times10^{-6}$	4.66×10^{-6}	8	从 ϕ0.075mm 拉至 ϕ0.02mm
4	0.02	96.0	−4.63~30.1	13.63	$(-10.1\sim14.2)\times10^{-6}$	5.7×10^{-6}	26	从 ϕ0.10mm 拉至 ϕ0.02mm
5	0.02	97.2	−5.87~21.25	7.44	$(-2\sim18.6)\times10^{-6}$	6.91×10^{-6}	17	从 ϕ0.12mm 拉至 ϕ0.02mm
6	0.02	98.22	6.46~18.2	11.8	$(-10\sim7)\times10^{-6}$	1.26×10^{-6}	9	从 ϕ0.15mm 拉至 ϕ0.02mm

从表7-14看，总变形量在96%之前电阻平均变化率逐渐上升，过96%后转向。同样，α_T 的变化也是在总变量96%前基本上是逐步上升，之后开始转向。好像总变量96%是坎，

但前面试验分析得出总变形量至92%就出现性能分散现象。

从用上面工艺生产的ϕ0.02mm成品中选取两轴不同重量的微细丝进行解剖测试，一轴23g，另一轴40g，按每样1g即393m由外向里取样，测试其R和α_T，其结果如图7-36和图7-37所示。

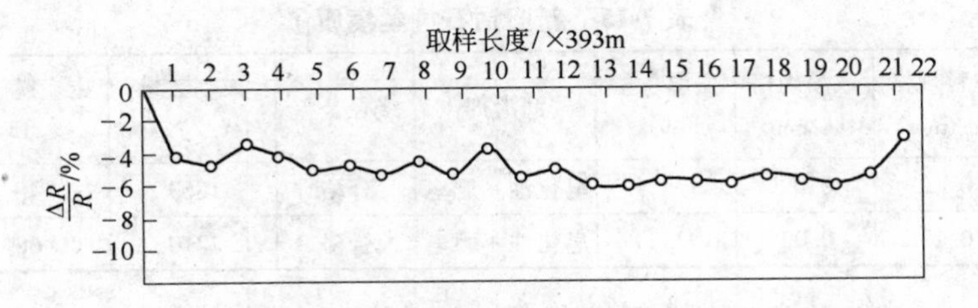

图7-36 改良型Ni-Cr微细丝ϕ0.02mm成品样阻值随长度的变化

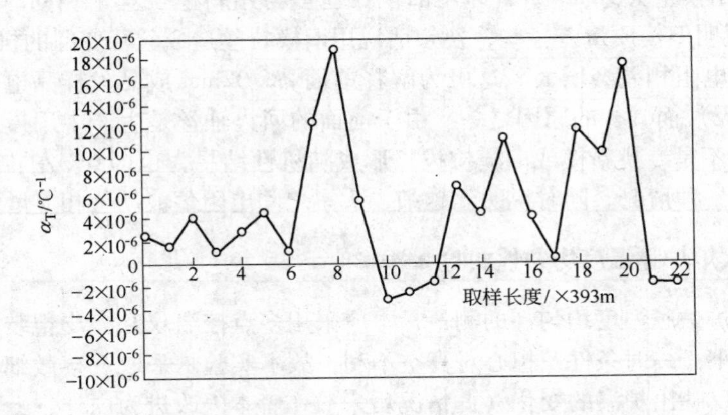

图7-37 改良型Ni-Cr微细丝ϕ0.02mm成品样的α_T随长度的变化

由图7-36和图7-37可见，随丝材长度的延长，其电阻值缓慢减少，从外层起点至第20个样品7860m（相当于20g）电阻减少6.24%，与第二轴样品同样规格和长度的样品电阻减少5.62%相近似，均在6%左右。但过第20个样品后电阻减少达8%，而且随长度延长基本维持在8%左右，直至第48个样品合18864m均如此。再长的长度没有进行测试。这是必然还是偶然，因数据不多，不好定论，但6%左右的电阻波动是客观存在的。分析其原因，初步认为：(1) 线轴里面的丝正好是拉拔收线轴的外层丝，经连续光亮退火收线便缠绕到线轴里面，回火时是整轴处理。就是说因拉拔时模具磨损而造成丝径越拔越粗，丝径变粗了，米电阻变小了。合金电阻率越大，丝径越细，阻值随丝径变化越敏感；(2) 回火时，轴丝的里外温差可能有一定影响，即保温时间多长才能达到整轴丝里外温度均匀未进行更细致测定；(3) 回火完了切断加热器电源让丝随真空室空冷，是否造成里外层冷速不一，有待深入试验分析。

从图7-37可见，合金微细丝的α_T随长度的变化是很大的，但我方试验测试未找到规律性。这种情况在另一轴微细丝长度测到第40个样品时也近似。分析其原因，大约有两个：(1) 存在温度梯度；(2) 测量有误差。至于哪个原因为主，还没有足够的根据。

为了追踪电阻和α_T随微细丝长度而不均匀的原因，增加下面两个试验，一是新旧拉丝模（钻石模）拉丝过程中的磨损情况，二是回火炉炉膛温度分布的均匀性。

7.6.1 新旧钻石拉丝模拉丝对比

新旧钻石拉丝模质量对比试验（表7-15）。

表7-15 新旧钻石拉丝模质量

序号	模具	原料规格 φ/mm	成品规格 φ/mm	变形总量 /%	润滑剂	线径公差	拔制数量 /g	更换模子数 /块	模耗 /块·kg^{-1}
1	新	0.12	0.02	97.24	皂化油+肥皂	合格	1863	48	25.8
2	旧	0.12	0.02	97.24	皂化油+肥皂	合格	2210	68	30.8

由表7-15知，以新模拔制的数量和用模块数为100%计算，旧模拉丝量是新模拉丝量的118.6%，而用模量为141.7%，即用旧模拉丝量与用新模拉丝量相同时，旧模比新模需多用23%。说明旧模质量差一些，换句话说用旧模拉丝造成丝径变粗的机会增多，也就是回火丝的头尾电阻相差会增大。这可为解释前面φ0.02mm成品丝样品电阻随长度延长（即往轴里层深入）而减少的原因之一。由于前面的回火轴丝是生产中用模（有新模也有旧模）拔制的，不是专挑新模或旧模拉拔，形成随机性结果，也即6%左右的波动反映着当时生产现场的一种情况。同时说明丝越细，头尾之间电阻值波动会相应增大。

7.6.2 回火炉炉膛温度均匀性实验

对真空回火炉炉膛温度均匀性的测量，本应采用多点控温仪和多支铠装电偶内外、上下同时观测，但限于一时条件及担心对真空不利，故本实验是采取观察微细丝回火后性能的波动，而间接反映出炉温的变化（此情况后来被作者本人改进为内外、上下用铠装电偶多点直接测量，实验结果见表7-16）。

表7-16 回火炉炉膛的温度均匀性

炉号	纵向最大电阻值/Ω·m^{-1}	纵向最小电阻值/Ω·m^{-1}	相差分数 /%	横向最大电阻值/Ω·m^{-1}	横向最小电阻值/Ω·m^{-1}	相差分数 /%	备 注
140	4266	3829	11.4	3875	3829	1.19	仅列一炉，其余见图所示
	4281	3875	10.5	4023	3957	1.42	
	4271	3853	10.9	4133	4093	0.98	
	4295	3868	11.0	4276	4224	1.23	
	4263	3834	11.2	4295	4263	0.75	

图7-38和图7-39分别绘出不同炉次在真空回火炉炉膛中：（1）同一根柱架上的纵向五轴丝的每轴Ω·m值之差；（2）同一水平（即同一层）的五根柱架的五轴丝的每轴的Ω·m之差情况。

各炉次的回火温度均为460℃，保温时间均为5h，同一个真空炉其真空度、工艺操作均一致。

由图7-38看出，不管是同一炉次还是不同炉次，只要是纵向高度不同，其丝的电阻值相差就较大。以同一炉次141炉的上下轴丝阻值最大相差14.7%，最小也在10.2%。

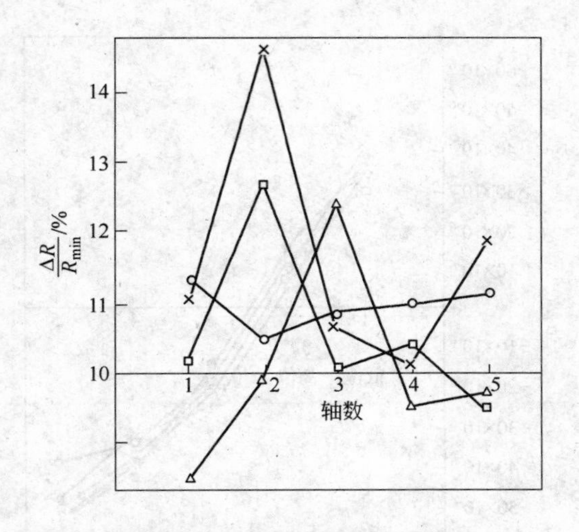

图7-38 不同炉次同一根立柱上从下至上1~5轴即纵向位置不同的轴丝的$\Omega \cdot m^{-1}$值差

○—140炉号；×—141炉号；

△—144炉号；□—145炉号

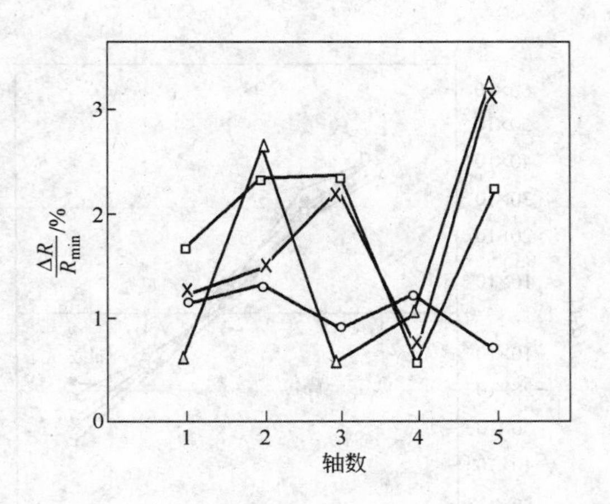

图7-39 不同炉次同一水平高度1~5轴丝的$\Omega \cdot m^{-1}$值差

○—140炉号；×—141炉号；

△—144炉号；□—145炉号

不同炉次之间，如四个炉次的第二点情况比较，最大相差14.7%，最小也在9.95%。这说明，该炉的纵向炉温分布是不均匀的。

由图7-39可见，同一炉同一高度（即同一水平位置）不同座位时，轴丝电阻最大相差3.26%，最小相差0.76%（如141炉号）。不同炉次比较，相差最大的第五点，最大相差3.26%，最小相差0.76%。由此说明，合金丝的电学性能随它在真空回火炉炉膛中的不同高度发生变化，也即温度不同而引起性能的不同是主要的。

图7-40~图7-43进一步说明：合金微细丝连续光亮退火后在真空回火炉中，轴丝在

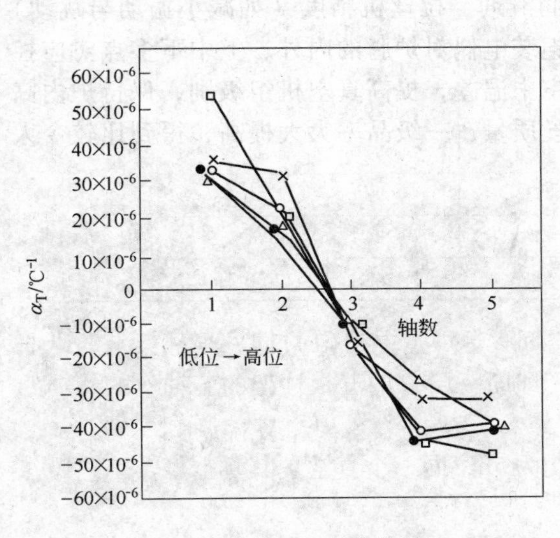

图7-40 炉号140合金微细丝的α_T随炉纵向高度位置的变化

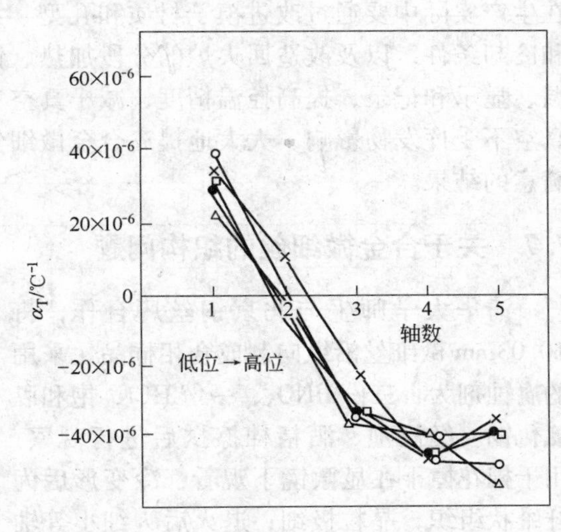

图7-41 炉号141合金微细丝的α_T随炉纵向高度位置的变化

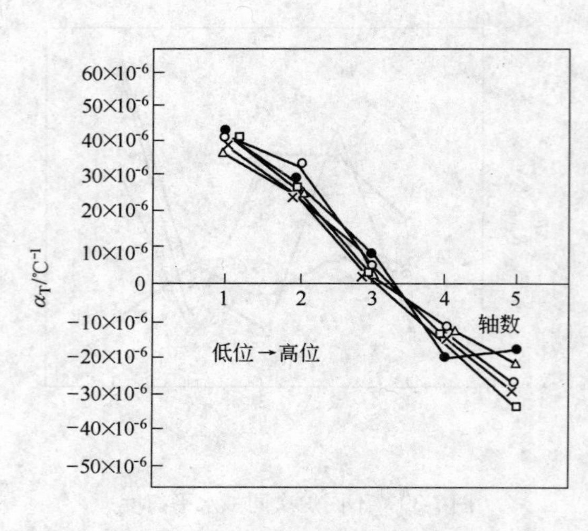

图7-42 炉号144合金微细丝的 α_T 随炉纵向高度的变化

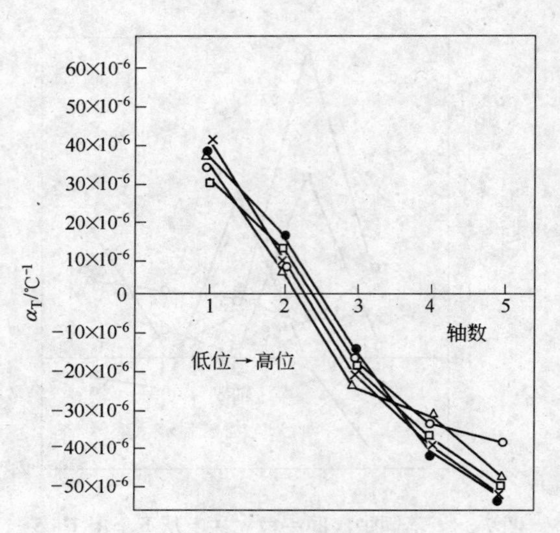

图7-43 炉号145合金微细丝的 α_T 随炉纵向高度的变化

炉膛纵向位置由低至高码放，其 α_T 由正值向负值方向变化。四个炉次的变化情况一致，而每炉次的同一水平（即横向）的五轴丝的 α_T 值相差不大。这种情况充分证明：

（1）改良型Ni-Cr合金的电阻温度系数（α_T）对温度的变化非常敏感。

（2）高真空回火炉炉膛纵向温度不均匀，下部温度偏低，上部温度偏高。

（3）合金的 α_T 随温度变化由正至负，中间过零值点都有规律性，这就是说 α_T 可以控制。

（4）丝越细，其电学性能随温度的变化越敏感，就是说要求工艺和设备条件越苛刻，要想得到理想的微细丝材产品，必须有精良的设备和严细的工艺及操作和管理。

通过试验测试，暴露出 α_T 随丝的长度不均匀和随回火炉纵向高度不均匀的问题。在生产实际中要通过改进模子材质和孔型、润滑剂、拉丝机精度（如减小振动与跳动）和冷却条件，以及改造回火炉的分段加热、铠装电偶对炉膛的内外、上中下多点对应控温、显示和记录，提高控温精度，减小真空室中温差，提高真空机组级别，保持炉内高真空不受挥发物影响，大大地提高合金微细丝质量，一级品率大大提高，得到比较令人满意的结果。

7.7 关于合金微细丝的织构问题

清华大学师生与北京钢丝厂合作，将 ϕ0.03mm微细丝沿纵向制成金相样品，采用的腐蚀剂为：三份 HNO_3、一份HCl，饱和以氯化铜。经浸泡、酒精棉擦拭后进行观察，用干棉花擦干在显微镜下观看：冷变形后为纤维状组织，晶粒极细；退火后为细小等轴状再结晶组织，晶粒度在10级以上，如图7-44所示。回火后仍为细小等轴组织。不同

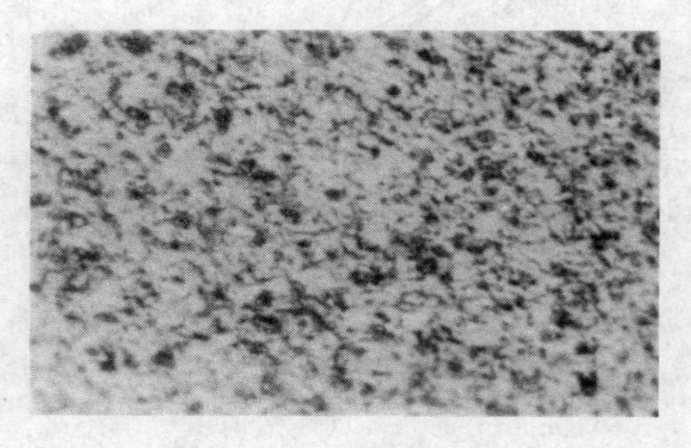

图7-44 微细丝纵向晶粒情况
ϕ0.03mm；850℃连续退火

状态下都看到有微细析出物沿晶界分布。

不同变形量的样品未看出组织有明显变化。不同变形量所引起的组织变化在退火后可以完全消除，但变形引起的丝织构的变化在退火后是可以保留的，它对回火后性能有否影响，值得研究分析。

丝的织构是在大的变形量下形成的。由于变形时晶粒的转动和旋转，晶粒中的某一晶向都不同程度地转向同外力接近一致的位向，这种织构就叫变形丝织构。

具有变形丝织构的材料经退火后有三种情况：

（1）破坏丝织构；

（2）保留原来位向的织构；

（3）出现新的位向的织构；

后两种情况出现的织构叫做“退火织构”。

把不同状况的 ϕ0.03mm 微细丝绕成 ϕ0.5mm 丝棒，用胶水粘合后截取 15mm 长，放入 X 光机的照相机内照相后，测量织构的位向和织构程度。

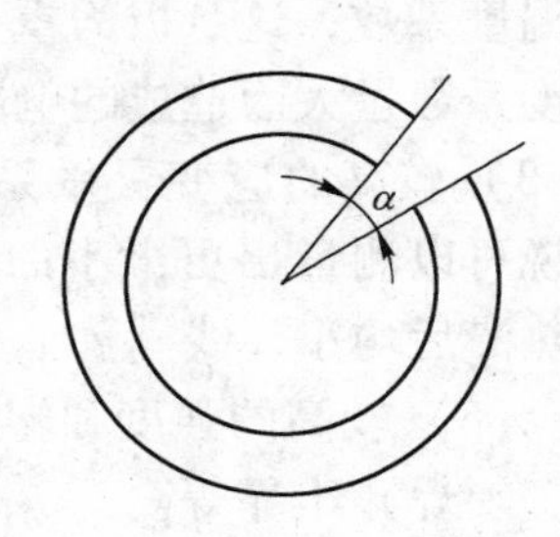

图 7-45　丝织构示意图（形示）

具有丝织构特征的照片，呈对称的斑点分布，织构程度越大，斑点就越集中，其圆心角越小。而织构程度低，斑点拉长，圆心角越大。丝织构如图 7-45 所示（形示）。

经检测，不同变形量和不同处理状态下丝织构的位向都是［111］。

丝的织构程度列于表 7-17。由表 7-17 可看出一些规律：

表 7-17　丝的织构程度

处理 ＼ 变形量 α/(°)	75%	85%	95%	备　注
冷变形	20	16	13	最后尺寸 ϕ0.03mm
退　火	28.5	23	15	1050℃退火
回　火	17	13.5	15	430℃回火

（1）冷变形时随变形量的增加，丝的织构程度增大。

（2）退火态与冷态比，变形量小者（75%～85%）丝的织构程度明显减弱。而 95% 大变形量织构程度的退火态与冷态相比，未见明显减弱。退火后的不同变形量相比，仍是随变形量的增加，丝织构增大。

（3）回火后，95% 大变形量的织构程度没有变化，而 75%～85% 小变形量者的织构程度又有所增大，使不同变形量的织构程度基本趋于一致。

联系织构变化对 K-状态形成和性能的影响，由于没有足够的数据和资料，只能做一些假设性分析：丝织构引起合金材料晶体方向性变化，织构程度越大，方向性越明显。不同方向的性能是不同的，即织构引起了材料的各向异性。估计［111］方向是原子最密方向，导电性低而电阻增高，力学性能也降低。因此，由于丝织构所引起性能的变化，将叠加在回火后的性能变化上，具体数值未分解出来。但是，丝织构不影响 K-状态的形成和破坏。织构与 K-状态是两种不同的概念，不能混同。

不同变形量试验料回火性能测量数据如前表 7-7 和表 7-8 所列。

7.8 高电阻应变合金性能的稳定性探讨

7.8.1 前提条件

回顾应变片对高电阻应变合金微细丝材的主要要求：(1) 较大的比电阻，以便在一定电阻下能缩小应变片尺寸，这对测量应力分布不均匀的构件非常重要。(2) 较小的电阻温度系数，这点极为重要，因为由应变引起的电阻变化较小（约0.7%），如果电阻温度系数过大而造成的电阻变化与应变引起的电阻变化相当，势必造成极大的测量误差。(3) 较高的应变灵敏系数和弹性应变极限，可以降低对测量装置灵敏度的要求，或是说可以测量出更微小的应变值。(4) 耐高温、抗氧化和腐蚀，高温蠕变小，热输出和热滞后均小，线［膨］胀系数应和底材相当。(5) 较小的对铜热电势，以减小误差源。(6) 较高的强度和塑性，能加工成微细丝和绕制应变丝栅。(7) 能焊接（点焊、熔焊、硬焊）牢靠等。

7.8.2 影响因素

这种合金微细丝材制成电阻应变片需经受如下试验：

(1) 机械应变因素：由于电阻丝材料、基底及粘胶性质等因素的限制，目前能测量的应变大小尚限于一定的范围内。如：

最小应变 $\varepsilon_{min}=5\times10^{-8}$，故 $\Delta R/R$ 只能 $>10^{-7}$（$\varepsilon_{min}=\Delta l/l=\Delta R/R\cdot1/K=10^{-7}\times1/2=5\times10^{-8}$）。

最大应变约为1.5%~2%，决定于应变片丝材强度和应变效应线性变形段的大小。

当应变 $\varepsilon>1.5\%\sim2\%$ 时，易发生基底和电阻丝栅脱落。而且 $\Delta R/R=f(\Delta l/l)$，只有在 $\varepsilon<1.5\%$ 时才能保证线性，当变形过大时，$\Delta R/R=f(\varepsilon)$ 的特性中有明显的滞后现象。

(2) 温度的影响：对于大部分金属或合金电阻丝材来说，温度引起的电阻变化比应变引起的电阻变化还要大。此外，由于工作零件材料和电阻丝材料的线［膨］胀系数不同，还将引起附加变形，也将使电阻值发生变化。还有，温度变化也会使粘胶起变化。总的来说，温度的影响比较复杂，因此在测量时应采取温度补偿措施，否则将影响应变计测量的准确性。

(3) 压力的影响：在测量高压容器的应力时，要考虑电阻丝栅的比电阻在三向压力作用下的变化，这时要采用压力系数 $K_p=(\Delta R/R)/\rho$ 来计算，同时要采取补偿办法来消除测量误差。

(4) 工作时间和加载速度的影响：当应变片长期受载时，可发现其电阻有变化，这可用胶层体积发生变化及胶层和底垫的塑性随时间发生变化来解释。实验证明，在变形量不变时，$\Delta R/R$ 在起初的20~24h内变化较大，以后较慢（这和用什么粘胶有关），此时电阻变化可达0.03%~0.05%，因而将引起很大误差。此时需用另一应变片，使它处于和工作应变片相同的条件下以补偿电阻变化。

当应变片长期在动载荷下工作时可发现疲劳现象——应变片的应变灵敏系数减小。这可用电阻丝栅和粘胶层结合力的减小来解释。在长期动载荷下，另一现象是电阻丝栅与铜导线的接触不良。

测量动载荷时，应变片本身可认为是没有惯性的。但应变丝栅的长度 l 应有限制，即不应超过弹性波长的 1/10 ~ 1/20，所以

$$l = \left(\frac{1}{10} \sim \frac{1}{20}\right)\frac{v}{f}$$

式中 v——弹性波传播速度（对于合金钢为 5000m/s）；

f——所测变形的频率。

（5）环境及湿度影响：在实际测量时，应变片往往需要贴在工作条件较差的地方。如水蒸气、油等介质经常浸蚀的状态下。当空气的湿度大时，水蒸气将渗入黏结剂而使绝缘电阻下降并破坏其黏结强度。绝缘电阻的变化，将使应变片引出线处测量的总电阻发生变化，其变化量甚至可以和由应变引起的变化相比，造成测量误差。另一方面，由于黏结剂吸收了水分将发生膨胀，使应变片发生附加变形而改变电阻。

A. GrinDrod 等在研究测量核动力压力装置应力时强调，如果要获得准确的数据，电阻丝应变灵敏元件的物理性能必须在应变测量的整个温度范围内保持绝对恒定。适合这个目的理想材料必须在整个工作温度范围内具有如下性能：

1）电阻温度系数为零；

2）高而稳定的电阻率；

3）理想的冶金稳定性；

4）高的耐氧化和耐腐蚀；

5）与试件相配合的线［膨］胀系数；

6）与胶合剂的适应性；

7）在整个弹性和塑性应变范围内，电阻随应变变化的线性和重复性要好；

8）高的耐疲劳性；

9）对环境的适应性等。

很多金属在所有情况下，上述条件的部分条件不能实现，并存在很大的误差，但少数改进了的合金可以对此进行修正和补偿。

如果灵敏度仅是元件几何形状变化的函数，而且在应变中电阻率保持恒定，那么所有电导体在弹性范围内将具有约为 1.6 的应变灵敏系数。但在塑性状态灵敏系数将增加到 2 以上，在这时的泊松比等于 0.5。由此可见，大多数材料的应变灵敏系数由应变引起的电阻率变化反映出来。实验证明，这种效应完全适用于拉伸和压缩应变。

然而应变灵敏度系数是受灵敏元件中冶金变化（即有序-无序效应等）影响的。

R. Beitodo 在研制了高温下测量静态应变的电阻应变计，目的是测量静止和转动的涡流喷气发动机部件在 600℃ 的氧化气氛中工作时的静态应力，先试验分析了 Ni-Cr、Fe-Cr-Al和 Pt-W 合金拔制的未粘贴单丝的行为，针对退火、氧化和合金点阵有序-无序化因素对微细丝的电阻温度系数的影响。根据试验结果，选择了卡玛、Fe-Cr20-Al10 和 Pt-W 三种合金微细丝来制作应变片丝栅共 10 批 150 枚，每批选两个应变计来测定应变灵敏系数随温度的变化，其余一半进行短时检验，另一半在中温下经长时间时效后进行检验。其结果如下：

（1）应变片的原始性能：用 “Karma”，20% Cr-10% Al 的 Fe-Cr-Al，9.5% W-Pt 三种合金 ϕ0.025mm 微细丝绕制成平面栅型应变计，并采用半自动应变夹（能保证张力均匀

并可重复）。这些细丝在绕制前于静止空气中退火。对于Karma丝则采取以50℃/h的速度加热到530℃，均匀化2h后，以25℃/h的冷速冷却到370℃，均匀化300h，再以25℃/h的速度冷却到室温。这种做法是促使卡玛丝的有序化。

将应变计粘贴在“尼莫尼克”校准梁上进行检定（其黏结剂为环氧混合物或陶瓷水泥），其典型的电阻温度系数见表7-18。

表7-18 三种合金的典型电阻温度系数

合金丝牌号	绕前 $\alpha_T/℃^{-1}$	绕后 $\alpha_T/℃^{-1}$	绕制黏结后 $\alpha_T/℃^{-1}$	稳定化后 $\alpha_T/℃^{-1}$
Karma	40×10^{-6}	70×10^{-6}	73×10^{-6}	35×10^{-6}
Fe-Cr-Al	-87×10^{-6}	-88×10^{-6}	-79×10^{-6}	-78×10^{-6}
Pt-W	145×10^{-6}	147×10^{-6}	163×10^{-6}	163×10^{-6}

Karma细丝绕制前后的α_T变化较大是与改良型Ni-Cr合金对冷加工的敏感性，尤其是与它的有序化本质有关。其次是绕制和粘贴加工引起的。而Fe-Cr-Al和Pt-W除绕制和粘贴加工外，还有试件与细丝之间的线［膨］胀系数不同有关。在粘贴应变计之后，Karma应变片又在370℃保持150h，再次稳定化，这时的$\alpha_T=(35\pm5)\times10^{-6}/℃$；Fe-Cr-Al和Pt-W应变计则在600℃保持50h后，其α_T分别为$-78\pm6\times10^{-6}/℃$(Fe-Cr-Al)和$163\pm10\times10^{-6}/℃$(Pt-W)。

（2）应变片灵敏系数的测定：在周期性弯曲中用梁测定了应变灵敏系数。测量结果是：Karma丝应变计的平均室温应变灵敏系数为2.06 ± 0.013，与可靠性上下限的标准偏差分别为$+0.015$和-0.012；Fe-Cr-Al丝应变计的平均室温应变灵敏系数为2.22 ± 0.0181；Pt-W丝应变计的平均室温应变灵敏系数为3.74 ± 0.008；Fe-Cr-Al与可靠性上下限的标准偏差为$0.04^{+0.017}_{-0.010}$而Pt-W与可靠性上下限的标准偏差为$0.126^{+0.091}_{-0.036}$。

在20～600℃整个温度范围内，三者的变化是：Karma的应变灵敏系数以小于0.001%/℃下降率变化；Fe-Cr-Al的应变灵敏系数以0.021%/℃下降率变化；Pt-W的应变灵敏系数变化以0.042%/℃下降率变化。如图7-46所示。由图7-46可见，Karma变化最小，Fe-Cr-Al次之，Pt-W变化最大。

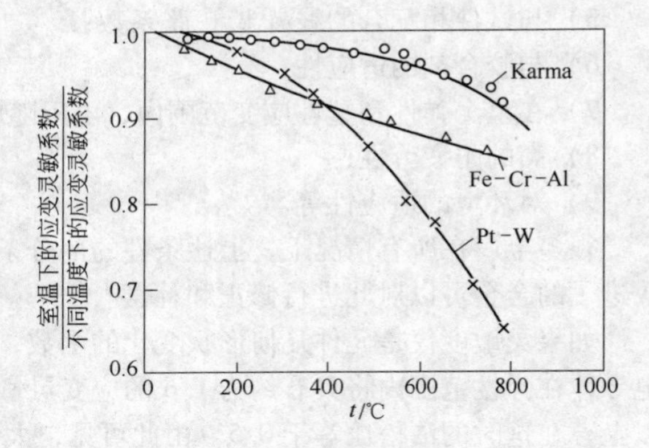

图7-46 三种细丝应变计的应变灵敏系数随温度的变化

（3）短期电阻试验：将安装好的应变计以不同的加热速度（20～100℃/h）进行循环加热，不希望加热速度更高，因金属样品的热惯性可能因加热速度太高而产生附加应力。

Karma应变计在室温至300℃之间进行检验。在最高温度下完成10个循环以上，在每个循环中，应变片在200℃、250℃或300℃时保温0.5h。在第5个循环结束时，应变计在室温下保持24h。在第10个循环完成后，检测应变片的室温电阻和应变灵敏系数，未发现重大变化。典型结果如图7-47所示。为考核动态应变可能性的影响，有小部分应变计在应力水平达0.001in/in（即0.0254mm/25.4mm＝0.1%应变）下经受10^6循环后，发现α_T变化0.1%而K未发现重大变化。

20% Cr-10% Al-Fe 微细丝经加热到700℃，进行10次以上循环时其电阻永久变化与加热循环的关系如图7-48所示。由图7-48可见，经12次热循环后其电阻变化由约6%下降至0.001%。即随热循环次数的增加，该合金的电学性能越来越稳定。另一个试验是将该合金微细丝在高温下长时间时效，其合金微细丝的电阻永久性变化情况如图7-49所示。由图可见，其合金微细丝的电阻在高温时效时间越长，电阻增加越多，尤其是当从600℃升到700℃时，电阻几乎增加1倍。这与氧化速度由0.002g/(m^2·h)增加到0.0044g/(m^2·h)有关。在600℃均匀化处理50h的样品，其电阻变化为1.6%，再延长50h，仅又变化0.12%，可见，为达到平衡，获得最佳性能，需要长时间的时效。

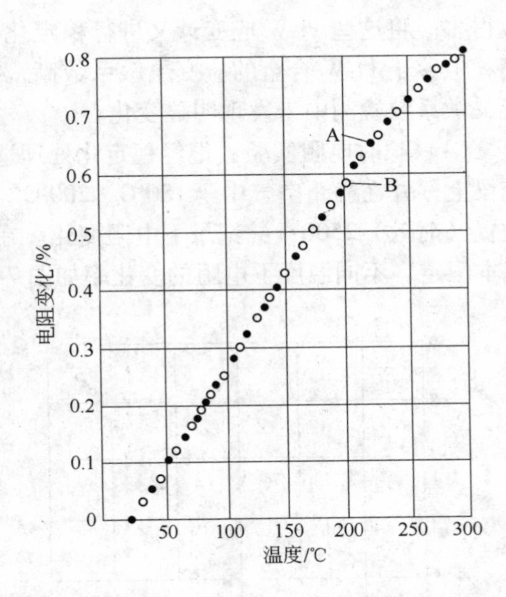

图7-47　稳定化处理的Karma应变片的短时性能

（在静止空气中）

A—第9个循环（●升温，○降温）；B—0.5h均匀化电阻变化 <0.2μΩ/Ω

用Fe-Cr-Al和Pt-W微细丝绕制的应变片在20～600℃内进行类似Karma的实验，此间曾在400℃、500℃和600℃进行过均匀化处理，典型结果示于图7-50。对于Fe-Cr-Al合金在600℃均匀0.5h后电阻的永久变化小于5μΩ/Ω，在500℃均匀化0.5h则小于1μΩ/Ω，在更低的温度下未发现变化。看来，永久性电阻变化对应变灵敏系数和电阻温度系数没有不利影响。而Pt-W应变片上述变化要

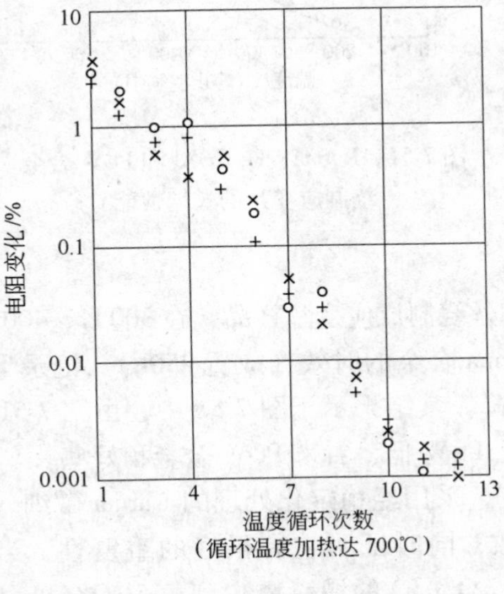

图7-48　20% Cr-10% Al-Fe合金样品的电阻永久变化与加热循环次数的关系

+—加热；×—冷却；○—稳定

w(Cr)20.12%；w(Al)9.92%；w(Ti)1.01%；w(Mn)0.13%；w(Si)0.07%；w(C)0.02%；w(Fe)余

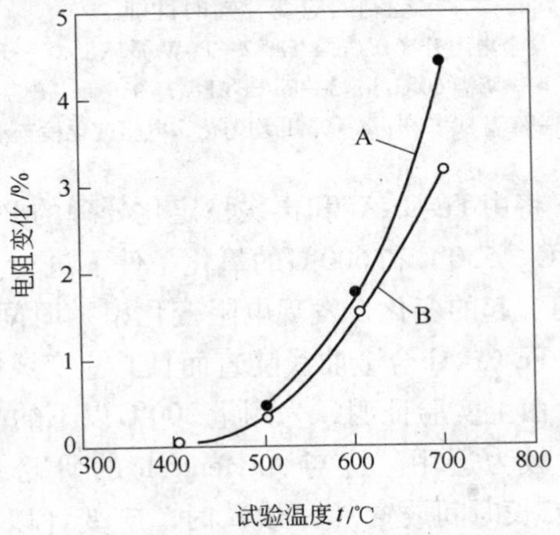

图7-49　温度对长时间放置（时效）的20% Cr-10% Al-Fe合金样品的电阻永久变化的影响

A—100h以后；B—50h以后

大得多。将这些 Pt-W 应变计又进行稳定化处理：在 600℃保温 100h，其电阻温度系数较高，但鉴于 Pt-W 合金的应变灵敏系数高，在进行动态实验时比 Fe-Cr-Al 合金好些。在应变灵敏系数检测中未发现明显变化。

（4）长时电阻实验：把经稳定化处理过的 Karma 微细丝绕制应变计样品粘贴到尼莫尼克梁上，并在静止空气中于 180℃、200℃、250℃、300℃、335℃、350℃、360℃和 370℃放置（时效）250h，并记录下电阻变化。在所研究的时间周期内，随时间引起的变化看来基本恒定。不同温度下电阻的变化率如图 7-51 所示。鉴于在 300℃以上变化急剧，因此看来不宜超过此温度使用甚为重要。在此限度内，随时间引起的变化所造成的误差从未超过 2μin/(in·h)。

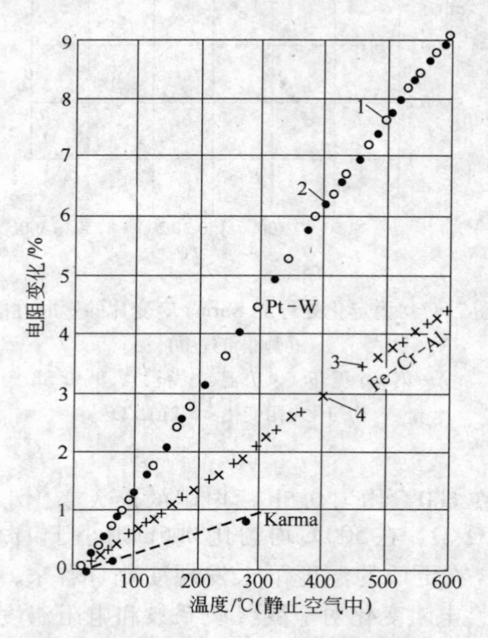

图 7-50 稳定的 Fe-Cr-Al 和再次稳定的 Pt-W 绕制的应变片短时性能

1—合金电阻升高 0.6μΩ/Ω；2—Pt-W 循环 8，○—升温，●—降温 60℃/h；3—Fe-Cr-Al 循环 9，+—升温，×—降温 80℃/h；4—0.5h 均匀化，电阻变化检查不出

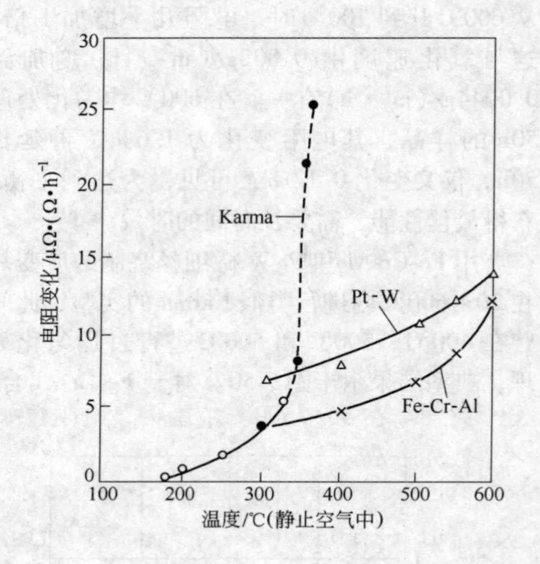

图 7-51 Karma、Fe-Cr-Al 和 Pt-W 合金绕制应变片的长期性能

将由 Fe-Cr-Al 和再次稳定化处理的 Pt-W 微细丝绕制成应变片样品，在 300℃、400℃、500℃、550℃和 600℃的氧化条件下进行类似 Karma 合金的时效（放置 250h）。记录下随时间引起的变化，发现电阻变化率随时间稍有下降。其结果示于图 7-51 中，由图 7-51 可见，Fe-Cr-Al 合金曲线陡直而且其应变灵敏系数比 Pt-W 低，看来 Pt-W 合金稍好些。

由上实验证明，为测量 300℃以下的静态应变，采用经稳定化处理的 Karma 微细丝应变片较为适用。这与 A. Hentseh 的研究结果一致，同时证明它有很好的重复性。当在 300℃长时间放置（时效）时，应变计以 3.2μΩ/(Ω·h) 的漂移减少到 1.5μΩ/(Ω·h)(250℃)和 0.5μΩ/(Ω·h)(200℃)。体现出精确和稳定。而超过 300℃，应变计的连续氧化导致电阻永久变化，原始参考零点丧失，无法测量。有些合金在高温下某些元素优先氧化，合金成分的变化引起负的电阻变化，在一定条件下，电阻随成分的变化率看来正好补偿了由于截面减少引起的电阻变化，表示出电阻随时间的变化足够小，从而可以测量静态应变。这就是说，Fe-Cr-Al 和 Pt-W 两种合金微细丝应变片适合于测量工作温度高达 600℃ 的静止和转动发动机构件。

关于“Evanohm”（伊文）合金，俄罗斯人研究高温静态应变测量用丝式应变片，企图对燃气涡轮叶片工作状态进行静态应力测量，研究包括伊文合金在内的 Ni-Cr 系和 Fe-Cr-Al 系合金。得出：往 Ni-Cr 合金中同时加铜和铝，可以有效地减小电阻温度系数，当 Al 含量增至 3.45%，铜含量增至 2.8% 时，在加热温度不超过 500℃ 的条件下，其 α_T 减小至 11×10^{-6}/℃。比电阻为 120μΩ · cm，线［膨］胀系数实际上保持不变。将其淬火试样三次重复加热至 900℃，并在该温度保持约 10h，随后以 200℃/h 速度冷却至 50℃，结果如图 7-52 所示。由图 7-52 可见，后加热的曲线比前加热的曲线的位置高。冷却曲线实际上与加热曲线重合。电阻随温度变化的最高值位于500 ~ 600℃ 区域内，比第二、三次加热的曲线位置都低。因此，可以说在 1000℃ 温度下长时间退火时，所添加的 Al 和 Cu 的 Ni-Cr 合金的电阻温度系数的变化影响不大，只是大大地减小在加热和冷却时电阻滞后的差值，即重合性好，对应变片有利。

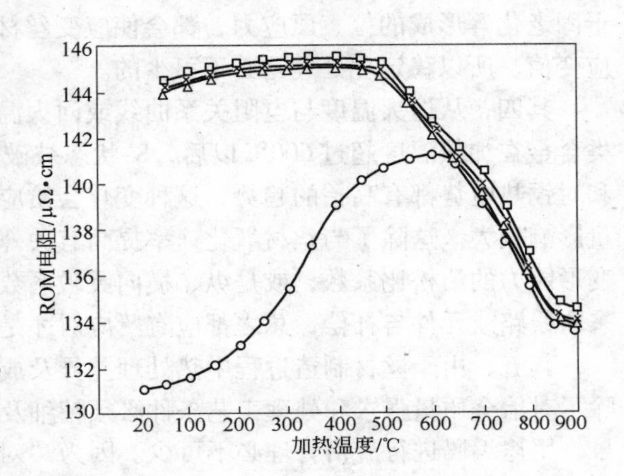

图 7-52 20% Cr3.5% Al2.8% Cu 余 Ni 合金样品（伊文）在加热和冷却过程中电阻与温度的关系
○—第一次加热；△—第二次加热；
×—第三次加热；□—第四次加热

此合金在 50 ~ 500℃ 范围内，电阻温度系数为一常数，等于 1.2×10^{-6}/℃。但加热温度超过 500℃时，合金的电阻温度变坏，急剧增大，到 900℃时的线［膨］胀系数也增至 16.6×10^{-6}/℃，这都使合金不适用于 500℃ 以上的工作环境。

故此伊文合金只适用于 500℃ 以下的应力测量。

综上所述，从应变丝材角度上说，影响丝式应变片稳定性的第一指标是合金丝材的电阻温度系数，而影响 α_T 的因素较多，主要在合金本身的化学成分，其次是处理工艺制度，即化学成分是变化的根据，而处理工艺制度是变化的条件。但是，有些相关联指标与工艺之间成为矛盾的统一体，例如改良型 Ni-Cr 合金的回火电阻峰值温度点与电阻温度系数过零值温度点并不完全对应，也即 $\alpha_T=0$ 时的温度点不是 ρ 最高时的同一温度点。ρ 最高值的温度点相对应的 α_T 值基本上是最低值，即负数最大值。也就是说，为了获得电阻的稳定性而选择 $\alpha_T=0$ 的温度点进行回火处理，即使得到 $\alpha_T=0$，但 ρ 不是最大值。这个现象从改良型 Ni-Cr 合金的回火曲线上完全能够证明。而从 K-状态角度说，应该是 K-状态形成越充分，电阻才越稳定，也应该是电阻值处在最高时刻，但又不是 $\alpha_T=0$ 的时刻。换句话说，想获得 $\alpha_T=0$，就得放弃 ρ_{max} 值。此说明稳定性只是相对而言。否则取其 α_T 负值最大的作为补偿式应变片。对 Fe-Cr-Al 合金，除了用化学成分和退火热处理来修缮 α_T 外，还没有像 Ni-Cr 系合金回火井曲线显示 α_T 那么有规律性。因此，对这两类合金要取得电阻在所使用温度范围内的稳定，除其化学成分的确保和必要的净化措施之外，其二是进行合理的工艺制度；其三是都必须进行 10 次以上的高温热循环及长时间的低温时效处理。这是这两类合金都具有内在近程有序效应——K-状态存在的必然结果。

其次，这两类合金丝材都或多或少存在高温氧化问题。尽管它们属于高阻、高温抗氧化类高合金材料，但其中少数合金元素在高温下先行氧化的现象是客观存在的。由此引起合金微细丝电阻改变又受其自身几何形状改变来互相弥补，其综合结果影响程度可成为温度和时间、应力腐蚀的函数。为增强其抗氧化性最好加入微量稀有元素。

其三，冷加工应力、环境造成的应力，包括冷缠绕、应变片基底材料胀缩、粘胶剂的干固老化等形成的拉、压应力，都会使应变丝材因应力变化而引起电阻的改变，产生附加应变值。所以稳定化处理是必不可少的。

其四，从退火温度与电阻关系曲线或回火温度与电阻关系曲线图上都可以看出，这两类合金在加热温度超过600℃以后，K-状态被破坏，蠕变开始发生，丝材的应变灵敏系数和对铜热电势都有高抬的趋势，这种变化会给应力测量带来误差，尤其对高温静态应力测量影响较大。这除了与丝材氧化速率提高有关外，是否还与由于高的拉丝变形量后纵、横变形能力的泊松比系数，或是纵、横向灵敏系数，是否有变化有关，不得而知。从措施上采取线路或元件自补偿，总之都应有所应对才是。

其五，由于丝材制造过程中热处理差异及成分稍微变动都会使 α_R 值发生较大的变动，除了对冶金质量强求和处理工艺条件必须精细及操作程序严密到位外，分批次、族类、型号、用途编码进行严格管理必不可少。因为“对多点同时测量的场合，同一批次”的应变片希望化学成分及制造过程完全相同，例如粘贴在大的、形状较为复杂的结构部件上的应变片就是如此。

实际中应用的应变丝栅色样很多，现举一例。一种用线路补偿组合成的自补偿的结构，通过简单地调节外线路的参数，以保证试件材料的线［膨］胀系数在很宽的范围内对其温度的影响获得独特的补偿。这种双元件栅是由电阻温度计品级的铂丝元件对称地安置于镍铬合金箔栅的界线内，组成半桥形式，如图7-53所示。可变电阻 R_B（图7-54），串联在低电阻的铂元件 R_T（大约是3.5Ω），用于控制虚设补偿电桥臂由于温度变化而引起的电阻变化，并用于抵消120Ω镍铬 R_g（图7-53）工作桥臂由于温度引起的不需要的电阻变化。简单的电桥网络如图7-54所示。

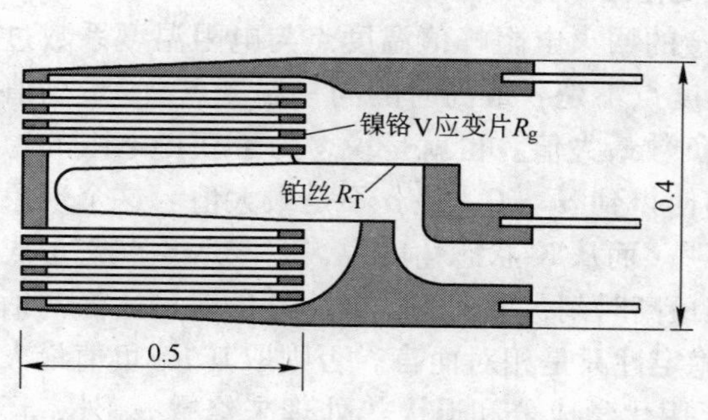

图7-53 鲍德温公司FNH-50-12E应变片的结构

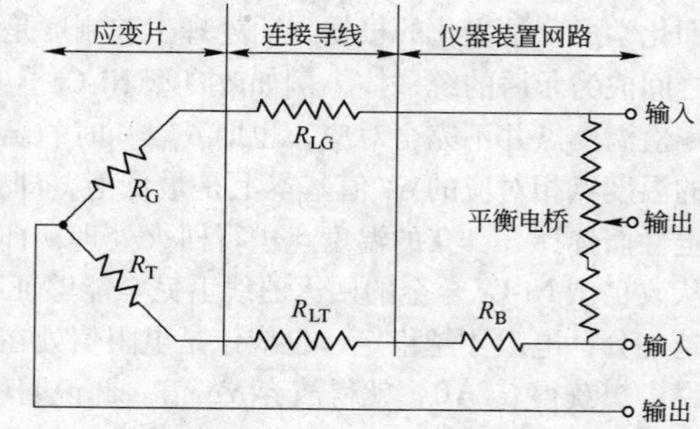

图7-54 典型的安装线路

第3篇

高电阻电热合金

8 概 论

8.1 对高电阻电热合金的要求、分类及其特点

8.1.1 对高电阻电热合金的要求

顾名思义，电热合金主要用来制造电加热元件，其主要要求是：

（1）比电阻大且均匀；
（2）单相组织，在使用温度范围内电阻不发生突变；
（3）高温下抗氧化性能好；
（4）能承受较大的表面负荷；
（5）具有较小的电阻温度系数；
（6）在热、冷状态下均有较好的力学性能；
（7）有好的抗高温蠕变极限；
（8）对一定介质有强的耐蚀性；
（9）小的线［膨］胀系数；
（10）可焊接性好；
（11）使用温度高，寿命长——此为综合性指标。

8.1.2 高电阻电热合金的分类

目前常用的高电阻电热合金主要分为镍基电热合金和铁基电热合金两大类。以下高电阻电热合金简称为电热合金。

可用作电热体的材料很多，主要可分为金属电热体和非金属电热体。金属电热体又可分为贵金属及其合金（例如铂、铂铱等）；难熔金属及其合金（例如钨、钼等）；镍基合金（例如镍铬、镍铬铁等）；铁基合金（例如铁铬铝、铁铝、铁镍铬铝等）及金属粉末烧结体等金属电热材料。非金属电热体，例如石墨、碳化硅、氧化物、二硅化钼等。实际中，应用比较广泛的是镍基合金和铁基合金。这是因为贵金属不但价格贵且比电阻小，发热值也小，而难熔金属虽然比电阻大，发热值也大，熔点也高，但不抗氧化，需在真空中或有保护气氛中使用，既造价高又不方便。非金属电热体易氧化（例如石墨、碳化硅），易碎断（例如氧化物、二硅化钼），20～30年前由于其价格较低而使用较多，近十几年逐渐减少。实践证明，镍基电热合金和铁基电热合金适应性强，寿命长，价格也合适，因此在实际中被大量应用。近期镍价飙升，居高不下，镍又是珍贵军工物资，藏量及分布有限，故铁铬铝日益看好。

8.1.3 高电阻电热合金的特点

结合对电热合金材料的要求，现将镍基和铁基两类电热合金的主要性能列于表 8-1

（GB/T 1234—1995）。

表8-1 镍基和铁基电热合金的主要性能

合金牌号＼性能	元件最高使用温度/℃	熔点（近似）/℃	密度/g·cm^{-3}	电阻率（比电阻）(20℃)/μΩ·m	质量热容/J·(g·℃)$^{-1}$	热导率/kJ·(m·h·℃)$^{-1}$	平均线[膨]胀系数(20~1000℃) α/℃$^{-1}$	组织	磁性	备注
Cr20Ni80	1200	1400	8.40	1.09	0.440	60.3	18.0×10^{-6}	奥氏体	非磁性	力学性能指标均按此国标规定
Cr30Ni70	1250	1380	8.10	1.18	0.461	45.2	17.0×10^{-6}	奥氏体	非磁性	
Cr15Ni60	1150	1390	8.20	1.12	0.494	45.2	17.0×10^{-6}	奥氏体	非磁性	
Cr20Ni35	1100	1390	7.90	1.04	0.500	43.8	19.0×10^{-6}	奥氏体	弱磁性	
Cr20Ni30	1100	1390	7.90	1.04	0.500	43.8	19.0×10^{-6}	奥氏体	弱磁性	
1Cr13Al4	950	1450	7.40	1.25	0.490	52.7	15.4×10^{-6}	铁素体	磁性	力学性能指标均按此国标规定
0Cr25Al5	1250	1500	7.10	1.42	0.494	46.1	16.0×10^{-6}	铁素体	磁性	
0Cr23Al5	1250	1500	7.25	1.35	0.460	60.2	15.0×10^{-6}	铁素体	磁性	
0Cr21Al6	1250	1500	7.16	1.42	0.520	63.2	14.7×10^{-6}	铁素体	磁性	
1Cr20Al3	1100	1500	7.35	1.23	0.490	46.9	13.5×10^{-6}	铁素体	磁性	
0Cr21Al6Nb	1350	1510	7.10	1.43	0.494	46.1	16.0×10^{-6}	铁素体	磁性	
0Cr27Al7Mo2	1400	1520	7.10	1.53	0.494	45.2	16.0×10^{-6}	铁素体	磁性	
HRE(0Cr24Al6Re)	1400	1500	7.10	1.45	0.490	46.0	15.0×10^{-6}	铁素体	磁性	国标外推荐的产品
0Cr21Al6CoNbRe	1350	1510	7.10	1.43	0.494	46.1	15.0×10^{-6}	铁素体	磁性	

以表8-1所列，简介两类电热合金的特性如下。

8.1.3.1 镍基电热合金

镍基电热合金具有以下特点：

（1）单相奥氏体组织，在高温使用时没有组织变化，能保持温度稳定和安全。

（2）熔点较高，最高可使用到1250℃。

（3）比电阻（电阻率）较高（在1.1μΩ·m左右）。在设计电热元件时，可选用较大的规格，有利于延长元件的使用寿命。对中细规格材料，选用相同规格时，电阻率高者节省材料，在电加热炉中占据位置也小。但其电阻率受冷加工和热处理的影响。

（4）电阻温度系数是正的，在1200℃时其修正系数 C_t 在1.08左右。其电阻温度系数可以通过调整合金成分和热处理工艺达到很小，此特点对精密电阻元件更为重要。

（5）高温强度高，不易变形和倒塌，元件的布置选择余地大。在900℃时仍有100MPa的抗拉强度和9MPa的蠕变强度（后者保温1000h，延伸1%）。（有别于抗拉强度。）

（6）高温长期使用后塑性仍很好，仅轻微脆化，便于维修，减少损失。

（7）较好的耐腐蚀性。镍和铬都是强耐腐蚀的元素，合金化后更是如此（含硫气氛及某些可控气氛除外）。

（8）发射率高。充分氧化后的镍基电热合金其辐射率高，因此，当表面负荷相同时，其元件的温度要比别的材料低。

(9) 无磁性（低牌号者有弱磁性），这对在低温下使用的器具有利。

(10) 镍基合金有催化作用，在高温下能促使氨气的分解，起很好的触媒作用而不必担心其中毒。

8.1.3.2　铁基电热合金

铁基电热合金具有以下特点：

(1) 单相铁素体组织。充分固溶化、冷却速度合理会得到单纯的铁素体组织。在高温使用时没有组织变化，温度稳定和安全。

(2) 熔点高，最高可使用到1400℃。其1400℃是软化点，需添加一些增强高温强度、高温抗氧化、细化晶粒的合金元素和稀有元素来弥补。

(3) 电阻率高（平均在1.35μΩ·m），最高至1.53μΩ·m，比镍基电热合金优越，且受冷加工和热处理影响小。

(4) 电阻温度系数是正且小，在1200℃时其修正系数 C_t 是1.04左右。这意味着功率比较恒定（高铝高铬者除外）。

(5) 密度小（比镍铬合金的小1g/cm³左右），这意味着制作同等元件时更节省材料。

(6) 表面负荷高。由于它的允许使用温度高，寿命长，元件的表面负荷也可以高一些，使升温快，也节省材料。例如同是1100℃，镍铬合金元件选取0.8W/cm²，而铁铬铝0Cr25Al5可选取1.2W/cm²。

(7) 抗氧化性能好。铁铬铝表面生成的 Al_2O_3 氧化膜结构致密，与基体黏着性好，不易剥落而造成熔融短路。抗渗碳性能也比镍铬合金表面生成的 Cr_2O_3 好。

(8) 抗硫性能好。对含硫气氛及表面受含硫质污染的铁铬铝有很好的耐蚀性，而镍铬合金则会受到严重的侵蚀；抗 N_2 和卤族气氛腐蚀性差。

(9) 高温强度低，蠕变强度也低，长期使用后塑性差，脆性大，易折断。在900℃时，0Cr25Al5的抗拉强度才34MPa，蠕变强度也只有2.5MPa（后者保温1000h、延伸1%），有别于抗拉强度。

(10) 铁铬铝丝电阻随其受力情况引起长度变化而变化率较大，这给应变测量领域创造极良好的材料资源，一般它的灵敏度系数都在2.7左右，是制造应变片的良材。

(11) 铁铬铝合金还有一个特殊功能，就是在高温时催化助燃，对汽车尾气等起到强净化作用，这给它的应用展示更宽敞的前程。

(12) 铁铬铝合金适合作为核中子发射材料。

以下把高电阻电热合金，都简称为电热合金。

8.2　在国民经济中的作用

电热合金，包括镍基和铁基两大类，在世界上，每年产量也不过十多万吨，占特殊钢也只有0.5%左右，却占电性合金的大部分。由于这两类合金的熔点高、电阻率高、电阻温度系数小、高中低温抗氧化性能好，又能冷加工至很细的各种圆、扁形钢丝，虽然它们的产量比不高，但它们的作用非同小可，和国民经济息息相关，尤其是在电气化加信息化时代更离不开这个基础材料，何况它们又显露出应变测控、催化裂解、燃烧净化尾气等许多时代性功能，它们的用途越来越宽广，其价值也越来越不能低估。

科技和经济迅速发展，电热合金应用范围也不断扩大。其主要用途归纳为如下四类。

8.2.1　电热元件

（1）工业电炉用的电热元件，包括半导体扩散炉、汽轮机轴电热处理炉、陶瓷电烤炉和玻璃钢电热处理炉及各种大型电热管等。

（2）家用电热元件。

（3）特殊用途的电热元件。例如汽车尾气净化器、核电中子发射材料。

（4）电焊条材料。高、中温的化学反应罐、氢处理罐等焊接，都必须使用高质量的电热合金焊条。

8.2.2　高、中温电阻元件

电热合金具有高熔点、高电阻率、电阻温度系数小、抗氧化能力强，冷热加工性能好，不但用于电热元件，还适用于高、中温电阻元件，是别的类型材料所不及的。例如镍铬类电热合金中加入一些铝、铜、铁、硅、锰等元素，经中温回火处理后，可制作较宽温度范围内的精密电阻，广泛地应用于低、中、高档的各种民用、军用电信系统，温控系统，测控系统等，其稳定性、可靠性、经济性令人满意。调控、制动、补偿等均可。

8.2.3　应力测量元件

电热合金除具备电热、精密电阻的基本条件外，还具有较高的电阻应变系数，既耐高温、重复性又好，用于制作应力测量元件，例如应变片和应变花等，代替了高价进口应变片和应变花。

8.2.4　特殊构件

电热合金还具有和人造牙齿材料一致的线［膨］胀系数，同时又具有很强的抗腐蚀能力，是用于人造牙穿钉构件的较理想材料。

8.3　国内外现状

20世纪50～60年代是电热合金发展迅猛的年代。70～80年代是往外推进联营合作的年代。90年代是寻找扩宽应用途径的年代。21世纪初的现在处于提高质量、降低成本，创品牌的阶段。

在国外，20世纪50～60年代，瑞典、苏联、美国、英国、法国、联邦德国、日本、奥地利等都在努力改进电热合金的生产工艺和工装设备，其产品质量不断提高。镍铬类电热合金名牌为美国的Nichrome和Chromel。铁铬铝类电热合金名牌为瑞典的Kanthal、苏联的ЭУ626和德国的Megapyr。这些国家的铁铬铝电热丝的快速寿命值在1200℃时都在200～300h不等，而镍铬类电热丝在1100℃时的快速寿命值在100～200h不等。其中瑞典非常致力于研究和发展电热合金，从电热合金的成分、性能、寿命和使用于不同温度的品种、规格等都较为齐备。它的铁铬铝合金电热丝快速寿命值高达449h（1200℃时），它的超级康太尔电热棒（烧结型金属棒）使用温度可达1800℃。这些国家的镍铬类精密电阻极细丝也都比较好。瑞典康太尔公司于70～80年代积极外找合作伙伴，扩大市场。包括中国北京钢丝厂在内的合资联营不下十几家。它在世界各地建立经销代办处不下40处。90年代中期，瑞典康太尔公司发表公报，其销售额近几十亿瑞典克朗。现在，电热合金在亚洲继续扩展，东南亚在跃跃欲试，印度在认真地打好基础。

国内电热合金的生产有逐步向乡镇企业转移的趋势。20世纪60~70年代兴起的十几家生产电热合金的国企，因种种原因，部分企业陆续停产或转产，其中主要原因是质量难以提高，成本降不下来。乡镇企业中，最活跃的数江浙一带，江苏吕城电热圆丝满地飞，江阴和梅李电热扁丝初露头角，山东筑底、广州南区成为电热合金丝的集散地。原来河南新乡延津千家万户打电炉丝的局面在转移。原研究和生产电热合金，尤其铁铬铝电热合金的上钢所、武汉冶研所、陕钢所、天津材料所、天津电工合金厂、盐城等都陆续不再生产铁铬铝。北京钢丝厂为了提高电热合金钢内在质量，特意上马VOD真空精炼炉来降低钢中气体和夹杂。上海电工合金厂、大连特殊钢厂、崇明岛昆伦合金厂、太原等地继续生产铁铬铝电热合金丝。上海合金厂、沈阳合金厂、大连特殊钢厂、太原钢厂、金川钢厂等地继续生产镍铬电热合金丝。国内年生产电热合金总产量（4~5）万t（包括出口部分）。

8.4　发展趋势和展望

随着科技不断进步和经济全球化的进展，电气化深入到世界各个角落，文明生活水平的迅猛提高，对电性合金的需求必然激增。尤其是环保意识增强，对环保、安全、便捷的电能用量急剧增加，电热、电阻、电测、电控、电制动、电信、核电甚至催化、燃烧净化等都离不开电热合金材料。

电热合金的发展趋势是：

（1）向高温方向发展。随着航空、航天、航海和交通运输高速发展，对耐热、耐磨、耐氧化、耐腐蚀、耐疲劳材料的要求在提高，同样对电热材料可使用温度的要求也在提高。

（2）由圆丝向扁丝、宽薄带乃至箔片发展。由于扁丝带的热辐射面积大、热效率高，升温和降温速度都快，适合于快速变温场所，符合节电和节省材料。汽车尾气催化燃烧的环保要求，更需要宽薄带乃至箔片。

（3）向高纯度、成分均匀性好、高稳定性方向发展。高纯度是指合金中有害的间隙元素及杂质少，例如氢、氧、氮及硫、磷、锡、铅、砷、锑等夹杂。这些元素破坏晶体结构，降低氧化膜致密度和熔点。成分均匀性指合金元素分布均匀、组织均匀、米电阻也均匀，电热丝带的同轴米电阻均匀性一般在5%和4%以内，严格讲应控制在3%和2%以内，甚至少数要求在2%和1%以内。也就是高稳定性需求。

（4）向细晶、多功能、多用途方向发展。

9　镍基电热合金

9.1　镍铬合金的相

9.1.1　合金状态图（相图）

所谓合金是指两种或两种以上的金属元素或金属元素与非金属元素相互熔合而得到具有金属特性的物质。

相，是指合金中具有相同化学成分、相同性能、相同晶体结构及原子分布统计均匀的部分。例如合金液溶体、固溶体、化合物等。

合金状态图是表示合金在平衡状态下的“组织”——有哪些相以及这些相是如何搭配（例如一种固溶体和另一种固溶体全相混合、固溶体和化合物相混合或全部都是固溶体等）。还可以表示在合金成分及所处温度发生变化时，相的类型、数量及搭配关系的变化及其在室温下性能的基本趋向。因此，合金状态图又称为平衡图或相图。

9.1.2　镍铬合金相图

镍铬二元系相图由［英］泰勒（Taylor）和弗罗德（Floyd）首创，并由许多学者作了补充研究。包括日本的河野充等都给予肯定。具体如图9-1所示。

由图9-1可见，当温度降至室温时，富镍的γ相（即奥氏体相）区域扩展到含铬36%（摩尔分数）［39%（质量分数）］处，亦即证明Cr20Ni80在室温时是纯奥氏体相存在，即从高温降至室温时没有相变。但河野充等人指出，当缓慢降温至540℃左右，发现有序化特殊转变过程，这是对过去相图的一种补充。必须指出，镍铬合金的居里点随着铬含量的增加而下降，在铬含量约为8%（摩尔分数）时降至室温。因此，通常Cr20Ni80或Cr15Ni60（余铁）是无磁的。由于氧化或其他腐蚀作用而使铬含量降低，有时可能在贫铬表面层产生磁性。没有磁性，给电热元件的电控带来方便。

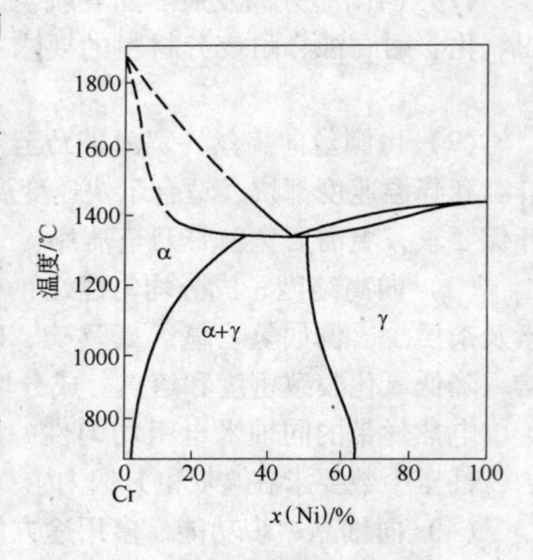

图9-1　镍铬合金相图

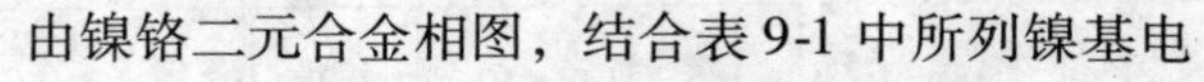

由镍铬二元合金相图，结合表9-1中所列镍基电热合金中大部分铬含量$w(Cr)$都在15%～20%，可以看出此类电热合金从高温至室温都为单相的奥氏体组织，中间没有大的组织转变，为其性能的稳定性奠定了良好基础。是理想的电热合金成分区域。而在共晶温度时，镍中可溶解47%的铬，但在室温至100℃时，只溶解25%～27%的铬，即当合金中铬含量$w(Cr)$高于27%，在缓慢降温过程中，就可能析出另一α相，和γ相混合在一起，在室温形成双相合金。由于α相是具有体心立方晶格

的固溶体，较硬和脆，所以成分靠近两相区的合金其脆性也增加，当铬含量 $w(\mathrm{Cr})$ 大于30%，硬度和脆性都大为增高，使其加工极为困难。然而，对希望使用温度高，又想利用铬含量高而使高温强度高和抗氧化性能好及蠕变极限改善者，仍在摸索。

9.2　合金元素在镍基电热合金钢中的作用

9.2.1　常用物理、化学数据

常见合金元素的常用物理、化学数据见表9-1。

表9-1　常见合金元素的物理化学数据

元素符号	元素名称	原子序数	晶型	点阵常数 a	原子半径 /nm	密度 d (20℃) /g·cm^{-3}	熔点 /℃	线[膨]胀系数 α (0~100℃) /K^{-1}	电阻系数 ρ(0℃) /μΩ·cm	电阻温度系数 (0℃) /K^{-1}	质量磁化系数 χ(18℃) /cm^3·g^{-1}	弹性模量 E/GPa
H	氢	1	密集六角	3.75	0.078	0.09×10^{-3}	-259.04	—	—	—	-1.97×10^{-6}	—
C	碳	6	钻石立方 六角	3.56 2.46	0.086	2.25 （石墨）	3727	$(0.6\sim4.3)\times10^{-6}$	1375	$(0.6\sim1.2)\times10^{-3}$	-0.49×10^{-6}	4.9
N	氮	7	简单立方	5.66	0.080	1.25×10^{-3}	-210	—	—	—	$+0.8\times10^{-6}$	—
O	氧	8	正交	5.5	0.066	1.43×10^{-3}	-218.83	—	—	—	$+106.2\times10^{-6}$	—
Al	铝	13	面心立方	4.04	0.143	2.70	660.1	23.6×10^{-6}	2.66	4.23×10^{-3}	$+0.62\times10^{-6}$	69~72
Si	硅	14	钻石立方	5.42	0.134	2.33	1412	$(2.8\sim7.2)\times10^{-6}$	10	$(0.8\sim1.8)\times10^{-3}$	-0.12×10^{-6}	115
P	磷	15	正交	3.31	0.130	白1.83	44.1	125×10^{-6}	1×10^{17}	-0.46×10^{-3}	-0.90×10^{-6}	—
S	硫	16	正交	10.48	0.104	2.07	115	64×10^{-6}	2×10^{23}	—	-0.48×10^{-6}	—
Cl	氯	17	正交	8.19	—	3.21×10^{-3}	-101	—	10×10^{9}	—	-0.57×10^{-6}	—
Ti	钛	22	密集立角	2.95	0.147	4.51	1677	8.2×10^{-6}	42.1~47.8	3.97×10^{-3}	$+3.2\times10^{-6}$	78.7
V	钒	23	体心立方	3.03	—	6.1	1910	8.3×10^{-6}	24.8~26	2.8×10^{-3}	$+4.5\times10^{-6}$	129.5~147
Cr	铬	24	体心立方	2.88	0.128	7.19	1903	6.2×10^{-6}	12.9	2.5×10^{-3}	$+2.65\times10^{-6}$	259
Mn	锰	25	面心四方 面心立方	3.77 3.86	— —	7.43	1244	37×10^{-6}	185	1.7×10^{-3}	$+9.9\times10^{-6}$	201.6
Fe	铁	26	体心立方 面心立方 体心立方	2.86 3.65 2.93	0.127 — —	7.87	1537	11.76×10^{-6}	9.7	6.0×10^{-3}	铁磁性	200~215.5
Co	钴	27	密集六角 面心立方	2.51 3.54	0.126 —	8.9	1492	12.40×10^{-6}	5.06 (a)	6.6×10^{-3}	铁磁性（a）	214

续表 9-1

元素符号	元素名称	原子序数	晶型	点阵常数 a	原子半径 /nm	密度 d (20℃) /g·cm^{-3}	熔点 /℃	线[膨]胀系数 α (0~100℃) /K^{-1}	电阻系数 ρ(0℃) /μΩ·cm	电阻温度系数 (0℃) /K^{-1}	质量磁化系数 χ(18℃) /cm^3·g^{-1}	弹性模量 E/GPa
Ni	镍	28	面心立方	3.52	0.124	8.9	1453	13.40 ×10^{-6}	6.84	(5.0~6.0) ×10^{-3}	铁磁性	197~220
Cu	铜	29	面心立方	3.61	0.128	8.96	1083	17.0 ×10^{-6}	1.67~1.68	4.3×10^{-3}	−0.086 ×10^{-6}	117~126.5
Zr	锆	40	密集六角 体心立方	3.23 3.61	0.160 —	6.51	1852±2°	5.85 ×10^{-6}	39.7~40.5	4.35 ×10^{-3}	−0.46 ×10^{-6}	79.8~97.7
Nb	铌	41	体心立方	3.29	0.147	8.57	2468	7.1 ×10^{-6}	13.1~15.2	3.95 ×10^{-3}	(+1.5~2.28) ×10^{-6}	87.2
Mo	钼	42	体心立方	3.14	0.140	10.22	2625	4.9 ×10^{-6}	5.17	4.71 ×10^{-3}	+0.04 ×10^{-6}	322~350
La	镧	57	密集六角 面心立方	3.75 5.30	0.186 —	6.18	920	5.1×10^{-6}	56.8	2.18 ×10^{-3}	+1.04 ×10^{-6}	38.2~39.2
Ce	铈	58	面心立方 密集六角	5.14 3.65	0.182 0.181	6.90	804	8.0×10^{-6}	75.3	0.87 ×10^{-3}	+17.5 ×10^{-6}	30.6
Ta	钽	73	体心立方	3.30	0.146	16.67	2980	6.55 ×10^{-6}	13.1	3.83 ×10^{-3}	+0.93 ×10^{-6}	188.2~192
W	钨	74	体心立方 复杂立方	3.16 5.04	0.141 —	19.3	3380	4.60 ×10^{-6}	5.1	4.82 ×10^{-3}	+0.284 ×10^{-6}	350~415.3

9.2.2 合金元素与γ相区的关系

9.2.2.1 扩大γ相区的元素

(1) 开启γ相区，如镍、锰、钴等，能与γ-Fe形成无限固溶体，当合金元素含量超过某一限度后，可以在室温下得到稳定的γ相。

(2) 扩大γ相区，例如碳、氮、铜等元素，能扩大γ相区，但只能与γ-Fe有限溶解，当元素含量较高时，便形成稳定的化合物，因而限制了γ相区向右方扩张。

9.2.2.2 缩小γ相区的元素

(1) 封闭γ相区，例如钒、铬、钛、钨、钼、铝、硅、磷等达到一定含量时，使γ+α (δ) 两相区由封闭而最后消失。其中铬、钒与α-Fe无限固溶、其余元素都与α-Fe有限溶解。

(2) 缩小γ相区，例如锆、铌、钽等元素，由于出现金属间化合物而不能使γ相区呈封闭状态，只能使其缩小。

9.2.2.3 关于这些现象的解释

关于合金元素与铁之间的各种作用，一般认为是由于合金元素的点阵类型、尺寸（原子半径之比）和电化学因素（电子层结构及相互作用）共同作用的结果。

(1) 点阵类型：原子具有面心立方点阵结构的元素，一般都能扩大γ相区；具有体心立方点阵结构的元素，一般都缩小或关闭γ相区。

（2）尺寸因素：一般情况是，合金元素与铁的原子直径之差在8%以下时，才可能形成无限置换固溶体；差值在8%～15%时，形成有限置换固溶体；差值大于20%时，则不相溶。

（3）电化学因素：从对铁的γ相区的作用看，在元素表中同一周期的元素，随着元素原子序数的增高，从缩小γ相区类型变化到扩大γ相区类型。一般来说，$3d$ 层电子数 <5 的元素是缩小γ相区的，而 $3d$ 层电子数 $\geqslant 5$ 的元素扩大γ相区。

例如镍、钴、锰不仅与γ-Fe的晶体点阵相同，同时电化学性质很相近（在周期表中位置很靠近），原子半径相差很小，因此它们与γ-Fe可以形成无限固溶体，具有开启或扩大γ相区的作用。但铜却例外，不能无限溶于γ-Fe。

碳和氮的原子半径特别小，可与铁形成间隙固溶体。但铁的晶体点阵中的间隙是有限的，故均为有限固溶体。由于γ-Fe的间隙尺寸比α-Fe大，故碳、氮元素在γ-Fe中的溶解度均大于在α-Fe中的溶解度。

在缩小γ相区的元素中，除铝和硅外均为体心立方点阵，与α-Fe相同，但由于大多数元素的原子直径与铁差别大，故多数形成有限固溶体，只有铬、钒不但与α-Fe的点阵相同而且原子半径也很接近，故与α-Fe形成无限固溶体，起到缩小或封闭γ相区的作用。

铝具有面心立方点阵，但它却缩小γ相区，而在α-Fe中却有较大的溶解度，其原因有待于进一步研究。

9.2.3　合金元素在镍基合金中的作用

9.2.3.1　镍在镍基电热合金中的作用

镍基电热合金以镍为主，铬次之，添加部分附加元素。

镍是面心立方晶格，具有良好的塑性、展性，同时又有较高的强度。它在空气中不易被氧化，化学性质稳定，仅易溶于硝酸，与硫形成硫化物 Ni_3S_2，又和Ni组成易熔的共晶体（$Ni + Ni_3S_2$），沿镍的晶界分布，引起热脆。

镍的原子半径为0.124nm，点阵常数 α 约为3.52nm，它能和很多元素形成无限固溶体，或在相当宽的浓度范围内形成有限固溶体，这些固溶体有很好的力学性能和物理性能及抗腐蚀性能，在许多酸、碱、热、湿等环境中广泛应用。

含碳在0.3%（质量分数，本章未特别指明者均为质量分数）以下时，碳也存在于固溶体中。但若含碳量超出较多时则可能以石墨形式析出。

液态镍易吸氢和一氧化碳气体，这种气体在结晶时会形成气泡而破坏机体的性能。

正确地脱氧、去硫和除气后的镍，无论是热态或冷态都有很好的展性。

镍在镍基电热合金中是母体，它本身的特性起主要作用。镍的晶体结构是面心立方晶格，即奥氏体晶格，其熔点较高，塑性好，韧性好，室温较硬，高温有一定强度。镍的电阻率比铝、铜大3～4倍，线［膨］胀系数较小，高温抗氧化腐蚀性好，是很好的电热合金基体材料。但纯镍远不能满足电热材料的要求。因为电阻率仍低，温度系数也很大。

镍又是过渡族元素。和碳不形成碳化物。和铬形成有限固溶体。铬的电阻率比镍高约2倍，又由于体心立方铬的加入，引起该奥氏体晶格的强烈扭曲，其物理性能、力学性能和电性能都引起较大变化。人们利用这种性质来创造更多更好的电热、电阻、电性材料，以满足日新月异的科技发展和文化生活的需求。

镍、硅、钴、铝、铜、氮等属于非碳化物形成元素，它们只能溶于铁中形成固溶体或其他化合物。硅不仅不能与碳形成碳化物，反而在碳含量高的钢中促进碳化物分解为石墨。但这些元素在镍基合金中按特定含量要求存在时，能很好地提高镍铬合金的电阻率，减小电阻温度系数，大大地提高电阻稳定性和经年稳定性，为精密电阻合金奠定良好基础。但应强调，氮对镍铬系电热合金不利，$w[N] > 0.03\%$时，合金的高温塑性开始下降，当$w[N]$增加到0.035%时，合金的高温塑性急剧恶化，脆裂影响加工和寿命。故要求铬铁中的$w[N]$在0.015%以下，初炼钢水的$w[N]$在0.015%以下。

9.2.3.2 铬在镍基电热合金中的作用。

A 铬

铬是银白色金属，难熔，熔点1903℃，密度为7.19g/cm^3。

铬是体心立方晶格，很硬，通常的铬很脆，因为其中含有氢、氮和少量的氧化物。极纯的铬却不脆，富有展性。

铬的化学性质很稳定，在常温下，放在空气中或浸入水中，都不会生锈。铬耐腐蚀，不怕硝酸。

铬和镍同属过渡族元素，铬的原子序数是24，原子半径为0.128nm，而镍的原子序数为28，原子半径为0.124nm，很接近。但铬是体心立方晶格，晶格常数a为2.885，镍是面心立方晶格，晶格常数a是3.52。当铬溶入镍，会引起镍的晶格严重扭曲，19% Cr的溶入镍，组成Cr20Ni80的Ni-Cr合金，将镍的电阻率从0.68μΩ·m提高至1.02μΩ·m，提高约50%。当加入27% Cr时，电阻率则提高到1.12μΩ·m，提高达65%。这对高电阻电热合金非常有利。铬是关键元素，但当其含量高于27%时弊多利少。

B 钛、锆、铌、钒、钼、锰及铁

铬和钛、锆、铌、钒、钼、锰及铁，都可与碳作用形成碳化物，被称为碳化物形成元素。这类元素都是过渡族元素，因为它们的原子都有一个未填满的d电子层，当这些金属元素任何一个在钢液中和碳结合时，碳首先将其价电子填入该金属元素原子未填满的d电子层，形成碳化物。在周期表中，铁左边的过渡族金属，凡离铁愈远的，则d层电子愈不满，因而与碳的亲和力越强，愈容易形成碳化物，而且形成的碳化物愈稳定。它们由强至弱的排序为：$Ti > Zr > Nb > V > W > Mo > Cr > Mn > Fe$。

一般认为钛、锆、铌、钒是强碳化物形成元素；钨、钼、铬是中强碳化物形成元素；锰和铁属弱碳化物形成元素。

在合金中若同时存在多种金属元素且它们分别争夺碳时，一般强碳化物形成元素将优先与碳结合形成相应的碳化物。

碳化物的形成，对合金钢强度的提高有一定好处，也有利于电阻率的增加。但镍基电热合金中的铬，如过多地形成碳化铬，则局部将出现贫铬现象，同时，表面氧化膜中如果碳化物过多，将影响它的致密性，容易脆化而剥落，减少电热元件的寿命。其三是碳化铬过多时会沿晶界析出，引起脆化，甚至形成裂纹，给热加工造成开裂。这一点对作为铁基电热合金的铁铬铝合金钢也很重要。再说，碳化物的形成，往往存在于局部，将使局部电阻增加而造成局部温度过高的不均匀性增加，这既对电热元件不利，也对精密电阻元件不利。

合金元素与碳形成碳化物的种类较多，按常用晶体点阵类型分为简单点阵和复杂点阵两类。

（1）简单点阵碳化物：碳原子半径（r_C）/金属原子半径（r_{Me}）<0.59 时，形成简单点阵的碳化物，即间隙相。这类碳化物有简单立方点阵的 TiC、ZrC、VC、NbC 和六方点阵的 W_2C、MO_2C、WC、MOC 等。它们的特点是稳定性高，在热处理时不易溶于奥氏体，也难以参与相变。它们的熔点及分解温度都很高，硬度也很高。其物理性能见表 9-2。

表 9-2 简单点阵碳化物的性能

金 属	碳化物	点阵类型	点阵常数/nm	熔点/℃	显微硬度 50gf
Ti	TiC	面心立方	$a=0.433$	3200	2850
Nb	NbC	面心立方	$a=0.446$	3500	2065
Zr	ZrC	面心立方	$a=0.489$	3550	2700
V	VC	面心立方	$a=0.413$	2830	2100
Mo	MoC	简单六方	$a=0.290$ $c=0.281$	2700	—
	Mo_2C	密集六方	$a=0.300$ $c=0.472$	2700	1480
Fe	Fe_3C	正交晶系	$a=0.452$ $b=0.507$ $c=0.674$	1650	约 800
Mn	Mn_3C	正交晶系	$a=0.452$ $b=0.508$ $c=0.673$	1620	—
Cr	Cr_7C_3	三角点阵	$a=1.398$ $c=0.453$	1665	2100
	$Cr_{23}C_7$	复杂立方	$a=1.96$	1550 （分解）	1650
W	WC	简单六方	$a=0.250$	2600 （分解）	1780
	W_3C	密集六方	$a=0.298$ $c=0.471$	2670	3000

（2）复杂点阵碳化物：当 $r_C/r_{Me}>0.59$ 时，不形成间隙相，而形成复杂晶格的碳化物。它是按照严格规律定位的金属离子和碳离子所构成。铁、锰、铬属于该类型，它们形成 Fe_3C（正交点阵）、Cr_7C_3（三角点阵）和 $Cr_{23}C_7$（复杂立方点阵）等。其特点是：熔点和硬度比简单点阵碳化物低，稳定性也差，易于参与奥氏体相变，即加热时溶入奥氏体，增加奥氏体的稳定性。

值得注意的是：1）当钢中有多种碳化物形成元素同时存在时，可形成含有多个元素的复合碳化物，例如在高碳合金中含有 Mn、Cr 的钢会出现渗碳体型的碳化物$(Fe、Mn、Cr)_3C$。2）钢中各种碳化物可以不同程度地互溶。影响其溶解度的因素有点阵类型、尺寸和电化性质。若两碳化物点阵类型相同，金属原子外层电子结构相近，原子直径之差在 8% 以下，碳化物之间就能互溶，金属原子之间就可以任意置换。例如 TiC 和 VC 可无限互溶。若上述三个因素中有一个不满足，则碳化物之间只能有限互溶。例如在 Fe_3C 中只能有限溶解铬、钼、钒、钨等元素。又如在 $Cr_{23}C_7$ 中也只能有限地溶解铁、钼、锰、钨等元素。镍铬系电热合金通常 $w(C)=0.08\% \sim 0.15\%$，而室温下 γ 体中碳溶解量小于 0.01%，多余的游离碳会与铬形成碳化铬在晶界析出，引起塑性下降或裂纹源，故此合金中碳含量 $w(C)$ 以小于 0.08% 为宜。

C　合金元素在合金钢中的存在形式与分布

合金元素能否在合金钢中起到预期作用，除了它本身的特性外，还要看它在钢中存在的形式和分布状况。

a　合金元素在钢中的存在形式

(1) 溶于固溶体：溶入固溶体是它存在的主要形式之一。合金元素溶入 γ-Fe，成为合金奥氏体，例如铬溶入奥氏体的 Ni 中成为奥氏体的镍-铬合金钢。合金元素溶入 α-Fe，成为合金铁素体，例如铬铝等溶入 α-Fe 便成为铁素体铁-铬-铝合金钢。

(2) 形成具有金属性的化合物：过渡族元素与原子半径小的非金属元素（碳、氮）形成的碳化物、氮化物都具有金属性。碳化物是合金元素在钢中存在的主要形式之一。

当合金元素含量较高时，由于合金元素之间及合金元素与铁之间产生相互作用，形成各种金属间化合物。

(3) 存在于非金属夹杂物中：一些较活泼的元素与钢中的氧、氮、硫、硅等形成氧化物、氮化物、硫化物、硅酸盐等非金属夹杂物，例如 CaO、TiO_2、TiN、AlN、FeS、MnS、$MnO \cdot SiO_2$ 等。

(4) 自由状态存在：个别的金属元素，例如铜等超过其溶解度以后，将以自由状态存在于钢中。

b　合金元素在钢中（平衡状态）的分布

合金元素在合金钢中分布状况不仅与合金元素本身的特性、含量以及碳的含量有关，而且受热处理工艺条件的直接影响。

在平衡状态下，一般钢的基本组成为奥氏体或铁素体和碳化物。

非碳化物形成元素镍、硅、铝、钴等，基本溶于奥氏体、铁素体中。它们在碳化物中溶解度极小。

碳化物形成元素随钢中元素及含量不同，其分布情况比较复杂，一般可能出现如下情况：(1) 所有碳化物形成元素均应同时存在于奥氏体或铁素体和碳化物中，但较强的碳化物形成元素（例如钛、锆）溶入铁素体甚微；而最弱的碳化物形成元素锰，则将大部分溶入铁素体中。(2) 当钢中碳化物形成元素含量较少，而碳含量足够高时，则它们大部分存在于碳化物中，或者形成合金渗碳体，或者形成特殊碳化物，愈是强碳化物形成元素愈容易形成特殊碳化物，而锰则永远形成合金渗碳体。(3) 当钢中碳化物形成元素含量较高，而碳含量又不足时，则与碳亲和力强的元素首先形成碳化物，其余量则溶入固溶体中；而与碳亲和力较小的元素则全部溶入固溶体中。(4) 少量合金元素与氧、氮等形成一些非金属夹杂物质点存在于钢中。

9.2.4 镍铬合金的抗拉强度

随着铬元素的加入，使镍基电热合金的抗拉强度迅速提高。室温时，镍铬合金抗拉强度一般都在750～800MPa，伸长率为25%～28%。随着温度的提高，抗拉强度降低。例如在900℃时，Cr20Ni80合金的抗拉强度降至100MPa，伸长率22%左右。同样，它们的高温蠕变极限也随温度升高而降低。见表9-3。

表9-3　镍铬电热合金的蠕变极限

牌号＼性能	在下列温度（℃）时的蠕变极限/MPa（1000h，伸长率1%）						
温度/℃	600	700	800	900	1000	1100	1200
Cr20Ni30	100	45	20	9	4	1.5	—
Cr15Ni60	80	40	15	9	4	1.5	—
Cr20Ni80	80	40	15	9	4	1.5	0.5

由表9-3数据可见，镍基电热合金的最高使用温度受到限制。

9.2.5　镍基电热合金的抗氧化性能

9.2.5.1　成分与抗氧化性能

镍本身具有较好的高温抗氧化性和高温热强性。把铬加入镍中其合金抗氧化性更强了。图9-2表示Cr加入Ni中随Cr含量的变化，其氧化物增量变化的情况。

由图9-2可见，在γ单相固溶体范围内，随着铬含量的增加，氧化物增量迅速减少。当铬含量在20%时，氧化增量最小。

9.2.5.2　Ni-Cr系在不同温度下的抗氧化性能

Ni-Cr系合金在不同温度下的氧化增重情况如图9-3所示。

由图9-3可见，在γ单相固溶体范围内，温度越高其氧化增重越多；在不同温度下，随铬含量增加，氧化增量都迅速下降，其下降速率有些差异，1100℃比1000℃的下降速率大，而800℃、900℃和1000℃的下降速度基本一致；氧化增重的最低点，几乎都在铬含

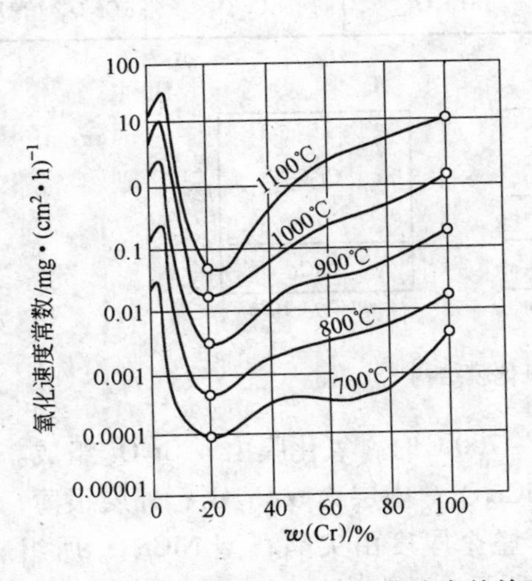

图9-2　Ni-Cr系中铬含量与氧化速度的关系

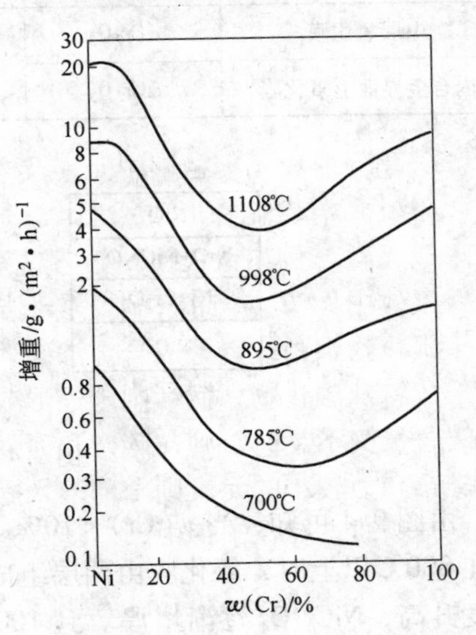

图9-3　在不同温度下Ni-Cr系的抗氧化性能

量为55%左右，而此成分属两相的交界区，其影响因素也较为复杂。同时，由于铬含量高而引起的脆性大，加工非常困难，在实际中不采用。

9.2.5.3 Ni-Cr系合金的抗氧化机理初探

Ni-Cr合金的氧化过程比较复杂。关于Ni-Cr氧化机理有如下的理解和分析。

纯Ni氧化时，表面由两层构成，两层均为NiO，但外层发黑，内层发绿。内层是多孔性的，密度比外层小6%。在1000~1500℃温度范围内，氧在NiO中的扩散速度比Ni在NiO中的扩散速度小得多，因此氧化层扩展主要靠Ni离子和电子从金属内向外扩散，通过两层氧化物与外界的氧化合导致氧化层的扩展。同时在内层交界处借外层NiO分解时产生的氧，通过多孔的内层NiO扩散到金属表面发生如下化学反应：$2Ni + O_2 = 2NiO$，使氧化不断往里扩展。

Ni-Cr合金中，当Cr含量<10%时，其氧化形成三个层次，即内氧化层中有Cr_2O_3的粒子分布，中间层是多孔的NiO层，其中有$NiCr_2O_4$分布，外层是紧密的NiO层。其氧化过程是这样描绘：外层氧化物NiO分解所产生的氧通过中间层多孔的NiO与NiCr，与合金中的Cr优先合成Cr_2O_3，形成内氧化层，而合金的Ni离子$+2e^-$通过二层NiO与外界的氧化合生成NiO，与此同时，Cr_2O_3粒子与NiO氧化层便发生另一个化学反应：$Cr_2O_3 + Ni + \frac{1}{2}O_2 \rightarrow NiCr_2O_4$尖晶石粒子分布在中间层。

$w(Cr) > 10\%$的高铬含量的Ni-Cr合金氧化时，氧化膜中的Cr_2O_3已形成连续的表面层，因而具有较高的抗氧化能力。

关于Ni-Cr合金氧化膜组成与温度的关系见表9-4和图9-4。

表9-4 Ni-Cr合金氧化膜组成与温度关系

层次 \ 温度/℃	600	700	800	900	1000
外层氧化膜	$αCr_2O_3$	$αCr_2O_3$	$NiCr_2O_4$	$NiCr_2O_4$	$NiCr_2O_4$
中层氧化膜	$αCr_2O_3$	$αCr_2O_3$	$αCr_2O_3$	$NiCr_2O_4$	$NiCr_2O_4$
内合金界面上氧化膜	$αCr_2O_3$	$αCr_2O_3$	$αCr_2O_3$	$αCr_2O_3$	$αCr_2O_3$（薄层）

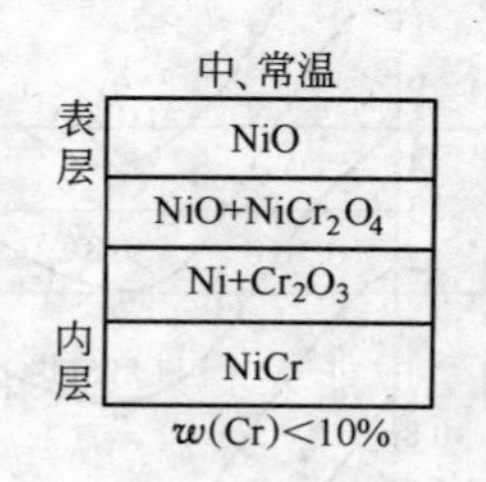

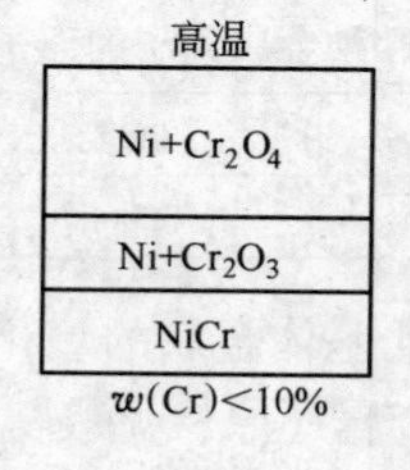

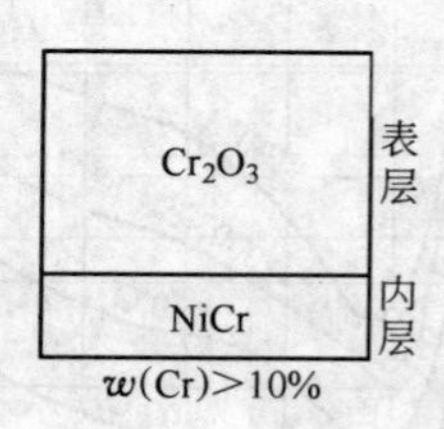

图9-4 NiCr合金的氧化膜结构

由图9-4可知，当$w(Cr) < 10\%$、温度为600~700℃时，氧化膜由$α\text{-}Cr_2O_3$组成。温度在800℃以上时，氧化膜由两层组成，外层为$NiCr_2O_4$，内层为$α\text{-}Cr_2O_3$；外层很薄，随温度升高，$NiCr_2O_4$逐渐增厚。到1000℃以上时，整个厚度由尖晶石型$NiCr_2O_4$所组成，所以氧化增重减缓，氧化速率也下降，这和图9-3所示一致。当$w(Cr) > 10\%$时，外层纯

粹为 Cr_2O_3 氧化膜。

关于氧化膜理论，金属和合金在高温下都具有不同程度的氧化，其抗氧化性能与氧化过程中形成氧化膜的性质有关。不同的氧化膜结构不同程度地阻碍着金属或合金基体的继续氧化，提高其抗氧化能力。

评定金属或合金的抗氧化能力（氧化速度），一般采用氧化前后重量的变化来评定。

若根据质量的增加来测定氧化速度，则采用下式：

$$\Delta G = \frac{g_1 - g_0}{S_0 t}$$

式中 ΔG——氧化速度，$g/m^2 \cdot h$；

g_1——带有氧化物的样品质量，g；

g_0——氧化前样品的重量，g；

S_0——样品的表面积，m^2；

t——氧化时间，h。

“氧化膜理论” 总结了某些金属或合金与氧化膜特性之间的关系，这些关系可作为选择或研制电热合金的参考，概括如下：

（1）合金元素的氧化物体积/质量与基体体积/质量之比应大于1，这样才能保证氧化膜致密。此比值一般在1～2.5之间为佳。

（2）合金元素所生成的氧化物应具有高的电阻值。几种常见氧化物的电阻率见表9-5。

表9-5 几种常见氧化物的电阻率

氧化物	Al_2O_3	SiO_2	MgO	NiO	Cr_2O_3	CaO	FeO
电阻率/Ω·cm	10^{+7}	10^{+6}	10^{+5}	10^{+2}	10^{+1}	10	10^{-2}

由表9-5可见，Al_2O_3、SiO_2、Cr_2O_3、NiO 等的电阻率都比 FeO 高，它们的抗氧化能力也比 FeO 高。Ni 优于 Cr。

（3）合金元素的离子尺寸应小于基体金属的离子尺寸，因为其扩散速度快，所以优先生成氧化物，增加抗力，保护基体。见表9-6。由表9-6可见，Cr、Al、Si 均能有效地提高 Fe 的抗氧化能力，即保护 Fe 基体。

表9-6 几种金属离子的离子半径

金属离子	Fe^{2+}	Cr^{3+}	Al^{3+}	Si^{4+}
离子半径/nm	0.075	0.065	0.050	0.041

（4）合金元素的氧化物生成能应比基体金属的氧化物生成能大。其生成能大的氧化物在热力学上更为稳定，否则将被基体金属还原。见表9-7。

表9-7 几种氧化物的生成能

氧化物	α-Fe_2O_3	Fe_3O_4	FeO	α-Cr_2O_3	α-Al_2O_3	SiO_2
生成能/$J \cdot mol^{-1}$	801.8	1117.9	269.2	1122.1	1674.7	812.2

由表9-7可知 Al_2O_3 最稳定，Cr_2O_3、Fe_3O_4、SiO_2 依次减弱。

（5）合金元素的氧化物应具有高熔点，这种氧化物不应与其他元素的氧化物生成低熔点混合物，否则一旦熔化势必导致扩散速度加快，也即加速氧化。

（6）氧化物应具有低的分解压和高的升华点。这样才能保证在高温下的物理稳定性。

（7）合金元素应与基体金属生成复合氧化物。只有这样才能在整个合金表面上生成完整的氧化膜。

上述生成保护性氧化膜的条件，是假设在基体金属表面仅生成某合金元素的氧化物，而实际中往往是生成合金元素与基体金属的复合氧化物和稀土氧化物呈根须状箝入合金基体的晶界中，它们具有比单合金元素氧化物更强的保护性。

总之，氧化膜的性质与金属及合金的抗氧化性有密切关系。除其组分及氧化过程中形成的类型外，在介质中停留的时间、温度高低及介质的性质等因素对其耐氧化性有不同程度的影响。

9.2.6 合金元素对寿命的影响

镍铬系电热合金的快速寿命值随铬含量的增加而增加，使用温度也随之提高。这从有关产品标准中都能得到证实。其本性由它们的合金相图可以证明。镍铬二元合金的相图如图9-5所示，镍铬铁的三元系相图如图9-6所示。

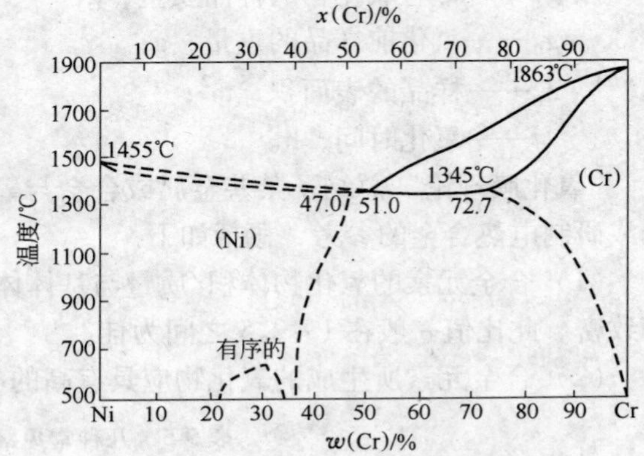

图9-5 镍-铬二元合金相图

由图9-5和图9-6可见，由于镍的熔点为1455℃，以它为基点的合金熔点在1380～1400℃之间，这就决定了它们的可使用温度在1250℃以下。又由镍铬合金中铬含量达20%时其氧化速度最小（见图9-7），且在高温下的氧化膜结构中只剩有Cr_2O_3外层防御氧的侵入（见图9-4），又由图9-7在不同温度下，铬含量应达20%以上其氧化增量才很小。氧化增量小，也即氧化速度慢，寿命延长。同时可以看出，镍、铁、锰、碳对

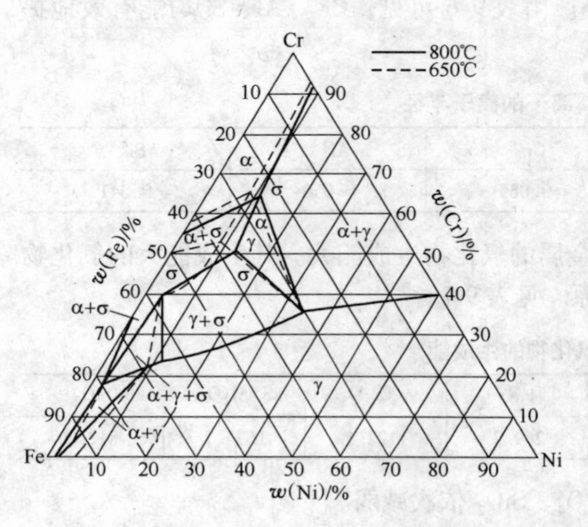

图9-6 镍铬铁三元系相图

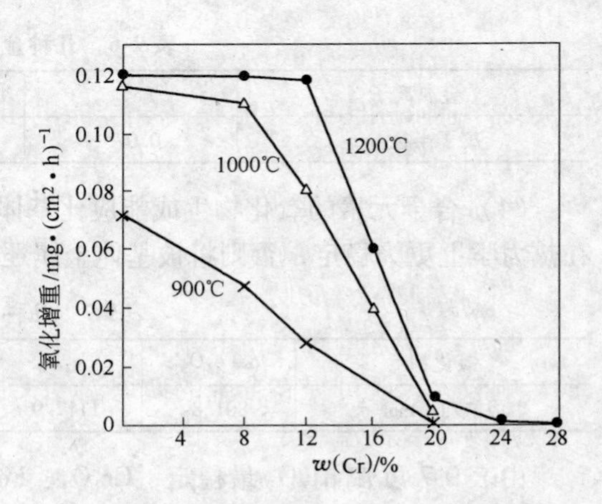

图9-7 Fe-Cr合金氧化增重与Cr含量的关系

高温抗氧化不利，尽管镍、锰、碳都是扩大和稳定奥氏体元素。而锰又是 S、O、C 的脱除剂，能够细化晶粒和改善加工性能，和 Si、Al 一起对提高合金电阻、降低温度系数有利，所以锰仍保留在 1% 以内。

硅在镍铬电热合金中使初期生成的氧化物（Cr_2O_3）的缺陷减少，强化表面氧化膜的黏着性，在氧化膜与基体金属界面处浓缩成非晶体 SiO_2 起保护膜作用，尤其是当添加的 0.5% 稀土铈时，随 Si 含量的提高其保护膜的作用显著提高。由图 9-8 可知，当镍铬电热合金中的[Si]含量在1.6% 左右时其高温氧化增重量最小。又由图9-9得知，当镍铬

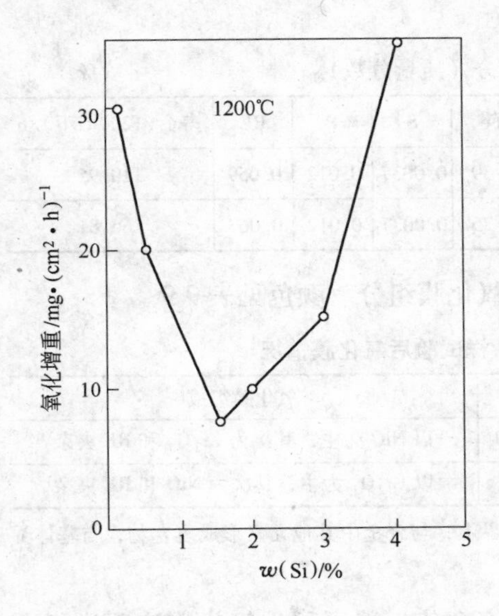

图 9-8 Cr20Ni80 合金中硅含量与氧化增重的关系

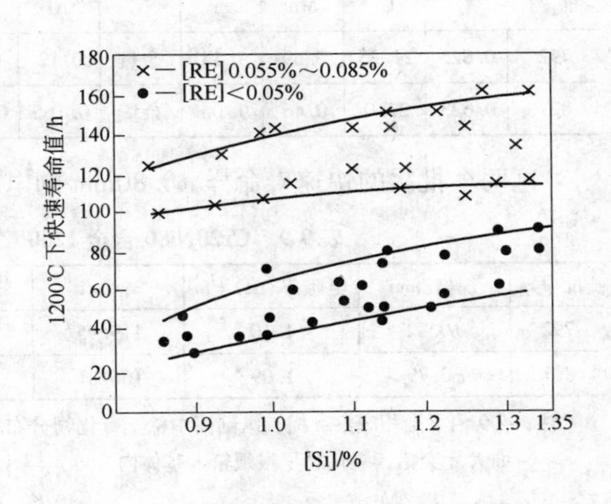

图 9-9 [Si]/% 对 Ni-Cr 合金寿命的影响

电热合金中稀土含量少于 0.05%，[Si] 含量在 1.0% 左右，其合金在 1200℃时的快速寿命值只有 80h 左右。而当合金中的硅加入量从 0.8% ~1.3% 提高到 1.6%，稀土含量 [RE] 提高到 0.055% ~0.085% 时，合金的快速寿命值提高到 140h 左右。Si 和 Mn 一起既起脱氧剂的作用，又能提高合金的电阻、稳定电阻，降低电阻温度系数。但 Si 含量过高，既能增加硅酸盐夹杂，造成电阻不均，又会增加合金强度和硬度，造成加工困难，故w(Si)控制在 2% 以内。

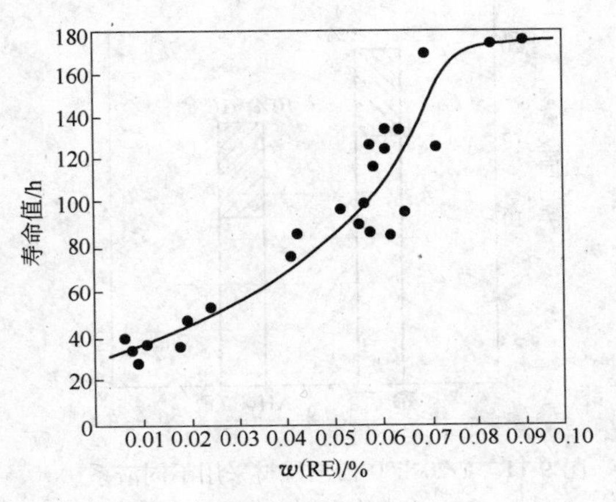

图 9-10 Ni80Cr20 合金中稀土残存量（%）与寿命的关系（试验温度 1200℃）

稀土元素含量对镍铬电热合金快速寿命的影响较大，既可提高合金的使用温度又提高使用寿命及高温稳定性。由生产实际统计分析 30 炉的不同稀土残存量与寿命值之间的关系（图 9-10）。由图可见，稀土残余量

在0.03%以下易造成快速寿命值低于标准。而稀土残存量高于0.05%时寿命值急剧上升，寿命值比标准值高出60%。当稀土残存量超过0.085%时，寿命值处于平稳，即残存量再高寿命值不再增加。实践表明，不加稀土的Cr20Ni80合金在1000℃时的快速寿命值为100h左右，而添加以铈为主的混合稀土合金的快速寿命值成倍提高。当加入混合稀土量为0.35%~0.50%时，Cr20Ni80合金的使用温度可达1200℃。此种合金在1100℃时的快速寿命值高达400多小时，而在1200℃时的快速寿命值也在160h左右，也就是说加入稀土比不加入稀土的Cr20Ni80电热合金的快速寿命值提高2~4倍。现以两个批号的Cr20Ni80合金的基体化学成分（见表9-8）为例。

表9-8 Cr20Ni80合金的化学成分（质量分数） （%）

批 号	C	Cr	Mn	Si	Ni	Al	Ti	Fe	S	P	RE	寿命(1200℃下)/h
792	0.025	21.25	0.39	1.14	余量	0.12	0.04	0.39	0.0037	0.012	0.059	119.95
827	0.023	22.0	0.46	1.06	余量	0.165	0.034	0.25	0.0037	0.012	0.063	166.81

这两个批次的快速寿命样ϕ0.80mm的电阻率和氧化膜组分、颜色见表9-9。

表9-9 Cr20Ni80合金1200℃快速寿命样试验后氧化膜情况

批 号	规格/mm	电阻率/μΩ·m	寿命/h	表面颜色	氧化膜组成
792	ϕ0.82	1.10	119.95	灰黑色	以NiO为主，其次为Cr_2O_3和RE夹杂
827	ϕ0.79	1.09	166.81	墨绿色	以Cr_2O_3为主，其次为NiO和RE夹杂

注：400倍下金相观察，横、纵剖面中稀土氧化物分布在基体晶界上，与合金中其他元素形成复合物，与基体界面犬牙交错，氧化膜呈根须箍入基体内。

为了提高Cr20Ni80合金中的稀土残留量和快速寿命值，采用稀土氧化物渣系进行电渣重熔，与原用AHϕ-7渣系重熔效果比较如图9-11和图9-12所示，由图可见，采用稀土

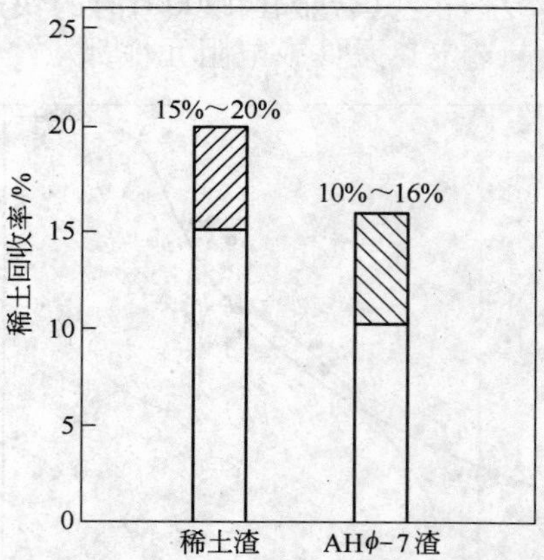

图9-11 Cr20Ni80稀土母材采用不同渣系重熔时稀土回收率的比较

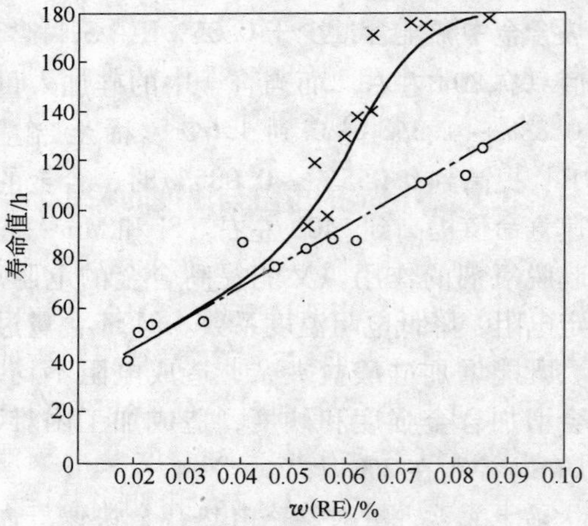

图9-12 不同渣系冶炼的Ni80Cr20合金中稀土含量（%）与寿命的关系

×—稀土渣；○—AHϕ-7渣

（试验温度1200℃）

氧化物渣系重熔不但稀土回收率比原渣提高5%~10%，而且1200℃时的快速寿命也提高15%左右。

钛和铝对合金寿命的影响是：适当添加钛和铝元素能改善合金的抗氧化性能，如在冶炼时，随出钢钢流先加入Al块1kg/t及海绵钛0.5kg/t，随后加入RE于钢包中，可形成Al帮助进一步脱氧，提高RE的回收率。合金中含有质量分数为0.05%的Ti可以细化晶粒，强化晶界，减少C、N的危害，改善合金的加工性能。同时在高温下Ti在晶界扩散，与稀土一起阻挡氧向基体渗透和氧化。由于Al、Ti、Si和RE的有利作用，使Cr20Ni80系合金的抗氧性能和使用寿命进一步提高。

碳在合金中多与铬形成碳化物，对合金的力学性能和抗氧化耐腐蚀都不利。从加工方面来说，因为碳使合金的强度增加所以它使加工变得困难。在850℃以上高温时，碳可以将合金中的氧化物还原成CO，CO逸出时对合金的氧化膜起破坏作用。例如，含0.3%C的Ni-Cr合金在1050℃工作时其寿命会下降1倍以上。常温下，碳在奥氏体中溶解度仅0.01%左右，因此在合金凝固过程中会析出过多的游离碳，它会与铬、钛、铌、锆、钒、钼、钨等形成碳化物于晶界，从而恶化合金的力学性能和高温抗氧化性能，减弱合金的耐腐蚀性。当然，碳能增强合金的高温强度，是它有利的一面。因此，虽然技术标准中对镍铬系电热合金的碳含量$w(C)$允许在0.08%~0.15%，但从提高合金的工作温度和延长使用寿命来说，碳在合金中的含量宜在0.08%以下。

在Cr20Ni80合金中加入少量的Co、Nb和微量的Ca、Ce，可使合金在还原性气氛或含一般硫、氯的气氛中稳定工作。

在Cr20Ni80合金中加入少量的Zr、Ba、Ce+La、Si、Al、Ti、Fe等，可以使合金的工作温度从1200℃提高到1250℃。

9.3 镍基合金的电阻特性

镍铬合金由于“杂质”存在，在高温750℃左右沉淀出金属间化合物，使合金本身强度提高，同时电阻也升高，这个电阻随温度变化而波动较大，也即电阻温度系数较大，这对电热元件和电阻元件都有不利的影响。因此，不论制造电热元件或电阻元件都应注意这一现象。下面就此现象做些探讨。

9.3.1 Ni-Cr的电阻与温度的关系

图9-13是典型的Ni80Cr20的电阻与温度的关系。由图9-13可见，Ni80Cr20合金的电阻与温度的关系是一条曲线；而不是直线。这种“S”形曲线，对电热合金材料容易引起电功率的波动，亦即温度波动较大，对温度要求较严的地方，需要提高温控精度。而对电阻材料尤其是对精密电阻及应变材料就根本不符合要求。

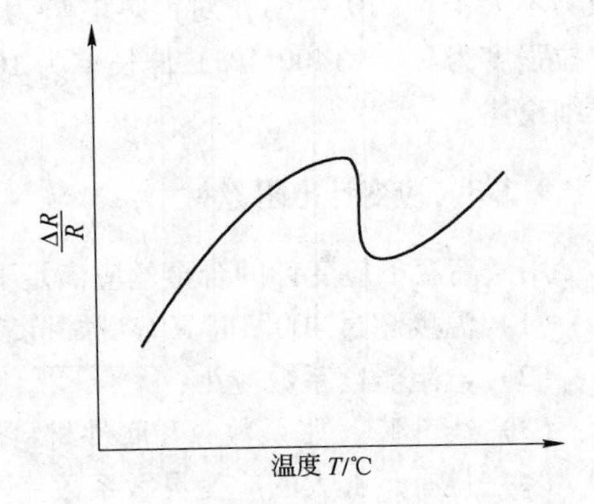

图9-13 Ni80Cr20合金的R-T（℃）关系图

9.3.2 改良型Ni-Cr精密电阻材料

由于Ni80Cr20合金本身电阻与温度的关系是

非线性的，而其他许多性能又较优越，人们便研究如何改进它。Ni80Cr20 合金加入 1% ~4% 的 Al 和 Fe，其电阻提高近20%，而且电阻随温度的变化趋于平缓，这时的（$\Delta R/R$）-t 关系曲线如图 9-14 所示，它与 Ni80Cr20 合金的（$\Delta R/R$）-t 关系曲线的对比一目了然。

20 世纪 40 年代有人发现，在 Cr20Ni80 合金中加入少量 Al、Fe、Cu、Mn、Si 等元素，经高温固溶处理后，再进行中温（400 ~600℃）时效处理，其电阻变得很高，电阻温度系数变小，甚至由正向负变化，人们把此现象称为“K”状态。在“K”状态下材料是一种不均匀的固溶体，其微观区域成分不一致，一些相同原子聚集在一起，不按一般规律排列，原子间距离缩小，结合力加强，形成微区原子堆，也叫原子偏聚。一般认为只有 100 个原子左右，此种现象却分布在整个材料中，使电子不能绕过它们，只能与它们碰撞增加阻力而做功。同时，这些原子堆之间结合很紧，低温时很稳定。人们正是利用这种“K”状态来达到制造精密电阻的目的。典型的“井”曲线图如图 9-15 所示，供参考。

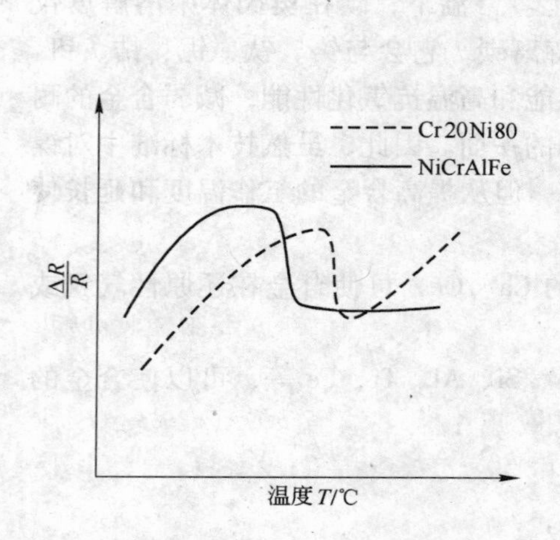

图 9-14 NiCrAlFe（卡玛）合金与 Cr20Ni80 合金的 R-T 曲线比较

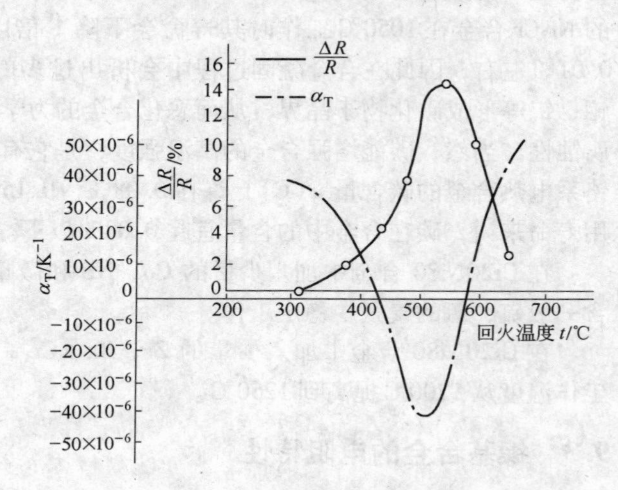

图 9-15 典型的$\frac{\Delta R}{R}$以及 α_T 与回火温度的关系——“井”曲线

北京钢丝厂生产的 NiCrAlMnSi 精密电阻合金，电阻率高达 1.33μΩ·m，电阻温度系数为不大于 5×10^{-6}/℃，对铜热电势为 1.0μV/℃，密度为 8.1g/cm^3，熔点约为 1400℃，抗拉强度为 950 ~1400MPa，伸长率为 10% ~25%，无磁性。具体内容在精密电阻合金中详细论述。

9.3.3 应变计电阻丝材

用做高温下应变计的合金丝应满足下列要求：

（1）温度超过 400℃时具有良好抗氧化性能；

（2）电阻温度系数应小；

（3）线［膨］胀系数应和底件材料相当；

（4）具有足够大的应变灵敏系数（不小于 0.5）；

（5）电阻率不小于 0.5μΩ·m。

满足上述条件者仅有镍铬和铁铬铝合金。但是实验表明，此两类合金在加热和冷却过程中电气性能不稳定和电阻温度系数偏高，尚不能直接用来制造温度补偿应变计的丝材。

由前述知道，Ni60Cr15 合金和 Ni80Cr20 合金的电阻与温度的关系曲线呈 S 形。Ni60Cr15 合金加热至500℃时具有很高的电阻温度系数（约为 150×10^{-6}/℃，而 Ni80Cr20 合金也达 73×10^{-6}/℃）。同时，在 500 ~ 1000℃范围内加热时其电阻温度系数缺乏规律性。

Ni80Cr20 合金和 Ni60Cr15 合金的线［膨］胀系数约为 16×10^{-6}/℃。

Ni80Cr20 合金中加入少量的 Co，Zr，Ta 时，对电阻率和温度系数影响不大，线［膨］胀系数变化也很小，当钴含量 w(Co) 增加到7%时，20 ~500℃电阻温度系数明显加大，即由 93×10^{-6}/℃上升至 139×10^{-6}/℃。

不同铬含量 w(Cr)（由 19.3%至27.4%），除电阻率从 1.02μΩ · m 略升至 1.12μΩ · m 外，其电阻与温度关系曲线十分相近。

添加 V 和 Mo 时，电阻率增加较大，w(V) =1.26% 的电阻率达 1.10μΩ · m，w(Mo) 3.70%的电阻率达 1.13μΩ · m，而前者的电阻温度系数是 74×10^{-6}/℃，后者的电阻温度系数是 46×10^{-6}/℃，线［膨］胀系数是 15.15×10^{-6}/℃，有好的影响，但未达到条件要求。

镍铬合金中单独加入 Cu 时改进不大。当 w(Cu) =4.8%时，其电阻率是 1.09μΩ · m，电阻温度系数减小很少。线［膨］胀系数也保持不变。

镍铬合金中单独加入 Al 时影响较大。当 w(Al) =4.8%时，其电阻率是 1.41μΩ · m，电阻温度系数是 29×10^{-6}/℃，线［膨］胀系数是 16.95×10^{-6}/℃。可见电阻率增大明显，电阻温度系数减小也多，但线［膨］胀系数增大较多。

Ni80Cr20 合金同时加入铜和铝时，电阻温度系数减小很多，当 w(Al) = 3.45%，w(Cu) =2.8%时，在加热温度为500℃的条件下，其电阻温度系数是 11×10^{-6}/℃、电阻率是 1.22μΩ · m，线［膨］胀系数实际保持不变。

但是，镍铬合金中同时加入过多的铜和铝会使合金的工艺性能变坏，热、冷加工都很困难。因此，在镍铬合金中将 w(Cr) 控制在 20% ~21%、w(Al) =2% ~3%，w(Cu) = 2% ~3%，余量为 Ni，作为应变丝材供应条件。

关于高温退火对 NiCrAlCu 合金的影响，Ni73Cr20Al3.5Cu2.8 合金试样在 900℃三次重复加热，并在该温度下保温约 10h，随后以每小时约 200℃的速度冷却至 50℃，用此工艺得到电阻与温度关系曲线如图 9-16 所示。

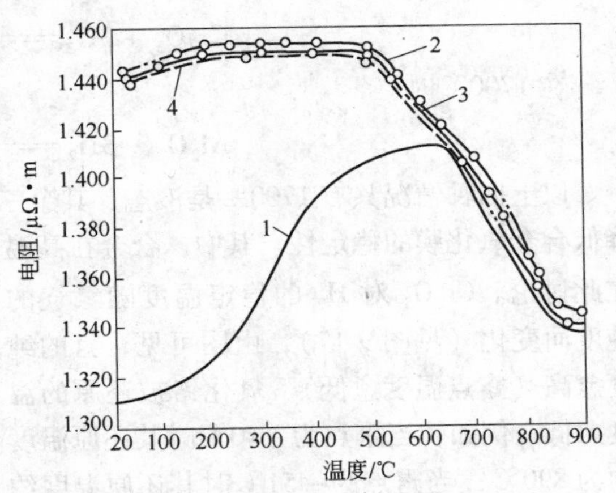

图 9-16 Ni80Cr20（w(Cr) =20%，w(Al) =3.5%，w(Cu) =2.8%余 Ni）合金在加热和冷却过程中电阻与温度的关系

1—第 1 次加热；2—第 2 次加热；3—第 3 次加热；4—第 4 次加热

由图 9-16 可见，后来加热的曲线比前面加热的曲线的位置高。冷却曲线实际上与加热曲线重合。

电阻随温度变化最高值在 500 ~600℃

区域内。比第2次和第3次加热的曲线位置低。

因此可以说，于1000℃下长时间退火对该合金的电阻温度系数变化的影响不大，但会大大减小在加热和冷却时的电阻滞后变化。具体内容在应变电阻合金中详细论述。

9.4 氢对镍铬系电热合金的影响

氢和氮、氧一样，其熔点低（为 -259℃），且原子半径都比镍、铬小近一半。氢不与合金元素形成氢化物，而呈溶解状态存在于合金内部。氢在 γ-Fe 中的溶解度远高于其在 α-Fe 中，尤其是镍铬系合金就是这样。氢和氮一样，其在铁中的溶解量与它的分压的关系式为：

$$[\%\mathrm{H}] = K\sqrt{p_{\mathrm{H_2}}}$$

式中的 K 值为当氢气分压为1个大气压时，氢在铁中的溶解量。当气体压力不变时，氢在铁中的溶解值随温度的变化而变化。根据实验数据，在1600℃时，氢的 K 值为 0.0027，即当温度为1600℃时，在1个大气压的氢分压下，氢在 γ-Fe 中的溶解度为 0.0027%。当温度下降时，钢液在凝固过程中，伴随着氢在合金中溶解度的降低，将析出游离的氢原子，这些游离氢原子存在于晶界、晶格间隙或各种缺陷空穴中。随着往后电热合金元件的加热与冷却，氢的溶解和析出过程反复地进行，最终导致合金氧化膜松动、脆裂和剥落。另一方面，氢能还原不稳定的氧化物而使氧化膜解析形成缺陷。例如在温度为 600～700℃时：

$$\mathrm{NiO + H_2 = Ni + H_2O}\uparrow \tag{9-1}$$

$$\mathrm{Fe_2O_3 + 3H_2 = 2Fe + 3H_2O}\uparrow \tag{9-2}$$

在1200℃时：

$$\mathrm{Cr_2O_3 + 3H_2 = 2Cr + 3H_2O}\uparrow \tag{9-3}$$

在1700℃时：

$$\mathrm{Al_2O_3 + 3H_2 = 2Al + 3H_2O}\uparrow \tag{9-4}$$

以上四种情况只有1700℃是液态，其余三种都为固态。可见，合金使用于氢环境中会降低合金氧化膜的稳定性。其中，合金在高温下依仗 Cr_2O_3 氧化膜维持其使用寿命，特地在此讨论。Cr_2O_3 对 H_2 的稳定温度随氢气的纯度而变化（见图9-17），由图可见，氢的纯度愈高（露点温度愈低），氧化铬被还原的温度愈低。例如，当露点为 -40℃时其还原温度约为890℃；当露点为 -51℃时其还原温度约为780℃；而当氢气露点上升到 -10℃时，其还原温度为1200℃左右。这就意味着，在高温环境下，低浓度的氢也能破坏合金的氧化铬保护膜，缩短其使用寿命。

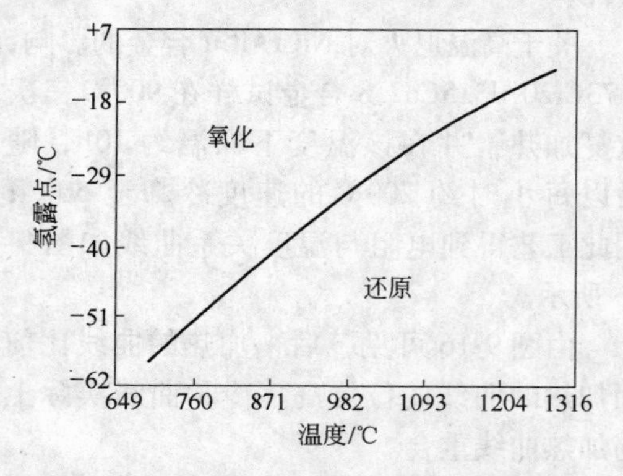

图9-17 氧化铬的还原温度与氢露点的关系

当合金中氢含量高时，在钢液凝固时，会

和氮气及形成的一氧化碳一同析出，形成显微气孔和气泡，一部分气泡被排出到大气中，而另一部分气泡则积聚于晶界形成各种裂纹源。而合金锭中的显微气孔、小气孔及皮下气孔，则经常产生在钢锭的外层，严重者像麻面一样坑坑点点，这种锭在锻造开坯或轧制时往往开裂严重，成材率低。即使成材，其快速寿命样也会因为裂纹烧断率高，使用温度和寿命都低。

由此可知，对镍铬电热合金要减少氢对其电学性能、力学性能及使用寿命的影响，在冶炼前对原材料要严格要求其水气含量；冶炼中要选择湿度低的天气或真空系统，防止钢水暴露于大气中；电热元件在使用前应进行预氧化以减少氢气的危害。

9.5 氮对镍铬系电热合金的影响

氮和氢、氧一样，其熔点为零下200多度（即－210℃），且原子半径比镍、铬小近一半。当温度一定时，氮在高温液态γ-Fe中的溶解量与其分压的平方根成正比，其关系式为：

$$[\%\mathrm{N}] = K\sqrt{p_{\mathrm{N}_2}}$$

式中的 K 值为当氮气分压为1个大气压时，氮在γ-Fe中的溶解量。根据实验数据，在1600℃时 K 值为0.04，即当温度为1600℃时，在一个大气压的氮分压力下，氮在γ-Fe中的溶解量为0.04%。有人研究指出，在590℃时，在镍铬耐热钢中氮的溶解度（达到氮化物的饱和程度）可达0.135%，在室温时降低到0.001%，由于低温时溶解度降低，所以常温时呈饱和状态的氮大部分都以氮化物形式析出，尤其是含铬高的镍铬系电热合金更易形成氮化物。合金元素形成氮化物的能力，取决于该元素同氮的亲和力。在高温800～1400℃范围中合金元素形成氮化物的能力次序如下：钛、锆、铝、铌、钒、铬（依次减弱）。

镍和铁在高温下不会形成氮化物。因此，合金中的氮化物主要为带棱角的脆性TiN、AlN、CrN、Cr_2N 及碳氮化物。氮虽然属于扩大γ相区元素和稳定奥氏体元素。但是多余的氮及氮化物的析出于晶界，会增加合金的机械强度，包括屈服强度和抗拉强度，急剧降低其塑性和韧性，引起热蓝脆。其中以AlN为最。有人曾跟踪研究氮对镍铬电热合金的作用时指出，氮对合金不利，当[N]＞0.03%（质量分数）时，合金的高温塑性开始下降，当[N]增加到0.035%（质量分数）时，合金的高温塑性急剧恶化，脆化、裂纹逐显，影响热、冷加工和工作温度及寿命。所以要求成品合金丝带中[N]不超过0.02%（质量分数），初炼钢水[N]不超过0.01%（质量分数），原材料金属铬和微碳铬铁中氮的含量低于0.015%（质量分数）。

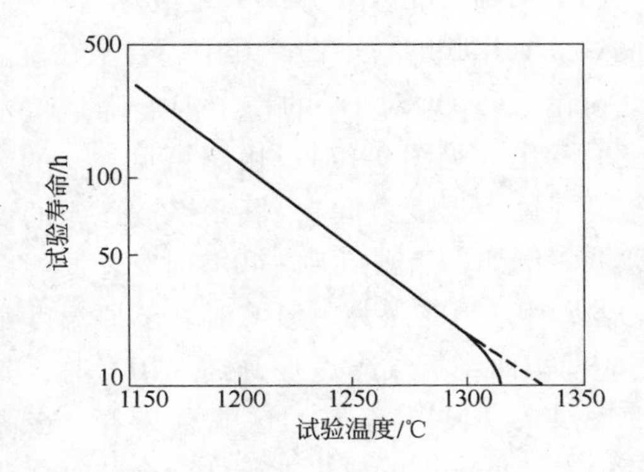

图9-18 Cr20Ni80合金在氮气中和空气中的寿命比较
——纯氮中；---空气中

镍铬系电热合金元件在使用过程中，在高温下仍有吸氮问题。如在700～1250℃工作温度范围内，氮对电热合金元件有较强的侵蚀作用。高温下，氮通过合金元件表层氧化膜的缺陷或不稳定氧化物渗入合金内部，与合金元素结合形成氮化物。当沿晶界聚积大量的TiN、AlN、CrN、Cr_2N 时，会引起电热元件脆断。

图9-18和图9-19为Cr20Ni80电热合金元

件在氮气中和空气中于不同温度下的寿命比较。由图 9-18 可见，合金在纯氮中的使用寿命同在空气中的使用寿命基本相同。只是高铬（$w(\mathrm{Cr})>28\%$）的镍铬合金的抗渗氮能力不如低铬合金。

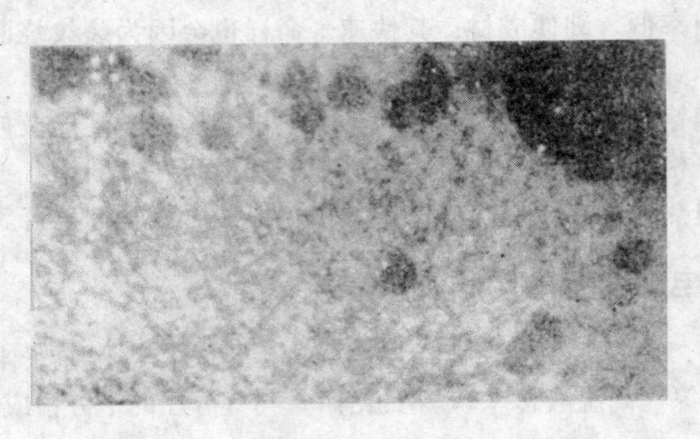

图 9-19　镍铬电热元件在高温 1200℃ 吸氮形成棱角氮化物烧断后的断面氮化物质点

10　镍基电热合金的成形与加工

10.1　镍基合金的热加工

10.1.1　镍基合金坯料的外观质量

镍基合金在冶炼成锭坯过程中，吸气（包括氢、氮、氧）容易。如果冶炼后期脱氧不良，除气不力，铸锭过程中保护不好，都会造成镍基合金钢中气体含量过高，夹杂物多，在热锻、热轧时脆裂严重。尤其合金中含［N］量高时更是这样，有时与过烧区别不开。而含［H］量高时，铸锭表面皮下气泡多，电渣重熔的合金钢锭底部和侧身多有气孔，钢锭内部局部疏松，造成横裂较多。合金中含［O］过多，间隙相和氧化物多，变形抗力不一，也容易开裂。

为了避免镍基合金钢中气体过高，实际中，大吨位冶炼时，往往采取钢包除气精炼和保护浇注。而小吨位冶炼时，可采取真空中频感应炉熔炼或氩气保护的电渣重熔冶炼方法。当然，这些方法都要增加一定成本费用。

由于镍基合金基本上都是高合金，浇注时钢水黏稠，凝固温差小，流动性较差，往往浇注出来的钢锭表面粗糙，有气泡、鳞皮、挂渣、夹渣、飞翅、凹坑、结疤等，这些缺陷在热加工入炉前都应修理清除（车、铣、刨、铲平等）干净。否则会给后步加工带来后患无穷（冶炼方法和须注意事项，在铁基电热合金部分一起讨论）。

10.1.2　影响镍基合金加工的内在因素

除去上述气体问题和表面质量问题外，还常因冶炼条件（例如废钢、辅料、环境）使钢中残留一些元素，例如钛、铁、铝、钴、钼、硅、锑、硫、磷等，有些元素和基体形成少量稳定的金属间化合物，有的因 Fe 的存在可使钛、铝的溶解度降低，尤其在 750℃ 附近更是这样。金属间化合物的增加，随着加热保温时间延长而沉淀硬化，使合金强度增加；Ni-Cr 合金中碳含量高时，长时间的加热和保温，有可能析出碳化铬相，也会给热加工带来困难。锑和硫一样，形成低熔点化合物分布于晶界，降低加工性能和使用温度及使用寿命。

从 Ni-Cr 合金相图可知，铬含量越高，越接近两相区，不但硬度增高，脆性也增大，导热率却减小，硅含量高时也使合金强度增强。

Ni-Cr 合金的热导率仅是纯铁的 1/5（纯铁的热导率是 66.989W/(m·K)，Ni-Cr 合金的热导率是 12.560W/(m·K)），即同样大小的工件，如果加热到同样的温度，里外温度基本一致时所需的时间，Ni-Cr 合金要比纯铁高 5 倍多。

10.1.3　Ni-Cr 合金的加热制度

由上述可知，Ni-Cr 合金钢锭或坯料的加热要求严格。其一是由于热导率小，升温速度必然缓慢，猛火快烧势必造成里外温差太大，热应力也大，外表晶粒容易过粗，于热加工不利。其二是硬化相的存在，要求温度要高，使合金中硬化相充分溶解，但又不能过烧。其三是沉淀硬化的析出，要求加热和保温时间都不能过长，如果因设备故障或准备不足而拖延时间，必须采取临时紧急措施，不能长时间搁置在高温炉中不管。对 Ni-Cr 合金，冷钢锭入冷炉的加热升温速度以 4 ~ 5℃/min 为宜，900℃以上可为 250℃/h。钢锭的铸造加热温度一般不超过 1280℃，开锻温度 1260℃，保温时间 100min 左右（视钢锭尺寸大小而定），二火保温时间 30min 左右。终锻温度在 850℃以上。降温以垛空冷，约 150 ~ 200℃/h 为宜。

如果 Ni-Cr 合金锭是热送，其自身温度已在 800℃左右，升温至 1260℃需 80min 左右，保温也要 100min 左右。

轧制前的加热制度也是相当重要的。如果是钢锭热轧开坯，其加热制度和锻造时的加热制度一致。如果是锻坯轧制，因其坯料尺寸较小，相应的升温时间、保温时间可较短。但也看加热炉容积，坯料堆码量和层次而变化。例如 34 方或 58 方，在炉中堆码几堆，每堆 4 ~ 6 层，那么在 850℃以前的冷坯入冷炉则以 50℃/h 升温，而在 850℃以上可以60℃/h 速度升温。保温温度 1240℃，保温时间约 1h，开轧温度 1220℃，终轧温度不低于 800℃。

Ni-Cr 合金正常金相、过热金相组织和过烧外貌图像及钢锭底部气孔照片见图 10-1 ~ 图 10-4，供参考。

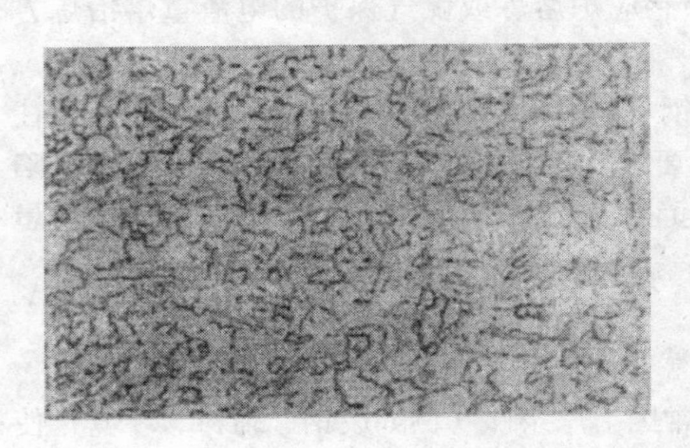

图 10-1　Ni80Cr20 元件热处理后的正常组织结构

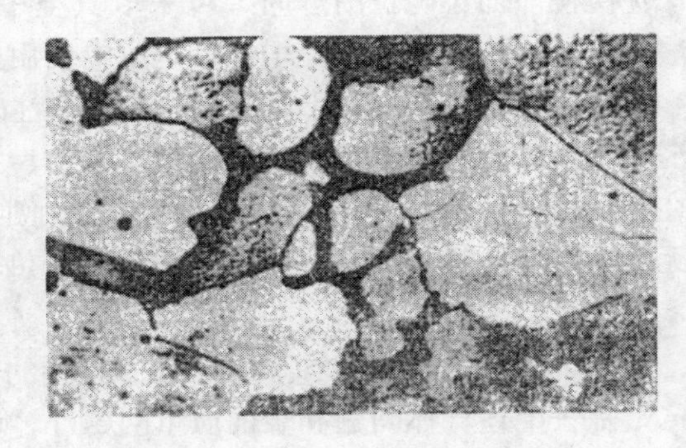

图 10-2　Ni80Cr20 元件过热产生组织结构的熔接

图 10-3　电渣重熔 Ni80Cr20 钢锭底部因渣料潮湿产生的气孔情况
（照片中的白影非材质本身问题）

图 10-4　Ni80Cr20 锭在铸造前加热过烧情况（锭下半部）

10.1.4　Ni-Cr 合金的热加工

Ni-Cr 合金钢的热加工分为盘条和扁带两种半成品加工，重点是盘条热加工。

Ni-Cr 合金钢锭，锭重 25kg 或 50kg，一般都经锻造成坯后转轧钢工序轧制。

10.1.4.1　Ni-Cr 合金锭的锻造

Ni-Cr 合金锭高温变形抗力大，最佳变形温度区域狭窄，开锤锻打时要轻落锤头，轻拍几下后转为重锤均匀迅速锻打，并且快速地翻转钢锭，不允许在同一打击面上连打三锤，随时有节律地移动合金锭，不能出现锤痕之间有较大的过渡台阶，合金锭变形交接处的接口长度不小于 100mm。因为锻造加工是上下受压变形、左右、前后受拉变形，所以锻造时宜从合金锭中部向两端扩展，上下、左右形成十字交替，促使四面均匀变形。接近半成品尺寸时，调头，纵向梳理平直。由于小型合金锭散热快，往往是打完一头就回炉。保温 20 ~ 30min 后再打第二火，三火。尤其像 NiCrAlMnSi 之类的 Si 高、Al 高钢锭，变形抗力大，最佳变形温度区域更狭窄，脆裂倾向大，轻拍轻打，快速上锤，多次回炉，多火锻打成活是常事，不能急于求成。如果 Ni-Cr 合金锭中 C 高，N_2 高，H_2 高，尤其是 N_2 高，一开锤就崩裂的钢锭，只有整炉次地返回炼钢，Ni80Cr20 铸锭锻造时发生横裂（见图 10-5）。

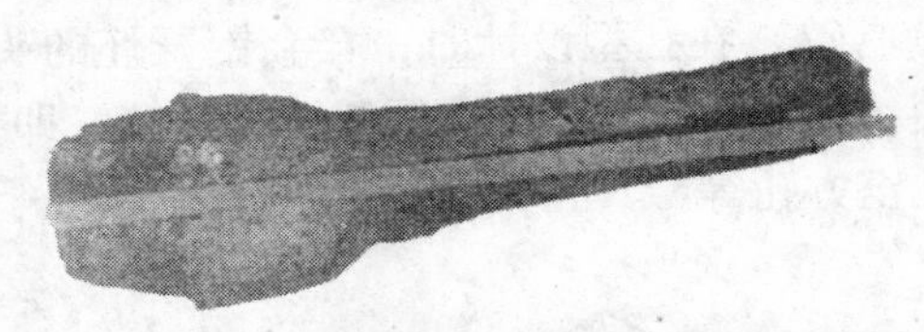

图 10-5　锻造 Ni80Cr20 铸锭易发生横裂情况

锻打成的半成方坯或圆坯，都按批码垛空冷。当然红转下道工序，对节约能源大有好处。但锻打的半成品表面需要修磨，头尾也要将缩孔、开裂等缺陷切除干净。有时对红热表面存在的缺陷不易辨别，要等到完全冷却后检查判定，对其表面缺陷铲除修磨干净才能下转轧制，避免后步工序发生更大质量事故和设备事故。

锻打此类合金钢锭，最好是 10kN 以上的蒸气锤，或 10 ~ 20kN 的空气锤，锻打必须有劲。

10.1.4.2　Ni-Cr 合金的热轧制

Ni-Cr 合金的热轧制，有承接锻造的方坯半成品（多为方坯），也有承接真空感应炉直接浇注的圆锭或经过电渣双联冶炼的圆锭。尽管来路不同，都要求热轧出盘圆或带坯，以供后步加工电热、电阻元件的需要。

A　轧制设备

由于电热、电阻元件多是采用圆丝或扁带制作，因而要求对 Ni-Cr 合金轧成盘圆或带坯。目前除用锻锤开坯外，还有用初轧机开坯，再用成品轧机轧出盘条或带材。根据电热合金锭重一般都较小，所用的开坯机为 ϕ500 或 ϕ400 轧机，而 ϕ300 为中轧，ϕ270 预精轧，ϕ200 为成品精轧机。现在电热丝、带有增加盘重、加宽和展薄的趋势，加上提高生产效率、降低消耗和成本、提高质量的要求，要求轧机上档次、提高轧制速度有上升趋势，摩根 45°精轧机等提到日程。

B　轧制操作要点

对合金锭加热温度比方坯要高，时间稍长，保温要足够，使其里外温度均匀一致，但又不能过烧。为避免煤焦油黏着物，尽量不采用天然煤加热，要尽量采用重油或天然煤气或电加热；加热炉应明确分低、中、高温段。

如果在轧制过程中因轧机发生较大故障，必须把炉温降到下限以内，不可在上限保温等待。

含 Cr 偏高的 Ni-Cr 合金钢终轧温度不能低于 800℃，因为低温加工的变形抗力很快加大，开裂倾向也在增加。例如 Ni80Cr20 合金和 Ni60Cr15 合金就不能一样对待。

C 轧制孔型设计探讨

如果将铁基和镍基两类电热合金放到一块儿考虑，会给孔型设计带来很大困难。

生产实践得知，对合金锭的轧制要比方坯难，当钢锭已锻成或轧制开坯成方坯后，进一步的轧制就较为容易。

由于 Fe-Cr-Al 类铁素体钢的热导率低，高温下晶粒长大倾向大，脆性也大，升温不宜快，加热温度也不宜太高。Ni-Cr 类奥氏体钢的热导率小，虽然脆性小，但变形抗力比较大，这些特点决定了它们的局部变形宜小，整体变形要均匀，以避免层间或块间应力过大而产生断裂。这就给热轧孔型设计提出如下特殊要求：

（1）钢锭开坯时，前两道变形量宜小，各道次的延伸系数都不能太大。国外头两道延伸系数在 1.1 左右，后面的道次延伸系数也只在 1.2 ~ 1.3 之间。必须指出，过大的延伸系数会给轧制质量带来不稳定，对 Fe-Cr-Al 合金更是如此。

（2）在孔型设计时，合金锭开坯的头两道应尽量避免锐角。因为锐角降温快，易开裂，也易出折皱。采取圆弧曲面过渡，即方弧或箱弧孔型，再进入立箱，扁箱、立箱、菱孔至方孔等。其孔型如图 10-6 所示。

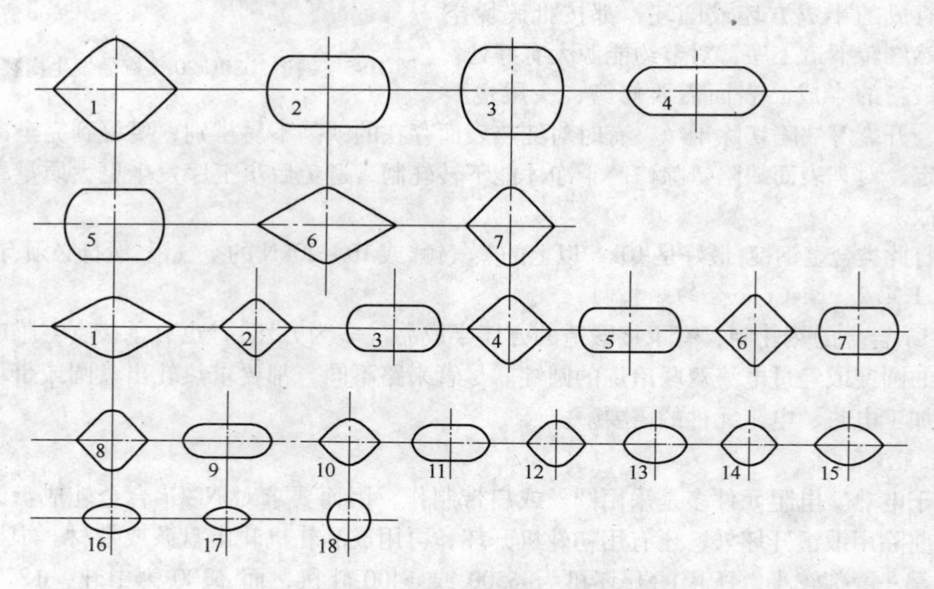

图 10-6 电热合金热轧孔型系列

（3）由于电热合金的摩擦系数比高碳钢大，在设计轧辊孔型时可采取较小的咬入角（一般控制在 20°以内）。

（4）FeCrAl 类电热合金在高温 1200℃时塑性较好，常说比 Ni-Cr 合金软，但也易出“耳子”。因此，在孔型确定后，加热制度、辊缝的调整，导卫的装配和调整成为关键。

（5）采取方弧、箱弧、六方、棱、方、椭、圆等混合式孔型结构，是多年生产实践的总结。

（6）必须重视对合金锭、方坯、盘条表面各种缺陷的精整。

轧制方坯和盘条的典型缺陷如图 10-7 ~ 图10-9所示。

10.1.4.3 关于老式横列式轧机轧制问题

对于小批量、多品种、小锭型、高合金钢钢锭轧制，使用老式横列式轧机轧制，产能与炼钢匹配，尽管生产效率低、劳动强度大、单重小、能耗较高，但总投入低，成本也较低。但此种老式轧机如搞成连轧则问题较多。有人利用它与摩根精轧机联合成连轧流水线，速度和效率提高了，自然投入增加较大，而小批量、多品种、小锭型、高合金钢锭却要求连轧要有高度的灵活性，但老式水平连轧，轧速不可调，轧制过程中仍要对轧件进行扭转，控冷条件欠缺，孔型设计众口难调，适应不了不同钢种的轧制，造成中间废品和成品废品都增加，大马拉小车造成消耗高、成材低、成本高，经济效益反而失算。

图 10-7 方坯缩孔和杂质皱裂情况

图 10-8 盘条表面折叠情况

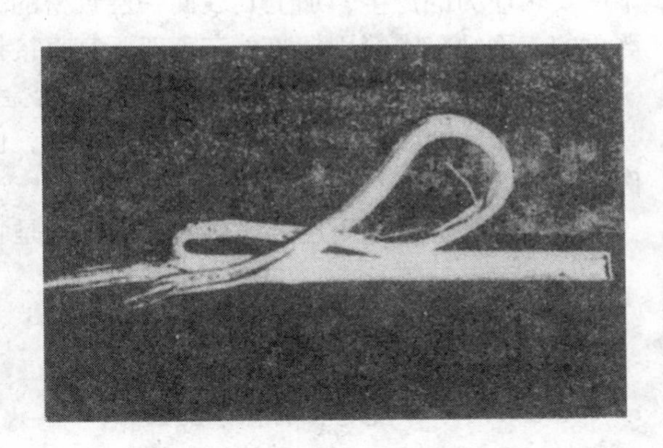

图 10-9 盘条头部劈裂情况

北京远东电渣熔铸所方崇实认为：现在，我国即使普碳钢厂都较多地使用两平一立连轧，其轧速可调，实现全线无扭轧制。对于小批量、多品种、小锭型的高合金钢锭轧制棒线材生产，在轧制上最好采用新式现代 Y 型轧机，它可实现可调、灵活多变、无扭无张力、全线压应力变形轧制。其优点是每架轧机的轧速可根据不同钢种自动调节；每架轧机的孔型可根据不同钢种自动调节；全线无扭无张力轧制，符合高合金钢塑性变形要求；全线压应力变形，适应于低塑性高合金钢变形；轧制圆材精度可达 ±0.1mm 以内；全部轧制过程由计算机控制、转换钢种、规格不用试车，中间废品少，吨钢轧制能耗低，经济效益好。这就能从根本上改进当前小批量、多品种、小锭型的高合金钢线棒材生产问题。

10.2 Ni-Cr 合金的冷加工

10.2.1 拔丝冷加工工艺流程

Ni-Cr 合金的冷加工成品分为丝和带。本文重点是丝的冷加工，其拔丝冷加工工艺流程如图 10-10 所示。

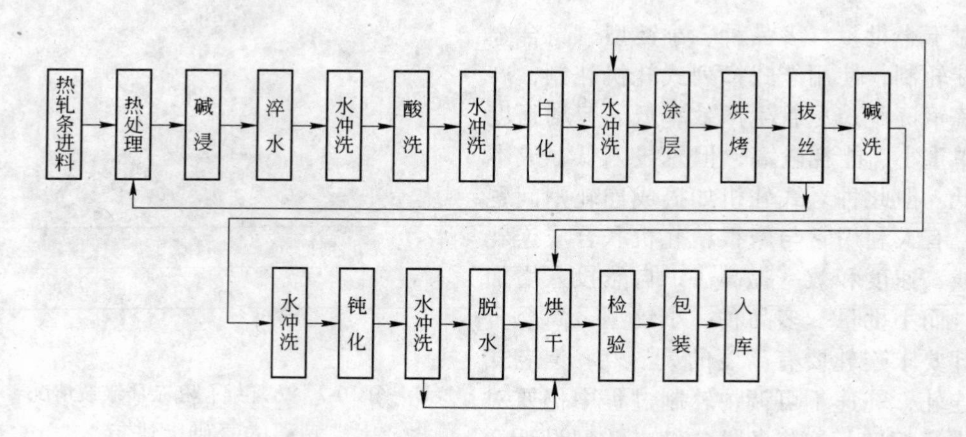

图 10-10 Ni-Cr 合金丝的冷加工工艺流程

由于热轧 Ni-Cr 合金盘条终轧温度各异，加上没有在线退火，造成盘条的晶粒度大小不一及热应力的产生，加上其表面一层致密的氧化皮，甚至带有各色各样的表面缺陷，除严重的表面缺陷需特别精整外，一般不宜直接拉拔。

盘条热处理（退火）的目的，是将其合金丝材加热至再结晶温度以上 40℃左右，使其重新结晶，消除热轧残存应力，提高塑性，促进晶粒均匀一致，为拔丝加工创造良好条件。

越来越多厂家采用连续式热处理炉，只是它的造价必须有规模产量相匹配。

10.2.2 碱浸

碱浸是退火后酸洗前的预处理。

10.2.2.1 碱浸过程的化学反应

（1）Cr_2O_3 与 NaOH 反应生成亚铬酸盐：

$$Cr_2O_3 + 2NaOH \longrightarrow 2NaCrO_2 + H_2O \tag{10-1}$$

亚铬酸钠不溶于水。

（2）亚铬酸钠被空气中的氧和硝酸钠氧化生成易溶于酸和水的铬酸钠：

$$4NaCrO_2 + 3O_2 + 4NaOH \longrightarrow 4Na_2CrO_4 + 2H_2O \tag{10-2}$$

$$2NaCrO_2 + 3NaNO_3 + 2NaOH \longrightarrow 2Na_2CrO_4 + 3NaNO_2 + H_2O \tag{10-3}$$

通过以上化学反应，使不溶于水和酸的三价铬（Cr^{3+}）通过氧化生成易溶于水和酸的六价铬（Cr^{6+}）。

（3）亚铬酸盐即由氧化铁和氧化镍组成的尖晶石型结构的化合物（$FeO \cdot Cr_2O_3$ 和

$NiO \cdot Cr_2O_3$）及氧化亚铁和四氧化三铁，被空气中的氧和硝酸钠氧化：

$$2FeO \cdot Cr_2O_3 + NaNO_3 \longrightarrow Fe_2O_3 + 2Cr_2O_3 + NaNO_2 \tag{10-4}$$

$$4FeO \cdot Cr_2O_3 + O_2 \longrightarrow 2Fe_2O_3 + 4Cr_2O_3 \tag{10-5}$$

$$2NiO \cdot Cr_2O_3 + NaNO_3 \longrightarrow Ni_2O_3 + 2Cr_2O_3 + NaNO_2 \tag{10-6}$$

$$4NiO \cdot Cr_2O_3 + O_2 \longrightarrow 2Ni_2O_3 + 4Cr_2O_3 \tag{10-7}$$

$$2FeO + NaNO_3 \longrightarrow Fe_2O_3 + NaNO_2 \tag{10-8}$$

$$2Fe_3O_4 + NaNO_3 \longrightarrow 3Fe_2O_3 + NaNO_2 \tag{10-9}$$

10.2.2.2　碱浸工艺（表10-1）

表10-1　Ni-Cr 合金的碱浸工艺

溶液成分		溶液温度/℃	浸泡时间/min	每罐开盖一次被浸盘条数量
NaOH80%（约1600kg）	$NaNO_3$20%（约400kg）	500~600	3~5	2000kg 以内

10.2.3　酸洗

Ni-Cr 合金钢盘条的酸洗是在碱浸处理之后部分氧化皮剥离的基础上进行。

10.2.3.1　酸洗方法

酸洗是酸与金属及其氧化物发生化学反应的过程。酸洗的基本方法是在硫酸或盐酸的水溶液中进行。Ni-Cr 合金钢盘条主要采用硫酸水溶液加入一些食盐，在酸洗槽中加温至80℃进行的。对极难去除氧化皮的 Ni-Cr 改良型合金才用三酸（王水）或氢氟酸水溶液进行酸洗。

10.2.3.2　酸洗化学反应

碱浸处理后的 Ni-Cr 合金钢盘条，与硫酸水溶液（温度 50~80℃）接触后，硫酸与 Ni-Cr 未剥落氧化物及机体发生如下化学反应：

$$Cr_2O_3 + 3H_2SO_4 \longrightarrow Cr_2(SO_4)_3 + 3H_2O \tag{10-10}$$

$$Cr + H_2SO_3 \longrightarrow CrSO_4 + H_2\uparrow \tag{10-11}$$

$$NiO + H_2SO_4 \longrightarrow NiSO_4 + H_2O \tag{10-12}$$

$$Ni + H_2SO_4 \longrightarrow NiSO_4 + H_2\uparrow \tag{10-13}$$

经过上述化学反应，腐蚀下来的合金变成硫酸盐及氢气，而铁变为硫酸亚铁 $FeSO_4$ 和硫酸铁 $Fe_2(SO_4)_3$ 等。

10.2.3.3　影响酸洗效率的因素

（1）酸液浓度与温度：硫酸质量分数低于23%时，酸洗速度随其质量分数的升高而加快。当超过此质量分数后，再增加其质量分数反而使酸洗速度减慢。

温度提高，酸洗速度加快，但无极大值。

（2）酸液中铁盐含量的影响：酸洗过程中，酸液中不断生成硫酸亚铁，随着酸洗量的增加，酸的质量分数不断降低，铁盐不断增加。酸溶液中铁盐含量的增多对酸洗效率和效果有一定的影响。

(3) 氧化皮：不同成分的氧化膜，给酸洗带来不同的难度，酸洗硫酸质量分数、温度、时间的控制都非常严格。

(4) 硫酸溶液中加食盐的作用：硫酸溶液中加入食盐主要是当缓蚀剂，另外是生成盐酸，加强酸洗溶解，减少酸洗印迹，洗出钢丝表面较洁净白亮；还可提高酸洗液的活性。

10.2.4 白化（钝化）

采用硝酸水溶液使酸洗后钢丝表面钝化。HNO_3 在常温下能与镍基合金钢丝发生化学反应，使钢丝表面生成一层薄薄且致密的氧化膜，保护金属内部不再受腐蚀。

10.2.5 涂层

涂层又称润滑剂载体，附着在粗糙的钢丝表面，使拉拔进模具前吸附更多的润滑剂。合金钢丝在拉拔前必须经过涂层处理。

10.2.6 润滑剂

拉拔用润滑剂的作用是在钢丝和模孔内壁之间形成一层润滑膜，将钢丝和模壁隔开，减少摩擦，保证正常拉拔。常用钠基皂、钙基皂或中性磺酸盐甚至镁盐。

10.2.7 镍基电热合金钢丝的拉拔

10.2.7.1 拔制工艺的确定

拔制最重要的问题是合金钢丝表面的划伤。其影响因素除来料表面质量、热处理质量、酸洗涂层和润滑剂质量以及模具质量外，还有拔制的道次压缩率和总压缩率安排。一般原则是，根据半成品或成品尺寸要求，先安排总压缩率后分配道次压缩率。对镍基合金钢丝的总压缩率还应看规格和组距，即≥ϕ5.0mm 者其总压缩率一般控制在 40% ~60%；ϕ2.0 ~5.0mm 者控制在 60% ~80%；ϕ2.0mm 以下者控制在 75% ~90%；细丝控制在 90% ~95%。

10.2.7.2 拉拔 Ni-Cr 合金钢丝应注意的问题

(1) 裂头丝必须切净，盘条必须理顺，不绞线；

(2) 对焊应高温强挤出圆饼，焊缝要磨平，不得留有焊渣、焊瘤；

(3) 大、中规格连拔机必须有水冷模套。

(4) 涂层不能太厚。

(5) 润滑粉必须干燥。

具体详细可参考铁基电热合金加工。

11 Fe-Cr-Al 铁基电热合金

11.1 铁铬铝合金的相

11.1.1 铁铬铝合金相图

铁铬铝合金系在室温时的相图如图 11-1 所示，而在高温 1150℃ 淬火状态下的相图如图 11-2 所示。

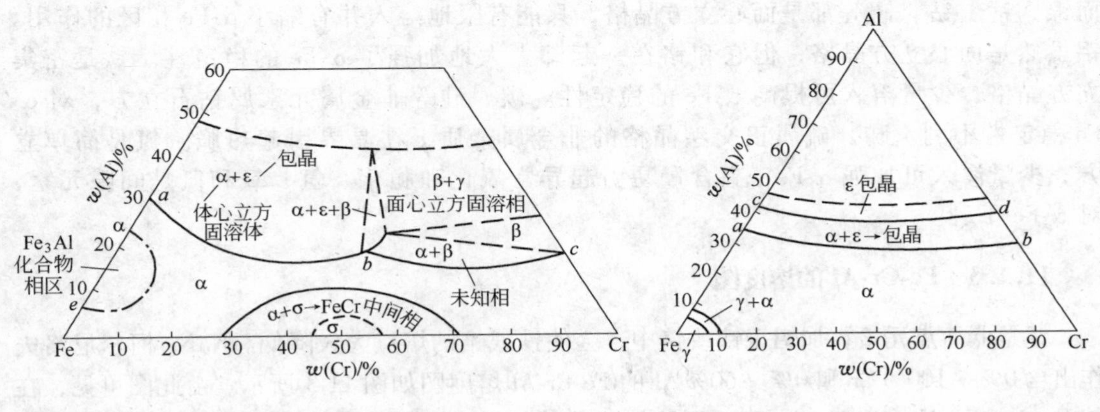

图 11-1 Fe-Cr-Al 系相图（室温相图）

图 11-2 Fe-Cr-Al 合金相图（自1150℃淬火状态下）

由 Fe-Cr-Al 三元系相图，我们可以看到：

（1）Fe-Cr-Al 三元固溶体的存在区域以 ab 为界。

（2）铬和铝均为立方晶格，它们能使 α-Fe 晶型稳定。Fe-Cr-Al 三元系铁角内的合金结晶时，铬和铝含量可在很大范围内呈三元固溶体状态。

（3）三元系中的 σ 相（Fe-Cr 中间相）在合金中沿化合物 Fe-Cr-Al 的剖面扩展到 10% Al（质量分数）处（三元系中的铝角）。

（4）Fe 与 Cr 在液态能相互溶解，在结晶过程中形成相互连续的一系列固溶体 β、ε 及 σ 三个相（铬摩尔分数为 40% ~51% 之间）。

（5）Fe 与 Al 在液态下能以任何比例相互作用。铝在铁中溶解度达 34%，并有 FeAl、Fe_3Al、$FeAl_3$ 化合物存在。

（6）至 1650℃时，液态的铬及铝不断地互相溶解，但铬在铝中形成固溶体的范围是极窄的。当合金中的 w(Al) < 17% 时，铝能同铬形成固溶体。当 w(Al) > 17% 时，便形成一系列色晶。

不少研究者指出，合金中如有中间化合物析出，这时合金强度要增高，电阻下降。如果有 σ 相等多相存在时，Fe-Cr-Al 的塑性急剧下降，在冷态时变得很脆。据此，w(Cr) 尽可能控制在25%以下，w(Al)控制在6%以下，才能减少多相发生，尤其是冶炼成分缺乏均匀化手段时容易出现。而尽管Fe-Cr-Al合金成分炼得很均匀时，仍不可避免地在800℃以上和在475℃左右有个特殊转变。这个现象在研究Fe-Cr-Al应变材料时得到证实，它对塑性尤其是Fe-Cr-Al的电阻特性有所影响。它打破了起初认为Fe-Cr-Al的α单相固溶体在使用温度范围内无组织结构变化的认识（详见组织结构变化一节）。

11.1.2 合金元素的影响

一般来说，具有与母体相同的晶格类型且原子半径接近的合金元素，可无限地溶入并扩大母体相区。相反，它们将与母体形成有限地溶入并缩小母体相区。例如Fe-Cr-Al合金中常用的铬、钼、锆、铌、钒、钽等，都与铁母体一样具有体心立方晶格（在高温和室温时，Fe为体心立方晶格），因此，它们有助于α-Fe固溶体的稳定性。而镍、锰、钴、镧等都是面心立方晶格，只能有限地溶入并有缩小α-Fe相区的作用。铝虽然是面心立方晶格，但它和铬在一起却大大地加强了α-Fe的稳定性。钛是密集立方晶格，少量溶入可提高α-Fe的稳定性。碳、硅等非金属元素属钻石立方，对α-Fe稳定性不利。磷、硫属正交型晶格的非金属杂质，在晶界引起热脆。氮是简单立方，少量渗入可加强α-Fe，高含量易引起异常氧化和脆化。氢、氧和氮是间隙元素，对α-Fe不利。

11.1.3 Fe-Cr-Al的熔度图

铝是低熔点元素，加铝于铁或铬中，会使铁或铬的熔点大大降低。N. N. 柯尔尼洛夫作出含0% ~100% Cr和0% ~60% Al的Fe-Cr-Al熔度图如图11-3所示。由此图可见，在与Fe-Cr、Fe-Al、Cr-Al诸二元系固溶体连着的三元系内很大一部分合金在结晶时形成三元固溶体α_3。面*BCDA*是三元固溶体结晶开始的面，*FCDE*则为结晶终了的面。

铁铬铝系三元固溶体液面的熔度等温线投影图如图11-4所示。它不仅表示了三元固溶体熔点的变化与成分的关系，而且只要知道其成分便能决定该合金的熔点，因此，它对决定合金熔化及浇注温度是极有用的。

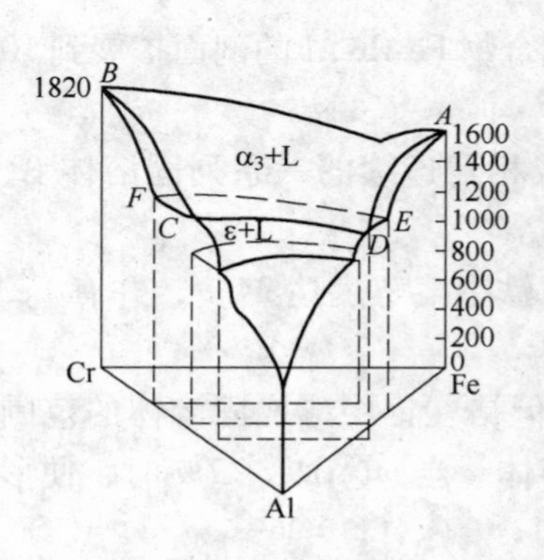

图11-3 Fe-Cr-Al三元系熔度图
（三元固溶体α_3的结晶面）

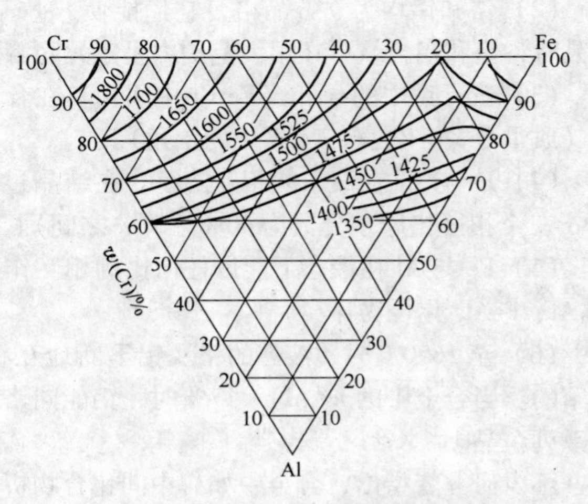

图11-4 Fe-Cr-Al系液相面等温线

11.1.4 铁铬单边空间平衡图

由柯氏的 Fe-Cr-Al 系 Fe-Cr 单边空间平衡图 11-5 可明显看出：三元固溶体的结晶区域；σ 相和 α+σ 相扩展范围以及固态中 α⇌γ 转变的范围；呈倾斜面的磁性转变境界与磁性合金和非磁性合金的存在范围。就 α⇌γ 来说，铁铬合金中加入碳，可大大地改变 γ 区境界线位置。如果在含微量碳的 Fe-Cr 合金中，γ 区的边界在 $w(\mathrm{Cr})=13\%\sim14\%$ 的合金处。当 $w(\mathrm{C})=0.4\%$ 时，γ 区的边界线移到 $w(\mathrm{Cr})=30\%$ 的合金旁。因此，Fe-Cr-Al 中碳的含量越低越好。而含镍较高的 Fe-Cr-Ni-Al 合金（$w(\mathrm{Ni})=20\%\sim30\%$）便成了面心立方晶格的 γ 形态的铁基固溶体。

Fe-Cr-Al 合金正常断面金相照片如图 11-6 所示。

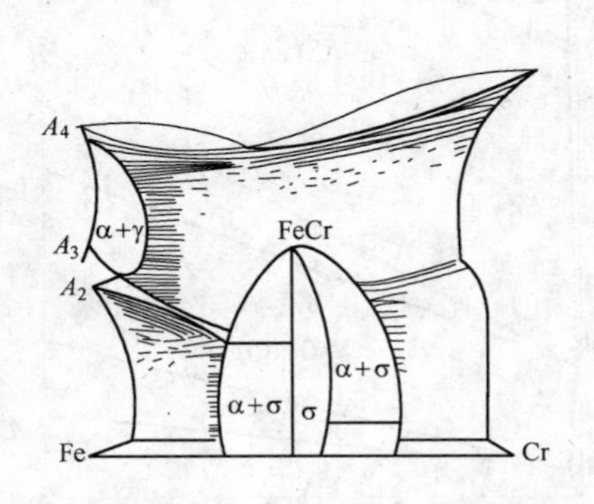

图 11-5 Fe-Cr-Al 三元系 Fe-Cr 侧空间平衡图
A_4—1390℃为 γ-Fe⇌δ-Fe 同素异型转变点；
A_3—910℃为 α-Fe⇌γ-Fe 同素异型转变点；
A_2—769℃为铁素体磁性转变点

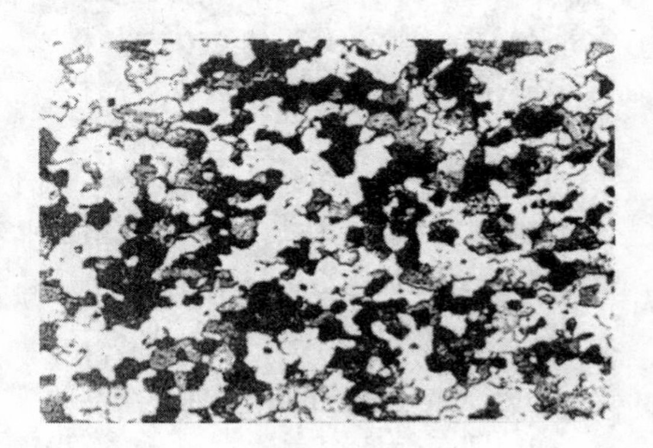

图 11-6 0Cr25Al5 丝热处理后正常组织结构

11.1.5 Fe-Cr-Al 三元合金组织结构的变化

前人认为常用 Fe-Cr-Al 电热合金为单相 α（铁素体）固溶组织，不存在组织结构的变化。但经后来许多研究者发现，Fe-Cr-Al 合金从升温至高温和从高温冷却至室温的整个过程中都存在着电阻可重复性变化。图 11-7 是较典型的电阻-温度关系图。

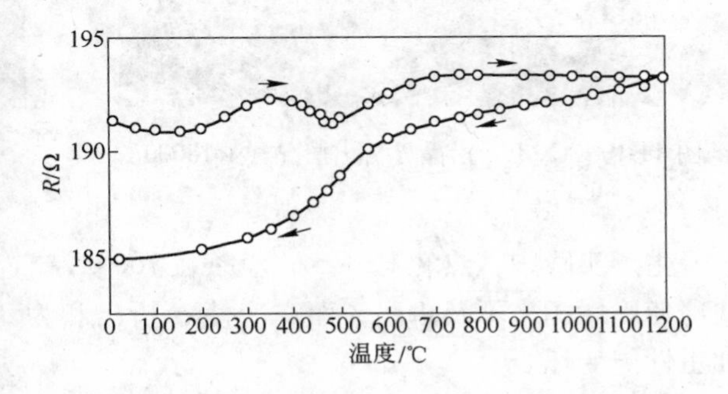

图 11-7 Fe-Cr-Al 合金（$w(\mathrm{Cr})=26\%$，$w(\mathrm{Al})=15\%$，余 Fe）在加热与冷却过程中电阻随温度的变化
（合金的原始状态是 750℃保温 30min，水淬）

对图 11-7 曲线的变化可作如下解释：淬火状态的 Fe-Cr-Al 合金在加热过程中，温度上升至 300℃附近，电阻显著增高是因为同类原子偏聚即“K”状态形成的结果。温度继续升高，电阻逐渐下降，“K”状态逐步解除直至消失，475℃电阻下降至最低点。R. O. Williams 指出，475℃时有 α′（Fe-$w(\mathrm{Cr})=70\%\sim80\%$）富铬

相析出，形成α+α′两相平衡，引起475℃脆性。如图11-8所示。当温度升高到520℃时，发生α′→σ（Fe-Cr中间相）转变，对0Cr25Al5来说，其σ相（Fe-41Cr-9.8Al）析出，将造成合金变脆，直至800℃以上σ相开始溶于α相后转缓。520～800℃区间，除σ相析出外，乃有少量（Cr，Fe)$_{23}$C$_6$析出，如图11-9和图11-10所示。这些化合物析出引起电阻逐渐上升，800℃以后σ相溶解而变缓。温度再度上升至1000多度，如果Fe-Cr-Al合金没经预先氧化处理，尤其在1300℃以上，Fe-Cr-Al吸收空气中大量的氮气，形成大量的氮化物相，脆性大大增加，性能急剧恶化。如图11-11 0Cr21Al6Nb合金元件吸氮造成AlN相沉淀的情况。

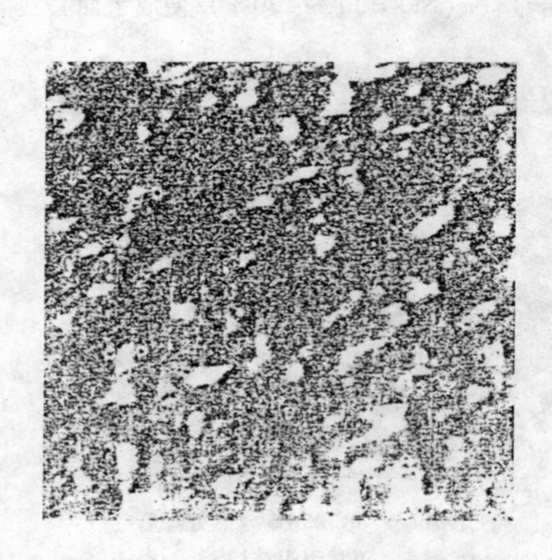

图11-8 475℃时效150h时α′相析出情况

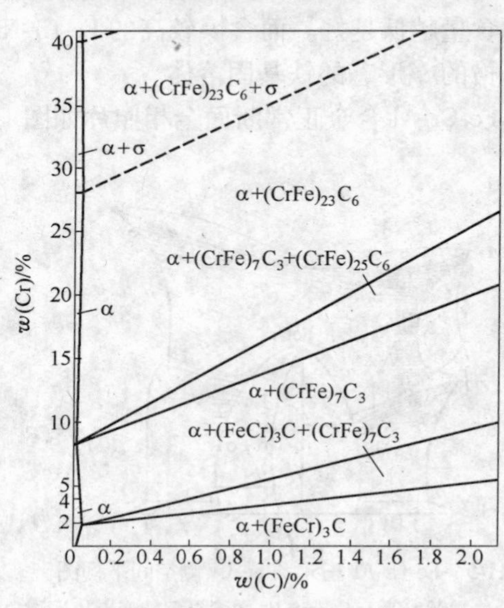

图11-9 Fe-Cr-C合金平衡相图

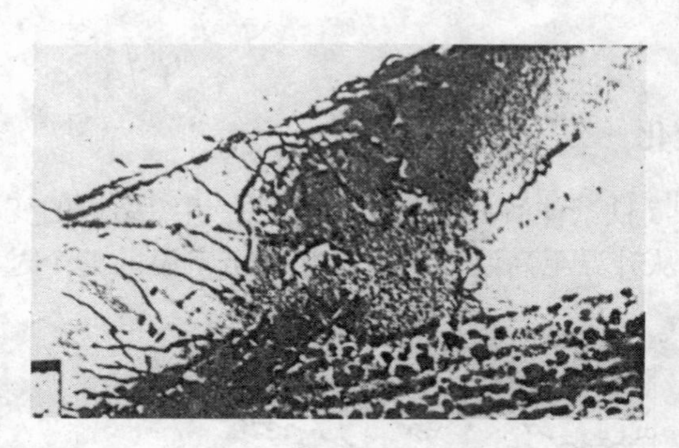

图11-10 Cr23C6沿晶界析出情况（×18000）

图11-11 0Cr21Al6Nb合金电热元件高温吸氮引起AlN相沉淀脆化

生产实践中，热轧Fe-Cr-Al盘条在700℃左右淬水比空冷的塑性要好得多，说明淬水快冷使脆性相来不及析出，而空冷使σ析出和为“K”状态形成创造条件，使塑性下降，加工性能变坏。

图11-12和图11-13说明Fe-Cr-Al合金在中温区有脆性相析出。它提示我们在实用的Fe-Cr-Al电热合金成分范围内有上述组织结构变化，对加工性能和用做精密电阻及应力应变测试材料有影响，在实际生产和使用中应给予注意。

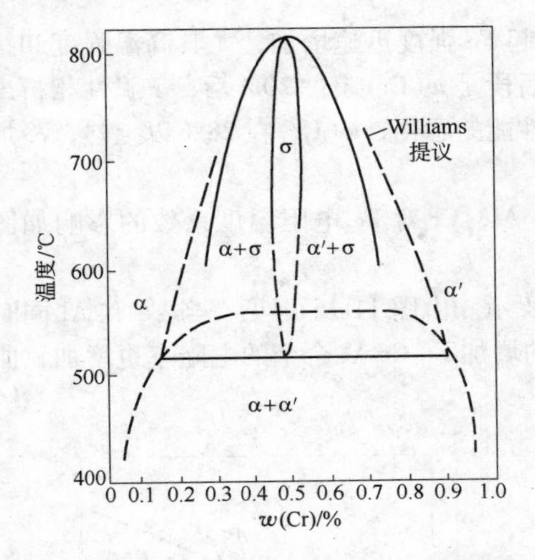

图 11-12 Fe-Cr-Al 合金中温相图（修正补充）

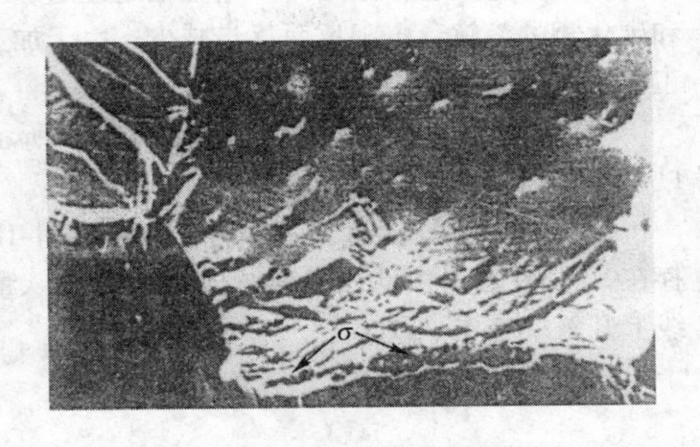

图 11-13 Fe-25% Cr-5% Al 合金中 σ 相沿晶界形成

11.2 合金元素的作用

合金元素除对 Fe-Cr-Al 合金相区有影响外，其常用合金元素的作用如下。

11.2.1 Fe 对合金电学性能等的影响

碳含量极低的纯铁，熔点 1534℃。从 1534 ~ 1390℃ 为 δ 铁。从 1390 ~ 910℃ 为 γ 铁（奥氏体）。从 910℃ ~ 室温为 α 铁（铁素体）。由于加入合金元素数量和热处理工艺及使用条件，使母体铁的表现形式有异，作用也有区别。在高合金钢中，只注意合金元素的影响多，往往忽略基体的影响。在 Fe-Cr-Al 的生产和使用条件下所发生的一些问题，追根寻源却往往与 Fe 的析出物有关。例如脆断问题，不但与合金元素、工艺因素、环境因素，也与铁体变异或优先被脆化有关。碳低、氧低的纯铁，其电阻率很低且易加工。

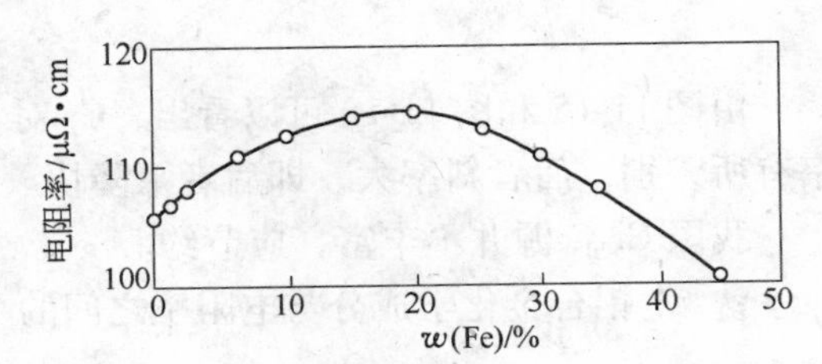

图 11-14 Fe 对 Fe-Cr-Si 合金常温电阻率的影响（w(Cr) = 19%，w(Si) = 1%）[日]须永

金属铁的电阻率为 9.7μΩ · cm。Fe 对 Fe-Cr19-Si 合金电阻率的影响如图 11-14 所示。由图可知，w(Fe)超过 50% 时，该合金电阻率在 100μΩ · cm 以下。但当把铝加进去，其电阻率很快提高。

11.2.2 Cr 对合金电学性能的影响

铬和铁的许多性质差别不大，两者都为体心立方晶格，晶格常数差别很小（α-Fe 为 2.861nm，铬为 2.87nm）；原子半径也几乎一样大小（Fe 的原子半径为 0.127nm，铬为 0.128nm）；密度也不相上下（在 20℃ 时，α-Fe 的密度为 7.9g/cm^3，Cr 的密度为 7.138 g/cm^3）。

铁中加入铬，可大幅度地提高铁的电阻率，随 Cr 含量增加而迅速升高。但当 w(Cr) 超过 20% 时，电阻率反而逐渐下降。分析其原因，前段是过渡族元素，都有未填满电子的

d层，少量碳就能形成碳化物，同时Cr的加入引起Fe强度迅速增加，尤其高温强度和抗氧化性，但脆性也不断增高。电阻在迅速增加。后段是w(Cr)超过20%后，σ脆性相析出和硬化相的溶解，电阻反而逐步减少。由于加工性能的恶化，w(Cr)在28%以上热、冷加工都很困难。

Al、Cr对Fe电阻率的影响如图11-15所示。Al、Cr对Fe电阻温度系数的影响如图11-18所示。

Cr对Fe-Cr-Al合金电阻率的影响如图11-16所示。由图11-16可见，当Fe和Al同时存在，且Al含量由低往高增加时，随Cr加入量的增加Fe-Cr-Al合金的电阻率也增加，曲线上升斜率基本一致。

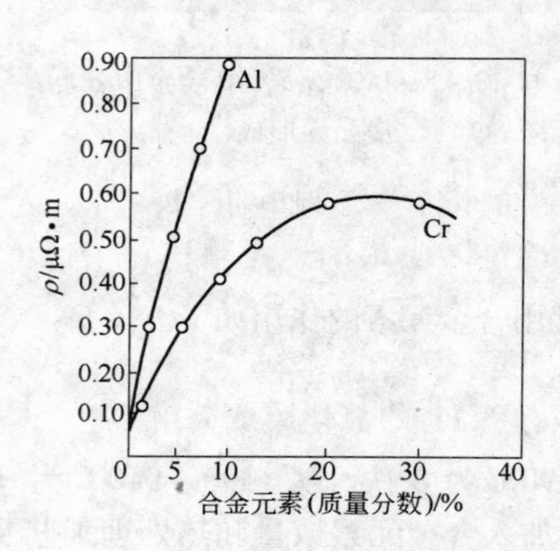

图11-15 Al、Cr对Fe电阻率的影响

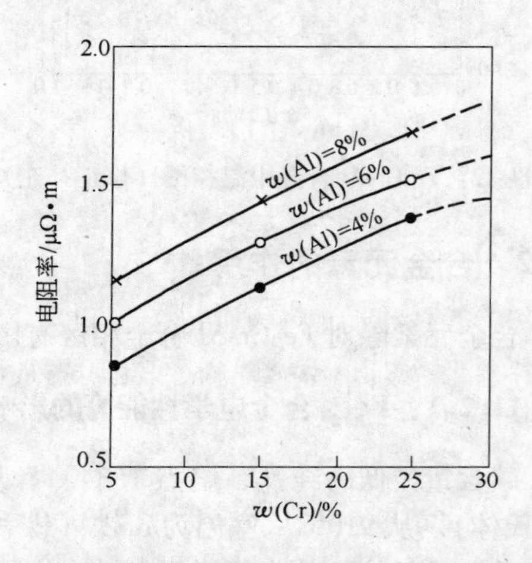

图11-16 Al、Cr对Fe-Cr-Al合金电阻率(20℃)的影响[日]田中

由图11-15和图11-18可以看出，Cr对Fe电阻和电阻温度系数的影响正好相反，其斜率有所差别，后者斜率大，即后者下降快。

我国Cr资源并不丰富，应节约。

铁-铬-铝合金化学成分与电阻率之间的关系如图11-17所示。

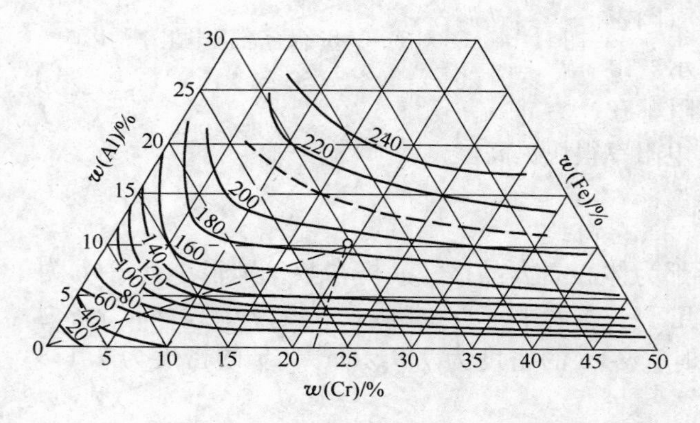

图11-17 铁-铬-铝合金的电阻率(μΩ·cm)与化学成分关系图

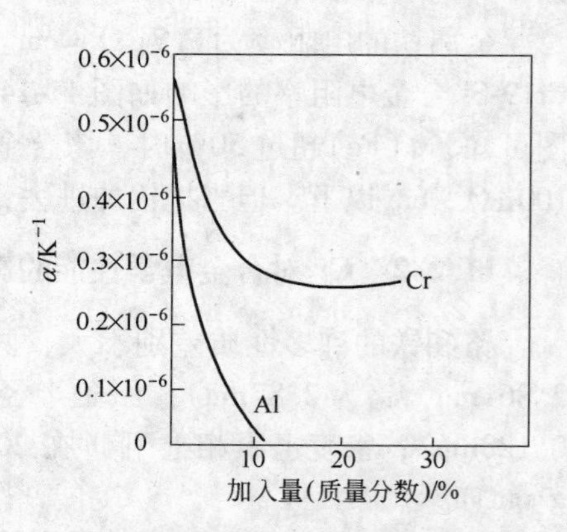

图11-18 Al、Cr对Fe的电阻温度系数的影响

11.2.3　Al 对合金电学性能的影响

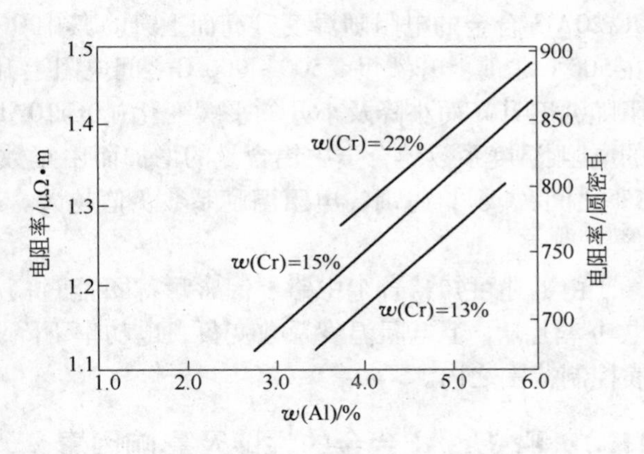

图 11-19　铝对 Fe-Cr-Al 合金电阻率（20℃）的影响

铝为面心立方晶格，晶格常数为 4.04nm，原子半径为 0.1432nm，密度为 2.7，仅为 Fe 的 1/3 强，而晶格常数比铁大 1/3 强。

由于铝是面心立方晶格，晶格常数又比 Fe 大，Al 加入 Fe 中引起 Fe 的晶格点阵畸变，造成 Fe 电阻成直线地急剧上升，比 Cr 强 1 倍。使 Fe 的电阻温度系数成直线急剧下降。详见图 11-15 和图 11-18 及图 11-19 所示。由图可见，Cr 含量越高，Al 使 Fe-Cr-Al 的电阻率增加更多，三条曲线斜率较陡且一致，若铬偏析 1%，则电阻偏差约 0.7%；而铝偏析 0.5% 时，将引起电阻偏差约 2.75%。故冶炼时必须统统控制铬和铝偏析在 0.3% 以下，波动越小越好。

Fe 中同时加入 Cr 和 Al，使电阻增加更多，电阻温度系数变小。

在 Fe-Cr 中加入铝，使其抗氧化性能增强，尤其在高温时的氧化膜成分由 Cr_2O_3 转换成 Al_2O_3，而更加稳定和牢固，使用温度和使用寿命都大为提高（详见 Fe-Cr-Al 抗高温氧化一节）。但在高温、氮气氛中使用，或合金本身含氮过多，都会形成脆性大的氮化铝，易引起脆断，并阻碍 Al_2O_3 氧化膜的形成。在大气中高温下使用时，铝都会吸氮形成有害的氮化铝堆积而脆断。

Al 的加入使 Fe-Cr 的熔点降低，这在 Fe-Cr-Al铝合金熔度中看得更加清楚。

Al 的加入使 Fe-Cr-Al 合金的脆性迅速增加，当 Al 含量 $w(Al)$ 达 8% 时，热、冷加工都已很困难（详见后面 Fe-Cr-Al 加工性能一节）。

相比之下，Al 资源比镍、铬资源要充足些，但由于 Al 的用途广泛、消耗也大，仍应节约。

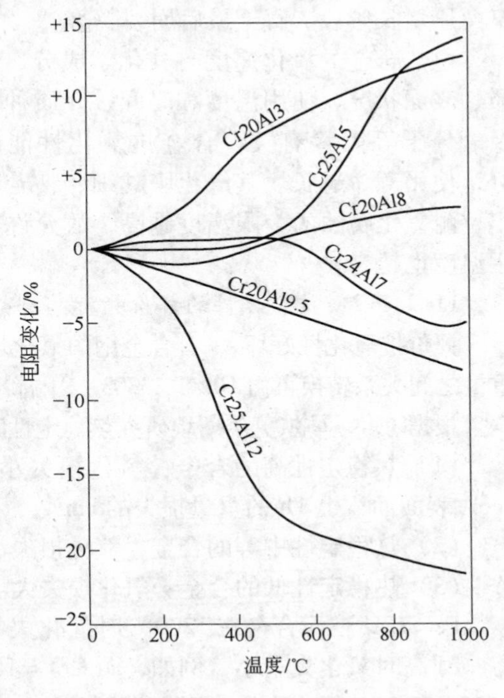

图 11-20　部分 Fe-Cr-Al 合金的典型电阻特性
来自“R. Beitodo”资料

11.2.4　不同成分 Fe-Cr-Al 合金的电阻温度特性

铁铬铝合金的化学成分不同时，其电阻随温度变化而变化的情况各异。几个主要化学成分的 Fe-Cr-Al 合金的电阻——温度曲线如图 11-20 所示。由图可知，常用的 0Cr25Al5 合金和

0Cr20Al3 合金的电阻随温度升高而上升。其中 0Cr23Al3 合金一路飙升，而 0Cr25Al5 合金在500℃之前上升缓慢，500~900℃之间电阻上升很快，900℃以后放缓。0Cr20Al8 合金电阻随温度升高而小降及小升的平缓变化；0Cr20Al9.5 合金为一条直线地往下降，说明合金的电阻-温度系数随合金中铝含量的增加而由正数变成负数，这个界限约为w(Al)在7%~8%之间，[Al] 越高，电阻温度系数负值越大。这意味着电热元件发热量减小，炉温往下降。

由上述可知，合金中铬、铝含量都不能过高。两者含量都很高时，合金电阻率虽高，电功率上升，但电阻温度系数变负，电功率下降，尤其在高温时下降更为严重，但仍在仪表控制范围之内。

11.3 Fe-Cr-Al 合金的性能及影响因素

铁铬铝合金的电阻特性在前面已讲到，下面就它的抗氧化性能、力学性能和影响寿命的因素进行介绍。

11.3.1 Fe-Cr-Al 合金的抗氧化性能

11.3.1.1 合金钢的氧化

电热合金钢元件的高温氧化过程分为三个阶段（图 11-21）。*OA* 为氧化初始阶段，速度快、时间短，氧化膜薄，曲线几乎直线上升。*AB* 为中间阶段，是氧化膜稳定且逐渐增厚阶段，故曲线平缓。*BC* 为氧化膜破裂又急剧增长阶段，直至最后崩裂脱落。

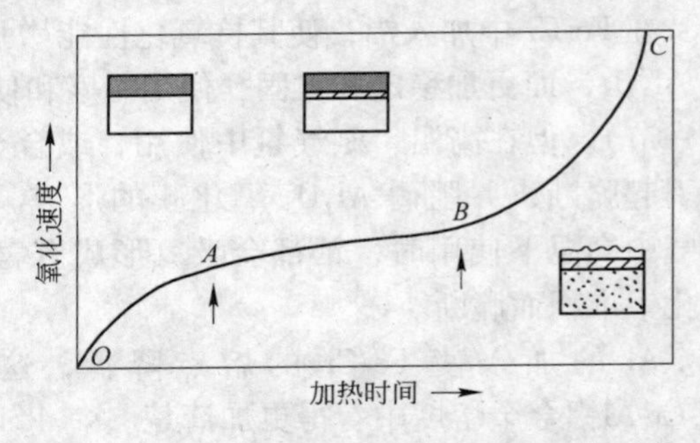

图 11-21 电热合金高温氧化过程示意图

OA—氧化膜形成阶段；*AB*—氧化膜稳定阶段；*BC*—氧化膜破裂阶段

电热合金的氧化速度与其化学成分、杂质、表面状况、使用温度和时间、介质种类及氧分压等因素有关。合金抗氧化性能越好，使用寿命越长。其氧化膜越细、粘着越牢、耐氧化腐蚀的上限温度越高，故允许使用温度也越高。

11.3.1.2 抗氧化性的评价指标

评价抗氧化性好坏，一有合金钢的氧化增重或失重；二有氧化深度指标（氧化深度与氧化重量之间关系转换可由 GB/T 13303—91 标准进行）。但只作为研究讨论，不作为判定标准。

根据 Л. B. 马尔莫尔斯坦研究热稳定性时所用的标准，按照氧化程度不同，将合金分为：

(1) 热稳定性高的合金：氧化损失小于 0.001cm/(cm^2·h)（前苏联表示方法：即 1cm^2 表面面积上 1h 的重量损失的 cm 数，下同）；如图 11-22 中的Ⅰ区。

(2) 热稳定性中等的合金：氧化损失小于 0.01cm/(cm^2·h)，如图 11-22 中的Ⅱ区。

(3) 热稳定性低的合金：氧化损失大于 0.01cm/(cm^2·h)，如图 11-22 中的Ⅲ区。

Fe-Cr-Al 三元合金在 1200℃时氧化失重部分数据如图 11-22 所示。由图可见，当 Cr 高、Al 高时氧化失重小，例如，w(Cr)=15%~20%和w(Al)=4%~7%的 Fe-Cr-Al 合金在 1200℃时的氧化失重小于 0.004cm/(cm^2·h)。氧化膜的 X 射线分析指出：热稳定性高的合金的氧化膜主要由 Al_2O_3 构成，热稳定性中等的合金的氧化膜主要由 Cr_2O_3 构成，而

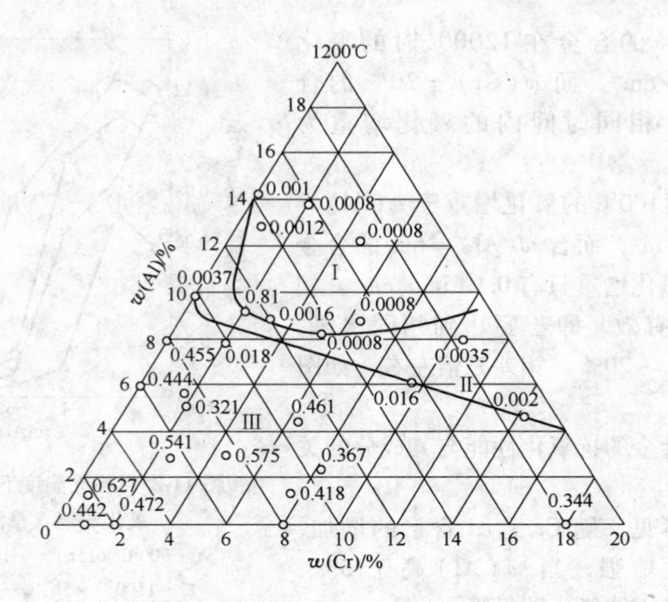

图 11-22　Fe-Cr-Al 三元合金在 1200℃时的氧化失重图（cm/（cm² · h））

热稳定性低的合金的氧化膜主要由 Fe_2O_3 构成。

铁铬铝合金的氧化膜的成分与基体成分具有密切关系。表示氧化膜成分的富铁的铁铬铝合金浓度三角形如图 11-23 所示。三个角各为三种主成分氧化膜区域。三种氧化膜颜色各不相同，防护基体金属不发生氧化的效果也不一样。热稳定高的 Al_2O_3 氧化膜很致密，淡灰色，能遏制氧扩散；热稳定性中等的 Cr_2O_3 氧化膜较致密，深绿色；而热稳定性低的 Fe_2O_3 氧化膜呈黑色，较脆，易从基体金属上剥落。

11.3.1.3　铁铬铝合金的抗氧化性能

铁铬合金在高温段的稳定性，其氧化曲线与铬含量的关系示于图 11-24 中，例

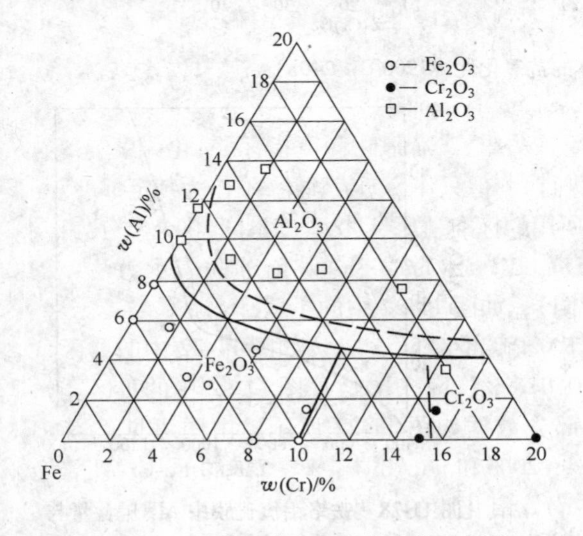

图 11-23　铁铬铝合金氧化膜成分示意图

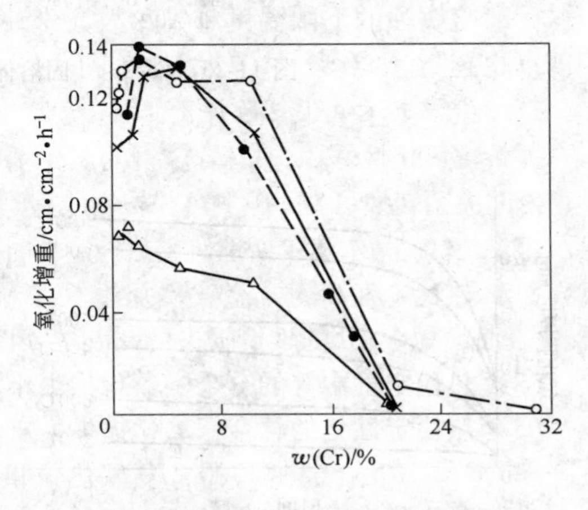

图 11-24　不同温度下 Fe-Cr 合金的氧化与铬含量的关系

△—900℃；●—1000℃；×—1100℃；○—1200℃

如，$w(Cr)=10\%$ 的合金在1200℃时的氧化增重为0.125cm/cm²，而 $w(Cr)=20\%$ 的合金在相同温度、相同时间内的氧化增重为0.01cm/cm²。

铁铝合金在1100℃的氧化增重于 $w(Al)=4\%$ 时为0.10cm/cm²，而含 $w(Al)=6\%$ 的合金在相同条件下的氧化增重只有0.015cm/cm²，相比之下铝比铬更有效，即若要达到相同水平，$w(Cr)$ 应高达18%～20%，相差三倍左右。如图11-25所示。

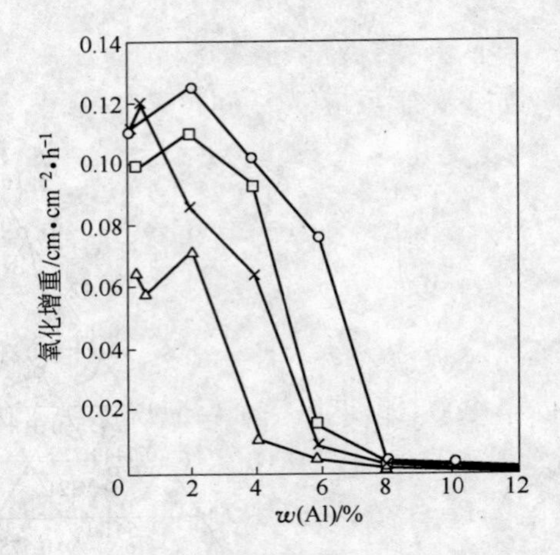

图11-25 不同温度下Fe-Al合金的氧化与铝含量的关系

△—900℃×15h；×—1000℃×7.5h；□—1100℃×5h；○—1200℃×2h

铁铬铝三元合金的抗氧化性能与其成分的关系如图11-26所示。

由图11-26可见，随Cr、Al含量的增加，合金的抗氧化性增强，当 $w(Al)$ 高于5%、$w(Cr)$ 高于20%时，抗氧化性很强。

有人对Fe-25%Cr-5%Al氧化膜的研究结果如图11-27和图11-28所示，由图可见，随

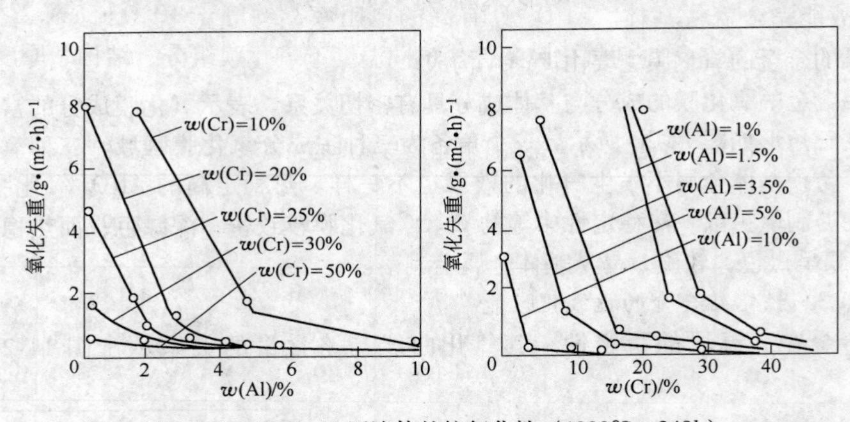

图11-26 Fe-Cr-Al固溶体的抗氧化性（1200℃、240h）

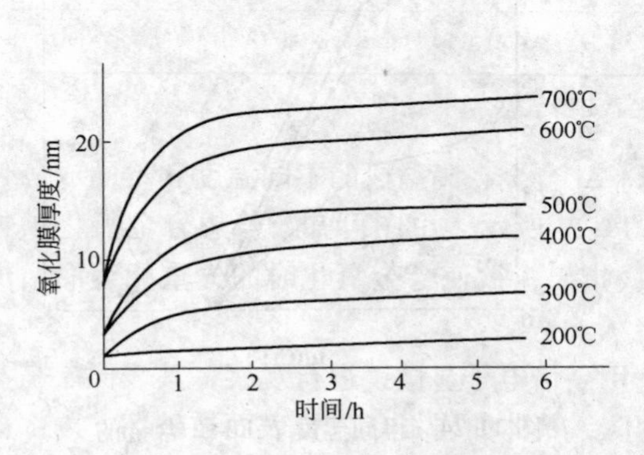

图11-27 Fe-25%Cr-5%Al合金的氧化膜厚度随温度及时间的变化

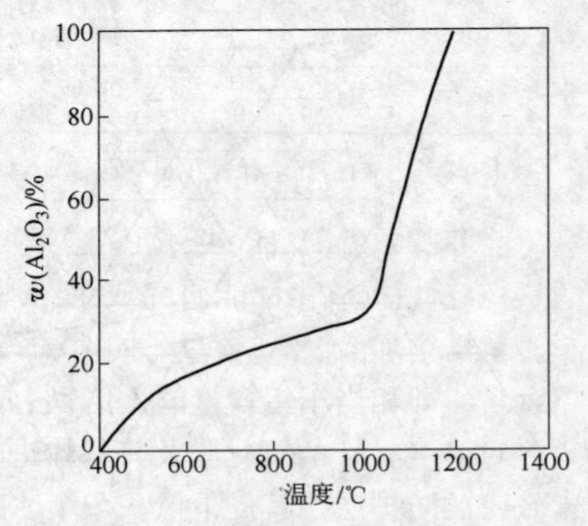

图11-28 铁铬铝氧化膜中 Al_2O_3 含量与加热温度的关系（0Cr25Al5合金）

着温度的升高，在合金表层生成薄的氧化膜，并由不稳定到稳定牢靠。氧化膜形成过程决定于如下化学反应：

$$2(Fe \cdot Cr \cdot Al) + 4\frac{1}{2}O_2 \longrightarrow Fe_2O_3 + Cr_2O_3 + Al_2O_3 \tag{11-1}$$

$$2Al + FeO_3 \longrightarrow 2Fe + Al_2O_3 \tag{11-2}$$

$$2Al + Cr_2O_3 \longrightarrow 2Cr + Al_2O_3 \tag{11-3}$$

在800℃以下第一个反应占优势，在800℃以上则第二个反应占优势。这是因为在热力学上，Al_2O_3 比 Fe_2O_3 及 Cr_2O_3 更为稳定，其Al的氧化物生成热为837.4J/mol，而Fe的氧化物 Fe_2O_3 的生成热为400.9J/mol，Cr的氧化物（Cr_2O_3）生成热为561J/mol，因此，在1200℃以上是纯粹的 Al_2O_3。

800℃以上，Al不断地把 Fe_2O_3 和 Cr_2O_3 还原，并继续生成 Al_2O_3。由于合金表面的Al不断减少，故合金内部的Al不断地向外层扩散，因Al的离子半径小（Fe^{2+} 为0.075nm，Al^{3+} 为0.05nm），故有较高的扩散速度，使表面形成致密的氧化铝层，成了氧往里层基体扩展的屏障，也阻挡 Al^{3+} 和 Cr^{2+} 往外扩散。Al_2O_3 的体积比参与氧化的基体金属的体积大1.28倍，故能完全盖住基体。Al_2O_3 具有高的电阻率，约等于 $10^7\Omega \cdot cm$，它的熔点为2040℃。因此，它具备优良的氧化膜条件。不同温度下氧化膜组分、结构、厚度如表11-1所示。

表11-1 Fe-Cr-Al 合金氧化膜组成与温度的关系表（X射线分析）

氧化膜厚度 \ 测试温度/℃	800	900	1000	1100	1200
外层，约30nm	γ-Al_2O_3 $FeAl_2O_4$ Cr_2O_3（少量）	γ-Al_2O_3 $FeAl_2O_4$ Cr_2O_3（少量）	γ-Al_2O_3 $FeAl_2O_4$ Cr_2O_3（少量）	α-Al_2O_3 $FeAl_2O_3$（尖晶石） Cr_2O_3（少量）	α-Al_2O_3 $FeAl_2O_3$ Cr_2O_3（少量）
里层，100nm	α-Al_2O_3 Cr_2O_3（痕量）	α-Al_2O_3	α-Al_2O_3 $FeAl_2O_3$（痕量）	α-Al_2O_3 $FeAl_2O_3$（痕量）	α-Al_2O_3 $FeAl_2O_3$（痕量）
终了，1μm	—	—	α-Al_2O_3	α-Al_2O_3	α-Al_2O_3

注：α-Al_2O_3 为六方，熔点2030℃，稳定；$FeAl_2O_3$ 为尖晶石型结构。

前苏联学者И. И. 柯尔尼洛夫等人将Fe-Cr-Al合金在高温段的不同温度和不同成分下的热稳定性-抗氧化性能研究成果绘制成如图11-29所示。由图可知，若想合金氧化损失少，就需增加Cr、Al含量。同时，等损失曲线指出，欲使合金氧化时的失重相等而增加铬含量，即相当于铝含量的3倍以上。

对Fe-Cr-Al的氧化膜及其基体进行剖析，用高倍电子显微镜进行观察，其表面层是非常致密的防护层，其皮下像一个个冰砖侧立列队，基体如岩石。只要表面被破坏，内部也易受损。为此，为了保证抗氧性能继续良好，必须有足够的Cr和Al。具体形貌如图11-30（×3000）所示。

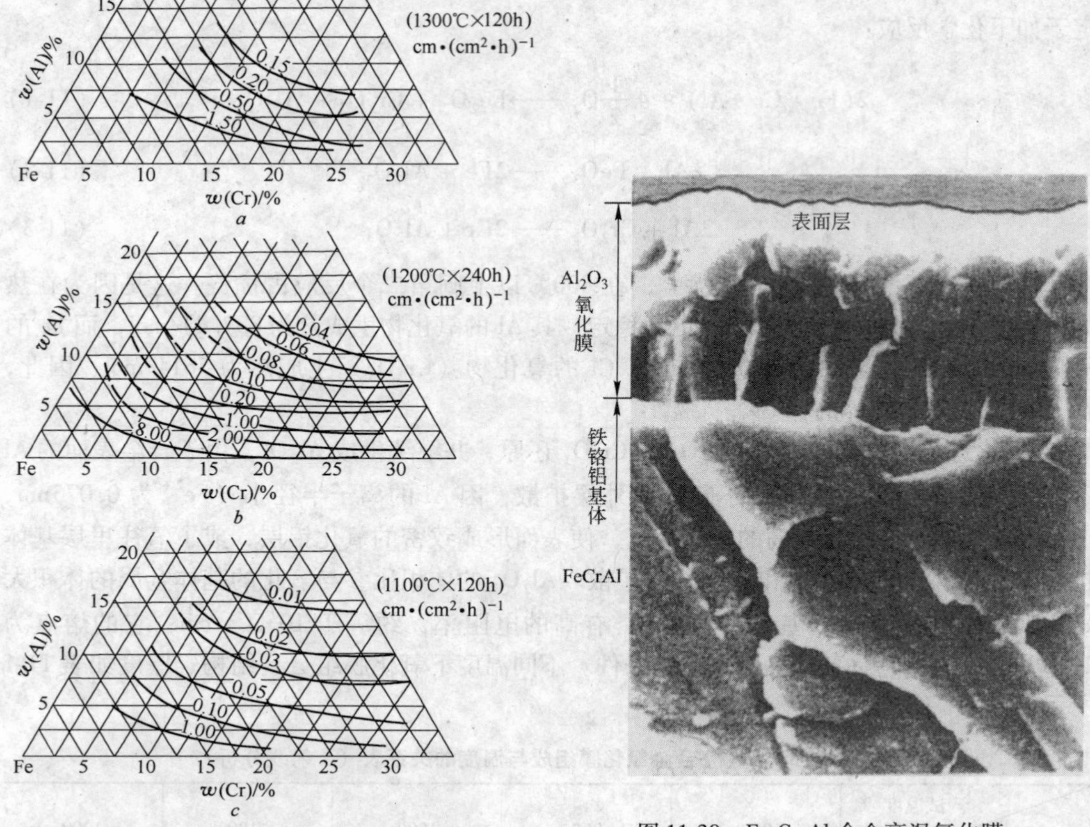

图 11-29 Fe-Cr-Al 固溶体的抗氧化性能

图 11-30 Fe-Cr-Al 合金高温氧化膜横剖断面状态（×3000）

由图可知，若要增强 Fe-Cr-Al 合金的高温抗氧化能力，一要提高其 Cr 和 Al 的含量；二要提高氧化膜的致密度；三要增加氧化膜与基体的黏着性；四要减少破坏氧化膜的各种不利因素等。

值得指出的是，增加 Cr 和 Al 的含量都有限度。w(Cr)超过 28% 会析出 σ 脆性相；w(Al)超过 8% 合金变脆，且易同氮结合析出带棱角的氮化铝，造成合金脆裂和烧断。

11.3.2 Fe-Cr-Al 合金的氧化机理

A 向内氧化

前面说到的氧化过程，其氧化速度的快慢与温度和时间具有密切联系。在一定的温度下，氧化开始仅是一种化学变化，金属原子与氧发生化学反应。如果化学反应的产物不易挥发，它在金属基体表面形成一层中间薄膜——氧化膜，若氧化膜不能完全覆盖金属基体表面，则氧化将以等速继续进行。若氧化膜能完整的、致密的覆盖在金属表面上，则其化学反应速度——氧化速度将受离子及电子在氧化膜中扩散所支配。氧化速度将随着氧化膜的不断增厚逐渐减缓。氧化温度愈高，则氧化速度愈快。

氧化膜铺盖的基本条件是：

$$\frac{V_{ox}}{V_m} > 1$$

式中 V_m——参与氧化的金属体积；

V_{ox}——金属形成氧化物的体积。

$\frac{V_{ox}}{V_m} > 1$ 表示氧化膜能完整地覆盖金属，具有保护性作用；

$\frac{V_{ox}}{V_m} < 1$ 表示氧化膜是多孔的，没有完全覆盖住金属基体，氧化会等速继续进行。

铁铬铝电热合金常遇金属的 V_{ox}/V_m 比值见表 11-2。

表 11-2 铁铬铝电热合金常遇金属的 V_{ox}/V_m 比值

Fe			Cr	Al	La	Ce	K	Mg
FeO	Fe_2O_3	Fe_3O_4	Cr_2O_3	Al_2O_3	La_2O_3	Ce_2O_3	K_2O	MgO
2.16	2.14	2.10	2.07	1.28	1.10	1.16	0.45	0.81

当氧化膜形成后，氧化将以氧从其多孔和缺陷部位渗入、氧化膜本身氧化物形成元素离子的扩散及金属元素置换氧化物中较弱元素等三种形式继续进行。

J. K. Tien 等人对 Fe-25Cr-4Al（含 Y 或 Sc）合金氧化物的黏附性机理研究观察表明，合金的氧化物在其与气体界面处是向合金内部生长的。

图 11-31 为 FeCrAlY（0.1% Y）的氧化物与基体界面斜切部分的扫描显微照片。可以看到基体的晶界（亮的部分）延伸到氧化物（暗的部分）中，这与氧化皮向内生长相一致，它反映了部分基体的特性。同时看出，$YAlO_3$氧化物在氧化膜中：（1）成不连续的粒子状均匀分布；（2）沿晶界成须状分布。在氧化后的 FeCrAlSc 和 FeCrAl 合金中也观察到类似的情况。

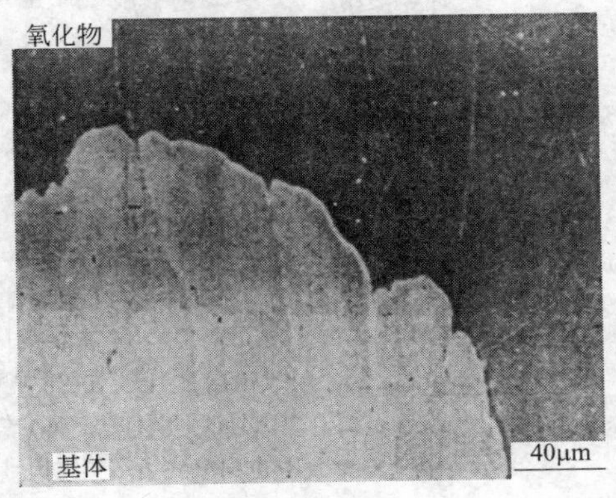

图 11-31 FeCrAlY（0.1% Y）在空气中 1200℃经 24h 氧化后斜切样品中 Al_2O_3 与基体界面的扫描显微照片

如 FeCrAlSc 的氧化物在与基体接触面上的组织结构，尤其是这一表面的几何形状与氧化时间很有关系。经过 24h 氧化以后这表面极端不规则（图 11-32*a* 和 *b*），这是由于很大密度的须状 Sc_2O_3 从 Al_2O_3 氧化层中延伸到基体内部，这须状 Sc_2O_3 的密度比起 FeCrAlSc 中钪化物的密度要大得多，这表明这种须状 Sc_2O_3 大多数是通过溶解于基体中的钪（Sc）氧化而成，而不是处于钪化物状态的钪氧化而成的。在大批的须状 Sc_2O_3 明显地向内生长的同时，细的 Sc_2O_3 亚层消失，说明合金的内部氧化是氧往里扩散，而溶解于合金内的钪向外扩散，在原来的须状 Sc_2O_3 的位置上析出新的氧化物。氧化时间延长到 100h 时，一些须状 Sc_2O_3 被向内生长的 Al_2O_3 氧化皮包围变得明显了，如图 11-33*a* 所示。这使得向合金基体延伸的须状 Sc_2O_3 浓度减少如图

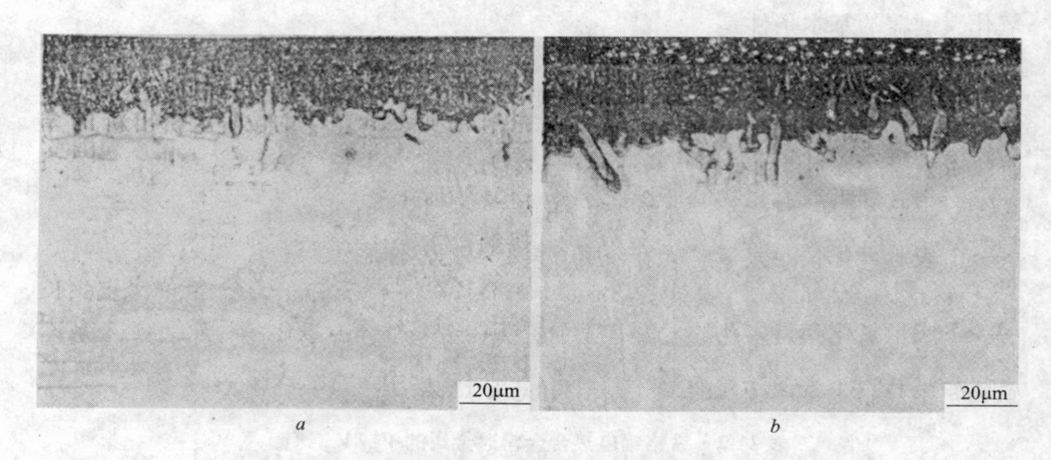

a　　b

图 11-32 FeCrAlSc 经高温氧化处理后样品之氧化层剖面情况

a—横断面情况；b—纵断面情况

氧化处理条件：1200℃，空气中，24h

a　　b

图 11-33 FeCrAlSc 经高温氧化处理后样品之氧化层剖面情况

a—横断面情况；b—纵断面情况（基体剥离后）

氧化处理条件：1200℃，空气中，100h

11-33中 a 和 b 所示。氧化时间超过 100h 以后，这个接触面几乎变为平面如图 11-34 中 a 和 b所示，因为须状 Sc_2O_3 几乎全部合并到 Al_2O_3 中。同时也说明 Sc_2O_3 须的生长速度比 Al_2O_3 氧化皮生长速度慢多了，也即 Sc（钪）将耗尽，基体中的溶解钪没有了。FeCrAlY 的氧化膜变化情况与此相似。只是在基体中的须状钇化物被氧化成 Y_2O_3。而溶解于合金内部的钇则被氧化形成薄的 Y_2O_3 亚层，如图 11-35a 所示。在细颗粒的 Y_2O_3 亚层上面，由于 Y_2O_3 结合到 Al_2O_3 中而转换为 YAl_2O_3，则氧化物与基体界面为平面，如图 11-35b 所示。界面上的不规则结构只有通过须状钇化物的氧化和合并而形成。又由于须状钇化物的密度随钇的含量而变化，因此界面的光滑程度也随钇的含量而变化。如 w(Y) 为 1% 的 FeCrAlY 合金中 Y_2O_3 针的密度比 w(Y) 为 0.1% 的大，且在 w(Y) 为 0.01% 的 Fe-Cr-Al-Y 合金中（这是钇含量低于溶解极限的合金）则没有氧化物针，甚至也没有 Y_2O_3 颗粒，而且

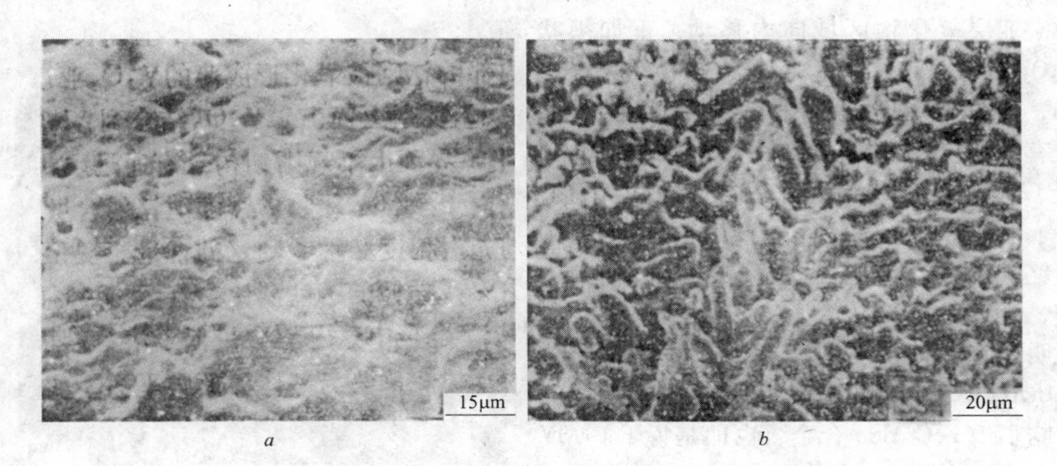

图 11-34 FeCrAlSc 经高温氧化处理后样品之氧化层剖面情况

a—横断面情况；*b*—纵断面情况（基体剥离后）

氧化处理条件：1200℃，空气中，1000h

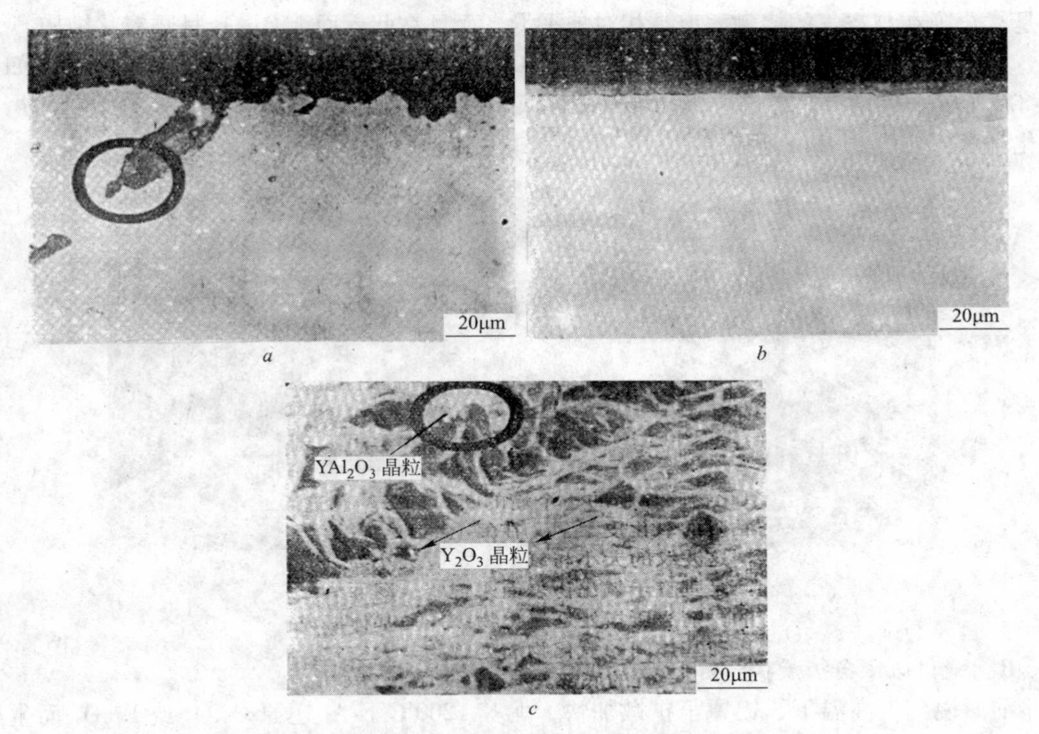

图 11-35 FeCrAlY 高温氧化晶粒成分及结构变化情况

a—横断面：黑点为 Y_2O_3 小颗粒，圆圈处为 Y_2O_3 针伸进基体；*b*—基体剥离后的氧化物表面情况（平滑）；*c*—横断面：圆圈处为 YAl_2O_3 晶粒的一部分，箭头所指为 Y_2O_3 晶粒

（*a* 和 *b* 为 1200℃，空气中，1000h 情况；*c* 为 1200℃，空气中，24h 情况）

氧化物与基体界面为平面，如图 11-35*c* 所示。钇含量高者其界面粗糙。

通过钇的内部氧化引起显微结构的变化，说明此过程的产生主要是通过氧向基体扩散。亚层氧化物区域向内移动，正如须状 Y_2O_3 向内生长一样是通过消耗钇化物产生的，如图11-36所示。因为内部氧化区前面没有这些相。这种消耗钇的时间比钪长多了，经1200℃ ×1000h后，钇的内部氧化仍占优势，而钪已停止内部氧化了。此外还可看到含钇量高的合金的钇化物深入到合金基体内部，但FeCrAlSc内部却没有发现钪化物。说明钇的内部氧化速度比钪慢。因此，FeCrAlY中氧化物与基体界面的结构受氧化的影响小于FeCrAlSc合金，也即是说FeCrAlY合金抗氧性强。

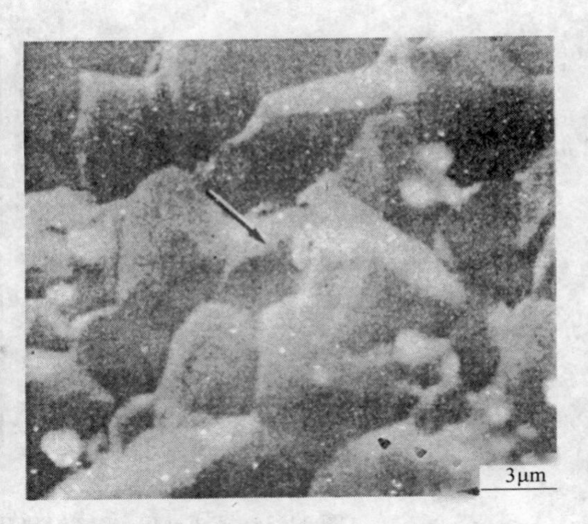

图11-36 FeCrAlY在1200℃、1000h后的表面状况

通过上面分析发现，其一是在氧化物与基体界面上的 Al_2O_3 氧化膜中缺乏空穴；其二是氧化膜在与空气的接触面上是相对地平滑，而且在此界面上 Al_2O_3 呈颗粒状结构。

对未加稀土元素的Fe-Cr-Al合金于1200℃寿命试验后断口处的氧化膜情况，如图11-37*a*所示。氧化沿晶界进行，局部有破损或氧化膜脱落，氧往里渗透，使整个晶粒严重氧化剥落，如图11-37*b*所示。

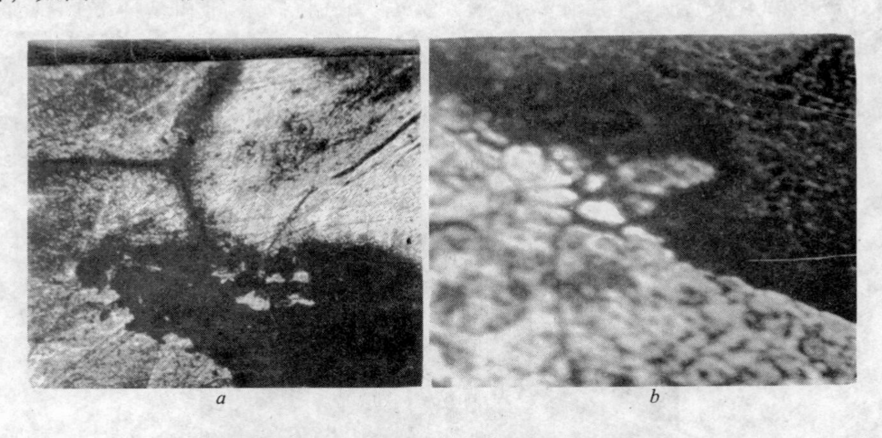

图11-37 未加稀土的Fe-Cr-Al1200℃氧化膜

B 氧化向侧向扩展

前面说到，高温下，铝原子扩散加快，尤其1200℃下Al还原 Cr_2O_3 或 Fe_2O_3 而生成 Al_2O_3 占主导地位，所生成的氧化膜结构为 α-Al_2O_3（六方）。

电镜研究分析指出，氧化铝晶体为一多晶结构，它们之间位向差很小，同时对晶界有展宽现象。在晶界内存在一定数量择优取向的小颗粒 α-Al_2O_3。氧化膜为一n型半导体类型，由于晶体生长过程中空位沉淀，在氧化膜中易出现空洞。

有人观察 Al_2O_3 的氧化膜氧化过程，氧化膜是通过侧向扩展而展开，如在1200℃下Fe-Cr-Al合金在大气中氧化时间为5min和1h的氧化膜如图11-38所示，由图11-38*a*可见，氧化膜向侧向扩展，像波浪状向侧向推进，显示出卷旋形态。图中*b*为保温1h便可出现

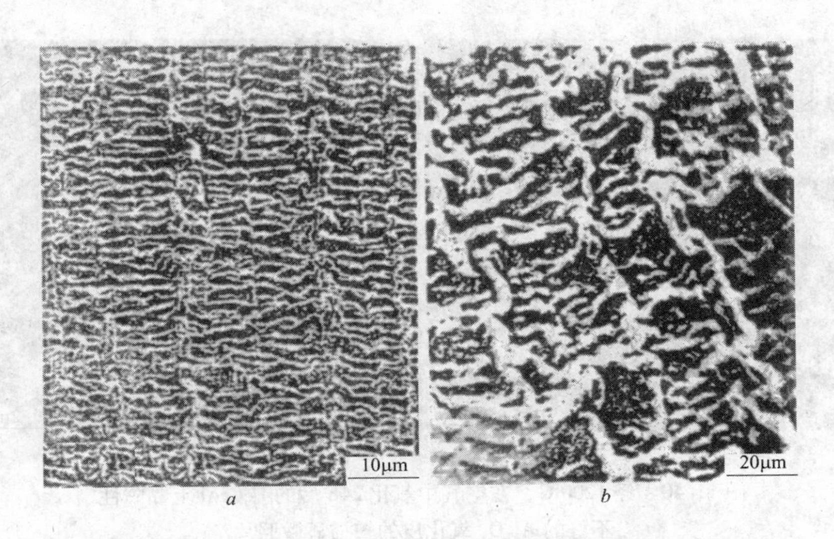

图 11-38 Fe-Cr-Al 合金 Al_2O_3 氧化膜侧向扩展情况

a—1200℃ 5min 侧向扩展；*b*—1200℃ 1h 侧向卷席分离

侧向卷席，氧化膜与基体相互分离，并在冷却过程中起皮剥落现象。

这种情况引起氧化膜与基体黏附不牢。它和 J. K. Tien 等人观察到的现象基本一致。

图 11-39 为氧化皮与基体分开（撬起）碎片及氧化物表面和基体表面都显示出小瘤豆，桔皮状，连起来像小山脉，一波一波似的。

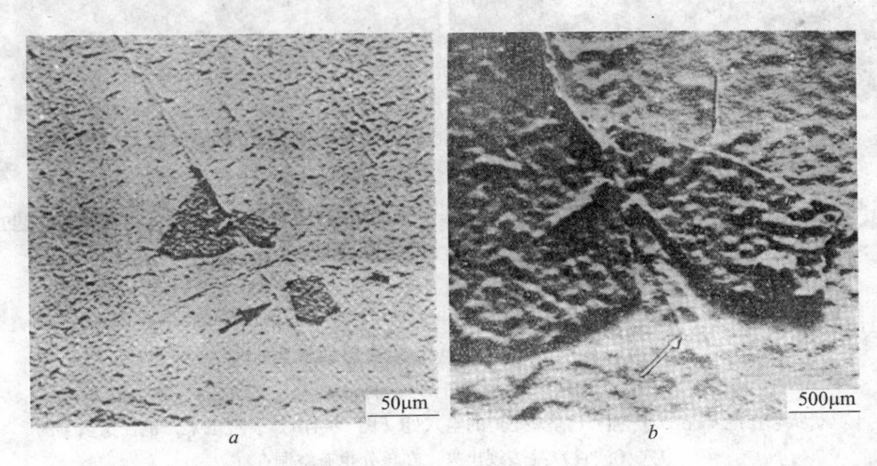

图 11-39 经 1200℃，空气中氧化 24h 以后黏附在 FeCrAl 合金上的部分 Al_2O_3 薄片的形貌

（扫描电镜照片，箭头指示处是氧化物及基体的侧向起翘剥离状况）

图 11-40*a* 为一氧化物碎片中一个瘤的断口部分。断口表面是细晶粒的。而氧化物与空气接触面上有许多条状波纹，其大小与氧化物晶粒大小差不多。图 11-40*b* 是垂直于氧化物表面来看的，氧化物翘起下面是一个坑槽。图中 *a* 看得更清楚，即氧化物与基体间的氧化物瘤处为一大空穴。而在瘤状氧化物下面的基体是光滑的，像一浅坑的底部。为观察更加清楚，将特例情形提供如下，从图 11-41 可看出，原似山脊，却似山谷，一坑连一坑。

图 11-40 经 1200℃，在空气中氧化 24h 后的 FeCrAl 上黏附性不好的 Al_2O_3 氧化皮的扫描显微照片

a— 一个氧化瘤的侧视图形，箭头指出脱落前与基体接触之处；*b*—气体与氧化物界面处的氧化物表面，箭头指示处为线状凸起物（在 *a* 中也可看到）

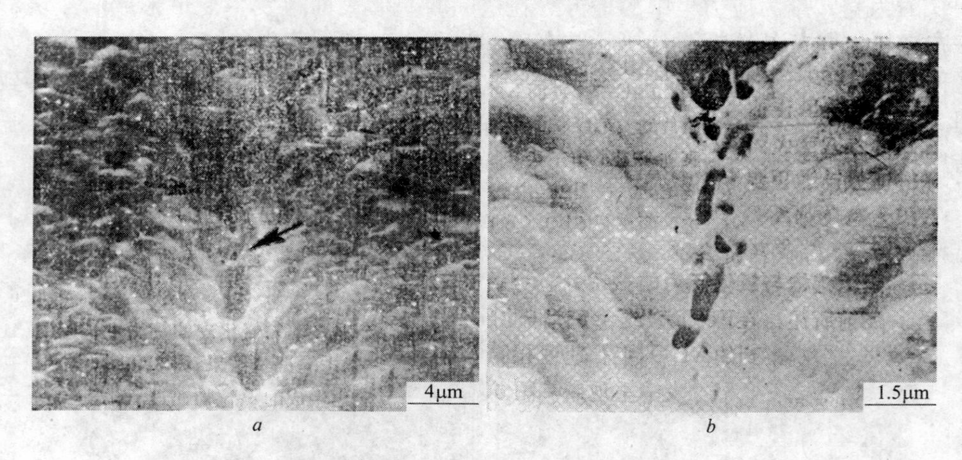

图 11-41 经空气中 1200℃氧化 24h 后 FeCrAl 的氧化物与基体界面上黏附性不好的 Al_2O_3 氧化皮的扫描显微照片

a—空穴；*b*—空洞

（粒状状态在经常能出现空洞（箭头处）的空穴处（图 11-41*a*）表现出来，也在拉长了的空穴（波谷）处表现出来，在该处也有空洞存在）

即称 *a* 为空穴，*b* 为空洞。图 11-42 为 0Cr25Al6 经 1200℃ ×2h 氧化的高倍组织。由空穴（图 11-41*a*）及槽（图 11-41*b*）的底部发现有空洞。就提出了当 Al_2O_3 氧化皮生长时这些空洞最先在基体表面的杂质（例如划伤痕）处由空位凝结而形成。形成空洞所需的多余空位的来源仍不十分肯定。但看来这些多余空位的产生是与氧化反应过程有关，这是肯定的。FeCrAl 合金中氧化皮的向内生长说明了氧化时在氧化皮中的空位并不向氧化物与基体的界面移动。

因为氧化皮的生长是靠氧沿着氧化物的晶界向内移动，因此看来好像是空位向氧化物与基体界面上移动而形成氧化物下面的基体贫 Al 区，其实这种贫 Al 区是由铝的选择性氧化而形成的。在氧化物与基体界面上的空穴最初是在基体上形成的（图11-43*a*），但后来部分地合并到氧化皮内（图11-43*b*）。由于在空穴处的氧化物与基体不接触，使得在空穴附近氧化物向内的生长比远离空穴的其他地方少，因为在空穴处的基体表面由于被氧化物夺去了 Al 以及 Fe 和 Cr，向合金内部扩散而造成内凹，使得这些空穴并不完全被氧化物所包围。此外空穴还可以通过其他空位的凝结而长大。当继续氧化时由于氧化物向内生长，在氧化物中形成压缩应力，而引起界面上的应力状态增强，使得氧化物与基体在空穴处进一步破裂（图11-43*c*），因为空穴处为应力集中的地方。在这同时基体表面也发生变形形成瘤或坑，这里的变形度可能与最初在氧化物与基体间的破裂程度有关。在新近暴露出来的基体表面上的氧化物晶粒痕迹上以及在剥落前基体上空穴的一部分终于由于扩散过程而光滑起来，痕迹也消失了。需要强调，当氧化物鼓起来会消除其中的一些应力，因氧化物没有裂开，Al_2O_3 氧化皮仍然起着保护作用。一旦 FeCrAl 试样冷至室温时，由于巨大的热应力产生，使得氧化物在空穴处开始破裂剥落，因为空穴处也是应力集中的地方。然后散裂（或破碎）沿着氧化物与基体的界面上蔓延开来而在基体表面上留下了氧化物晶粒的痕迹（图11-43*d*）。

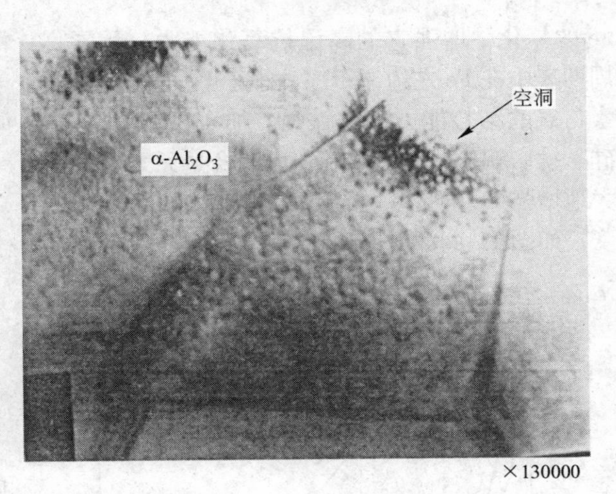

图 11-42 Fe-25Cr%-6Al% 合金经 1200℃ 纯 O_2 中 2h 氧化氧化膜的横截面

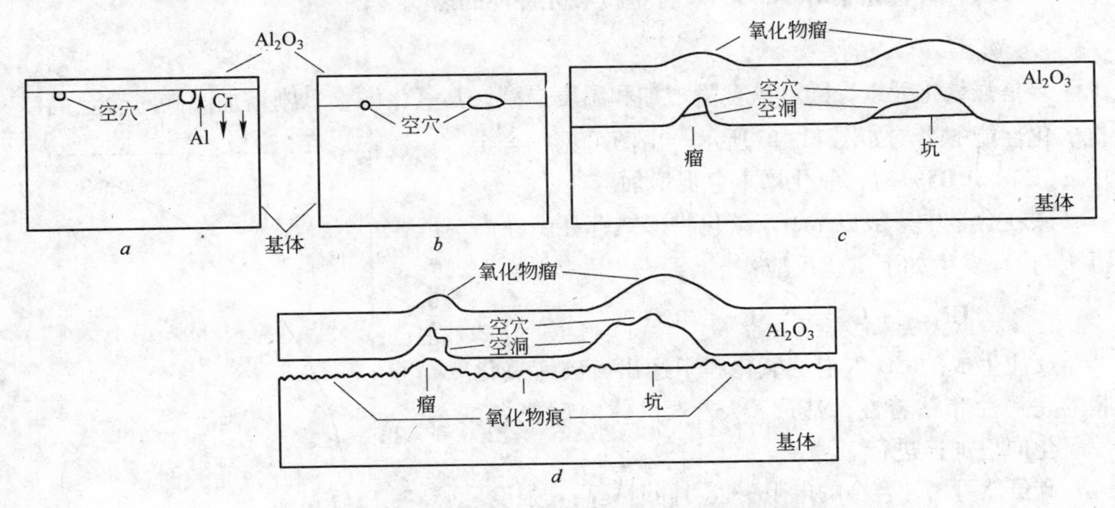

图 11-43 空洞形成造成氧化物剥落过程的图解

11.3.3 合金元素对 Fe 氧化速度的影响

众所周知，Fe 在高温或潮湿环境最易氧化。但加入不同数量的合金元素能大大地减少

Fe的氧化，增强它的高温抗氧化能力。元素周期表中在Fe左边原子序数小于Fe的金属元素与氧的结合能力都比铁强。加入像铝、铬、硅、钛、钼这些和氧亲和力大的合金元素能大大地增强Fe的抗氧化能力，减少铁的氧化速度，如图11-44和图11-45（下部）所示。

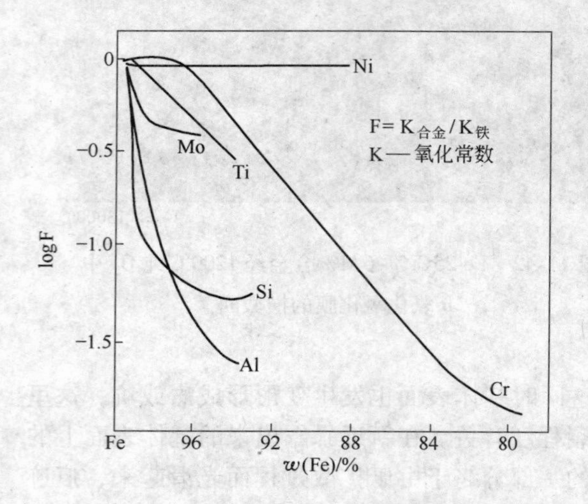

图11-44 不同元素对铁氧化速度的影响

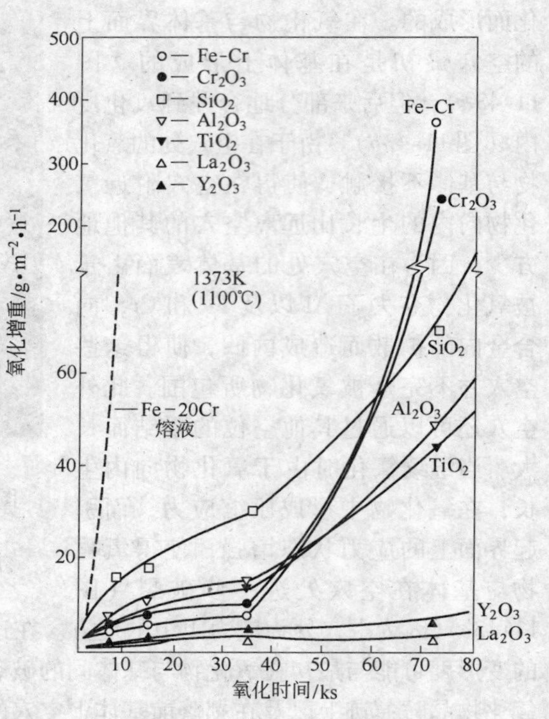

图11-45 Fe-Cr20-Mo1合金中加入不同稀有元素及合金元素的在1100℃下随保温时间的抗氧化能力

11.3.4 合金元素对Fe-Cr-Al合金抗氧化性能的影响

A 碳

碳是强氧化元素，随着碳含量增加和温度提高，其氧化增重急剧增加。碳对合金高温抗氧化性能的影响如图11-46所示。由图可见，合金中$w(C)>0.05\%$时，氧化增重急促增加。

碳在合金中一般以Cr_3C_2碳化物形式存在。在高温下与O_2发生如下氧化反应：

$$Cr_3C_2 + O_2 = 3Cr + 2CO\uparrow \qquad (11\text{-}1)$$

反应生成的CO气泡从氧化膜下逸出，破坏氧化膜的完整性和粘着性，造成O_2透入机体内部机会，使氧化向里加速进行。

碳虽然可增加合金的电阻，也可同时提高其强度。但碳含量超过一定限度，能显著降低合金的塑性，高温下常析出复杂碳化物与碳氮化物于晶界，恶化机体，引起脆化和断裂。碳又是扩大γ（奥氏体）界线元素，所以总体上对合金不利，其含量越低越好，高档合金

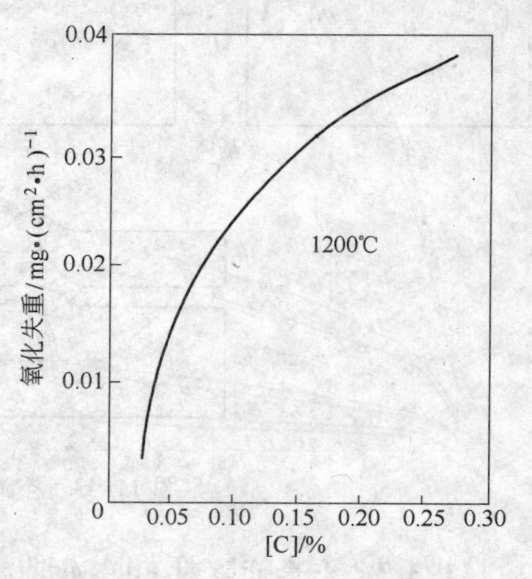

图11-46 碳对0Cr25Al5合金高温抗氧化性能的影响

要求 $w(C)<0.03\%$；中档合金要求 $w(C)<0.05\%$；低档合金要求 $w(C)<0.08\%$。

B 锰

Mn 一般认为可增加钢的韧性，增强脱氧，降低硫的危害。但在 Fe-Cr-Al 合金中易形成较低熔点的氧化物而降低合金的热稳定性。

C 钴和铌

Fe-Cr-Al 合金中加入少量的钴和铌可以提高其高温强度，减少高温蠕变和倒塌，增强合金的抗氧化能力，可提高合金的使用温度，延长 Fe-Cr-Al 丝的使用寿命。

D 钒

Fe-Cr-Al 中加入少量 V 能细化合金晶粒，减小晶粒长大倾向。$w(V)=4\%$ 能大大降低 α 温度系数，甚至使其由正变负。

E 钛

Ti 能细化合金晶粒，有助于合金高温强度，增强高温抗氧化能力。Ti 能和［N］形成氮化钛，当 N 不多时，形成少量细小氮化钛夹杂，对合金加工和使用影响不大。而当［N］含量高，或高温吸氮严重时，TiN 等氮化物脆性相不容忽视。

F 钼和钇

Fe-Cr-Al 合金中加入少量 Mo 和 Y 能细化晶粒，提高合金室温强度和高温强度，减少脆性，与氧的亲和力介于镧与铝之间，形成珐琅般的氧化膜，提高高温抗氧化能力和抗氮化能力，和钼一样减少高温蠕变速率，减少合金丝的倒塌，延长其使用寿命。但 Mo 含量高时，热、冷加工都较困难，酸洗氧化皮时，起皮或过洗现象较多。钇在冶炼时吸气性强和易烧损，最好在高真空下加入。

不同含量的钇对 Fe-Cr-Al 合金在高温段不同温度下、不同时间条件下的抗氧化性能的影响如图 11-47 ~ 图 11-49 所示。

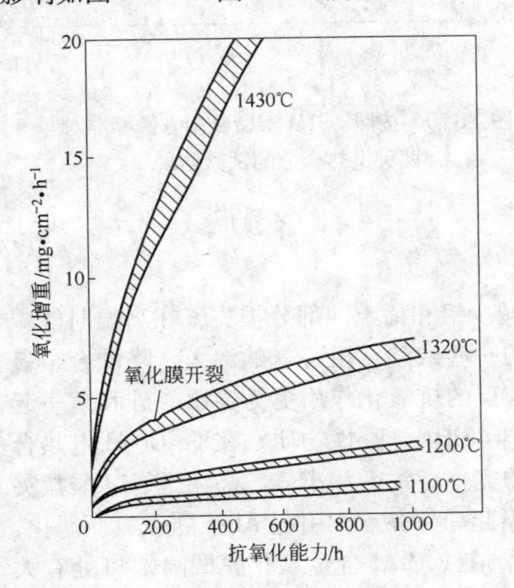

图 11-47 0Cr25Al4Y 合金在 1100 ~ 1430℃ 四个温度下分别保温不同时间的抗氧化能力（增重至开裂）

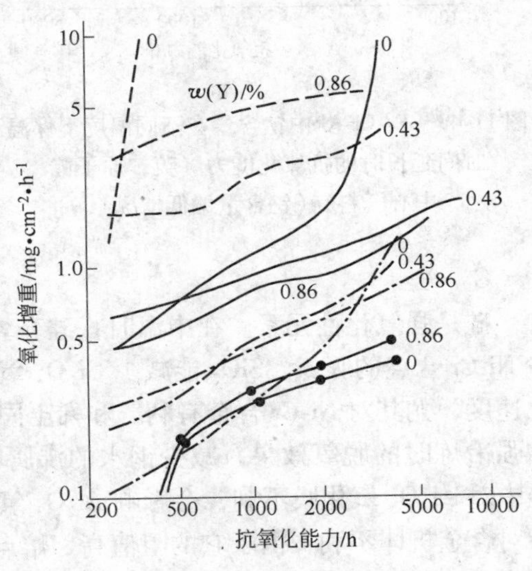

图 11-48 Fe-Cr-Al 中钇含量与不同温度下抗氧化能力的关系（英，原子能中心，1987 年资料）（钇含量偏高情况）

●— 800℃；--- 900℃；— 1000℃；-·-1200℃

由图 11-47 ~ 图 11-49 可见：

（1）不含钇的 Fe-Cr-Al 合金氧化增重几乎都是直线上升。

（2）使用温度越高，越能体现出［Y］含量 $w(Y)$ 在 0.43% 左右的合金抗氧化能力较好，如在 1200℃左右较好。

（3）在 1200℃以内，同一温度下，保温时间越长，［Y］含量 $w(Y)$ 在 0.24% ~ 0.43% 的合金氧化增量比较平缓，更显效果好。

（4）使用温度过高，如 1430℃，即使［Y］含量 $w(Y)$ 在 1%，其氧化增量急促增长。但它能够在 1430℃高温下维持 600h 以上，其效果相当好。加钇的康太尔 AF 合金的使用温度和寿命与 Cr20Ni80 合金比较如图 11-50 所示，说明效果显著。

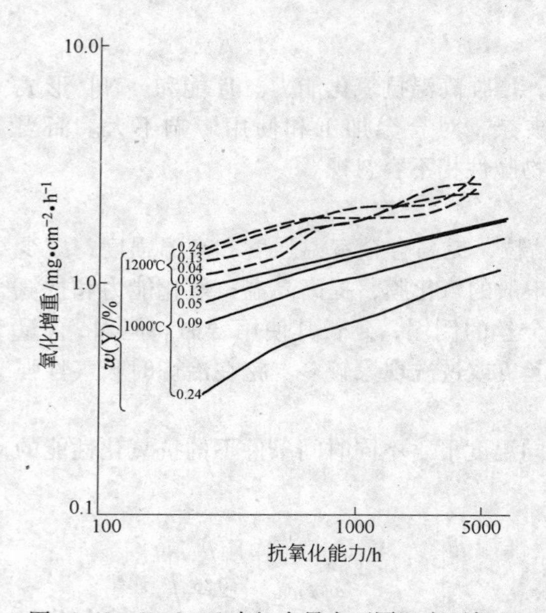

图 11-49 Fe-Cr-Al 中钇含量在不同温度下保温时间延长时的抗氧化能力（英，原子能中心资料）（钇含量偏低情况）

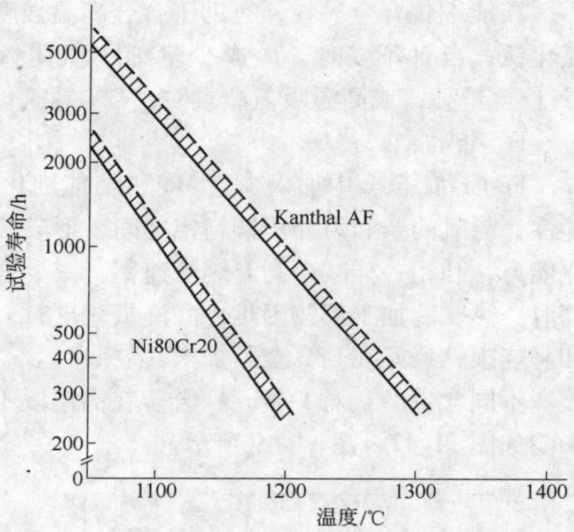

图 11-50 按照 ASTM 寿命试验方法标准对两种电热合金的试验结果

G 硅

硅是强氧化性元素。在中温时，硅夺氧而能减少铝和稀土的部分损失，在高温时能减少 Ni-Cr 合金的吸氮。SiO_2 能减少 Cr_2O_3 氧化膜的一些缺陷，阻碍氧的渗入，降低合金氧化速度，尤其对 Ni-Cr 合金有利。和稀土同在时，硅的抗氧化作用更为突出。硅和锰一起增强冶炼时的脱氧效果，减少钢水的沸腾喷溅。但 SiO_2 是酸性物质，在 Fe-Cr-Al 电热合金中对 Al_2O_3 氧化膜不利，会影响 Al_2O_3 氧化膜的完整、致密和牢靠。高温下，硅酸盐夹杂对合金机体不利，由于它的阻值高、熔点高而引起局部亮点，引起 Al 强烈吸氮而恶化，造成脆化断裂或熔断。1200℃寿命试验样断裂后，在 FeCrAl 合金氧化膜凹陷缺口处有大量灰黑色的圆球状氧化硅夹杂，如图 11-51 所示。因此，Fe-Cr-Al 电热合金中 Si 含量不宜过高。

H 磷、硫、锑

这种元素对合金均为有害，它们都会分别形成低熔点脆性物，引起热脆。

I 稀土

前面在讨论Fe-Cr-Al合金氧化机理和氧化过程中，都说到没有稀土的纯Al_2O_3氧化膜，虽然较为致密，却易形成缺位和空穴，而稀土在Fe-Cr-Al合金中的作用有像钇氧化根须针的钉扎作用，改变氧化膜成分，增加其致密度和提高黏附能力，减缓氧化速度，提高使用温度、延长使用寿命之外，还有它的独特作用。而钇本身就是稀土元素之一。

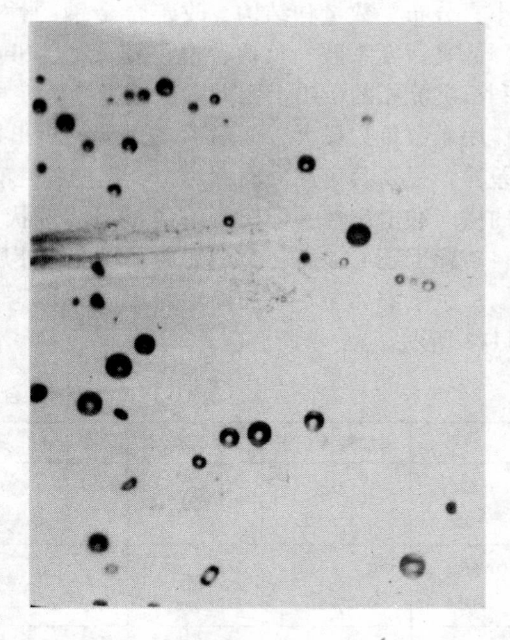

图11-51 FeCrAl合金1200℃寿命样断口氧化膜中的氧化硅夹杂（×1400）

稀土和氧、硫有很强的亲和力。钢中加入稀土会形成各种稀土夹杂物。如钢中全氧的质量分数大于0.005%、硫的质量分数大于0.015%时，98%以上的稀土将与它们形成夹杂物形态存在，固溶量仅有10^{-6}数量级。它随$w(RE)/w(S)$值的增加而逐渐增加，当其比值<2.0时，固溶稀土含量均小于5×10^{-6}，而大于2.0时，固溶稀土量明显增加。这时的离子探针分析表明，晶界的固溶稀土量显著高于晶内。在超低硫、低氧的合金钢中，随温度升高，钢中稀土固溶量显著增高。可见，要获得较高而稳定的稀土固溶量，先决条件是钢中的氧和硫含量要低。

钢中含有钙、铌、钒、钛均有利于提高稀土的固溶量，钙和钒的作用为最。也随钢中铝含量的增加而增加。

由于稀土元素的原子半径比Fe原子约大50%，不易形成固溶体。但它能与典型的非金属元素之间有极化作用，导致稀土元素的原子半径改变。以镧为例，其原子的金属共价半径为0.1877nm，当离子化程度为60%时，半径减至0.1277nm，与Fe的原子共价半径0.1210nm相近，因此它可以通过空位机制进行扩散，占据Fe的点阵节点，在晶内形成置换固溶体。

固溶在钢中的稀土元素，由于原子半径比Fe大，往往造成晶格畸变，其畸变能远大于溶解在晶界区的畸变能，因此稀土元素会偏聚在晶界上。正是由于稀土富集于晶界，减少了杂质元素尤其是有害元素在晶界聚集，净化和强化了晶界，改善了与晶界有关的性能，如低温脆性、高温韧性、高温强度、疲劳性能和晶界腐蚀及回火脆性。如铈能降低锑在α-Fe晶界的偏聚速度，在500～600℃显著降低锑在晶界的平衡偏聚浓度，大大改善由锑引起的晶界脆化问题。当稀土固溶量达8×10^{-6}时的晶界已看不见磷、硫、锑、锡的偏聚。在耐热钢中，稀土固溶量达76×10^{-6}时，硫、磷的晶界偏聚基本消除，另外，稀土元素细化晶粒和稳定组织的作用也与它在晶界的行为密切相关。

稀土能降低磷、氮的活度，增加C、N的溶解度，降低其脱溶量，使它们不能脱溶而进入晶体缺陷中去，减少钉扎位错的间隙原子数目。同时，稀土影响碳化物的形态、大小、分布、数量和结构，改善合金钢的性能。如铈能和 Nb、V、Ti、C、N 等相互作用，降低其活度系数为负值，也可降低 C、Nb 的扩散系数，促进这些元素在钢中的溶解，不利于沉淀相的析出。因此稀土能抑制沉淀相析出和促进沉淀相的溶解。其中铈对铌的相互作用系数负数最大，而对 V 的沉淀相析出抑制作用最弱。铈能减少合金钢的横、纵向性能差异，提高其韧性，而镧对合金钢的脆性有缓解作用，能使沿晶脆断降级，尤其是提高钢的横向冲击韧性，即改变条状 MnS 为球状、纺锤状，试样断口由脆性变为韧窝状。

稀土还可提高合金钢的屈服强度，使屈强比升高 4% 左右。

关于添加与不添加稀土的 0Cr25Al5 合金在不同温度下的氧化增重情况如表 11-3 和表 11-4 所示。

表 11-3 0Cr25Al5 合金在不同条件下的氧化增重 （$g/(m^2 \cdot h)$）

炉号	添加稀土情况	试验温度/℃	氧化 8h	氧化 24h	氧化 48h	氧化 72h	快速寿命/h
556	0	850	—	2.524	3.195	3.867	139
1056	0.1% RE		—	2.282	3.000	3.840	253.1
556	0	950	2.330	3.162	3.785	4.410	253.1
1056	0.1% RE		1.838	2.547	3.142	3.620	
556	0	1050	3.747	5.020	6.620	—	253.1
1056	0.1% RE		2.140	2.830	3.524	—	
556	0	1100	3.390	5.760	7.940	9.400	253.1
1056	0.1% RE		2.720	—	6.450	7.050	

表 11-4 0Cr25Al5 合金不同稀土加入量下，1200℃×100h 后的氧化增重

稀土元素加入量（质量分数）/%	稀土元素残存量（质量分数）/%	氧化增重 /$g \cdot (m^2 \cdot h)^{-1}$	稀土元素加入量（质量分数）/%	稀土元素残存量（质量分数）/%	氧化增重 /$g \cdot (m^2 \cdot h)^{-1}$
—	—	22.90	0.90	0.092	18.58
0.50	0.078	13.39	1.10	0.098	16.90
0.70	0.085	14.12	1.50	0.034	16.44

由表 11-3 和表 11-4 中数据可知，添加稀土后氧化增重减少 10% ~20%，最多达 40%；但加入量超过 0.7%，残余量超过 0.08% 时，氧化增重反而增高，即不是越多越好。

Fe-Cr-Al 合金加入稀土元素后氧化膜的成分和结构变化如表 11-5 所示。

表 11-5 0Cr25Al5 添加稀土后氧化膜的结构和组分（X 衍射）

氧化膜	稀土元素加入量（占钢水的）/%				
	不加入	0.25La	0.26LaCe	0.24Y	0.21Ce
表 层	α-Al_2O_3	α-Al_2O_3	α-Al_2O_3	α-Al_2O_3	α-Al_2O_3
内 层	FeO Cr_2O_3	La_2O_3	La_2O_3 CeO_2	$Al_2Y_4O_9$	CeO_2

由表11-5和图11-52可以看出，添加稀土元素后合金的氧化膜中没发现FeO和Cr_2O_3，说明稀土优先氧化，使反应界面处的稀土元素浓度下降，溶在合金基体中的稀土元素向界面扩散，形成的稀土氧化物富集在界面层，阻碍氧原子向合金内部渗透，也阻碍Al原子向外扩散，增加氧化膜的黏附性，抑制晶粒长大，从而增加了合金的抗氧化能力。

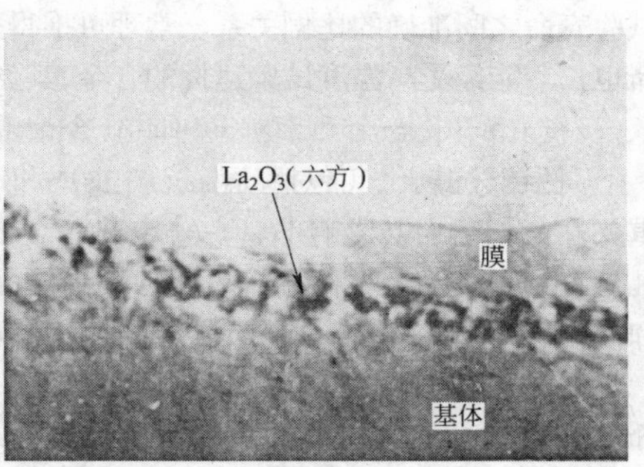

图11-52 氧化镧在氧化铝膜内的沉淀
0Cr25Al6，1200℃

a 稀土的储藏量与常用稀土

我国的稀土储藏量是世界总储藏量的80%，稀土金属和稀土氧化物等原材料的产量居世界首位。

b 常用稀土的成分

常用稀土的成分、含量和杂质如表11-6所示。

表11-6 常用稀土的成分、含量和杂质

名 称	主组分	含量（质量分数）/%	杂 质	名 称	主组分	含量（质量分数）/%	杂 质
金属镧	La	>95	Fe，Si，P，S	镧混合稀土合金	La	>40，总RE>98	铁，Si，P，S
金属铈	Ce	>95	Fe，Si，P，S	铈混合稀土合金	Ce	>45，总RE>98	Fe，Si，P，S
金属镨	Pr	>95	Fe，Si，P，S	铝稀土合金	Al	>50，RE10~20	Fe，Si，P，S
金属铷	Rd	>95	Fe，Si，P，S	硅钙稀土	Si	<60，Ca<15，RE10~20	Fe，Si，P，S
金属钇	Y	>98	Fe，Si，P，S	硅铁稀土	Si	<45，Ti4~6，RE20~40	Mn5%~8% Ca5%~8%

注：由于稀土元素非常活泼，易氧化、易吸潮粉化，多为共生矿，提炼纯金属很难，价格较贵，一般常使用混合稀土。

11.3.5 铁铬铝电热合金的寿命

11.3.5.1 寿命

铁铬铝电热合金的寿命，习惯上分为快速试验寿命和实际工作寿命。它受温度、合金成分、质量、环境、方法等的影响。

快速试验寿命是在实验室条件下，按快速试验标准、方法测得的合金试样丝的寿命。尽管各生产国所制定的快速寿命试验方法有差异，如日本、美国是按给电、停电次数来评定，而我国则是沿用前苏联按给电2min、停电2min直至烧断累计时间来评定，而且采用的样品规格尺寸也不一样。但经过同条件、同标准方法测定不同国家生产的产品的结果来校核、换算、对比之后，其效果和水平基本一致，结果有一定可比性。

快速寿命的试验标准和方法分列于本书后部。

由于实际工作(使用)寿命受影响因素太多,情况各异、很难找出合金实际使用寿命与快速试验寿命之间准确的比例关系。常理可推得，一般快速试验寿命时间长的合金，其实际使用寿命也长。能经受高温度试验达标的合金，其丝、带的实际使用温度和表面负荷可高。

11.3.5.2 合金元素对Fe-Cr-Al合金寿命的影响

高温下抗氧化（包括高温抗腐蚀）和高温强度（包括高温蠕变、疲劳强度）是两项重要性能，它们既影响Fe-Cr-Al电热合金的使用温度，也影响着合金的使用寿命。因此，凡是有利于提高合金高温抗氧化性和高温强度的合金元素，都有利于提高合金的工作温度和使用寿命。

Cr、Al和少量的Co、Zr[1]、Th、Nb、Mo[1]、Y、V、Ta、Ti以及微量的Ca、B、Si、Mn、Sc、Ga、稀土等在适量的范围内都对Fe-Cr-Al合金寿命有利。其中部分元素的含量与合金寿命之关系如图11-53所示。例如少量的铌对Fe-Cr-Al电热合金的使用温度和使用寿命影响效果显著。某半导体所使用含Nb和不含Nb的Fe-Cr-Al合金丝同条件下在高温小口径扩散炉中进行实际运行对比，其炉型和结构如图11-54所示。0Cr21Al6合金ϕ6.0mm炉丝烧成ϕ90mm，套在ϕ80mm外径的炉管外围，整个炉丝在保温层内封闭运行，每天开炉平均17h，全部积累时间为运行的总时间。室温为33~35℃。三种成分炉丝运行结果如表11-7所示。由表11-7可以看到，含Nb的合金不仅适应高温且寿命长6~9倍。

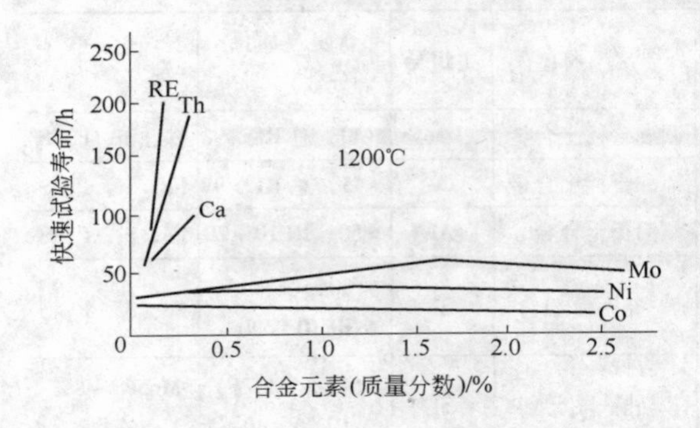

图11-53 Fe-Cr-Al中合金元素含量与寿命的关系

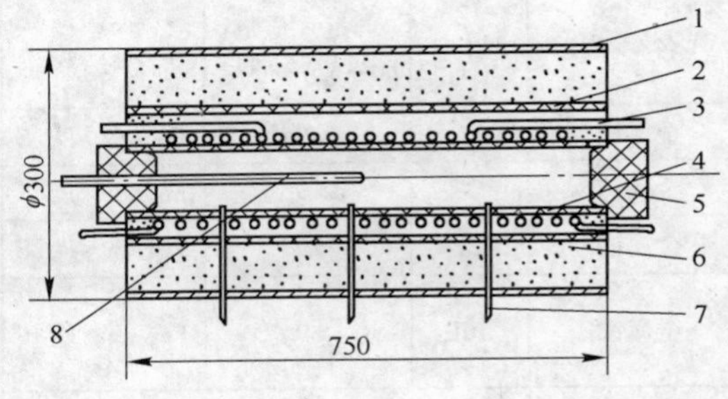

图11-54 高温扩散炉炉体示意图

1—炉壳；2—保温管；3—电热丝；4—炉管；5—保温堵头；6—保温棉（90mm）；7—控温热偶；8—测量热偶

表11-7 三种炉丝高温运行比较

项目 \ 品种 \ 日期	1971年				1979年
	普通0Cr25Al5		铁铬铝铌0Cr21Al6Nb		新铁铬铝Nb0Cr21Al6Nb
炉膛温度/℃	1250	1310	1250	1300~1310	1300~1320
高温运行总时间/h	590	53	590	300	450
运行条件	GK2	GK2	GK2	GK2	GK2
备注	烧断	烧断	未断	未断	未断

[1] $w(Zr)>0.3\%$、$w(Mo)<1.8\%$易使Fe-Cr-Al 1200℃氧化膜脆裂，减少寿命值。

通过 1300℃，450h 高温运行后，炉丝形状如图 11-55 所示，整个炉丝是完整的，烧损也较均匀，没有局部严重损伤，也没造成烧断的缺口，在卡绝缘子处局部有黑斑。

图 11-55 含铌合金丝经 1300℃ ×450h 运行后的形状

0Cr21Al6Nb 在 1300℃高温运行前后，炉丝直径变化的比较。如图 11-56、图 11-57 所示。未经高温使用者的金相如图 11-58 所示。

高温运行前之形状见图 11-56，烧损后的炉丝直径约为 ϕ5.7mm，表面呈黄白色氧化物。

图 11-56 烧损前炉丝直径为 ϕ6.0mm，表面呈暗黑色发亮

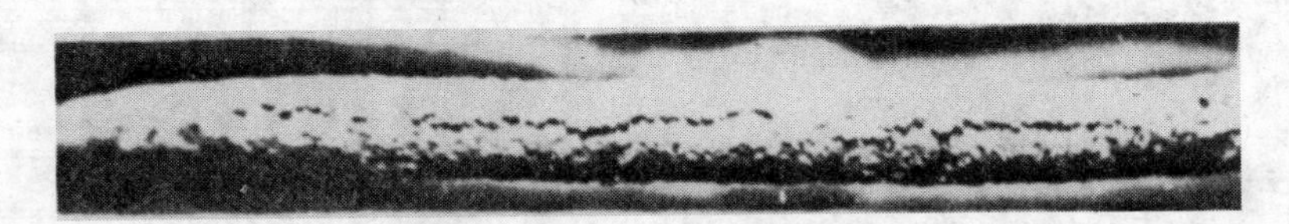

图 11-57 高温铁铬铝合金高温使用后的表面情况

经 1300℃，450h 运行后的金相组织，晶粒较前长大约几倍，并有氮化物黑点析出，有的向针叶状奥氏体转化，但仍较完整，如图 11-59 和图 11-60 所示。说明合金高温抗腐蚀性能和高温强度都较好。使用前实物缠绕情况及与康太尔 A-1 金相组织的比较如图 11-61和图 11-62 所示。

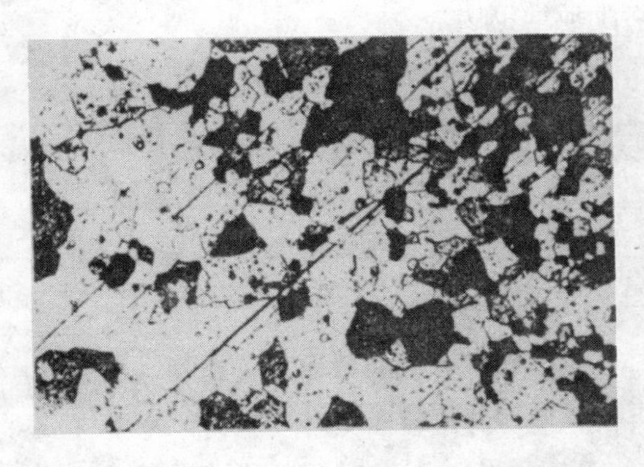

图 11-58 高温铁铬铝 0Cr21Al6Nb ϕ6mm 丝室温金相（未经高温使用）

图 11-59 0Cr21Al6Nb 高温下析出针状奥氏体（1300℃、450h、空气中）（×100）（局部）

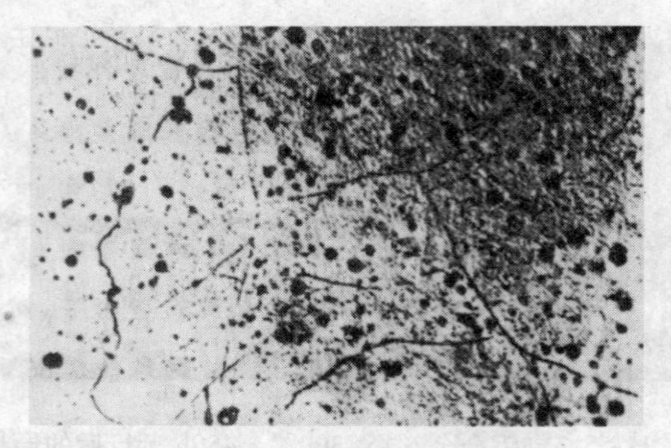

图 11-60 0Cr21Al6Nb 高温下形成氮化物（黑点）
（1300℃、450h、空气中）（×100）

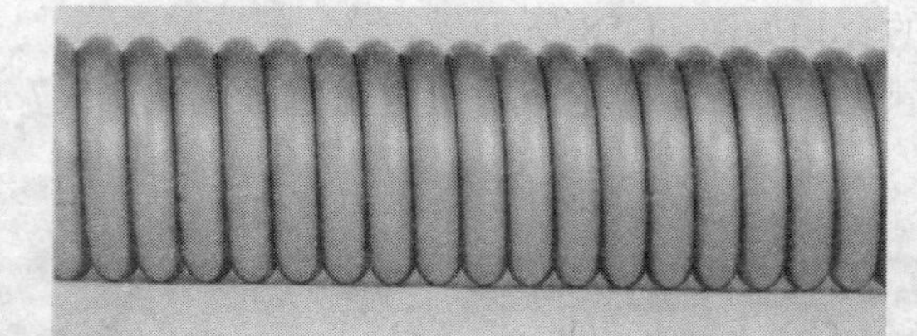

a

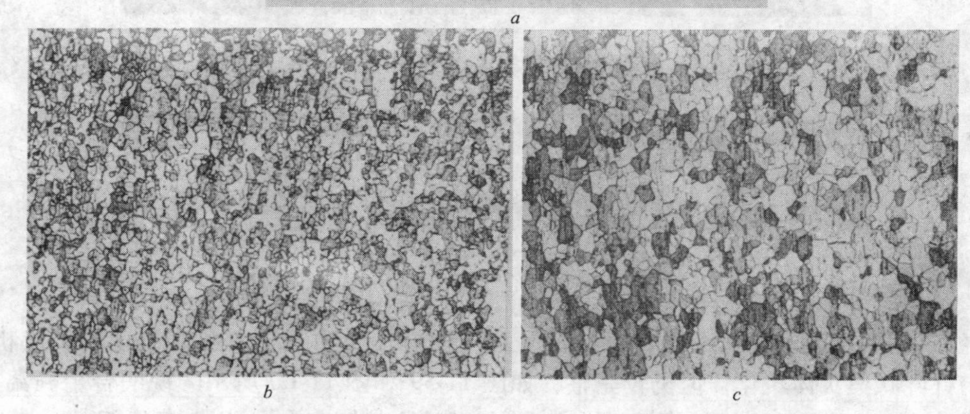

b *c*

图 11-61 0Cr21Al6Nb ϕ6.0mm 丝为 ϕ80 扩散炉缠绕的元件和晶粒组织比较
a—钢丝厂的高温丝缠绕情况；*b*—钢丝厂高温铁铬铝（0Cr21Al6Nb）ϕ8.0mm 组织照片；
c—瑞典康太尔 A-1ϕ8.0mm 组织照片

图 11-62 0Cr21Al6Nb ϕ6.0mm 台钳上随意缠绕的实物照片

11.3.6 稀土残留量对 Fe-Cr-Al 电热合金寿命的影响

1930 年美国材料试验公司发现，加入少量稀土金属能延长 Ni-Cr 电热合金丝的使用寿命。1940 年德国人黑森勃鲁赫发现，铁铬铝合金中加入少量的稀土元素能够显著地延长其使用寿命。1950 年苏联人谢苗诺夫等发布，往 Fe-Cr-Al 合金中同时加入稀土和碱土元素，可以提高其使用寿命，并消除晶间氧化及通常出现的脆性。此间瑞典、日本等也继续发表类似的研究成果，都证实稀土元素对 Fe-Cr-Al 合金的有利作用。

我国在 1960 年以后研究并投产 Fe-Cr-Al 加稀土产品。试验和工业性生产实践都证明，Fe-Cr-Al 电热合金中加稀土元素可提高其热稳定性，降低夹杂等级 0.5 ~ 1 级，细化晶粒 1 ~ 2级，提高高温强度和抗蠕变性，增强抗氧化能力，改善热、冷加工性能，提高成材率 10% 以上，降低成本 20% 以上。合金快速试验寿命值平均达 345.4h，最高者竟达 396h，见表 11-8。表中稀土残留量在 0.030% ~ 0.075%（质量分数），1200℃时的平均快速试验寿命值达 329h，与不加稀土的平均寿命 175h 相比，寿命提高 71%，1300℃时寿命达 80h 以上，高温伸长大大缩短，并无卷曲产生（见图 11-71），电阻率普遍提高（此成果见国家科委科技研究报告 1965 年登记 004854 号）。

表 11-8 加稀土 Fe-Cr-Al 合金的性能

编 号	w(RE)/%	快速试验寿命/h		伸长率/%		电阻率/μΩ · m
		1200℃	1300℃	1200℃	1300℃	
1	0.025	220.75	—	11.76	—	1.491
2	0.018	231.0	—	15.23	—	1.462
3	0.038	396.16	78.58	10.40	—	1.444
4	0.057	320.86	83.44	8.52	19.11	1.445
5	0.030	352.58	107.58	7.26	13.43	1.402
6	0.052	282.63	70.50	12.49	20.68	1.419
7	0.059	326.50	76.56	14.26	15.58	1.454
8	0.038	305.67	94.22	11.27	14.12	1.428
9	0.046	295.14	100.58	7.23	14.99	1.439
10	0.075	297.61	107.72	10.20	14.51	1.335

在非真空高频炉和电渣重熔双联冶炼条件下，不同的稀土加入量对合金寿命的影响见表 11-9。

表 11-9 不同的稀土加入量对合金寿命的影响

炉 号	稀土加入量（质量分数）/%	钛加入量（质量分数）/%	寿命/h	炉 号	稀土加入量（质量分数）/%	钛加入量（质量分数）/%	寿命/h
24	0.15	0.30	242.61	22	0.50	0.30	315.75
29	0.15	0.30	286.50	27	0.50	0.30	347.53
23	0.30	0.30	227.30	40	0.50	0.30	333.47
28	0.30	0.30	241.00	62	0.50	0.30	345.00
41	0.30	0.30	255.67	63	0.50	0.30	385.00

注：1. 快速试验的温度为 1200℃；

2. 每炉的寿命值为三支试样的平均值。

由表11-9可见，稀土加入量越多，其寿命值越高。但并不是说无限多地加入就能获得更好的回报。实际生产中，加入越多，烧损越多，增加杂质和吸氢可能性越大，而合金中残留量增加较少。从表11-8和图11-63可看出，合金中残留量高于0.07%，其寿命值呈逐渐下降趋势。可见其最佳作用是有量限的。稀土残余量与合金寿命的关系如图11-63所示。

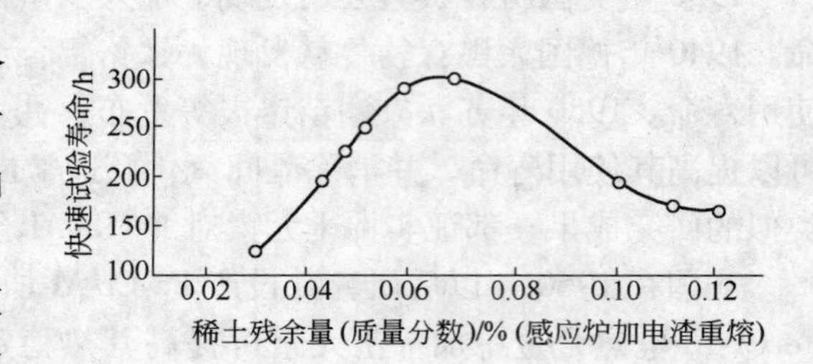

图11-63 Fe-Cr-Al合金寿命与稀土残余量的关系

从图11-63看出，稀土残留量在0.058%~0.07%的合金快速试验寿命值最高。而表11-8示出，残留量在0.03%以上显示出寿命迅速提高。这与合金成型过程中内在和表面等的净化质量有关。因此把稀土在合金中的残留量为0.030%~0.075%作为其最佳范围。

经过三相有衬电渣炉后再经过单相电渣重熔的双联条件下，稀土残存量与Fe-Cr-Al合金寿命的关系如图11-64所示。此图与感应炉-电渣重熔双联的稀土残存曲线图比较可知，后者寿命值比前者（感应-电渣）提高得快，峰值也高，实际中在相同残存量下，电渣双联的Fe-Cr-Al合金比感应-电渣双联的合金寿命值高1.3倍。分析认为，其原因可能与电渣双联的合金的夹杂物少有关。

此说明，不同冶炼方法制得不同材质的合金，其寿命也有所差别。

合金的抗氧化性（氧化增重）和稀土残存量与快速试验寿命之间的关系如图11-65所示。由图可知，氧化增重最小处，也就是寿命值最高处。

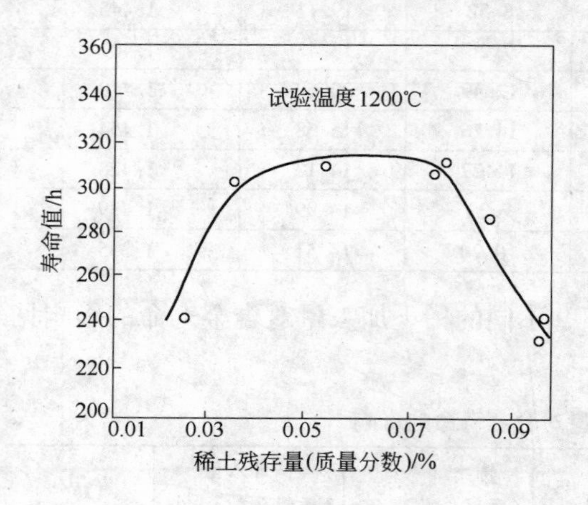

图11-64 稀土残存量与Fe-Cr-Al合金寿命的关系（电渣双联冶炼）

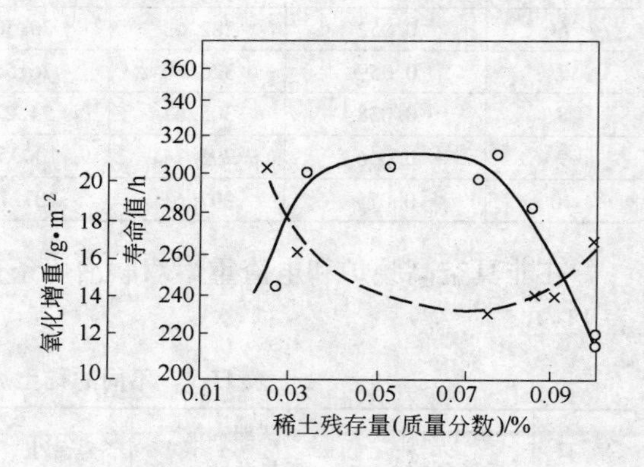

图11-65 Fe-Cr-Al合金稀土残存量和氧化增重与寿命值的关系

○—寿命值；×—氧化增重

有人进一步探索结果如下：用高频感应炉冶炼的合金成分见表11-10（即未加稀土和加不同少量稀土）。

表 11-10 用高频感应炉冶炼的合金成分（质量分数） (%)

炉 号	成 分								稀土元素量		
	C	Si	Mn	P	S	Cr	Al	Ti	种类	加入量	分析量
55	0.06	0.64	0.34	0.002	0.0027	24.95	5.80	0.33	—	—	—
84	0.05	0.41	0.76	0.016	0.003	25.34	5.84	—	—	—	—
85	0.03	0.42	0.74	0.017	0.003	25.20	5.78	—	—	—	—
115	0.03	0.45	0.58	0.022	0.003	24.86	5.56	0.31	Al 基	0.25	0.12
116	0.03	—	—	—	—	24.84	5.09	0.25①	Al 基	0.25	0.11
56	0.02	0.50	0.66	0.018	0.001	25.19	5.73	0.28	Al 基	0.1	0.053
57	0.02	0.52	0.63	0.020	0.002	24.80	6.27	0.22	Al 基	0.25	0.07

①加入量。

试验方法如下：

（1）快速寿命按照 ГОСТ2419 方法。

（2）蠕变样品为 ϕ0.8mm，有效长度 100mm，在管式炉中，温控在 ±1.5℃，伸长测量最小读数为 0.05mm。

（3）氧化样品 ϕ3～4mm，轧成厚约 0.4～0.9mm，宽约 4～6mm 的带材，经氢气保护退火消除加工硬化，并电解抛光至 1.25μm（▽7），在高温炉中氧化试验，其温差控制在 ±5℃，重量称量排除了吸潮影响。

11.3.7 稀土元素对高温抗氧化性能的影响

北京冶金研究所研究了稀土元素对 Fe-Cr-Al 电热合金高温抗氧化性能的影响，其情况如下。

试验结果（图 11-66）表明，不含稀土的合金和含量为 0.053%、0.07% 的合金在 1100℃间歇氧化是随着时间的延长，氧化膜的加厚，其氧化增重差值愈来愈大。提高氧化温度（1150～1200℃），发现含稀土元素 0.053% 和 0.07% 合金的氧化增重差值减小，与未加稀土的合金差值加大。这说明随着温度的提高在最佳含量范围内的稀土量对合金的抗氧化性能的影响增大，其寿命值亦相应地增加，并出现极大值，就显示了合金的抗氧化性与寿命特性的一致。

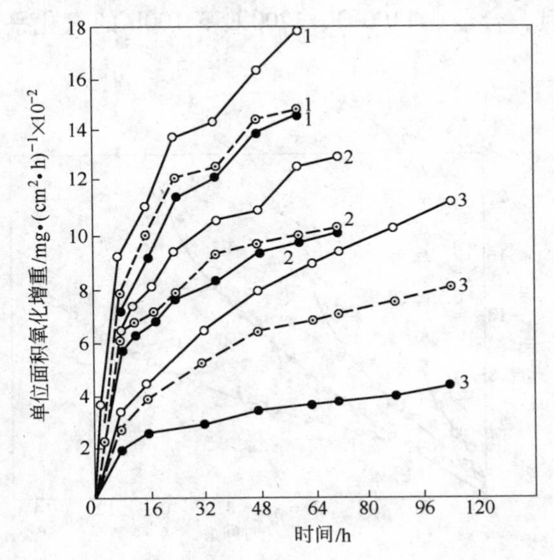

图 11-66 间歇氧化单位面积增重与氧化时间的关系

○—空白；⊙—稀土残存量 0.053%；●—稀土残存量 0.070%；

1—1200℃；2—1150℃；3—1100℃

图 11-66 说明，稀土元素减慢了合金的高温氧化速度，增强了氧化膜与基体的粘固性，而使得合金的抗氧化性能显著提高。这是由于铁铬铝电热合金的氧化主要为扩散过程所控制。氧离子由表及里通过氧化膜向合金内部扩散，金属离子由里及表进行扩散。这种相反的扩散过程，由于稀土元素填充了氧化膜离子晶体中的空穴而更

加致密，同时稀土元素常常富集于晶界区，堵塞了利于扩散的通道，导致扩散过程的减缓。也有人认为，在氧化膜和金属基体的交界处富积有稀土元素，形成了阻挡层，一方面起抑制扩散过程的作用，同时也使氧化膜与基体粘固性提高。

M. B. 坡利旦兹夫的工作表明，稀土元素钆之所以能改善铁铬铝合金的性能，是因为改善了铬的氧化物对氮气和氧气在 1260 ~ 1370℃时的保护性质。

从此不难推想，稀土元素的加入对合金吸氮过程亦有一定的影响。

11. 3. 8　稀土元素对蠕变性能的影响

试验结果（图 11-67）和表 11-11 表明，稀土元素能使合金的抗蠕变性能提高，蠕变速度降低（由 3. 03mm/h 降到 0. 60mm/h），断裂时间延长（由 3. 05h 延长至 16h）。

表 11-11　合金高温蠕变数据

编　号	残存稀土含量（质量分数）/%	蠕变速度/mm · h^{-1}	断裂时间/h	寿命值（1200℃）/h
57	0. 07	0. 60	16	303. 4
115	0. 12	1. 88	11. 79	168. 6
85	—	2. 00	5. 93	111. 45
84	—	3. 03	3. 05	67. 15

注：蠕变试验温度 1000℃，载荷 0. 40kgf。

以上结果可以说明，蠕变、抗氧化与寿命相互依存。

从试验结果分析得知，稀土元素对该合金的快速寿命值和高温抗氧化性能存在着一致的影响，在图 11-68 中更加显示了这种关系。

合金在 1100℃、1200℃的氧化试验结果表明，氧化平均速度愈小，寿命值愈高。并且，合金在 1100℃、1200℃下 100h 的氧化平均速度与 1200℃的寿命值成直线关系（图

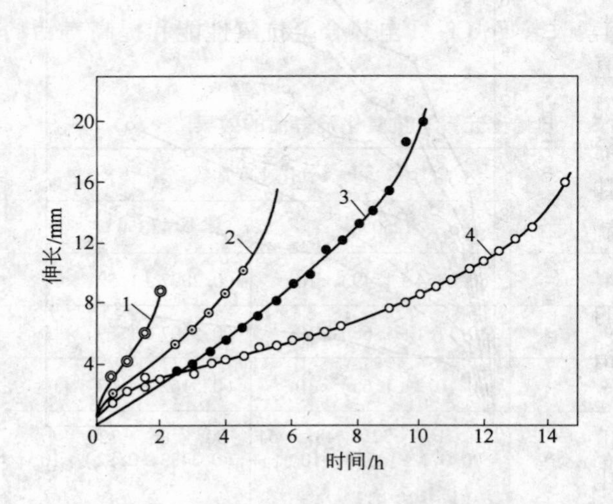

图 11-67　(1000 ± 1. 5)℃蠕变曲线

1、2—空白炉；3—加稀土 0. 12%；

4—加稀土 0. 07%

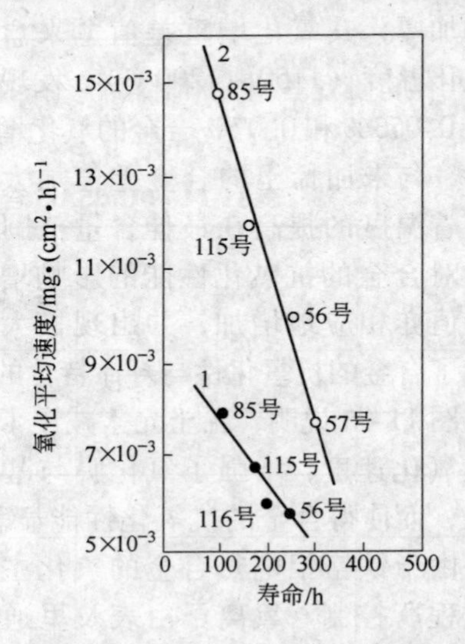

图 11-68　1200℃寿命与氧化平均速度的关系

1—1100℃氧化 100h 平均速度；

2—1200℃氧化 100h 平均速度

11-68)，这就有力地说明了合金的抗氧化性与寿命值的密切联系。

对于“亮点”的解释是：由于寿命丝内部结构及表面质量的不均匀性，其薄弱处局部氧化加剧，使此处直径减小，电阻增加，温度偏高，导致“亮点”和“亮区”出现。亮点的发生，又加速了吸氮和氧化过程，如此恶性循环结果使该处严重贫铝、晶粒变粗、夹杂聚积，晶界脆化和熔化，逐步趋于断裂。因此说“亮点”出现至彻底断裂仍有一段发展过程。稀土能够拖缓亮点出现时间及延长寿命，如表11-12所示。

表11-12 合金出现亮点时间和寿命值的关系

炉号	稀土含量（质量分数）/%	亮点出现时间/h	1200℃寿命值/h	炉号	稀土含量（质量分数）/%	亮点出现时间/h	1200℃寿命值/h
85	无	66	111.4	56	0.053	160.6	253.1
115	0.12	109	168.6	57	0.07	219.0	303.0
116	0.11	134	202.4				

稀土元素能够很有效地提高Fe-Cr-Al合金的快速试验寿命和实际使用寿命，一般认为是由于镧和铈比铬和铝更加活泼，其氧化物分解热更高（表11-13），增加了铬或铝氧化物的致密性，提高了氧化膜与基体的黏结性，减少了O_2的穿越，增强了基体的抗氧化能力和抗剥落能力，从而大大减缓了Fe-Cr-Al合金的氧化向里扩散和氧化膜的增重速度，在其界面形成了一保护屏障。

表11-13 几种氧化物的分解热 (kJ/mol)

Fe_2O_3	α-Al_2O_3	Y_2O_3	Ce_2O_3	La_2O_3	Cr_2O_3	备注
465.6	1117	1271.1	1277	1244.7	753.6	分解热大者： (1) 易氧化； (2) 氧化物稳定

有的研究者研究和比较了不同稀土元素改善Fe-Cr-Al电热合金抗氧性能和提高寿命的效果，见表11-14。

表11-14 0Cr25Al5合金中加入不同稀土元素与抗氧化及寿命的效果

稀土元素	加入量（质量分数）/%	1350℃快速试验寿命值/h	氧化速度常数	
			1250℃	1350℃
镧（La）	0.25	93.34	$(0.0754 \pm 1.49) \times 10^{-3}$	$(0.2897 \pm 1.52) \times 10^{-3}$
铈（Ce）	0.21	61.39	$(0.1151 \pm 1.68) \times 10^{-3}$	$(0.5397 \pm 1.69) \times 10^{-3}$
钇（Y）	0.24	87.33	$(0.1072 \pm 1.65) \times 10^{-3}$	$(0.5162 \pm 4.03) \times 10^{-3}$
镧、铈混合（8：2）	0.26	85.66	$(0.077 \pm 1.52) \times 10^{-3}$	$(0.3483 \pm 2.82) \times 10^{-3}$
不加稀土	—	45.35	$(0.3485 \pm 1.56) \times 10^{-3}$	—

由表11-14可知，镧比铈强。而镧铈混合和钇与单独镧相当。

电渣双联还原法铈的影响如图11-69所示。由图可知，合金中 $w(Ce)=0.0055\%$ 时，0Cr25Al5Ce 1350℃的快速寿命最高。

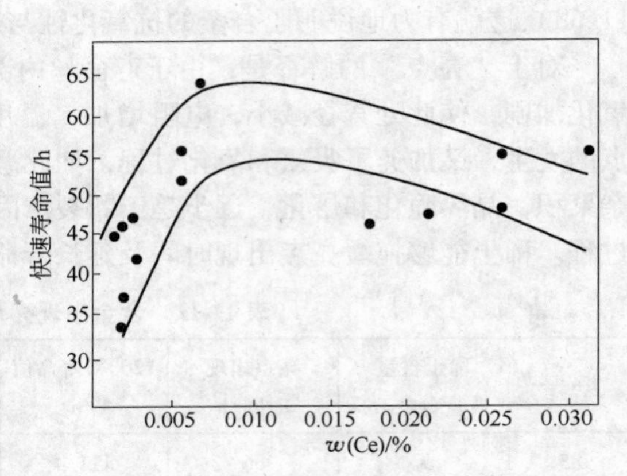

图11-69 Fe-Cr-Al合金中稀土铈含量与1350℃快速寿命的关系

目前对稀土元素提高Fe-Cr-Al合金的抗氧化性能问题在理论上各有已见。大部分观点认为，添加的稀土元素是在氧化膜内（如填充氧化膜中的空穴）或在氧化膜与金属基体之间发挥作用。有人发现，在 Al_2O_3 氧化层中有沉淀的断链 La_2O_3 氧化物或层界有向内生长的须状 Se_2O_3 氧化物，如图11-70所示，是对这种理论观点的支持。另一种观点认为，加入稀土元素后使基体成分保持不变（即减缓消耗损失）。

加入少量稀土元素后，快速试验的合金丝样品 ϕ0.80mm 在试验终了（断裂）前始终不打卷，如图11-71所示。由图11-71可见，3支样品在试验断裂后除了稍微有些弯曲外都没有打卷现象。说明Fe-Cr-Al合金加稀土后的高温强度增高，蠕变减小。

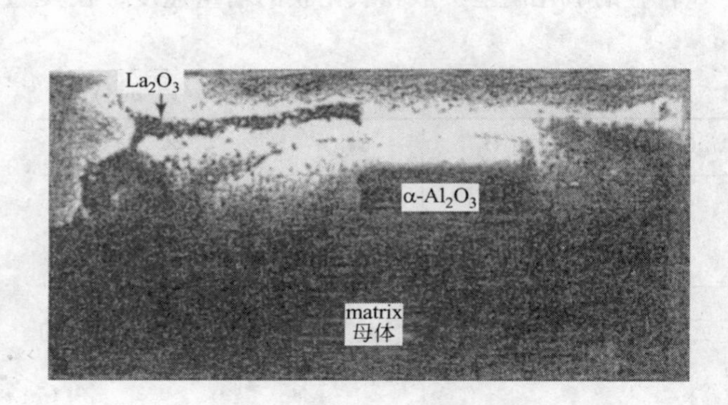

图11-70 Fe-25%Cr-6%Al-RE合金中 La_2O_3 在 α-Al_2O_3 氧化膜中的分布（×100000）

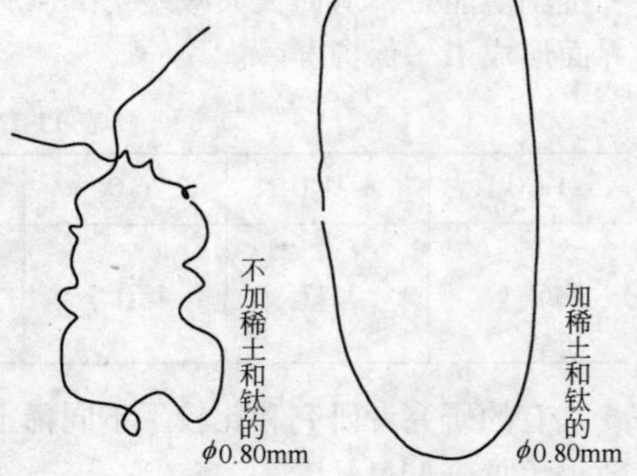

图11-71 加与未加稀土和钛的Fe-Cr-Al合金快速试验寿命 ϕ0.80mm 丝断裂后的表面形状

11.3.9 夹杂物对Fe-Cr-Al合金寿命的影响

常用的0Cr25Al5合金由于冶炼方法不同、有无加稀土和钛，其夹杂物的类型、结构、数量不一，分布也不一，不但造成合金电学性能、力学性能有所差异，也造成合金快速试验寿命值有所差异，当然也会影响其使用寿命。

但是影响电热合金快速寿命或使用寿命的因素很复杂，如化学成分、冶炼方法和工艺、冷热加工和热处理工艺、丝材表面状态和残留物，试验方法本身及使用条件、方法、环境、目的、频率、温度、时间等。

这里只探讨合金中非金属夹杂物与快速试验寿命值的影响趋势。

合金未加入稀土和钛时，其非金属夹杂物的基本类型是氧化物（铝氧土、铬铁矿、硅酸盐等）。采用不同的冶炼方法，可以在不同程度上改变夹杂物的数量及分布，而类型没有变化。经电渣双联冶炼后，夹杂物级别在 2 级左右，总量（金相法计算值[1]）在 0.1% 左右。其合金快速试验寿命在 1200℃ 时平均为 100 多小时，最高也只在 200h 左右。

当 0Cr25Al5 合金中加入稀土和钛后，夹杂物的基本类型发生了根本变化。占主要地位的是氮化物夹杂（以 TiN 为主），氧化物只占少部分，其中有稀土氧化物。而且这些典型的夹杂物形态特征发生了变化，氮化物规则的棱角消失，边界变得不甚完整，氧化物夹杂变得细小，部分趋于球化，分布比原来均匀，但其含量却显著增加。图 11-72 ~ 图 11-75 分别为未加与加入稀土和钛的两种冶炼方法结果的比较，可见合金中夹杂物的变化。

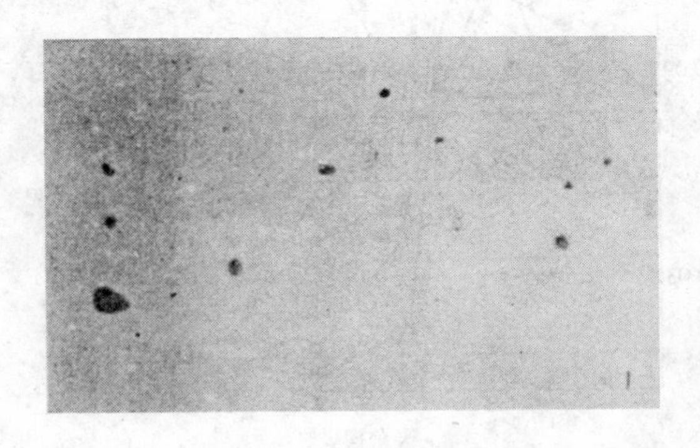

图 11-72 0Cr25Al5 合金非金属夹杂物
（三相电渣炉冶炼，铸态）

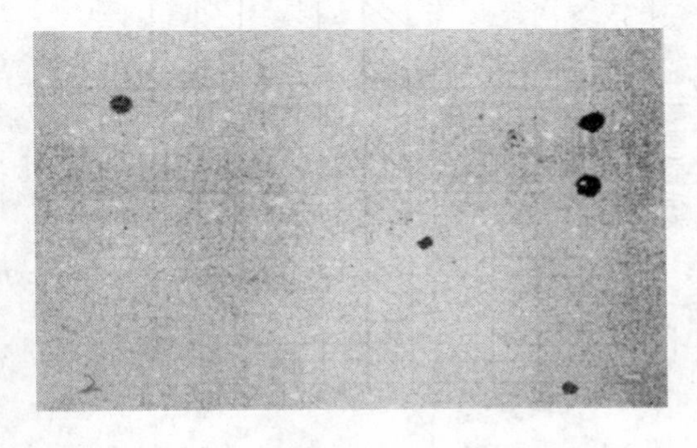

图 11-73 0Cr25Al5 合金非金属夹杂物
（电渣双联冶炼，ϕ8.0mm 盘条）

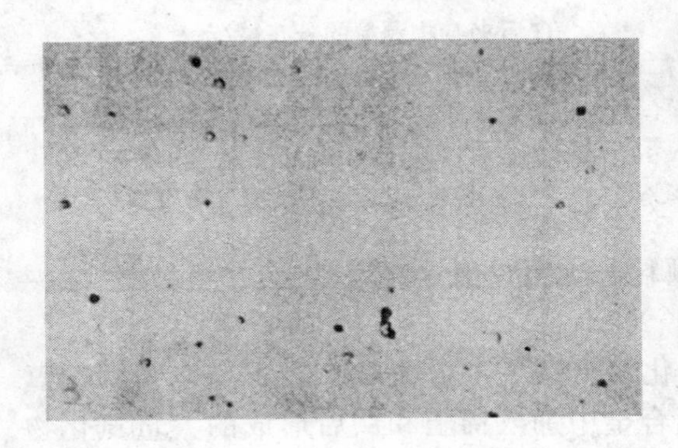

图 11-74 0Cr25Al5 + RE + Ti 合金
非金属夹杂物
（三相电渣炉冶炼，铸态）

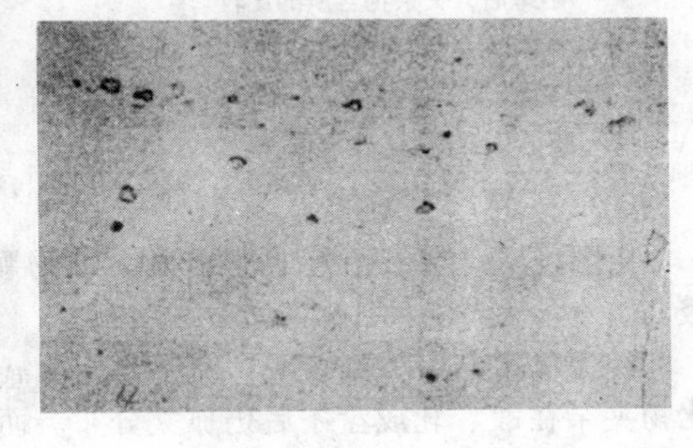

图 11-75 0Cr25Al5 + RE + Ti 合金
非金属夹杂物
（电渣双联冶炼，ϕ8.0mm 盘条）

由图 11-72 ~ 图 11-76 可知，合金加入稀土和钛后，即使经过电渣双联冶炼，对夹杂

[1] 金相法计算值比电解法的值约大几倍，故只用作相对比较。

物的去除也不如未加的效果好。同时可见，再往合金中多加微量硼和钙，影响也不大。但各类夹杂物的去除却不一样，氧化物去除比较多，而氮化物由于比较重不易被渣层吸收，反而增加其在合金中的数量，颗粒也有所增大。

0Cr25Al5 合金中加入稀土和钛后，夹杂物颗粒的分布情况如图 11-77 所示。

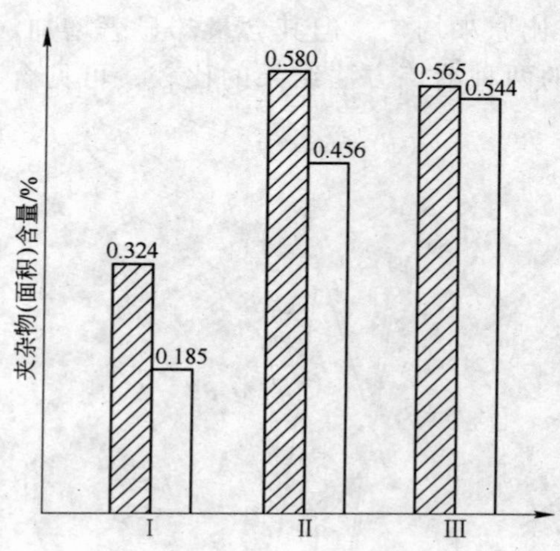

图 11-76 不同成分 Fe-Cr-Al 合金在电渣双联冶炼后，夹杂物含量的比较

Ⅰ—0Cr25Al5；Ⅱ—0Cr25Al5 + 稀土、Ti；

Ⅲ —0Cr25Al5 + 稀土、TiB、Ca；

▨—三相电渣炉冶炼；□—单相电渣炉提纯

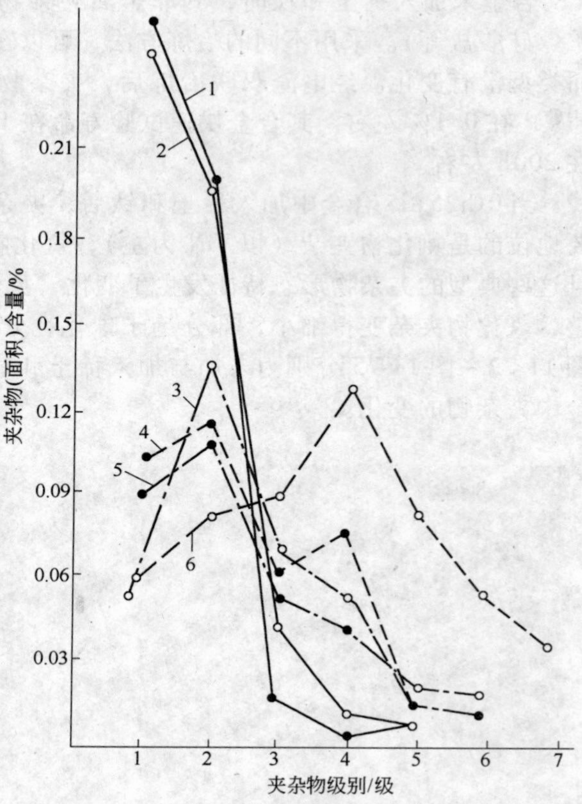

夹杂物(面积)含量/%

夹杂物级别/级

图 11-77 0Cr25Al5 合金中加入稀土和 Ti 后夹杂物颗粒的分布情况

1—三相电渣炉，1904 号；2—三相电渣炉，1902 号；3—三相电渣炉，26 号；4—电渣炉提纯，1904 号；5—三相电渣炉，27 号；6—电渣炉提纯，1902 号

由图可见，除一炉号的非金属夹杂物颗粒长大外，其余均为减小并多数在 2 ~ 4 级。

经过单相电渣炉重熔后，细小颗粒的氧化物夹杂大部分去除，剩下少量大颗粒氧化物夹杂在锻、轧成盘条后仍孤立分布。而合金中加入稀土和钛后形成的大量氮化物在热轧后则有沿轧向分布的趋势。经分析，其中 TiN 和 AlN 为主，尺寸约为 5μm，Al_2O_3 和 SiO_2 为次，其尺寸约为 17μm。再经拔丝冷加工，部分较脆的夹杂物发生破碎，形成链状排列，方向性更明显。夹杂物沿长度方向分布变得不均匀。如图 11-78 和图 11-79 所示。

图 11-80 为未加稀土和钛的合金冷拔时夹杂物破碎情况。

图 11-81 为加入稀土和钛的合金拉拔前后夹杂物的分布对比情况。

以上情况说明，丝材越细，夹杂物分布不均匀情况将越突出，尤其是加入稀土和钛以

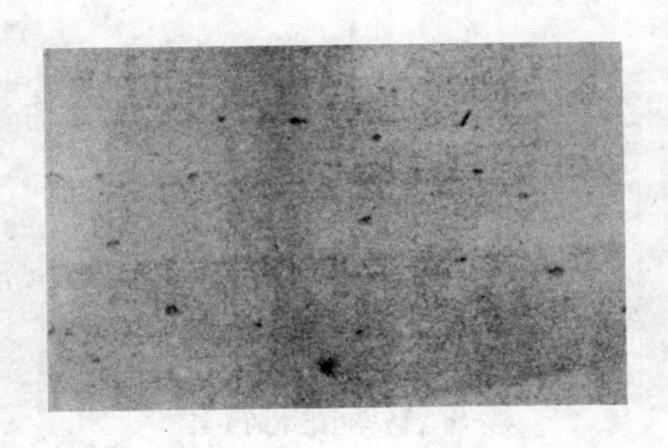

图 11-78 0Cr25Al5 + RE + Ti 合金夹杂物沿轧制方向分布情况（ϕ8.0mm 盘条）

图 11-79 0Cr25Al5 + RE + Ti 合金夹杂物沿拔丝方向分布情况（ϕ0.8mm 丝）

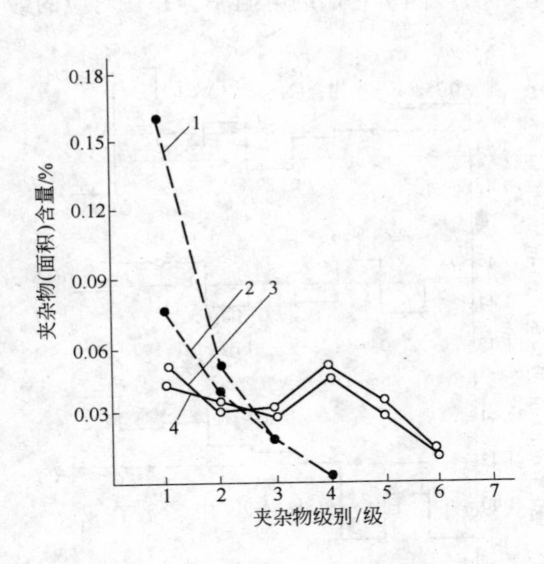

图 11-80 0Cr25Al5 合金中非金属夹杂物在冷拔过程中的破碎情况

1—ϕ0.8 丝材，27 号；2—ϕ0.8 丝材，26 号；3—ϕ8 盘条，27 号；4—ϕ8 盘条，26 号

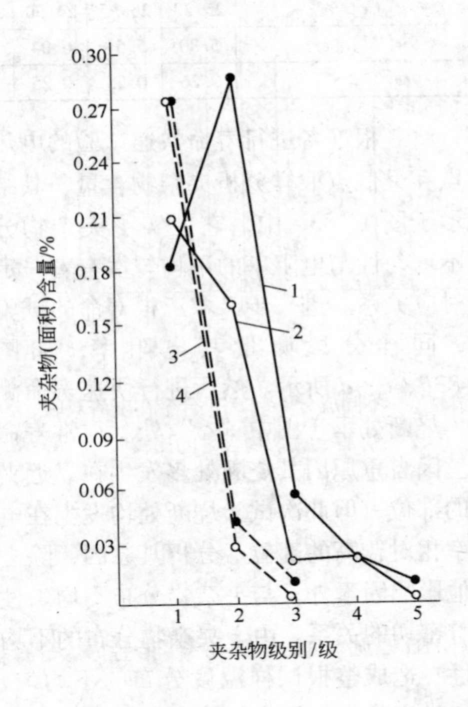

图 11-81 0Cr25Al5 + RE + Ti 合金中非金属夹杂物在拉拔过程中的破碎情况

1—ϕ8 盘条，2 号；2—ϕ8 盘条，3 号；3—ϕ0.8 丝材，3 号；4—ϕ0.8 丝材，2 号

后，夹杂物的数量增加，分布不均匀的几率也在增加。因此，要求微细丝的精密电阻或应变用丝，以少加稀土和钛为好。目前有人研究微量稀有元素的加入，对电热、电阻、应变丝材性能就有很好的效果。

0Cr25Al5 合金中夹杂物（平均值）含量与其电阻率的对应关系如图 11-82 所示。由图知，随着非金属夹杂物数量的增加，合金的电阻率有下降趋势。但当夹杂物比较集中，尤其大颗粒夹杂物存在处，其电阻比基体还大，发热量比其他处大，温度也比其他处高，这是从生产试验、科研分析、使用过程的种种实践中得到证实的。但因为夹杂物分布不均匀，由一般生产检验的数据看不出寿命值与夹杂物含量有直接关系，如表11-15所列。

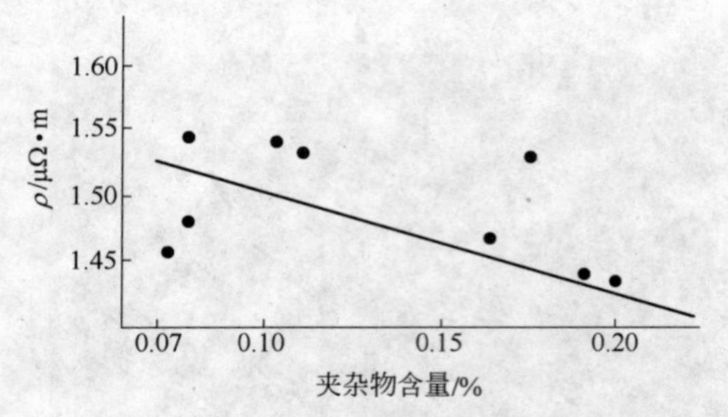

图 11-82 0Cr25Al5 合金中非金属夹杂物含量与电阻率的关系

表 11-15 Fe-Cr-Al 合金的成分、电阻率、夹杂物含量和寿命值

寿命试样编号	2	5	8	11	寿命试样编号	2	5	8	11
w[C]/%	0.04	0.04	0.04	0.04	w[RE]/%	0.057	0.046	0.059	0.046
w[Cr]/%	25.20	25.55	24.50	25.10	电阻率 $\rho/\mu\Omega\cdot m$	1.418	1.415	1.454	1.439
w[Al]/%	5.80	5.51	6.04	6.27	夹杂物含量/%	0.248	0.332	0.158	0.193
w[Ti]/%	0.26	0.23	0.25	0.25	寿命值（1300℃）/h	88.28	70.5	76.56	93.5

将一根准备进行寿命快速试验的电热合金丝，分段测量它们的电阻率，并在对应的最高点和最低点取样分析夹杂物含量，其结果示于图11-83a中，它证实了夹杂物分布不均匀性与电阻率的不均匀性有着一定的对应关系。进一步又取三根寿命的试验样，同样分段测量其电阻率，如图11-83b、c、d所示。然后进行快速寿命测试，烧断处示于图中“○”处。往常寿命样丝因自重原因其烧断处多发生在靠近夹头的部位，但此次试验烧断处均发生在电阻率相对较高的部位。分析其原因，除去其他影响因素外，与夹杂物分布不均匀性有着密切的关系。由于夹杂物分布的不均匀性，造成整根试样温度分布的不均匀，温度较高的部位加速氧化，加速从空气中吸收氮气而形成新的夹杂物，从而使该处温度进一步升高，如此反复循环，直至该处烧断。这种分析在寿命试验后的金相照片如图11-84、图11-85和表11-16中得到证明。在烧断处附近发现有大量聚集的氮化物夹杂，这显然是在试验过程中从空气中吸入氮气形成的，而其他部位的夹杂物情况仍与原始状态差不多。

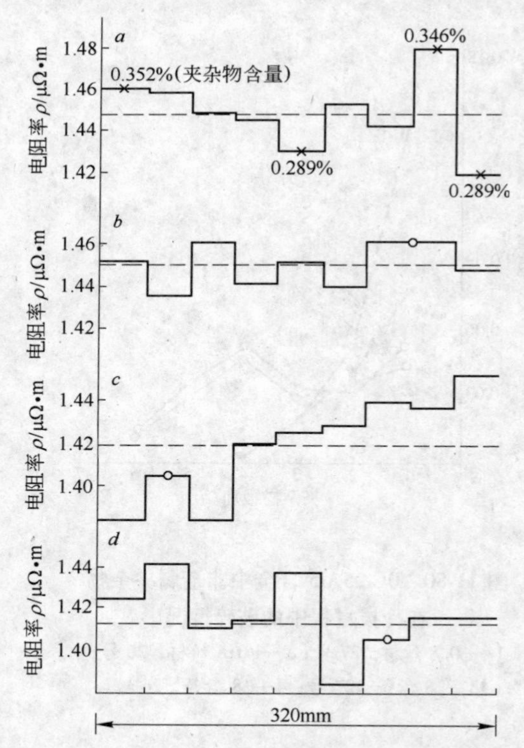

图 11-83 Fe-Cr-Alϕ0.8mm 丝电阻率分布的不均匀性与寿命试验断口

a—×处为夹杂物分析取样处，其百分数为夹杂物含量；b、c、d—○处为寿命试验的烧断处

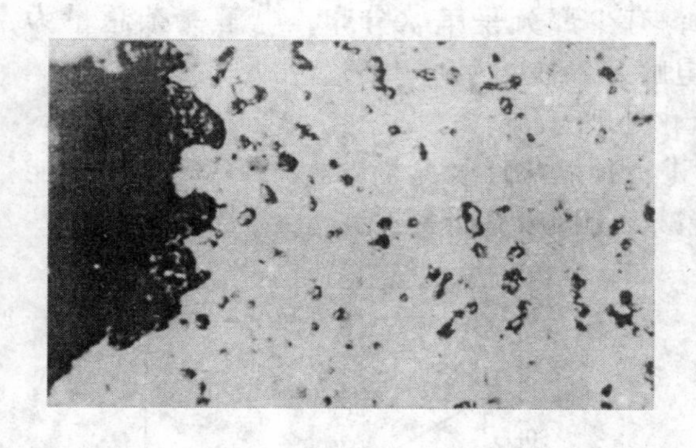

图 11-84 0Cr25Al5 + RE + Ti 合金寿命丝烧断处

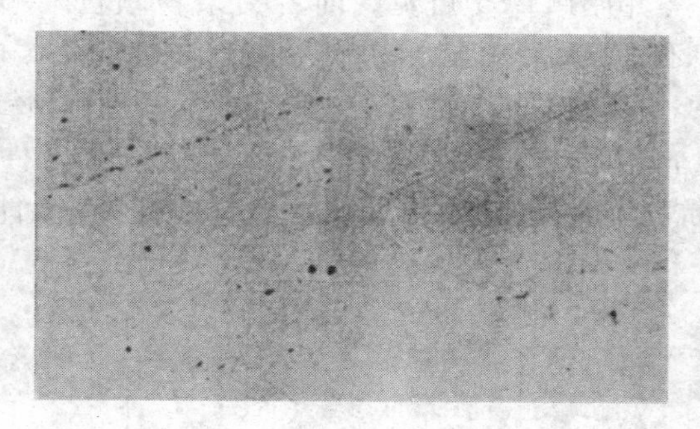

图 11-85 同左，寿命丝上其他部分的夹杂物

表 11-16 寿命丝试样上的［N］含量（质量分数） （%）

样品编号	2	5	8	11
寿命试验前［N］	0.0059	0.0068	0.0079	0.0055
烧断处及亮点处［N］	—	>0.10	0.032	>0.10
试验后其他部位［N］	0.0008	0.0125	0.0168	0.0217

上面的分析可以解释为什么同是加稀土和钛，其寿命值有的不足 200h，有的却长达 400h 以上的原因。由此可见，合金中非金属夹杂物的客观存在是不可避免的，但需要千方百计地使夹杂物细小，要尽量分布均匀，减少合金的吸氮量，减少对合金氧化膜不利的因素。例如选择干净、干燥，含氮、氢、碳少的原材料，适当配入少量的钇、铌、钴、钽、钼等合金元素和微量的镧或铈；保证渣中有足够的 CaO；减少冶炼中的打弧、减少钢水的暴露吸气；吹氩或真空除气；采用铝箔包裹稀土，和钛一起随钢流加入钢包中；钢水包中钢水液面必须有保护渣层，吹氩时避免翻滚的钢水暴露于大气中；保证电渣重熔渣料正常的合理配比，保持好的流动性，尤其是采用稀土氧化物渣料，如三相电渣炉冶炼 Fe-Cr-Al 合金，出钢时随钢流加入以 La 为主的混合稀土，再经过单相电渣炉重熔，其渣料分两种情况，一种是照正常生产的渣料配比，另一种是加入稀土氧化物，重熔后合金中夹杂物数量和分布各有不同，如图 11-86 所示。

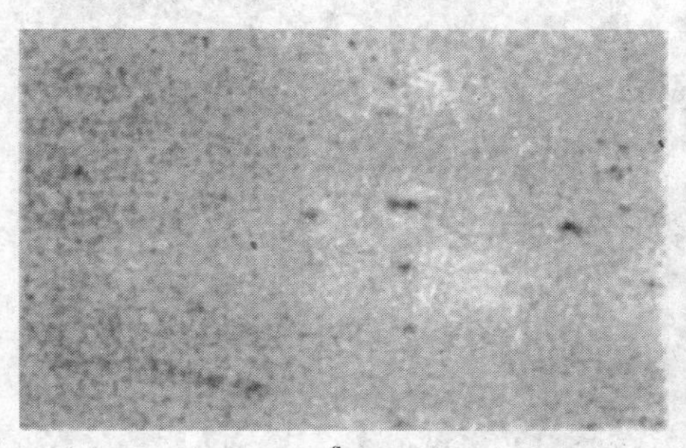

a

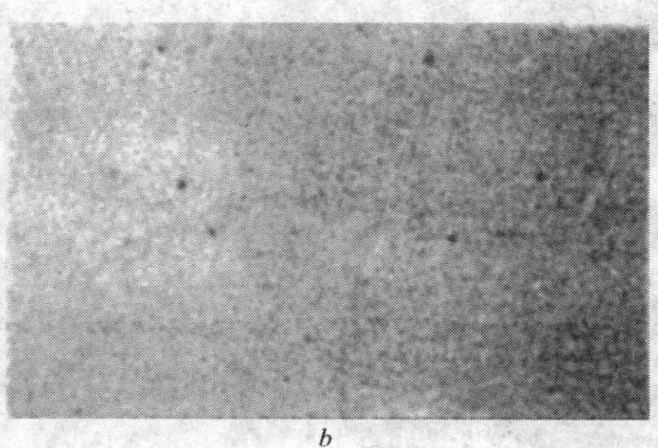

b

图 11-86 Fe-Cr-Al 合金加稀土后再重熔时，其渣料不加稀土氧化物和加稀土氧化物的夹杂物分布

a—不加；*b*—加

由图11-86可见，前者夹杂物颗粒细小，有少部分呈串状分布，电解夹杂总量为0.028%。后者夹杂物颗粒细小，弥散分布，电解夹杂总量为0.012%，可见效果不错。

又如电热元件在正式使用前必须进行预氧化处理等。

由图11-87说明，Fe-Cr-Al合金丝带元件进行预氧化后吸氮量少。图11-88说明钇能抗高温时氮的侵蚀。此外，合金中有少量钛能减少铝因吸氮而变质。

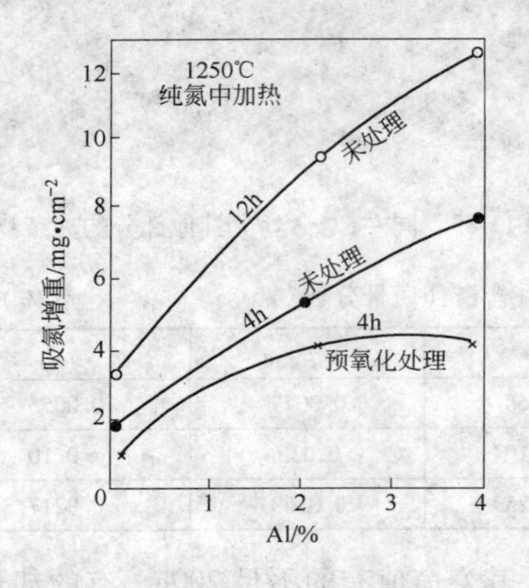

图11-87 铝对铁铬铝合金(Cr20%)吸氮的影响

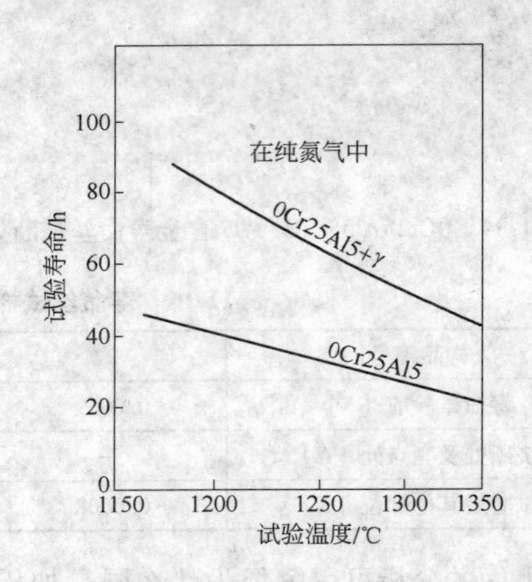

图11-88 钇对铁铬铝合金寿命的影响

11.3.10 减少非金属夹杂物的措施

除上面介绍的减少合金中非金属夹杂物的办法之外，选择不同的冶炼方法也是很重要的措施，如图11-89所示。

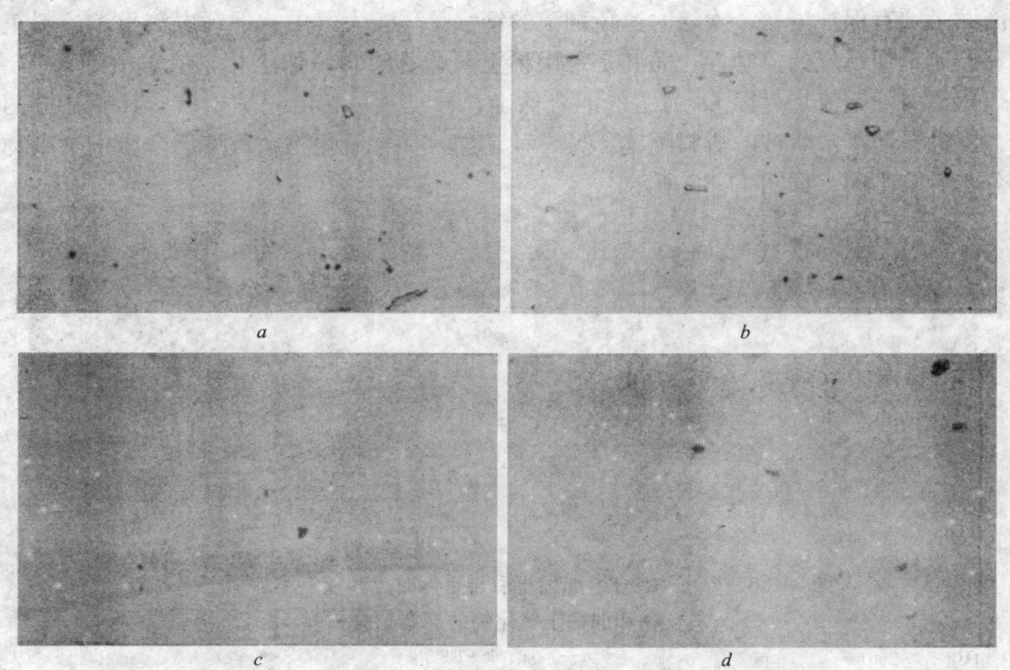

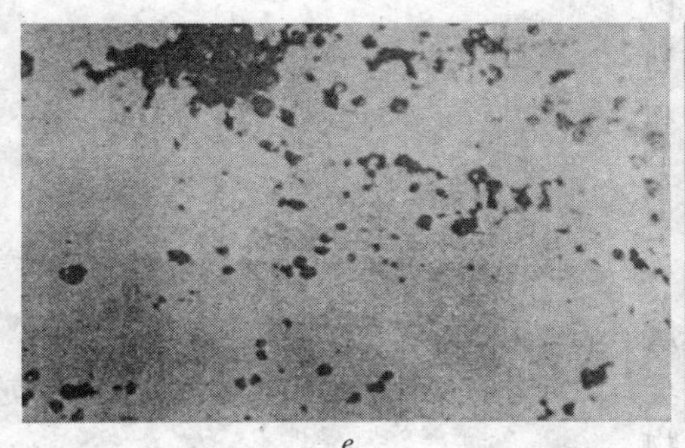
e

f

图 11-89 0Cr25Al5 合金不同的冶炼方法对合金中非金属夹杂物的影响
a—三相电渣炉冶炼，铸态：添加稀土、Ti、B、Ca 时的非金属夹杂物；b—电渣双联冶炼，ϕ8 盘条：添加稀土、Ti、B、Ca 时的非金属夹杂物；c—电渣双联冶炼＋真空自耗电弧炉提纯，ϕ8 盘条：不添加稀土、Ti、B、Ca 时的非金属夹杂物；d—真空感应炉冶炼，锻态：不添加稀土、Ti、B、Ca 时的非金属夹杂物；e—真空感应炉冶炼，锻态：不添加稀土、Ti、B、Ca 时局部区域聚集的大量非金属夹杂物（炉衬坍塌，属特例）；f—真空双联冶炼，ϕ8 盘条：不添加稀土、Ti、B、Ca 时合金中的非金属夹杂物

图 11-89 是四种冶炼方法的不同组合对 0Cr25Al5 合金加与不加稀土及钛的夹杂物影响的金相情况。其中除真空感应炉冶炼因坩埚耐火材料造成合金中局部有夹杂物的大量聚集外，其余冶炼方法夹杂物都不多，尤其是真空双联冶炼夹杂物最少且均匀，大于 6μm 的夹杂物几乎全部去除，夹杂物集中在钢锭顶部缩孔周围（加磁场冶炼），如图 11-90 和图 11-91 等。而电渣双联冶炼后再经真空自耗冶炼的次之。当然经真空冶炼的成本要增加一些，所以对合金材料有严格要求时才用真空法冶炼，一般要求者以电渣双联或非真空感应炉加电渣重熔双联即可。

图 11-90 不加磁场冶炼的铸锭粗视组织

图 11-91 加磁场冶炼的铸锭粗视组织

真空自耗电弧炉冶炼时，外加磁场使电弧以及金属熔池都发生激烈的旋转，当液态金属强烈的旋转和搅拌时由于密度的不同非金属夹杂物和杂质向熔池中心集中，这就为非金属夹杂物的上浮去除创造了有利条件。如图11-92所示。

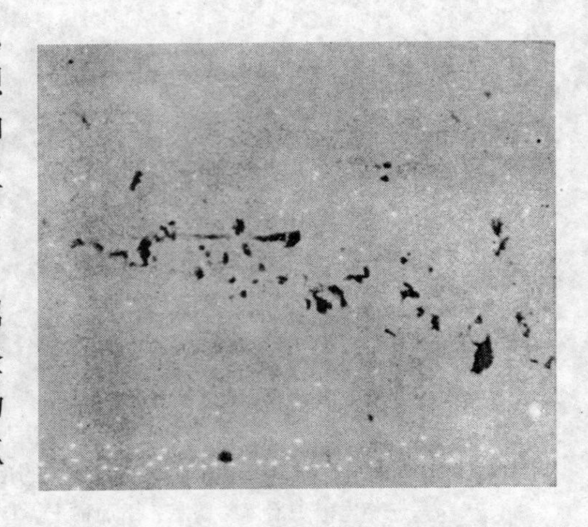

图11-92 真空自耗加磁场冶炼时缩孔周围的非金属夹杂物聚集

总之，从冶炼试验的结果可见：

(1) 真空自耗电弧炉重熔后合金中的非金属夹杂物显著减少，有33% ~57%的大尺寸的非金属夹杂物（大于6μm）几乎全部被去除，夹杂物更为细小，分布也更为均匀。因此真空自耗电弧重熔是微细丝生产中一种有效的冶炼方法。

(2) 真空自耗电弧重熔的效果与工艺参数的选择具有密切的关系，电流密度的影响最为明显，在我们的实验条件下，电流密度为 2.28A/mm^2 最佳。

(3) 在冶炼过程中施加磁场，对细化晶粒、去除夹杂物、消除偏析都有一定的好处。另外，炉外融渣渣洗降低夹杂物的方法值得探索。

11.3.11 铁铬铝合金的力学性能

11.3.11.1 化学成分对合金强度、伸长率的影响

Fe-Al和Fe-Cr合金的σ_b、δ与成分的关系如图11-93所示。在Fe-Cr系中σ_b随Cr的增加而逐渐增大，δ则有所下降。当Cr含量w(Cr)高于30%时，合金变脆。在Fe-Al系中，铝含量增加时，σ_b提高，δ下降。铝含量w(Al)在4%以下时，随铝含量的增加，δ急剧下降，σ_b逐渐增加。当铝含量w(Al)增到4.5% ~5%时，δ仅为5% ~6%。

Fe-Cr-Al合金的成分与σ_b、δ的关系如图11-94所示。由于Cr的存在，合金随铝含量

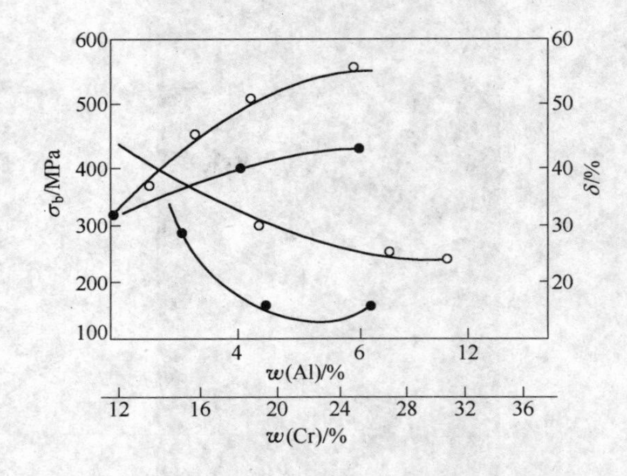

图11-93 Fe-Cr、Fe-Al二元合金的σ_b及δ与化学成分的关系

○—性能与铬含量关系；●—性能与铝含量关系

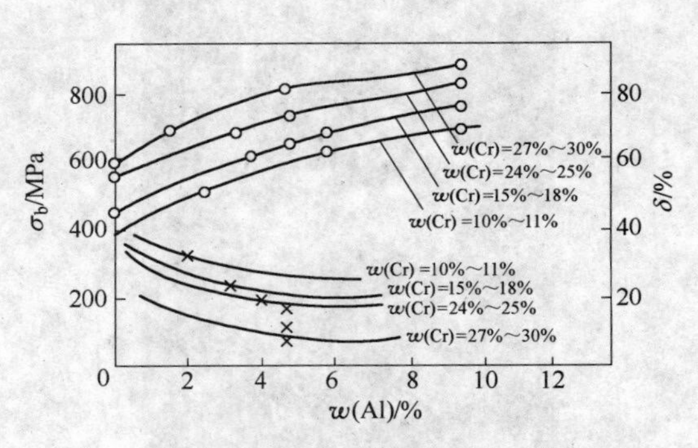

图11-94 Fe-Cr-Al合金的σ_b、δ与化学成分的关系

○—强度极限变化；×—伸长率的变化

的增加而变脆的倾向变缓。w(Cr) = 10% ~19% Cr 的三元合金，铝含量 w(Al) 在 5% 以下时，合金仍具有较大的 δ。随铬含量的增加，δ 下降。铝含量 w(Al) 在 5% ~6% 的合金，当铬含量 w(Cr) 增加到 39% 时，δ 为 10%。当铬含量 w(Cr) 增加到 40% 时，δ 为 2%，铬含量 w(Cr) 大于 30% 的合金脆性大，是由于 α-Fe 中有 σ 相析出的缘故。

11.3.11.2　铁铬铝合金的高温强度

Fe-Cr-Al 合金的高温抗拉强度和持久强度与温度及时间的关系分别如图 11-95 和图 11-96所示。由图可知，不论是 0Cr25Al5 合金还是 0Cr17Al5 合金，当温度超过 600℃时，其抗拉强度都急促下降。1000℃时均在 40MPa 以下。

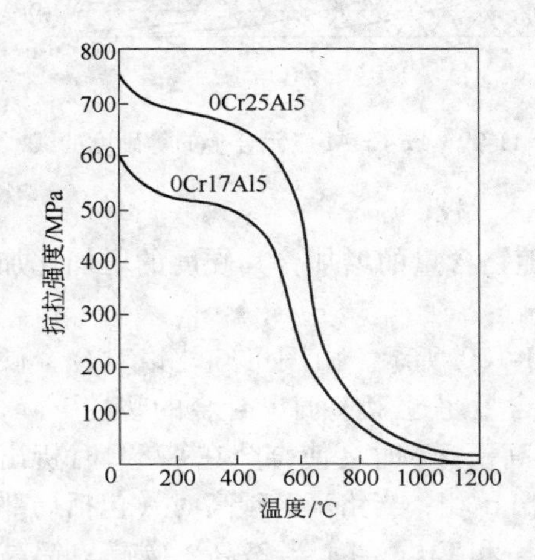

图 11-95　Fe-Cr-Al 合金的高温抗拉强度

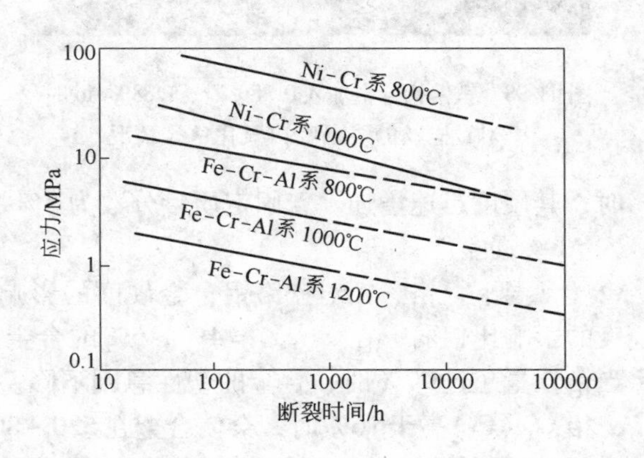

图 11-96　电热合金的持久强度

在 800 ~1200℃，不论是 Fe-Cr-Al 合金还是 Ni-Cr 合金的高温持久强度（高温持久强度是在规定的时间和温度条件下，使试样断裂的应力）都随时间的延长而逐步下降。只是 Fe-Cr-Al 合金本身的高温持久强度就低，经 1200℃ ×1000h 以后将接近于零。这就给使用过程中的维修造成了困难。

铁铬铝合金高温下的伸长率如图 11-97 所示。由图可知，加钇合金的伸长率在 1167℃下使用 1000h 时不到 1%，而不加钇的合金伸长率达 2.5% 左右，这就要求在设计和使用中都要将此种情况考虑进去，要给予预留空间和采取支撑措施，否则易因此而出现倒塌、短路、烧毁的情况。为了减少合金的高温伸长率，最好加入微量的合金元素，如钇、钴、铌、钼、钽、锆、钙等。但是，锆和钼加入量不合适时反而会加速合金在高温下的氧化速度，缩短合金的使用寿命。图 11-98 所示为加入质量分数为 0.3% Zr 以上、2.0% Mo 以下的合金样丝烧断断口的情况。

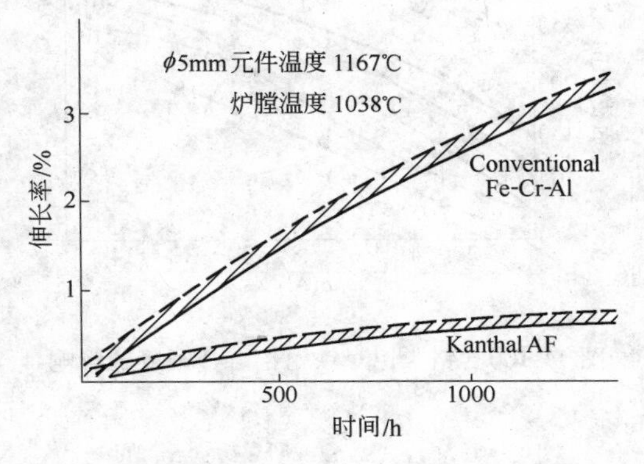

图 11-97　Fe-Cr-Al 合金加钇与不加钇在高温的伸长率与时间的关系

11.3.11.3　化学成分对合金硬度的影响

合金成分与硬度的关系如图 11-99 所示。不同铬含量的 Fe-Cr-Al 三元合金，当加入 Al

图 11-98　铁铬铝合金加入 0.38% Zr、1.88% Mo 时 1200℃样丝的烧断断口氧化龟裂情况

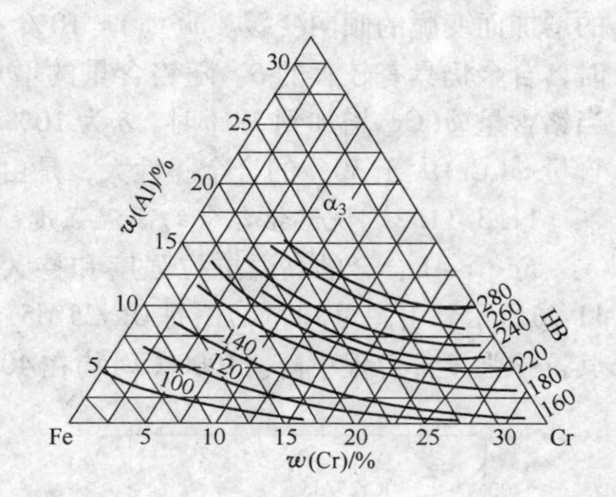

图 11-99　Fe-Cr-Al 三元合金的等硬度曲线

时，其硬度迅速增加。若固定质量分数为 5% Al，则随铬含量的增加，其硬度的增加比加入 Al 缓慢。

常温下，铬、铝对铁铬铝合金硬度的影响如图 11-100 所示。由图可知，铬对合金硬度的影响比铝弱。在 w(Al) =4% ~6% 的合金中，铬含量超过 25% 时，合金的塑性下降，当铬含量超过 27% 时，合金的塑性急剧下降。w(Cr) 高于 5% 时会使合金在 475℃时析出 α′相；w(Cr) 高于 16% 时，会使合金在 520 ~800℃析出 σ 相；当铬高、碳高时（包括局部偏析），会使合金在 1000 ~1300℃析出碳化铬（Cr_7C_3 和 $Cr_{23}C_6$）；当铬高、碳高、铝高时，会使合金在 1350 ~1400℃因铝强烈吸氮而析出碳化物和碳氮复合化合物及氮化铝、氮化钛之类。所有这些析出物都会促使合金脆化及硬度增高。尤其是在实际使用过程中不断地开炉、停炉，给电、停电，使合金元件温度不停地变化，合金的硬度随之增加。图 11-101反映出合金硬度与热循环次数之间的关系。

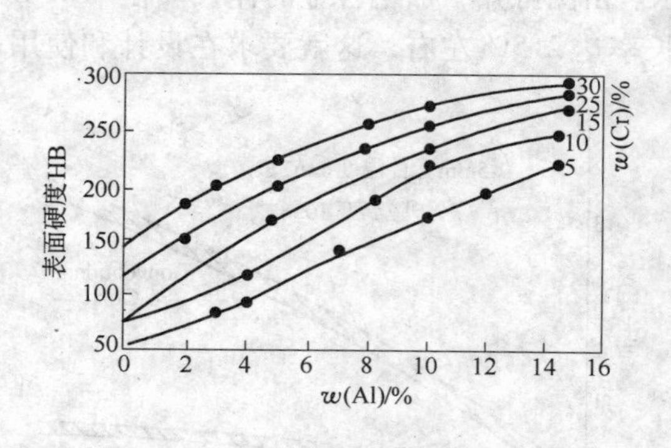

图 11-100　铬、铝对铁铬铝合金硬度的影响

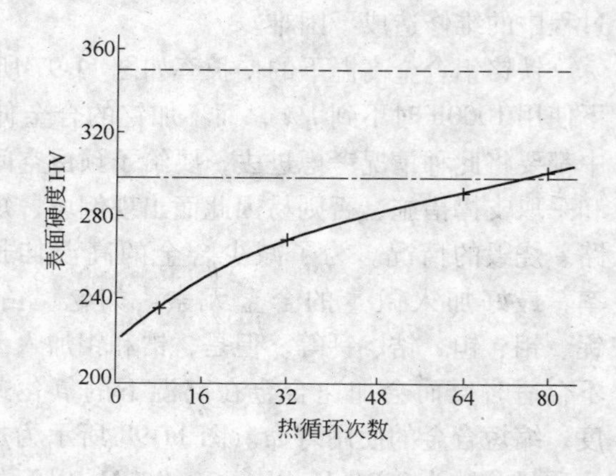

图 11-101　0Cr25Al5 合金表面硬度与热循环次数的关系（逐步脆化）

11.3.11.4　合金成分对冲击韧性的影响

金属材料的冲击韧性全面反映它的塑性。Fe-Cr-Al 合金在室温下的成分与冲击韧性的

关系如图 11-102 所示。以对应于铬含量 w（Cr）为 5%、10%、17.5% 和 25% 而改变铝含量到 8% 的断面图示出合金的 a_K 值呈减少趋势。

在 10% Cr 断面上，增加铝含量达 5% 时，其 a_K 值从 235J/cm² 下降到 39J/cm²（下降 83%）。在含 4%～5% Al 的合金中，加入 5%～8% Cr 时，可使 a_K 显著增加，再增加 Cr 则 a_K 下降。

11.3.11.5 Fe-Cr-Al 合金冲击韧性与温度的关系

Fe-Cr-Al 三元合金的冲击韧度与温度的关系如图 11-103 所示。由图可见，Fe-Cr-Al 系合金在高温下的冲击韧度是随温度（从室温）的升高而显著增大。在 200～400℃ 和 600～900℃ 区间各有一个峰值，而在 450～650℃ 区间的 a_K 值有一个极小值。当温度高于 900℃ 时，a_K 值逐渐下降。

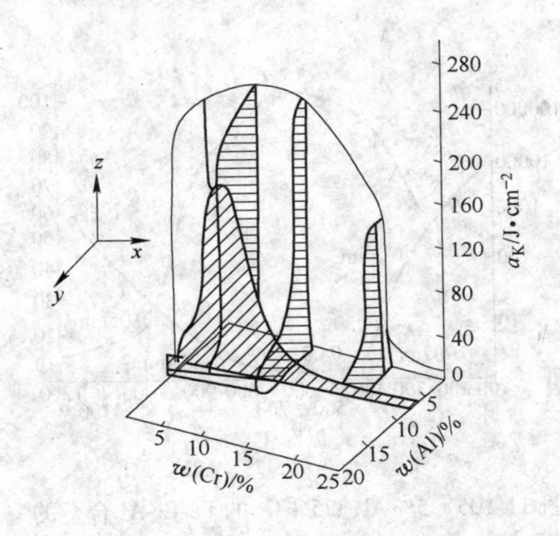

图 11-102 Fe-Cr-Al 三元合金成分对冲击韧度的影响

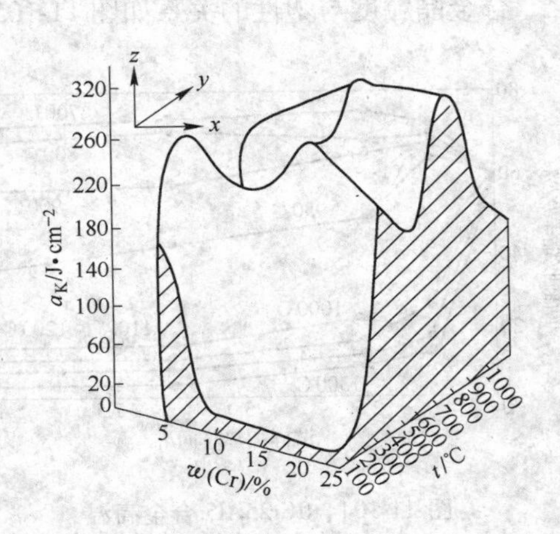

图 11-103 Fe-Cr-Al 三元合金的冲击韧度与温度的关系

在 450～650℃ 区间 a_K 值有一个最小值。有人认为是由于碳化物析出或其他相的析出。有人在研究 Fe-Cr-Al 三元平衡相图时发现有 σ 相。有人研究 w(C)＜0.02% 的 Fe-Cr-Al 合金时发现 a_K 在所有温度范围内只是有限提高。但当 w(C)＞0.07% 和 w(Cr) 达 30% 时有 σ 相析出，是大家的一致看法，它使 a_K 大大地降低。

由图 11-103 还可以看出，当 w(Cr)＝17%～25% 时，合金在室温下的 a_K 值低。当温度提高到 150～200℃ 时，a_K 值急剧上升，也即塑性大大提高，究其原因，一般认为是消除前面成形过程中的各种应力和除氢排气的结果。这为脆性材料的温热加工提供了理论基础。同样，当温度升到 750～900℃ 时，合金又出现一大的 a_K 值。分析其原因是由于所析出的脆性相溶解和再结晶造成的。因此，如果能在此温度范围内进行热加工就能得到满意的结果，而在低值 a_K 的温度范围内进行加工，就可能出现裂纹乃至裂缝。

在 1000℃ 以上，如果保温时间长，a_K 值会急速下降。例如，在 1000℃ 保温 2h，a_K 值会降为原始值的 52%。而在 1300℃ 保温 5min，a_K 便降到原始值的 60%。如果保温 30min，a_K 值则降到原始值的 22%～16%。这就指出，在热加工时，对合金加热烧透后，保温时间不宜过长。同时说明，加热温度不许超过 1300℃。实践证明，当温度超过 1260℃ 时轧制宽展会失控，出现耳子、折叠，裂纹增加。而 1150℃ 开轧，其结果是塑性差，轧件表面也不光滑。

铁铬铝合金长期在高温下使用，其韧性，例如0Cr25Al5合金在高温区的韧性（断面收缩率）与保持时间的关系如图11-104所示。由图可见，合金的高温韧性随温度的升高而急剧下降，如当温度为700~800℃时，随着加热时间的延长，可以继续维持高的韧性而基本不变。当温度升高到950℃以上时，即使是保温2~3h，其韧性就能降至原来的50%以下，而当温度升至1200℃时，断面收缩率能降至原来的20%以下，如在此低韧性（即脆性）水平下长期运转，自然会造成怕碰、怕摔，给使用和维护带来不便。

11.3.11.6 合金晶粒度与塑性的关系

Fe-Cr-Al合金在高温下，晶粒长大的趋势很强烈，大晶粒使合金塑性下降。在实际中，Fe-Cr-Al电热合金在高温下长期使用，因晶粒粗大而塑性恶化的实例很多。

合金晶粒度与塑性的关系如图11-105所示。

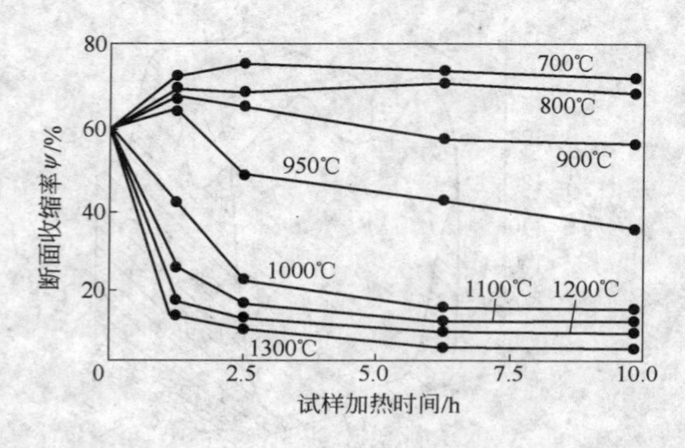

图11-104 0Cr25Al5合金高温保持时间与韧性的关系

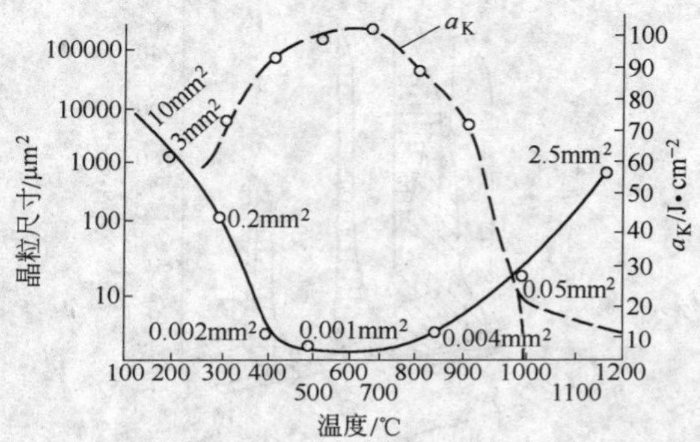

图11-105 5% Al、25% Cr的Fe-Cr-Al合金的晶粒尺寸与a_K值的相对关系

图11-105是5% Al、25% Cr的Fe-Cr-Al合金（铸件变形至ϕ3.0mm钢丝，加热到800℃、1000℃、1200℃，保温100h）的晶粒尺寸与a_K值的关系。在不高于800℃时，晶粒细小，a_K值增大。当高于800℃时，随晶粒的长大，a_K值急剧下降。最大的a_K值与最小的晶粒尺寸相对应，反之亦然。近期有人分析研究后指出：当轧条直径6~8mm的晶粒尺寸大于100μm时，可产生穿晶性解理脆断；大于80μm时，可产生准解理脆断。

工业生产中常见的晶粒度（标准金相评级）在1~8级范围内。其中：1~3级，晶粒直径在250~125μm，为粗晶；4~6级，晶粒直径在88~44μm，为中等；7~8级，晶粒直径在31~22μm，为细晶。由此可知，晶粒尺寸在100μm以上属于粗大晶粒范围，而80μm以上虽然属于中等晶粒范围，但对于Fe-Cr-Al合金来说，已靠近脆化的边缘。北京科技大学的分析研究结果如图11-106所示。脆化不但恶化Fe-Cr-Al合金各种性能，影响其加工性，造成裂纹和脆断，而且会降低元件的使用温度和寿命。晶粒尺寸80~100μm相当于合金的终轧温度在1000℃左右。可见终轧温度过高有害无益。

11.3.11.7 晶粒度与温度的关系

铁铬铝合金的晶粒度与温度之间的关系如图11-107所示。由图可见，未加稀土的0Cr20Al5合金的晶粒尺寸随着温度的升高而生长的速度比加钇的合金要快得多。0Cr25Al5

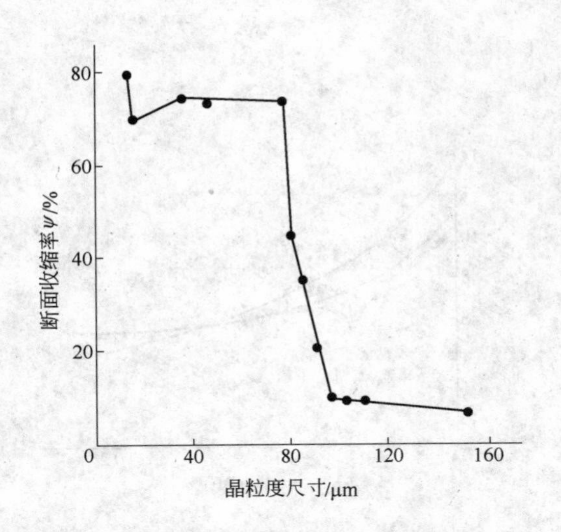

图 11-106 Fe-Cr-Al 合金的塑性与晶粒尺寸的关系

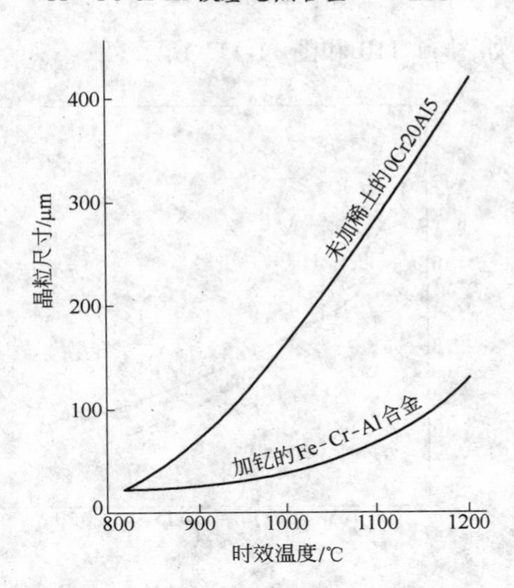

图 11-107 Fe-Cr-Al 合金晶粒尺寸与时效温度的关系

合金经 800℃退火，保温 1h 出炉水淬后，再于 800 ~ 1200℃不同温度下保温 4h 的晶粒长大率情况如图 11-108 所示，图中 $\bar{d}_0$ 为原始晶粒平均尺寸，$\bar{d}$ 为试验后晶粒平均尺寸。以上两种情况都可说明，合金从 900℃开始晶粒迅速生长，1000℃时合金晶粒急剧长大。

11. 3. 11. 8 晶粒度与稀土和温度的关系

加稀土的铁铬铝合金的晶粒增长率比不加入稀土的要小得多。而且合金的晶粒增长率随稀土含量的增加而减缓。即使在 1280℃温度条件下也缓慢得多。具体情况如图 11-109 所示。

不同稀土含量的合金在同一高温下保持或多次热循环的条件下，晶粒增长率也是随稀土含量的提高而降低，只是稀土含量超过 0. 1% 以后，其效果不如其在 0. 1% 以内作用大，

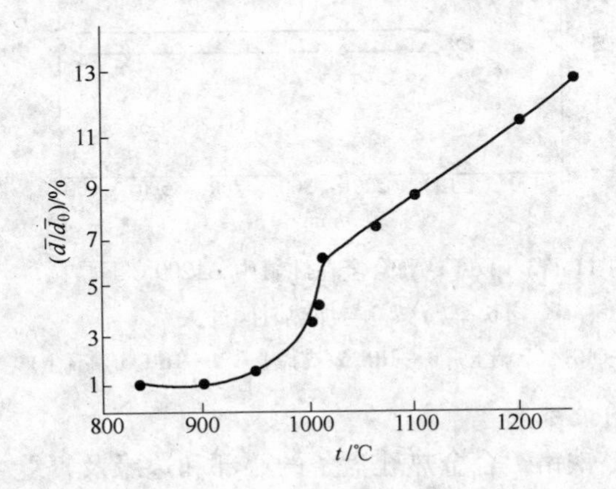

图 11-108 0Cr25Al5 合金晶粒长大率与温度的关系曲线
（样品为 800℃退火，保温 1h，水淬后，再在如本图温度下保温 4h）

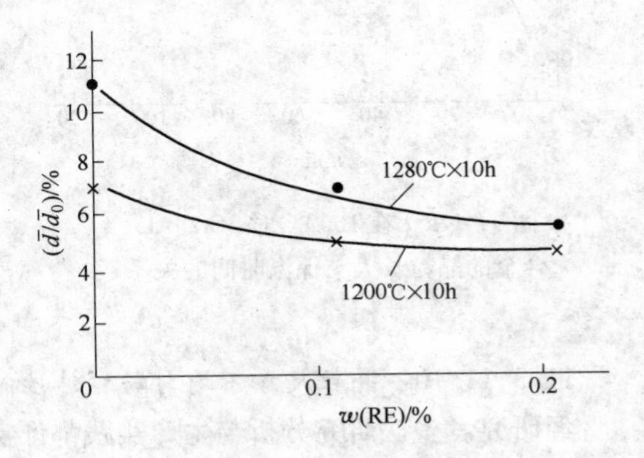

图 11-109 Fe-Cr-Al 合金在高温下晶粒长大速度（$\bar{d}/\bar{d}_0$）与稀土含量的关系

如图 11-110 和图 11-111 所示。

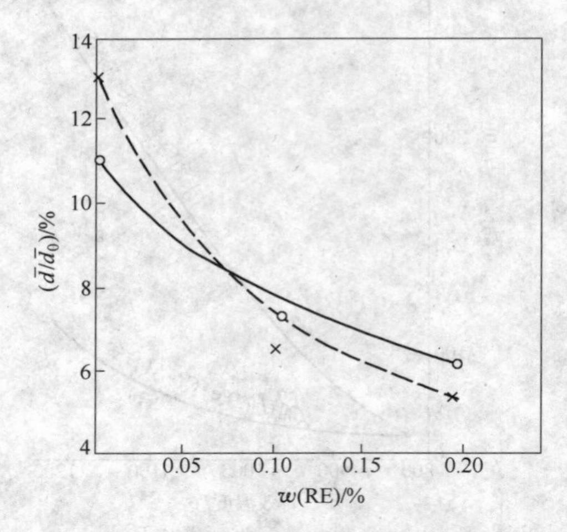

图 11-110　0Cr25Al5 晶粒增长率与 RE 含量的关系

×—1280℃加热冷却 9 次；○—1280℃ ×10h

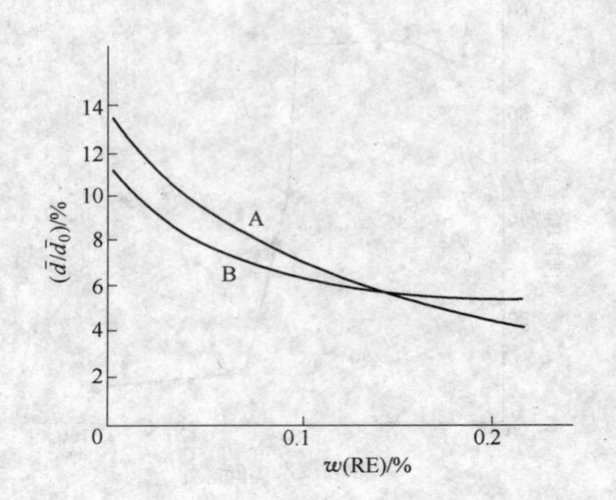

图 11-111　Fe-Cr-Al 合金在高温多次热循环下稀土含量与晶粒增长率的关系

A—1280℃热循环 9 次；B—1200℃热循环 62 次

11.3.11.9　晶粒度与保温时间的关系

图 11-112 为在 1000℃时 0Cr25Al5 合金晶粒的长大与保温时间的关系。约 30min 前，晶粒长大迅速，40min 后转为平缓，60min 后更加缓慢。

图 11-113 表示合金不加稀土和加入高含量的稀土后，在 1200℃、纯氩气氛中，其晶粒增长率随长时间保温的变化。由图可知，不管合金中有无稀土，保温 200min 后其增长率基本不变。只是没加稀土者其增长率一直居高。

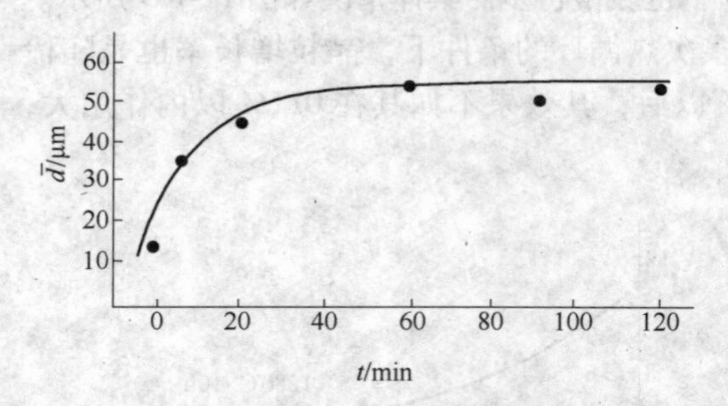

图 11-112　在 1000℃时 0Cr25Al5 合金的晶粒长大与保温时间的关系

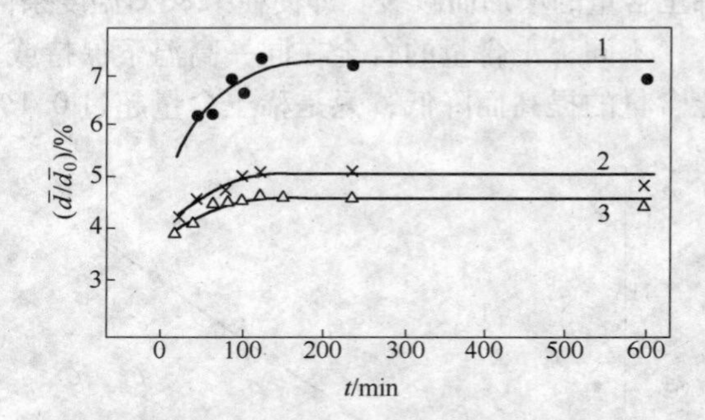

图 11-113　Fe-Cr-Al 合金在纯氩中，1200℃下晶粒增长率($\overline{d}/\overline{d}_0$)与加热时间的关系

●—ORE 1(无稀土)；×—HRE 2(高稀土)；△—HRE 3(高稀土)

11.3.11.10　晶粒尺寸不均匀与拉伸性能的关系

经研究者多次研究分析与生产实践都证实，铁铬铝合金热轧盘条的心部和边缘及辊缝处晶粒尺寸有显著差别，比较典型的盘条心部晶粒尺寸为 14μm，而辊缝处在 20μm 以上，甚至同一部位晶粒也不均匀，如图 11-114 和图 11-115 所示。由图可看出，纵截面中心主要由带状组织组成，等轴晶粒很少。而纵截面边缘由等轴晶粒和带状组织组成，等轴晶粒比中心多。说明结晶状况不一。

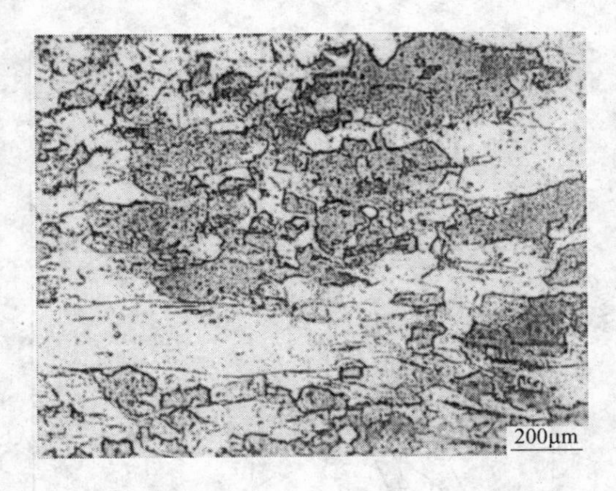

图 11-114 0Cr25Al5 合金 ϕ10 热轧盘条纵向边缘晶粒情况

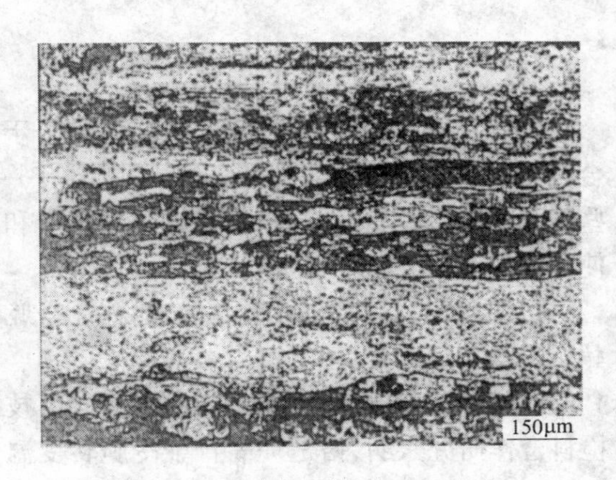

图 11-115 同上图合金 ϕ10 盘条纵向中心晶粒情况

为了了解晶粒度与拉伸性能的关系，利用改变退火温度和变形量来获得不同尺寸的晶粒，进行拉伸，其结果如图 11-116。图中虚线是 ϕ3.0mm、ϕ5.3mm 和 ϕ6.3mm 丝材的数据，实线是经不同温度退火后盘条性能的数据。由图可见，当 $\bar{d} < 20\mu m$ 时，σ_b、S_f（断裂应力）和 ψ_f 变化较小。但当 $\bar{d} > 20\mu m$ 时，S_f 和 ψ_f 急剧下降。它表明 $\bar{d} = 20\mu m$ 是 0Cr25Al5 合金韧脆转化的临界点 $\bar{d}_c$，即盘条晶粒尺寸不超过 $\bar{d}_c$，则可有 ψ_f 超过 70% 的高塑性。生产实际中，盘条心部晶粒尺寸可在 20μm 以内，但辊缝处的晶粒尺寸往往超过 20μm。当然，一些高温、高速、控冷不佳的轧制结果，盘条心部穿晶造成脆化，只能当作别论。不过，实质都是晶粒过于粗大，有的甚至达到 100μm 以上，而且里外差别大，结果肯定是脆裂无疑。

11.3.11.11 晶粒度与屈服强度的关系

0Cr25Al5 合金的平均晶粒度与屈服强度之间的关系如图 11-117 所示。由图说明，合金的屈服强度随晶粒的长大而迅速提高。它的提高既给冷拔带来难度，也给冷缠绕增加困难。

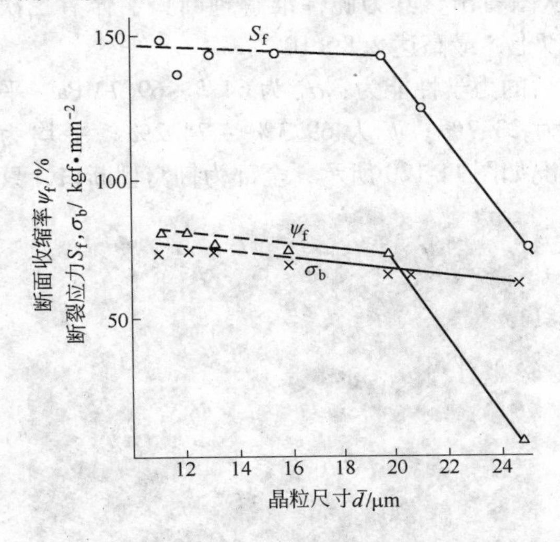

图 11-116 晶粒尺寸与拉伸性能的关系
——不同退火温度的盘条；----不同变形量的丝材
（1kgf/mm^2 = 10^7 Pa = 10MPa）

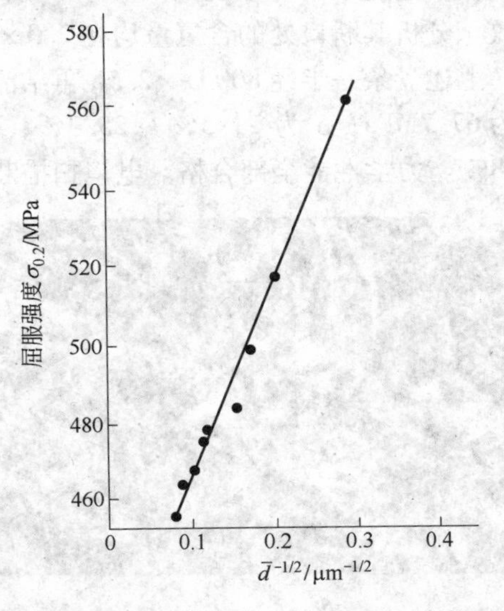

图 11-117 Fe-Cr-Al（0Cr25Al5）合金平均晶粒度与屈服强度的关系

11.3.12 铁铬铝合金的低温脆性

铁铬铝合金，基体为铁素体结构，由于合金中含铝高铬高，在偏低温度区域会有一些脆性转变，引起性能很大变化，给生产和使用带来不利影响，值得关注。

11.3.12.1 0Cr25Al5 合金盘条的冷脆转变温度 T_K

北京航空航天大学师生与北京钢丝厂技检科合作研究表明，铬是提高合金冷脆转变温度 T_K 的元素，微量钛也有类似作用。生产实践证明，合金盘条和丝材在低温季节纵裂较频，噼啪响声时有听见。采用拉伸方法测定 ψ_f-T 关系曲线来确定 T_K。试验结果如图11-118所示。从图中看出，未退火盘条的 T_K 约为10℃左右，经退火的盘条的 T_K 约为5℃左右。此结果说明，0Cr25Al5 合金的冷脆转变温度 T_K 较高，在低温季节易出现脆性倾向。这是合金本身成分所决定的，改变热轧工艺对 T_K 影响较小。可采取红转或缓冷、保暖措施来减少损失。

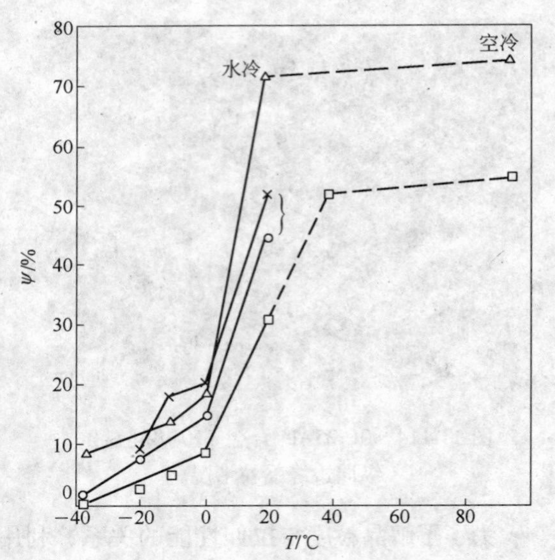

图 11-118 Fe-Cr-Al 盘条的 ψ-T 关系曲线（0Cr25Al5 合金冷脆与温度关系）（冷脆转变）

△—1220℃开轧、水冷、退火；□—1220℃开轧、水冷、未退火；○—1260℃开轧、水冷、未退火；×—1260℃开轧、空冷、未退火

11.3.12.2 氢致脆化

北京科技大学师生和北京钢丝厂技术开发部的研究者对生产中近40批热轧淬水盘条进行了力学性能分析，看出其力学性能波动较大。其中，σ_b 为79～100MPa，平均为87MPa；$\bar{\delta}$ 为4.6%～14.0%，平均为9.8%；ψ 为6.6%～50%，平均为26.9%。综合约有一半不合要求。

扫描电镜下断口形貌如图11-119所示。从图看出，其为脆性准解理断口，伴有二次裂纹。分析其断口处的含氢量均在 2.0×10^{-6} 以上，最高达 2.8×10^{-6}。

上述盘条一半经800℃×2.5h再结晶退火后的力学性能为：σ_b 为64.5～69.7MPa，平均为67.7MPa；δ 为21.5%～25.3%，平均为23.7%；ψ 为69.3%～74.2%，平均为71.8%。力学性能全部合格。电镜扫描断口情况如图11-120所示，全部为韧窝型断口，只

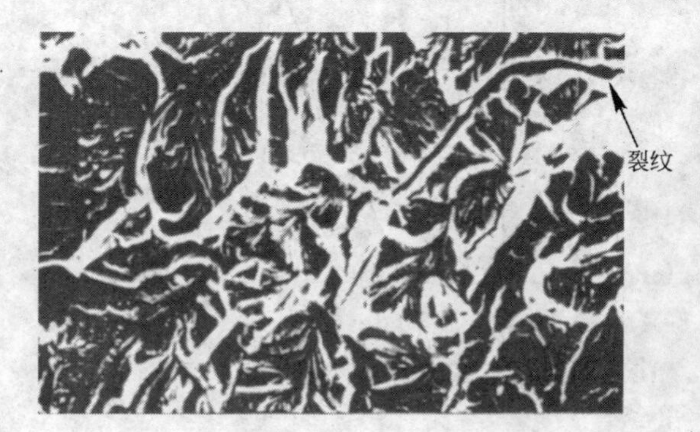

图 11-119 热轧淬水盘条电子扫描金相断口，兼有二次裂纹（距断口中心一半处，×1000）

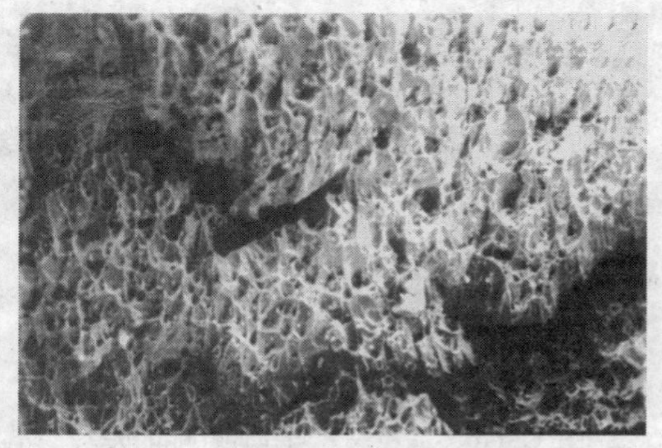

图 11-120 再结晶退火后断口（×500）

是因入炉温度750℃过高，造成氢气不易逃出，氢原子富集而致使二次裂纹扩大。

之所以确认主要为氢致脆化，是将上述盘条的另一半（未退火者）进行(200～300)℃×(5～3)h的低温扩氢处理，其力学性能为：σ_b不变；δ平均达14%，比原盘条提高1.5倍；ψ平均达65.2%，比原盘条提高2.5倍。具体数据如表11-17和图11-121～图11-123所示。虽然不如再结晶退火的高，却能满足拔丝要求。电镜扫描图形貌如图11-121和表11-18所示，可见完全韧窝型，其氢含量平均为0.67×10^{-6}。

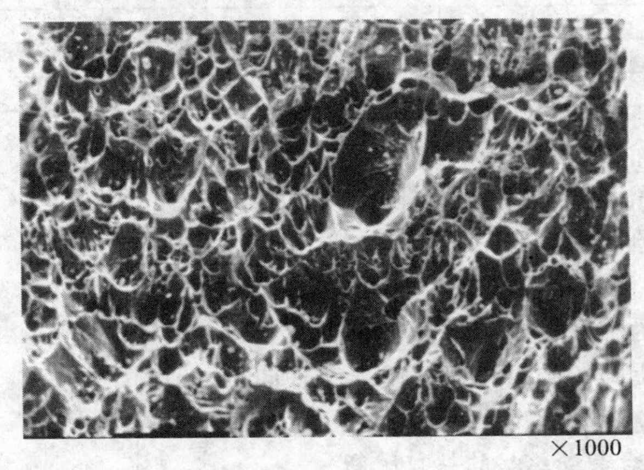

×1000

图11-121 0Cr25Al5合金热轧淬水盘条经低温脱氢处理后的断口

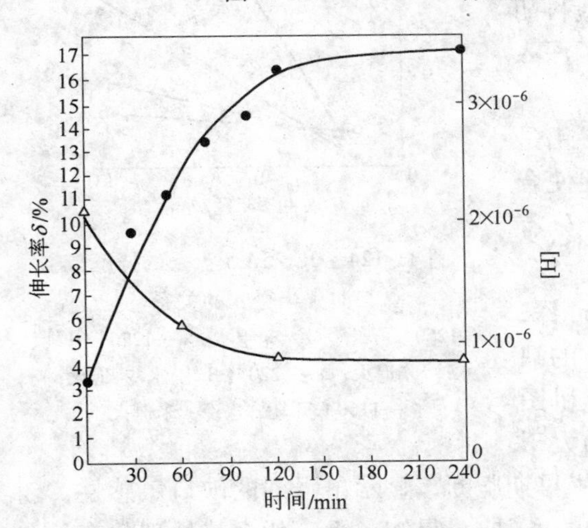

图11-122 0Cr25Al5合金在200℃下扩散去除［H］的时间与δ的关系

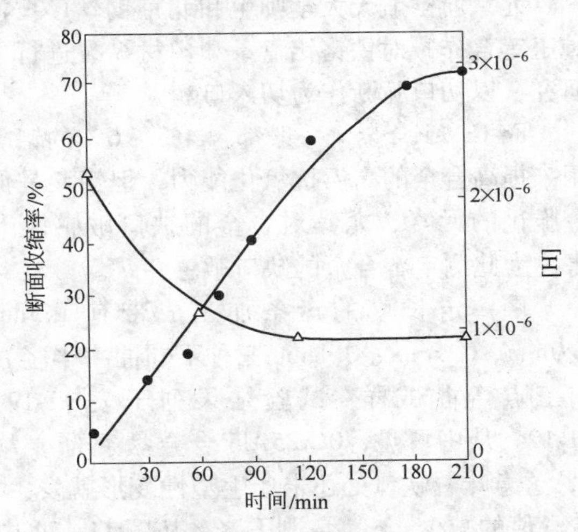

图11-123 0Cr25Al5合金扩散去氢时间与w［H］含量以及断面收缩率的关系（200℃下烘烤）

△—［H］含量；●—ψ收缩率

表11-17 ϕ8.0轧条经不同低温处理后的力学性能

低温处理	力学性能			低温处理	力学性能		
温度、时间	σ_b/MPa	δ/%	ψ/%	温度、时间	σ_b/MPa	δ/%	ψ/%
250℃×5h	90.4	13.2	60.4	300℃×3h	85.0	15.3	68.3
320℃×2h	91.5	12.4	61.1	300℃×4h	85.5	14.3	67.4
320℃×3h	88.7	13.4	68.1	平　均	88.2	14.0	65.1

表 11-18 $\phi 8.0$ 轧条经低温处理后的 $w[H]$ 及力学性能

批 号	编 号	[H]	力学性能		
			σ_b/MPa	δ/%	ψ/%
R_2-1565 批	H-1 号	0.66×10^{-6}	85.9	15.5	66.9
-1565 批	H-2 号	0.64×10^{-6}	84.2	15.9	69.8
-1381 批	H-3 号	0.78×10^{-6}	85.9	13.9	67.4
-1381 批	H-4 号	0.65×10^{-6}	84.6	14.8	67.4
-1569 批	H-5 号	0.64×10^{-6}	84.5	14.8	68.8
-1569 批	H-6 号	0.66×10^{-6}	85.5	14.8	68.3
平 均		0.67×10^{-6}	85.1	15.0	68.1

研究结果表明，合金中含氢量偏高时使盘条变脆，当盘条中氢含量高于 1×10^{-6}时，随着氢含量的增加盘条的塑性急剧下降，当盘条中氢含量大于 2×10^{-6}时，拉伸时导致脆断。电镜金相断口表明，合金的氢脆断口一般为准解理断裂，随着合金中氢含量的下降，在塑性提高的同时，断口由准解理向韧窝型断裂过渡。

11.3.12.3 合金盘条或丝材的缺口脆断

北京航空航天大学师生和北京钢丝厂技检科胡纯玉等合作，对铁铬铝盘条和丝材纵裂进行了深入研究，以切口脆断作为切入口。

Fe-Cr-Al 合金，一般都含 4% ~6% 的铝。铝是用来提高合金的高温抗氧化能力，但铝又是促使合金脆化的元素，尤其对合金的缺口敏感性十分有害，为此测定本合金的缺口敏感性 q_e。

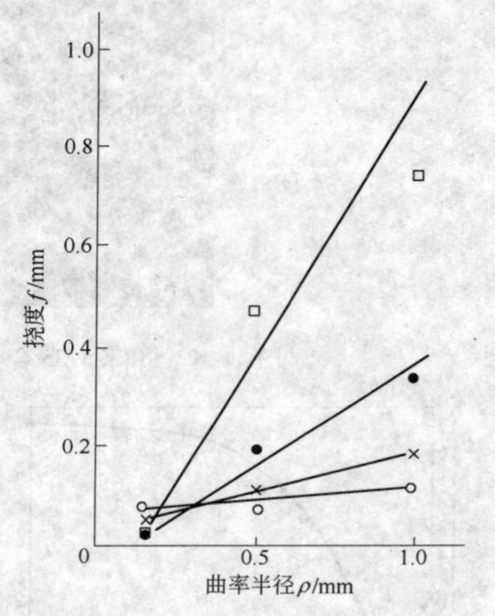

图 11-124 0Cr25Al5 盘条的挠度 f 与曲率半径 ρ 的关系

●—1260℃开轧、水冷、未退火；×—1220℃开轧、水冷、未退火；□—1220℃开轧、水冷、退火；○—1150℃开轧、水冷、未退火

将一定长度的盘条加工成带有 1.5mm 深，1.0mm、0.5mm、0.1mm 三种不同曲率半径 ρ 的缺口三点弯曲试样，试验结果列于表 11-19 和图 11-124，从中可见，0Cr25Al5 合金盘条的 q_e 均大于 1，这意味着缺口处还未产生塑性变形就发生了早期脆断，显示出强烈的缺口敏感性。随着 ρ 值的减少，σ_{bbN}急剧下降。从图 11-124 中的 ρ-f 曲线得知，无论什么热处理状态，在缺口深度 $a=1.5$mm，曲率半径 $\rho=0.1$mm 时，其抗弯断裂强度和变形挠度 f 是基本相同的，也就是说，退火不能改善合金的缺口敏感性，弯曲断裂往往从此开始并迅速发展。

表 11-19 0Cr25Al5 盘条的缺口敏感性

状 态	a	ρ	σ_{bb}	σ_{bbN}	$q_e=\dfrac{\sigma_{bb}}{\sigma_{bbN}}$	f	$K_t=\dfrac{\sigma_{max}}{\sigma}$
	mm		MPa				
未退火	1.5	1.0	1020（未断）	947	>1	0.163	2.573
		0.5		754		0.120	2.800
		0.1		190		0.052	5.000
退 火	1.5	1.0	1030（未断）	921	>1	0.69	2.573
		0.5		644		0.42	2.800
		0.1		187		0.04	5.000

由此说明，合金盘条或丝材，只要缺口在1.5mm左右深度在0.1mm以上，如折叠、裂纹、严重的划伤或刮伤、锈腐蚀等缺口，其弯曲断裂往往从此处开始，并迅速扩展。

在颈缩区邻近处截取了金相试样，以观察盘条表面情况，其结果如图11-125所示。图片清楚表明，盘条表面确实存在缺陷。它是与周沿呈35°左右的表面裂纹，裂纹长度约0.15mm。试样的表面裂纹，起始是斜裂纹，后发展为与圆周垂直，这是因为试样产生了拉伸颈缩，伴随的三向拉应力促使原表面裂纹扩展和改向（与S_t垂直，见图11-127）。而别的试样，因为是脆断无颈缩，也就是不形成三向拉应力，故表面裂纹无扩展和不发生改向。

图11-125 试样横向金相照片（未往里扩展）

11.3.12.4 合金盘条和丝材的低应力脆裂

0Cr25Al5合金是含铝5%含铬25%的高铬铁素体结构材料，体心立方的铁素体的低指数面{bcc}是表面能低的面，是在张应力作用下易导致开裂的解理面。北京航空航天大学专门研究金属解理的资料指出，解理往往发生在晶面指数较低的晶面，且断裂传播速度达1030m/s。此类断裂大多呈现穿晶脆性断裂。铁铬铝合金经热轧、冷拉后，由于形变的结果，丝材内存在着残余应力。用衍射分析及剥层方法测定了ϕ8.0mm的盘条、ϕ6.2mm、ϕ5.3mm丝材的残余应力，其结果见图11-126，由图可知，热轧条和冷拉丝材确实存在残余切向应力，而且随深度的变化而变化，表层为切向压应力，随深度的增加而减少，而后转向为切向张应力。此类切向应力对于纵向开裂的危险性极大。同时应说明，其测定值低于实际值，因为残余应力在存放和取样以及剥层过程中必然有一部分已经释放了。

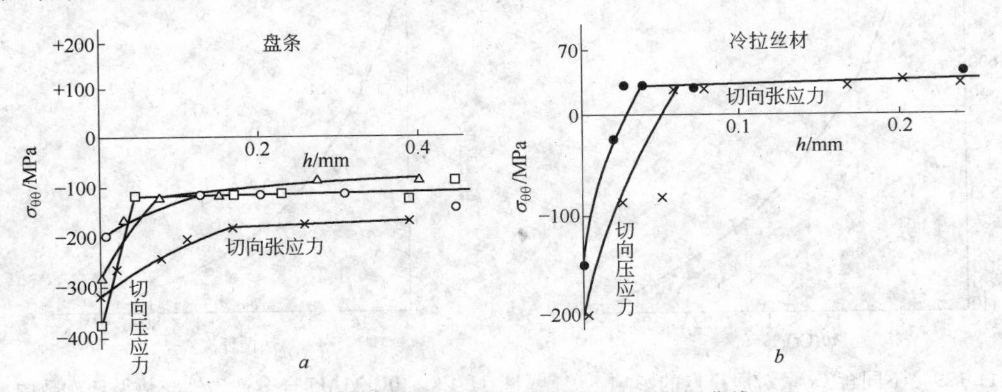

图11-126 残余切应力$\sigma_{\theta\theta}$与深度h的关系曲线

a—盘条残余应力情况：○—1220℃开轧，水冷；×—1220℃开轧，水冷；
□—1220℃开轧，空冷；△—1220℃开轧，空冷；
b—冷拉丝材残余应力情况：●—ϕ6.2mm；×—ϕ5.3mm
（$\sigma_{\theta\theta}$为里层残余切向应力，靠外为压应力，靠里为张应力）

研究者利用拉伸试样缩颈应力分布模型（图11-127）进行粗略估算，若表面缺陷深度b=0.15mm，缺陷尖端曲率半径ρ=0.005mm，按缺口几何尺寸和受力状态，取保守的应

力集中系数 $\alpha=5$，即最大周向应力 $\overline{S}_{tmax}=\alpha\cdot\overline{S}_t=5\times21$[1] $=105kg\cdot f/mm^2=1050MPa$，此值已接近合金的断裂强度，再考虑纵、横向断裂强度的差异，则纵向开裂是可能的。此分析与图 11-128 较吻合。

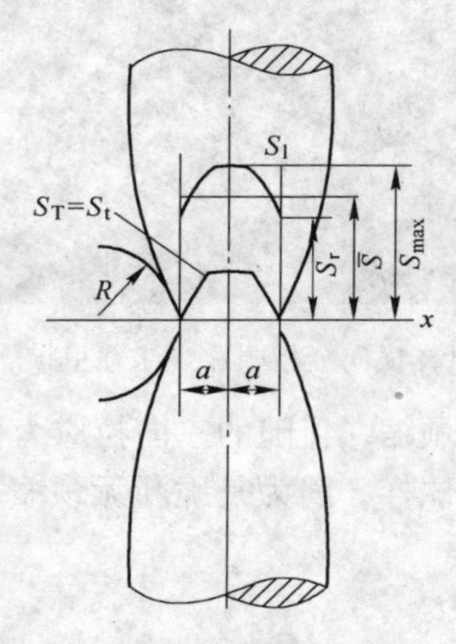

图 11-127 拉伸试样缩颈区应力分布

S_1—轴向拉应力；S_r—径向拉应力；S_t—周向拉应力

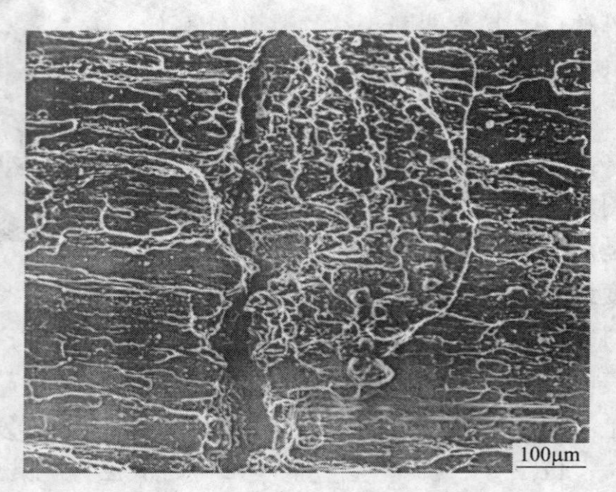

图 11-128 Fe-Cr-Al 丝 ϕ6.3mm 拉伸试样纵裂断口

11.3.12.5 铁铬铝合金的铁磁性

在 Fe-Cr-Al 合金中，随着 Cr 含量的增加，居里点温度 T_C 呈下降趋势，如图 11-129 所示。根据资料介绍，除 Co、V 以外，溶于 α-Fe 中的所有杂质都可降低居里点。

此外，随热循环次数（如使用过程中的升温和降温）的增加，合金的铁磁强度下降，如图 11-130 所示。

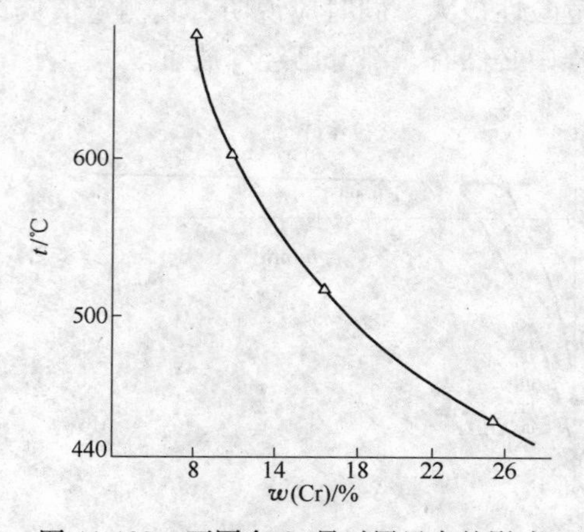

图 11-129 不同含 Cr 量对居里点的影响

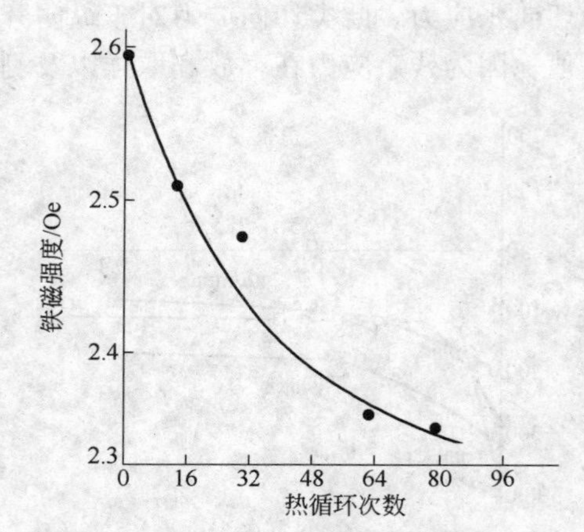

图 11-130 0Cr25Al5 合金铁磁性与热循环次数的关系（由于析出 α′为顺磁性，铁磁性下降）

1Oe = 79.578A/m

据此，在现常用的 Fe-Cr-Al 合金成分范围内，都属于有磁性的。这对于作为电阻元件在直流条件下工作不利。而在多用于交流条件下的电热元件无影响。

[1] $\overline{S}_t=210MPa$ 为计算不同部位处 S_t 的平均值。

第4篇

电热合金生产工艺与技术

12　铁铬铝合金冶金质量

12.1　Fe-Cr-Al 合金的成形

12.1.1　Fe-Cr-Al 合金的 4 种成形路线

国内外 Fe-Cr-Al 合金工业化生产，各有特色，概括起来主要有如下 4 种工艺路线，见图 12-1。

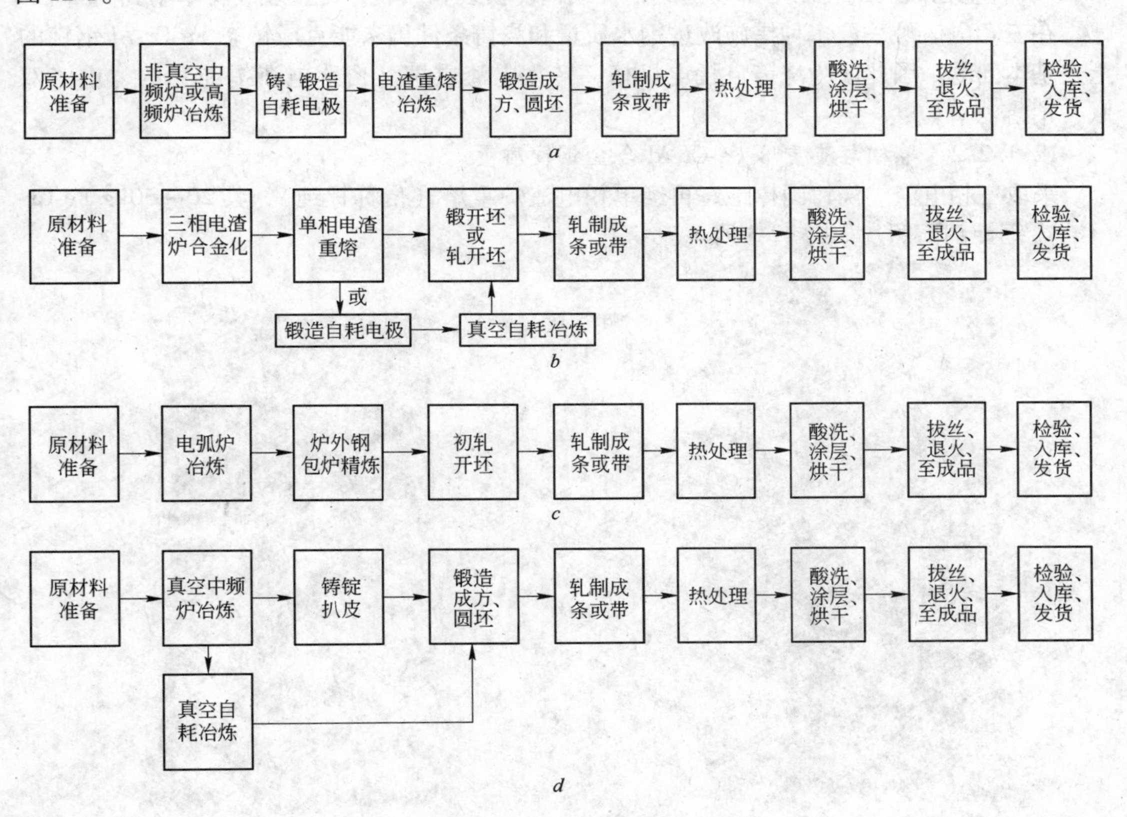

图 12-1　Fe-Cr-Al 合金成形工艺路线

a—路线之一；*b*—路线之二；*c*—路线之三；*d*—路线之四

以上 4 条工艺路线主要区别是冶炼方法有所不同，但都贯穿“精”质的精神。这是高合金材料本身特点的要求所致。尤其是第 4 条工艺路线（图 12-1*d*）是高精尖产品所需求的，当然其成本也较高（包括 *b* 路线）。

我国 Fe-Cr-Al 合金生产所采用的工艺路线主要是路线 *a* 和路线 *b*（图 12-1）。由于这两条生产工艺路线中的冶炼设备和工艺较为简便，投入较少，产出较快，成本较低，质量较好，所以发展较快。

从克服 Fe-Cr-Al 合金本身脆且容易开裂的难题，电渣双联法曾立下汗马功劳。为追赶世界名牌，电渣双联加稀土法又树丰碑。

12.1.2 不同成形路线的质量

12.1.2.1 三相有衬电渣炉冶炼 Fe-Cr-Al 合金钢锭质量

用三相电渣炉冶炼的 Fe-Cr-Al 合金浇铸成 25kg 圆锭，切除帽口后的纵剖面照片如图 12-2 所示。

由图 12-2 可见，钢锭表面有重皮、结疤、坑洼不平等缺陷。剖面呈现三个晶粒带和一般铸态钢锭一样，即表面为一薄层细晶粒，第二层为粗大柱状结晶，中间更是粗大的等轴晶，不但夹杂物分布不均，内部热应力促使内裂纹增多。这种晶向使本来脆性大的 Fe-Cr-Al合金在锻压或轧制时都易造成钢锭或钢坯横裂和纵裂，锭至坯成材率不到50%。

在三相电渣炉采取多种措施改进钢水质量和浇铸条件仍未能克服铸态 Fe-Cr-Al 钢锭的上述基本问题。因此改为浇铸自耗电极棒，转入电渣重熔（俗称电渣提纯）的“电渣双联”冶炼法。

12.1.2.2 单相电渣重熔 Fe-Cr-Al 合金钢锭质量

采取三相电渣炉浇铸圆棒锭，再经单相电渣炉重熔（俗称提纯），其 20～50kg Fe-Cr-Al 合金钢锭剖面照片如图 12-3 所示。

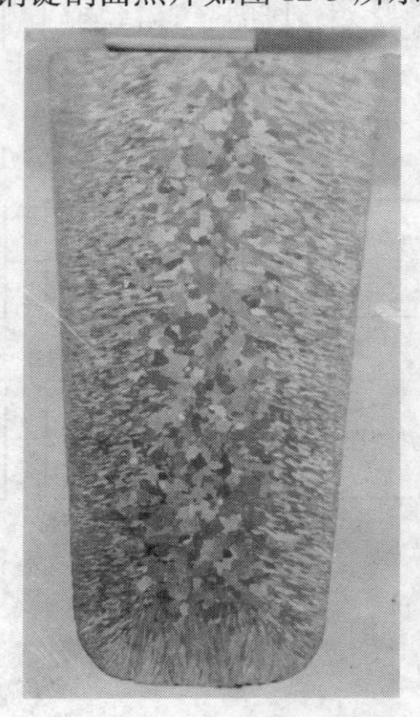

图 12-2 Fe-Cr-Al 合金在三相电渣炉冶炼浇铸的 25kg 钢锭纵剖面（帽口切除之后剖锭）

图 12-3 单相电渣炉重熔 Fe-Cr-Al 合金 20kg 钢锭纵剖面照片（未剥皮，未切头尾）

由图 12-3 可见，电渣重熔后的 Fe-Cr-Al 合金钢锭不经剥皮就比较光滑。剖面锭内部晶粒带除表面一层薄的细晶粒外，大部分晶向为人字型，即由一般铸锭的横向结晶变为斜纵方向结晶。这与锻压或轧制压力方向相切，提高了塑性，基本上避免了横裂。同时，由于电渣重熔一次，渣洗充分，夹杂级别比三相电渣炉降低 1～1.5 级，S、P 含量更低，C、Si 含量基本能受控不增加。当在三相电渣炉冶炼 Fe-Cr-Al 时加入稀土，而后再重熔时，由于稀土的烧损而进一步净化钢水。同时由于稀土元素的存在，它细化了重熔钢锭夹杂的颗粒，减少了 Al 的烧损，减少了钢中氧化物和硅酸盐等大颗粒脆性夹杂，上述措施都大大有利于锻压和轧制，使锻造的压下量从 45% 增加至 67% 以上，都没有出现裂纹和裂口。因此，锭至坯的成材率由过去的近 50% 提高至 95% 以上（包括切头切尾）。后来锭重提高至 50 ~ 70kg，结晶状况未变，更加有利于提高生产效率，增加成材率，降低生产成本。

12.1.2.3 真空感应炉冶炼 Fe-Cr-Al 合金铸锭的质量

图 12-4 为大连钢厂生产的铸态锭与三相电渣生产的一致。所有加稀土者晶粒度比未加稀土者细化。但稀土量加多时，铸锭的柱状晶发达，如图 12-5 所示。夹杂金相评级比在大气中冶炼少 0.5 ~ 1 级。加稀土者其夹杂物数量比不加者高约 1 级。如采用化学法（用酸溶法）测定其夹杂总量，（在大气中冶炼）对未加稀土者为 0.12%，而加稀土者为（平均）0.17%（指不同的加入稀土量）。大气中冶炼 0Cr25Al5 合金中夹杂物含量如表 12-1 中所列。由表看出，随出钢水流冲铝时，从加入包中到浇铸时间短，稀土夹杂物颗粒细小，来不及上浮。

表 12-1 LW-430 工频炉冶炼 0Cr25Al5 合金夹杂物含量

稀土种类	加入量比/%	稀土加入方式	统计炉数	金相平均级别	化学法夹杂平均总量比/%
空　白	0		11	3.0	0.12
铝铁稀土（含稀土 44%）	0.088	冲铝时加入包中	10	5.0	0.20
	0.22	出钢前 3 ~ 5min 插入炉中	11	3.5	0.15
金属稀土（含稀土 99%）	0.22	出钢前 5 ~ 8min 插入炉中	5	4.0	0.16

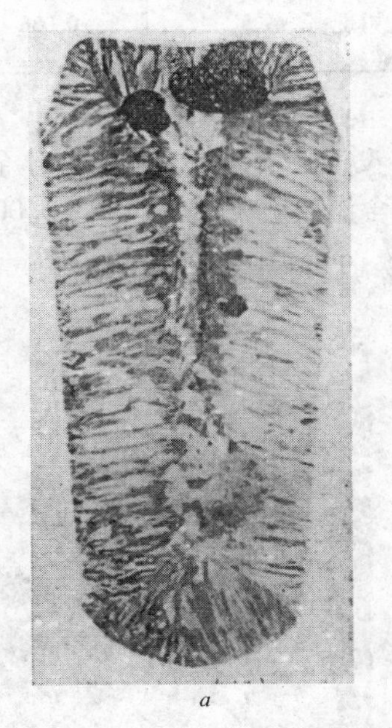

a

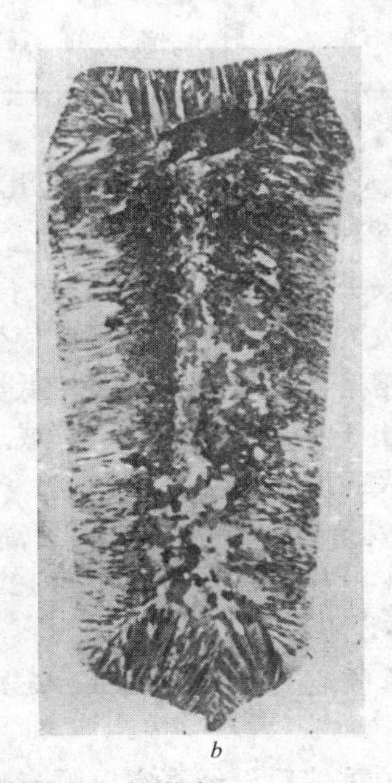

b

图 12-4 稀土元素对铸态组织的影响

a—未加稀土元素合金钢锭剖面（纵剖），可见突出的柱状晶；*b*—加 0.21% 稀土元素合金钢锭的剖面（纵剖），可见细化了的柱状晶

合金中气体含量无论在真空中冶炼还是大气中冶炼，Fe-Cr-Al 合金中的氮含量随稀土加入量的增加有升高的趋势，如图 12-6 和表12-2中所示。

图 12-5 加入 0.4% 稀土元素后合金的钢锭剖面（横剖），稀土加入量增高，柱状晶又突出发达了

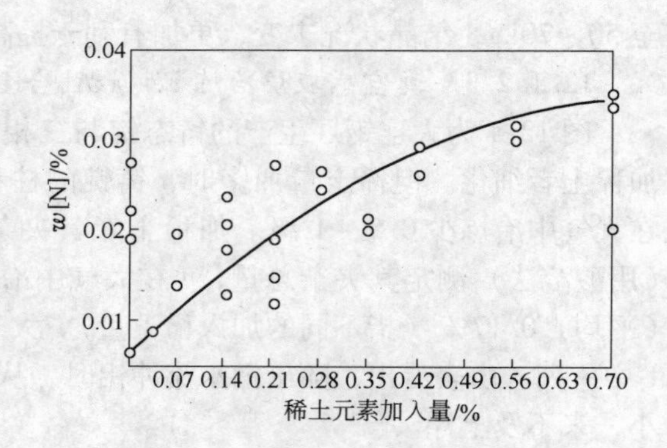

图 12-6 稀土元素加入量对合金中氮含量的影响（真空冶炼）

表 12-2 LW-430 工频炉冶炼 Fe-Cr-Al 合金中氮、氧含量

稀土种类	加入量比/%	加入方式	统计炉数	w [N]①/%	w [O]①/%
空 白	0		4	0.014	0.0022
铝铁稀土（含稀土 44%）	0.088	冲铝时加入包中	10	0.047	0.0020
	0.22	出钢前 3 ~5min 插入炉中	11	0.040	0.0020
金属稀土（含稀土 99%）	0.22	出钢前 5 ~8min 插入炉中	5	0.036	0.0018

①统计炉数平均值。

稀土元素加入后对合金中氧含量几乎没有影响，真空熔炼合金氧含量波动在 0.0010% ~0.0015%之间，大气中熔炼合金氧含量波动在 0.0018% ~0.0022% 之间。看来稀土元素的脱氧效果与合金中原始氧含量有关。

由于氢很活泼，又不和合金元素反应生成化合物，高温溶解于铁素体量较多，低温溶解量大降，析出于晶界、空位、空穴或逃逸，总之波动较大，瞬间含量不易比较。

稀土元素加入量过多，夹杂物含量高、氮含量高，热加工时易出现龟裂，如图 12-7 所示。

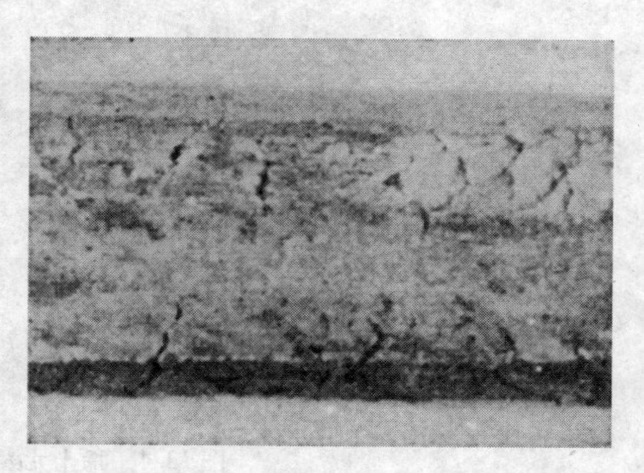

图 12-7 加入 0.7% 稀土元素后合金钢坯的尾部裂纹（横裂）

12.1.2.4 真空电弧自耗熔炼 Fe-Cr-Al 合金质量

经单相电渣炉重熔后再经真空电弧自耗炉熔炼的合金铸锭质量如图 12-8 ~ 图 12-10 所示。

a

b

图 12-8　粗视组织（重熔锭）
a—不加磁场冶炼的铸锭（真空电弧自耗）；*b* —加磁场冶炼的铸锭（真空电弧自耗）

图 12-9　真空重熔前的非金属夹杂物（电渣重熔后）

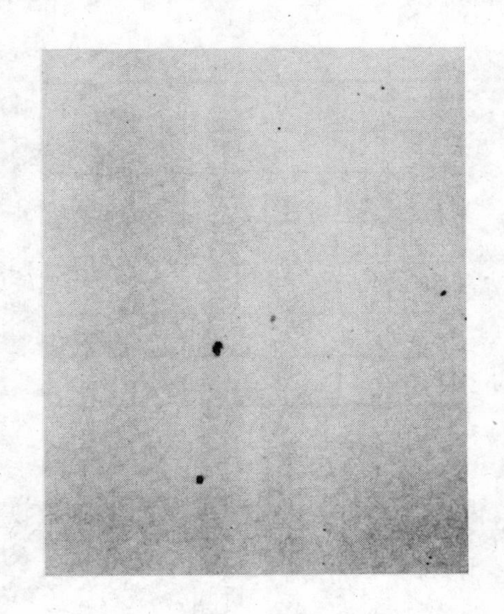
图 12-10　真空重熔后的非金属夹杂物

图 12-9、图 12-10、图 12-11 为单相电渣重熔后、真空电弧自耗重熔（不加磁场和加磁场）的夹杂物变化情况。说明经过真空自耗重熔后的合金净化多了，大颗粒夹杂物基本被滤除（上浮），细小颗粒夹杂也较少。但应说明的是本合金中没加入稀土元素。

由图 12-12 所示，由于熔炼速度过快，终了时突然停电，顶头出现虚封口，封盖下出现偏口缩孔，最后气体逸出不了。缩孔周围夹杂较多，尤其是加磁场搅拌之后更为集中。

图 12-11 加磁场搅拌后铸锭中夹杂物
（照片中的白点和白线非材质本身问题，余同）

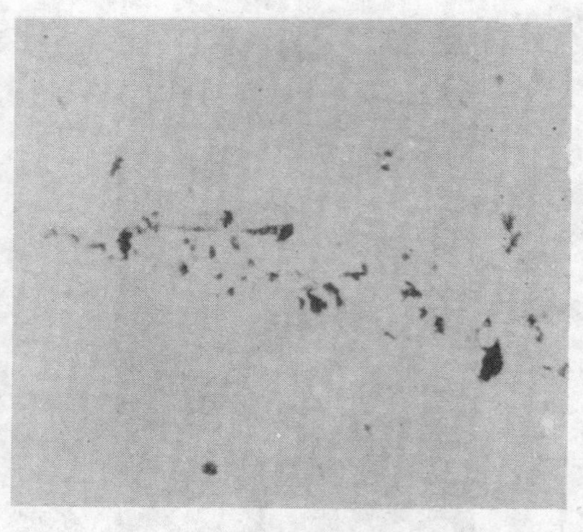

图 12-12 加磁场搅拌后合金铸锭顶头缩孔
（周围的夹杂物颗粒又大又多）

12.1.2.5 不同冶炼方法条件下的夹杂物

随冶炼方法不同，合金中出现的夹杂物形态各异，图 12-13～图 12-23 是各种夹杂物的表现形态。

图 12-13 0Cr25Al5 合金中非金属夹杂物
（三相电渣炉冶炼，铸态，不加 RE 和 Ti）

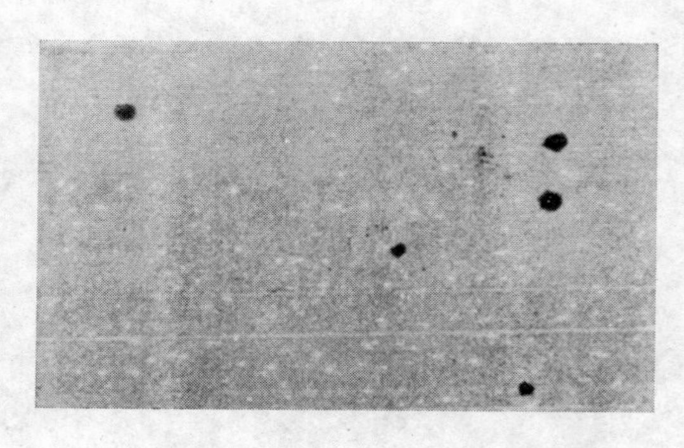

图 12-14 0Cr25Al5 合金中非金属夹杂物
（电渣双联冶炼 $\phi8$ 盘条，不加 RE 和 Ti）

图 12-15 0Cr25Al5 合金中非金属夹杂物
（电渣双联冶炼 + 真空自耗电弧炉提纯，$\phi8$ 盘条）

图 12-16 0Cr25Al5 合金中非金属夹杂物
（真空感应炉冶炼，锻态）

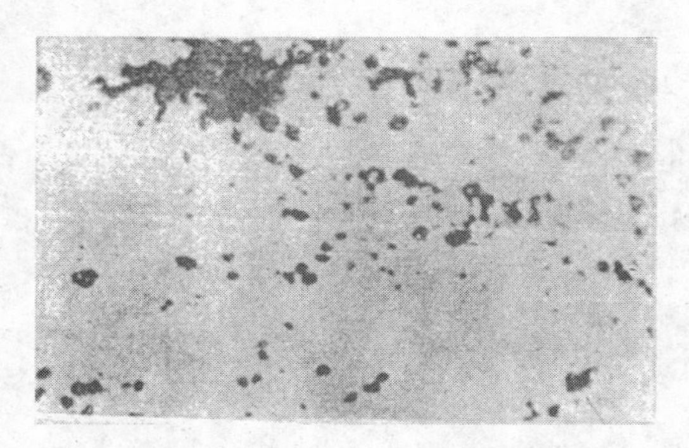

图 12-17　0Cr25Al5 合金在真空感应炉冶炼后局部地区聚集的大量非金属夹杂物（锻态）
（此为炉衬崩塌的特例）

图 12-18　0Cr25Al5 合金中非金属夹杂物
（真空双联冶炼，ϕ8 盘条）

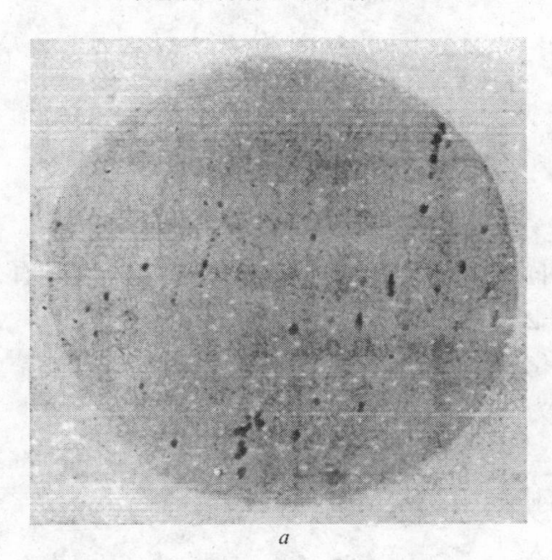

a　　*b*

图 12-19　未加稀土的合金中氧化铝夹杂物的分布（×110）
a—呈串状和点状；*b*—呈群状分布，大块者为氧化铝夹杂
（真空冶炼）

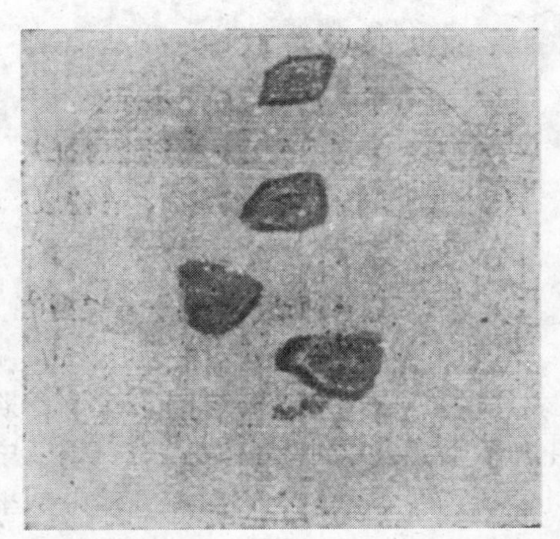

图 12-20　未加稀土的合金中片状硅铝酸盐夹杂物分布
（真空冶炼，明场）

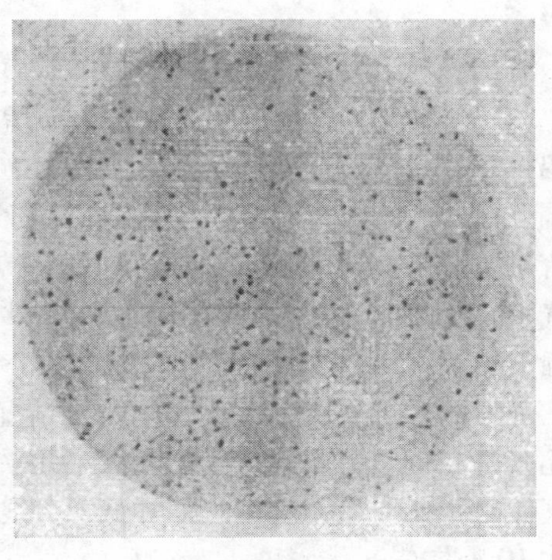

图 12-21　加稀土元素 0.14% 后，合金中夹杂物的分布（×110）
（真空冶炼）

图 12-22 加入 0.35% 稀土后呈红色点状或群状的稀土夹杂物
（真空冶炼，中间大块夹杂是 AlN 和稀土的混合物）（×110）

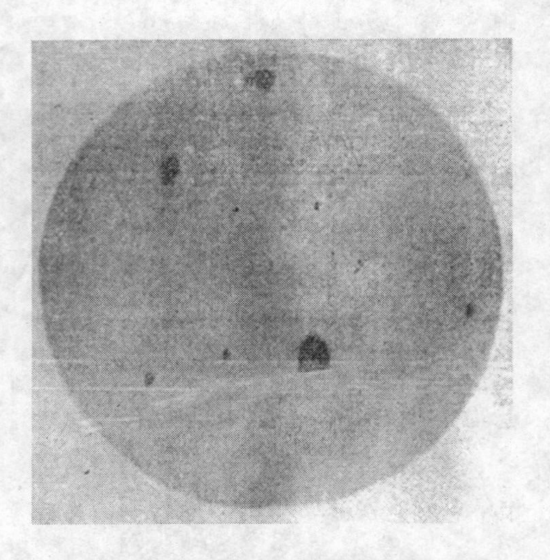

图 12-23 加入 0.49% 稀土后块状 AlN
（真空冶炼，0Cr25Al5 合金）（×250）

根据北京钢丝厂和大连钢厂的资料，由不同冶炼方法熔炼合金锭夹杂物的情况看，电渣双联去除夹杂效果与真空感应炉差不多，即 2 ~3 级。而再经真空自耗或真空双联，夹杂净化效果更好，即夹杂物级别由 2 ~2.5 级左右降为 1 ~1.5 级左右，少数为 0.5 级。

夹杂类型，未加稀土的合金的夹杂物以刚玉型 Al_2O_3 即铝氧土为主，一般为不规则的串状和点状。另外有少量 FeO 和 Cr_2O_3 及片状硅酸盐。夹杂物级别多为 3 级左右，极个别达 4 ~5 级。

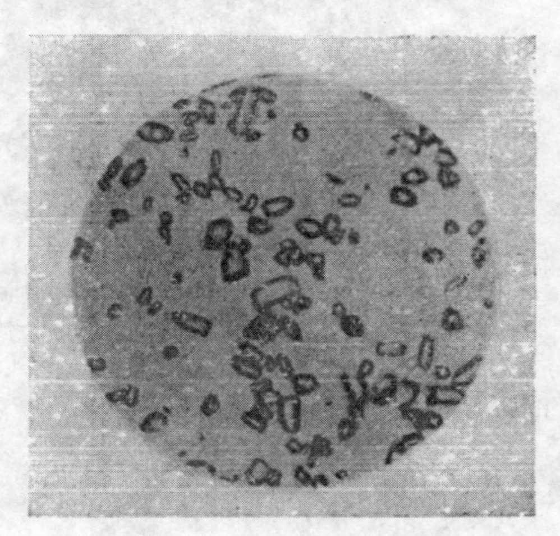

图 12-24 岩相透射光下的 AlN
（加入 0.56% 稀土；样品由酸溶法浮选而制备，真空冶炼）（×110）

加入稀土后其夹杂物形状和特征均发生了变化。一是细化，二是组分多为稀土夹杂物和氮化铝，而且氮化铝夹杂中有镧或铈氧化物渗透，呈现五颜六色，如图 12-24 所示。加 Ti 和 Zr 时，还有 TiN 氮化物。其总量在真空下有所减少，在大气中有所增加，但不管在何种冶炼条件下，加入稀土越多，其夹杂物总量也增加越多。

不同冶炼方式下去除气体效果情况如表 12-3 ~ 表 12-5 所示。对有衬电渣炉冶炼后期尤其是在钢包中吹氩，气体降低率几乎提高一倍；电渣重熔冶炼 Fe-Cr-Al 合金时，钢锭中气体含量比原始钢棒的气体降低三分之一以上；而电渣重熔冶炼 Ni-Cr 钢时，气体降低率才 10% 左右。

不同冶炼方式对 Fe-Cr-Al 合金夹杂物总量变化如表 12-6 ~ 表 12-9 所示。综合分析结果，采用电渣重熔法，夹杂物级别降低 0.5 ~1 级。

表 12-3　有衬电渣炉冶炼电热合金时的除气效果

合　金	炉　号	w[N]/%			w[O]/%		
		炉内出钢前	包中吹氩后	降低率/%	炉内出钢前	包中吹氩后	降低率/%
0Cr25Al5	3163	0.0243	0.0190	22	0.0076	0.0019	75
	3165	0.0190	0.0112	41	0.0080	0.0019	76
	3166	0.0163	0.0145	11	0.0086	0.0017	80
	3167	0.0150	0.0128	15	0.0073	0.0020	60
Cr20Ni80	1049	0.0449	0.0451	0	0.0106	0.0059	44
	1052	0.0321	0.0325	0	0.0071	0.0042	41

表 12-4　0Cr25Al5 电渣重熔的除气效果①

炉　号	w[O]/%			w[N]/%		
	自耗电极	钢　锭	降低率/%	自耗电极	钢　锭	降低率/%
3429	0.0034	0.0026	24	0.0119	0.0089	25
3432	0.0022	0.0018	18	0.0079	0.0059	25
3433	0.0037	0.0020	46	0.0081	0.0059	27
3434	0.0028	0.0020	29	0.0075	0.0068	9
3435	0.0049	0.0025	49	0.0094	0.0060	36
3436	0.0039	0.0016	59	0.0190	0.0061	68
3440	0.0029	0.0021	38	0.0142	0.0072	49
3441	0.0021	0.0020	5	0.0133	0.0072	46
平　均	0.0032	0.0021	34.4	0.0114	0.0068	40.8

①试样在重熔 15min 时，用石英管自熔池中吸取、淬水。

表 12-5　Cr20Ni80 电渣重熔时的除气效果①

炉　号	w[O]/%			w[N]/%			w[H]/%		
	电　极	钢　锭	增　减	电　极	钢　锭	增　减	电　极	钢　锭	增　减
1484	0.0067	0.0086	+28	0.0143	0.0165	+15	0.0006	0.0006	0
1485	0.0061	0.0070	+15	0.0204	0.0258	+26	0.0006	0.0007	+17
1486	0.0076	0.0075	-1	0.0176	0.0167	+23	0.0008	0.0008	0
1487	0.0056	0.0073	+30	0.0153	0.0195	+27	0.0006	0.0007	+17
1488	0.0049	0.0110	+124	0.0153	0.0150	-2	0.0009	0.0009	0
1489	0.0062	0.0086	+39	0.0137	0.0171	+25	0.0007	0.0009	+29
平　均	0.0062	0.0071	+14.5	0.0154	0.0184	+19.5	0.0007	0.0008	+14.3

①取样方法同 0Cr25Al5。

表 12-6　非真空高频炉冶炼 0Cr25Al5 合金夹杂物总量

条　件	空　白	添加稀土 0.1% 时	添加稀土 0.25% 时	加 0.15% 稀土和加 0.25% 钛时	加 0.25% 稀土和加 0.25% 钛时
电解夹杂数量	0.0732%（五炉平均）	0.076%（两炉平均）	0.0525%（两炉平均）	0.012%（四炉平均）	0.0183%（四炉平均）

表 12-7 电渣双联冶炼 0Cr25Al5 合金夹杂物总量

条 件	空 白	添加稀土 0.5% 时	加 0.7% 稀土时	加 0.9% 稀土时	加 1.1% 稀土时
电解夹杂数量	0.072%（平均）	0.0477%（平均）	0.034%（平均）	0.039%（平均）	0.009%（平均）

注：此表结果与一般情况反常。也可能是统计数量少所致。

表 12-8 三相电渣炉加稀土后夹杂物之变化

炉号	稀土加入量/%	金相夹杂物级别	分布情况	炉号	稀土加入量/%	金相夹杂物级别	分布情况
17	0.15%	3.0	颗粒较大，孤立，均匀分布	41	0.30% + 0.30% Ti	2.5	颗粒较小，Al_2O_3 弥散分布
10	0.30%	3.0	颗粒较大，均匀分布	22	0.50% + 0.30% Ti	2.5	颗粒较小，均匀分布
15	0.50%	3.0	颗粒较大，均匀分布				
45	0.15% + 0.30% Ti	3.0	颗粒较小，均匀分布	40	0.50% + 0.30% Ti	2.5	颗粒较小，均匀分布

表 12-9 电渣重熔后夹杂物之变化

炉号	稀土加入量	金相夹杂物级别	分布情况	炉号	稀土加入量	金相夹杂物级别	分布情况
17	接三相料	2.0	细小氧化物，少数大颗粒的氮化物	41	接三相料	1.5	细小氧化物，少数大颗粒的氮化物
10		2.0		22		2.0	
15		2.0					
45		2.0		40		2.0	

由表 12-8 和表 12-9 可知，采用电渣重熔法，夹杂物级别降低 0.5～1 级。

表 12-10 表示不同冶炼方式对 Fe-Cr-Al 合金的气体含量和 1200℃ 快速寿命值的关系，可见，电渣双联冶炼的总体效果（主要指快速试验寿命）较好，其 Fe-Cr-Al 合金快速寿命值提高将近一倍。

表 12-10 不同冶炼方法合金的气体含量和 1200℃时快速试验寿命值（参考）

炉型 / 项目	非真空感应炉		三相有衬电渣炉加单相电渣重熔		真空感应炉		电弧炉加炉外真空精炼
$w[N]/\%$	0.0300		0.0700		0.0400		0.0080
$w[O]/\%$	0.0060		0.0040		0.0020		0.0030
快速寿命/h	1200℃		1200℃		1200℃		1200℃
	空白 94	（加 0.1% RE 和 0.25% Ti）251	空白 164	（加 0.50% RE 和 0.30% Ti）324	空白 107	（加 0.22% RE）160	（加 0.30% RE 和 0.30% Ti）156

12.2 双极旋转电渣重熔合金质量

北京科技大学和北京钢丝厂合作，成功地试验应用双极旋转电渣重熔炉。它的特点是结晶器旋转的双自耗电极电渣熔炼。优点是比普通电渣熔炼节能约 40%，细晶约占 20%

且较为均匀，成分偏析较小。概况如下。

12.2.1　电极形状

电极棒半片形状尺寸如图12-25所示。双极间距为10±5mm。结晶器平均直径为140mm。

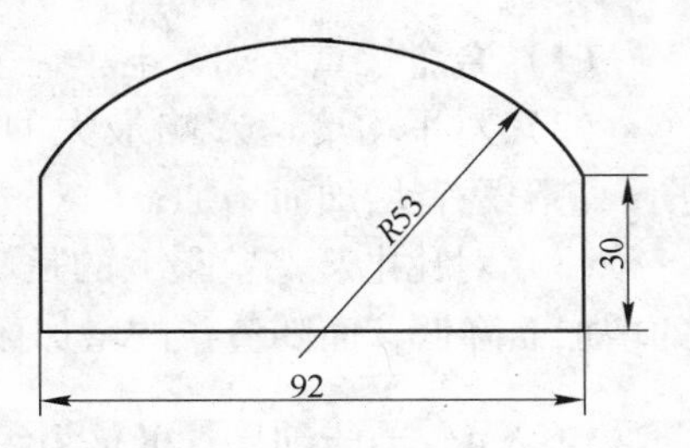

图12-25　自耗电极断面尺寸（mm）

12.2.2　重熔20kg锭数据

重熔20kg锭数据见表12-11。

表12-11　重熔0Cr25Al5合金20kg锭数据

炉号	钢　种	重熔电流/kA	重熔电压/V	渣帽重量/kg	重熔总时间/min	平均熔速/kg·min^{-1}	锭重/kg	比电耗/(kW·h)·t^{-1}	锭各部位晶粒尺寸/mm				备　注
									边缘	半径1/2	中心	平均	
08	0Cr25Al5	2.65	32	2.10	11.0	1.70	18.75	786	1.19	1.54	1.18	1.30	其中只有10号炉的结晶器不旋转
10		2.70	34	2.75	13.0	1.48	19.30	865	1.02	1.10	0.91	1.01	
09		2.70	34	2.40	18.0	1.08	19.50	1512	1.02	1.53	1.33	1.29	
05		2.72	30	2.30	16.0	1.10	20.50	862					
06		2.75	31	2.40	14.0	1.50	21.0	795					
07		2.75	34	2.0	15.0	1.33	20.0	848					

12.2.3　重熔50kg锭数据

重熔50kg锭数据见表12-12。

表12-12　重熔0Cr25Al5合金50kg锭数据

炉号	旋转期/s	转速/r·min^{-1}	渣量/kg	重熔电流/kA	渣帽重/kg	锭重/kg	重熔总时间/min	平均熔速/kg·min^{-1}	比电耗/(kW·h)·t^{-1}	锭各部位晶粒尺寸/mm				备注
										边缘	半径1/2	中心	平均	
1	5	70	4.0	3.0	3.65	38	19.53	1.95	683	1.12	1.43	2.20	1.58	其中6~9号炉渣中多加CaF_2，引起电阻低和Al_2O_3量不足
2	5	60	3.5	2.7	2.55	44	24.52	1.79	708	1.30	1.74	1.56	1.53	
3	5	50	3.0	2.4	1.95	46.7	26.20	1.78	685	1.37	1.54	1.37	1.43	
4	4	70	3.5	2.4	2.75	38.4	22.45	1.71	757	1.35	1.61	1.75	1.57	
5	4	60	3.0	3.0	2.25	46.1	23.22	1.99	713	1.23	1.69	1.47	1.46	
6	4	50	4.0	2.7	3.80	42.7	24.03	1.78	770	1.41	1.75	1.53	1.50	
7	3	70	3.0	2.7	2.17	45.9	25.93	1.77	773	1.12	1.52	1.79	1.48	
8	3	60	4.0	2.4	3.3	39.6	25.10	1.58	808	1.32	1.39	1.32	1.34	
9	3	50	3.5	3.0	3.0	43.2	24.58	1.76	908	1.35	1.64	1.53	1.51	焊接不良
10	0	0	3.5	2.8	3.10	41.9	25.0	1.68	991	1.28	1.69	2.28	1.75	双极，串联不旋转

由表12-11和表12-12所列数据和备注，排除干扰因素后可知：

（1）合金锭重增加，电单耗下降；

（2）对平均熔速影响最大的是重熔电流，其次是旋转期，它随两者增加而增加；

（3）对比电耗影响最大的是旋转期和渣量，它随旋转期的增加而降低，而随渣量的增加而增加。

12.2.4 节能细晶锭低倍组织

0Cr25Al5 全部试验锭顶部均无缩孔，如图 12-28。无宏观偏析、气孔、外来夹杂。多数锭的边部、心部晶粒较细，只在锭半径 1/2 处较粗。其平均晶粒尺寸为 1.46mm，比普通电渣重熔锭的平均晶粒尺寸 1.87mm 小 22%，如图 12-26 和图 12-27 所示。

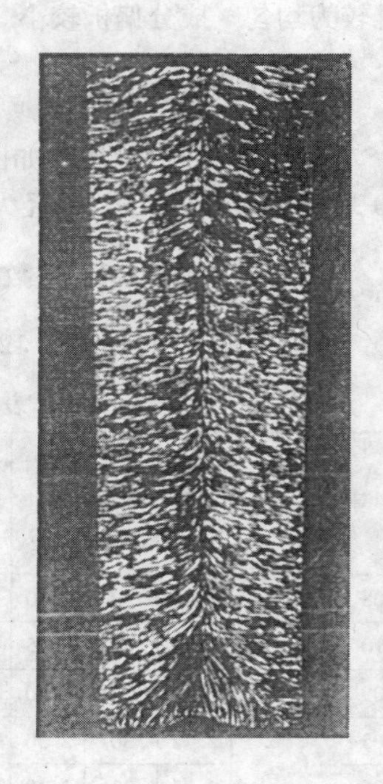

图 12-26 旋转后 0Cr25Al5 钢 5 号锭身纵低倍组织

12.2.5 节能细晶锭成分分布

如表 12-14 所列内容可知，宏观成分偏析较小，径向分布均匀，其间差别多在分析误差之内。普通电渣重熔 0Cr25Al5 锭常因熔速高而产生锭心部 Al 的富聚。而节能细晶电渣在熔速高于前者 30% 条件下，重熔锭中心并未出现 Al 偏聚，成分分布均匀。故给提速创造了条件。

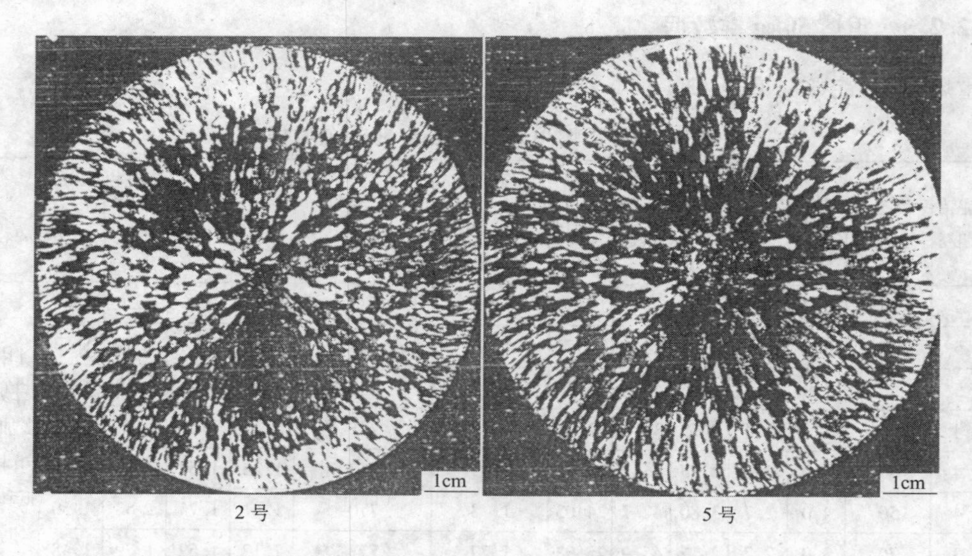

图 12-27 旋转后 0Cr25Al5 钢节能细晶电渣锭横低倍组织

12.2.6 节能细晶电渣钢中非金属夹杂物

为了考察节能细晶电渣钢中非金属夹杂物的分布状况，分别在 0Cr25Al5 钢中 2 号试验锭和 10 号的双极串联不旋转重熔锭的顶端以下 50mm 处取样，并且在 1，2，3，4 号锭经轧制成 $\phi8$ 盘条上取纵向试样，与普通电渣钢对比夹杂物尺寸、分布，其评级结果如表

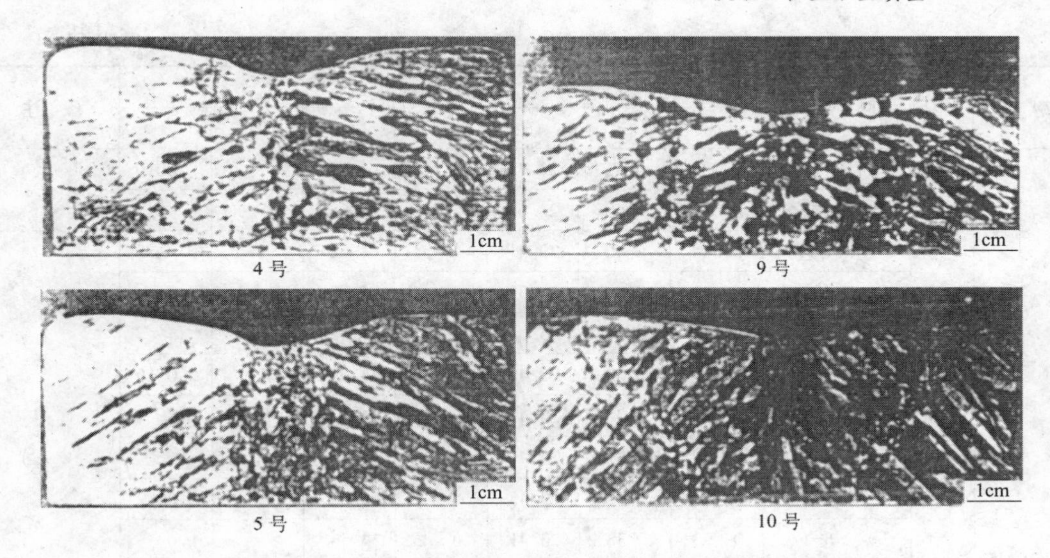

图 12-28 旋转后 0Cr25Al5 钢 4，5，9 号锭顶部纵低倍组织

（10 号不旋转，图中裂纹为纵剖时产生，非钢锭本身裂纹）

12-13 所示。钢中夹杂物主要是 TiN 和 TiCN。

表 12-13 0Cr25Al5 钢中非金属夹杂物尺寸、分布对比

部位 / 取样炉号	轴心			半径 1/2 处			边缘		
	级别	夹杂物尺寸/μm		级别	夹杂物尺寸/μm		级别	夹杂物尺寸/μm	
		最大	平均		最大	平均		最大	平均
2 号锭	2.5	4.0	2.4	2.0	5.0	2.2	2.0	4.0	2.4
10 号锭	2.5	5.0	2.9	2.5	5.0	3.0	2.5	4.0	2.8
1 号锭盘条	2.0	5.0	2.1	2.5	5.0	2.3	2.0	4.0	2.2
2 号锭盘条	2.5	5.0	2.4	2.0	5.0	2.2	2.0	4.0	2.4
3 号锭盘条	2.5	5.0	2.4	2.0	6.0	2.4	2.0	5.0	2.4
4 号锭盘条	2.0	4.0	2.3	2.0	5.0	2.4	2.5	5.0	2.8
普通电渣锭	2.5	6.0	3.5	2.5	6.0	3.4	2.0	4.0	2.8
电极母材	2.5	10.0	3.7	2.0	8.0	3.6	2.0	5.5	3.4

表 12-14 节能细晶双极旋转电渣合金锭成分偏析分析结果

钢种	炉号	取样部位	化学成分 w/%							备注
			C	Si	Cr	Ni	Al	RE	S	
0Cr25Al5	09	上 -1 边	0.039	0.52	23.55		4.56		0.0012	
		上 -2 半 1/2	0.038	0.44	23.55		4.52			
		上 -3 心	0.040	0.44	23.55		4.56			
		中 -1 边	0.048	0.52	23.55		4.46		0.0010	
		中 -2 半 1/2	0.043	0.50	23.41		4.52			
		中 -3 心	0.042	0.50	23.55		4.43			
		下 -1 边	0.117	0.52	23.33		4.56		0.0010	新石墨底衬
		下 -2 半 1/2	0.111	0.51	23.41		4.56			
		下 -3 心	0.129	0.52	23.55		4.60			

续表 12-14

钢 种	炉号	取样部位	化学成分 w/%							备 注
			C	Si	Cr	Ni	Al	RE	S	
0Cr25Al5		电极 -1号	0.035	0.43	23.48		4.65		0.0010	
		电极 -2号	0.036	0.40	23.63		4.56			
	010	上 -1边	0.045	0.40	23.41		4.62		0.0010	
		上 -2半1/2	0.041	0.38	23.33		4.60			
		上 -3心	0.043	0.38	23.33		4.65			
		中 -1边	0.054	0.39	23.41		4.65		0.0010	
		中 -2半1/2	0.040	0.38	23.41		4.65			
		中 -3心	0.040	0.36	23.41		4.72			
		下 -1边	0.150	0.52	23.45		4.65		0.0012	
		下 -2半1/2	0.093	0.38	23.41		4.56			
		下 -3心	0.064	0.38	23.41		4.60			
	5	上 -1边	0.029	0.30	21.90		4.67	0.022		
		上 -2心	0.031	0.34	21.98		4.59	0.011		
		上 -3边	0.035	0.31	22.06		4.59	0.011		
		中 -1边	0.032	0.36	22.06		4.54	0.011		
		中 -2心	0.032	0.29	21.98		4.59	0.011		
		中 -3边	0.034	0.30	21.98		4.59	0.022		
		下 -1边	0.030	0.29	22.06		4.54	0.011		
		下 -2心	0.035	0.30	22.06		4.55	0.033		
		下 -3边	0.030	0.31	21.98		4.54	0.011		

节能细晶电渣钢中夹杂物颗粒细小，分散分布，其最大尺寸和平均尺寸均比电极母材中夹杂物小，评级基本相同；与普通电渣、双极串联电渣对比，夹杂物尺寸略有减小。评级结果基本相同。

为了改善电渣重熔钢锭质量，提高生产效率，节省能耗，降低成本，北京钢丝厂先后还摸索试验过冷却水箱托盘旋转式电渣重熔法和铁铬铝电渣重熔抽锭法，均取得较好成果，但也存在一些问题，如铜底板的消耗较高及抽锭下部保温问题等。

13　三相有衬电渣炉冶炼铁铬铝合金

13.1　电渣炉冶金

电渣重熔源于电渣焊。其原理是电流经金属自耗电极通过炉渣产生电阻热，经熔化、钢-渣间化学反应、渣洗净化的过程。概括电渣炼钢法的优点和不足如下：

（1）设备简单，设计、制造较容易，造价较低；

（2）操作方便，维修易于掌握；

（3）冶炼高合金钢质量好，S、P含量低，电渣重熔后钢锭是斜向结晶，利于加工；

（4）渣洗充分，渣下瞬间散射微弧熔炼，合金元素烧损少，回收率高；

（5）设备小型化，占地面积小，便于上马；

（6）设备稳定可靠，经济耐用，投资少；

（7）没有氧化期，不能降碳，要求原料碳、硅、氮等含量低；

（8）电耗偏高（因两次炼钢）；

（9）劳动强度和操作环境比电弧炉稍好。

13.2　三相自耗电极有衬电渣炉炼钢概况

有衬电渣炉起初为铸件，后来很快为合金钢看重。

13.2.1　发展过程及工艺简述

继电渣重熔在工业上出现不久，约半个世纪之前，有衬电渣炉也随之问世。由于它简便、安全可靠、易掌握、投资少，适用于中小钢厂、铸造厂冶炼高合金钢及返回合金废钢，发展迅速。20世纪六七十年代曾在国内遍地开花。其示意图见本书13.5节中图13-1。

为了冶炼电热合金，在北京钢铁学院帮助下，北京钢丝厂1962年5月建成120kg三相自耗电极有衬电渣炉。1964年扩大为350kg并首创采用地中衡直接称量钢水的三相有衬电渣炉。1969年又扩容至700kg，1975年再次扩至1t，采用可控硅自动控制电极的升降，自动化程度迅速提高。

三相自耗电极有衬电渣炉炼钢基本程序如下：

（1）起弧造渣，建立渣池。在有衬炉底垫上部分经充分烘烤的白灰和金属料（铬铁或返回钢），送电起弧，化渣，建立渣池；

（2）三根自耗电极（纯铁或合金）同时埋入渣池，由炉渣电阻热将三电极电流转化为热能使渣池不断升温，同时不断熔化自耗电极本身。自耗电极下端在渣阻热的作用下，形成乳头状熔滴，穿过液渣层，实现有效化学反应和渣洗净化，在炉底逐步形成金属熔池；

（3）在熔化过程中不断地加入合金料、渣料、脱氧剂等，进一步进行化学反应和渣洗；

(4) 按事先计算好的合金料分批次有序地加入，随时搅拌熔池，使难熔的金属料送到三极中心区，促其熔化和均化；

(5) 经过一系列渣—金属—气相的冶金化学反应，调整好钢水成分和出钢温度，准备出钢；

(6) 在烘烤好的钢包中加入铝和稀土，一边出钢一边吹氩，搅拌均匀；

(7) 浇注成所需的钢锭或钢棒。

13.2.2 主要冶金化学反应

有衬电渣炉冶炼铁铬铝主要冶金化学反应如下。

13.2.2.1 有衬电渣炉炼钢的主要冶金特点

(1) 钢渣反应温度高。渣池表面温度一般在1700～1800℃。通过热电偶实测渣池中间温度达1770℃左右，高于钢的熔点（1500℃）和渣的熔点（1400℃）约300℃，大大有利于冶金化学反应；

(2) 钢渣接触面积大

钢渣接触面积大的原因如下：

1) 自耗电极末端在渣池中开始熔化时，呈薄膜状金属熔液沿乳头状表面向端头滑动，逐步汇成熔滴，其表面不断地与渣液接触；

2) 金属熔滴滴下穿过渣层进一步与渣液接触；

3) 在近一小时熔炼过程中，翻滚的金属熔液表面不断与熔渣接触。这些都大大有利于冶金物化反应和去除夹杂。

(3) 渣池强烈搅拌

渣池高温区处在电极端部到金属熔池面之间，高温渣受到电动力、金属熔滴重力、自感磁场的推动，形成从三电极外侧翻起，向三电极内“三角区”流动，造成渣池的强烈搅拌，有利于去除夹杂和气体。

13.2.2.2 脱硫过程

电渣炉几乎都使用碱性渣、加上高温、大的反应界面，使合金钢中硫降到很低。如0Cr25Al5或0Cr18Ni9的硫含量均可达到0.008%以下。

脱硫反应式如下：

(1) 渣—钢间反应

$$[S] + (O^{2-}) \rightleftharpoons [O] + (S^{2-}) \tag{13-1}$$

(2) 气相—渣间反应

$$2(S^{2-}) + 3\{O_2\} \rightleftharpoons \{SO_2\}\uparrow + 2(O^{2-}) \tag{13-2}$$

反应产物SO_2是气态，所以反应总是向脱硫方向进行。

由于渣中含有20%以上的CaF_2，还可生成挥发性SF_6的形式进入大气中。

本厂炉气灰尘分析结果如下：

组 分	S	F^-	P	其余	备 注
%	1.52	4.11	0	略	

从式13-1看出，提高渣中碱度，加强钢中脱氧，可促使S向渣中转移。

13.2.2.3 脱磷反应及可能性

脱磷的一般反应式为

$$2[P]+5[O]\rightleftharpoons[P_2O_5] \quad (13\text{-}3)$$

$$[P_2O_5]\rightleftharpoons(P_2O_5) \quad (13\text{-}4)$$

$$(P_2O_5)+4(CaO)\rightleftharpoons(4CaO\cdot P_2O_5) \quad (13\text{-}5)$$

脱磷四要素是：高碱度渣、高氧化铁含量、低的钢渣温度和渣的流动性好。

在有衬电渣炉炼钢的条件下，不能同时满足上面四个条件，尤其没有高的氧化铁含量，所以难以脱磷。炉子烟尘分析中没有磷的氧化物就是证明。所以在选择原材辅料时，要严格限制磷含量以满足产品质量要求。

13.2.2.4 除气的可能性

N_2、H_2、O_2是电热合金中的有害元素，在冶炼过程中要注意控制它。本厂实际分析结果如表13-1所示。

表13-1 铁铬铝电热合金钢中气体及夹杂物总量

炉 号	$w[H]$/%	$w[O]$/%	$w[N]$/%	电解夹杂物总量/%	金相夹杂物评级
485	4.99×10^{-4}	105×10^{-4}	232×10^{-4}		2.0
462	1.71×10^{-4}	110×10^{-4}	181×10^{-4}		2.5
463	5.07×10^{-4}	100×10^{-4}	258×10^{-4}		2.0
468	4.04×10^{-4}	135×10^{-4}	218×10^{-4}		2.5
512	3.63×10^{-4}	120×10^{-4}	232×10^{-4}		2.5
530	7.00×10^{-4}		200×10^{-4}	0.0337	2.5
532	14.24×10^{-4}		252×10^{-4}	0.0326	
518	4.79×10^{-4}	140×10^{-4}	232×10^{-4}	0.0293	2.5
489	4.91×10^{-4}	172×10^{-4}	218×10^{-4}		2.5
平 均	5.6×10^{-4}	126×10^{-4}	225×10^{-4}		

从表13-1可得出：

（1）钢中三大气体含量较电弧炉低，这是因为有衬电渣炉金属熔池覆盖80～120mm厚的熔渣，渣中又约有5%～10%的MgO阻碍大气中H_2、N_2、O_2传入钢中。

（2）炉渣组分中含有20%的CaF_2，由于渣池温度为1800℃左右，（F^-）与[H]结合生成HF气体随炉气排去。这从炉气烟尘量中含有较多的氟化物得到证明。三相有衬电渣炉车间天窗口处测定氟化物的浓度及排放量如下。

形 态	浓度/$mg\cdot m^{-3}$	总排放量/$g\cdot h^{-1}$	备 注
气态氟	1.40	91.5	
固态氟	2.21	144.5	
全 氟	3.61	236.0	

(3) 采用脱氧和频繁搅拌，促进夹杂物上浮及熔滴的渣洗效果，夹杂物较少。

但是，Cr、Al、Ti 等易与 N 结合成氮化物夹杂而较难去除。因此，除对原材辅料提出要求氮含量低外，冶炼过程中严禁暴弧冶炼，一旦出现暴弧现象，应立即调渣，如加一些萤石（因此时往往 Al_2O_3 高引起局部电阻过大），使其进入稳定的电渣过程，减少电弧光电离大气中 N_2 为离子而进入钢中。

13.2.2.5 合金元素的回收率情况

有衬电渣炉炼钢特点之一是没有氧化期，而且不换渣操作。但它仍有氧化—还原的化学反应过程。因此事先要注意氧化性强的元素，如 La、Ce、Al、Ti、Si、Mn、W 等易氧化而烧损。又如 Ni、Cr、Mo、Co、Nb 在高温下也部分地氧化而卷入渣中。冶炼一开始就要注重加强还原措施，尽量减少合金元素因氧化烧损而造成损失。冶炼要点如下：

(1) 合金元素与氧的亲和力，由弱到强的排列顺序是：Ni、Co、Mo、W、Fe、Cr、Mn、Si、Ti、Al、Ca、RE 等。摸索元素的氧化条件和规律，确定合金料的加入顺序及加入方法，才能较准确地有效地控制合金钢的成分。

通用的氧化—还原反应式如下：

$$[Me_x] + [O] \rightleftharpoons (Me_xO) \tag{13-6}$$

$$[Me_x] + (Me_yO) \rightleftharpoons [Me_y] + (Me_xO) \tag{13-7}$$

注：Me_x 为易氧化元素；Me_y 为不易氧化元素。

式 13-6 为钢水脱氧反应，加入易氧化元素夺钢水的氧形成氧化物转入渣中。

式 13-7 为加入钢中强氧化元素还原渣中的金属元素回到钢水中。

实际冶炼操作要根据具体情况选择氧化顺序。如要减少渣中铬元素含量，就应加 Cr 后面比 Cr 还强氧亲和力的 Mn、Si、Al、Ca 等，先用金属 Mn，后用 Si-Ca 粉、Al 粉还原。又如要保所加入钢水中的金属元素少氧化或不氧化，如金属 Sc、Ti、Y、RE(La、Ce) 等，必须钢水充分脱氧之后，甚至用结晶硅或铝块沉淀脱氧后才加入这些元素。但加铝前必须考虑回硅 0.1% ~0.2%。

(2) 对原材料要求必须是低碳、无锈、无潮湿、无油污、少杂质的精料。因为无氧化期就无法降碳。锈垢既增氧增碳，潮湿带水在高温下要分解成氢和氧，锑、铅、锡、锌、汞、砷、铜等元素都增加有用元素的烧损和增加冶炼困难及钢中有害杂质。

(3) 有衬电渣炉中常用合金元素收得率如表 13-2 所列，供参考。

表 13-2 有衬电渣炉中常用合金元素收得率

元素	C	Si	Mn	Cr	Ni	W	Mo	Al	Ti	RE	Co	Nb
收得率/%	100	70/80	97	98/100	99/100	90/100	95/100	90/95	60/80	50/70	99/100	98/100

由表 13-2 可见，有衬电渣炉中合金元素回收率比电弧炉高。

13.3 三相有衬电渣炉工艺与操作概要

13.3.1 工艺参数确定

13.3.1.1 选用渣系

有衬电渣炉与电渣重熔不同，它有镁砂内衬，以生产优质钢水为主，要求有良好的精炼效果，同时有较长的精炼时间，允许有较大的熔化速度，这就要求渣系应有高的电阻，具有大的发热量。推荐选用高碱度高电阻的 CaO-Al_2O_3 或 CaO-Al_2O_3-CaF_2 或多元渣系。不能单用 CaF_2 渣或 CaF_2 为基的 AHΦ—6 渣系，因为 CaF_2 对 MgO 炉衬侵蚀严重而引起渣组分较大变动，影响冶金效果。

推荐采用的渣系如表 13-3 所列。

表 13-3　三相有衬电渣炉推荐使用的渣系

组分 渣系	CaO/%	Al_2O_3/%	MgO/%	CaF_2/%	熔点/℃	黏度(1600℃)/Pa·s	电导率(1850℃)/$S\cdot cm^{-1}$	备注
BS—1	50	24		26	1400			
F—3	48	48	4		1400	0.02	2.97	
L—4	30	50	5	15	1390	0.08	2.76	
BS—2	49	30	1	20				

注：BS—1 为钢丝 1 号渣；BS—2 为钢丝 2 号渣。

渣量：为投料重量的 5%～8%，渣层厚度 80～120mm。

表 13-4 是三相有衬电渣炉冶炼 0Cr25Al5 合金时炉渣组分的变化。

表 13-4　冶炼 0Cr25Al5 合金时炉渣组分的变化

组分(质量分数)/% 渣次	CaO	Al_2O_3	CaF_2	SiO_2	MgO	FeO	RE_xO_y	备注
BS—1	47.00	24.40	25.0	1.60	1.00			
返回一次	24.20	32.56	18.64	0.26	18.30	0.47	1.00	
返回二次	23.16	31.72	15.32	0.26	20.66	0.29	4.00	
BS—2	47.40	29.00	18.00	1.60	3.00			
返回二次	32.20	40.80	10.12	1.15	11.16	0.18	0.70	

13.3.1.2　供电制度

供电制度见表 13-5。

表 13-5　供电制度

炉子容量/kg	变压器容量/kV·A	电压/V	电流/kA	电极直径/mm	电流密度/$A\cdot mm^{-2}$
150	250	50～60	2.5～3.0	50～60	0.80
300	400	50～60	3.0～4.0	70～80	0.70
500	400	60～70	4.0～5.0	90～105	0.50
700	1000	60～70	6.0～7.0	90～105	0.70
1000	1200	70～80	7.0～8.0	100～120	0.65
1500	1200	70～80	8.0～9.0	110～130	0.60

A 工作电压的确定

电压对电渣过程的稳定影响很大。电压过高，电极端部齐平飘浮于渣面，暴弧冶炼，使电流不稳定，吸气（尤其氮）较多，影响钢水质量。而电压过低，电极埋入渣层深，距金属熔池距离太近，易出现短路或渣洗效果差，仍影响钢水质量。

选用电压决定了炉子的热力学条件，为提高熔化速度应尽量选用较高的电压，一般比同吨位的电渣重熔炉电压高10~20V。列表13-5供参考。

B 工作电流的确定

工作电流的确定可参见表13-5。

当炉子功率、工作电压确定后，电流也基本确定了，一般按恒定电流进行控制。

由
$$W = \sqrt{3}U_{\psi}I_{\lambda}\cos\psi$$

得
$$I_{\lambda} = \frac{W}{\sqrt{3}U_{\psi}\cos\psi}$$

C 变压器容量选择

变压器容量选择可参见表13-5。

在设计炉子之前，先确定电功率，它又与所炼钢种、原材料种类有关，如以返回料或钢屑为主，应选较大功率的。炼高合金钢也选较大功率的变压器。一般选用电功率比电渣重熔的大些。变压器的功率由下式确定：

$$P = \frac{VI + P_{\varepsilon}}{1000\cos\psi\eta}(\text{kV}\cdot\text{A})$$

式中 V——工作电压；

I——工作电流；

η——变压器效率；

P_{ε}——$I\cdot(\Delta V_{电极} + \Delta V_{电线} + \Delta V_{接触})\times$损耗(即电网损耗)。

13.3.1.3 炉体内型尺寸及电极尺寸的确定

A 三电极心圆尺寸

以三个电极中心连成内圆，内心圆尺寸与电极直径及炉体内径有关。

$$D_3 = K_1 d$$

式中 D_3——三极心圆直径；

d——电极直径；

K_1——系数，常取2~3。

B 炉体内腔直径

$$D = K_2 D_3 + d$$

式中 D——炉体内腔直径；

K_2——内径系数，取1.5~2.0。

三相有衬电渣炉内型尺寸见表13-6。

表 13-6 三相有衬电渣炉内型尺寸

炉子容量/kg	炉体内径 D/mm	三极心圆 D_3/mm	电极直径/mm	备注
150	350	150	50	
300	450	210	70	
500	550	250	100	
700	600	300	100	
1000	700	300	110	

举例：1t 三相有衬电渣炉的基本工艺参数如下表所示（供参考）。

项目	炉膛内径 /mm	三极心圆 /mm	电极直径 /mm	变压器容量 /kV·A	工作电压 /V	工作电流 /A	电压降 ΔV/V	渣系（三元）
参数	700	300	100	1195	77	7000	5~7	$CaO\text{-}Al_2O_3\text{-}CaF_2$

13.3.1.4 炉体砌筑

A 炉体

内衬采用卤水镁砂（原用东北大石桥镁砂，现推荐用辽宁荣源镁砂）打结无炭炉体。

（1）炉壁。最外一层用两层石棉板共 6~10mm 作为绝热层，内层为 200~250mm 厚的镁砂打结层。

（2）炉底。最底层为 5mm 石棉板；第二层为镁砖砌成；第三层为镁砂打结层厚度为 250~300mm。

B 内腔尺寸

内腔尺寸为 $\phi700\times550$mm，炉底为球冠形。炉壳为 8mm 厚钢板焊成，并留有一定数量的透气孔。一侧上方设有炉嘴，作为出钢口。炉壳两侧设有耳轴作为支撑和倾炉。炉体固定在移动台车上，可沿轨道前后运动。炉体可作 −90°~180°旋转。轨道铺在 15t 地中衡上，称量误差在 0.1% 以内。

13.3.2 工艺操作要点

13.3.2.1 扒补炉

用卤水镁砂补炉，高温、快速、薄补。

13.3.2.2 起弧造渣

冶炼 0Cr25Al5 时，金属电极的三根纯铁卡在二次电网的液压卡头上，起弧前先在炉底铺上 1%~2% 烘烤过的白灰，再铺上烘烤后的少量铬铁或同类返回钢料 1/10 左右，宽于三极心圆，厚度为 30~50mm，送电起弧，陆续加入烘烤渣料 $CaO\text{-}CaF_2\text{-}Al_2O_3$，遮盖弧光。使用返回渣亦然。约 3~5min，渣料全熔化后，电极埋入渣层里，工作电流稳定，转入正常的电渣物化反应过程。

13.3.2.3 自耗电极熔化中的操作

金属料的熔化，以恒定电流控制电极熔速。熔池形成后，陆续向炉内加入金属料、返回钢等。大块料沿炉子边缘送入炉内，防止电极之间短路打弧。碎料加入熔池周围，在有总量1/3左右钢水时可将难熔金属料加入三极区内，保证整个冶炼期间物料化清、防止沉底。

13.3.2.4 合金化

合金的加入时间，根据合金元素的亲氧性、收得率和加入量来决定。铬铁在渣化清后陆续加入，Ni在冶炼过程中加入，难熔的Mo、Co、Nb在冶炼中期加在电极下或三极区内；Si、Al、Ti、Mn等原则在出钢前6min内加入；铝块应予烘烤后加入钢包中；稀土、Ca、B等用铝箔包好插入包中。

13.3.2.5 成分与温度控制

成分主要靠事先计算调控，除考虑三相电渣炉回收率外，还需考虑电渣重熔时的回收率以及增硅和可能增碳（石墨电极化渣或油污）问题。还要求称量准确，钢水总量应有准确计量办法。否则，光靠经验或目测不行。

A 脱氧要彻底

有衬电渣炉是不换渣的单渣冶炼，整个冶炼期都需进行扩散脱氧。脱氧剂应用强脱氧剂如铝粉、硅钙粉，最好复合在一起使用效果更佳。出钢前用铝块做最终脱氧，保证旧渣出钢，不用炭粉，以防止增C。

B 调渣

冶炼过程中如渣量少，渣过稠、过稀、渣阻低发热量不够，或渣阻过高而暴溅，都应进行调渣，如加白灰、萤石、Al_2O_3等均可。

C 控温

在供电参数确定后，温度的控制取决于金属料的加入量和加入速度。加入量大的金属料应分批加入，化完一波再加一波，不能成砣或堆成小山。后期如发现温度过高，可加入同类返回钢降温。相反，温度偏低，应多熔化自耗电极，其他成分也应适当调整。

冶炼过程中为加速炉料熔化，一边加料，一边要加强搅拌，防止沉底和堆积，并随时称量钢水量，把握炼钢进程。

13.3.2.6 出钢及浇铸

当脱氧良好（白渣）、温度合适，复核加入炉料有否漏缺或错误，准确称量钢水足量，探测钢水温度合适即可出钢。出钢时要大流快速，钢渣混出。在钢包内进行部分合金化和吹氩搅拌均匀化，吹氩必达3min以上，以利于气体逸出和去除夹杂及减少元素偏析，尤其Al的偏析。最好的效果是同炉Cr波动0.30%，Al波动0.15%以内。

钢水在包内镇静2～3min即可浇铸。

采用水平铸锭法或立式铸锭法，铸成棒式自耗电极ϕ72mm×2000mm或ϕ100mm×1800mm，供电渣重熔备用。

13.4 有衬电渣炉冶金质量

13.4.1 冶金质量比较

关于有衬电渣炉冶金质量见表13-7～表13-9。

表 13-7　铁铬铝电热合金非金属夹杂物①

钢　号	炉　数	取样部位	样品个数/个	金　相　评　级		
				级　别	个数/个	比例/%
0Cr25Al5	57	钢包铸态	57	2.0	43	75.4
				2.5	14	24.6

①气体含量和金相图像见前。

表 13-8　FeCrAl 合金化学成分内控水平

月　份	波　动　范　围 Cr 含量波动 1.0%，Al 含量波动 0.80%			同炉铝含量偏析 Al 含量波动≤0.3%		
	样品总数/个	合格数/个	合格率/%	样品总数/个	合格数/个	合格率/%
1	115	105	91.30	113	110	97.30
2	88	77	87.50	87	86	98.95
3	124	119	95.97	123	121	98.37
4	112	107	95.50	112	112	100
5	140	130	92.86	140	137	97.96
6	70	59	84.28	70	70	100
上半年	640	597	92.00	645	636	98.60

表 13-9　主要技术经济指标比较（冶炼 0Cr25Al5）

指标项／炉型	每炉投料总量/kg	其中返回钢量或车屑/kg	其中合金料量/kg	其中自耗电极消耗/kg	工作电压/V	工作电流/kA	冶炼时间/min	单炉电消耗/kW·h	吨电消耗/(kW·h)·t^{-1}	熔化速度/kg·min^{-1}	备注
三相有衬 1t 炉（6 炉平均值）	980	200（返回钢）	395	385	70	7	47	667	680	23.3	
双相有衬 150kg 炉	150（出钢量）	50（车屑）		100	50	3.5	60	175	1170	2.5	
单相有衬 130kg 炉	130（出钢量）	100（车屑）		35	50	4.0	40	135	985	3.25	

13.4.2　结论

从表 13-9 等看出，三相炉比双、单相炉的热效率高，生产率高，电耗低、成本低、质量好。因此，在搞有衬电渣炉上马项目应首选大吨位的三相有衬电渣炉。

13.5　有衬电渣炉的设备结构

13.5.1　主设备结构

三相有衬电渣炉如图 13-1 所示，主要由以下部分组成：电源变压器、立柱及升降小车、水冷卡头、自耗电极、炉体及倾炉机构、运行小车、电控系统、地秤（含操作平台）等。

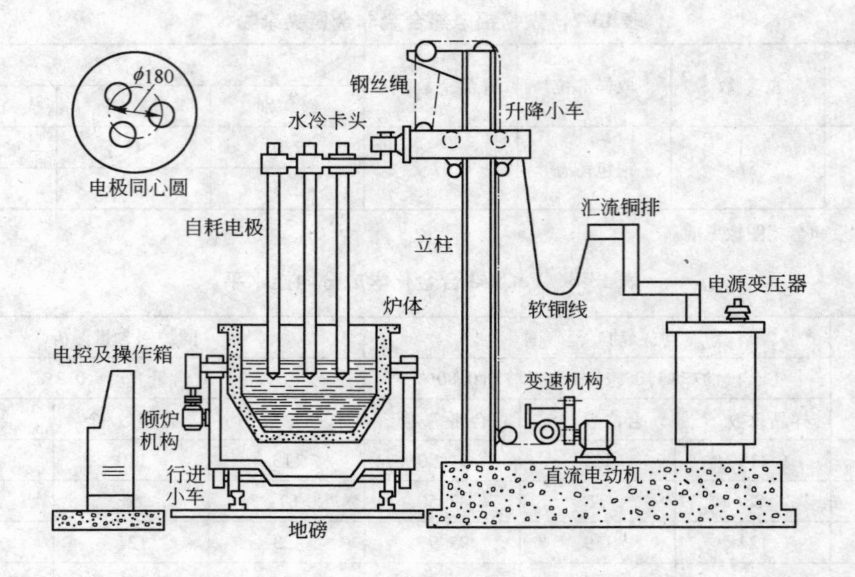

图 13-1 三相有衬电渣炉示意

13.5.2 装钢水的钢包

有衬电渣炉钢包如图 13-2 所示。

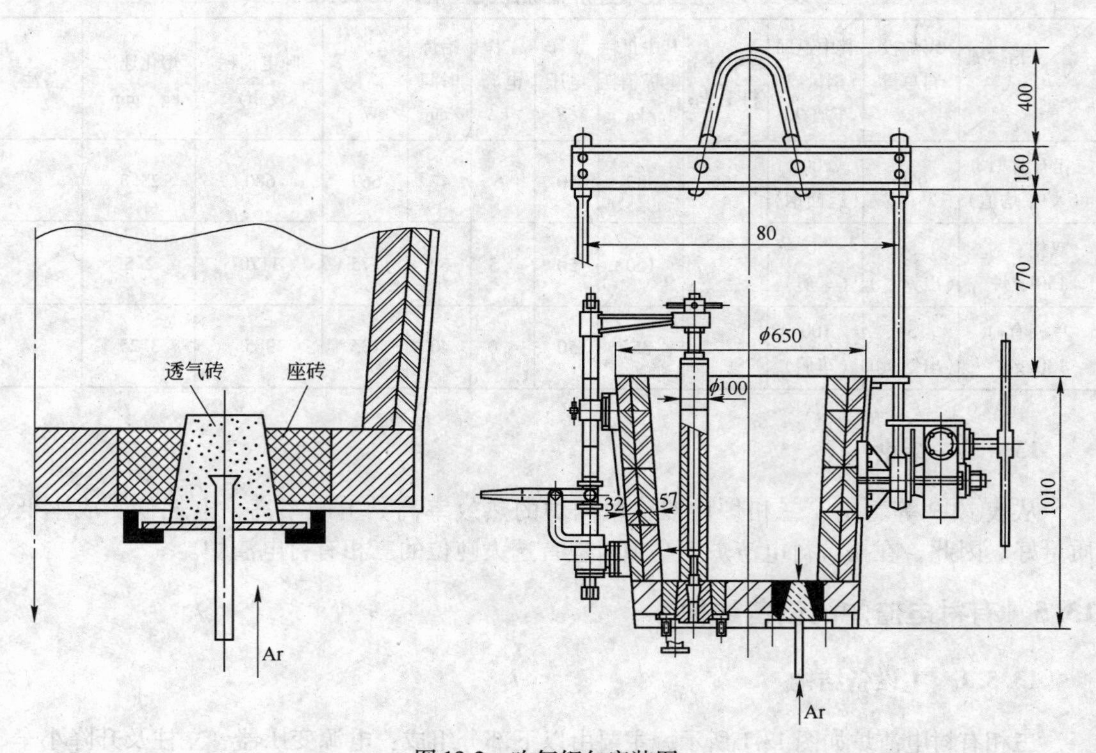

图 13-2 吹氩钢包安装图

13.6 有衬电渣炉炼钢对原材辅料要求

有衬电渣炉炼钢对原材辅料总的要求是低碳、低硅、低氮和有害杂质如 S、P、Pb、Sn、Zn、Sb、As、Hg、Cu 等越少越好。

13.6.1 金属料

13.6.1.1 工业纯铁

(1) 一般要求 DT2 中 $w(C) \leqslant 0.02\%$，$w(Si) \leqslant 0.02\%$。

(2) 严格要求 DT 中 $w(C) \leqslant 0.014\%$，$w(Si) \leqslant 0.02\%$。

(3) 清洁、干燥、无锈、无油污。

(4) 尺寸为 97mm × 97mm × 2200mm。

13.6.1.2 铬铁和金属铬

(1) 一般要求微碳铬铁（XP00000），C 含量 $w(C)$在 0.03% 以下。

(2) 严格要求金属铬 JCr1 或真空铬 ZCr01，$w(C) \leqslant 0.010\%$，$w(N) \leqslant 0.014\%$。

(3) 块度：50mm × 50mm。

(4) 烘烤 400℃，保温 2h。

冶炼镍铬和高温铁铬铝对原料中氮含量有要求，现列出铬铁、金属铬、镍等主要金属原料中的气体含量如表 13-10，供参考。

表 13-10 主金属原料中气体含量

金属原材料	生产方法及状态	气体含量（质量分数）/%		
		氧	氮	氢
金属铬	电解法（湿法）	0.1000 ~ 0.2500	0.0400 ~ 0.0500	0.0150 ~ 0.0500
	铝热法（硝酸盐助燃）	0.0100 ~ 0.0250	0.1000 ~ 0.2500	0.0010 ~ 0.0020
	铝热法（氯酸钾助燃）	0.0100 ~ 0.0150	0.0040 ~ 0.0100	0.0010 ~ 0.0020
镍	电解镍（表面平坦）	0.0023	0.0003	0.0005
	电解镍（表面结瘤）	0.0110	0.0003	0.0018
	镍粒（火冶）	0.1000 ~ 0.2000		
铬 铁	铬铁（真空法）	0.2000 ~ 0.6000	0.0150 ~ 0.0400	0.0005 ~ 0.0007
	铬铁（硅热法）	0.0500 ~ 0.1500	0.0400 ~ 0.0800	0.0015 ~ 0.0040

13.6.1.3 镍

(1) 一般要求。Ni-2 和 Ni-3 用于一般电热用钢。

(2) 严格要求。Ni-01、Ni-1 用于精密合金用钢。

(3) 尺寸。200mm × 250mm。

(4) 烘烤温度为 800℃，保温 2h。

13.6.1.4 铝

(1) 一般要求。Al-1 和 Al-2，其 $w(Al) \geqslant 99\% \sim 99.5\%$。

（2）严格要求。Al-00 和 Al-0，其 $w(Al) \geqslant 99.6\% \sim 99.7\%$。

（3）块度尺寸。尺寸不大于 80mm×25mm、干燥、清洁、无油污。

（4）烘烤温度为200℃、保温1h以上。

13.6.1.5 硅铁和结晶硅、硅钙粉、硅铝粉

（1）一般粉粒状用来扩散脱氧。结晶硅为加强脱氧。精密合金用结晶硅如 Si-1（$w(Si) \geqslant 99\%$）；Si-2（$w(Si) \geqslant 98\%$）。

（2）一般配 Si 用硅铁。硅铁如 Si-75，Si-65 等。

（3）少量使用可在炉口或热渣上烘烤，10kg 以上用量时需烘烤 600℃，保温不少于2h。

13.6.1.6 金属锰和电解锰

（1）一般脱氧用金属锰，JMn-0，$w(Mn) \geqslant 97\%$ 和 JMn-1$w(Mn) \geqslant 96\%$。

（2）精密合金用电解锰，$w(Mn) \geqslant 98\%$。

（3）粒状或小片状一般在炉口或热渣上烘烤1h以上。

13.6.1.7 钛铁和海绵钛

（1）钛铁有 Ti25 为 $w(Ti)25\%$，Ti30 为 $w(Ti)30\%$。用于电热合金配钛，与稀土一起有强化作用。

（2）海绵钛用于精密合金或高温电热合金。

（3）一般随铬铁烘烤，或在炉口、热渣上烘烤1h以上。

13.6.1.8 扩散脱氧剂

（1）Si-Ca 粉（$w(Si)58\%$，$w(Ca)29\%$），粒度不大于1mm。

（2）Al 粉（$w(Al) \geqslant 96\%$），粒度不大于1mm。

（3）扩散脱氧剂应清洁干燥，粒度不能超标，一般用金属容器装着在热渣上烘烤，随时使用。

13.6.2 非金属材料

13.6.2.1 石灰

一级品 $w(CaO) \not< 90\%$，$w(SiO_2) \not> 2\%$，灼减率小于8%，白微黄色为佳。

块度：10~50mm。

烘烤：温度为800℃，保温不少于2h，变微红时使用，严禁使用粉状和未烘烤料及黑块。

13.6.2.2 萤石

$w(CaF_2) \geqslant 95\%$，$w(SiO_2) < 3\%$，白绿色或紫色。

块度：5~20mm 或白绿色小颗粒。

烘烤：200℃以上，保温2h以上。

13.6.2.3 氧化铝

$w(Al_2O_3) \geqslant 97\%$，纯白，清洁干燥。

烘烤：200℃以上，保温2h。

13.6.2.4 镁砂

$w(MgO) \geqslant 85\%$，$w(SiO_2) < 5\%$，灼减率小于1.0%，以前为辽宁大石桥出产，现为

辽宁荣源耐材厂出产。

粒度：小尺寸为0～1mm粉状；中尺寸为1～3mm；粗粒为4～6mm。按比例用于补炉或打炉衬。

要求：不含焦炭颗粒，清洁干燥。

13.6.2.5　卤水

盐卤主要成分为$MgCl_2 \cdot 6H_2O$，用盐卤加水熬煮到发黏，密度不小于$1.3 g/cm^3$，冷到60℃以上使用。

14 电渣重熔铁铬铝合金

电渣炉炼钢，关键是渣和供电制度。和其他炼钢法一样，炼钢即炼渣。在原材料符合要求情况下，渣成了重中之重。熔融的渣池既是热源的电阻体又是精炼剂。每炉钢自始至终不换炉渣。电渣炉炉渣的作用除了一般的保护层、去除硫磷杂质和添加稀土元素外，增加了将电能转化为热能的功能，其示意和实况见图14-1*a*、*b*和图14-2。

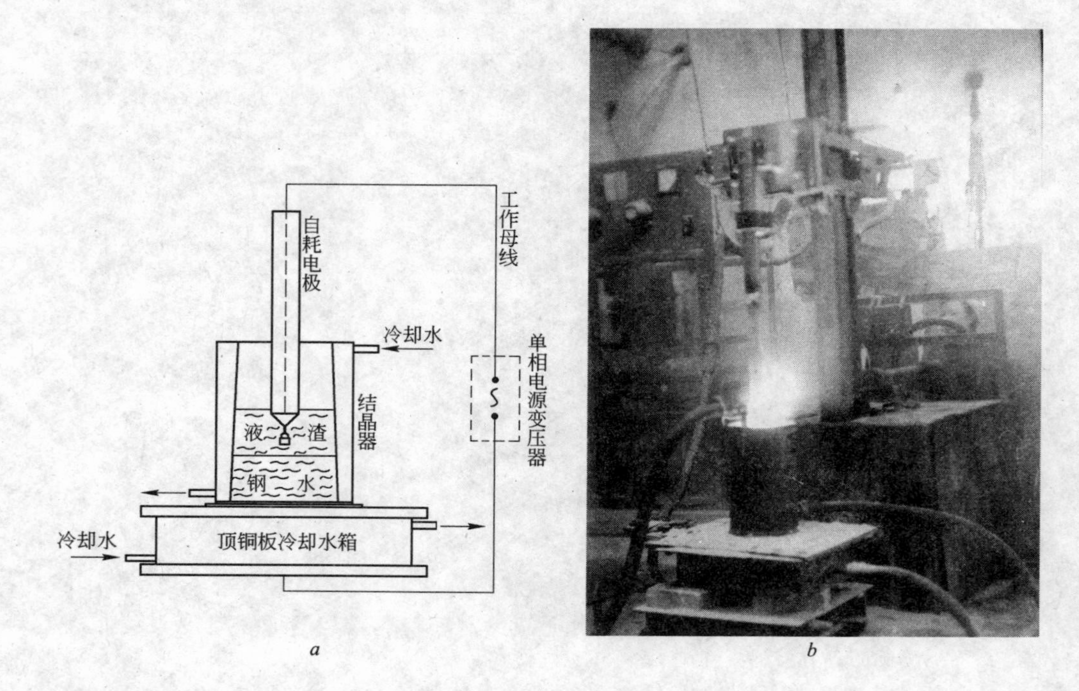

图14-1 单相电极电渣重熔105kV·A、25kg冶炼电热合金照片
a—单相电极电渣重熔原理示意图；*b*—单相电极电渣冶炼电热合金实况

14.1 对熔渣的要求

14.1.1 对渣系的要求

对渣系的要求如下：

（1）保证电渣过程的稳定，不能出现电弧过程。它决定于熔渣的电导率，而电导率又和液渣的离子浓度、活度、温度、黏度、不同组分有关。增加熔渣中CaF_2、TiO_2、MnO含量，则流动性增加，电导率增加。增加渣中Al_2O_3、SiO_2、CaO含量，则电导率减小。导电性好，

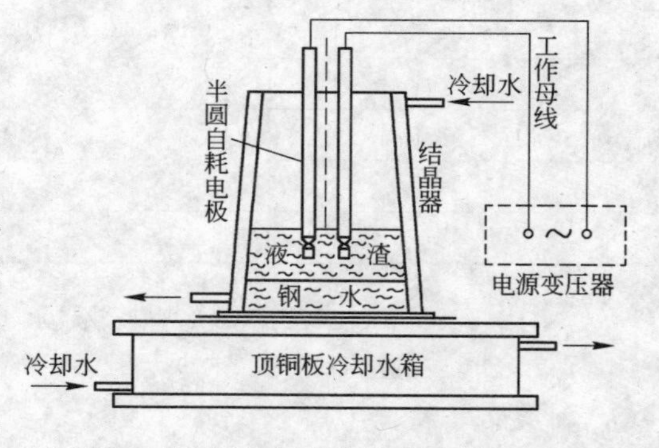

图14-2 双电极单相串联电渣重熔原理示意图

在一定工作电压下，不利于电弧产生。但电导率不宜过高，否则，渣池产生的电阻热减少，钢温度降低，不利于冶金化学反应。此外，还要求熔渣沸点低、易于挥发气化的成分要少，否则，在电极下的熔渣高温区形成气体空腔而引起电弧。

（2）有较低的熔点和低的氧化性，以便电渣过程容易形成和减少合金元素的烧损。一般地说，组成熔渣的高熔点物质成分增加，熔渣的熔点相应增高。常用几种氧化物熔点、密度见表14-1。

表14-1 常用氧化物熔点和密度

物 质	CaO	MgO	Al_2O_3	SiO_2	TiO_2	FeO	MnO	CaF_2
熔点/℃	2499	2800	2050	1740	1825	1370	1550	1422
密度/$g \cdot cm^{-3}$	3.4	3.5～3.65	3.9～4.0	2.26	4.2	5.7	4.72～5.5	2.5～2.6

（3）具有高的脱硫磷能力。碱性强的熔渣其脱硫、磷能力也强。同时要好的流动性。

（4）液态时有一定的电阻和较小的黏度。电阻过大，易产生局部暴溅，使电渣过程不稳。电阻过小，渣温和钢温都低，既不利冶金化学反应，也使效率降低。黏度过大，冶金化学反应不利。黏度过小，表面张力也小，不利于除渣，即易造成钢渣互混。

（5）原料来源容易，就地取材，价低质优。

14.1.2 常用熔渣的渣系组分和主要特性

熔渣的特性取决于主要成分 CaF_2、Al_2O_3、CaO、MgO 及加入的种类和组成。

以氟化物为主的渣系中，随着氧化物含量的增加，导电率和电耗降低，熔点和黏度提高。

（1）黏度。CaF_2、CaF_2-CaO 及 CaF_2-Al_2O_3 熔渣在电渣熔炼温度下的黏度为 10^{-2} ～ 10^{-3}Pa·s。

（2）电导率。熔渣的电导率直接影响着钢水的温度、电耗及生产率。电导率小（即电阻大）其电阻热大，温度高，二次电网电耗减少，炉内有效功增加，电极头端插入渣层深度增加，减少弧光和热损失。相反亦然。

主要渣料和渣系在1650℃下的电导率见表14-2。

表14-2 主要渣料和渣系的电导率

渣 系	电导率（1650℃）/$S \cdot cm^{-1}$	渣 系	电导率（1650℃）/$S \cdot cm^{-1}$
纯 CaF_2	4.54	60% CaF_2-40% Al_2O_3	4.00
萤石精矿	4.18	60% CaF_2-20% CaO-20% Al_2O_3	2.00
98% CaF_2	6.27	90% CaF_2-10% Al_2O_3	3.85
80% CaF_2-20% Al_2O_3	4.54	70% CaF_2-30% Al_2O_3	1.76

（3）表面张力、吸附力及浸润性。CaF_2 渣系中，随 CaO、Al_2O_3 含量的增高，熔渣和钢水界面之间表面张力增大，对防止夹杂物卷入钢水以及吸附非金属夹杂物的能力增大。70% CaF_2 及 30% Al_2O_3 的渣系对变价金属氧化物有好的浸润性。几种熔渣系的表面张力和不锈钢的界面张力见表14-3。

表14-3 几种熔渣系的表面张力和不锈钢的界面张力

熔渣系	熔渣的特性		熔渣系	熔渣的特性	
	表面张力 /J·m^{-2}	界面张力（不锈钢）/J·m^{-2}		表面张力 /J·m^{-2}	界面张力（不锈钢）/J·m^{-2}
AHΦ-1Ⅱ（$CaF_2$100%）	0.280	1.150	AHΦ-7（80% CaF_2-20% CaO）	0.315	1.200
AHΦ-6（70% CaF_2-30% Al_2O_3）	0.295	1.300	AHΦ-8①（25% CaF_2-25% Al_2O_3-50% CaO）	0.375	1.380

①是 CaF_2 : Al_2O_3 : CaO = 6 : 2 : 2 改进后的渣系。

（4）密度。熔渣和液态金属的密度越大，则有利于钢渣分离。熔渣的密度随 CaF_2 含量增加及温度升高而降低。几种熔渣的成分和密度见表14-4。

表14-4 几种熔渣的成分和密度

渣料成分 w/%			密度/g·cm^{-3}		备注
CaF_2	CaO	Al_2O_3	（1450℃，测定）	（1650℃，标准）	
100			2.52	2.43	
80	20		2.63		
70		30	2.88	2.8	
70	30		2.66	2.5	
80	10	10	2.69		
60	20	20	2.90	2.8	
90	10		2.57		

渣成分的选择是和所要炼的钢种有关。含Al、Ti的钢种，要加入CaO、TiO_2、Al_2O_3等。需要保证Mn含量的，加入MnO。要保Si含量的，加入渣量5%～10%碎黏土砖。要保稀土元素含量，可在渣中加入稀土氧化物。渣中 Al_2O_3 可保熔渣有一定的热阻，而 CaF_2 使熔渣有良好的流动性和电渣过程稳定性，并和CaO一起有效地除硫及其他杂质。这些都需要根据实际情况试验摸索得出结果。一般来说，铁铬铝电热合金冶炼时，三相电渣炉用AHΦ-8渣系，而单相重熔则使用AHΦ-6渣系。这是因为1265℃时 CaF_2 可熔融 Al_2O_3 多达25%，并在1650℃流动性好，有利于去除夹杂和提纯钢锭表面光洁。镍铬合金多用AHΦ-7渣系。化渣炉示意图如图14-3所示。渣量按每炉钢水量的7%左右选择。过厚和过薄都不好，如图14-4所示。

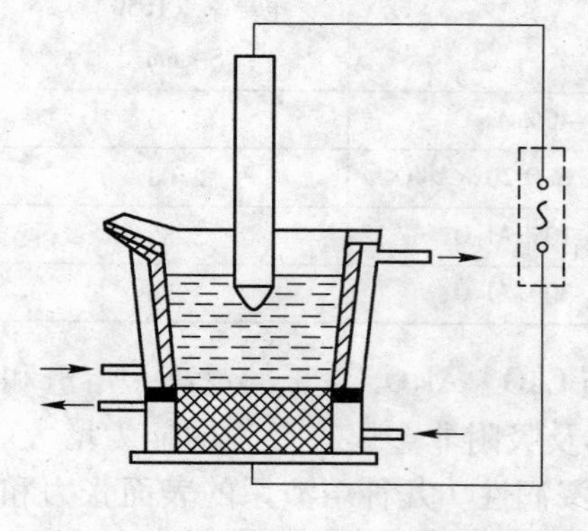

图14-3 单相石墨电极化渣炉示意图

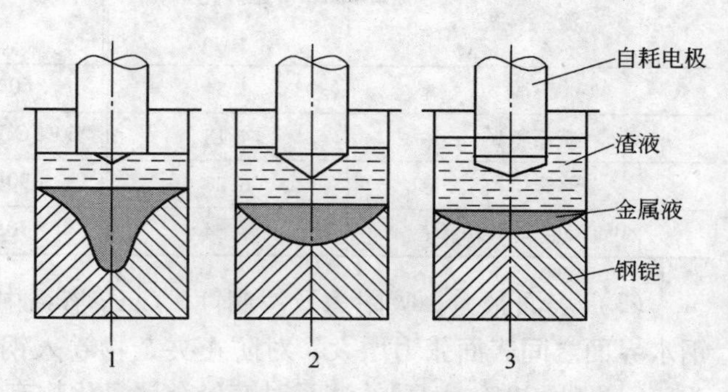

图14-4 渣层厚度对金属熔池深度的影响

1—渣层过薄；2—渣层合适；3—渣层过厚

14.2　电渣重熔原理简介

合金自耗电极在电渣重熔时“提纯”（净化）至成锭过程简介如下。

14.2.1　金属熔滴形成与脱落

如前所述，金属电极在熔渣池中受电流析出热量的作用，使它的端表面熔化，顺端表面形成薄层的液体金属沉至顶端聚集。正常的熔炼是在电极端头形成圆锥体，而正在熔化的电极圆锥体的顶端出现液体金属的精炼熔滴。这个汇集的金属熔滴（见图14-5）受三个基本力的作用：重力G、力图使熔滴脱离电极末端的电动力R以及相间张力P（金属—炉渣），这个相间张力是在电流通过钢渣界面时的作用力和使熔滴脱离的反作用力，当重力G和电动力R的合力超过相间张力P时，熔滴脱落，发出“淙淙”响声，同时电压电流随之波动。

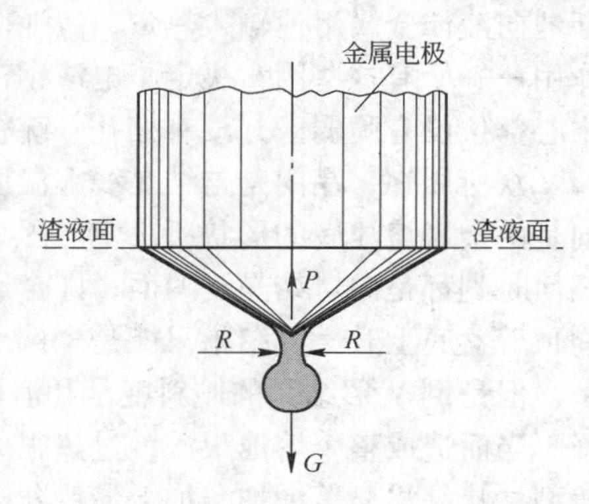

图14-5　作用在金属电极末端熔滴上的力
G—重力；R—电动力；P—表面张力的合力

研究和实践均表明：熔滴脱离频率随电极送进速度的增大而增加，随电流的增加而增加，随电压的提高而增加；但熔滴的尺寸（重量）却减小，只随电极截面积的增加熔滴的重量增加。渣池深度的变化对金属过渡特点的影响较小。但渣的成分、有效电阻影响很大是不容忽略的，如图14-6和图14-7所示。

14.2.2　钢锭的形成过程

电渣重熔钢锭质量显著提高和结晶状态在很大程度上是与电渣重熔钢锭特殊结晶条件有着密切联系的。

在依靠金属电极不断进入渣池和依靠渣池的热

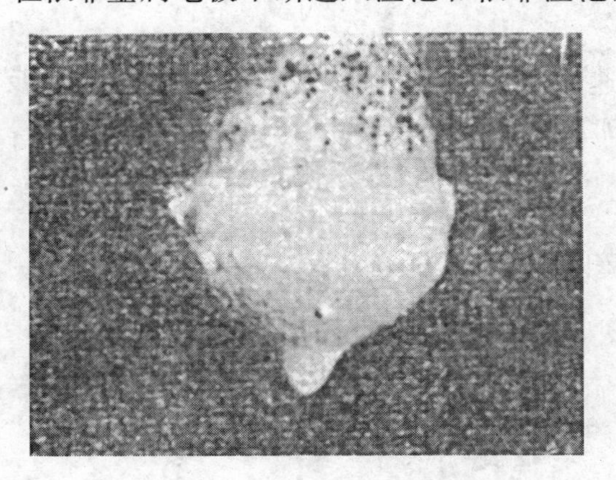

图14-6　正常熔炼时，电极的端头形状照片

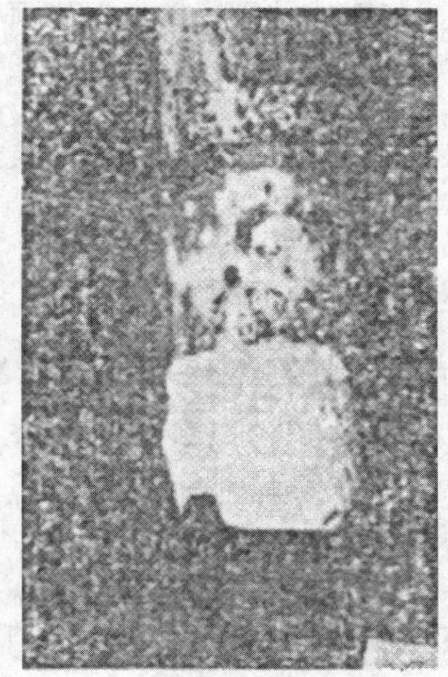

图14-7　电极端头处于渣层表面时，电极端头的熔化情况照片

传导将热量不断地从上面输入金属熔池，同时金属熔池又在向下部和周围不断地输出热量条件下，使较小体积的液态金属自下而上地逐渐结晶。钢锭和结晶器壁之间渣壳的形成促进了电渣钢锭的定向结晶，因为渣壳减少了水平方向的热量输出。渣壳的存在可使电渣钢锭得到非常光滑的表面。经过充分渣洗净化的钢水在结晶时减少了一系列熔析杂质也是很重要的。

电渣重熔钢锭结晶与一般浇铸钢锭的结晶不一样。从钢锭底部输出热量、金属熔滴不断地向液体金属熔池输入热量、渣池向金属熔池传递热量和侧表面上逐渐形成渣壳而绝热作用——所有这些因素决定了电渣钢锭的结晶是倒V状的斜向均匀致密的良好结构。在锭中心部位没有脆弱区，没有缩孔、疏松和其他缺陷，因此钢水是很纯净的。

众所周知，晶向是与结晶线上温度梯度方向相一致。这就是说，电渣钢锭晶粒生长方向是由金属熔池底的形状所决定。因为按照温度向量的方向生长的树晶主轴在结晶过程中任何时刻都是向着结晶线的面，即金属熔池的底。这个底是一个半圆盆底，结晶总是从四周顶着盆底上升，其结果只能是个倒V形的且斜向的结晶。

但是倒V形结晶的倾斜度是和渣以及工艺制度、操作水平有密切关联。如果各参数选择不当而造成整个熔池很深，过热很大，斜向结晶削弱，水平方向结晶发展，也即一般浇铸型柱状晶将显著增加，加上最后断电补缩操作不善，顶部缩孔乃至锭中心照样出现质量问题。因此一定要通过试验，确定好各种参数，并在实际中认真执行才可得到满意结果。

14.3 电渣重熔工艺参数

除了渣阻、渣量外，电渣重熔对电力制度要求严格，具体分析如下：

14.3.1 结晶器和自耗电极断面尺寸

结晶器断面尺寸主要是根据所用自耗电极尺寸来确定。结晶器大小（容积）则要考虑自耗电极尺寸、锭重和热加工能力及钢质本身。

结晶器直径与自耗电极直径的关系如下式：

$$D_{结晶器} = \frac{d_{电极}}{K}$$

式中 K——填充系数，一般取0.5~0.7。

若结晶器断面太大，热损失大，冶炼速度慢，钢锭表面易出螺纹，耗电也高。反之，对电极平直度和尺寸公差要求严格，铸造加工困难，也不安全。

14.3.2 极间距及内圆斜度选择

极间距是指电极圆棒外缘与结晶器内壁间的距离，以 L 表示，见下式：

$$L = R_{结晶器内圆半径} - r_{电极半径}$$

极间距小，电流分量小，效率高。反之，效率低。但极间距过小，容易触缸短路打火。为了好脱锭，结晶器内圆斜度约为2%。

14.3.3 填充比的选择

电极直径与结晶器平均直径之比，叫填充比。一般控制在0.5~0.7之间。如电极直

径为 ϕ100mm，结晶器内径平均为 ϕ140mm，则填充比为$\frac{100}{140}=0.71$。

填充比大，则渣池热辐射损失少，省电、生产效率高；但对电极直度、尺寸公差要求严，不易达到，对设备和人身也不安全。

14.3.4 工作电压选择

工作电压又叫炉口电压，是指电极下端部与底结晶器之间的电压。这个电压是整个供电电压中的有效工作电压。考虑到短网每 1m 长压降 1～2V，所以电压表上指示的二次电压高于工作电压。

电压是电渣重熔的重要参数。工作电压要根据重熔钢种、渣系、结晶器尺寸、电极尺寸来确定，由下式计算：

$$V_{\text{工作}} = 0.6D_{\text{结晶器}} + 30$$

式中 30——平衡常数。

假如 $D_{\text{结晶器}}$是 14cm，则 $V_{\text{工作}}=0.6\times14+30=38.4$（V）。

在其他工艺参数不变的情况下，提高电压使输入功率增大，渣温升高，加速熔化速度，提高生产率。但过高的电压，造成电极插入渣层浅，渣池易沸腾，甚至没插进渣层中，产生电弧，破坏了正常电渣过程。而降低电压，使电极埋入深度增加，致使钢水熔池加深，对钢锭结晶不利。如图 14-8 和图 14-9 所示。

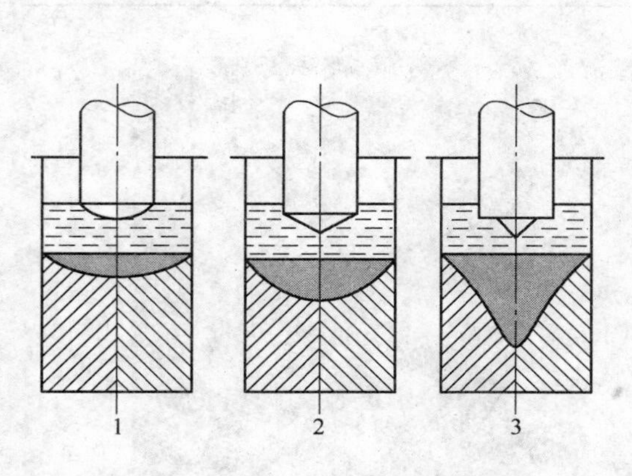

图 14-8 电压（电流）对金属熔池深度的影响
1—电压过高（电流过小）；2—电压合适（电流合适）；3—电压过低（电流过大）

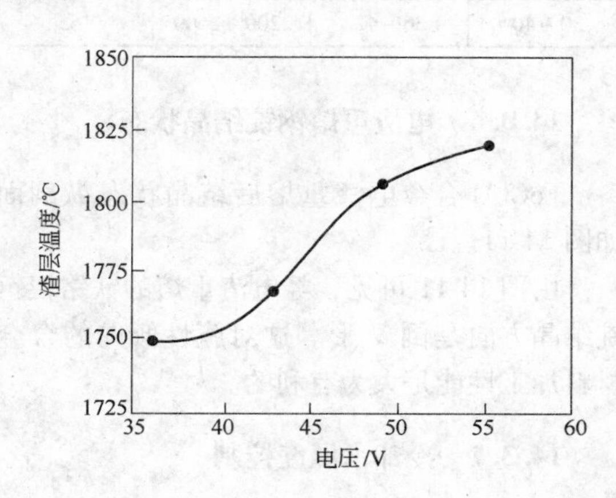

图 14-9 电渣重熔冶炼电压对渣层温度的影响

合适的电压能使熔池向偏平方向发展。钢水结晶时，形成倒 V 形，熔池温度均匀，提高了钢锭质量。

14.3.5 工作电流选择

自耗电极电流密度是指电极单位截面积通过的电流大小，单位是 A/mm^2，它随钢种不同、电极粗细不同而变动。电流密度大，冶炼速度快。电流密度一般取 0.4 ~ 0.7A/mm^2 之间，如图 14-10 所示。

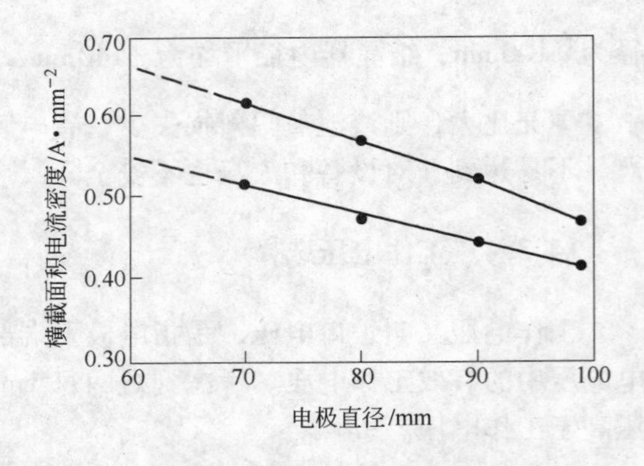

图 14-10 自耗电极直径与电流密度的关系

在其他工艺参数不变下，提高电流就意味将电极插入渣池加深，熔化速度加快，也增加熔池深度。如果电流过大，钢水熔池过深就必然发展横向结晶，和普通铸锭一样，丧失电渣重熔锭呈倒 V 形结晶的优势。另一个缺点是钢水温度过高，收缩将加强，补缩不足，会形成锭顶部深的缩孔，夹杂物聚集不易排除。相反电流过小，渣池和钢液温度都低，熔速减慢，渣钢化学反应不利，渣洗效果差，钢锭表面缺陷也增多，成材也将受较大影响。

表 14-5 示出我国电渣重熔电热合金供电参数。

表 14-5 电渣重熔电热合金供电参数

钢锭重量/kg	电渣重熔供电参数			钢锭重量/kg	电渣重熔供电参数		
	工作电压/V	工作电流/A	变压器功率/kV·A		工作电压/V	工作电流/A	变压器功率/kV·A
20 ~ 25	36 ~ 42	1800 ~ 2200	165	50 ~ 70	36 ~ 42	2600 ~ 2900	165
30 ~ 40	36 ~ 42	2200 ~ 2600	165	90 ~ 100	35 ~ 45	3000 ~ 3400	165

14.3.6 电渣重熔钢锭结晶状态

FeCrAl 合金电渣重熔后结晶状态纵剖面如图 14-11。

由图 14-11 可见，经电渣重熔的铁铬铝钢锭结晶方向是倒 V 形。这对脆性倾向的合金材料加工性能是大为有利的。

图 14-11 FeCrAl 电渣重熔后结晶纵剖面（2∶1）
（照片中裂纹是剖锭时造成，不是钢锭本身裂纹）

14.3.7 冷却水温度控制

电渣重熔钢锭结晶方向与冷却水走向及进出水温度关系也较密切。锭底部裂纹与水冷却强度、渗漏都有很大关系。

为减少钢锭底部裂纹，人们将结晶器做成双层水冷层，冷却水先进结晶器外层、后里层，再进入底座水箱，对底部裂纹形成有一定改善。但当水箱渗漏或垫渣受潮，都给钢锭底部产生许多夹渣和裂纹，如图 14-12 所示。这种钢锭在后续加工中后患无穷。

在实践中，为减少锭底部开裂，除冷却水走向改进外，采用液体渣热启动是成功之道。对冷却水温度控制在40～55℃之间较为适宜。若底水箱冷却水温度低，液渣结壳快，影响电流形成回路。为了冲破渣壳层形成电回路，将引起电极对水箱底铜板放电，打弧击蚀铜板，锭下部增铜也会造成钢锭底部深坑或出现螺纹或跑钢、渗水爆炸等事故。

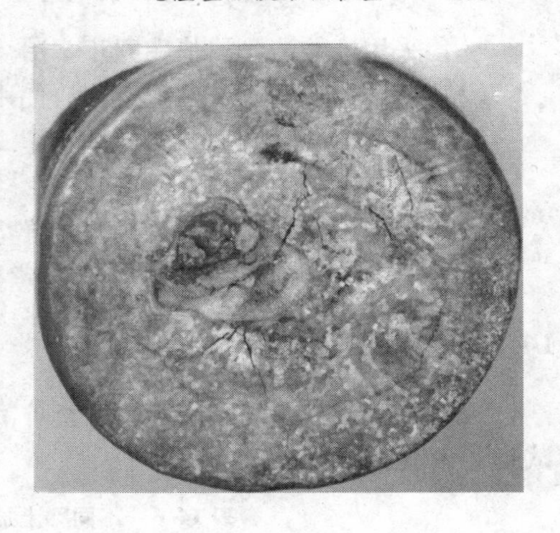

图14-12 铁铬铝合金锭底部夹渣和裂纹

14.4 电渣重熔钢锭主要缺陷及防止

14.4.1 钢锭顶部缩孔

由于冶炼中、后期使用供电制度各不相同，可产生敞露型或隐蔽型缩孔，其深浅程度也不一，最深者可上下贯通整个钢锭。这种缩孔往往成正V形。这大大地影响开坯的成材。造成这种现象的原因是：

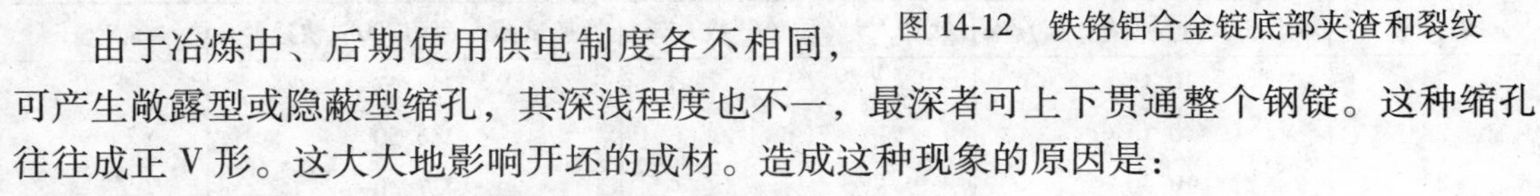

(1) 使用电功率过大，使钢水熔池大又深；

(2) 操作时电极插入渣池太浅，整个冶炼过程都处于打弧的不稳定状态；

(3) 冶炼中、后期没有采取补缩措施，或停电后锭顶已凝固后，又在其顶部补一些熔融钢水，将缩孔上口假封，形成封顶型空腔；

(4) 使用渣量过少，渣层过薄，整个冶炼过程不稳，后期又加入生渣，锭顶部出现盖帽缩孔，并有夹渣；

(5) 冷却水温过高，甚至沸腾，反而起了保温作用。

避免的措施如下：

(1) 采用合理的供电制度；

(2) 操作时，不能将电极插入渣层太浅；

(3) 冶炼后期采取小电流补缩办法；

(4) 使用渣量必保渣层厚度达到50～80mm，杜绝后期加固体生渣；

(5) 采用电控自动补缩；

(6) 严格控制冷却水温等。

14.4.2 锭身出现波浪形螺纹

这种现象主要是渣皮在锭身局部厚薄不均。其原因：

(1) 渣层温度低；

(2) 渣中高熔点物质过多；

(3) 供电失常；忽高忽低，中途有短暂停电；

(4) 自耗电极弯曲度大，偏移一侧；

(5) 分流过大，打弧跑钢，不但出现螺纹，而且出现弧坑；

(6) 结晶器下部冷却水温过低等。

解决办法如下：

(1) 采用液体渣，尽快建立正常冶炼过程；
(2) 使用合理渣系，并且返回渣使用次数不宜超过四次；
(3) 保证电网供电正常，波动不超 ±10%；
(4) 自耗电极应直且不能有飞翅；
(5) 水箱与结晶器之间要垫好绝缘垫，减少分流；
(6) 出水温度不能低于40℃，最高不高于65℃。

14.5 电渣重熔冶金质量

经双联电渣炉（即三相有衬电渣炉冶炼后再经单相电渣炉重熔）的0Cr25Al5Re快速试验寿命值如表14-6。

表14-6 不同稀土加入量对0Cr25Al5合金的影响

炉 号	稀土加入量(质量分数)/%	钛加入量(质量分数)/%	快速试验寿命(1200℃快速)/h	备 注
24	0.15	均加0.30	242.61	表中每个炉号的寿命值为三支样品为一组的平均值
28	0.15		286.50	
23	0.30		227.30	
28	0.30		241.00	
41	0.30		255.67	
22	0.50		315.75	
27	0.50		347.53	
40	0.50		333.47	
62	0.50		345.00	
63	0.50		385.00	

由表14-6可见，以加入0.5%的稀土同时加入0.30%Ti的快速试验寿命值为最佳。

三相电渣炉与单相电渣重熔炉稀土元素的回收率如表14-7。表14-8为双联电渣冶炼后稀土元素残余含量等指标。表14-9为成品钢丝气体含量。

表14-7 三相电渣炉与单相电渣重熔炉稀土元素的回收率

稀土加入量比/%	钛加入量比/%	三相电渣炉冶炼后稀土含量/%	单相提纯后稀土含量/%	回收率/%		备 注
				三 相	提 纯	夹杂物级别
0.15	0.30	0.090	0.028	60	17.3	3.0级
0.30	0.30	0.19	0.032	63.4	10.6	2.5级
0.50	0.30	0.35	0.035	43.0	7.0	2.0级

表14-8 双联电渣冶炼后稀土元素残余含量等指标

炉 号	RE余量/%	寿命/h		伸长率/%		电阻率/Ω·m	电阻温度系数(20~1050℃)	备 注
		1200℃	1300℃	1200℃	1300℃			
1—3	0.025	220.75		11.76%		1.4908		ϕ0.80mm $\sigma_b=720N/mm^2$
1—4	0.018	231		15.23		1.4618		
1—6	0.038	396.16	78.58	10.40		1.4440		
2—2	0.057	320.86	83.44	8.52	19.11	1.4447	4.51×10^{-5}	

续表 14-8

炉 号	RE 余量/%	寿命/h		伸长率/%		电阻率/Ω·m	电阻温度系数(20~1050℃)	备 注
		1200℃	1300℃	1200℃	1300℃			
2—4	0.030	353.58	107.58	7.26	13.43	1.4018	2.56×10^{-5}	$\delta=18\%$
2—5	0.052	282.63	70.50	12.49	20.68	1.4186		
2—8	0.059	326.50	76.56	14.26	15.58	1.4540		
2—10	0.038	305.67	94.22	11.27	14.12	1.4279		
2—11	0.046	295.14	100.58	7.23	14.99	1.4387	1.96×10^{-5}	
2—19	0.075	297.61	107.72	10.20	14.51	1.3352	2.21×10^{-5}	

从表 14-8 看出：稀土残留量在 0.03% ~0.075%，1200℃时快速试验平均寿命达 329.0h，比不加稀土的快速试验平均寿命 175h 高 71.1%。1300℃时快速试验寿命达 80h 以上。

表 14-9 成品钢丝气体含量

钢 号	规格 φ/mm	样品个数/个	w[H]/%	w[O]/%	w[N]/%	备 注
0Cr25Al5	6.0	4	0.89×10^{-4}			
	5.0	4	1.09×10^{-4}			
	3.0	2	1.55×10^{-4}	36.55×10^{-4}	67.45×10^{-4}	
康太尔 A1	3.0	2	2.08×10^{-4}	21.05×10^{-4}	161.50×10^{-4}	
1Cr18Ni9	5.0	6	0.73×10^{-4}	85.83×10^{-4}	243.6×10^{-4}	

从表 14-9 可见，双联电渣冶炼后的 0Cr25Al5 中气体含量较低。

从表 14-6 和表 14-8 及图 14-13 知道，三相电渣炉加入 0.3% ~0.5%（质量比）的稀土，单相电渣炉重熔后其在钢中的残留量在 0.03% ~0.075%，为保证合金使用寿命的最佳范围。为了减少加入稀土元素的烧损，在三相电渣炉钢水脱氧除渣良好后，随出钢钢流，将包好的稀土加入钢包中，并做好包中吹氩保护和均匀化措施。在单相电渣重熔时为减少合金中稀土烧损，除加稀土返回加渣外，控制电力制度、温度和冶炼时间成为重要一环。单相电渣炉重熔冶炼时间与稀土残留量的关系见图 14-13。在现有生产条件下，三相电渣炉稀土的残留量为 0.25% ~0.32%，回收率为 50% ~64%；单相电渣重熔稀土的残留量为 0.030% ~0.07%，回收率为 10% ~20%。回收率波动这么大，与所用渣系、操作、工艺制度执行，还有原材料质量波动有关。因此问题的关键不在于加入多少，而是残留多少。

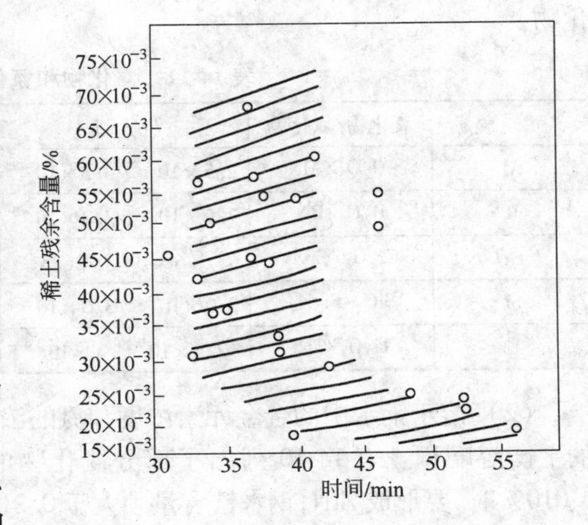

图 14-13 单相电渣炉重熔冶炼时间与稀土残留量的关系

14.6 脱氮

14.6.1 氮在钢及合金中的溶解度

唱鹤鸣等人指出：氮和许多合金元素能形成氮化物，随着温度的升高，有些氮化物分解，有些仍很稳定。在钢水中氮的存在形式直接影响到脱氮的效果。因此，有必要了解和研究氮在钢水中的存在形式。

从热力学分析，溶于钢水中的合金元素能形成氮化物的有 Ti，Zr，Al，V，B，Cr 等，其他合金元素在钢水中形成氮化物可能性很小。纯铁液中氮化物的标准生成自由能列于表14-10。

表 14-10 纯铁液中氮化物的标准生成自由能

反 应	$\Delta G^{\ominus}/J \cdot mol^{-1}$	$\Delta G^{\ominus}_{1873}$	$[Me]_x\ [N]_y$	温度/K
$[Ti]+[N]=TiN_{(S)}$	$-316470+116.2T$	-98740	0.0018	1500~2000
$[Zr]+[N]=ZrN_{(S)}$	$-299960+109.1T$	-95690	0.0021	1500~2000
$[Al]+[N]=AlN_{(S)}$	$-265260+116.0T$	-47928	0.046	1500~2000
$[V]+[N]=VN_{(S)}$	$-151360+64.1T$	-31337	0.133	1500~2000
$[B]+[N]=BN_{(S)}$	$-191700+88.4T$	-25402	0.150	1500~2000
$2[Cr]+[N]=Cr_2N_{(S)}$	$-111440+46.6T$	-24223	0.21	1500~2000
$\frac{3}{4}[Si]+[N]=\frac{1}{4}Si_3N_4$	$-123460+90.2T$	45486	18.79	1500~2000

由于钢与合金的化学成分有时很复杂，特别是氧、硫与氮同时存在，判断加入钢中 Ti，Zr，Al，V，Nb，B，Cr 等元素能否形成氮化物相当复杂。从热力学分析，在钢水中形成氮化物应具备下列条件。

（1）脱氧、脱硫良好的钢水是形成氮化物的基本条件，尤其是脱氧。合金元素通常与氧亲和力最强，氮次之。从表 14-11 看出，在炼钢温度下，生成氧化物的能力远远大于氮化物。

表 14-11 氧化物和氮化物的分解压（1900K）

元 素	氧化物/氮化物	p_{O_2}/p_{N_2}	元 素	氧化物/氮化物	p_{O_2}/p_{N_2}
Al	Al_2O_3/AlN	$2.5\times10^{-20}/3.3\times10^{-7}$	Ce	CeO_2/CeN	$7.9\times10^{-18}/2.7\times10^{-7}$
B	B_2O_3/BN	$7.9\times10^{-16}/3.2\times10^{-5}$	Ta	Ta_2O_5/TaN	$2.5\times10^{-14}/2.1\times10^{-5}$
Cr	Cr_2O_3/Cr_2N	$1.6\times10^{-12}/26.3$	V	V_2O_3/VN	$7.9\times10^{-15}/0.13$
Si	SiO_2/Si_3N_4	$2.0\times10^{-15}/3.6\times10^{-2}$	Zr	ZrO_2/ZrN	$4.0\times10^{-21}/4.0\times10^{-11}$
Ti	Ti_2O_3/TiN	$2.5\times10^{-20}/1\times10^{-9}$			

（2）溶于钢水中的合金元素浓度和氮的浓度之乘积，必须大于该温度时氮化物分解反应的平衡溶度积。表 14-10 列出了部分氮化物的溶度积数据。在 1873K，当钢水中氮含量为 0.010% 时，要形成 ZrN，钢水锆含量须大于 0.21%，要形成 VN，钢水中钒含量须大于 13.3%。

（3）气相中氮的分解压应高于氮化物的分解压。在常压下冶炼时，Fe、Cr、Si 等形成的氮化物全部分解，在真空冶炼时（$p_{N_2}=0.1Pa$），绝大部分氮化物也分解，只有 Zr，Ti，

Al 的氮化物可能存在。

总之，在不含强氮化物形成元素 Ti，Zr，Al 的钢水中，氮是以原子状态存在的，在含 Ti，Zr，Al 的钢水中，有可能出现固态的 ZrN，TiN，AlN 等氮化物质点。

一般说来，氮在液体钢与合金中的溶解度可以按下式计算：

$$[N] = K\sqrt{p_{N_2}}/f_N \tag{14-1}$$

式中　f_N——N_2 的活度系数。

从式（14-1）可以看出，温度影响平衡常数，成分影响活度系数，所以溶解度主要受温度、成分和气相压力的影响，下面分项叙述。

（1）温度对氮在钢及合金中溶解度的影响。从 $\lg K_N = -3630/T - 0.883$ 可以看出，随温度升高，K_N 值增大，氮的溶解度增大。即温度升高，有利于钢水吸氮。

（2）气相中氮的分压强对氮的溶解度的影响。在常压及真空条件下，钢水中的氮与压力的关系符合西华特定律。在真空条件下，钢与合金中的氮含量能显著降低。相反，提高压力，会增加氮在钢中的含量。

（3）化学成分对氮的溶解度的影响。图 14-14 表示了 1870K 时合金元素对铁素体中氮的溶解度的影响。从图中看出，合金元素 Ti，Nb，V，Cr 等增加氮的溶解度，C，Si，O，S 等降低氮的溶解度，而 Mo，W，Cu，Ni，Co 等对氮的溶解度影响较小。合金元素对氮在钢及合金中溶解度的影响是复杂的。图 14-14 仅表示了 Fe-N-合金元素三元系情况。对 Fe-Cr-Ni 合金，Cr 增加氮的溶解度，图 14-15 说明了这种情况，这与图 14-14 的结果一致。而在 Fe-Cr-Ni 合金中加入钛，随着钛含量的增加，合金中的氮含量减少，格劳斯（Glaws）和弗鲁汉（Fruehan）把这个现象解释为钛降低了铬的活度，即钛铬的相互作用或形成钛铬合金减少了氮的溶解度。

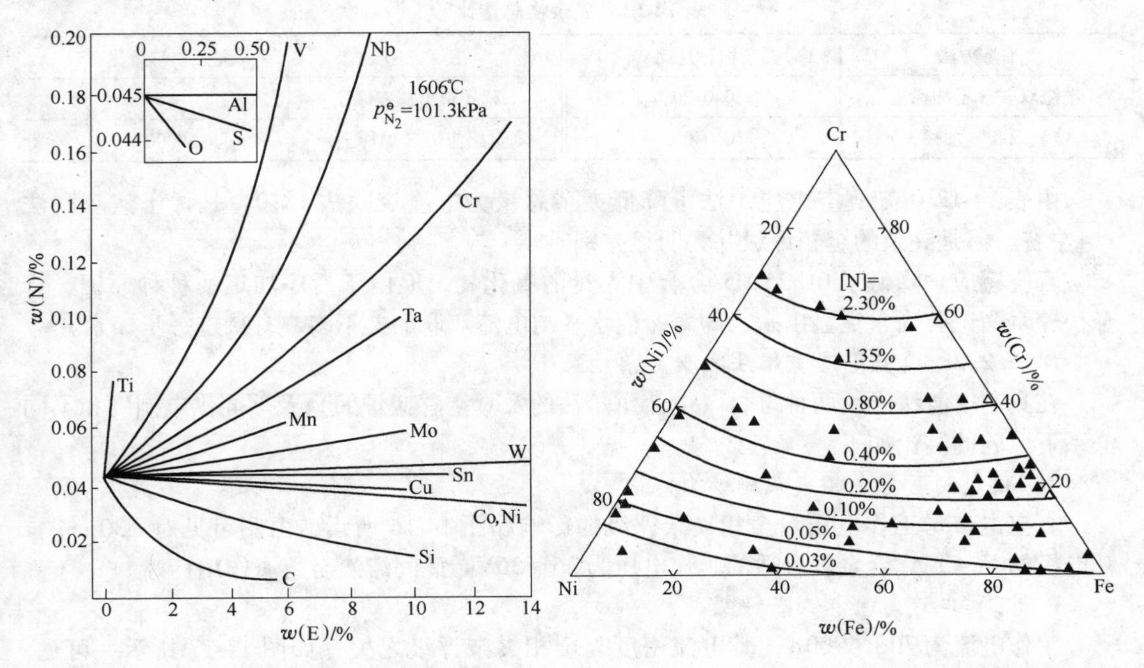

图 14-14　化学成分对氮的溶解度的影响　　图 14-15　氮在 Fe-Cr-Ni 合金中的溶解度

氮在钢中的溶解度，是脱氮研究的基础之一。脱氮的目的是要降低氮在钢中的浓度。脱氮的方法主要有4种，即原料中脱氮、熔渣脱氮、真空脱氮和气泡携带法脱氮。其中真空脱氮探索见后。

14.6.2 减少氮化物和夹杂物途径的探索

20世纪60至70年代，北京科技大学与北京钢丝厂合作，为降低铁铬铝合金夹杂，减少氮化物，提高合金使用温度和延长使用寿命作了摸索。

14.6.2.1 真空感应炉减少夹杂效果

A 0Cr25Al5中的夹杂物

真空感应炉所冶炼的0Cr25Al5中的夹杂物，在脱氧不良时基本上是氧化物夹杂，其中以铬铁矿、FeO · Al_2O_3 及 Al_2O_3 占98%。如这种情况下加稀土，由于脱氧不良，结果生成大量的氧化物夹杂，定性分析如下（金相评级为4级）：

成分	Al_2O_3	$LaFeO_3$	CaS	其他硫化物	铬铁矿及 FeO · Al_2O_3
w/%	50	15	15	15	5

当脱氧良好，即用SiMnAl复合脱氧剂脱氧后，加入稀土金属，其氧化物夹杂很低，氮化物夹杂（TiN）成为主要夹杂物，金相定性分析（金相评级最好的为1级）如下：

成分	TiN	LaS	LaO_2S_2	$Ti(CN)_2$	一般硫化物
w/%	75	13	5	2	5

B 夹杂物总量

其夹杂物总量（电解夹杂）比较如表14-12所示。

表14-12 夹杂物总量比较

冶炼方法	夹杂物总量比/%	冶炼方法	夹杂物总量比/%
电渣双联（不加稀土）	0.0720	稀土渣电渣双联	0.0190
电渣双联（加稀土）	0.0400	真空感应炉（加稀土）	0.0044

由表14-12可知真空感应炉法可降低夹杂总量为电渣双联法1/10，是稀土渣双联法1/4左右。但是夹杂的金相评级并无明显差别。

真空感应炉降低了0Cr25Al5合金中大量的氧化物，但由于后序加工的种种原因，合金快速寿命试验尚未突显出来，即寿命值水平与电渣双联的差不多，有待进一步探索。

14.6.2.2 真空电渣重熔法减少夹杂效果

在真空电渣法中用两种母材（电渣重熔法的及真空感应炉的）及不同供电制度和不同渣系下试验的结论如下。

A 供电制度与金相夹杂评级的关系

真空电渣炉工作电压对金相夹杂评级的影响如图14-16所示。由图可见对 ϕ30mm 自耗电极的Fe-Cr-Al合金较合适的工作电压为35~36V。此间熔滴与熔渣作用良好。

B 工作电流与金相夹杂评级关系

工作电流为700~900A，其电流密度与金相夹杂评级之关系如图14-17所示。可见，对0Cr25Al5合金最合适的电流密度为1.2~1.3A/mm^2。

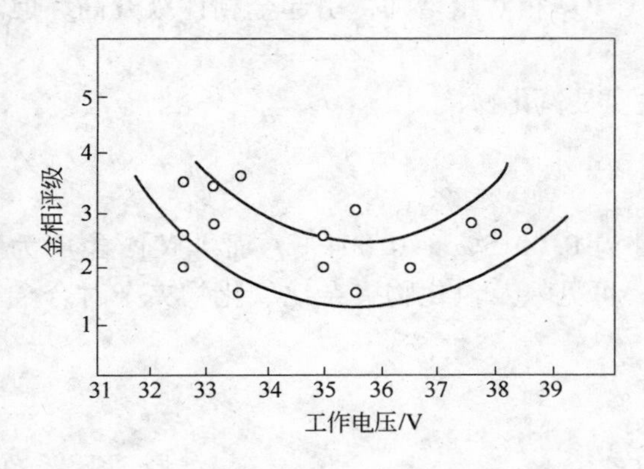

图 14-16 真空电渣炉工作电压对金相评级的影响

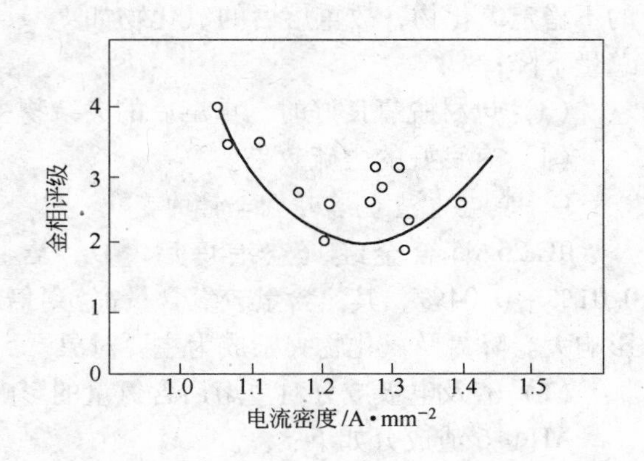

图 14-17 真空电渣炉电流密度与合金金相夹杂评级关系

C 重熔前后的非金属夹杂物变化

真空电渣重熔前后 Fe-Cr-Al 合金中非金属夹杂物的变化如表 14-13 所列。

表 14-13 真空电渣重熔前后夹杂的变化

炉号（评级）	电极（评级）	稀土含量 w/%		夹杂物类型及相对含量/%		重熔前后比较
		电 极	重熔后	重熔前	重熔后	
122（2.5 级）	B4（4 级）	0.078	<0.01	Al_2O_3 50 $LaFeO_3$ 15 其他化合物 15 铬铁矿 + FeO·Al_2O_3 5	FeO·Cr_2O_3 75 LaS 15 Al_2O_3 6 $LaFeO_3$ 3 AlN 1	总量下降 颗粒细小 FeO·Cr_2O_3 增加
123（3 级）	B5（3.5 级）	不含稀土		FeO·Cr_2O_3 40 硫化物、Al_2O_3、AlN 60	FeO·Cr_2O_3 85 AlN	总量下降 FeO·Cr_2O_3 增加 硫化物去除
136（3 级）	B10（1 级）	0.065	<0.01	TiN 75 LaS 13 La_2O_2S 5 + 5 Ti（CN）$_2$	TiN 95 FeO·Cr_2O_3 5	总量明显下降 稀土夹杂未发现 硫化物夹杂去除
138（0.5 级）	B12（0.5 级）	0.03	<0.01	LaS 60 ZrN 30 Zr(CN) 10	ZrN 50 Al_2O_3 50	Al_2O_3 明显增加 ZrN 总量降低

由表 14-13 看出：

（1）重熔前后夹杂物类型为同类，但颗粒细小了，重熔后的夹杂物大部分是由钢水冷却过程中析出的 N_2 或 O_2 化合新生的；

（2）上述 4 炉都是用 RF 28（即 R_xO_y：CaF_2 = 20：80）返回渣重熔，其中有较大量

的不稳定氧化物，故重熔后的氧化物如 FeO、Cr_2O_3 相对量增加，引起金相评级升高，但总量下降；

（3）母材脱氧良好时，重熔后的夹杂物主要是氮化物；

（4）有良好的去硫效果。

D 真空电渣重熔时氮含量的变化

0Cr25Al5 合金经真空冶炼后［O］含量为 0.0015% ~0.004%，而［N］含量为 0.01% ~0.04%，其氮含量较氧含量高 10 倍。可见氮及氮化物夹杂比氧化物夹杂对合金影响大。降氮及氮化物夹杂成为主要对象。

（1）渣及电极成分对重熔后含氮量的影响。

AHΦ-6 渣成分如下：

成分	Al_2O_3	SiO_2	FeO	MnO	CaF_2
w/%	26.73	0.86	0.07	<0.01	余

RF 28 渣成分如下：

成分	R_xO_y	CaO	MnO	FeO	Al_2O_3	SiO_2	CaF_2
w/%	14.88	3.3	<0.01	0.08	6.82	微量	余

用上述两种渣在真空电渣重熔后合金 N_2 含量如下表 14-14 所列。

表 14-14 采用不同渣系真空重熔前后合金中 N_2 量变化

渣 系	合金自耗电极	含[N]量(质量分数)/%(平均)		去 N_2 率/%
		重熔前	重熔后	
AHΦ-6	电渣重熔后锻棒不含 Ti、RE	0.0159	0.0095	40.2
RF28	同 上	0.0171	0.0114	37.2
RF28	真空感应炉后锻棒含 Ti、RE	0.0267	0.0201	24.7

由表 14-14 可知，真空电渣重熔去除 0Cr25Al5 中的 N_2 效果很好，不加稀土和 Ti 的合金中的 N_2 去除率可达 40.2%；而加稀土和 Ti 的合金在同一渣系的真空电渣冶炼后其去 N_2 率下降 10% 左右。这说明，电极中含有 Ti、Zr 时，它们的氮化物在真空条件下也很难分解而除去。而没有 Ti、Zr 存在时，电极中以 AlN 为主，由于 AlN 分解温度在 600℃左右，故在重熔的高温下可能分解为 Al 和 N_2，气态 N_2 在真空条件下容易被去除。Fe-Cr-Ni 合金中含 Ti 时的情况有别。

（2）由表 14-14 还可看出，双真空熔炼后含 N_2 量仍较高，其原因除了母材含 Ti、RE 等元素外，母材本身含 N_2 量高也是重要因素。如：

真空感应炉冶炼时炉料带入之 N_2 量为 0.0695%；

真空感应炉冶炼后合金中（真空电渣母材）N_2 量为 0.0267%；

真空电渣重熔后 N_2 量为 0.0201%。

即从原料至双真空冶炼后去 N_2 率达 71%。要求减少原料中氮含量仍很重要。应说明的是此真空系统真空度不高，只在 133Pa 左右。

E 寿命

由于真空电渣重熔电热合金加工出寿命试验样丝很少，快速寿命试验数据不多，还不能说明问题。有待以后继续探讨。

14.6.3 稀土氧化物渣在电渣双联法降夹杂物效果

下面分项叙述。

（1）在电渣重熔中采用稀土氧化物渣的去除效果，如表 14-15 所列。

表 14-15 在电渣重熔法中稀土氧化物渣的去除效果

序号	炉号	最大评级①		措施方案	钢号和生产厂商	最大评级	材质
		母材	重熔后				
1	2333 2334 2335	4 级	3.0 级 2.5 级 3.0 级	RF—46 渣系 35V、1900A 电渣重熔	0Cr25Al5 钢丝厂生产	3～3.5 级	不加 RE 和 Ti
2	2362 2363 2364 2365	4 级	1.5 级 0.5 级 3.5 级 2.0 级	加 Ti 粉 50g 加 Al 粉 150g（或 250g） 加 Al 粉 200g，RF—46，35V、1900A 电极为三相冲混 R_xO_y，35V、1900A	0Cr25Al5 钢丝厂生产	2.5～3.5 级	加 RE 和 Ti
3	23114 23115	1.5 级	0.5 级		康太尔瑞典	1.5 级	丝材取样
4	23141 23142 23144	1.5 级	0.5 级	RF46 加 Ti、Zr 各 50g 电极为三相氧化渣冲混在 35V、1900A，RF—46 氧化渣重熔	ЭИ-595（前苏联）	2.0 级	ϕ2.0mm 丝材取样

①按瑞典 JK 评级标准中的 D 组进行鉴评。

由表 14-15 可知，重熔后的夹杂物等级与母材有很大关系。即是要想电渣重熔降得好，先应在三相电渣炉冶炼时降得好。

（2）在三相电渣炉冶炼 0Cr25Al5 合金出钢时采取 R_xO_y 渣冲混，使母材中的夹杂物降低到 1.5 级的水平，如图 14-18 所示。

由图 14-18 看出，不加稀土的母材在氮含量 0.03% 以上者，经过电渣重熔有所降低。

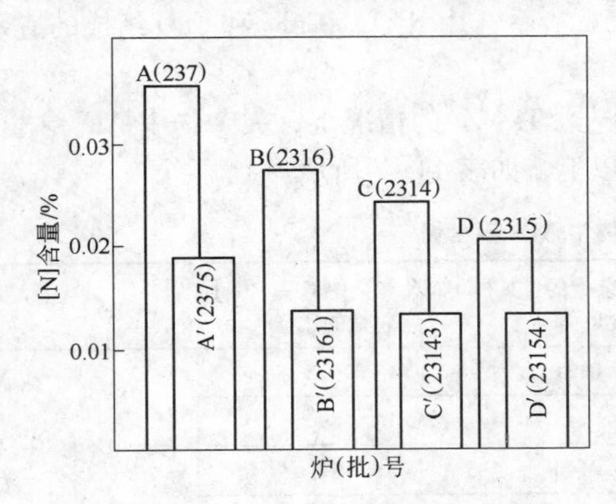

炉(批)号	方案
A(237) A′(2375)	三相电渣炉不加稀土，按生产工艺冶炼，单相电渣重熔时，用 RF—64渣，35V、1900A 的提纯工艺
B(2316) B′(23161)	三相电渣炉混合稀土渣冲混 单相电渣炉重熔时，用 RFC 三元渣，35V、1900A 工艺提纯
C(2314) C′(23143)	三相电渣炉冲混氧化镨钕渣 单相重熔用氧化镨钕渣提纯时加RF—46型渣，35V、1900A工艺
D(2315) D′(23154)	三相电渣炉冲混氧化钇渣， 单相重熔时用氧化钇加RF—46型渣，35V、1900A工艺

图 14-18 不同母材与电渣重熔后（不同渣）的［N］含量/%

在三相电渣炉采取稀土渣冲混后，其母材中的［N］含量比原先的降低20%~35%，为电渣重熔创造有利条件。不同方案的结果列于下表14-16中。从表14-16看出5个方案中以第3方案最佳。第5方案最差。

表14-16 几种方案在电渣双联合金［N］含量比较

方案序号	炉 号	［N］含量/%	方 案 措 施
1	23102	0.138	母材经普通渣冲洗，在单相电渣炉用RF—46，35V、1900A重熔
	23103	0.113	
2	23161	0.0149	母材经稀土渣冲混，在单相电渣炉用RFC—451渣系，35V，1900A重熔
	23162	0.0178	
	23163	0.0113	
3	23112	0.0112	母材经稀土渣冲混，用四元渣（含冰晶石的RFC渣系），35V，1900A重熔
	23113	0.0131	
	23114	0.0130	
4	2333	0.0172	母材未经冲混，而重熔时用RF—46，35V，1900A重熔
	2334	0.0215	
	2335	0.0200	
5	241	0.0267	母材未冲混，加RE、Ti，重熔用RF—28返回渣，35V，1900A重熔
	242	0.0252	
	243	0.0275	
真空感应炉	703	0.018	未充氩气
	704	0.017	
	711	0.020	
康太尔A—1		0.0143	（1963年进口货）

各种冲混方案由于在出钢或渣洗时钢流都有渣保护，从而减少了N_2来源。另外，出钢过程渣钢强烈搅拌，渣吸收一部分钢中的［N］，因此渣洗后［N］含量有所降低。而方案5同现行生产工艺，［N］含量在0.025%，可能是Ti与N_2生成稳定的氮化物而不易去除所致。冲混试验比日常生产中的合金［N］含量低近一倍。

总之，在出钢时用R_xO_y渣洗的母材及RFC渣系（由R_xO_y，CaF_2和CaO组成的渣系）重熔，可以使合金中的氮低于国外名牌产品。

在0Cr25Al5合金中经良好脱氧后不加稀土、Ti、Zr的情况下，夹杂物中AlN含量占98%，而AlN夹杂中N占［N］总量的85%以上，如表14-17所示。

表14-17 夹杂物中AlN等含量

炉 号	［N］总量/%	AlN夹杂中的［N］含量/%	AlN夹杂中N占［N］总量的比/%	备 注
2351	0.0165	0.0131	79.5	合金中不加Ti、Zr
2352	0.0160	0.0143	89	
2353	0.0170	0.0140	82	
2354	0.0201	0.0187	93.2	

14.7 提高电渣重熔稀土回收率措施

北京科技大学和北京钢丝厂合作，探索提高电渣重熔过程中稀土回收率的途径。

从前述得知，铁铬铝合金的快速试验寿命值与合金中稀土含量有很大关系，如0Cr25Al5稀土含量为0.034%~0.075%时，在1200℃快速试验寿命值比没含稀土时的180h提高到300h以上，提高1.7倍。但是，经过电渣双联冶炼后，合金中稀土金属元素只残存10%左右（以三相电渣炉中加入量计），损失90%左右。显然这种办法不经济。

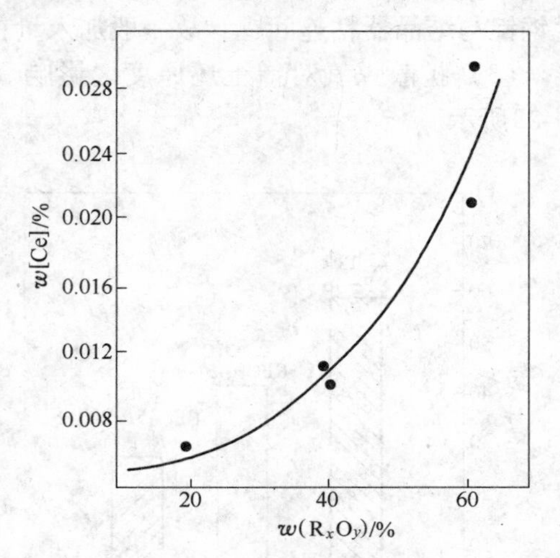

图14-19 渣中稀土氧化物 R_xO_y 含量与［Ce］的关系

14.7.1 采用变更的工艺

采取在三相电渣炉不加稀土，而在电渣重熔时以稀土氧化物渣系还原稀土于合金的办法进行试验。

渣制度与稀土还原度的关系如下。

（1）渣中不同稀土氧化物含量与还原度关系。供电制度不变，改变渣中稀土氧化物含量所得结果如图14-19所示。由图可见，渣中 R_xO_y 配比提高，随着［Ce］含量提高。稀土还原按下式进行：

$$Ce_2O_3(s) + 2[Al] = 2[Ce] + Al_2O_3(s)$$

而且 Ce_2O_3 增加后，使 $a_{Ce_2O_3}$（活度）增加，如图14-20所示有利于 Ce_2O_3 还原，故钢中Ce含量增加。

同时，随着渣中 R_xO_y 比例增加，渣的电阻增加，渣温也增加，从热力学和动力学上都有利于Ce的还原。

图14-21显示出CaO之良好作用。即CaO固结 Al_2O_3 而生成较稳定的化合物，从而使 $a_{Al_2O_3}$（活度）降低，相对增大了渣中稀土氧化物的还原，即 $a_{R_xO_y}$（活度）增加。

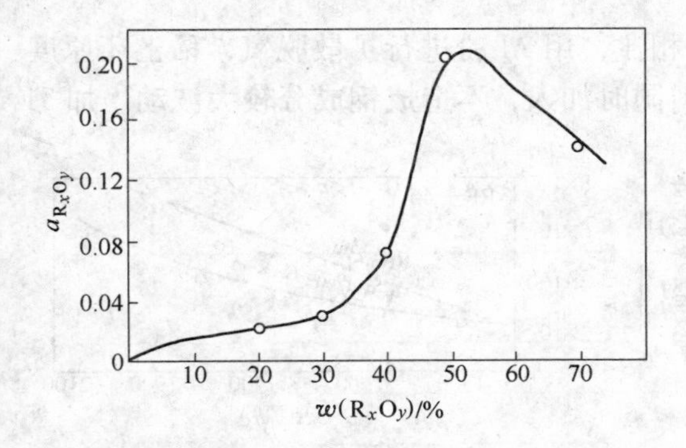

图14-20 电渣重熔渣中 R_xO_y 含量对 R_xO_y 活度 a 的影响

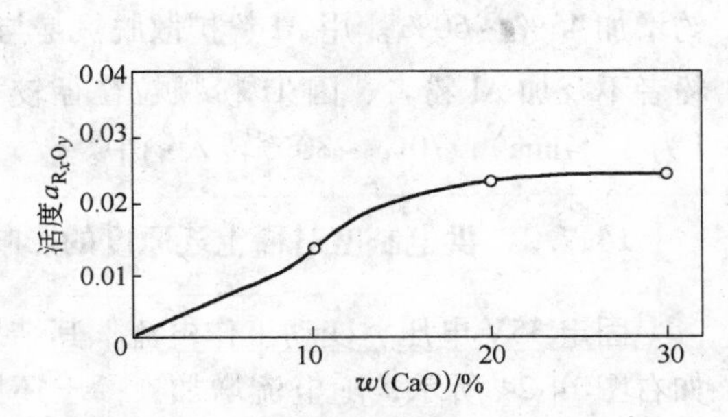

图14-21 电渣重熔渣中CaO含量对 $a_{R_xO_y}$（活度）的影响

(2) 三元渣及四元渣与稀土还原度的关系。不同组元渣系对稀土还原度的影响如图14-22所示。由图可见，四元渣系使Ce烧损最少，而二元渣烧损最大。

在三元渣的基础上加入冰晶石，还原度进一步提高，证明易挥发的冰晶石在结晶器内形成保护性气氛，减少大气影响。但冰晶石配比超过10%，既增加暴溅、有气味，还会发生钢锭与结晶器粘连问题，故一般加入量在5%以内。如图14-22所示。

(3) 扩散脱氧对稀土还原度之影响。按表14-18方案重熔，其结果如表14-18和图14-23所示。

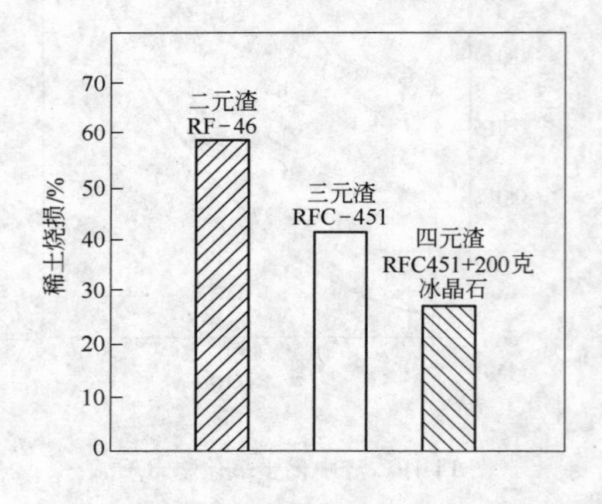

图14-22 不同渣系对稀土烧损的影响

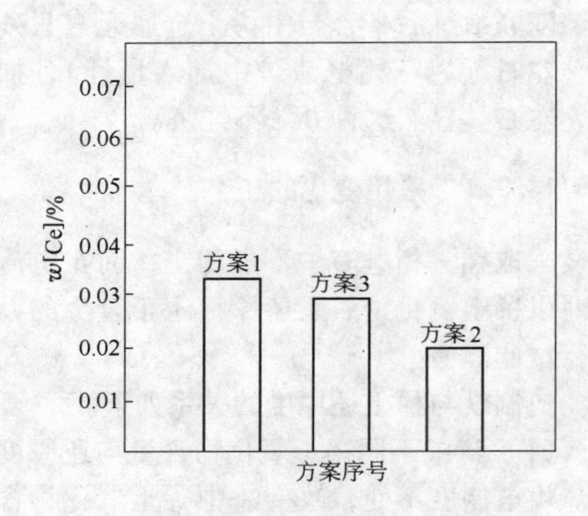

图14-23 扩散脱氧对稀土还原的影响

表14-18 扩散脱氧对稀土还原度的影响

方案序号	炉 号	电压/V	电流/A	渣 型	所用还原剂	w[Ce]/%	w[Ce]平均/%
1	2364 2365	30	1900	RF—64	Al粉200g	0.042 0.024	0.034
2	2375 2325	33	1900	RF—64	不进行扩散脱氧	0.0257 0.0172	0.0214
3	2362 2363	32	1900	RF—64	Al粉150g + Ti粉50g Al粉200g + Ti粉50g	0.0314 0.0315	0.0314

由表14-18和图14-23可见与不用Al粉的相比，用Al粉进行扩散脱氧，稀土还原度约增加45%~60%。用Al粉扩散脱氧是与渣料同时加入，不造成钢成分较大波动。加Ti粉者不及加Al粉者，因Ti粉颗粒粒径较大（为3~4mm），70%~80%转入钢中。

14.7.2 供电制度对稀土还原度的影响

固定35V电压，变动工作电流，其结果如右图14-24所示，随电流增加，稀土还原度增大，电极插入深度大，电流增大，渣池温度升高，各化合物自由能ΔF虽增加（如

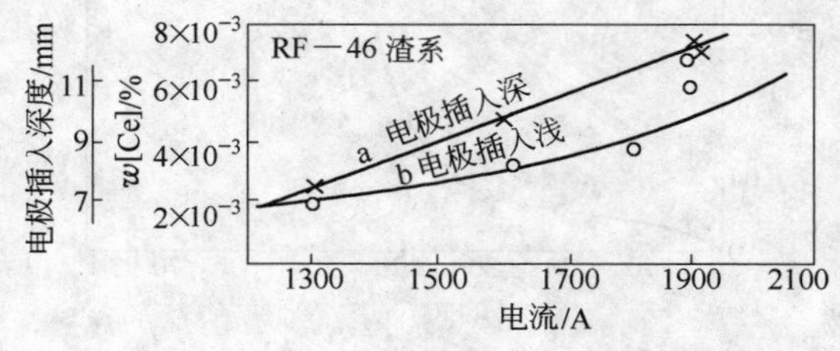

图14-24 电渣重熔Fe-Cr-Al（电极不含稀土）时，电流对稀土渣中稀土还原度的影响

图14-25所示）同时有铝的作用，加强了渣池电动力搅拌，创造还原动力学条件。而插入浅，大气氧化增强，还原相对少。

同时可看出，稀土还原度提高的绝对数量不如渣系的作用，占次要地位。

表观功率对稀土还原度的影响如表 14-19 所列。从表中数据可见，升高表观功率，稀土还原度有所增加。当功率一定时，变化电压或电流对稀土还原度作用不大。为保生产率，可用较高电压，如 35V 左右为宜。

表 14-19　表观功率对稀土还原度的影响

炉　号	电压/V	电流/A	功率/kV·A	w[Ce]/%	渣　型	熔化速度/$kg \cdot min^{-1}$
23121	40	1400	56	<0.002	RF—46	0.784
23122	40	1400	56	<0.002		0.734
2331	35	1600	56	0.006		0.56
2361	35	1600	56	<0.002		0.68
2332	35	1600	56	<0.002		0.685
2331	30	1900	56.8	<0.002		0.525
2355	30	1900	56.8	<0.002		0.625
2333	35	1900	66.4	<0.002		0.715
2334	35	1900	66.4	0.006		0.815
2335	35	1800	63.0	0.0069		0.714

14.7.3　稀土还原度对合金快速寿命值的影响

通过试验得出稀土渣重熔的合金，其稀土渣还原回到 0Cr25Al5 合金中的铈的含量与1350℃快速寿命值的关系如图 14-26 所示。由图可见，寿命值随［Ce］含量增加而增加，当 w[Ce]>0.08%时寿命值反而降低了，但此后变动不是很大，且稳定在 50～55h 之间。［N］含量比直接加入稀土金属的低一半左右，如表 14-20 和表 14-21。而且寿命试验钢丝不打卷，但伸长度比其他高些。

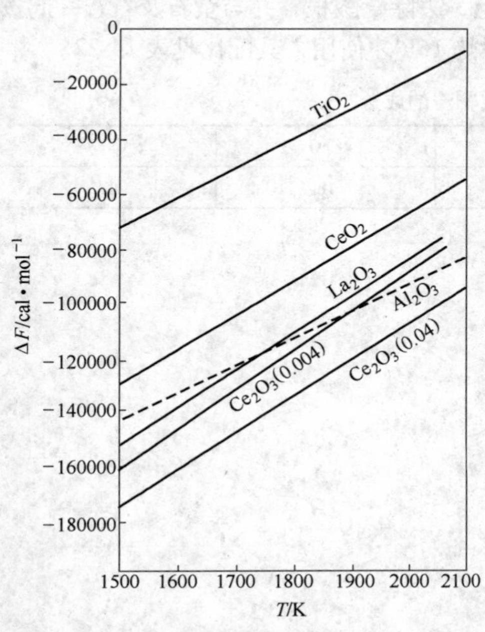

图 14-25　一些化合物自由能 ΔF 与温度的关系

1cal=4.1868J

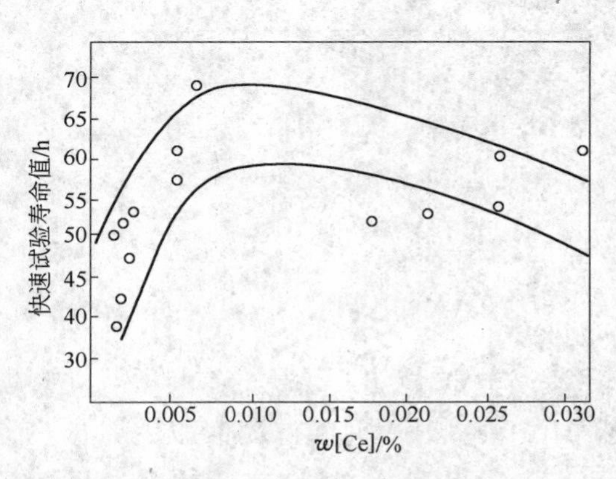

图 14-26　0Cr25Al5 中稀土铈含量与1350℃快速寿命值的关系

表 14-20　所用母材的氮含量（即三相电渣炉合金电极）

炉　号	w[N]/%	炉　号	w[N]/%
514	0.0256	518	0.0336

表 14-21　用稀土渣①重熔后合金锭含氮量

炉　号	w[N]/%	炉　号	w[N]/%
6-1（上）	0.011	7-1（上）	0.018
6-1（下）	0.011	7-1（下）	0.015
6-2（上）	0.011	7-2（上）	0.014
6-2（下）	0.011	7-2（下）	0.018
6-3（上）	0.011	7-3（上）	0.015
6-3（下）	0.011	7-3（下）	0.019
6-4（上）	0.015	7-4（上）	0.015
6-4（下）	0.022	7-4（下）	0.019

①重熔渣系比例是 R_xO_y : CaO : CaF_2 = 4 : 1 : 5 。

综观上述，试验的［Ce］含量在0.005%～0.012%为较佳含量；能将0Cr25Al5在1350℃快速寿命达到高温铁铬铝国家标准（50h以上）是个很好启示。其结果和稀土金属直接加入电渣双联后试验结果有些不同，这可能与稀土成分及加入形式不同，在合金中存在形式、成分也不同等原因有关。而稀土氧化物渣重熔的Fe-Cr-Al合金中稀土以何种形式存在和起何种作用，有待以后继续研究。1200℃时快速寿命值只和直接添加者相当。即［N］含量虽降低较多，但快速寿命值没有相应地突显出来，仍有待进一步探求。

应强调粉状稀土氧化物必经850℃烘烤2h以上，去除草酸根，并与萤石及石灰一起按比例混合均匀，炼成复合稀土渣，破碎，用前再烘烤16h才使用，其配比见表14-22。

表 14-22　某个稀土氧化物渣的成分

成　分	La_2O_3 或 CeO_2	Al_2O_3	CaO	CaF_2
w/%	30	5	18	47

15 感应炉冶炼电热合金

15.1 感应炉基础知识

15.1.1 感应加热

15.1.1.1 感应加热原理

据唱鹤鸣等人资料，感应加热原理主要是根据法拉第电磁感应定律和电流热效应的焦耳—楞茨定律。

当通过导电回路所包围的面积的磁场发生变化时，此回路中就会产生电势，当回路闭合时，则产生电流。在闭合回路中所产生的感应电动势的大小和穿过该回路的磁通量的变化率成正比。

法拉第电磁感应定律的数学表达式为：

$$E = -\frac{d\varphi}{dt} \tag{15-1}$$

式中 E——闭合回路中的感应电动势瞬时值，V；

φ——磁通量数，Wb；

t——时间，s。

如果感应回路是串联 N 匝时，并且通过每匝的磁通量是相同的，则有 $\varphi = N\Phi$。其中 Φ 为磁通量，单位是 Wb。

当感应电流在闭合回路内流动时，自由电子要克服各种阻力，使一部分电能转换成热能。焦耳—楞茨定律表述为：电流通过导体所散发的热量与电流的平方、导体的电阻和通电时间成正比。其计算公式为：

$$Q = I^2Rt \tag{15-2}$$

式中 Q——导体的发热量；

I——感应电流；

R——导体电阻；

t——电流通过导体的时间。

电磁感应现象和电流的热效应为感应加热方法提供了理论基础。

15.1.1.2 感应电流在炉料中的分布

感应电流在金属炉料中的分布特征，对冶炼时电源频率的选择、炉料块度的选择、炉料熔化速度等都有非常重要的意义。电流在炉料中的分布主要有集肤效应、邻近效应和圆环效应。

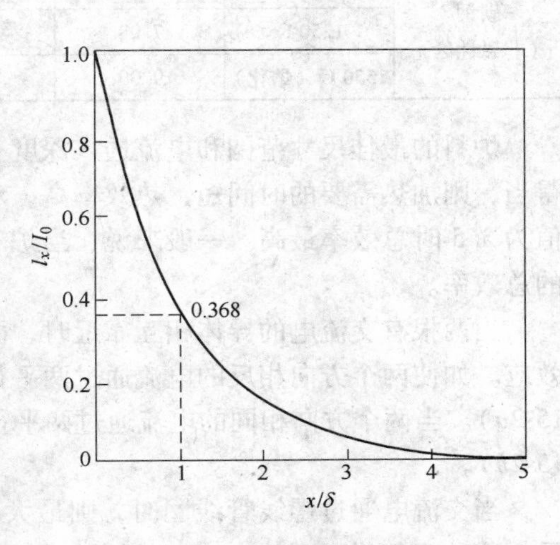

图 15-1 感应电流的分布曲线

感应电流绝大部分集中于金属炉料表面，即电流的集肤效应。电流密度从表面向里近似按指数曲线迅速衰减，如图 15-1 所示。在与表面距

离为 x 处的电流密度可用下式表示：

$$I_x = I_0 e^{-x/\delta} \tag{15-3}$$

式中 I_x——距物体表面 x 处的电流密度，A/cm^2；

I_0——导体表面的电流密度，A/cm^2；

x——表面到测量处的距离，cm；

δ——电流透入深度，cm；

e——自然对数的底。

当 $x=\delta$ 时，$I_x = I_0 e^{-1} = 0.368 I_0$。由此可知，电流透入深度就是从电流降低到表面电流的36.8%的那一点到导体表面的距离。从图15-1中看出距表面5倍透入深度处的电流接近于0。

电流透入深度用下式计算：

$$\delta = 5030 \sqrt{\frac{\rho}{\mu f}} \tag{15-4}$$

式中 ρ——被加热物体电阻率，$\Omega \cdot cm$；

μ——被加热物体的相对磁导率；

f——电流频率，Hz。

根据理论计算，在感应加热时，86.5%的功率是在电流透入深度内转化为热能的。表15-1列出了几种常用材料的电流透入深度。

表15-1　几种材料的电流透入深度

频率 f/Hz		电流透入深度 δ/cm				
		50	500	1000	3000	10000
碳钢（磁性区）	21℃	0.64	0.14	0.084	0.042	0.019
	300℃	0.86	0.19	0.122	0.058	0.026
	600℃	1.30	0.29	0.180	0.090	0.040
碳钢（非磁性区）	800℃	7.46	2.37	1.67	0.96	0.53
	1250℃	7.98	2.53	1.97	1.03	0.56
	1550℃（熔化）	9.00	2.85	2.01	1.16	0.64

炉料的最佳尺寸范围和电流透入深度有一定关系。如果透入深度和炉料几何尺寸配合得当，则加热需要的时间短，热效率高。对圆柱形金属材料，当直径 d 和透入深度 δ 的比值为3.5时总效率最高。一般来说，当炉料直径为电流透入深度的3～6倍时可得到较高的总效率。

当两根有交流电的导体相互靠近时，两导体中的电流要做重新分布，这种现象叫邻近效应。如使两个方向相反的电流通过两平行的导体时，导体外侧的电流密度较内侧小（图15-2a）。当两个方向相同的电流通过两平行导体时，导体内侧的电流密度较外侧的小（图15-2b）。

当交流电通过螺线管线圈时，则最大电流密度出现在线圈导体的内侧，如图15-3所示，这种现象叫圆环效应。

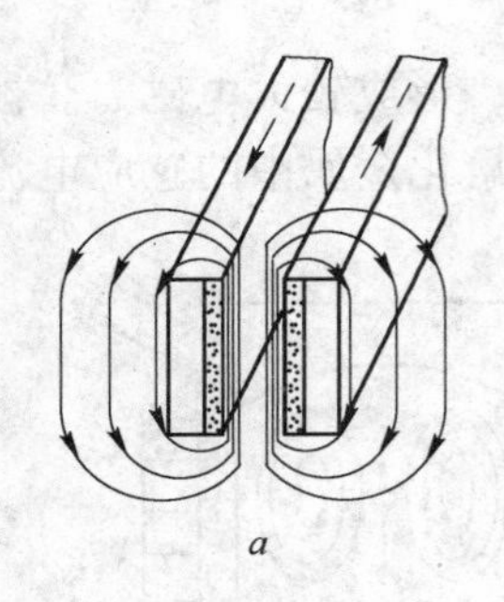
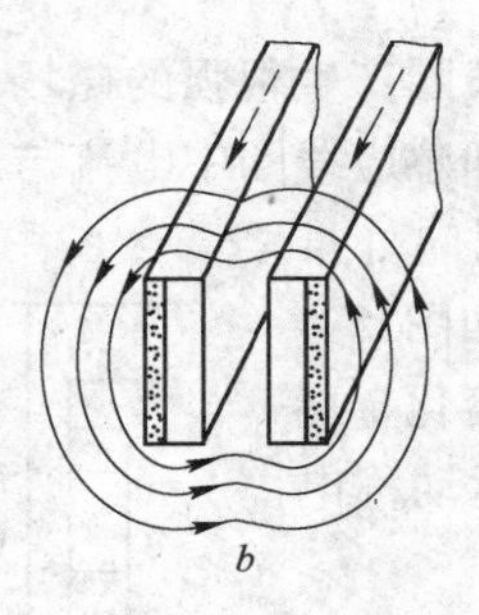

图 15-2　高频电流在平行放置的导体中的分布

a—导体中的电流方向相反；*b*—导体中的电流方向相同

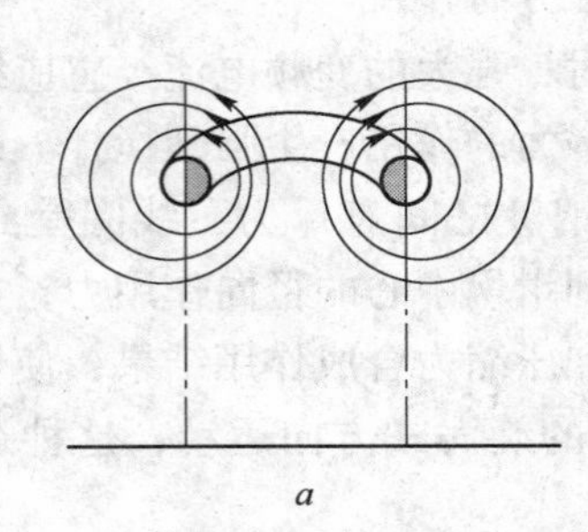
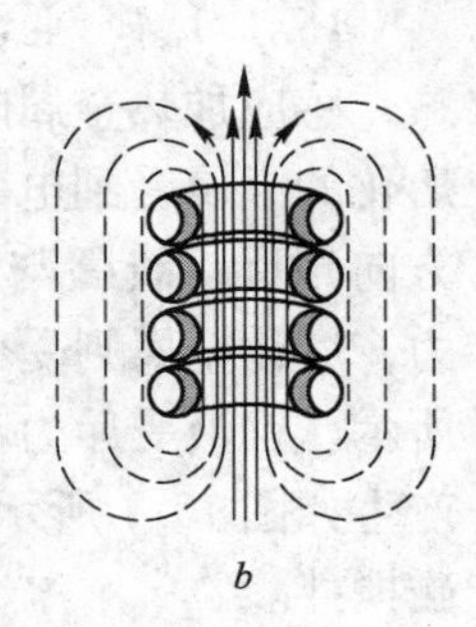

图 15-3　高频电流在线圈中的分布

a—圆截面导体的环形效应；*b*—绕成线圈的情况

感应电炉加热是这 3 种效应的综合，感应器两端施以交流电后，产生交变磁场，感应器本身表现为圆环效应，感应器与金属间为邻近效应，被加热金属（炉料）表现为集肤效应。

15.1.1.3　感应加热的电流频率

用于感应加热的电流频率可在 50Hz ~ 10MHz 范围。选择频率的重要依据是加热效率和温度分布。熔炼工艺要求加热温度均匀，同时考虑功率密度和搅拌力。频率高的电源设备价格较贵，因此，选择电源频率最终需考虑综合经济技术指标。

感应线圈加热坩埚中金属，金属得到的单位有功功率用下式表示：

$$P = 2 \times 10^{-4} k(I\omega)^2 \sqrt{\rho\mu f} \tag{15-5}$$

式中　P——被加热金属物体单位表面接收的功率，W/cm^2；

I——感应器中的电流，A；

ω——感应器 1cm 长度上的匝数；

ρ——被加热物体电阻率，$\Omega \cdot cm$；

k——小于 1 的修正系数；

μ——被加热物体的相对磁导率；

f——电流频率，Hz。

从式 15-5 看出，感应器内电流保持不变时，电流频率越大，单位面积的金属接收功率越高，即热效率高。k 与$\frac{D}{2\delta}$成正比关系，$\frac{D}{2\delta}$增大，k 值增大，其中 D 为被加热物体直径；当 $D/\delta = 8$，$k = 0.65$；当 $D/\delta \geqslant 20$ 时，$k = 1$；当 $D/\delta < 8$ 时，k 值迅速减小。其中 δ 为电流透入深度（cm）。

在考虑热效率同时，也要考虑加热时的温度分布。

因为$\frac{D}{2\delta}$与热效率成正比，与电效率成反比，δ 与 f 有关，所以，为提高感应加热的总效率，频率与炉容有个合适的关系。这种关系列于表 15-2。

表 15-2　感应炉频率与炉子容量关系

频率/Hz	50 ~ 60	150 ~ 180	500	1000	3000	10000
炉子容量/t	0.7 ~ 450	0.18 ~ 120	0.04 ~ 22	0.015 ~ 8	0.003 ~ 1.6	0.001 ~ 0.3

15.1.1.4 电磁力的作用

感应加热金属时，强大的变频电流经感应线圈产生很强的磁场，形成较大电磁力。被熔化的金属受到电磁力的作用产生强烈搅拌。即感应线圈中电流与熔化金属中的感应电流方向相反，线圈与钢液之间有斥力，线圈受到向外推力，熔化金属则受到坩埚中心的径向作用力，如图15-4所示。钢液受斥力和压缩力合成作用结果，使熔化金属产生如图15-4所示的旋涡式方向运动，这种运动称电磁搅拌。

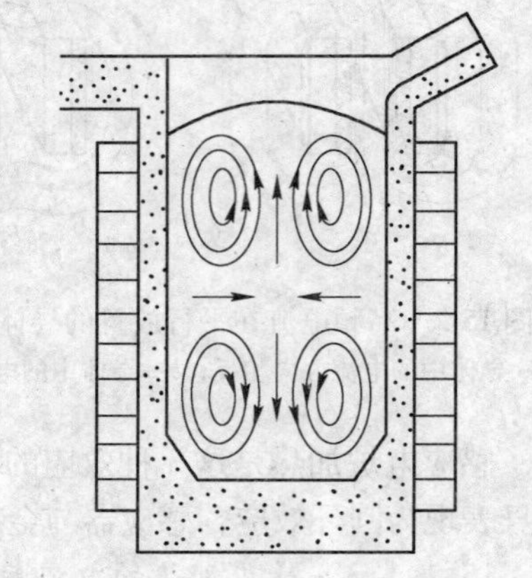

图15-4 感应炉内液态金属运动方向

电磁搅拌力 F 按下式计算：

$$F = 316\sqrt{\frac{1}{\rho f}}\frac{P}{S} \tag{15-6}$$

式中 F——搅拌力；

P——消耗于炉料中的功率；

S——炉料表面积。

从式15-6中可看出，搅拌力与输入功率成正比，与频率值的平方根成反比。感应搅拌的结果，金属液面产生驼峰。驼峰的高度 h 可由下式计算：

$$h = \frac{316P}{\gamma S\sqrt{\rho f}} \tag{15-7}$$

式中 γ——液态金属密度。

驼峰的高度与频率成反比。感应器接线方式不同，可产生不同的搅拌效果。图15-5a为两段四区搅拌。两段四区搅拌的缺点是密度悬殊的合金会产生偏析。若整体搅拌就能克服这一缺点。图15-5b、c改变了感应器的接线方法，接成两相供电（两相相位差为90°）或接成三相交流供电以产生移动磁场，即感应器增加抽头，使坩埚内熔化金属得到整体两区搅拌。

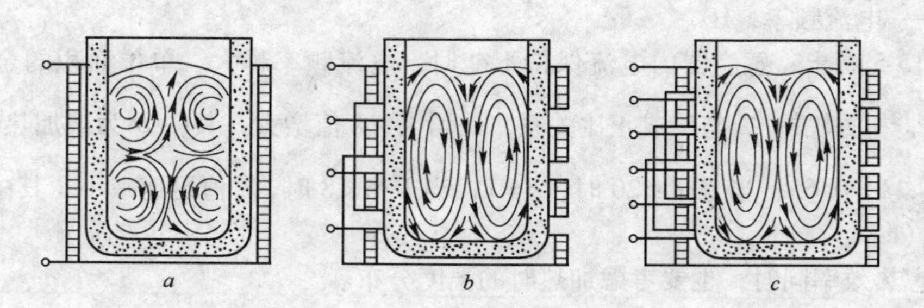

图15-5 感应炉的四区和两区电磁搅拌

a—单相供电、两段四区搅拌；b—两相供电、整体搅拌；c—三相供电、整体搅拌

15.1.2 工频感应炉冶炼设备

工频感应炉是以工业频率的电流作为电源的感应电炉，有无芯和有芯两种类型，本节

主要介绍无芯工频感应炉。国内有容量20t的工频炉在运行。工频感应炉的设备主要有4部分：炉体部分；电气部分；水冷系统和液压系统。

其中工频感应炉炉体包括：炉盖、炉架、炉体、倾动机构和水电引入系统。国产5t工频炉炉体部分的结构见图15-6。工频炉的感应器是用不对称的偏心管制成，由若干组线圈并联组成，以调节功率和钢水搅拌运动方向。

国产工频感应炉的容量与变压器的参数列于表15-3。

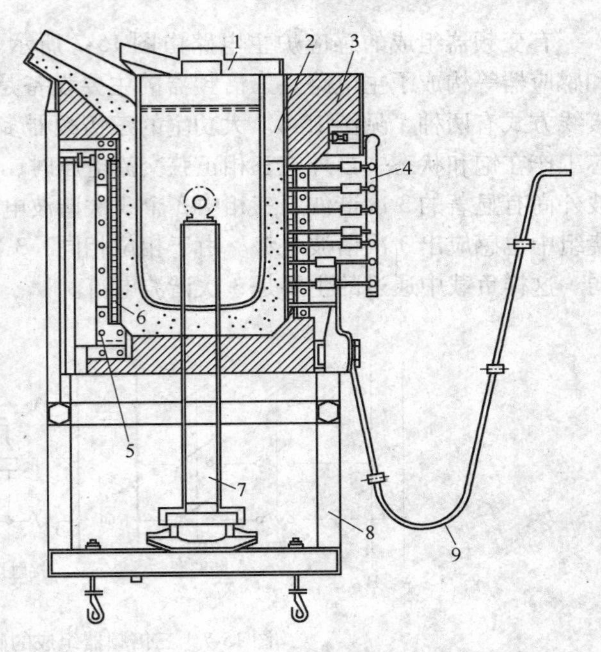

图15-6　5t工频炉炉体部分结构

1—炉盖部分；2—坩埚；3—转动炉架；4—冷却水系统；5—磁轭；6—感应器；7—倾动油缸；8—固定炉架；9—电气系统

15.1.3　中频感应炉冶炼设备

频率在150～10000Hz范围内的感应炉称为中频感应炉。中频感应炉是适用于冶炼优质钢与合金的特种冶炼设备，与工频感应炉相比具有熔化速度快、生产效率高、适应性强、使用灵活、电磁搅拌效果好、启动操作方便等优点。中频感应炉的成套设备包括：电源及电器控制部分、炉体部分、传动装置及水冷系统。

表15-3　国产工频感应炉的容量与变压器的参数关系

技术条件	工频感应炉容量/t					
	0.5	1.5	3.0	5	10	10
感应炉输入功率/kW	450	450	750	1350	2400	2700
感应炉额定电压/V	380	400	500	750	1000	1000
电源变压器功率/kV·A		630	1250	1600	3150	4000
变压器一次电压/V		10000	10000	10000	10000	10000
变压器二次电压/V		400	500	750	1000	1000
补偿电容器容量/kF		2484	4520	7100	17000	14400
相　数	3	3	3	3	3	3

15.1.3.1　中频感应炉的主电路及其电源

电源设备包括高压或低压开关柜、中频电源、电源转换开关、补偿电容器以及中频控制柜等。中频感应炉电源有3种：中频发电机组、晶闸管变频器和倍频器。现在晶闸管变频器电源基本取代了中频发电机组电源。倍频器是适合于大型感应炉的电源，容量大、效率高、制造简便，国际上仍有广泛应用。下面简单介绍三倍频器的工作原理及其构成的主电路。

有变频器组成的感应炉主电路由图15-7所示。断路器、三倍频器、接触器、电容器和感应器等构成了主电路。三倍频器的主要设备是一个与饱和电抗器形状相似的变压器。接线方式有两种，见图15-8。大功率的三倍频器多采用图15-8*a*的接线方式。变压器的铁芯工作在饱和状态，当外施三相正弦交流电压时，变压器线圈中的电流会发生畸变，除基波外尚有显著的3次谐波，三相中3个3次谐波电流方向相同，大小相等，在变压器次级绕组中也感应出3次谐波电势。由于相位相同，3次谐波振动最大，而所含的奇次谐波很弱。这样负载中通过的主要是3次谐波电流。

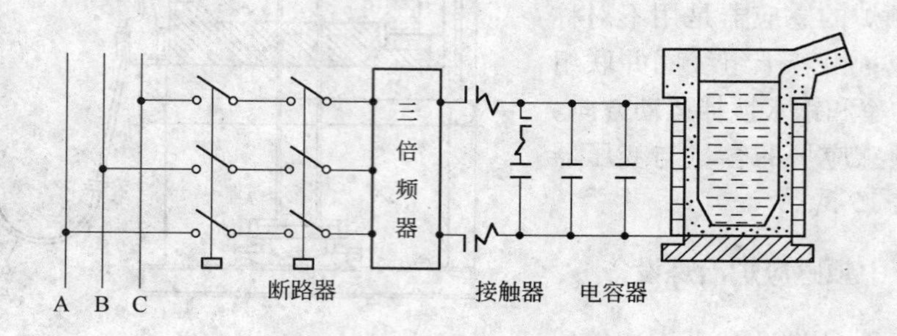

图15-7 三倍频器组成的感应炉主电路

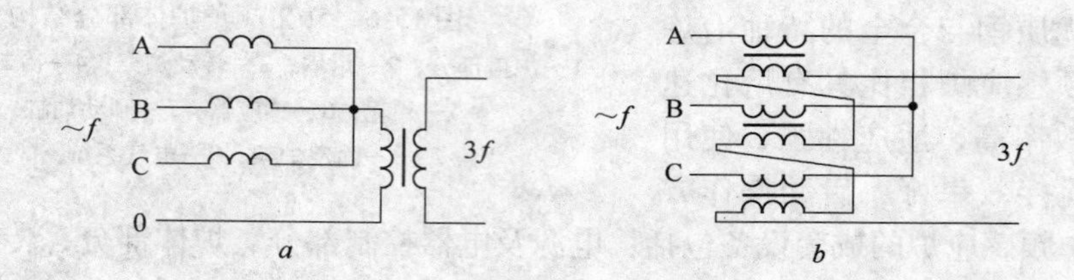

图15-8 三倍频器接线方法

a—接线方法一；*b*—接线方法二

三倍频电源装置有许多优点，是一种静止的电源装置，噪声和振动小，过载能力大，电气系统简单，造价低，效率可达90%以上，维护方便。

15.1.3.2 中频感应炉的炉体结构

中频感应炉的炉体结构与工频感应炉基本相同。炉体部分由框架、炉体、炉盖、倾炉机构、冷却水系统等组成。中频感应炉与工频感应炉在炉体结构上的主要区别在于其坩埚与感应器的相对位置和感应器截面尺寸不同。

中频感应炉的容量大部分在1t以下。中小型中频感应炉的倾炉机构有如下3种：

（1）丝杠传动机构倾炉。利用电动机通过减速器带动丝杆升降装置，完成炉体的倾动过程。这种机构适用于小容量感应炉，目前用的较少，如图15-9所示；

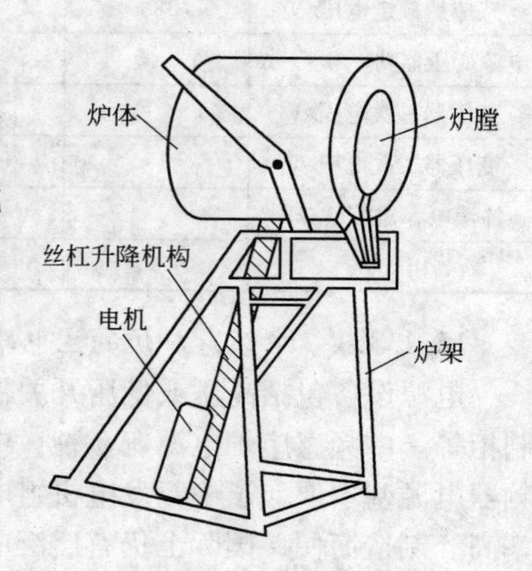

图15-9 丝杠传动机构倾炉

（2）蜗轮蜗杆机构倾炉。将蜗轮蜗杆安装在使炉体转动的水平轴上，通过电动机带动来完成倾炉动作，如图 15-10 所示；

（3）液压装置倾炉。如图 15-11 所示。采用单缸或双缸液压系统倾炉是应用最广泛的方法。它具有操作平稳，结构紧凑等优点。

图 15-10　蜗轮蜗杆机构倾炉

图 15-11　液压装置倾炉

15.1.4　高频感应炉冶炼设备

高频感应炉使用的电源频率在 10～300kHz，所用电源为电力半导体变频装置或高频电子管振荡器。在冶炼方面，主要用于实验室进行科学实验，如 5kg、10kg、20kg、25kg 等小容量炉子。由于电源线路复杂，电效率低，安全性差和对无线电通讯的干扰等原因，这种熔炼炉正在被中频感应炉所代替。

a

b

图 15-12　高频感应炉冶炼电热合金（60kV·A，25kg 容量）
a—在冶炼中情况；*b*—出钢情况

15.1.5　真空感应炉冶炼设备

真空感应炉是生产超级合金的设备。按照作业方式可以分为间歇式炉子和半连续作业式炉子。真空感应炉可以分为电源及电气控制、炉体、真空系统、水冷系统4大部分，其容量一般为5kg，10kg，25kg，40kg，500kg等。

15.1.5.1 真空感应炉的电源

真空感应炉的电源设备与中频感应炉的基本相同。由于在真空下冶炼，真空感应炉的电源有下列特殊要求：

（1）感应器的端电位低。真空感应炉使用的工作电压比中频感应炉低，通常在750V以下，以防止电压过高引起真空下气体放电而破坏绝缘，造成事故。

（2）防止高次谐波进入负载电路。使用晶闸管变频电路时，经常出现高次谐波进入负载电路，使感应器对炉壳电压增高，从而引起放电。因此，必须在电源输出端增添中频隔离变压器，来截断高次谐波的进入。也可以将滤波电抗器作成双线圈，并分别串接在整流器的输出端正负电路中，使感应器对炉壳电压均衡，避免放电现象。

（3）振荡回路的电流大。由于真空感应炉工作电压低，在输出功率一定的条件下，必须增大工作电流。为了减少振荡回路中电解损耗，应尽量缩短电容器柜与炉体的距离，并且还应合理地选择回路导体的形状与分布方式。

15.1.5.2 真空感应炉的炉体结构

真空感应炉的炉体部分主要有炉壳、感应器、坩埚、倾炉机构、浇铸系统、水冷系统和送电装置等组成。炉体的结构形式有坩埚转动浇铸式（见图15-13）和炉体倾动浇铸式两种。按照炉体的启闭形式，真空感应炉分为卧式和立式两种。真空感应炉的炉体上安装有装料、捣料、测温、取样等附属装置。真空感应炉的最大特点是冶炼及浇铸过程都在炉壳内进行。炉壳分为固定炉壳与可动炉壳两部分。炉壳必须承受因内部真空而形成的强大压力，要有足够的结构强度。小型真空感应炉炉壳采用双层结构，内层用无磁不锈钢板，外层用普通钢板焊接，中间通冷却水。大型真空感应炉局部使用双层结构，单层钢板外面用水管冷却。炉壳的活动部分与固定部分的接触面，都必须用真空橡胶件密封。

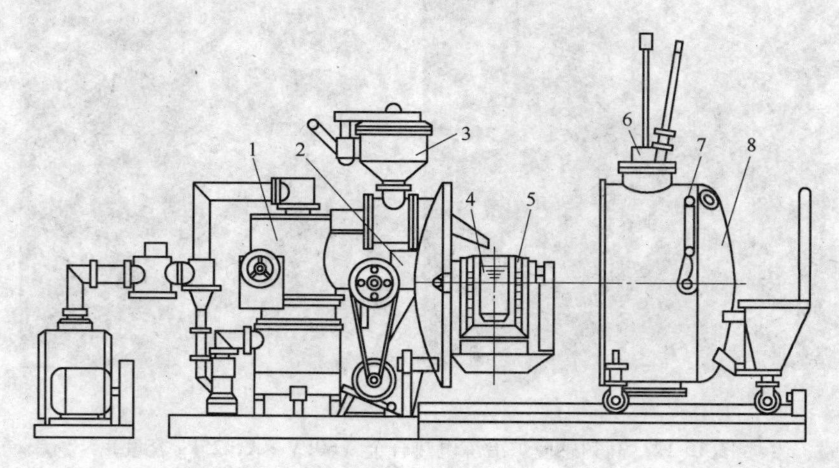

图15-13 卧式炉体坩埚转动浇铸真空感应炉

1—真空系统；2—转轴；3—加料装置；4—坩埚；5—感应器；
6—取样和捣料装置；7—测温装置；8—可动炉壳

与非真空感应炉不同的是小型真空感应炉要使用同轴转动电极（某些大型真空感应炉不使用这种结构）。图 15-14 为水冷同轴转动电极的结构图。水冷同轴转动电极分内外两层，用铜管制作。内外电极中间使用环氧树脂、石英砂料浇铸的绝缘层。内外电极均通水冷却。水冷同轴转动电极的作用是：向感应器输送电流，电流的回路是外电极—感应器—内电极；向感应器供应冷却水；倾动坩埚。水冷同轴转动电极是小型炉子的关键部件，必须小心使用并精心维护。

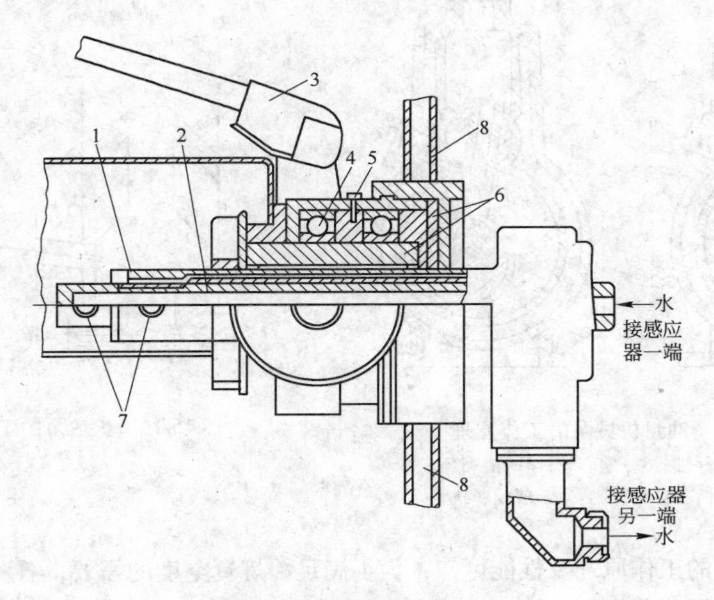

图 15-14　水冷同轴转动电极

1—外电极；2—内电极；3—转动手柄；4—轴承；5—威尔逊密封圈；
6—密封圈；7—水管接头；8—炉壳

15.1.5.3　真空感应炉的真空系统

表征真空感应炉炉体内“真空状态”的量一般用真空度。压力越低，真空度越高。一般来说，粗真空的压力范围是(101.3 ~ 1.3) kPa，低真空的压力范围是($1.3 \sim 1.3\times10^{-4}$) kPa，高真空的压力范围是($1.3\times10^{-4} \sim 1.3\times10^{-8}$) kPa。真空感应炉的用途不同，所选择的真空范围也不同。真空感应炉的真空系统主要包括两部分，真空机组和测量仪表，还有一些辅助设施，如管道、真空阀门和密封元件等。

从感应炉炉体中排除气体获得真空，是用专门的真空机组进行的。真空机组由不同的真空泵组成的。真空感应炉中常用的真空泵类型及使用范围是：油封机械泵用于($101.3 \sim 1.3\times10^{-4}$) kPa；罗茨泵用于($4.0\times10^{-3} \sim 1.3\times10^{-5}$) kPa；油扩散泵用于($1.3\times10^{-4} \sim 1.3\times10^{-10}$) kPa。还有一种多级蒸汽喷射泵，极限真空度是 0.066Pa(5×10^{-4}mmHg) 适用于大容量真空冶炼炉。

油封机械泵的工作原理如图 15-15 所示。当泵腔内的柱塞部件由固定在轴 2 上的偏心轮 3 所带动作周期性的偏心转动时，滑阀杆 5 在导轨 7 中左右摇摆和上下滑动，滑阀环 4 周期地改变泵腔内 *A*、*B* 两部分的容积，从而达到抽气的目的。该机械泵可直接向大气排气。

扩散泵的工作原理如图 15-16 所示。扩散泵油受热后产生压强为 150～300Pa 的油蒸气，油蒸气（*A*）经过喷嘴以超音速的速度定向喷出，从而将高真空端与前低真空端分开。在油蒸气流撞顶后转向泵体内壁四周，形成下抽拽趋势，被抽的气体分子与油分子碰撞获得动能，以接近于蒸气流速的速度被带回泵壁下部低真空端。被抽气体经多级多次压缩输送，直至达到出口，被前级泵抽走。油蒸气被泵壁冷凝而流回油锅。

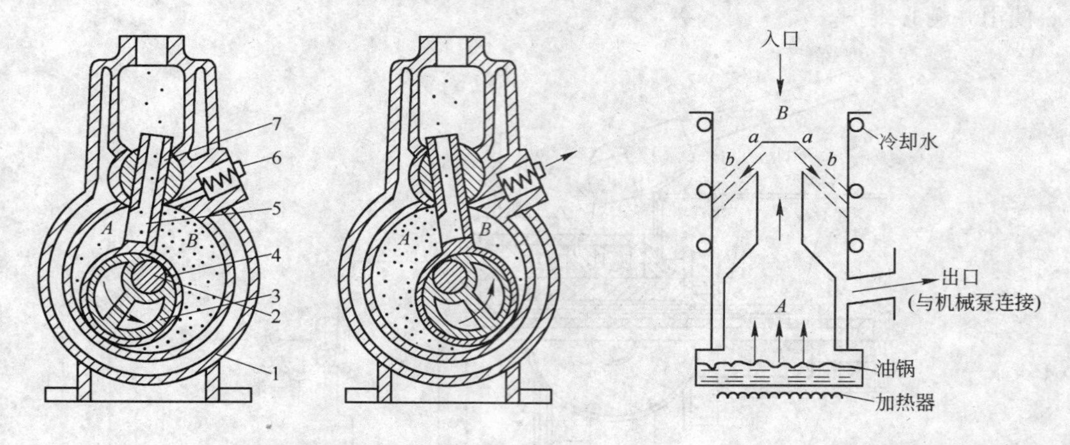

图 15-15 油封机械泵的工作原理

1—泵体；2—轴；3—偏心轮；4—滑阀环；5—滑阀杆；6—排气阀；7—滑阀导轨

图 15-16 扩散泵的工作原理

根据真空泵的工作原理及性能可知，为了满足冶炼真空度的需要，各种真空泵之间要合理配置。一般配置分为两种类型。真空机组的配置线路见图 15-17。真空感应炉的主要参数有：冶炼真空度，即炉子在工作期间保持的真空度；极限真空度，指炉子在室温下空炉时所能达到的最高真空度；抽气速率，指每秒钟真空机组自炉内抽出的气体量；升压率，指单位时间真空室内真空度下降值。要测量上述大部分参数，需使用真空仪表。测量真空度的仪表主要有 3 类：

（1）利用气体压力差设计的各种压力计，如弹簧压力计，膜盆压力计，测量范围为 101.3～0.13kPa；

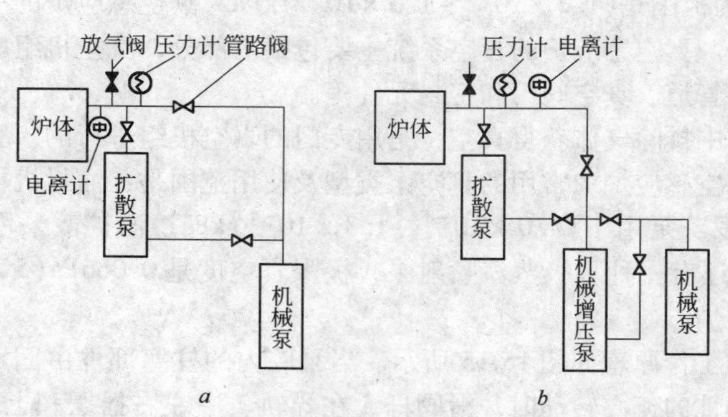

图 15-17 真空机组的配置线路

a—二级真空机组；*b*—三级真空机组

（2）利用气体导热性质设计的真空计，如热电偶温度计，测量范围为13～0.13Pa；

（3）利用气体电离特征设计的真空计，如热阴极真空计，测量范围为13×10^{-2}～1.3×10^{-9}Pa。

真空感应炉的水冷系统与中频感应炉水冷系统基本相同。

15.2 感应炉冶炼电热合金

15.2.1 感应炉冶炼特点

感应炉熔炼的特点概括起来有3个：无接触加热、冷渣、电磁搅拌。现简述如下：

感应炉加热钢或合金的原理是通过电磁感应产生涡流，靠电阻热来实现的。这种无接触加热，使金属液比较洁净，避免了热源可能产生的副作用。但感应炉的熔渣是靠金属液热传导熔化的，所以温度比金属液低，属于“冷渣”（相对而言）。“冷渣”的流动性、反应能力都比电弧炉熔渣差，在冷渣中某些物理化学反应受到不同程度的限制。与电弧炉炼钢相比，感应炉炼钢所用渣量少，钢渣比接触面积小。感应炉熔炼的渣量通常为1%～2%；电弧炉熔炼的渣量一般为4%。

电磁搅拌使金属液产生运动，带来有益和有害的作用。它的有益作用如下：

（1）均匀金属液的温度。坩埚内部大体可分为如图15-18所示的5个区域。1区为低温区，通过熔渣散失的热量占总热量损失的30%左右，因此，该区的温度低于其他区域。2区和4区为中温区，由于集肤效应，电流密度大，产生的热量多，但该区向外散失的热量也多，占热损失的50%左右。3区为低温区，该区钢水通过坩埚底部向外传热，又无别的热量来源，因此温度低。5区为高温区，该区四周被高温金属液包围，热量不易散失。电磁搅拌可以加速钢水温度趋向均匀。

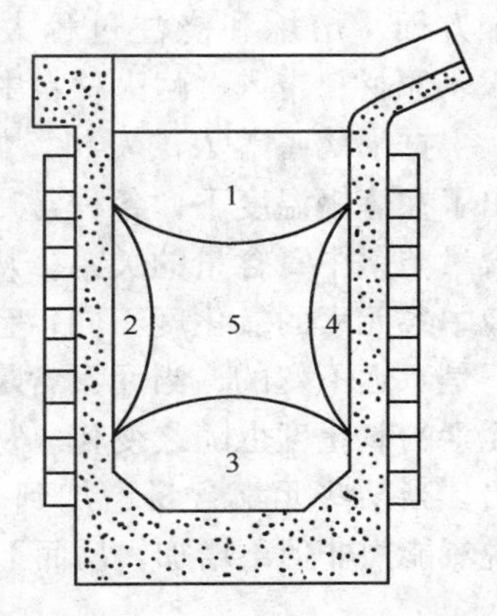

图15-18 坩埚内的温度分布
1，3—低温区；2，4—中温区；
5—高温区

（2）使钢水均质。

（3）改善物化反应的动力学条件。

过分强烈的电磁搅拌也会产生如下有害作用：

（1）运动的钢水冲刷炉衬，影响坩埚寿命。

（2）强烈的电磁搅拌，钢水产生“驼峰”现象，渣很难全面覆盖钢水，增加大气对钢水的污染。

因此要适当控制电磁搅拌强度（也即供电电功率大小）。

15.2.2 感应炉冶炼主要物理化学反应

感应炉熔炼过程主要是熔化和精炼。和其他方法炼钢一样，熔炼过程中，钢水、渣、气和耐火材料之间存在着一系列复杂的物理化学反应。现简要讨论与元素的氧化、脱氧、脱硫及去除夹杂物主要过程。

15.2.2.1 元素的氧化与脱氧

在感应炉熔炼过程中，元素的氧化与还原是最基本的物理化学反应。正确理解并运用熔炼过程中氧化还原规律，对于提高钢及合金的产量与质量都是极为重要的。

氧在钢水中以两种状态存在。一种是溶解态的氧，以［O］表示，氧的溶解度随温度升高而增大，见图15-19。如果在熔炼过程中，钢水氧含量过高，则冷凝过程中就会发生过饱和现象，过饱和的氧在晶粒边界以FeO形式析出并与FeS形成低熔点共晶，导致热脆（实践经验得知Fe-Cr-Al合金中$w[O]>0.03\%$就可产生热脆）。另一种是氧在钢水中以夹杂物形态存在，当钢水中存在脱氧元素时，溶解在钢水中的氧就会与之结合而生成氧化物夹杂。钢水中氧的来源主要有3个方面，熔炼和浇注过程大气中氧的侵入、原材料带入、耐火材料中的氧进入。

据唱鹤鸣等人的资料，如图15-20列出了在炼钢温度下，各种常用的合金元素含量与钢中氧含量的关系。从图中看出钢液中各元素的氧化度不同，且其大小次序不是永远不变的，当元素含量变化时，该元素的氧化度也随之变化。从图中还可看出，当某些元素含量增加到一定程度时，脱氧能力非但不增加，反而下降。

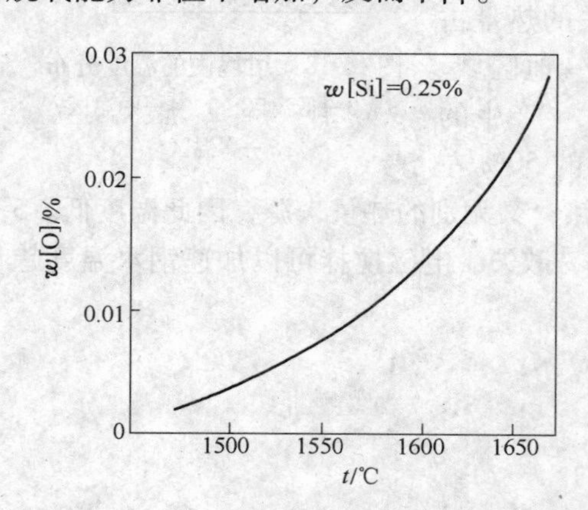

图15-19 氧在钢中的溶解度与温度的关系

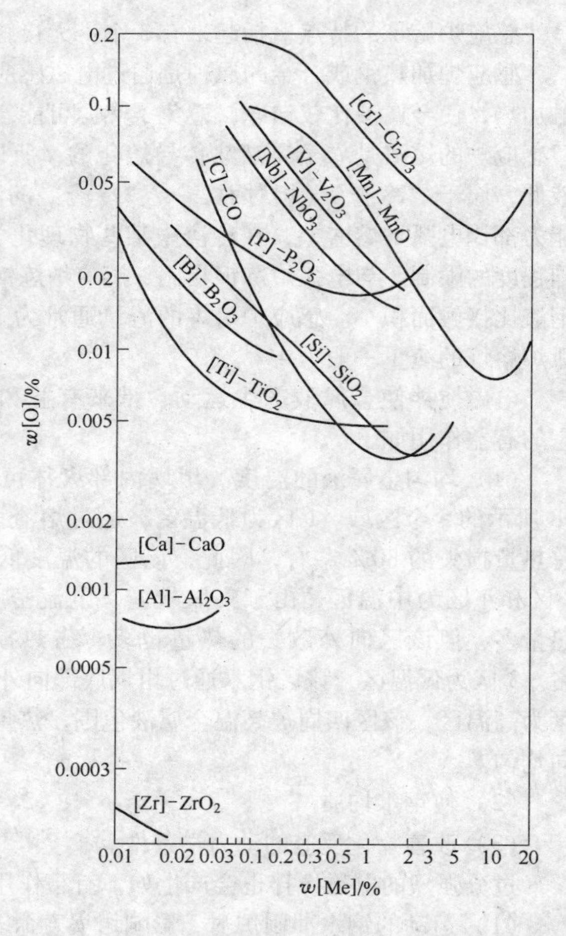

图15-20 钢中元素的氧化度或脱氧能力比较（1600℃）
（图中氧化物为主要反应产物，有时随［Me］而改变）

钢和合金的脱氧，就是加入某一个或某一些脱氧剂去降低钢或合金中的氧，减少氧的有害作用。通过脱氧也能保证合金中非金属夹杂物含量减少，使夹杂物的分布及形态比较适宜。脱氧的另一目的是细化氧化物夹杂的颗粒，增加钢或合金凝固过程中的结晶核心。在选择脱氧剂的时候，首先要考虑元素脱氧能力的大小，同时，还要考虑脱氧产物排除的难易程度。当几种脱氧元素同时使用时，可以发现其中各个元素的脱氧能力较之单个元素脱氧时有很大的变化。例如，当Mn含量为0.5%时，可使硅的脱氧能力提高30%～50%；

当使用复合脱氧剂，可使铝（Mn 含量为 0.66%，Si 为 0.27%）的脱氧能力提高 5 ~ 10 倍。用复合脱氧剂脱氧时，能生成低熔点的氧化物，在炼钢温度下，它们以液态存在，所以比较有利于聚合长大，然后上浮去除。图 15-21 是硅、锰、铝单个元素使用和复合使用时，脱氧能力的变化情况。在选择脱氧剂时，还应考虑不同钢种的成分要求，如碳含量低的钢种或合金不能用碳或电石作脱氧剂。

钢或合金常用扩散脱氧和沉淀脱氧两种方法。扩散脱氧法的理论根据是分配定律。当钢和渣为两个互不相溶液相时，溶解在它们之中的氧活度达到平衡时，$L_0 = a_{[O]}/a_{(FeO)}$。L_0 值的大小与渣的成分及温度有关，温度升高，L_0 值增大。在 1600℃时，L_0 与熔渣碱度的关系见图 15-22。由图得知，碱度在 2 左右时 L_0 最大。在实际生产中，$a_{[O]} < L_0 a_{(FeO)}$ 时，渣中氧就会向钢中扩散。当 $a_{[O]} > L_0 a_{(FeO)}$ 时，钢中的氧就会向渣中扩散。感应炉精炼过程中，经常向渣中加硅铁粉或铝粉，除低渣中氧化铁的活度，达到扩散脱氧的目的。扩散脱氧的优点是脱氧产物遗留在渣相，缺点是脱氧速度较慢。沉淀脱氧就是利用与氧的亲和力比铁大的元素，把钢中的氧夺取过来，常用的脱氧剂有 Mn、Si、Al、Ce、Ca 和 Mg。

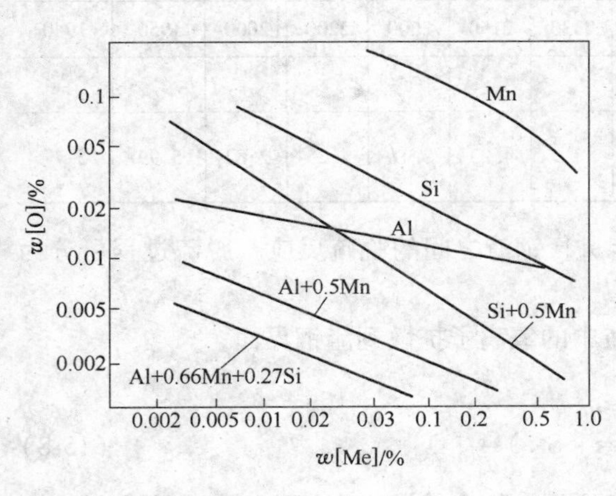

图 15-21　1600℃时 Al、Mn、Si 单独或复合使用时的脱氧能力

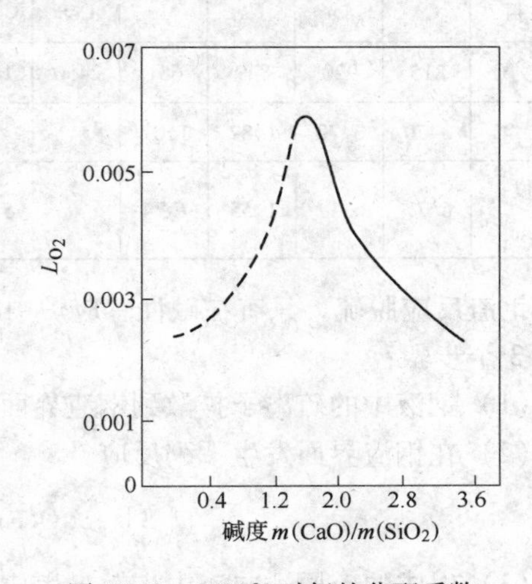

图 15-22　1600℃时氧的分配系数

其脱氧反应的产物，几乎都不溶于钢水，它们的密度比钢水小，因此它们可以从钢水中上浮而被去除。沉淀脱氧要注意使用脱氧剂的顺序，这种方法的优点是脱氧速度快，缺点是部分脱氧产物不可避免地要残留在钢中而影响钢的质量。在实际感应炉精炼中，交替使用扩散脱氧和沉淀脱氧，并给予适当的镇静时间，它兼取了扩散脱氧法和沉淀脱氧法的优点，并适当限制了它们各自的缺点。

15.2.2.2　合金的脱硫

硫在液态钢中可无限溶解，但在固态钢铁中溶解度很小，如温度在 988℃时，硫在 γ-Fe中的溶解度只有 0.0015%，因此，当含硫金属液凝固时，在铁的晶界形成 Fe-FeS 的易熔共晶体，其熔点只有 988℃。在金属热加工时它们先期熔化，导致钢或合金的热脆。脱硫过程的实质就是使溶解在钢液中的硫结合成某种高熔点化合物（如 CaS、MgS、CeS 等）或硫氧化物（如 Ce_2O_2S、La_2O_2S 等），这些硫化物在钢液中的溶解度比硫化铁在钢液中的溶解度小很多，从而保证硫自钢或合金中排除或弥散分布于金属中。脱硫方法主要有精炼剂脱硫和钢渣反应脱硫。

精炼剂脱硫的基本原理是利用与硫亲和力大的物质与硫结合成硫化物。各种元素与硫亲和力的大小可用各元素与1mol硫反应的标准自由能变化的大小来衡量。在同样温度下，若标准自由能数值越小，该元素与硫亲和力越大。各种元素与硫亲和力的大小按Ce、La、Ca、Ba、Mg、Mn、Fe的次序而递减。表15-4给出这些硫化物的物理性质，它们的硫化物密度都小于钢水密度，其熔点都高于炼钢的温度，这些硫化物大部分能从钢水内上浮到钢水液面被排除，其中La、Ce等稀土元素比Ca、Mg的蒸气压低很多，在熔炼过程中便于控制，是较好的精炼脱硫剂。在感应炉熔炼特殊钢或合金时，往往在熔炼后期加入或插入Al、La、Ca、Si-Ca、Al-Ba、Ni-Mg等合金或它们的中间合金，目的就是进一步降低合金的硫含量。

表15-4 某些精炼剂及其硫化物的物理性质

项 目	Ce	La	Ca	Mg	CeS	Ce_2S_3	LaS	La_2S_3	CaS	BaS	MgS	Ce_2O_2S	La_2O_2S
熔点/℃	815	920	849	651	2450	1890	2330	2150	2600	2200	2000	1950	1940
沸点/℃	3470	3470	1487	1107									
密度/$g \cdot cm^{-3}$	6.77	6.17	1.55	1.74		5.18		4.93	2.18	4.25	2.82	5.99	5.77

钢渣反应脱硫，只有在碱性感应炉中才能进行钢渣之间的脱硫反应。脱硫过程可分为如下3个步骤：

（1）钢液中的硫离子扩散到钢渣界面，渣中的氧离子扩散到渣钢界面；

（2）在钢渣界面发生下列反应：

$$[S] + (O^{2-}) = (S^{2-}) + [O] \tag{15-8}$$

（3）生成的硫原子向渣中扩散，生成的氧原子向钢中扩散。由实践可知，决定脱硫反应速度的是硫离子在渣中的扩散。式15-8所示的反应平衡常数与温度的关系为：

$$\lg K = \lg \frac{N_{S^{2-}}[O]}{N_{O^{2-}}[S]} = -\frac{6682}{T} + 1.866 \tag{15-9}$$

式中，$N_{O^{2-}} = (N_{CaO} + N_{MgO} + N_{MnO} + N_{FeO}) - (2N_{SiO_2} + 3N_{P_2O_5} + 2N_{TiO_2})$。通常用分配系数$L_S$表示熔渣的脱硫能力，即：

$$L_S = \frac{(S)}{[S]} = K\frac{N_{O^{2-}}}{[O]} \tag{15-10}$$

式中，K是随温度变化的常数。从式15-9和式15-10可知，$N_{O^{2-}}$代表了熔渣的碱度，碱度越高越有利于脱硫。但当碱度过高时，熔渣熔点、黏度都增高，脱硫速度受到限制，反而不利于脱硫。当金属熔池中氧含量较低时，渣中氧化铁含量也较低，这时有利于脱硫。熔渣碱度与FeO含量对脱硫能力的影响见图15-23。据式15-9，增加温度有利于脱硫，提高温度不但使L_S增大，而且可以改善钢渣流动性，加快（S^{2-}）和［O］的扩散，即：

$$\frac{d[S]}{dt}=k([S]-(S)) \qquad (15\text{-}11)$$

式中 [S]——钢水中硫浓度；

t——反应时间；

(S)——渣水中硫浓度；

k——硫的传质系数。

传质系数 k 随温度升高而增大。增加渣量或采用换渣法也有利于脱硫。

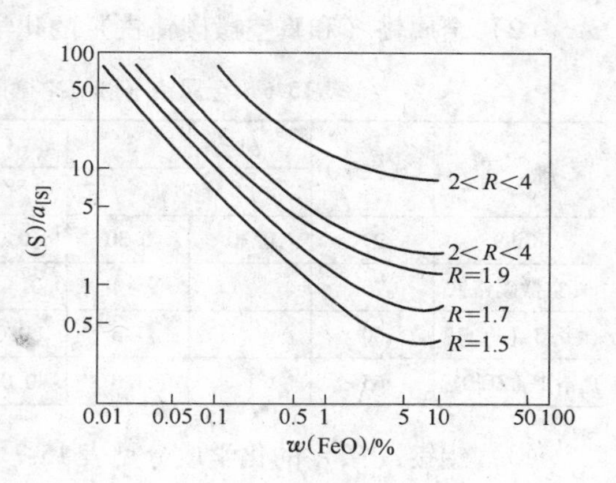

图 15-23 熔渣碱度与 FeO 含量对脱硫能力的影响

15.2.2.3 非金属夹杂物的去除

钢中夹杂物可分为以下 5 类：氧化物类型夹杂，包括简单的氧化物及复杂氧化物、稀土氧化物、硅酸盐及硅酸盐玻璃；硫化物夹杂；氮化物夹杂；碳化物夹杂；磷化物夹杂。按夹杂物来源可分为外来夹杂物和内生夹杂物。随金属料、耐火材料及熔渣在熔炼、出钢和浇铸过程中带入金属液中的夹杂属于外来夹杂物；内生夹杂物是在金属液体或固体内，由于脱氧、结晶及冷却时进行物化反应而形成的产物。

非金属夹杂物对电性合金性能的影响主要表现为降低塑性、韧性、电性不均匀及疲劳性能，使合金的冷、热加工乃至某些物理性能变坏。夹杂物对合金产生有害影响的原因在于它们破坏了合金基体的连续性，引起应力集中，促使裂纹形成。

钢及合金中非金属夹杂物的类型及形状主要取决于钢及合金的成分和脱氧制度，而其数量、尺寸及分布主要取决于冶炼及铸锭工艺，即夹杂物的去除程度及结晶条件。真空感应炉冶炼时，夹杂物主要靠电磁搅拌集中到钢或合金液面成为氧化膜，或被还原，或被黏附于坩埚壁。常压感应炉有渣冶炼，一般采用浮升法去除夹杂物。非金属夹杂物的密度小于金属液时，在浮力作用下，夹杂物上浮至金属熔体与熔渣界面而被熔渣吸收。一般情况下，感应炉冶炼高合金钢时脱磷很困难，因此要求原料中磷含量很严。

15.3 感应炉冶炼电热合金的原材辅料

15.3.1 金属料

感应炉对原材辅料的要求和电渣炉基本一致，比电弧炉严格。原材辅料的化学成分必须准确，大部分高合金钢要求低碳（或超低碳）、低磷，清洁无锈、无油污和水分。少数高精密合金钢甚至要求原料气体含量（如氮）很低。不管新原料还是返回钢都要求成分准确无误。所有的原材辅料都要求合适的块度尺寸，并存放干燥。

（1）工业纯铁和造币钢（实测）的化学成分见表 15-5。

表 15-5 工业纯铁和造币钢的化学成分（质量分数，≤） （%）

名 称	代 号	C	Si	Mn	P	S	Ni	Cr	Cu
电铁 2	DT2	0.025	0.02	0.035	0.015	0.025	0.20	0.10	0.15
造币钢	000425（实测）	0.01～0.02	0.015	0.25	0.007	0.008	未 测	未 测	未 测

（2）金属铬（和真空微碳铬铁）的化学成分见表15-6。

表15-6 金属铬（和真空微碳铬铁）的化学成分（质量分数） （%）

牌 号	Cr（大于）	Al	Si	C	S	P	Fe	Cu	[N]
		（小于）							
JCr99	99	0.30	0.30	0.02	0.02	0.01	0.40	0.04	
真空微碳铬铁	70			0.01~0.10			余		0.015~0.04
微铬3（VCr3）	60		1.5	0.03	0.03	0.04	余		
真铬1（ZCr01）	65		1.0	0.010	0.04	0.035	余		

（3）铝锭（条）的化学成分见表15-7。

表15-7 铝锭（条）的化学成分（质量分数） （%）

级 别	牌 号	Al（大于）	Fe	Si	Fe+Si	Cu	总 和
			杂质（不大于）				
特一级	Al99.7	99.70	0.16	0.13	0.26	0.010	0.30
特二级	Al99.6	99.60	0.25	0.18	0.36	0.010	0.40
一级	Al99.5	99.50	0.30	0.25	0.45	0.015	0.50

（4）铌铁的化学成分见表15-8。

表15-8 铌铁的成分（质量分数） （%）

牌 号	Nb+Ta（大于）	Ta	Al	Si	C	S	P	Ti	Cu	其他
		（小于）								
Nb1	70	1.5	5	2.5	0.20	0.04	0.05	1	0.03	微

（5）电解镍的化学成分见表15-9。

表15-9 电解镍的成分（质量分数） （%）

牌 号（代号）	Ni+Co（不小于）（Co≥0.005）	C	Si	P	S	Fe	Cu	Zn	其他
		（小于）							
特号（Ni-01）	99.99	0.005	0.001	0.001	0.001	0.002	0.001	0	微量

（6）其他合金料的化学成分见表15-10。

表15-10 其他合金用料的成分（质量分数） （%）

名 称	牌 号	C	Si	Mn	P	S	Ti	Al	V	Mo	Cu
钛 铁	FeTi40-A	0.10	3.0	3.0	0.03	0.03	35~45	9.0			0.50
钒 铁	FeV75-A	0.20	1.5		0.05	0.04		3.0	>75.0		
电解锰	DJMn99.7	0.04	0.20	>99.7	0.005	0.05					
硅 铁	Si90Al1.5		87~95	0.40	0.40	0.02		1.5			
硅钙合金	Ca31Si60	0.80	55~65		0.04	0.06		2.4			Ca 31

15.3.2 渣料

感应炉冶炼电热合金用渣料分别为石灰、萤石、镁砂、氧化铝粉、石英砂和轻质黏土砖等。

(1) 冶金石灰的成分见表15-11。最好选外观微黄较轻、新鲜、不粉化的。

表15-11 冶金石灰的成分

等级	成分(质量分数)/%					灼减/%	生烧率+过烧率/%	活性度(4molHCe,40℃,10min)
	CaO(大于)	MgO	SiO_2	P	S			
		(小于)						
优级品	92	2.0	1.0	0.02	0.05	≤3	≤5	>310mL
一级品	90	3.0	2.0	0.04	0.10	≤4	≤8	>210mL

(2) 冶金用萤石的成分见表15-12。最好选外观翠绿、蓝绿、紫绿、透明的。

表15-12 萤石的成分(质量分数) (%)

品级	CaF_2(大于)	SiO_2	S	P	品级	CaF_2(大于)	SiO_2	S	P
		(小于)					(小于)		
1	95	4.7	0.10	0.06	2	90	9.0	0.10	0.06

现实中,有的要求[Si]低的合金钢,推荐使用精选过的精细粒的萤石粉,其中CaF_2在96%以上,SiO_2在2%以下(甚至1%以下)。

对镁砂、氧化铝粉等要求可参考电渣炉渣料。

15.3.3 感应炉冶炼配料举例

感应炉冶炼周期短,一般对快速分析数据只作参考。所以要求配料计算准确合理。

全部使用新料时的配料计算举例如下。

在容量为500kg的碱性坩埚中,冶炼0Cr21Al6Nb高温Fe-Cr-Al电热合金,浇铸成16支ϕ72mm、质量30kg的半成品电极棒,供电渣重熔使用。

试计算过程如下:

(1) 炉料的装入量。16支电极棒的质量为16×30=480(kg)。采用上注法,考虑钢水在冶炼及浇注过程中损失为5%,则有,480×1.05=504(kg)。

(2) 由钢号的标准成分和最佳成分来确定计算成分列于表15-13。

表15-13 0Cr21Al6Nb电热合金的化学成分(质量分数) (%)

化学成分	C	Si	Mn	P	S	Cr	Ni	Nb	Co	Ti	RE	Al
标准	0.05	≤0.60	≤0.50	≤0.025	≤0.025	21.0~23.0	≤0.60	加入量0.05	加入量0.50	加入量0.30	加入量0.50	5.2~6.5
最佳	≤0.04	≤0.40	≤0.45	≤0.020	≤0.020	22.0	0.30	加入量0.05				5.4~6.2
计算	0.04	0.40	0.40	0.020	0.020	22.0	0.25	0.05	加入量0.50	加入量0.10	加入量0.50	5.8

（3）以100kg炉料为基准进行配料计算。根据冶炼工艺和操作实践经验确定各有关元素的回收率 P 列于表15-14中。在100kg炉料中，合金元素的需要量 m 为：

$$m = \frac{100A}{P}$$

式中，A 为计算成分。计算结果也列于表15-14中。

表15-14 合金元素回收率和需要量（质量分数） （%）

成分	C	Si	Mn	S	P	Cr	Ni	Nb	Co	Ti	RE	Al	Fe
回收率 P/%	100	90	95	100	100	98	100	95	95	60	15	97	99
需要量 m/kg	0.04	0.44	0.42	0.020	0.020	22.50	0	0.052	0.50	0.10	0.5	5.98	余71

根据钢种成分和使用要求及经验，选用炉料分别列于表15-15。

表15-15 选用的炉料及其成分（质量分数） （%）

炉料组分	C	Si	Mn	P	S	Cr	Co	Nb	Al	Fe	Cu	Ti	Ca
造币钢（000425）	0.015	0.02	0.25	0.015	0.010					99.6	0.10		
真空微碳铬铁	0.025					69.8				余			
铌铁（Nb1）	0.20	2.5		0.05	0.04			71	5	余	0.03	1	
铝（一级）		0.25							99.5	0.30	0.015		
金属钴							99.8						
铝 粉		0.25											
电解锰	0.04	0.20	99.7	0.005	0.05								
硅 铁		90	0.40	0.40	0.02				1.5				
硅钙粉	0.80	60		0.04	0.06				2.4				31

各种原料配入量计算如下：

1）铌铁量：$\dfrac{0.052}{71\%} = 0.073$（kg）

由此带入碳量：$0.073 \times 0.20\% = 0.00015$（kg）

带入硅量：$0.073 \times 2.5\% = 0.00183$（kg）

带入磷量：$0.073 \times 0.05\% = 0.00004$（kg）

带入硫量：$0.073 \times 0.04\% = 0.00003$（kg）

带入铝量：$0.073 \times 5\% = 0.00365$（kg）

带入铜量：$0.073 \times 0.03\% = 0.00002$（kg）

带入铁量：$0.073 \times 21\% = 0.0153$（kg）

2）铬铁量：$\dfrac{22.50}{69.8\%} = 32.235$（kg）

由此带入碳量：$32.235 \times 0.025\% = 0.00806$（kg）

带入铁量：$32.235 \times 31.1\% = 10.025$（kg）

3）纯铝量：$\dfrac{5.98}{99.5\%} = 6.01$（kg）

由此带入硅量：6.01×0.25%=0.015（kg）

带入铜量：6.01×0.015%=0.0009（kg）

带入铁量：6.01×0.30%=0.018（kg）

4）电解锰量：$\frac{0.42}{99.7\%}=0.422$（kg）

由此带入碳量：0.422×0.04%=0.00017（kg）

带入硅量：0.422×0.20%=0.00084（kg）

带入磷量：0.422×0.005%=0.00002（kg）

带入硫量：0.422×0.05%=0.0002（kg）

5）造币钢量：71−0.0153−10.025−0.018=60.94（kg）

由此带入碳量：60.94×0.015%=0.00914（kg）

带入硅量：60.94×0.02%=0.0122（kg）

带入锰量：60.94×0.25%=0.152（kg）

带入磷量：60.94×0.015%=0.00914（kg）

带入硫量：60.94×0.010%=0.0061（kg）

带入铜量：60.94×0.10%=0.061（kg）

6）由于电渣重熔硅有所增加（增加0.1%~0.2%），去除磷和硫。硅在这里由上五项带进的量必低于最佳成分才好。

前五项共带入硅量：0.00183+0.015+0.00084+0.0122=0.03（kg）。

对比计算成分硅含量应在0.40%，尚可加入0.20%左右的硅铁。即需加入硅铁合金量：

$$\frac{0.22}{92\%}=0.24\ (\text{kg})$$

由此带入磷量：0.24×0.40%=0.00096（kg）

带入硫量：0.24×0.02%=0.00005（kg）

带入锰量：0.24×0.40%=0.00096（kg）

带入铝量：0.24×1.5%=0.0036（kg）

7）其他，如铝粉和硅钙粉等。作为扩散脱氧剂及高温炉渣可能会回增一些铝、硅、镁、钙等，未作核计。如0.1%~0.2%的铝粉等。

8）稀土和钛及钴都作为纯粹加入量，不作为占据钢水重量比核算。

将以上各项结果汇总入物料平衡表15-16中，由表15-16可见，关键的C、S、P和Si量都没有超标，都还有一定余地，可抗偶然因素引起超标的扰动。其他合金元素量都能满足要求。故此计算结果可交付现场操作使用。

表15-16　100kg炉料的配料计算结果平衡表

炉料	加入量/kg	炉料带入的合金元素质量/kg												
		C	Si	Mn	P	S	Cr	Co	Nb	Al	Ti	RE	Fe	Cu
铌铁	0.073	0.00015	0.00183		0.00004	0.00003			0.052	0.00365			0.0153	0.00002
铬铁	32.235	0.00806					22.50						10.025	
铝	6.01		0.015							5.98			0.018	0.0009

续表 15-16

炉料	加入量/kg	炉料带入的合金元素质量/kg												
		C	Si	Mn	P	S	Cr	Co	Nb	Al	Ti	RE	Fe	Cu
电解锰	0.422	0.00017	0.00084	0.42	0.00002	0.0002								
造币钢	60.94	0.00914	0.0122	0.152	0.00914	0.0061							60.94	0.061
硅铁	0.24		0.22	0.00096	0.00096	0.00005				0.0036				
钴	0.50							加入量 0.50						
钛铁	0.10										加入量 0.10			
稀土(RE)	0.50											加入量 0.50		
总计	99.92	0.0175	0.25	0.573	0.010	0.0064	22.50	0.50	0.052	5.987	0.10	0.50	70.998	0.062

（4）当装入量为500kg时，表15-16中各种元素或合金的加入量应乘5.0的系数，则各种炉料量分别为：铌铁0.365kg；铬铁161.175kg；铝块30.05kg；电解锰2.105kg；造币钢304.7kg；硅铁1.2kg；钴2.5kg；钛铁0.5kg；稀土2.5kg；铝粉、硅钙粉各约0.5kg左右等。

根据计算结果配料进行冶炼，一般能满足所炼钢种的成分要求。但对磷和硅要加以注意。

利用返回料进行熔炼钢种时，可分为3种情况：

（1）返回料与熔炼钢种的成分相似；

（2）返回料中相应成分低于熔炼钢种；

（3）返回料中部分成分高于钢种相应成分。

上述3种情况中只有最后一种情况返回料的用量受到限制，其最大使用量计算如下。首先找出返回料中元素与熔炼钢种中元素超出比值最大的一个，作为计算的依据。如返回料含C 0.20%，Mn 0.40%，Si 0.60%，而熔炼钢种中各元素含量分别为C 0.05%，Mn 0.20%，Si 0.20%，C、Mn、Si量的对应比值分别为4，2，3。这时以返回料中碳作为计算依据。其次，计算最多加入量。返回料最大使用量为X，所依据元素的使用量为Z，按全新料配料时，依据元素的百分含量为a，返回料中依据元素的百分含量为b，则根据物料平衡：

$$Z = Xb + (100 - X)a$$

$$X = \frac{Z - 100a}{b - a}$$

根据上式确定了最大返回料使用量后，就可以按全新配料法进行计算。使用返回钢时要特别复核主要元素和有害元素不超标。

在进行配料计算时，要使用4张表，即原料成分表、熔炼的成分表、合金元素烧损率及需要量表、加入合金元素最后平衡表。在熔炼过程中，分析后如需要调整钢液合金成分，可编制一个小程序，根据物料平衡基本原理，算出补加合金元素的重量。

15.4　感应炉坩埚制作要点

冶炼高级合金钢主要用碱性坩埚。制作碱性坩埚的材料主要是纯净的氧化镁，绝无铁磁性金属杂质和低熔点物质。基本上采用辽宁东大桥或辽宁荣源的电熔镁砂。外加硼砂作为黏合剂。

对中小型坩埚，一般都采用在炉座上感应圈内围垫玻璃丝布、石棉板，中间立正模芯，手持铁钎或压缩空气锤夯打成形。大型坩埚用耐火砖砌筑。

中小型坩埚的配料：一是镁砂不同颗粒度配比(粗颗粒 3 ~ 7mm，中颗粒 1 ~ 3mm，细颗粒小于 1.0mm)，一般为 粗：中：细 = 3：3：4 。也有用 粗：中：细 = 4：3：3 。粗颗粒不宜过粗且比例过大，因不易烧结，易裂而窜钢。二是镁砂与硼砂的混合比例为 98.5%：1.5% 。湿打时，加水约 1% 掺和至手捏成团为宜，不能挤出水漾来。

不论湿打还是干打，手打还是机打，每层厚度宜在 50 ~ 60mm。超过 100mm 太厚了，不易打实。每层打击完续料前必划破打结层表面，否则容易分层而窜钢水。最上层和炉口应多加细镁砂和水玻璃，然后打结，以便烧结。

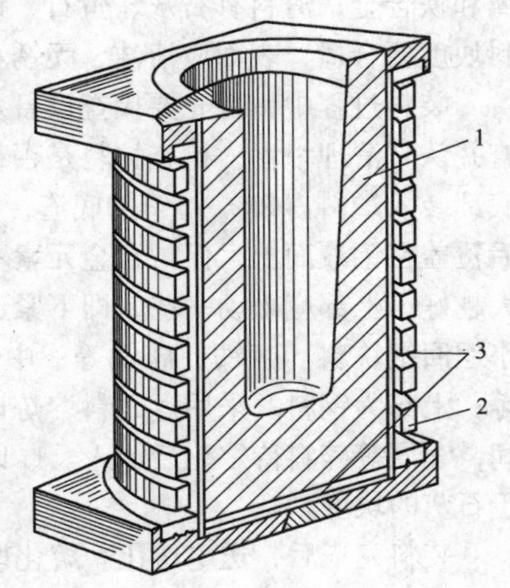

图 15-24　炉外成形坩埚的示意图
1—镁砂坩埚；2—感应圈；
3—石棉板和玻璃丝布

成形坩埚如图 15-24 所示。

坩埚烧结，一般采用高温烧结法。以每小时提高电功率 15% 左右进行加热，8h 内基本达到熔化废钢洗炉条件。烧结后第一炉必须洗炉，利用废钢洗炉不但延续烧结效果，而且减少钢水吸入湿气。有的地区流行烘烤烧结后第一炉就直接炼钢，尤其是冶炼高合金钢是要不得的。因烧结不完全而吸湿气和窜钢打火毁坏设备屡见不鲜。

15.5　中频感应炉冶炼

中频感应炉主要用于冶炼钢及合金。有 3 种冶炼方法：碱性坩埚熔化法、碱性坩埚氧化法、酸性坩埚熔化法。碱性坩埚熔化法可采用全新料熔炼，一般用于生产特殊钢及精密合金等。碱性坩埚熔化法也可采用返回料熔炼，这样可降低成本，一般用于生产合金钢。当炉料中合金元素含量低，磷含量高时，可采用氧化法熔炼，一般用来生产普碳钢。酸性坩埚熔化法适用于碳钢和低合金钢铸件，不适合熔炼含 Al、Ti、B 和稀土等活泼元素的钢种。中频感应炉熔炼和普通电弧炉熔炼对比，具有下列特点：

（1）精炼能力感应炉比电弧炉差。主要表现在脱氧、去夹杂、脱硫、脱磷等方面，但在去除氮方面，电弧炉比感应炉差。

（2）中频感应炉熔炼过程中，钢水或合金不增碳，而电弧炉增碳。

（3）用中频感应炉熔炼合金时，合金元素回收率较高。

（4）中频感应炉的电磁搅拌作用改善了反应的动力学条件。

（5）中频感应炉熔炼过程便于控制。

（6）和电渣炉渣洗配合时可进一步提高高合金钢质量。

15.5.1 碱性坩埚冶炼工艺要点

碱性坩埚熔化法熔炼工艺主要包括：备料及装料、熔化、精炼、出钢浇铸、脱模与冷却。

炉料准备包括炉料的选择与处理。钢料有低碳钢、工业纯铁和返回料；合金料有纯金属和铁合金；渣料有石灰、萤石、镁砂；脱氧剂有铝块（粉）和硅酸钙。各种入炉的金属料块度要合适，表面应清洁、无锈和干燥。要尽可能多的使用廉价原料。

装料过程中，首先要检查设备及供水供电系统是否完好，发现问题及时处理；仔细检查并认真清理坩埚；检查炉料是否符合配料单上的要求，确认无误后即可装料。先在坩埚底部装入炉料占2%～5%的底渣，其成分为：石灰75%，萤石25%。底渣的作用是熔化后覆盖在钢液面上，保护合金元素不被氧化，并起脱硫作用。底部和下部炉料堆积密度越大越好，上部应松动一些，即下紧上松，以防“架桥”。底部应装入易于熔化的炉料，如小返回钢块料、锰铁、硅铁等；中部装入熔点较高的难熔炉料如钼铁、钨铁、工业纯铁等；上部为钢料。采用返回料熔炼时，大块料放在中下部，小块料放在底部和大块料中间，车屑等碎料待熔化后加入。1t以下的炉子渣料块度为：石灰10～30mm，萤石块度小于石灰的块度。

装料完毕后，送电熔化。熔化期的主要任务是使炉料迅速熔化、脱硫和减少合金元素的损失。熔化期的主要反应有碳、硅和锰的氧化及脱硫反应。

碳、硅、锰、铬的氧化有如下3种方式。

（1）在大气中氧的直接氧化，其反应式如下：

$$[C]+\frac{1}{2}O_{2(g)}=\!=\!=CO_{(g)}$$

$$[Si]+O_{2(g)}=\!=\!=(SiO_2)$$

$$[Mn]+\frac{1}{2}O_{2(g)}=\!=\!=(MnO)$$

$$4[Cr]+3O_{2(g)}=\!=\!=2(Cr_2O_3)$$

（2）钢液中的氧直接氧化，其反应式如下：

$$[C]+[O]=\!=\!=CO_{(g)}$$

$$[Si]+2[O]=\!=\!=SiO_2$$

$$[Mn]+[O]=\!=\!=MnO_{(l)}$$

$$2[Cr]+3[O]=\!=\!=(Cr_2O_3)$$

（3）炉渣中氧化铁的间接氧化，其反应式如下：

$$[C]+(FeO)=\!=\!=Fe+CO_{(g)}$$

$$[Si]+2(FeO)=\!=\!=2Fe+(SiO_2)$$

$$[Mn]+(FeO)=\!=\!=Fe+(MnO)$$

$$(Cr_2O_3)+2(Al)=\!=\!=2[Cr]+(Al_2O_3)$$

炉料中配入一定量的硅和锰并在渣中加入脱氧剂。如熔炼合金钢时，还有其他元素氧化，可根据不同情况采取不同措施，防止和减少氧化，如加铝粉、硅钙粉、铝块等。

熔化期除氧化反应外，还有脱硫反应。钢液中的硫化铁进入炉渣，反应式如下：

$$[FeS] \Longrightarrow (FeS)$$

炉渣中的硫化铁与氧化钙相互作用，形成不溶于钢液的硫化钙，反应式如下：

$$(FeS) + (CaO) \Longrightarrow (FeO) + (CaS)$$

熔清后将含有硫化钙的炉渣除去，即实现了脱硫的目的。对于大容量炉，炉料熔清预脱氧后，进行炉前分析，分析项目主要有 C、Si、Cr、Al、P、S。用样杯取样时，应在杯中加入少量铝粉，以免钢水氧化影响分析结果的准确性。下一步转入精炼期。

精炼期要完成以下任务。

（1）调整好熔渣成分，有效脱氧。熔化期的渣组成主要是氧化钙和氟化钙，有坩埚材料熔入的氧化镁等。为了更好地完成精炼任务，还原渣中必须加入萤石、黏土砖碎块等，调整炉渣成分，改善其流动性。熔渣调好后，可进行扩散脱氧。脱氧剂的选择是以不影响钢水成分和成本低廉为原则。使用扩散脱氧剂时，应注意炉渣的流动性要好，熔炼温度要适当，不可过高或过低，脱氧剂均匀地、定期地加入渣层，并不断地用钢棍点渣，以加速化学反应。脱氧剂在使用前应严格烘烤，使用铝-石灰粉时，在600℃烘烤1~2h，硅铁或硅钙粉烘烤温度为200℃。扩散脱氧时间一般为15~20min。为加快脱氧速度，同时可采用铝块沉淀脱氧。脱氧结束后，进行钢液合金化。

（2）钢液的合金化。一方面加入不能随炉装入的活泼元素，像 Al、Tl、Zr、V、B、RE 等，另一方面调整随炉装入的合金成分，在合金化开始时，要求钢液中［O］、［N］、［S］的含量尽量低，温度达到出钢温度，如果加入较多的铝、钛，可比平常的出钢温度低20~40℃。合金元素的加入顺序一般是易氧化的后加入，有特殊要求的可灵活加入。合金元素可在炉内加入，也可在盛钢桶中加入，如 Al、RE 等，应根据实际情况而定，以完全熔化、分布均匀为目的。钢液合金化后即可出钢。

出钢前，要保证钢水的成分合格，对大容量感应炉通过盛钢桶浇铸时，在出钢过程中钢水成分会发生变化，要制定出钢前的成分控制范围。出钢温度用下式控制：

$$t = t_0 + \Delta t_1 + \Delta t_2 + 100$$

式中 t_0——钢与合金的熔点，℃；

Δt_1——钢水从炉内转移到盛钢桶后产生的温降，℃；

Δt_2——浇铸前镇静时间产生的温降，℃。

当钢水含有较多活泼元素时，可适当提高出钢温度，当含有较多的改善流动性的元素 C、Si、Mn，可适当降低出钢温度。出钢前，最后一次终脱氧，铝的加入量约为0.1%。小容量感应炉可直接全部除渣后或挡渣浇铸；大容量感应炉钢渣混出注入盛钢桶内，经吹氩均匀化2~3min 镇静后浇注。小钢锭浇铸前，要烘烤保温帽。浇铸采用慢—快—慢的速度方式。浇铸完毕后，钢锭上可加发热剂，保证帽口补缩。钢锭浇铸完毕后，对中、小钢锭，可在20min 左右时间脱模，小锭时间短一些，大锭时间长一些。浇注棒锭时要注意钢水在棒模中充满情况，要防止发生空瘪或跑钢现象。

15.5.2 中频感应炉冶炼用渣

尽管感应炉冶炼时，熔渣温度低、渣量少，但渣对感应熔炼是必不可少的。它保护钢水、减少大气污染，减少钢水热辐射损失，利用渣脱氧、脱硫、脱碳、去夹杂等。

感应炉熔炼不同合金用的碱性渣和中性渣成分列于表15-17。实际渣成分比表中复杂，应根据不同熔炼特点进行调整。

表15-17 感应炉用渣的成分

熔渣成分	序号	w/%					用途
		CaO	CaF_2	SiO_2	Al_2O_3	其他	
碱性渣	1	60~70	30~40				碱性坩埚通用
	2	45~55	45~55				镍基合金
	3	40~50	25~30		25~30		铁铬镍基合金
	4	60~70	15~20	15~20			铬、镍铬不锈钢
	5	40~50	10~15			(FeO) 20~25	脱C、P用
中性渣	1	40~50	10~20		30~35	(MgO) 5~10	高铝钢、铁铬铝
	2	40~50		40~50		(MgO) 5	高铬、高硅钢
	3	30~40	10~15	30~40	10~15		高硫高锰易切钢

感应炉熔炼的造渣方法有单渣法和双渣法。单渣法是从熔化到出钢不换渣。它适用于熔化法，便于回收渣中的合金元素，节能和节约时间。缺点是脱硫能力差。双渣法是熔清后除渣，然后另造新渣，直到出钢。双渣法渣量大，吸收的杂质与非金属夹杂物数量多，有利于脱硫。缺点是延长了熔炼时间，增加了电耗，不能充分回收渣中的合金元素。

15.6 高频感应炉和真空感应炉冶炼

15.6.1 高频感应炉冶炼

高频感应炉频率高，加热速度快，但因受其加热电源的功率限制，一般容量较小，目前只限于实验室使用。

高频感应炉所用坩埚一般是预制坩埚，少数为现场人工干打垒，大多采用氧化镁坩埚。当成分允许时，一个坩埚可用二十几次，可以熔炼电热、精密电阻、应变等高合金钢。

普通高频感应炉与中频感应炉的熔炼工艺基本相同，也有4个主要步骤：装料、熔化、精炼和浇注。由于高频感应炉频率高，它要求炉料尺寸比中频感应炉小。它熔化速度快，对一般合金元素来说，烧损率一般比中频感应炉低些。有关高频感应炉精炼和浇铸见中频感应炉相关部分。

15.6.2 真空感应炉冶炼

真空感应炉熔炼能够精确控制所炼钢种或合金的成分，尤其是对如Al、Ti、B和稀土等活泼元素，采用真空感应炉熔炼，能准确地控制其含量范围。真空感应炉熔炼的钢与合金中气体和非金属夹杂物的含量水平远低于其他熔炼方法。真空熔炼可以有效脱气，而脱碳反应可以大大减少固体脱氧产物。但对降磷无能为力。从物理化学角度分析，温度和压力是决定反应能否进行的最关键的两个外部条件。真空感应炉的温度相对来说比较容易控制，而控制压力水平是真空感应炉的最显著的特点。不同容量的真空感应炉熔炼工艺基本一致，均可分为装料、熔化、精炼、出钢和浇铸。

下面简述真空感应炉熔炼工艺要点。

15.6.2.1　装料

有冷装料和热装料两种。冷料的装入方法如下：小型真空感应炉大多采用人工装入冷料，大型炉采用料篮装入。主要炉料要做去锈处理，潮湿的炉料要预先烘烤。装料的顺序、部位与中频感应炉相同，但特别注意炉料要下紧上松，防止“架桥”现象发生。少数活泼元素如 Al、Ti、B 和稀土等装入分格加料器中。大炉子装料时，应分几次装入，并注意减轻炉料对坩埚的冲击。热装料法是将炉料预先在感应炉或电弧炉中按成分要求熔化，然后将钢水注入到真空感应炉内进行精炼。这种热装料法适用于大型真空感应炉。优点是可以用较差的炉料，在熔化炉内可以除磷和硫等杂质，真空感应炉省去了熔化期，尽管要延长精炼期，但总的熔炼时间可缩短 1/3，提高了大型真空感应炉的生产效率。

15.6.2.2　熔化期

熔化期主要任务是熔化炉料。熔化初期，由于感应电流的集肤效应，炉料逐层熔化。这种逐层熔化非常有利于去气和去除非金属夹杂物。所以熔化期要保持较高真空度和适度的熔化速度。熔化期由于有大量的气体析出，要保证真空系统有足够的抽气速率。熔化速度过快，气体将急剧地自钢水析出，容易引起钢水喷溅。尤其当炉料不够清洁时，喷溅现象更加严重。喷溅的钢水会使上部未熔化的炉料黏合在一起，出现“架桥”现象。破坏“架桥”的方法是先用捣料杆撞击上部炉料；此法不起作用时，可以倾动坩埚，使钢水与上部黏接的炉料接触，逐步破坏“架桥”；当上述两项措施不起作用时，只得破真空打开炉处理。不同容量真空感应炉熔化速度见表 15-18。当金属液全部熔化，熔池表面无气泡逸出时，熔炼转入精炼期。

表 15-18　不同容量真空感应炉熔化速度

真空感应炉容量/t	0.2	0.5	12.0	27.0	60.0
熔化速度/$t \cdot h^{-1}$	0.10	0.20	2.0	2.7	3.15

15.6.2.3　精炼期

精炼期的主要任务是提高液态金属的纯洁度及进行合金化。精炼期要实现的目标是降低气体含量，去除有害杂质，使钢水成分合格。炉料熔清以后，立即向钢水加入适量的块状的石墨或其他高碳材料，进行脱氧反应。在真空条件下，碳氧反应迅速进行，大量 CO 气泡从钢水中析出。钢水中氮及氢含量迅速下降。随着精炼时间的延长，氧含量逐渐降低，沸腾慢慢减弱，最后液面处于平静状态。这时微量有害杂质继续挥发，夹杂物部分分解去除。当钢水中气体及夹杂物含量降到较低水平时，加入活泼元素和微量添加元素，使钢水的成分达到出钢的要求。活泼元素的加入顺序一般为 Al、Ti、Zr、B、RE、Mg、Ca。加入时温度要调整到结膜温度。尤其对大量加入 Al、Ti 时，更要控制温度，防止这些元素与钢水中氧反应，大量放热，使钢水过热。加入活泼元素时，要保持较高真空度，加入后用大功率搅拌钢水 1～2min。镁和钙要以中间合金形式加入，这可大大提高回收率。精炼期的主要工艺参数是精炼温度、真空度和精炼时间。

精炼期升高温度有利于各种反应的进行。升高温度有利于氮化物的分解，有利于脱氮反应的进行，也利于微量有害杂质的挥发。但精炼期的温度不能过高，防止钢水与坩埚之间反应加剧。通常合金钢的精炼温度（℃）用下式计算：

$$
\begin{aligned}
t &= t_m + 100 \\
&= 1535 - 65[C] + 30[P] - 25[S] - 20[Ti] - 8[Si] - \\
&\quad 7[Cu] - 5[Mn] - 2.5[Ni] - 2.7[Al] - 2[V] - \\
&\quad 1.7[Mo] - 1.5[Cr] - 1.7[Co] - 1[W] - 1300[H] - \\
&\quad 90[N] - 80[B] - 80[O] - 5[Ce] - 6.5[La] + 100
\end{aligned}
$$

式中 t——精炼温度；

t_m——铁的熔点。

真空度的选择与所炼合金及炉子容量有关。提高真空度有利于精炼钢水，去除非金属夹杂物，提高合金性能，但过高的真空度会引起某些合金组元的挥发损失，增加坩埚与钢水的相互反应。因此，选择合适的精炼真空度对钢水净化是至关重要的。大型真空感应炉熔炼高温合金时真空度的变化见图15-25。从图中看出，精炼期有最高的真空度。一般来说，小型真空感应炉真空度容易保持较高，大型真空感应炉真空度保持较低，炼普通合金钢时真空度较低，炼精密合金和高温合金时真空度保持较高。冶炼Fe-Cr-Al的真空度在 $133.322 \times 5 \times 10^{-4}$Pa（$5 \times 10^{-4}$mmHg）时元素挥发开始增加。

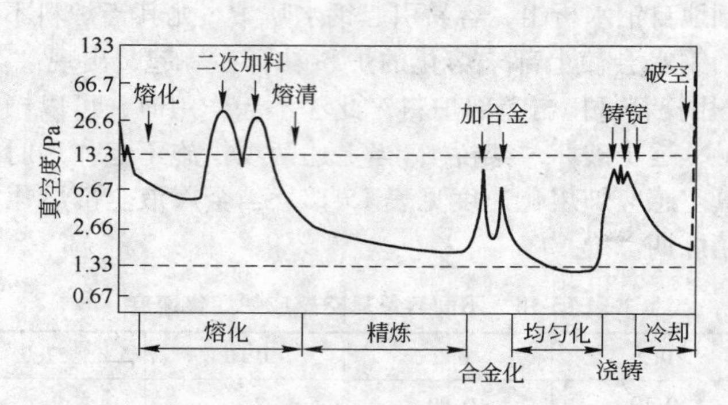

图15-25 大型真空感应炉熔炼高温合金时真空度的变化

精炼时间的选择主要取决于气体和夹杂物的去除程度。一般要尽量缩短精炼期。钢水中氧含量在精炼初期下降，过一段时间后，由于坩埚供氧，钢水中氧含量上升，所以精炼时间的选择应在氧含量最低处为佳。一般情况下，容量为200kg炉子精炼时间10min左右，1t炉子精炼时间可选择50min左右。

15.6.2.4 出钢浇铸

当钢水的成分和温度合乎要求后即可出钢。小钢锭或铸件可直接浇铸，大型感应炉可采用中间包浇铸。在真空下浇铸时，钢水具有良好的流动性。一般浇铸温度比熔点高70℃左右，比大气压下浇铸温度低30℃左右。当钢水中含有Ti、Nb、Mo、Al、Co、W等元素时，将影响钢水的流动性，应选择稍高的浇铸温度和真空度。也可充入纯氩保护下浇铸。为了避免铸温下降和氧化膜混入铸流中，通常采用带电浇铸。浇铸完毕后，铸锭在真空下凝固。根据铸锭的大小和钢种来确定保持时间。Fe-Cr-Al锭出炉后立即埋入温热沙土中缓冷。Ni-Cr系锭用空冷。

16　真空电渣炉和电弧炉—VOD 精炼铁铬铝合金

16.1　真空电渣炉冶炼铁铬铝合金

16.1.1　真空电渣炉简介

真空电渣炉设备与一般电渣炉基本相同。其不同点只在真空电渣炉的结晶器上面多了一个密封罩及抽真空用的机械泵。其设备如图 16-1 所示。

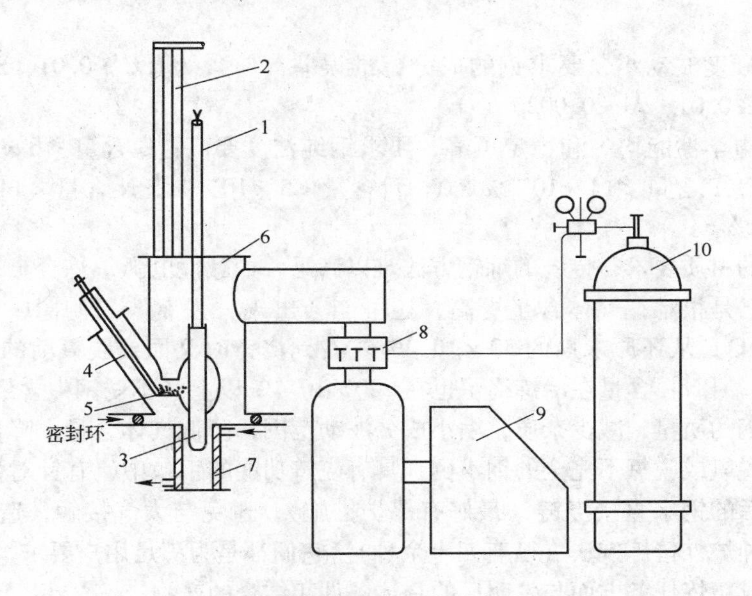

图 16-1　真空电渣炉设备示意图

1—电极把持器；2—电极升降机构；3—自耗电极；4—加渣器；5—待加渣料；6—密封室；7—结晶器；8—真空阀门；9—机械泵；10—氩气瓶

炉子的电气系统包括刚性变压器，副边最大电压为 55V，最大电流为 1500A，交流供电。钢制结晶器上部内径为 70mm，下部为 80mm，高 250mm。用于重熔的电极直径为 30mm，长 1m，一端带有螺纹，它经过锻造后酸洗，表面光洁无锈。渣料为 АНФ-6 和 RF28 及氧化钇、氧化镨钕渣多种渣系，渣量为 900 ~ 1000g。用前在马弗炉内 800℃ 下烘烤 3 ~ 5h。保护气体为氩气，其成分为 99.965% Ar，0.00298% O_2，0.0321% N_2。

16.1.2　冶炼操作要点

将渣料装入加渣器后，开始抽真空，当炉内压力近 53.3Pa（0.4mmHg）（炉内最高真空度为 53.3Pa（0.4mmHg））时停机械泵，快速通入氩气，在 5 ~ 6s 内达到 0.108 ~ 0.118MPa（1.1 ~ 1.2at）时开始通电进行重熔。渣料在通电后 50 ~ 70s 内加完，渣料熔化后即开始稳定的电渣冶炼过程。

熔炼过程中测量电极熔化速度，用示波器测量熔滴数目；计算电流密度及熔滴平均重量。钢锭出来后，在锭子中部取样作化学分析，定 O_2，定 N_2，电解夹杂物及金相定量定性分析。以此判定钢锭质量。其效果在不同冶炼质量及降夹杂中评述。

16.2 电弧炉—VOD冶炼铁铬铝简介

16.2.1 钢材现状质量与差距

长期以来，特殊钢大部是在电弧炉内熔化和精炼的。随着科学技术发展和国民经济的需要，对钢材要求越来越苛刻。例如：

(1) 为减少力学性能波动，一般要求钢成分标准误差（%）为：C ±0.01，Mn、Si、Cr ±0.02；

(2) 为保硬度波动小，要求钢的成分标准误差（%）为：C ±0.01，Si、Mn、Cr ±0.02，Ni、Mo ±0.01，Al ±0.0025；

(3) 为保电学性能均匀和稳定可靠，要求钢纯洁度要高：C 含量 $<6\times10^{-4}\%$，S 含量 $<5\times10^{-4}\%$，P 含量 $<14\times10^{-4}\%$，T[O]含量 $<5\times10^{-4}\%$，N 含量 $<14\times10^{-4}\%$，H 含量 $<1\times10^{-4}\%$。

如此严格的材质要求，传统的炼钢方法难以满足。如碱性电弧炉炼合金钢，夹杂物级别达到2.0级已是很难，气体含量更高，还可能会出现“发钢”，即［H］含量在 $10\times10^{-4}\%$ 以上。［O］从还原末期的 $30\times10^{-4}\%$ 左右到浇铸时又回到脱氧前的水平（$(100\sim200)\times10^{-4}\%$）。［N］含量在冶炼终了也在 $200\times10^{-4}\%$ 以上（不锈钢中含量更高）。

为了提高钢的质量，减少杂质，缩小成分波动范围，降低气体含量，降低成本，开发了将电弧炉未脱氧或脱氧不完全的钢水倒到具有浇铸功能的钢包中，有针对性创造精炼条件，再将精炼后的钢水直接浇铸（最好有保护措施），避免与大气接触，造成二次氧化。因此便产生各种炉外精炼方法（已有四十余种）。它们都是为满足用户要求，在设备结构、工艺安排和完成精炼任务方面与发明厂的具体条件相结合的产物。

部分炉外精炼方法示意见图16-2和表16-1。

表16-1 主要炉外精炼设备的主要参数

功能 \ 类型	VAD	LF	ASEA-SKF	VID	等离子加热	VOD	AOD	备 注
加热方式	电弧	电弧	电弧	感应	等离子	化学能	化学能	
搅拌方法	气体	气体	感应气体	感应	气体	气体	气体	
工作压力（加热时）/kPa	30~80	102	102	0.01~0.1	102	0.1~10	常 压	
氧分压/kPa	1~2	2~5	2~5	0.002~0.02	1~2	0.02~2	—	
处理钢水重量/t	30~150	15~300	15~250	0.5~15	50~300	5~300	5~150	
变压器容量/MV·A	5~20	5~30	5~25	0.5~3	1~6	—	—	
加热速度/℃·min^{-1}	3~5	3~5	2~4	5~15	0.2~1	20~50	20~50	
钢包衬厚度/mm	200~300	200~300	150~250	8~100	200~300	200~300	200~300	

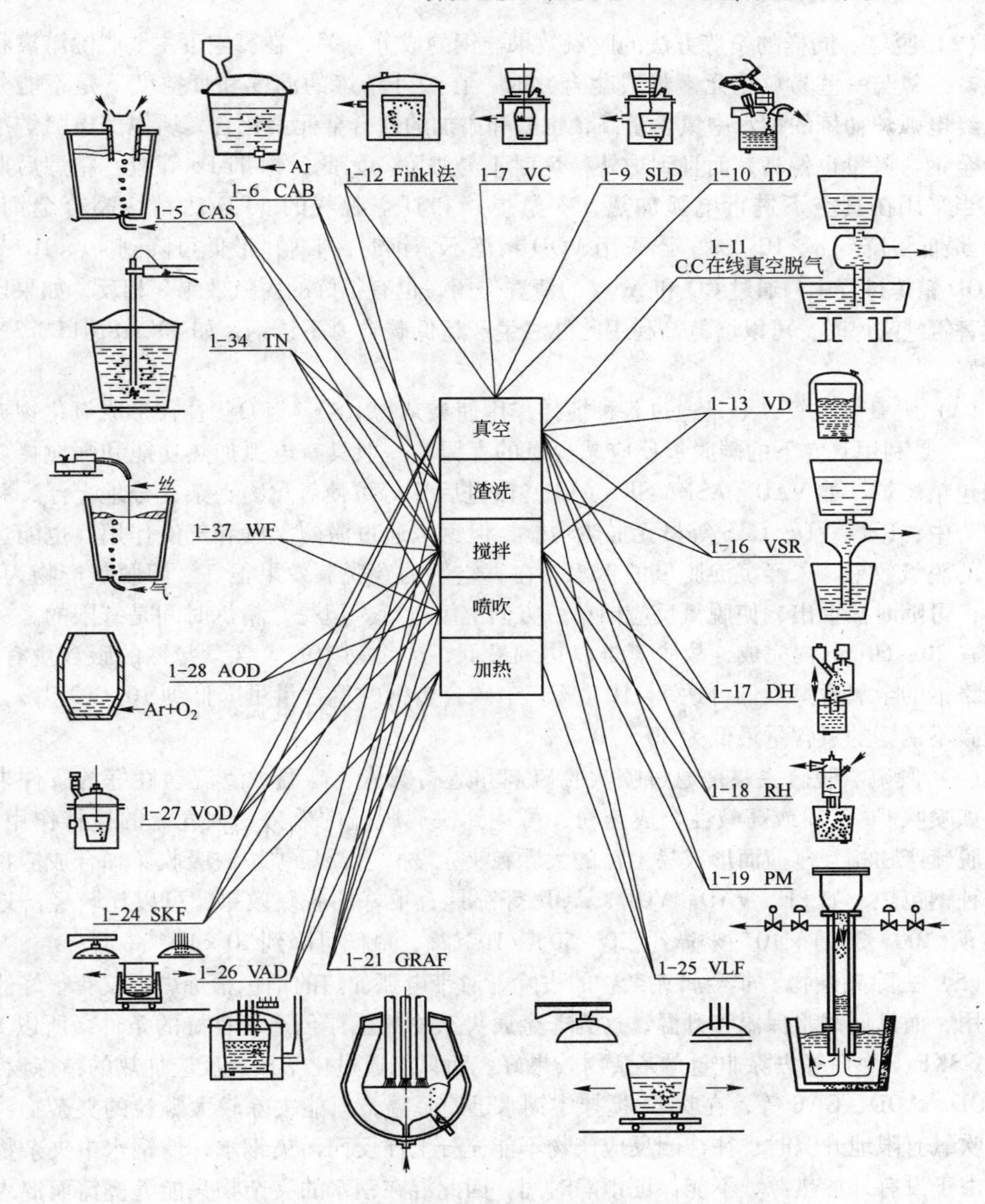

图 16-2 各种炉外精炼方法示意及所采用的精炼手段

16.2.2 各种炉外精炼的效果

通过炉外精炼净化钢水主要包括脱硫、脱氧、脱氢、脱氮、去除非金属夹杂物及化学成分均匀化。当要求超低碳钢时（如不锈钢），要脱 C 保 Cr 的深脱碳也属于净化钢水功能。高 Cr 低 C 的铁铬铝也属于此。脱气效果如下。

（1）脱氢。一般来说，各种真空精炼方法都具有较好的脱气能力，其中真空浇铸和倒包脱气的脱氢效果最好。如 RH、VD、VOD、VAD、ASEA-SKF 等能将［H］降低到 $(1\sim2)\times10^{-4}\%$。吹氩也有一定的脱氢效果。

(2) 脱氮。同样的精炼方法的脱氮效果与钢的成分有关，在真空下主要脱除游离状态的氮。当氮与一些易氮化元素形成化合物时，在炉外精炼的温度和真空度下是不能分解的。经电弧炉初炼的钢水中氮含量高，也易和添加的铁合金元素化合，所以经电弧炉冶炼的合金钢含氮量也偏高，而且到炉外精炼时不易去除。因此，像 Ti-Fe 等应在精炼后期加入。当采用在真空下进行电弧加热、吹氩搅拌和真空脱气的 VAD 法精炼高合金钢时，[N] 最低可降到 $8\times10^{-4}\%$。当采用 VOD 精炼不锈钢时，[N] 最低可降到 $40\times10^{-4}\%$。在 AOD 精炼过程中，通过 CO 和 Ar 气的清洗作用，也有很好的脱氮效果。相反，如果以氮气代替氩气吹炼时，可以增氮，利用此办法生产超低碳含氮不锈钢，如 00Cr18Ni15Mo3N 效果良好。

(3) 脱氧。脱氧，一是通过各种搅拌作用使夹杂物上浮（[O] 往往形成氧化物夹杂物）；二是利用真空下的碳脱氧反应减少氧的存留。一般具有电弧加热功能和强搅拌功能的钢包精炼炉，如 VAD、ASEA-SKF、LF（改进后）等可使氧化物夹杂充分地上浮，并进入炉渣中；RH、VD、CAS 等虽无加热功能，但钢水通过激烈翻腾和气洗作用，也能达到较好的脱氧效果。未经沉淀脱氧的钢水，在真空下的碳脱氧效果很好，因脱氧产物为 CO 气体，可随时被抽出，使脱氧反应向单一方向继续进行。但是，精炼时间是有限的，一般要求在 20～60min 内完成，故脱氧难以达到最低，最终钢中的氧含量与钢的碳含量有关，高碳铬钢的全氧含量最低可达 $5\times10^{-4}\%$，中碳合金钢的氧含量可降低到 $10\times10^{-4}\%$，而超低碳不锈钢的氧含量最低为 $30\times10^{-4}\%$。

(4) 脱硫。脱硫主要是通过喷吹脱硫剂和造高碱渣、高温、渣流动性好的条件来达到。如喷吹 Ca-Si 粉或高碱性合成渣粉，可达到快速脱硫的效果，在气流的搅拌作用下，可使脱硫产物相互碰撞而形成易上浮的大颗粒夹杂物，上浮后被炉渣吸收。加合成渣精炼的各种钢包炉，如 LF、VAD、VOD、AOD 等都具有很好的脱硫效果，可以比较经济地使 [S] 从 $(100\sim300)\times10^{-4}\%$ 降到 $(20\sim50)\times10^{-4}\%$，最低可降到 $10\times10^{-4}\%$。

(5) 去除夹杂物。非金属夹杂物的去除，对带电弧加热的钢包精炼炉不仅有很好的搅拌作用，而且使钢水保温和升温，这为非金属夹杂物的上浮创造了良好的条件，所以 LF、ASEA-SKF、VAD 等去除非金属夹杂物效果好。而只能通过化学放热反应加热的精炼设备，如 VOD、AOD、CAB 等，在吹 Ar 搅拌中钢水迅速降温，只能去除较大颗粒的夹杂物，并且在吹氧有限地升温时，往往因反应产物不能充分上浮反而污染钢水，使钢水中夹杂物增加。由于没有外加热源，不能保证镇静时间，因此混在钢水的夹杂物只能随浇铸而混入钢锭中。

(6) 综合效果。近期，部分特殊钢厂广泛采用的一些炉外精炼方法能达到的精炼效果及降低物料消耗等，其定性和定量对比列于表 16-2。

表 16-2 几种主要炉外精炼方法的精炼效果及物料消耗情况对比

冶炼方法	电弧炉	ASEA-SKF	LF	VAD	RH	VD	CAB	VOD	VODC	AOD	TN
容量/t	30～150	30～200	30～350	30～150	100～350	15～100	100～350	10～100	10～100	15～130	30～200
$w[C]/10^{-4}\%$	<300	VE		VE	VE	VE		<10	<10	<30	
$w[O]/10^{-4}\%$	>E	<20	<E	<20	<20	<20	<40	<20	<20	<50	<40

续表 16-2

冶炼方法	电弧炉	ASEA-SKF	LF	VAD	RH	VD	CAB	VOD	VODC	AOD	TN
$w[S]/10^{-4}\%$	<250	<50	≥100	<30		<50		<50	<30	<50	<30
$w[P]/10^{-4}\%$	<300										
$w[N]/10^{-4}\%$	R<150	<50	+20	<50	<40	<40	<50	[C]+[N]<100	[C]+[N]<100	降或+	+10
$w[H]/10^{-4}\%$	R	<2	+<1	<2	<2	<2	<4	<2	<2	<4	+<1
去除夹杂物		很好	很好	很好	较好	很好	较好	较好	较好	较好	较好
精调成分		很好	很好	很好	很好	很好	很好	很好	很好	较好	较好
调　温	升温	很好	很好	很好				较好	较好	较好	
节约合金料		很好	较好	很好	很好	很好	很好	很好	很好		较好
氩气消耗 $/m^3 \cdot min^{-1}$		0或少量	少量	0.05~0.20	少量	少量	少量	0.01~0.2	0.03~2.6	1~2m^3/t	少量
处理时间/min	60~90	60~90	40~90	60~90	15~20	30左右	20~30	30~40	20左右	60~120	10~25

注：E—常压平衡状态；VE—真空平衡状态；R—取决于所用原料；+—在初炼钢水基础上增加。

16.3 电弧炉—VOD双联冶炼

由上述可见，各种炉外精炼方法比传统冶炼方法（电弧炉）有很大进步。各种精炼方法之间又各有所长。但不都是十全十美的。

北京钢丝厂首先采用电渣双联（即三相有衬电渣炉合金化和单相电渣重熔净化）法，克服了传统炼钢法之不足，成功地冶炼铁铬铝高电阻电热合金40多年，其冶金质量一直与世界名牌媲美。随着市场经济的深入发展，深层次（高质量、低成本）竞争愈来愈激烈，面对电渣炉需精料、单重小、劳动生产率低、能耗高、成本偏高的现实，寻求更先进的设备、技术、工艺手段来提高产品的质量、增加品种、提高效益，成为企业新的追求。近来采用电弧炉初炼，VOD炉外精炼的方法，提高铁铬铝等高合金钢的质量，提高单重、提高劳动生产率、降低消耗、降低成本，提高产品档次，增加信誉度，是该厂在新形势下的新举措。其电弧炉—VOD炉外精炼系统（下称“双联”）如图16-3和图16-4所示。

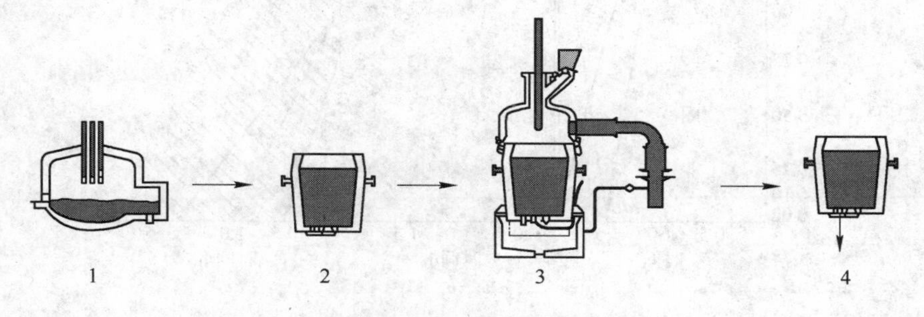

图16-3　真空精炼法的冶炼步骤

1—电炉初炼；2—精炼钢包；3—真空精炼炉；4—钢水浇铸

(1) 真空精炼炉简介如下。

真空精炼炉由精炼钢包和真空装置（由上真空盖和下真空座组成）两部分组合而成。真空精炼炉的结构如图16-4所示。

精炼钢包底部安装有浇铸用的滑动水口、吹氩透气砖、与下真空座的密封装置。上部装有与上真空盖的密封装置。

冶炼时精炼钢包吊放在下真空座上，然后将上真空盖安装在精炼钢包上面。这样就组合成真空精炼炉，炉顶装有氧枪和真空加料仓。

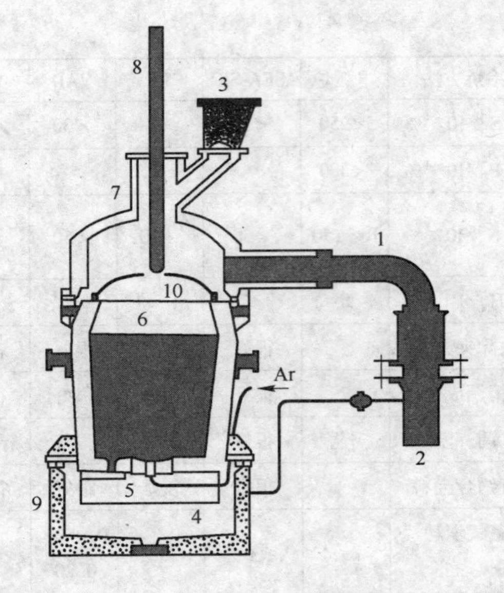

图16-4 真空精炼炉的结构

1—真空管道；2—排气口；3—真空加料仓；4—真空吹氩系统；5—滑动水口；6—精炼钢包；7—上真空盖；8—氧枪；9—下真空座；10—防喷罩

(2) 抽真空系统

真空精炼炉使用多级蒸汽喷射泵抽取冶炼空间的气体。极限真空度可以达到0.066Pa（0.5×10^{-3}mmHg）。蒸汽喷射泵的抽气能力根据真空精炼炉的容量配置。5t真空精炼炉真空系统的抽气能力为50～600kg/h。达到极限真空度的时间为3～5min。

(3) 5t电弧炉初炼、5t VOD炉外精炼的新工艺路线给人们提出许多有待探讨的新问题，尤其是在冶炼铁铬铝高合金钢综合体现出来（以下简称“双联”）。

根据这套小型设备试运行概况，图16-5～图16-17为初步汇集数据资料组成的图解，供读者参考。此组数据是VOD未达到高真空条件下运行的结果。

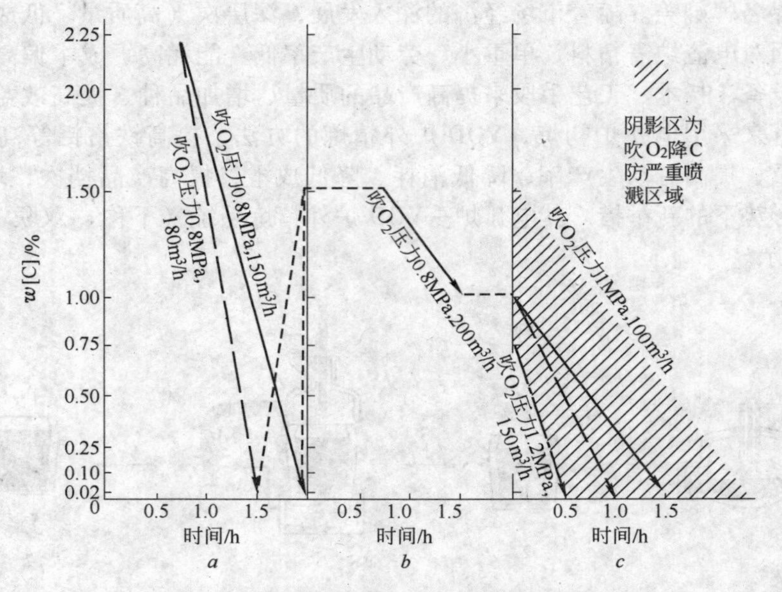

图16-5 碳在“双联”冶炼中的变化情况

a—电弧炉先炼原料钢；*b*—电弧炉熔化高碳铬；*c*—VOD降碳保铬

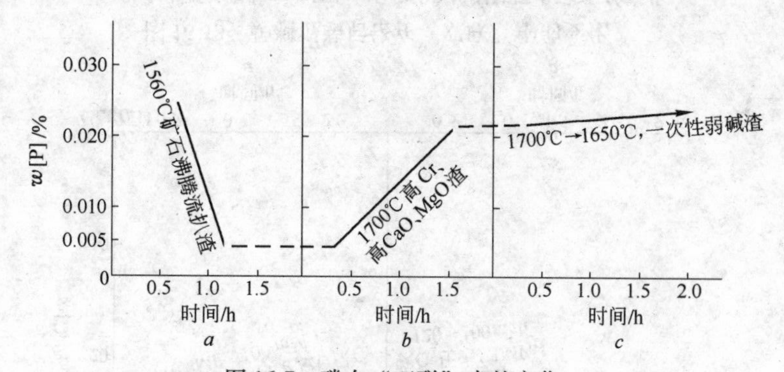

图 16-6 氧在“双联”中的变化

a—氧在电弧炉原料钢水中的变化；b—氧在电弧炉化铬铁水中的变化；c—VOD 中吹 O_2 降 C 保 Cr、脱气中［O］的变化

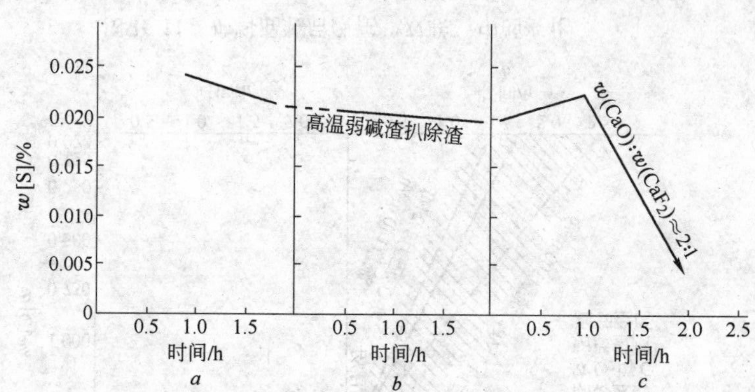

图 16-7 磷在“双联”中的变化

a—在电弧炉炼原料钢时除 P 的情况；b—在电弧炉中加高 C 铬后钢水中 P 的变化；c—VOD 降 C 保 Cr 时 P 的变化

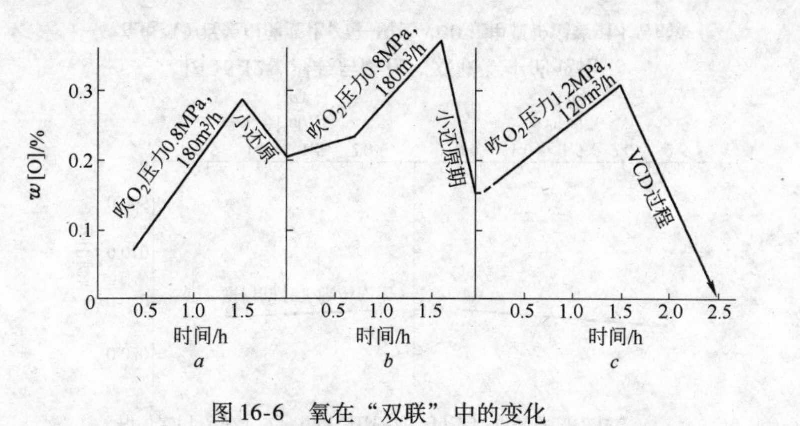

图 16-8 铬在“双联”中的变化

a—电弧炉冶炼原料钢残 Cr 的变化；b—电弧炉中加入高碳 Cr 的变化；c—VOD 降 C 保 Cr 脱气 Cr 的变化

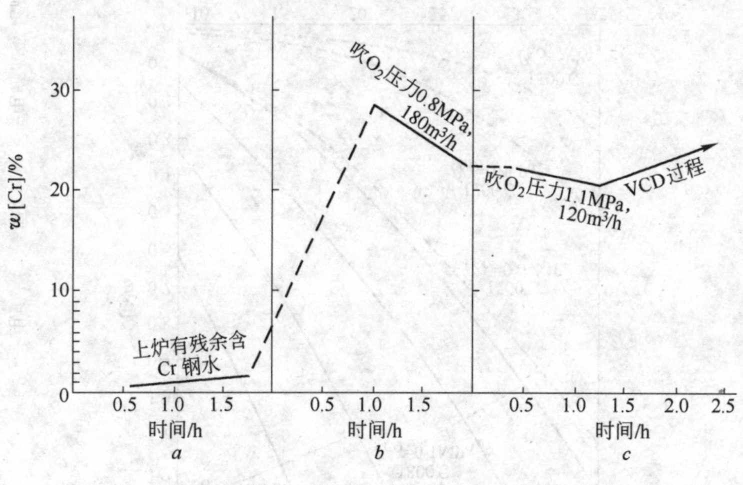

图 16-9 硫在“双联”中的变化

a—[S]在电弧炉炼原料钢中的变化；b—[S]在电弧炉化高 C 铬中的变化；c—VOD 中造碱渣[S]的变化

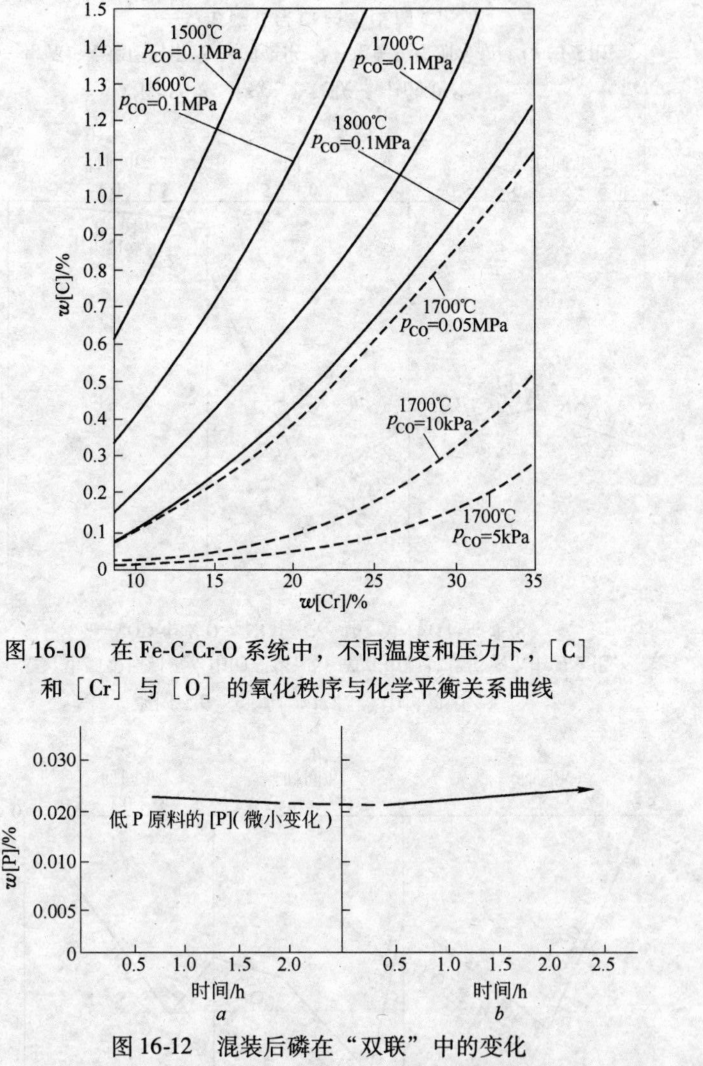

图16-10　在Fe-C-Cr-O系统中，不同温度和压力下，[C]和[Cr]与[O]的氧化秩序与化学平衡关系曲线

图16-12　混装后磷在“双联”中的变化

a—磷在电弧炉混装中的变化；*b*—磷在VOD接电弧炉混装钢水后的变化

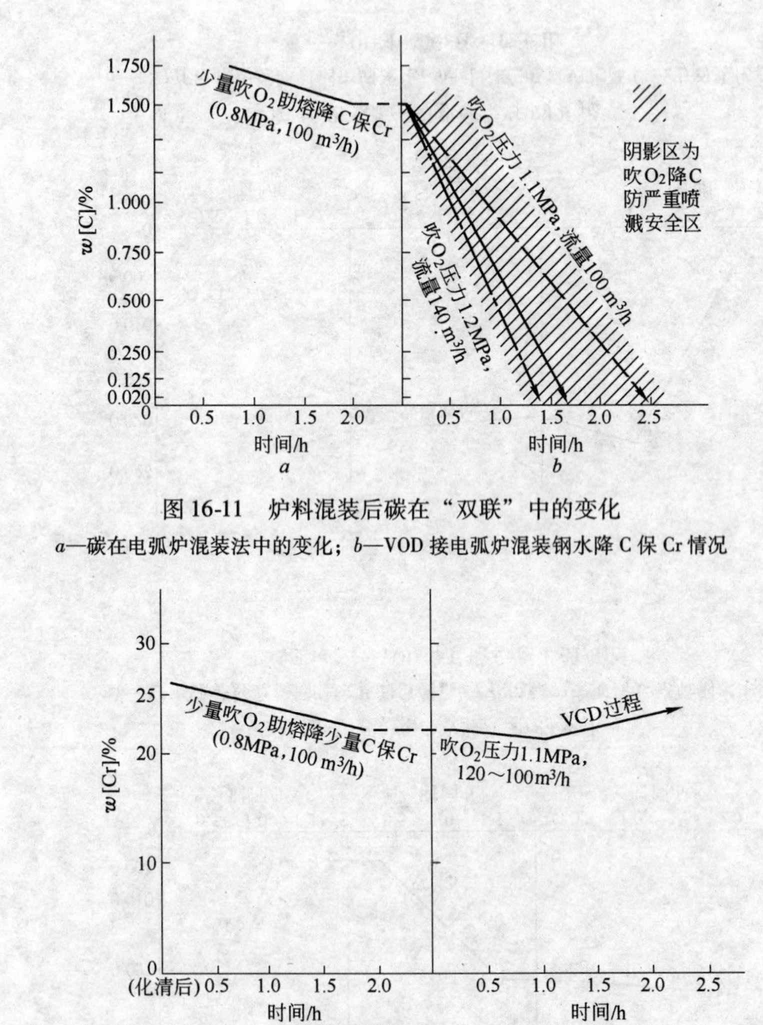

图16-11　炉料混装后碳在“双联”中的变化

a—碳在电弧炉混装法中的变化；*b*—VOD接电弧炉混装钢水降C保Cr情况

图16-13　炉料混装后铬在“双联”中的变化

a—Cr在电弧炉混装中的变化；*b*—VOD接混装钢水后Cr的变化

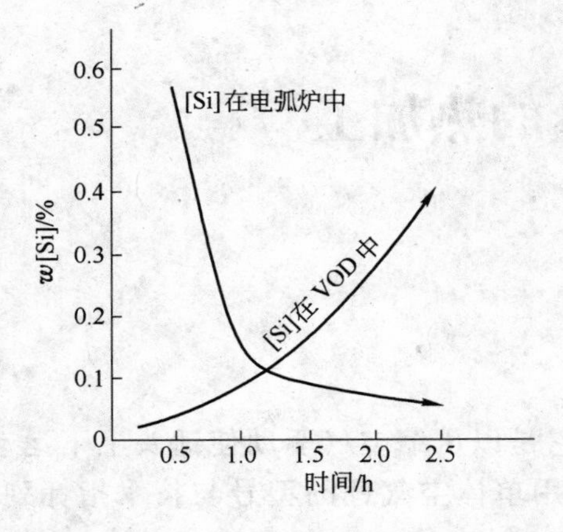

图 16-14　硅在“双联”中的变化

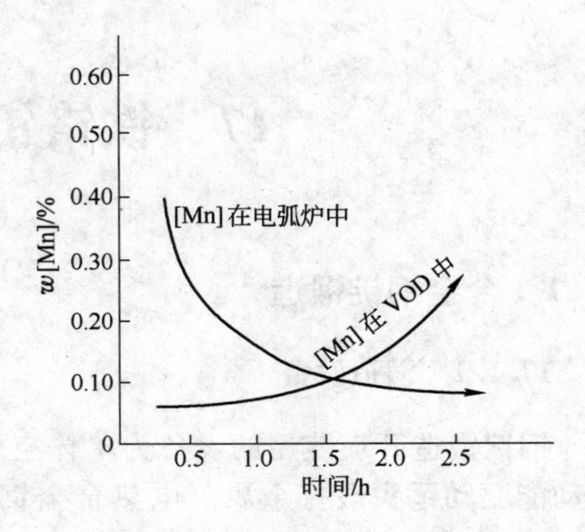

图 16-15　锰在“双联”中的变化

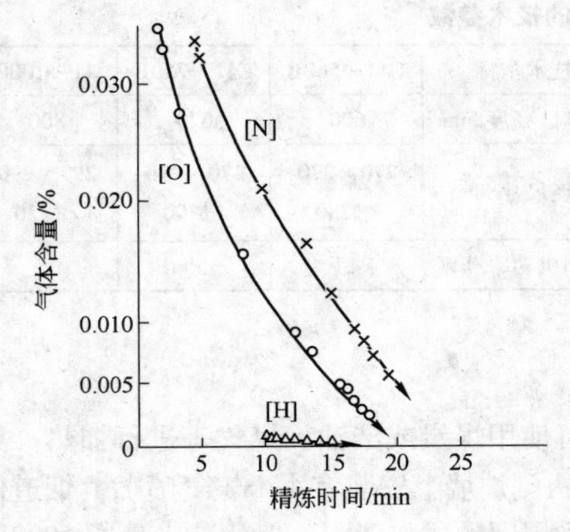

图 16-16　三大气体在 VOD 过程中的变化

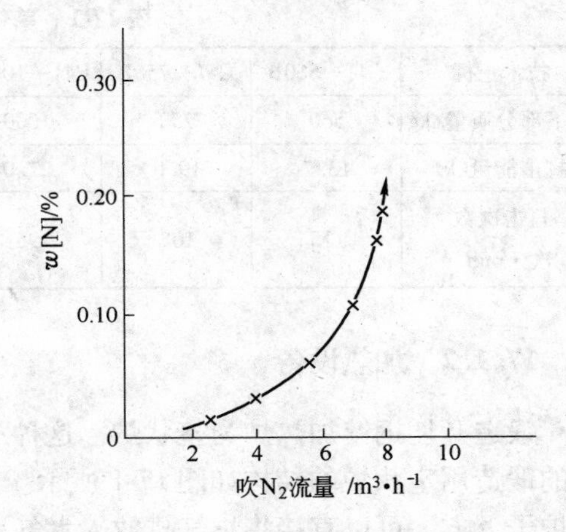

图 16-17　00Cr18Ni15Mo3N（钼三氮）的［N］在 VOD 过程中的变化(吹氮过程)

（吹 N_2 压力为 1MPa）

17 铁铬铝合金的热加工

17.1 合金钢锭锻造

17.1.1 锻造设备

钢锭锻造开坯使用的设备为单体空气锤。它是以压缩空气驱动使锤头上下运动，以动能驱动锤头锻打金属。电热合金钢锭开坯用单体空气锤的型号与技术指标列于表17-1。

表17-1 单体空气锤的技术参数

技术指标	C41—560B	C41—750B	C41—1000B	技术指标	C41—560B	C41—750B	C41—1000B
落下部分质量/kg	560	750	1000	工作区高度/mm	600	670	800
打击能量/kJ	13.7	19.0	27.0	开坯尺寸/mm	270×270/ϕ280	270×270/ϕ300	290×290/ϕ320
打击次数/次·min^{-1}	115	105	95	电动机功率/kW	45	55	75

17.1.2 加热设备

锻造开坯钢锭加热炉为室状炉。这种加热炉可使用煤炭或柴油、煤气等进行加热。典型的锻造用室状炉的结构如图17-1所示。炉膛的两侧炉墙上安装有4个煤气喷嘴。烟道位于炉子上方，可以直接将炉气排放入大气。炉子采用间歇式作业。一般的装入量在1000kg左右。常用的室状炉的技术指标列于表17-2。

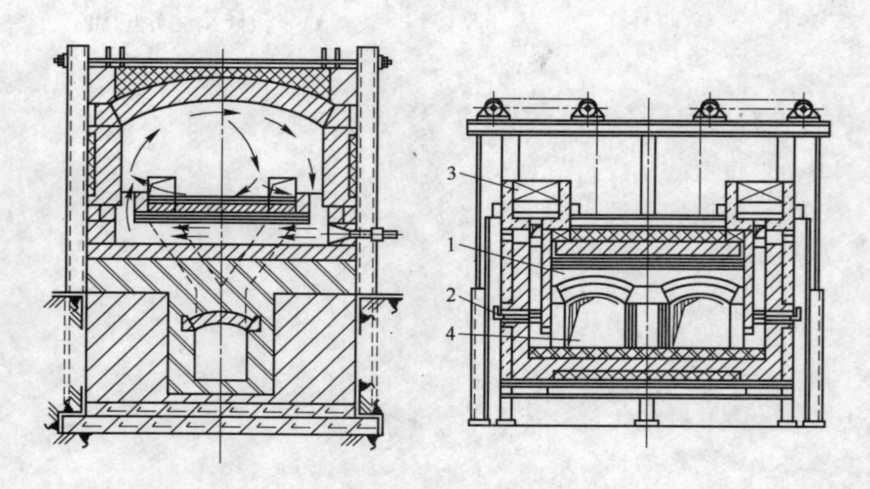

图17-1 固定式室状炉

1—炉膛；2—烧嘴；3—换热器；4—炉门

表 17-2 室状加热炉的技术参数

炉膛尺寸/mm×mm×mm（长×宽×高）	标准燃料消耗 /kg·t^{-1}	最大产量 /kg·h^{-1}	炉底强度 /kg·m^{-2}·h^{-1}	利用系数/%
600×460×450	130	135		21.0
900×900×600	155	320		18.0
1200×1350×750	147	600	370	19.0
1500×1200×750	155	610	355	18.5

17.1.3 Fe-Cr-Al 合金钢锭的锻造开坯

锻造热加工常用 C41-750、C41-1000、C41-2000 空气锤，也用蒸汽锤或电锻机进行开坯。

17.1.3.1 Fe-Cr-Al 合金锭的加热

加热制度非常重要，加热质量好坏直接影响锻造加工成败。Fe-Cr-Al 合金热导率为 16.75W/(m·K)，是纯铁的 1/4，即对同样大小的工件，加热到同样的温度，Fe-Cr-Al 所需时间是纯铁的 4 倍。

Fe-Cr-Al 电热合金中 Cr、Al 含量高，是脆性晶体金属结构，其热塑性低，尽管经过单相电渣重熔使钢锭外层晶粒细密、里层斜向结晶，加工性能有所改善，但实际中对它的加热升温仍须格外注意。如果加热升温速度过快，锭子内外温差过大，由此引起内外热应力相差也大，在加热过程中经常听到“啪”、“啪”的声音，说明钢锭内部因应力过大而开裂，而这种开裂又不能在后面热加工中“焊合”。同理，冷锭在炉温为 700～800℃的高温热装而引起的全炉锻裂或轧裂的教训并不新鲜。另一方面，为“赶时间”而中途快速提温，以抬高温度来代替保温时间，造成锻造或轧制撕裂——“鳄鱼张嘴”，一个钢锭对开成两半或边角严重开裂。这些现象都是加热不当造成的恶果。另外，应注意加热时不能让锭表面沾污许多煤焦油类碳渣子，尤其是烧煤加热更须注意。

合适的加热速度应该是，对几十千克重的 Fe-Cr-Al 合金冷锭，入炉温度宜 100～200℃，开始 1h 内以 1～2℃/min 速度升温。1h 后以 5℃/min 速度升温，保温时间不少于 80min，即整个加热、保温时间约 6h 左右。对于单层码放的钢锭其保温时间可稍缩减。如果是热送，本身温度在 600℃左右，入炉炉温 500～600℃，升温和保温也需 2.5h。具体见表 17-3。跑温过烧毁坏钢锭如图 17-2 所示。

图 17-2 过烧钢锭照片

17.1.3.2 Fe-Cr-Al 合金的锻造

锻造一般适合小钢锭，因大锭需机械夹持翻转而往往由初轧开坯代替。对高合金钢，尤其脆性组织结构的合金钢，锻造压下量自由度较大，便于试验和控制。经过锻压的坯料，转入轧制就容易加工得多。

表17-3 Fe-Cr-Al合金锻前加热制度

钢种	钢号	火次	冷锭或红转温度	加热、升温		保温	
				温度/℃	时间/min	温度/℃	时间/min
电热合金	0Cr25Al5 0Cr21Al6	一火	室温	1250	260	1250~1200	90
			500~600℃	1250	80	1250~1200	80
	0Cr19Al3 1Cr13Al4	二火				1200~1230	20~30

注：1. 低牌号靠下限；
2. 回炉料靠下限；
3. 终锻温度850℃以上。

没有经过单相电渣重熔的Fe-Cr-Al铸锭，即使表面经过扒皮的钢锭在开锻时也应特别小心轻打。经过单相电渣重熔的Fe-Cr-Al钢锭，在开锻时也需轻拍几下后马上转入重锤快锻，使整个横截面几乎同时变形。为了克服脆性而增加变形面积，充分利用高温区塑性较好的时机，锤座上最好垫一个砧子。锻打时，钢锭在砧子上迅速地、有节奏地翻转，不允许在同一打击面上连打三锤，而要上下、左右十字交替，四面均匀变形。由于锻造加工是上下受压变形，前后左右受拉变形的特点，故在锻打时，宜由锭身中间向两端扩展，不允许锤痕之间有较大台阶。已产生台阶的，一定要调转方向轻锤拍平。头火锻打时，钢锭变形交接口区长度不小于100mm。如果头火不顺，另一头降温太多，应回炉提温打二火，因为Fe-Cr-Al合金高温可塑范围较狭窄，否则容易开裂，甚至横断裂块飞出伤人。

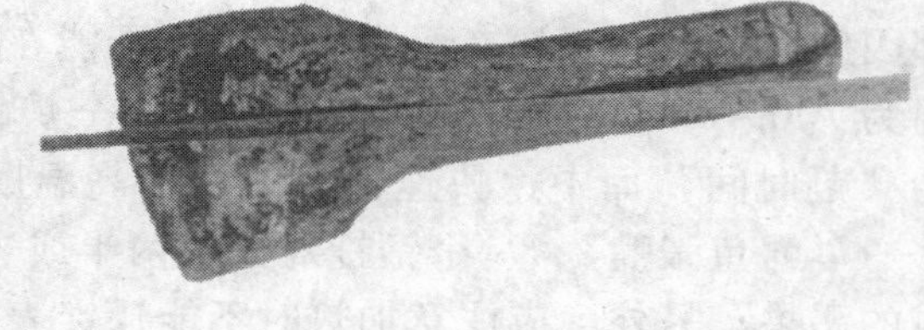

图17-3 电渣重熔后Fe-Cr-Al钢锭在锻造半途的形态（正常）

经过单相电渣重熔的钢锭的锻造总压下量可达67%以上。

锻造完的Fe-Cr-Al方坯如有大的折叠、劈头、裂口、缩孔等，都应趁热切除（见图17-4和图17-5）。修理后的方坯码垛缓冷至室温。

经电渣重熔的Fe-Cr-Al钢锭锻打情况如图17-3所示。

图17-4 重熔锭顶部缩孔

图17-5 重熔后Fe-Cr-Al锭底部缺陷引起开裂

17.1.3.3 重熔合金锭的锻造塑性

为取得0Cr25Al5电渣重熔锭锻造性能数据，实验采用与生产条件近似的镦粗法。

镦粗锤重280kg，锤头抬起高度0.9m，自由落锤的打击速度为4.2m/s，变形量采用不同高度垫圈控制。

试样为电渣重熔的0Cr25Al5重20kg钢锭，经电火花切割，再在车床上加工。纵向试样轴线与锭轴线平行，横向试样轴线与锭轴线垂直。纵、横试样各10个，温度选定900℃，1000℃，1100℃，1200℃，1300℃五个档次。每个试样包有石棉绳，在马弗炉中加热并保温20~30min，从出炉至镦粗完毕总共不超过4s。镦粗后试样用水冷、观察。

实验结果如表17-4中所列。

表17-4 0Cr25Al5合金自由镦粗实验数据

变形温度/℃			900	1000	1100	1200	1300
加热温度/℃			925	1025	1135	1235	1335
出现第一次裂纹时的变形量/%	横向试样	加稀土	53.0	81.5	71.0	84	83
		不加稀土	65.3	67.2	75.0	64.5	78.3
	纵向试样	加稀土	46.6	65.5	69.4	61	76
		不加稀土	59.5	①	75.6		73.3

①只有一块试样变形量为74.5%的开裂，其余全部不裂。

由表17-4可见，对0Cr25A15合金镦粗的最大变形量，在900~1300℃温度下，横向试样为65%~78%，纵向试样为59%~75%。而对加有稀土的0Cr25Al5合金在900℃时，横向试样为53%，纵向试样为46%；在1000~1300℃横向试样为71%~84%，纵向试样为61%~76%，这表明合金在900~1300℃有较好的塑性，在此温度范围内锻造开坯是合理的。

本实验中有两个合金纵横向试样在900~1000℃剪裂。在1000℃以上出现拉裂。如图17-6和图17-7所示。

图17-6 镦粗后产生的剪切裂纹图

图17-7 镦粗后产生的拉裂

17.2 Fe-Cr-Al合金方坯的热轧加工

17.2.1 轧制设备

根据当前Fe-Cr-Al合金电渣重熔钢锭单重较小的特点，所需开坯轧机$\phi 500$就足够，

ϕ300 和摩根 45°轧机作为中轧和成品轧机便可。或采用经过改进的灵活多变的 Y 型轧机，实行水平全线压应力轧制，较好地解决 Fe-Cr-Al 轧制问题。常用横列式或半连续式轧机如表 17-5 和表 17-6 所列。

表 17-5　电热合金热轧盘条对轧机的选择

热轧设备	坯料单重/kg	轧制速度/$m \cdot s^{-1}$	成品直径/mm	尺寸公差/mm
横列式轧机	20 ~ 50	3 ~ 5	7.5 ~ 8.0	±0.30
半连续式轧机	70 ~ 150	10 ~ 15	6.5 ~ 5.5	±0.20
高速连续轧机	>500	30 ~ 50	5.5	±0.30

表 17-6　半连续式轧机各机架主要技术参数

机架名称	轧制道次	轧辊直径/mm	轧辊转速/$r \cdot min^{-1}$	电机转速/$r \cdot min^{-1}$	线速度/$m \cdot s^{-1}$
粗轧机	1 ~ 6	540	77.80	592	1.87 ~ 2.07
中轧机	7 ~ 13	340/350	10.63 ~ 40.24	493 ~ 537	0.19 ~ 0.68
预精轧机	14 ~ 17	285	62.9 ~ 120.8	540 ~ 580	0.92 ~ 1.73
精轧机	18 ~ 27	158/210	209.9 ~ 2023.5	593	2.23 ~ 16.45

设备的一些主要参数如下。

（1）ϕ500 往复式三辊轧机

轧辊直径：ϕ540/480mm

辊身长度：1700mm

电机功率：1250kW

电机转数：592r/min

减速比：7.61

线速度：2.07m/s

（2）ϕ250/300 横列式轧机

ϕ250 型轧机：五机架横向排列，五机架均为三辊配制

轧辊直径：ϕ250mm

辊身长度：（750/450）mm

电机功率：630kW

最大轧制力：539kN

成品线速：3m/s

17.2.2　Fe-Cr-Al 合金轧制前的加热

轧前加热工艺制度见表 17-7，供参考。

钢锭比方坯的加热温度稍高，时间也稍长些，保温足够后即可开轧。如果在轧制过程中因轧机本身故障需要长时间的修复时，必须把炉温降到下限以下等待，不可听之任之。

表 17-7 Fe-Cr-Al 合金轧前加热制度

钢 号	规格/mm	入炉炉温/℃	升 温		保 温	
			温度/℃	时间/min	温度/℃	时间/min
0Cr25Al5 0Cr21Al6Nb	$57^2 \sim 58^2$	≤650	900 ~ 1180	50	1180 ~ 1220	60
0Cr19Al5 1Cr13Al4		≤650	900 ~ 1180	50	1180 ~ 1220	60

注：1. 低牌号执行中、下限；
2. 码方坯层数 2 ~ 4 层；
3. 冷坯装炉随炉升温 900℃前不少于 2h；
4. 终轧温度 720℃左右水淬。

试验和生产实践说明，钢锭在 1260℃ 短时间保温（约 30min）、1220℃ 开轧的 0Cr25Al5RETi 盘条水淬塑性最好。Fe-Cr-Al 热轧盘条淬水冷却是好办法。热轧 Fe-Cr-Al 带由于断面大，冷却条件较好，实行空冷。

上述加热制度为老式横列式成品轧机，因它的轧速为 2m/s 左右较慢，且从开坯轧制转移至成品轧制有降温过程，即生产效率较低，温降也较多，生产量也较少，往往采用室状加热炉，其加热温度比较高。

当生产量大，轧机系列先进，轧制速度较高，轧制过程中降温较慢，此时往往采用环形加热炉。环形加热炉形貌如图 17-8 所示。

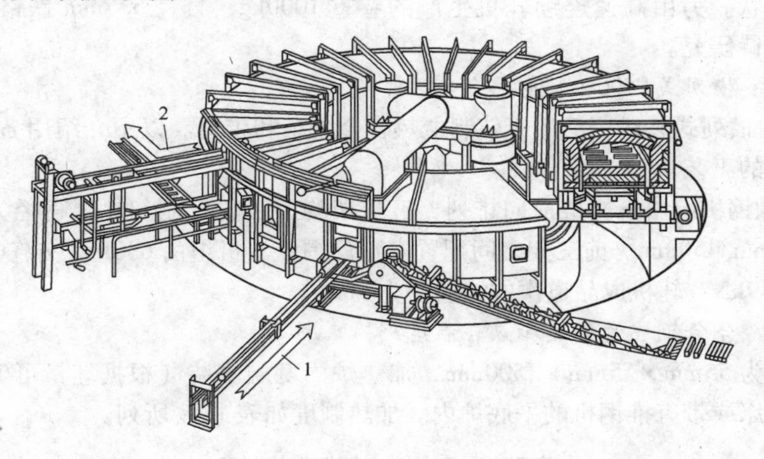

图 17-8 环形加热炉
1—钢坯入炉；2—钢坯出炉

17.2.3 电热合金钢锭的热轧开坯工艺

17.2.3.1 环形加热炉的加热工艺

加热工艺主要控制入口区炉温、加热区温度和时间、均热区温度和时间。这些参数是根据炉子装入量、钢锭重量、炉体温区的划分等因素，结合炉底转动速度确定的。加热铁铬铝合金钢锭时，入口区温度在 500℃左右、加热区温度应不 超过 1180℃ ±10℃，加热时间为 40 ~ 50min。均温区温度为 1180 ~ 1200℃，均温时间不少于 20min。开轧温度为

1180℃ ±10℃。

17.2.3.2 ϕ500 轧机开坯工艺

利用 ϕ500 三辊可逆式轧机，经过 7 道次往复轧制，可将 50 ~ 100kg 钢锭轧制成 50mm × 50mm钢坯，供 ϕ300 热轧机生产盘条。钢坯通过固定剪分切成 1.5 ~ 1.8m 长钢坯 2 ~ 3只。Fe-Cr-Al 合金方坯如不趁热红转时必经保温箱缓冷。

ϕ500 三辊可逆式轧机的轧制孔型为：方形—扁箱—方箱—扁箱—方箱—六角—方形系列。前 5 道的道次减面率为 22% ~ 25%，后两道为 27%。成品钢坯尺寸为 53mm × 53mm ±2.0mm。轧制时机前机后装有升降台和送钢辊道，由人工操作。轧制时的线速度为2.0m/s。终轧温度为 800 ~ 820℃。

固定剪用于切断长钢坯，最大剪切力为 1000kN，固定剪电机功率为 15kW，剪切温度高于 800℃。

17.2.4 电热合金的热轧

国内用于生产电热合金盘条的热轧设备有以下三种：横列式轧机、半连续轧机、高速连续轧机。以下将详细介绍前两种热轧设备，而高速连续轧机不适宜于电热合金专业生产厂使用，因为电热合金盘条的需要量小，该轧机的产量高，会造成设备能力浪费。

我国电热合金热轧盘条生产存在轧制设备落后的问题。目前个别企业建成了半连续热轧机组，开始生产盘重约 70 ~ 100kg 的直径为 5.5mm 电热合金盘条，初步改变了热轧盘条的落后生产现状。另由高速连续轧机生产的卷重 1000kg，直径 5.5mm 铁铬铝合金盘条，其使用性能尚待研究。

17.2.4.1 横列式轧机轧制电热合金

ϕ250/300 横列式轧机广泛用于轧制电热合金盘条和带材。以下介绍用 ϕ250 轧机轧制电热合金盘条的工艺。

ϕ250 型轧钢机组由五机架横向排列，五机架均为三辊配制。轧辊直径为 250mm，辊身长度为 750mm/450mm。前三架之间配置有正反围盘。机组由 630kW 交流电机驱动，最大轧制力为 539kN，轧机成品道次的线速度为 3m/s。

17.2.4.2 合金钢坯的加热和热轧温度

钢坯尺寸为 55mm × 55mm × 1500mm，加热炉内两层平装（根据坯量可 1 ~ 3 层），坯料放于链式辊床或带有推钢机的平底炉内。加热制度如表 17-8 所列。

表 17-8 电热合金钢坯加热制度

合金类别	入炉温度/℃	加热		保温		开轧温度/℃	终轧温度/℃	冷却方式
		温度/℃	时间/min	温度/℃	时间/min			
铁铬铝	<600	1160 ±20	40 ~ 50	1180 ±20	30	1200	720	水淬
镍铬（铁）	<600	1180 ±20	60	1200 ±20	40	1220	850	空冷

17.2.5 热轧铁铬铝合金盘条部分问题讨论

17.2.5.1 盘条晶粒度在辊缝处比心部粗大

北京航空大学和北京钢丝厂合作，在 20 世纪 80 年代长期跟踪研究分析铁铬铝合金盘条纵裂问题中发现，轧条在辊缝处晶粒度比心部粗大，同时此辊缝处折叠和氧化物夹杂也较多。它们虽然不是盘条纵裂的直接因素，但是它和合金的低温天然脆性及缺口敏感性强的特性一起成为纵裂的诱因。尤其是轧后没及时退火的盘条在寒冬往往引起断裂恶果。轧条在辊缝处晶粒度与心部的对比如图 17-9 所示。

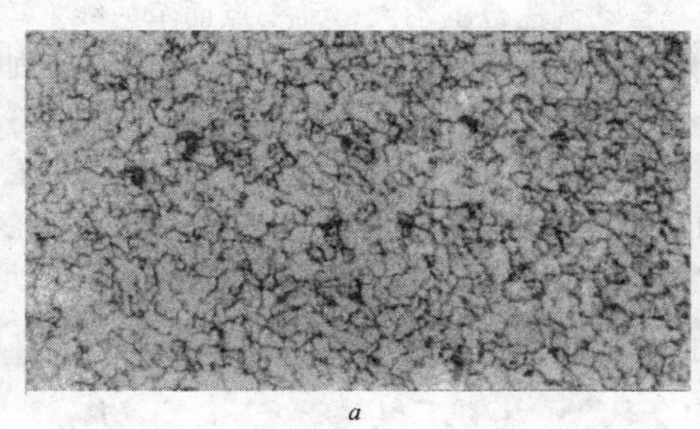

a

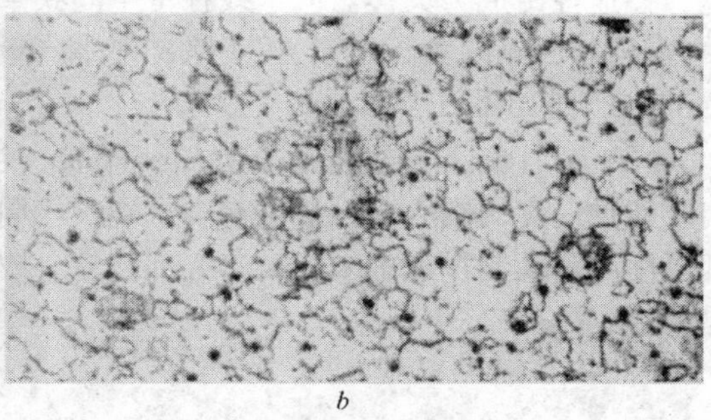

b

图 17-9 轧条辊缝晶粒比盘条心部粗大，×100

a—盘条心部；*b*—辊缝处

毋庸置疑，辊缝的问题与轧制孔型设计及调整有关。

生产上曾经对轧坯第一道孔型采用 1.43 的延伸系数的大压下量而没造成裂口的做法。但合金在一边为直边的孔型中，如椭—方，六角—方型孔型中极易产生裂纹，如图 17-10 表示合金由方进椭时轧件在椭面上形成严重的粗糙和裂纹。实践证明，对铁铬铝合金采用椭—方系轧制孔型系列最不成功，其盘条表面折叠最多。但椭—方系轧制的盘条力学性能较好，而椭—圆孔型系能使盘条表面光洁，便综合使用。设计中将每道有直角边的都改为弧边，但带弧边的轧件在轧制过程中不易稳定，经改进形成前八道为大压下量，让合金充分发挥高温塑性好的优势，而在后九道采用椭圆—圆形系统，使各道次变形均匀，减少轧件内应力，并得到光洁的表面。其中对 ϕ8.0mm 盘条将辊缝尺寸和椭圆的 *a* 轴、*b* 轴尺寸之差都缩小，皱纹和折叠基本消除。

图 17-10 合金轧件表面粗糙和裂纹

17.2.5.2 盘条穿晶脆断

北京航空航天大学、北京科技大学和北京钢丝厂在不断合作研究分析铁铬铝合金脆裂现象过程中，都分别指出，合金热轧盘条在正常情况下，其晶粒度尺寸一般为 14μm 左右。当晶粒度尺寸达到 20μm 时，合金力学性能进入由韧转脆临界晶粒度点。前面说到盘条辊缝处晶粒度往往在 20μm 以上。当盘条晶粒度达 80μm 时易准解理脆断，当晶粒度尺寸达 100μm 时易穿晶脆性断裂。

合金热轧盘条晶粒度与轧前加热温度、轧制温度、轧制道次（压下量）和轧速、冷却强度密切关联，中心问题是温度因素。由于 Fe-Cr-A1 合金本身 Cr 含量高、Al 含量高而脆性较大，为了充分利用它在高温（900～1200℃）塑性较好的特点，实指望在此温度区内完成所有变形，但900℃以上仍是晶粒粗大的温度区域。而多年生产实践证明，盘条的终轧温度在720℃左右才能得到良好的晶粒度和力学性能。

某厂的半连续轧制生产线，轧制速度提高了，生产效率上去了，但是降温却成了大问题，控速控冷成为关键。流水线预留空间狭窄，自动调速范围不大，动一点而牵一线。攻关者经过艰苦摸索，创造出铁铬铝轧件穿水降温的好办法。其轧条晶粒比较情况如图17-11～图17-17所示。

图17-11展示半连续轧制盘条 ϕ5.5mm 的横断面晶粒组织状态，心部为穿晶大晶粒，肉眼能见白亮的圆心，且散射有二次裂纹。周围都显示出脆性解理和准解理断口，说明心部温度高，轧制过程中未能破碎心部晶粒，或因温度高，虽曾破碎但又很快长大成穿晶大晶粒。

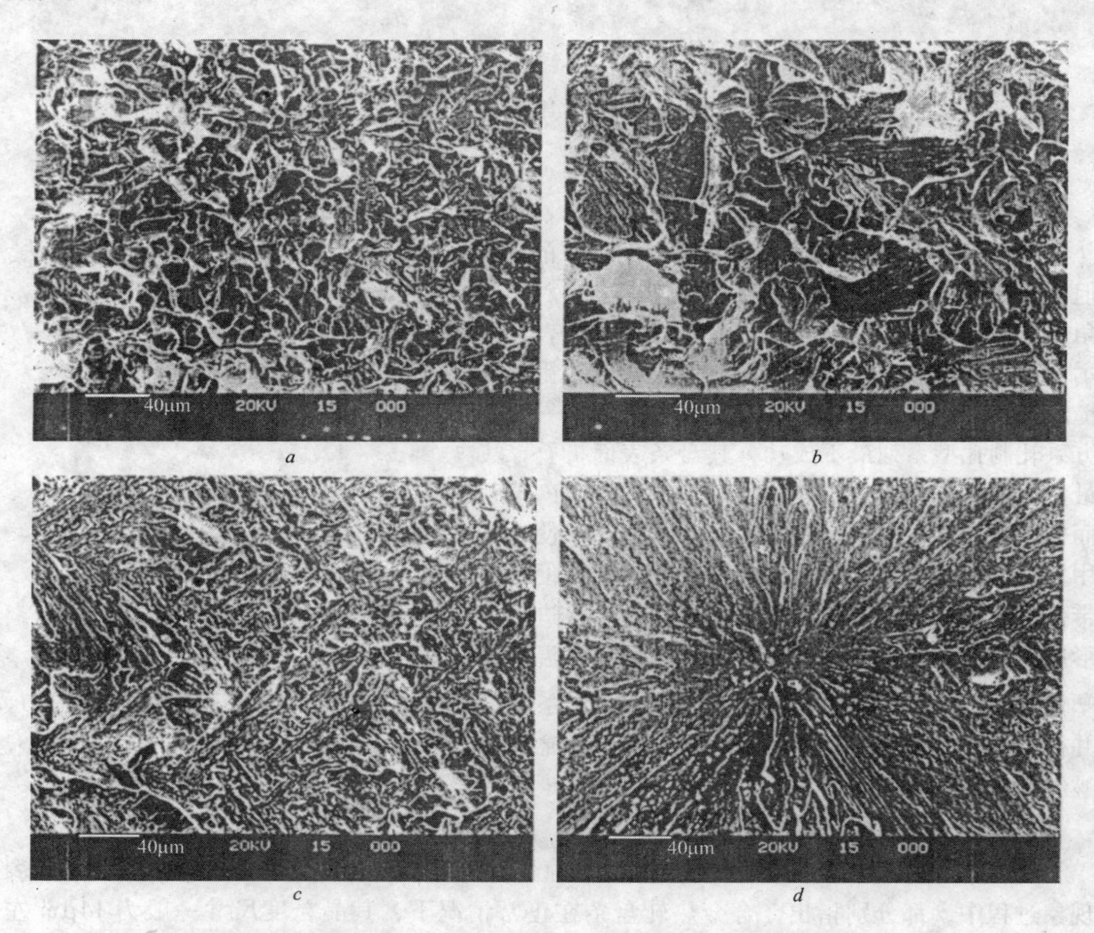

图17-11 14批0Cr25Al5钢盘条断口（从边缘到中心依次为 *a*、*b*、*c*、*d*）

a—边缘；*b*—位置之二；*c*—位置之三；*d*—中心

通过对半连续轧制 ϕ5.5mm 盘条头、尾的纵、横截面金相组织分析可知，由于轧制过程中温度一直较高，使得晶界和晶内都有富铬聚集和第二相析出，促进合金脆化。其晶界晶内富铬聚集和第二相析出情况见图 17-12 ~ 图 17-14 所示。

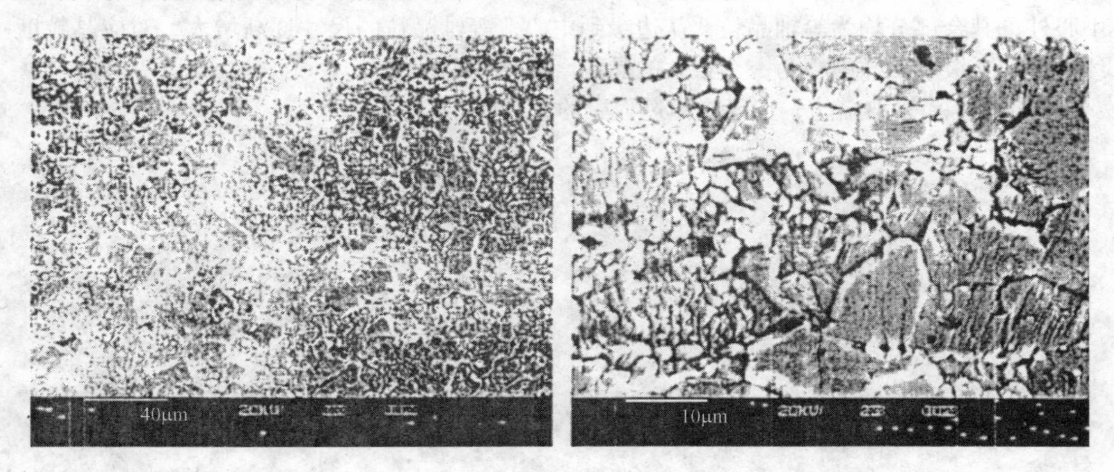

图 17-12　0Cr25Al5 钢棒纵截面的组织结构（03 炉 3 号 ϕ5. 5mm 盘条头，晶内有富铬聚集）

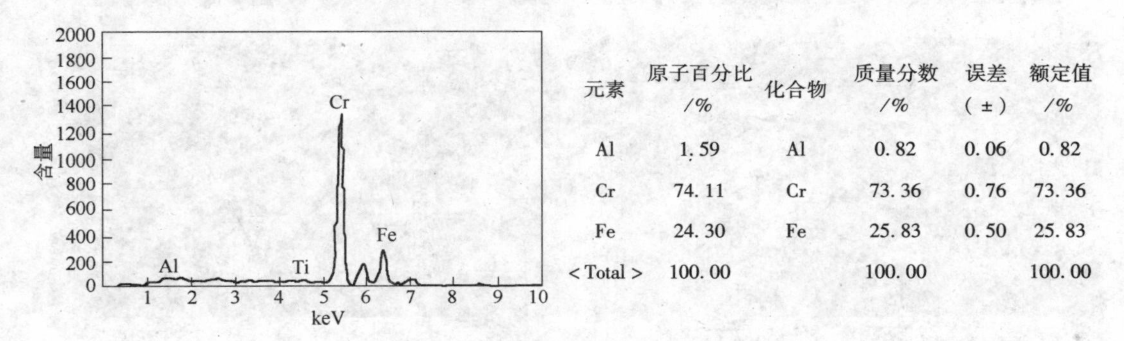

元素	原子百分比 /%	化合物	质量分数 /%	误差 (±)	额定值 /%
Al	1. 59	Al	0. 82	0. 06	0. 82
Cr	74. 11	Cr	73. 36	0. 76	73. 36
Fe	24. 30	Fe	25. 83	0. 50	25. 83
<Total>	100. 00		100. 00		100. 00

图 17-13　0Cr25Al5　钢棒晶内析出物的成分分析（03 炉 3 号 ϕ5. 5mm 盘条头）

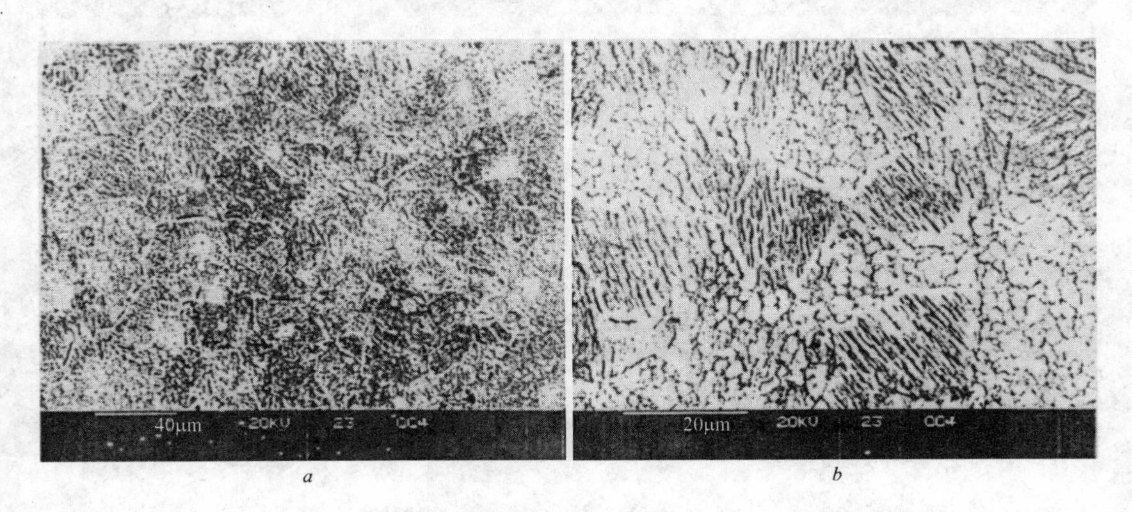

图 17-14　03 炉 1 号盘条（ϕ5. 5mm）的组织结构

a—均为等轴晶；*b*—晶内似有树叶状第二相析出

图 17-15 显示出了水冷直径为 5.5mm 的 0Cr25Al5 合金试样的组织，可以看出除试样中心外，其余部分均为等轴晶粒，从边缘到中心，等轴晶粒的尺寸逐渐增大，对应晶粒度约 7 级到 3 级。试样中心为一个很大的晶粒（见图 17-15*a*）。

图 17-15 为采取措施、加强冷却过程中的情况。

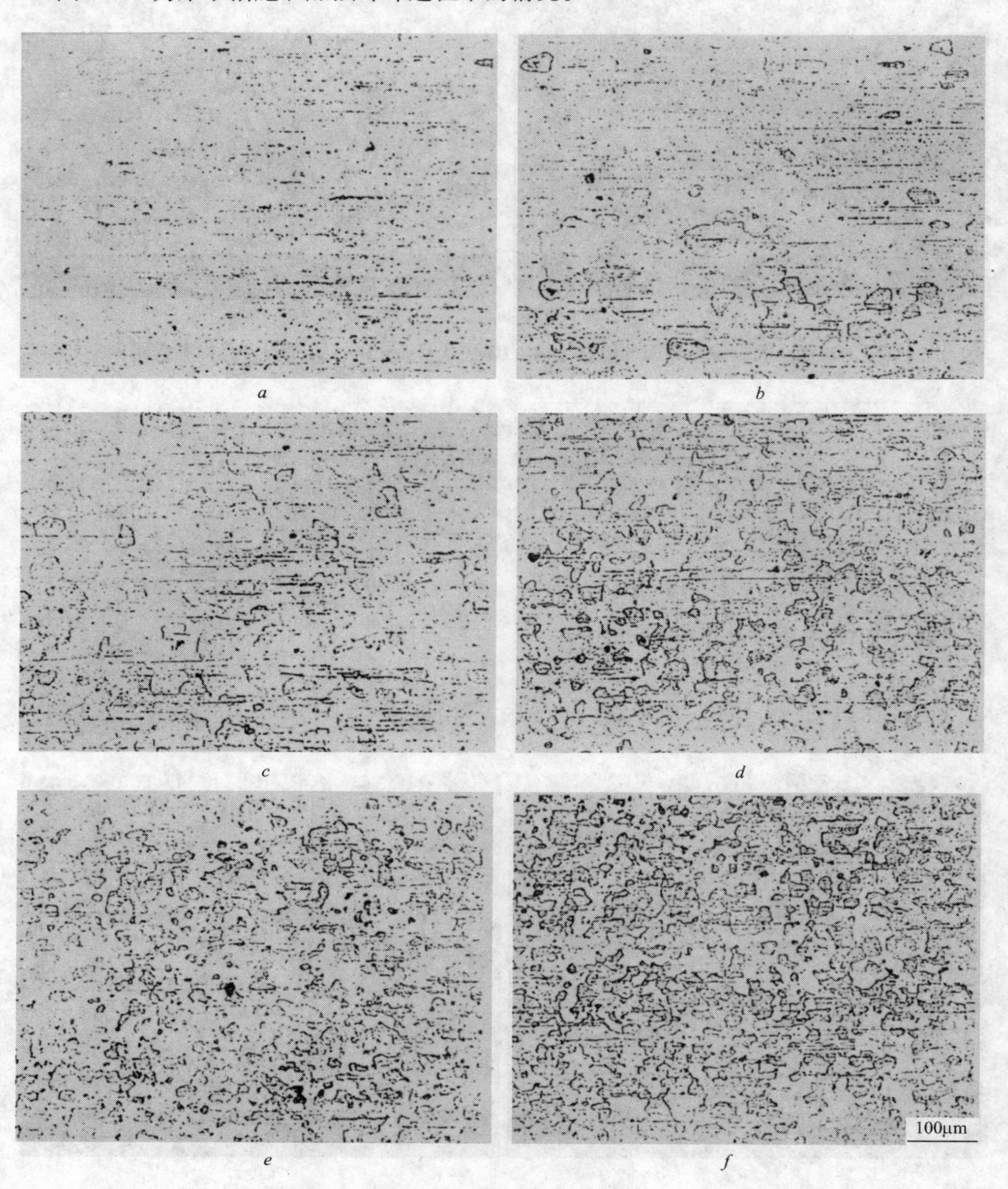

图 17-15　半连续轧制线加强冷却过程前期直径为 5.5mm 的水冷试样纵截面的组织

（*a*→*b*→*c*→*d*→*e*→*f* 为纵截面从中心到边缘的顺序）

图 17-16 显示出了空冷直径为 5.5mm 的 0Cr25Al5 合金试样的组织，可以看出纵截面中心为一大晶粒，大晶粒上分布着少量小晶粒。中心大晶粒与边缘之间为大小不均匀的等轴晶粒，从中心到边缘等轴晶粒的尺寸逐渐减小，对应晶粒度级别大约从 7 级到 3 级。这说明该试样已完全再结晶，由于中心温度比边缘高，形变量比边缘小，因而中心晶粒比边缘大。整个晶粒状态比 ϕ5.5mm 水淬试样完善一些。即空冷过程给继续再结晶和残余应力

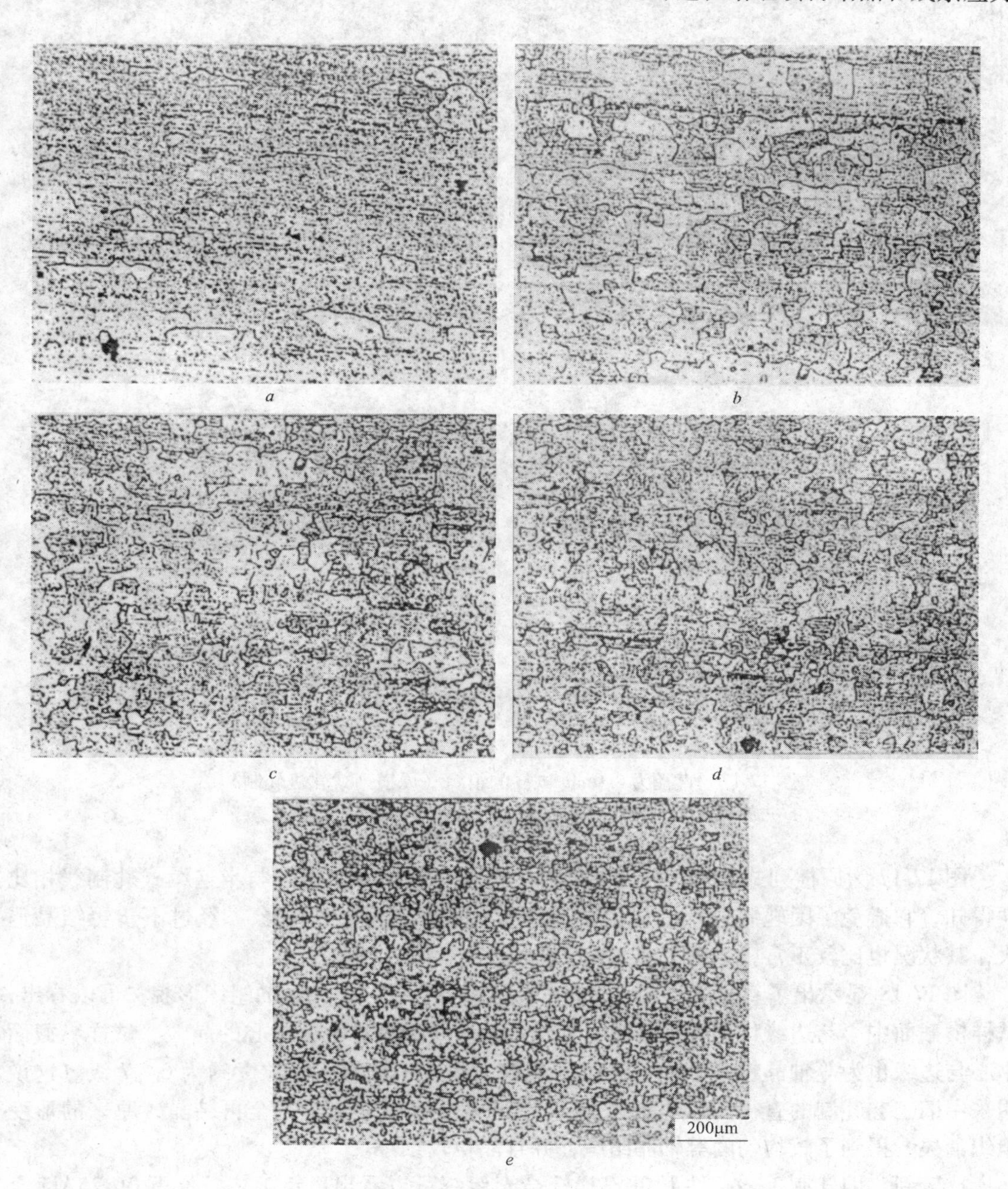

图 17-16 半连续轧制线加强冷却过程后期直径为 5.5mm 的空冷试样纵截面的组织

（$a \to b \to c \to d \to e$ 为纵截面从中心到边缘的顺序）

释放创造了一定条件。

图17-17显示出了直径为8.0mm的0Cr25Al5合金试样的组织，可以看出试样横截面由等轴晶粒与拉长晶粒组成。纵截面主要为纤维状组织，边缘与中心的组织基本相同。说明试样也基本未发生动态再结晶。

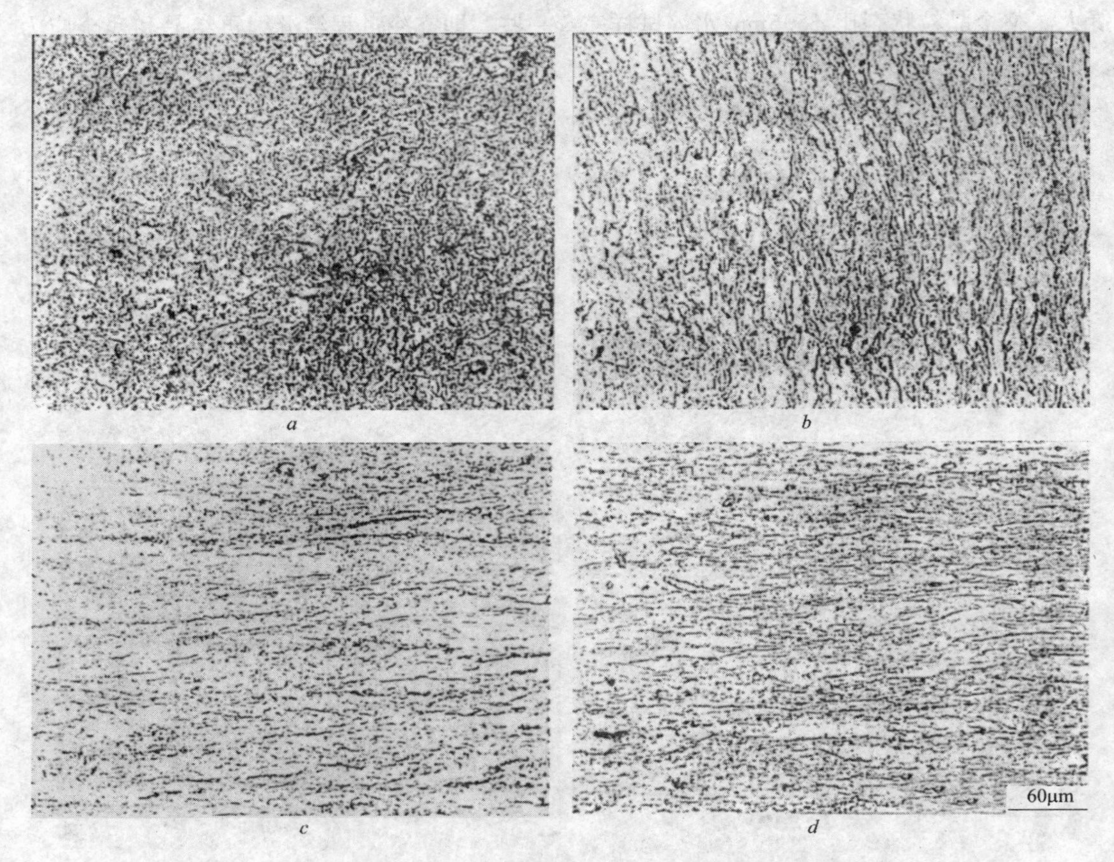

图17-17 直径为8.0mm试样的组织（原横列式轧机轧制）
a—横截面中心；b—横截面边缘；c—纵截面中心；d—纵截面边缘

图17-17为原横列式轧机按原工艺轧制的盘条金相组织状态。与半连续式轧制线相比便得知，它避免了因轧制过程中温度过高而造成晶粒粗大变脆现象。经过下步再结晶退火，其状况也比较正常，如图17-18所示。

图17-18显示出了直径为8.0mm的0Cr25Al5合金试样退火后的组织形貌，可以看出，试样横截面中心与边缘均为等轴晶粒，且横截面边缘的晶粒大于中心的晶粒。试样纵截面中心与边缘也为等轴晶粒，中心与边缘的晶粒大小几乎相同，晶粒度约为6~7级。这说明采用旧工艺轧制的直径为8.0mm的试样在退火过程中发生了完全再结晶，原来的形变组织消失，得到了较均匀的等轴晶组织，并且晶粒较细小。

比较新、旧轧制工艺条件下0Cr25Al5合金组织可以看出：新工艺条件下0Cr25Al5合金试样在轧制过程中就已完全或部分再结晶，由于试样中心的温度比边缘高，因此试样中心再结晶程度比边缘大；旧工艺条件下，0Cr25Al5合金试样在轧制过程中基本未发生动态

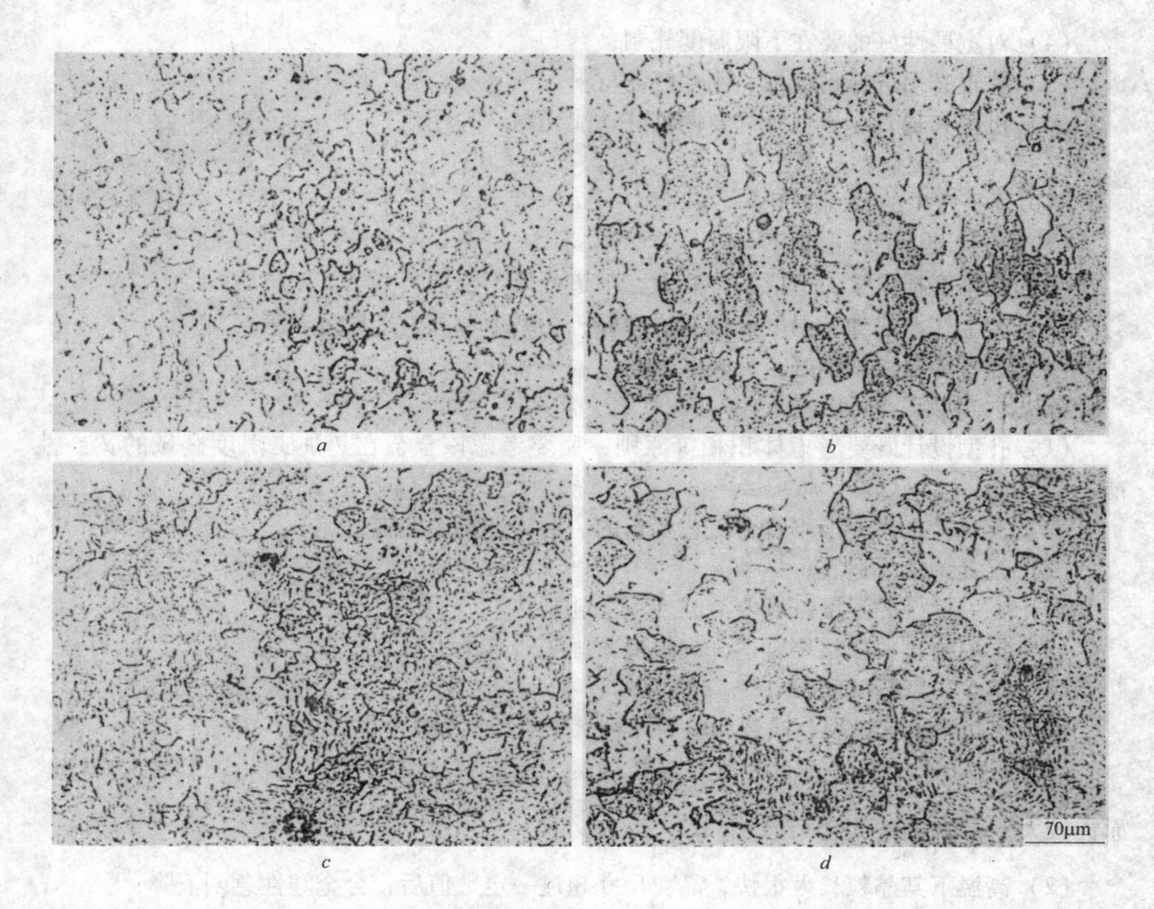

图 17-18　直径为 8.0mm 试样的退火组织（原横列式轧机轧制后退火）

a—横截面中心；*b*—横截面边缘；*c*—纵截面中心；*d*—纵截面边缘

再结晶，保持着形变后的纤维组织。

以上研究分析进一步证明，温度是关键，如何保证合适的终轧温度是工艺设计者面对的首要问题。

17.2.5.3　盘条表面折叠

其产生原因主要如下：

（1）坯料本身有飞边、耳子；

（2）辊环破缺，轧槽严重磨损；

（3）辊缝过大；

（4）合金钢在轧制温度区域宽展性好，轧制温度偏高，加上辊跳或辊缝大等综合因素造成。

解决办法如下：

（1）坯料缺陷必须精整干净；

（2）轧辊老化或材质不好，都应及时更换修理；

（3）及时调整辊缝达到要求；

（4）对宽展性好的要在下限温度轧制；

（5）轧辊必须选择耐磨损、刚性好的材料；

（6）机座和辊套、导卫等都要调整好才能轧制。

17.2.5.4　盘条表面出耳子

双边耳子产生的原因如下：

（1）孔型设计的变形量不合理；

（2）孔型磨损严重，造成轧件变大，下道变形不合理；

（3）合金在该热加工温度区域宽展性好，孔型不合理，造成过充满；

（4）成品导卫没调整好，夹板有问题。

解决办法如下：

（1）孔型设计既要考虑体积相等原则，又要考虑该合金在热加工温度区域的宽展性能；

（2）及时检查、更换不符合工艺要求的、磨损严重的轧辊；

（3）辊缝调整要适宜；

（4）宽展性好的温度区域要靠温度下限轧制；

（5）导卫要正，横梁要合适，夹板要紧固等。其他类型耳子不赘述。

17.2.5.5　盘条表面裂纹

盘条表面裂纹有纵裂、横裂和斜裂几种。影响因素较多，主要如下：

（1）Fe-Cr-Al 合金本身就是脆性晶体结构，冷脆转变温度较高（0～10℃时，缺口敏感性较大，$q_e = \dfrac{\sigma_{\theta\theta}}{\sigma_{\theta\theta N}}$，远小于1）；

（2）高温下其晶粒长大很快，晶粒尺寸超过一定数值后，合金塑性急剧下降；

（3）Fe-Cr-Al 合金盘条在未退火前都存在残余应力，例如 0Cr25Al5 盘条表层压应力 $\sigma^*_{\theta\theta}$ 可达 －212MPa，如遇寒冷的外界温度将加速释放，常听到“啪”、“啪”的声音。

要控制盘条裂纹，必须从选配料，冶炼工艺操作，减少杂质和气体，添加稀土元素，钢锭红转，入炉加热制度，锻、轧工艺操作及方坯、轧件表面缺陷处理，尽力消除辊缝晶粒粗大不均，孔型设计合理，避免折叠和撕裂，导卫和夹板调整固定避免刮伤、咯伤等一系列方面入手，处理得当。尤其是高铬高铝合金盘条要装入烘箱低温（200～300℃）扩氢处理。

18　Fe-Cr-Al 合金丝的冷加工

18.1　Fe-Cr-Al 合金粗拔加工流程与热处理

本章叙述丝的冷加工——拔丝和热处理。部分高成分脆性大的 Fe-Cr-Al 合金大规格盘条宜采用温拔。冷拔丝工艺流程如图 18-1 所示。

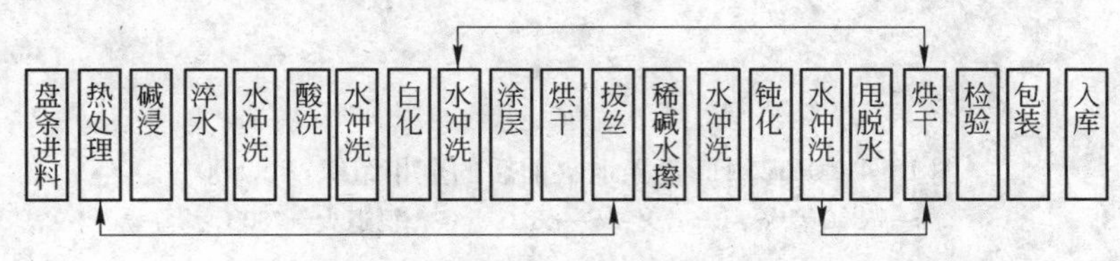

图 18-1　Fe-Cr-Al 合金粗丝拔丝工艺流程

18.1.1　Fe-Cr-Al 盘条的热处理

热轧盘条的终轧温度各异，表面质量也各不相同，加上没有在线退火，造成盘条内部晶粒度大小不一（辊缝处晶粒往往大于他处）。超过韧脆转化临界尺寸，与热轧残余应力共同作用，容易引起裂纹，尤其是在冬季，如不及时进行退火处理，整批脆裂现象较多。

盘条热处理的目的，是将 Fe-Cr-Al 盘条加热至再结晶温度以上 40℃左右，使其重新结晶，消除热轧残留应力，淬水冷却，提高塑性，促进晶粒均匀一致，为拔丝加工创造良好条件。

地井式热处理炉的热处理工艺如图 18-2 所示。而连续退火炉的炉温一般在 850℃左右，线速小于 10m/min。

大企业可以考虑在轧制末了采取在线退火，例如电接触式连续退火或高频连续退火。

盘条退火的缺陷主要是过烧或局部欠火而造成软硬不均。

试验说明，Fe-Cr-Al 盘条或丝材，650℃便开始再结晶，750℃完全再结晶，800℃以后晶粒开始长大，900℃以上晶粒将迅猛增长。所以，Fe-Cr-Al 合金的热处理温度不能高于 900℃。如图 18-3 和图 18-4 所示。

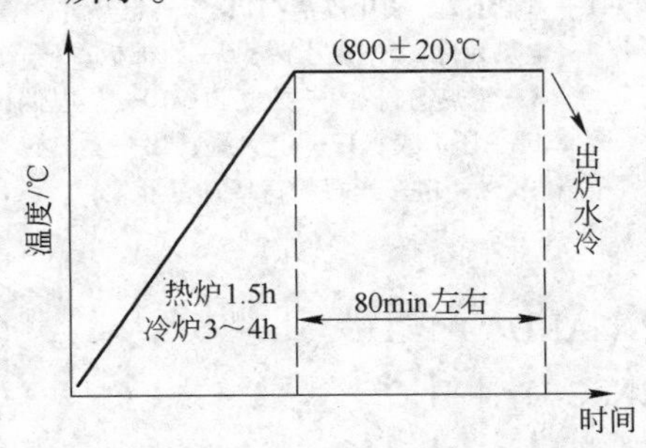

图 18-2　0Cr25Al5R 盘条地井炉退火工艺曲线

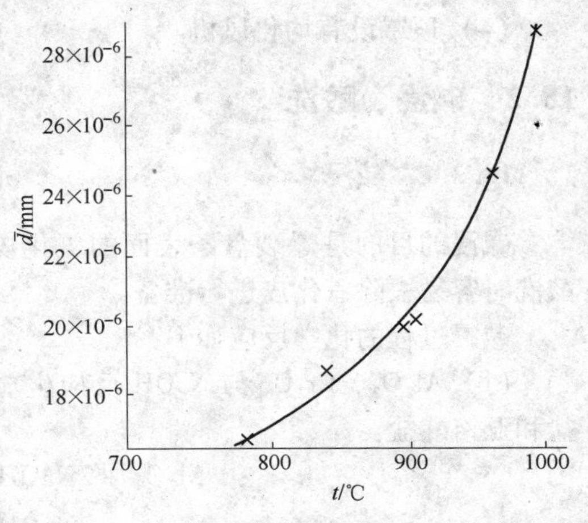

图 18-3　0Cr25Al5 合金 ϕ8.0mm 盘条晶粒尺寸与加热温度的关系曲线

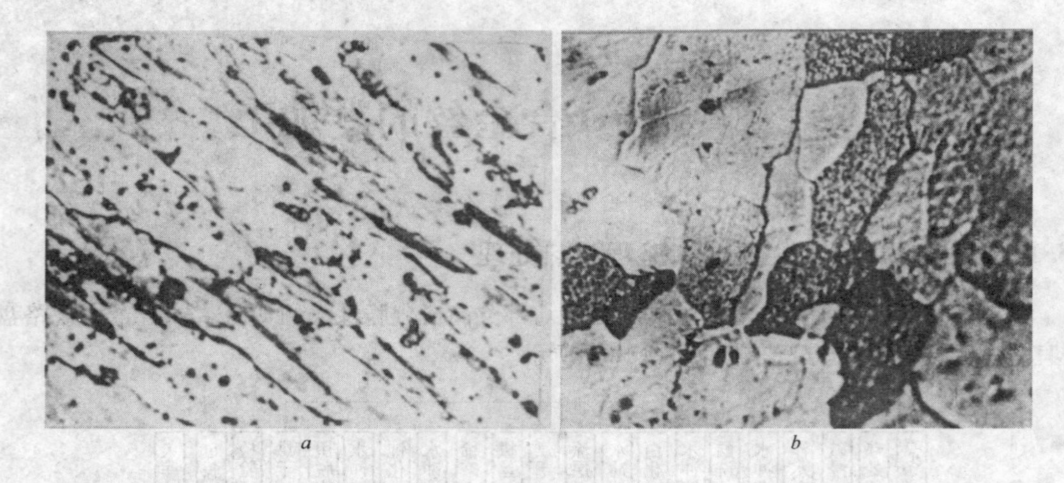

图18-4 0Cr25Al5 盘条退火前后的金相组织（×500）
a—ϕ8.0 盘条，未退火；b—ϕ8.0 盘条，已退火，780℃

18.1.2 热处理用退火炉

105kW 电热式地井炉，每炉处理盘条 800kg 左右，其结构如图 18-5。炉温可自动控制，加热元件一般用 Cr20Ni80 或 0Cr25Al5 电热合金丝（带）来制造。

采用电热式地井炉退火需加强温度均匀化措施如下：

（1）必须有中间退火罐；

（2）电热丝分段设计和分段调温；下部添加炉丝加热；

（3）采用铠装电偶在缓冲罐里外对应分段控温，其控温仪表为多点控温仪；

（4）顶罩设有均化风机。

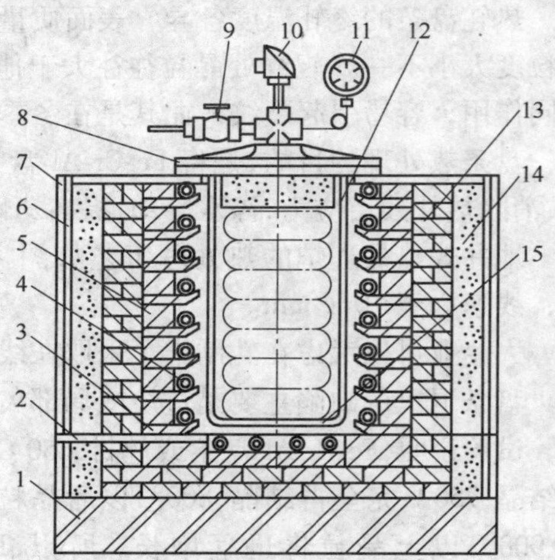

图18-5 电热式井式炉示意图
1—基础；2—氧化皮清扫口；3—电热件搁置砖；4—电热元件；5—黏土砖；6—石棉板；7—外壳；8—绝热筒盖；9—抽气阀；10—热电偶；11—压力表；12—退火罐；13—隔热砖；14—蛭石粉；15—星形架

18.2 碱浸、酸洗

18.2.1 碱浸

碱浸的目的是爆裂盘条表面的氧化皮，为酸洗时容易去除氧化皮进行准备。

碱浸过程的化学反应如下：

（1）Al_2O_3、Cr_2O_3 与 NaOH 反应生成铝酸盐和亚铬酸盐。

$$Al_2O_3 + 2NaOH \longrightarrow 2NaAl_2O_3 + H_2O \tag{18-1}$$

$$Cr_2O_3 + 2NaOH \longrightarrow 2NaCrO_2 + H_2O \tag{18-2}$$

铝酸钠易溶于水，亚铬酸钠不溶于水。

（2）亚铬酸钠被空气中的氧和硝酸钠氧化生成易溶于酸和水的铬酸钠。

$$4NaCrO_2 + 3O_2 + 4NaOH \longrightarrow 4NaCrO_4 + H_2O \tag{18-3}$$

$$2NaCrO_2 + 3NaNO_3 + 3NaOH \longrightarrow 2NaCrO_4 + 3NaNO_2 + H_2O \tag{18-4}$$

（3）亚铬酸盐即由氧化铁、氧化亚铁和四氧化三铁，被空气中的氧和硝酸钠氧化。

$$2FeO \cdot Cr_2O_3 + NaNO_3 \longrightarrow Fe_2O_3 + 2Cr_2O_3 + NaNO_2 \tag{18-5}$$

$$4FeO \cdot Cr_2O_3 + O_2 \longrightarrow 2Fe_2O_3 + 4Cr_2O_3 \tag{18-6}$$

$$2FeO + NaNO_3 \longrightarrow Fe_2O_3 + NaNO_2 \tag{18-7}$$

$$2Fe_3O_4 + NaNO_3 \longrightarrow 3Fe_2O_3 + NaNO_2 \tag{18-8}$$

碱浸工艺见表 18-1。

表 18-1 铁铬铝盘条碱浸工艺

溶液成分/%		溶液温度/℃	碱浸时间/min	每罐开盖一次被浸盘条重量
$NaOH$ 80% （约 1600kg）	$NaNO_3$ 20% （约 400kg）	500 ~ 650	2 ~ 3	（1）每架约 700kg； （2）5 ~ 6 架； （3）碱温不低于 500℃； （4）每架必浸没

18.2.2 酸洗工艺

Fe-Cr-Al 合金盘条或丝材的酸洗工艺见表 18-2。

表 18-2 Fe-Cr-Al 合金盘条或丝材酸洗工艺

酸洗液成分/%			化验硫酸质量浓度/$g \cdot L^{-1}$	温度/℃	时间/min
H_2SO_4	NaCl	水			
10 ~ 17	3 ~ 5	余量	110 ~ 190	50 ~ 80	20 ~ 40
			铁铬铝宜用下限		具体要看酸洗效果来决定，新液、旧液有区别

除此，也可用冷硫酸 5% 左右加水浸泡约 1h、摊开洗涮。

Fe-Cr-Al 合金酸洗同 Ni-Cr 合金一样，采用硫酸加盐酸，其原理可参考 Ni-Cr 的酸洗，只是 Ni-Cr 较难酸洗。

18.2.3 白化工艺

Fe-Cr-Al 合金的白化工艺同 Ni-Cr 合金。

18.2.4 涂层工艺

涂层以二硫化钼涂层工艺为主，现在也有以改良后的钙盐涂层或钠盐涂层。

二硫化钼涂层工艺见表 18-3。

表 18-3 Fe-Cr-Al 合金盘条或丝材二硫化钼涂层工艺

溶液成分	配入量/%	初配加入量/kg	中间加入量/kg	温度/℃	沾涂次数
二硫化钼（MoS_2）	0.3~0.4	8	3	>90℃	3
元明粉（Na_2SO_4）	10~15	300	100		
石灰膏（$Ca(OH)_2$）	5~10	200	70		
磷酸三钠（Na_3PO_4）	2~3	60	20		
水（H_2O）	余 量	1500			

涂层的目的是在钢丝表面形成一层粗糙、多孔、能吸附和携带润滑剂的载体，拉丝时借助这层润滑载体将拉丝粉带入模具中。电热丝、不锈钢丝常用涂层分为盐石灰、草酸盐和氯（氟）系树脂3种类型。

盐石灰涂层成本低，原料购制方便，是国内应用最广泛的涂层，常用配方见表18-4。

表 18-4 盐石灰涂层液配方

编号	成分（质量分数）/%							温度/℃	涂层方法
	消石灰（$Ca(OH)_2$）	食盐（NaCl）	元明粉（Na_2SO_4）	氯化石蜡	磷酸三钠（Na_3PO_4）	二硫化钼（MoS_2）	水		
1	20~30	8~10					其余	>70	涂2~3次
2	20~30	8~10	10~20	2.0~2.5				>80	涂2~3次
3	15		10	0.5	1.5	0.2		>90	涂2~3次
4	10		13		6.5	3		>90	涂2~3次

盐石灰涂层质量的好坏主要取决于它在钢丝表面的黏附强度，而不是它的厚度。黏附强度又取决于石灰颗粒的细度。因此配制石灰时，必须挑选焙烧完全、洁白纯净的石灰块，放入8~10倍的水中，待其融化后搅拌均匀，用80目筛网过滤，去除砂石和未消化的碎块。经过滤的石灰乳放置沉淀槽内，继续消化一周后呈雪花膏状，即可使用。沉淀槽内石灰应保持湿润状态，槽上要盖好盖。

消石灰中加入食盐可以提高石灰对钢丝的黏附性能，在随后的拉拔过程中食盐作为极压添加剂能提高拉丝粉的软化点，改善润滑质量。食盐—石灰涂层的最大缺点是潮湿天气极易返潮，造成涂层脱落。为此，国内各厂家配制多种盐石灰涂层，减少其吸湿性能。其中元明粉是黏附添加剂，氯化石蜡和磷酸三钠是极压添加剂，二硫化钼既耐压又润滑可直接改善润滑性能。亚硫酸钠既溶于水又加强吸附及润滑。

涂层后的钢丝应在150~200℃下充分干燥。干燥一方面促使钢丝表面形成载体粗膜，另一方面也有防止酸洗氢脆的作用。

20世纪80年代，日本、瑞典等国高合金不锈钢丝多采用氯（氟）系树脂涂层，使用效果要比前3种好。以日本共荣社油脂化学工业株式会社产品为例，氯系树脂可选用LC-100、LC-105和LC-200 3个品种，产品为淡黄色透明液体，使用时用三氯乙烯，三氯乙烷，全氯乙烯，甲苯等溶剂，按1:（1~2）的比例稀释。钢丝在稀释液中浸涂后，自然干燥3~4h即可拉拔，拉拔后的钢丝要在上述溶剂中去除涂层。氟系树脂F-5为淡黄色悬浮液，它比氯系树脂有更好的耐热和耐压性能。用氟系树脂涂层的合金钢丝，可承受更高的拉拔速度，丝材表面更光亮。其使用方法与氯系树脂相同。进入 90 年代，由于树脂涂层带来的环境污染和对人体健康的危害很难消除，合金钢丝涂层又回到采用水溶性涂层的老路上。

新型涂层剂多以粉状结晶体供货，直接溶于水即可使用，使用维护方便。与老涂层方法相比，新涂层吸湿性少，不像硼砂和盐石灰那样易返潮；不像草酸盐那样着色；不像石灰皂那样易脱落而引起粉尘；不像树脂那样影响环境和危害健康，拉丝后的残余涂层去除方便。据初步分析，新涂层多以硼砂和元明粉（$Na_2SO_4 \cdot 10H_2O$）为基础，添加适量防潮剂、硫系或氯系极压剂配制而成。现在日本、我国内地、我国台湾不锈钢丝生产企业常用涂层液配比及工艺见表 18-5。近年来天津特润丝、天津东亚、济南龙海、西安新勇、靖江博通等企业都有类似涂层供应。

表 18-5 不锈钢丝涂层液配比及工艺

品 种	外 观	涂层工艺				适用范围
		质量浓度/$g \cdot L^{-1}$	温度/℃	pH 值	浸涂时间/min	
（法）CONDAT4020	白 色	180 ~ 250	90 ~ 95			一般不锈钢丝，电热丝
（法）CONDAT408	灰 色	180 ~ 200	90 ~ 95			不锈弹簧钢丝、电热丝
（法）CONDAT915	浅灰褐色	150 ~ 250	90 ~ 95			铁素体不锈钢丝、电热丝
（日）共荣社 SP-3	白-淡紫色	100 ~ 200	>90			一般不锈钢丝
（日）共荣社 SP-100	白-淡黄色	50 ~ 150	90 ~ 95			不锈弹簧钢丝
（法）CONDAT4020	白 色			9.0 ~ 10	8	一般不锈钢丝
（法）CONDAT408	灰 色			9.0	10	不锈弹簧钢丝
（法）CONDAT915	浅灰褐色			9.2	10 ~ 15	铁素体不锈钢丝
（日）共荣社 SP-3	白-淡紫色			9.2	>10	一般不锈钢丝
（日）共荣社 SP-100	白-淡黄色			7.8	>10	不锈弹簧钢丝

注：涂层后钢丝自然风干或 120 ~ 130℃烘烤 10min。

18.2.5 去涂层及中和

因为涂层中含有氯离子，拉拔后钢丝如直接热处理，氯离子会造成钢丝表面点腐蚀，所以热处理前要去除钢丝表面的残留润滑膜（即去涂层）。残留润滑膜呈碱性，只要将钢丝置于酸液中漂洗一下，然后用高压水冲洗就可以去除。

去涂层后的钢丝需用消石灰（$Ca(OH)_2$）的饱和溶液中和处理，中和液通常保持沸腾状态，钢丝出槽后利用自身热量即可烘干。如果拔丝后及时转入清洗烘干流水线处理，就省去先行单独漂洗后再中和的繁杂操作。

18.3 合金盘条和粗丝拉拔设备

18.3.1 单次拉丝机

单次拉丝机主要用于拉拔盘条和粗规格直径（$\phi 6.0 \sim 12.0$mm）的电热合金丝。它适合于批量小、品种多、卷重小的特种合金丝生产企业。

单式拉丝机分卧式、立式和倒立式三种型式。卧式拉丝机如图18-6所示。

立式单次拉丝机如图18-7所示。

图18-6 卧式单次拉丝机

图18-7 立式单次拉丝机

这组拉丝机具有结构简单，适应性强，操作方便。如加上交流变频器，速度可调，更加简便。只是占地面积大，生产效率都不太高。但改进了的倒立式单次拉丝机情况就不同了。倒立式收线技术关键是如何保证钢丝有序、平稳、无扭曲地落到线架上，线架随拉丝卷筒高速旋转时不得有甩卷或乱线现象。倒立式拉丝机一般采用装配2~3个压线辊，双层卷筒，附加矫直机构和配置导向轮等方法解决了落线问题。老式倒立式拉丝机采用拨杆带动落线架转动，收线卷径无法调整，容易造成甩卷乱线。新式倒立式拉丝机落线架自主转动，通过电气控制，可与拉丝卷筒保持一定的转速差，收线卷径可以通过转速差来调整，落线架的形状再加适当的改进，就解决了高速旋转甩线和乱线问题。倒立式单拉机示意图如图18-8所示，这种拉丝机的卷筒是倒立的，由电动机1经齿轮箱2来驱动拉拔卷筒4。卷筒与下面的大容量收线架靠一接手8相连接。这样，收线架与拉丝机卷筒实际上形成一个两端牢靠固定的大卷筒，其收线量甚至可达到2t。钢丝经拉拔后，缠在卷筒上。由于压紧辊的作用，当钢丝在卷筒上积蓄一定数量后就落到收线架上。当收线架上落满钢丝时，拉丝机停车，拉动拉杆9，使收线架与卷筒脱开，并送入备用收线架，拉丝机立刻可以重新开始工作。更换过程很快，从而较大程度地提高了单次拉丝机的生产能力。

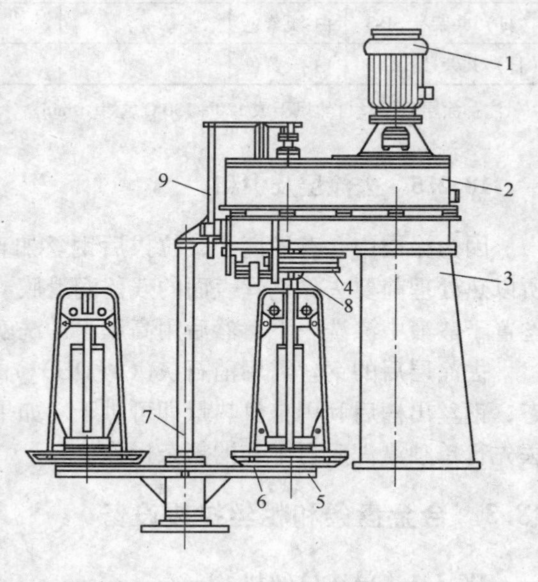

图18-8 倒立式单次拉丝机

1—电动机；2—齿轮箱；3—底座；4—拉拔卷筒；5—旋盘；6—收线架；7—支柱；8—接手；9—拉杆

国内早期使用的倒立式拉线机大多是日本和中国台湾制造的，西安拉拔设备厂是国内最早研制倒立式拉丝机的厂家，目前西安恒通，江阴南菁，遵义南海等厂家生产的大中型倒立式拉丝机（最大进线为 16mm），产品质量和使用性能基本与日本和中国台湾拉丝机相当，但重型倒立式拉丝机尚有一定差距。图 18-9 为中国台湾产大型（进线为 ϕ22mm）倒立式拉丝机。

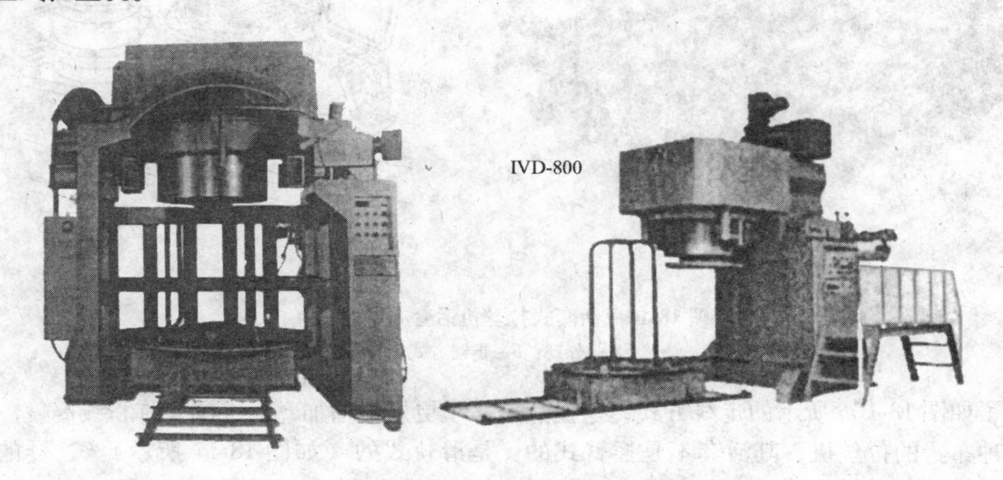

图 18-9 中国台湾生产的倒立式拉丝机

值得指出，倒立式拉丝机生产的钢丝，其螺旋方向与立式和卧式拉丝机生产出的钢丝正好相反，一般立式拉丝机模盒在左侧，拉丝卷筒逆时针旋转，生产出的钢丝呈正螺旋状（放线时线架逆时针旋转），倒立式拉丝机要生产出正螺旋钢丝必须将模盒装在右侧，拉丝卷筒顺时针旋转。除此之外，倒立式拉丝机的生产工艺和操作与立式和卧式拉丝机完全相同。

单次拉丝机技术性能如表 18-6 所列，供参考。

表 18-6 单次拉丝机的技术性能

拉丝机类型	卷筒直径/mm	进线直径/mm	成品直径/mm	拉拔速度/m · min^{-1}	电机功率/kW
卧 式	560	6.5	>1.5	100	22
	600	8.0	>2.0	120	40
	700	12.0	>3.0	90	40
	750	14.0	>6.0	90	90
	900	16.0	>6.0	60	110
立 式	600	8.0		180	55 ~ 75
	750	12.0		150	55
倒立式	600	4.0 ~ 8.0		80 ~ 120	45
	750	8.0 ~ 13.0		60 ~ 90	55
	800	14.0 ~ 18.0		50 ~ 80	55
	1000	12.0 ~ 25.0		35 ~ 65	75

18.3.2 活套式连续拉丝机

图 18-10 示出意大利公司（OZ CAMS）的活套式拉丝机。这台设备多用了一导轮，并

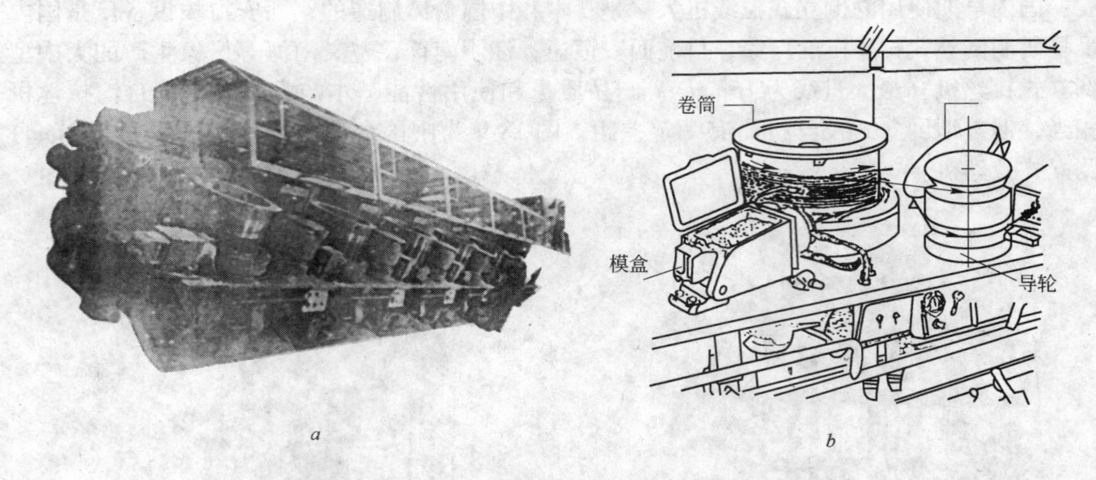

图 18-10 活套式拉丝机活套布置之二

a—外观；*b*—走线方式

采用了如图 18-10*b* 所示的走线方式，这显然是为了更好地增加卷筒上的允许积线高度。不过这种布置的拉丝机，其活套不是摇臂式的，是滑轨式的（如图 18-11 所示）。这样的活套布置使设备对钢丝的冷却能力增强，故常见于拉较粗钢丝的大规格活套式拉丝机。

一种瑞典拉丝机的结构布置（如图 18-12 和图 18-13 所示）。从图中我们可以看到这种拉丝机综合活套与直线两种拉丝机特点，电机采用直流电机单个调控（或交流调频），活套臂全部采用可控的气压缸系统，卷筒不倾斜且降低了高度，模套采用水冷模套，收线轮大且用活塞式气缸制动，安全、稳定、可靠。只是活塞采用铸铁件易出问题，后来得以解决。

图 18-11 滑轨式活套轮

活套连续拉丝机的技术性能（瑞典产）见表 18-7。

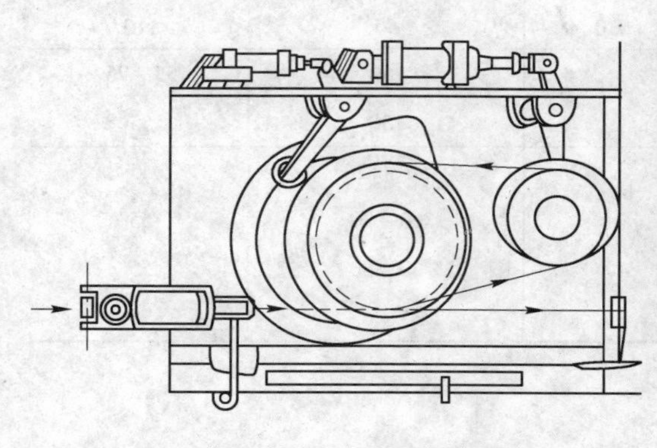

图 18-12 活套直线两用拉丝机示意图（瑞典产）

图 18-13 L3-5 活套连续拉丝机（瑞典产）

表 18-7 L3-5 和 L2-8 活套拉丝机技术性能①

拉丝机型号	卷筒直径 ϕ/mm	进线直径 ϕ/mm	出线直径 ϕ/mm	拉丝线速度 $/m \cdot s^{-1}$	主电机功率 /kW	拉丝道次（罐数、模数）	收线机压缩空气压力/MPa
L3-5	400	5.5	2.5	1.6（Fe-Cr-Al） 1.9（Ni-Cr）	17	5	0.4~0.6
L2-8	300	2.5	1.0	5	9.3	8	0.4~0.6

①拉丝罐和拉丝模套均有冷却水冷却。

18.4 电热合金拉丝用模

18.4.1 摩擦及其影响因素

一个物体沿着另一个物体的表面作相对滑动时，产生的滑动摩擦力（T）大小与接触面的表面状态及作用在接触面上的正压力有关。

$$T = fN$$

式中 f——滑动摩擦系数，干摩擦 $f=0.7\sim1.0$；边界摩擦 $f=0.1\sim0.3$；混合摩擦 $f=0.03\sim0.1$；流体动力润滑 $f=0.002\sim0.01$；

N——接触表面上的正压力。

在相同的正压力作用下，不同材料之间的滑动摩擦力是不同的，粗糙的表面比光滑的表面有较大的摩擦力，这说明材料的不同，它们之间的滑动摩擦系数 f 也不相同。正压力一定时，两种材料之间的滑动摩擦系数 f 是一个常数。

金属压力加工时，摩擦系数 f 的大小与金属的性质，变形过程的条件，工具与金属相接触表面的状态，接触表面上的正压力以及所采用的润滑剂有关。现分述如下：

（1）加工工具表面状态。工具表面的精度和加工方法的不同，摩擦系数在 0.05~0.7 范围内变化。加工精度越高，摩擦系数越小。

（2）被加工金属的表面状态。钢丝表面的氧化铁皮若经酸洗而未被完全除去的话，那么在拉拔时因粗糙的表面会增加与模孔壁的摩擦促进拉丝模孔的加速磨损。

（3）变形金属与加工模具的性质。一般认为，两种不相同的金属摩擦系数都是比较小的。相互间不能形成合金或化合物的两种金属的摩擦系数要比能形成合金或化合物的两种金属的摩擦系数小。摩擦系数在很大程度上与金属的强度性能和弹性性能有关。金属的弹性和强度越小，韧性越大，则摩擦系数越大。

（4）单位压力。指接触表面上每单位面积所承受的正压力大小。金属变形程度越大，会造成正压力增加使单位压力也相应的增加，摩擦系数也成比例地增加。

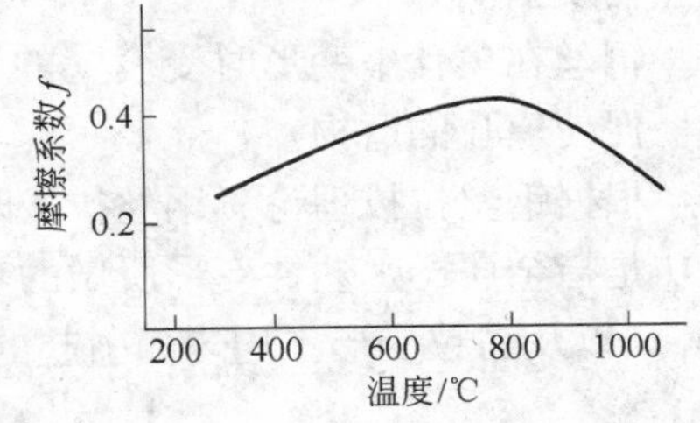

图 18-14 摩擦系数与温度曲线

（5）变形温度。变形温度是影响摩擦系数的一个重要因素。随着相互接触表面间的温度变化，可能产生两种相反的结果：一方面变形温度的增加可能加剧表面的氧化反而会增加摩擦系数；另一方面由于温度的升高，使变形金属强度降低导致单位压力降低使摩擦系数减小，但一般性的规律可从图 18-14 曲线来说明。在低的温度范围内，随温度的升高摩擦系数是成比例地增加，但当温度达到750～800℃时，随着温度的增加摩擦系数又急剧地减小。

钢丝在模孔内变形时，当模子冷却不好的情况下，模子温度的升高是由于钢丝变形和与模孔间的摩擦系数的增大所引起的。这里摩擦系数的增大是因为润滑剂在高温下氧化烧焦造成的。

（6）变形速度。在低速范围内变形能使摩擦系数增加。这可以解释为在较低速度时，金属与模具接触时间长，表面塑性变形能及时发展形成新的表面起作用。因为新的表面干净而粗糙，导致了摩擦系数的增加。另外，也因接触时间长，塑性变形的表面相互咬合的紧度有所提高也导致摩擦系数的提高。

在高速范围内，因表面来不及咬合，使摩擦系数有所降低。

（7）润滑剂。为了降低摩擦系数，常选用一定的润滑剂使变形金属与工具之间形成一定厚度的隔离层以减少接触面之间的咬合。

18.4.2 钢丝拉拔时的外摩擦

钢丝在模孔内变形时与模孔变形区接触面之间的摩擦称之为外摩擦。这种外摩擦是由于钢丝与模孔壁相对滑动所产生的，所以也属于滑动摩擦的类型。

无论模孔内壁加工研磨多么精细，钢丝表面处理后多么光滑洁净，从微观上看，两个相互接触的表面恰有无数参差不齐的凸牙和凹坑组成，如图18-15所示。实际的接触面仅仅是一些很少的接触点所构成即：$F_t = a_1 + a_2 + \cdots + a_n$。实际接触面积 F_t 是名义接触面积 F 的万分之一。即使接触面上承受的力很小，这些凸凹不平的接触点也会发生相互的插入，而且承受较大的压强。由此产生相互插入处的弹—塑性变形而彼此咬合。这样当接触面之间发生相对滑动时，一些插入咬合的点成为阻碍运动的外摩擦。

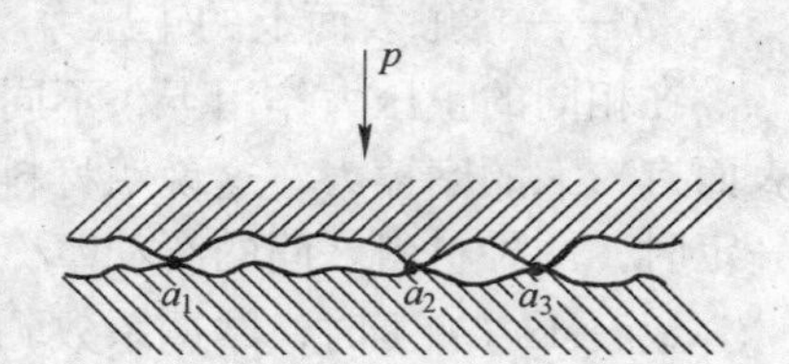

图18-15 两个相互接触面之间 p 的作用下仅少数点接触

很明显，当作用在两个相互接触表面上的力（正压力）增加时，相互插入的点会越多，而且插入的深度更深，咬合得更紧。在这种情况下，如果使两个相互接触的面发生相对滑动，那么不可避免将发生强度大的凸牙、凹坑切断或损坏强度小的凸牙和凹坑的现象。强度小的凸牙和凹坑切断前，先要产生塑性变形而发热，切断时也要产生热，当热量局限在表面而不能向外散发时则会引起接触面温度的升高。这便是摩擦发热的原因。

如果两个接触面中有一个接触面的物质熔点较低时，则可能发生低熔点物质焊合在高熔点物质上。

钢丝在模孔中变形时受模壁的压力是很大的，在接触面间的咬合，焊合现象相当严重，促使模孔的磨损。

根据钢丝拉拔理论，钢丝拉拔时所消耗的能量分别转变为有用功和无用功两部分。有用功是指金属产生塑性变形所做的功（A_0），无用功指的是钢丝与模壁之间的外摩擦损失（A_1）以及晶粒变形不均匀而引起的内部损失（A_2），总的消耗功：

$$A = A_0 + A_1 + A_2$$

而钢丝的变形效率应为：

$$\eta = \frac{A_0}{A} \times 100\%$$

由上式可知，要提高 η 值，只能降低 $A_1 + A_2$ 值。

A_1 与模壁间的摩擦系数 f 有关。要减小 A_1，只有降低 f 值。试验得出，由外摩擦所消耗的功为总消耗功的35% ~50%。由此可见，降低摩擦系数是钢丝拉拔中具有现实意义的一项工作。

无用功（$A_1 + A_2$）所消耗的能量主要转变为热能：

$$Q = Q_1 + Q_2$$

式中 Q_1——钢丝变形产生的热；

Q_2——钢丝与模壁间摩擦产生的热。

$$Q_2 = 0.8 \frac{fP}{I} \sqrt{\frac{2Lv}{c\gamma\lambda}}$$

式中 f——摩擦系数；

P——钢丝与模壁接触表面长度上正压力的平均值；

I——热功当量；

L——接触面长度；

v——接触面长度上的平均速度；

c——热容；

γ——密度；

λ——钢丝的导热系数。

上式表明，外摩擦产生的热 Q_2 随摩擦系数（f），变形程度（P），接触面长度（L）以及拉拔速度（v）的增大而升高。所以减小摩擦系数就能降低拉拔温度从而减少无用功，提高钢丝拉拔时的变形效率 η 值。

钢丝拉拔时的外摩擦具有下面的一些特征：

（1）接触表面受较大的压力。低速拉拔低碳钢丝时，模孔内的压强约为50kPa，退火的 Fe-Cr-Al 为60kPa，退火的 Ni-Cr 为75kPa，而拉拔强度大的高碳钢丝时可达到422kPa。由于压力大，接触表面被压扁，凸牙和凹坑的相互咬合也相当严重。所以摩擦系数比较高。在大的压力下也容易将润滑剂挤出模外或压成极薄的一层润滑层。为此，要求所选用的润滑剂应具有一定耐高压性能。

（2）表面的更新作用。钢丝在模孔内塑性变形过程中不断形成新的接触表面代替旧的接触表面，造成接触表面之间摩擦情况的不断变化。另外模孔内壁的磨损也使模孔与钢丝接触面的状态有所改变，而引起摩擦力的变化。在这种情况下，由于接触面各处情况的不同，摩擦系数只能是一个平均值。

（3）表面组织的变化。钢丝在模孔内变形，因加工硬化使晶粒破碎，晶格歪扭，引起表面层附近组织状态的变化，也使接触面的摩擦情况发生改变。这主要是钢丝表面层附近的组织变形而引起的加工硬化使该层硬度增高，咬合、插入的程度减少使摩擦系数降低。

（4）两个接触面的性质差别大。拉丝模由碳化钨硬质合金制造，硬度高不易变形，作为钢丝，相对地说要软得多，而且有较大的塑性变形，两者的性质差别这么大也是其特有的。

（5）接触表面温度高。钢丝在模孔内变形，对模壁的压力较大。当润滑、冷却不好时，摩擦所生成的热促使钢丝表面温度升高，有时竟高达 500 ~ 600℃。在高温下，润滑剂被氧化，润滑膜遭到破坏，摩擦系数增大。为此，要保证模子有良好的冷却条件，见图 18-16。

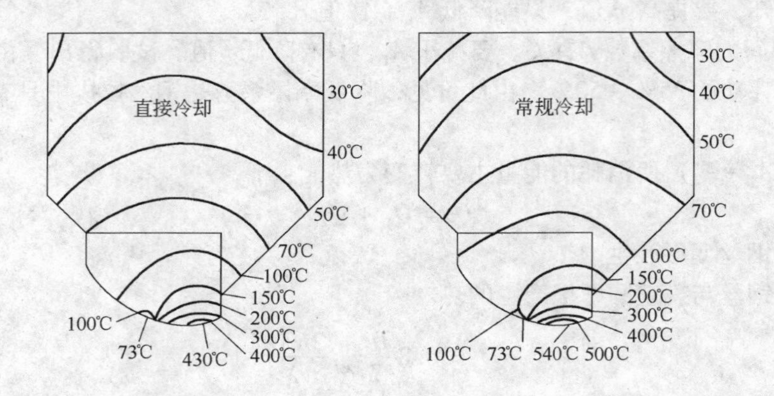

图 18-16 不同冷却方式模内温度分布

18.4.3 拉丝模的磨损

摩擦和磨损是密切相关的。两个接触面在一定载荷作用下作相对滑动时必然会产生摩擦，会发生粗糙表面间的插入、咬合、焊合以及撕裂，发热的过程，同时还伴随发生磨损现象。形成的碎屑和周围环境落到接触面上的灰渣微粒一起作为磨料又反过来增大接触面间的摩擦而加剧了磨损。

拉丝模磨损有两种情况：一种是有利的磨损，是为了将模孔加工成一定的形状和尺寸所必要的磨损。另一种是钢丝在拉拔时模孔与钢丝接触面上因摩擦而产生的磨损。由于拉丝模孔的磨损，影响了钢丝表面的质量，尺寸精度以及模子的寿命。所以要尽可能地减小这种磨损。

实际上模子的磨损是黏着磨损和磨粒磨损的综合过程。钢丝在模孔中变形因受模壁的强大压力，变形时表面不断更新以及表面层附近晶粒破碎，晶格歪扭，发热所造成的润滑剂氧化等因素都会促进模孔的磨损。图 18-17 表示了拉丝模磨损的 3 个阶段：

第 1 阶段：钢丝开始拉拔时模孔显著扩大。

第 2 阶段：继续拉拔时模孔均匀磨损。

第 3 阶段：模子入口处因磨损出现环状。

据认为，模子入口处产生环状的严重性正比于模子中的压力。采用反拉力拉拔时可以大大减轻，可以认为，模子的磨损正比于正压力。

图 18-18 表示磨损量与摩擦力之间的关系：

$$T = CM$$

式中 T——摩擦力；

M——磨损量；

C——比例系数。

图 18-18 中的直线说明摩擦力与磨损量成正比关系。也就是正压力与磨损量的正比关系。

在任何拉拔条件下，要使模子的磨损最小且均匀，必须要求钢丝能正确地进入模孔，

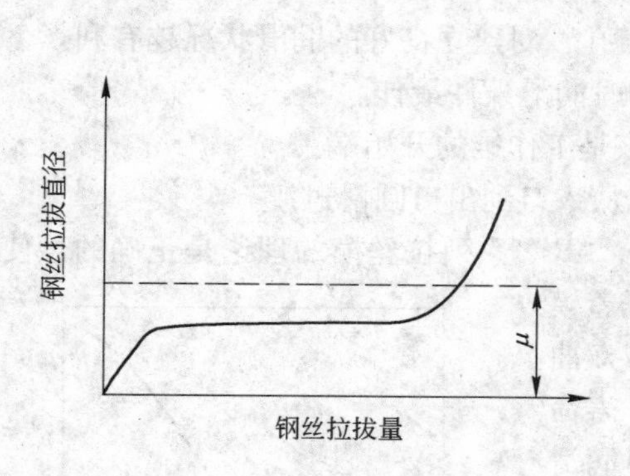

图 18-17 拉丝模磨损特点
（μ 为模子允许磨损量）

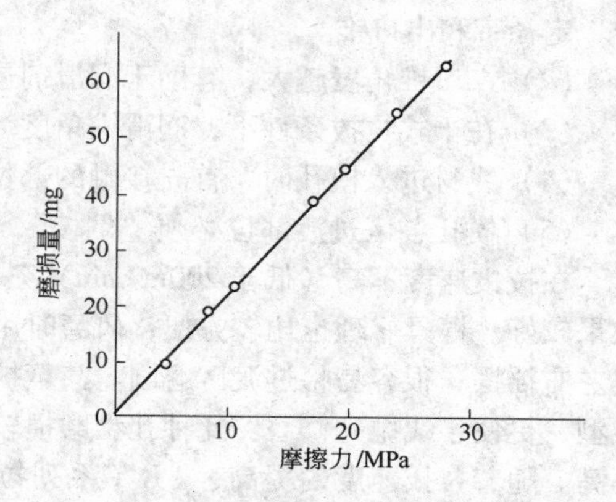

图 18-18 磨损量与摩擦力之间的关系

钢丝与模子的中心线应正确地重合。钢丝或模孔孔径的椭圆度都能加剧模子的磨损。

以上分析说明，要降低模子的磨损，除选择合适的润滑剂外，还要求模子研磨加工精细，装配合理，拉拔工艺先进。

18.5 硬质合金拉丝模[41]

18.5.1 模芯

不同牌号的硬质合金化学成分、生产工艺、显微组织和力学性能有较大的差异，根据拉拔材料、拉拔工艺、润滑方式合理选用模芯材料牌号是制作优质拉丝模的重要环节。

18.5.1.1 牌号的选择

硬质合金牌号的现行标准是 YS/T400—1994。拉丝模主要使用钨钴类合金。

拉丝模模芯牌号选择主要是依据拉拔金属的抗拉强度、拉拔速度、道次减面率以及规格范围。一般说来，拉拔金属的抗拉强度越高、拉拔速度越快、道次减面率越大，除考虑耐磨性能外，应更多兼顾韧性指标，为防止模芯破裂，通常选用含钴较高的牌号。拉拔小规格，质地较软的金属丝材，主要考虑耐磨性能，可选用含钴较低的牌号。

拉拔直径大于 ϕ5.0mm 的合金一般选用 YG8 硬质合金模，而小于 ϕ5.0mm 者用 YG6 硬质合金模。

18.5.1.2 模孔几何形状的演变

硬质合金发明于 1923 年，1927 年开始用于拉丝模，真正广泛用到拉丝工业是 1940 年以后。我国从 20 世纪 50 年代开始生产硬质合金拉丝模，当时引用苏联标准，生产“R”系列拉丝模，直到现在“R”系列拉丝模仍占主导地位。“R”型拉丝模也称曲线模，如图 18-19 所示，也有发展成双曲线模，其缺点是磨损较快。

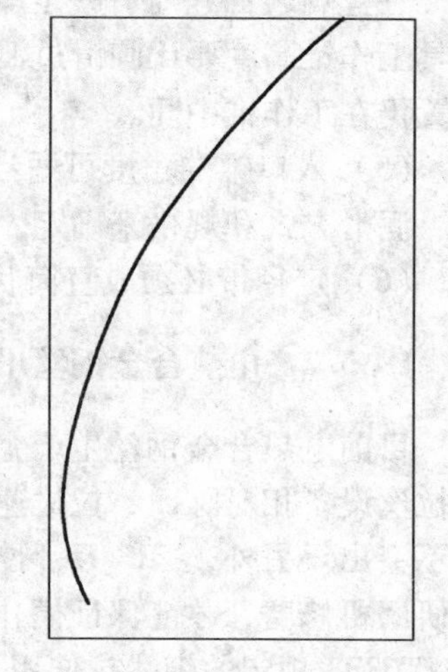

图 18-19 “R”系列拉丝模模孔形状（美国）

“R”系列拉丝模归纳起来有以下几个特点：

（1）拉丝模孔分成 5 个区：即入口锥、润滑锥、工作锥、定径带和出口锥。

(2) 入口锥角度越大，有助于润滑剂进入模孔，对建立良好的润滑状况越有利。

(3) 在干式拉拔条件下，润滑锥角度为40°时润滑条件最佳。

(4) 线材进入模孔时，首先接触的部位应该是工作锥的开始端。

(5) 模孔各区过渡部位必须“倒棱”，模孔从入口到出口圆滑过渡。

在拉拔速度不高（低于200m/min）条件下，“R”系列拉丝模的理论是正确的，使用效果较好。模具修理也比较方便，研磨时用手托着模具左右摇摆，很容易将过渡区磨圆。甚至扩展成双曲线型，更便于线抛光修磨。此种孔型磨损较快，寿命不高。随着拉拔速度的提高，“R”系列拉丝模润滑建立不稳定，润滑效果差的缺陷就暴露出来了。20世纪70年代末，美国T. Maxwall和E. G. Kennth分析高速拉丝的润滑状况，提出直线型模孔理论。直线型拉丝模在美国、日本、意大利、瑞典、德国和丹麦等工业发达国家很快得到认可，直线型模孔如图18-20所示。

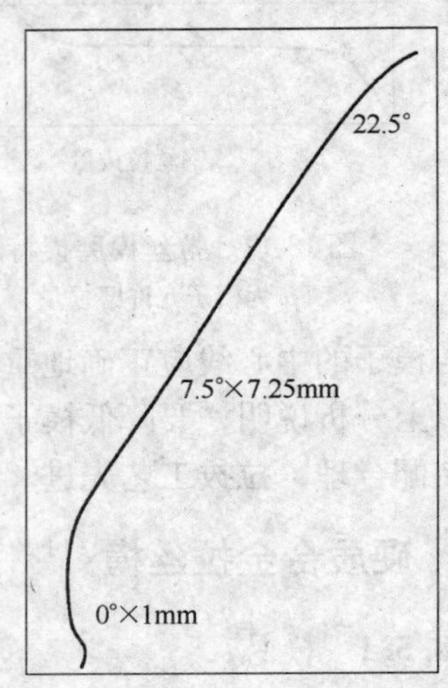

图18-20 瑞典CM-AB拉丝模模孔形状（实测）

根据直线理论，直线型拉丝模的特点可归纳如下：

(1) 拉丝模孔分成4个区，取消润滑锥，把建立润滑膜的功能分给了入口锥和工作锥。

(2) 拉丝模各区的纵剖面必须呈直线，绝对不能研磨成曲线。

(3) 拉丝模各区交接部位不能“倒棱”，甚至可以是尖锐的。

(4) 加大工作锥长度，运用工作锥上部，以比润滑锥更小的角度，更强的“楔角效应”在丝材表面建立有一定厚度的、更加致密的润滑膜，以适应高速拉拔的要求。直线型模具工作锥高度要比圆滑过渡型增大50%，即使拉拔减面率高达30%，丝材接触模孔的位置仍在工作锥中间。

(5) 入口锥的角度可适当减小，有利于改善润滑膜建立条件。具体角度需根据拉拔材质、润滑方式和规格来确定。

(6) 定径带必须成直筒状，即角度为零。

18.5.2 电热合金钢丝用硬质合金拉丝模

目前电热合金钢丝生产企业用拉丝模仍以“R”系列拉丝模为主，主要原因是整个行业拉丝设备相对陈旧，拉拔速度不高（低于300m/min），润滑不良导致模具寿命低的矛盾尚不突出。另外，“R”系列拉丝模多采用手工修模，使用方便，直线型模具必须使用机械研磨机修磨，才能保证模孔几何形状。与之相适应的是硬质合金模具的两个国家标准：GB/T6883规定的钢线拉伸用A类Ⅱ型和Ⅲ型模坯，钢棒拉伸用C类模坯都属于“R”系列模坯。GB/T6110规定的钢丝拉制用A类模具和钢棒拉制用C类模具则属于直线型模具。尽管目前“R”系列拉丝模占主导地位，但随着拉丝设备更新，拉丝速度和生产效率的提高，直线型拉丝模必然会成为拉丝模的主流。首钢康太尔有限公司生产用模就是如此。

18.6 金刚石拉丝模

金刚石拉丝模有天然金刚石拉丝模和人造金刚石拉丝模两种，天然金刚石拉丝模受资源条件限制，价格昂贵，主要用于微细丝（$\phi<0.1$mm）的拉拔。人造金刚石拉丝模又称聚晶拉丝模，价格相对便宜，主要用于不锈钢和电性合金细丝拉拔，目前我国制造的人造金刚石拉丝模最大孔径已达 7.5mm。聚晶拉丝模和天然金刚石拉丝模特性比较见表 18-8。

表 18-8 聚晶拉丝模和天然金刚石拉丝模特性比较

序号	项 目	聚晶金刚石	天然金刚石
1	结晶及其方向性	金刚石微粉烧结体，多晶，无方向性	单晶体，有方向性
2	耐磨性	结晶无方向性，因而各向磨损均匀	耐磨性高，磨损因结晶方向不同而不均匀，有软向磨损和软硬向磨损之别
3	抗冲击性能	无解理面，不易开裂，有良好的抗冲击性能，一般不产生微小裂纹	易沿〔111〕晶面开裂，易产生微小裂纹
4	补 强	坯料外围用硬质合金包裹补强	金刚石以烧结金属加固补强，支撑

18.6.1 金刚石拉丝模用坯料

18.6.1.1 天然金刚石拉丝模用坯料

因为拉丝时模孔要承受高于钢丝屈服极限的应力，制作拉丝模用钻石内部不得有裂纹、瑕疵、污点等缺陷，对钻石的颗粒大小与结晶方向也有严格要求。日本金刚石工业协会标准 IDAS300《金刚石拉丝模》规定，制模用金刚石：

$$h \geqslant 1.2d + 0.6\text{mm}$$

$$s \geqslant 0.25d + 0.7\text{mm}$$

式中 h——孔径为 d 时金刚石有效高度；

s——孔径为 d 时金刚石有效壁厚。

天然金刚石晶体内碳原子排列密度不同，密度大的方向硬度高，因此要选择在最硬面上穿孔。制作天然金刚石拉丝模很重要的技术是保证模孔轴线与底面垂直，因此研磨时首先研磨上下平面，然后开观察窗，如图 18-21 所示，密切注视保证模孔与上下平面垂直。磨平后的金刚石厚度应符合表 18-9 的要求。

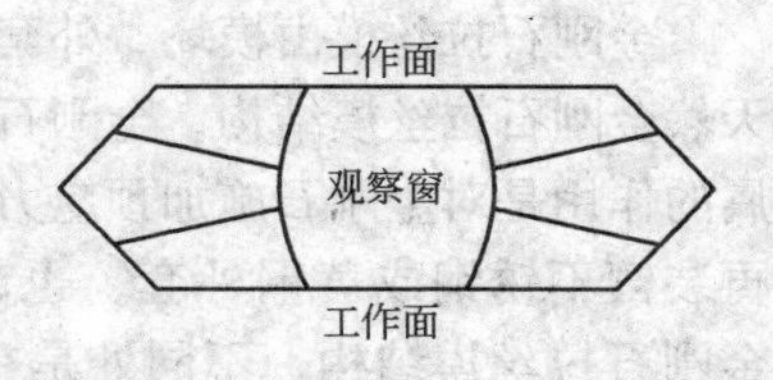

图 18-21 磨成的金刚石坯料

表 18-9 磨平后的金刚石厚度

模孔公称直径/mm	加工前金刚石重量/g	加工后金刚石厚度/mm
<0.100	0.02~0.04	0.9
0.101~0.200	0.042~0.06	1.2
0.201~0.300	0.063~0.08	1.4
0.301~0.400	0.082~0.11	1.6
0.401~0.500	0.12~0.13	1.8
0.501~0.600	0.13~0.17	2.0

18.6.1.2 聚晶金刚石拉丝模用坯料

自1974年美国通用电气公司发明人造金刚石模坯以来，英国、日本和我国相继都开发了品种繁多的人造金刚石模坯，目前美国的品种牌号最齐全。我国人造金刚石模坯现行标准是JB/T3242—1999《拉丝模用人造金刚石和立方氮化硼烧结体》，标准规定拉丝模用人造金刚石烧结体的形状为圆柱体，其模芯物理和力学特性如表18-10所列。其外形尺寸应符合表18-11的规定。

表 18-10 模芯材料的物理和力学特性对比

特 性	天然钻石	人造聚晶钻石	硬质合金
硬度/GPa	80~120	65~80	14~18
密度/g·cm^{-3}	3.5	3.8	14.1~15.1
耐压强度/MPa	2000~8800	4200~7000	5000~6000
弹性系数/GPa	1190	940	500~600
抗弯强度/MPa	300	280	170~250

表 18-11 人造金刚石烧结体的外形尺寸

外径及偏差/mm	4.0±0.20	5.0±0.20	6.0±0.20	8.0±0.30	10.0±0.30	12.0±0.30
厚度及偏差/mm	2.5+0.20	3.0+0.20	4.0+0.20	4.5~6.0	6.0~8.0	10~12.0
最大孔径/mm	1.2	1.5（2.0）	2.5（3.2）	4.2	6.0	7.5

注：1. 括号内数字为镶环产品；
2. 上下面不平行度不超过0.1mm；
3. 烧结体不得有裂纹和掉边。

18.6.2 金刚石拉丝模的结构及孔型

18.6.2.1 金刚石拉丝模的结构

金刚石拉丝模由模坯、外套和补强环三部分组成，如图18-22所示。其中图18-22*a*是天然金刚石拉丝模结构，金刚石模坯被铜、镍、铁等金属粉末烧结固定在模套中，烧结金属的作用是对金刚石施加预应力，补充模坯的强度，提高抗冲击能力。在烧结金属的外面再装镶不锈钢或黄铜外套，也起到补强作用，更主要的是便于使用。图18-22*b*是聚晶金刚石拉丝模结构，不同处是在聚晶模坯外又加了一个硬质合金环套，这样模坯就有环套、烧结金属和外套三重补强。

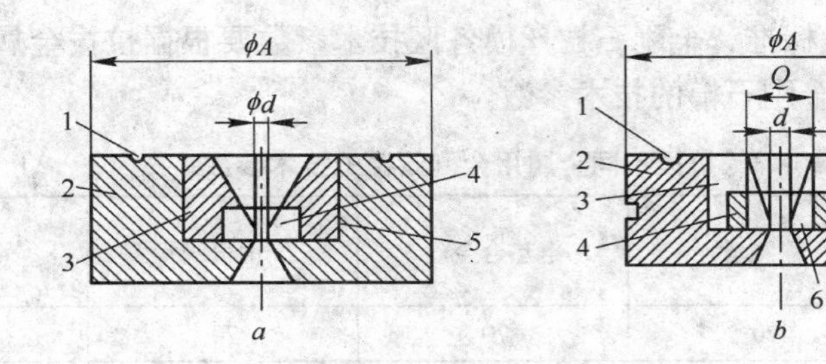

图 18-22　金刚石拉丝模的结构

a—天然金刚石拉丝模：1—入口端面环槽；2—外套；3—烧结金属；
4—金刚石模坯；5—外套与烧结金属的结合部（锡焊或压装）
b—聚晶金刚石拉丝模：1—入口端面环槽；2—外套；3—烧结金属；
4—硬质合金环套；5—聚晶模侧环槽；6—聚晶金刚石；
7—外套与烧结金属的结合部（锡焊或压装）

18.6.2.2　金刚石拉丝模的孔型

金刚石拉丝模的孔型由入口区、润滑区、压缩区、定径带、安全倒角和出口区 6 个部分组成，如图 18-23 所示。金刚石拉丝模的孔型和安全倒角与 R 系列硬质合金模一样，金刚石模各区之间圆滑过渡。瑞典的聚晶模孔型参照直线模孔型，其工作锥角度 12°~14°，至定径区过渡时有个“硬坎”。供参考。

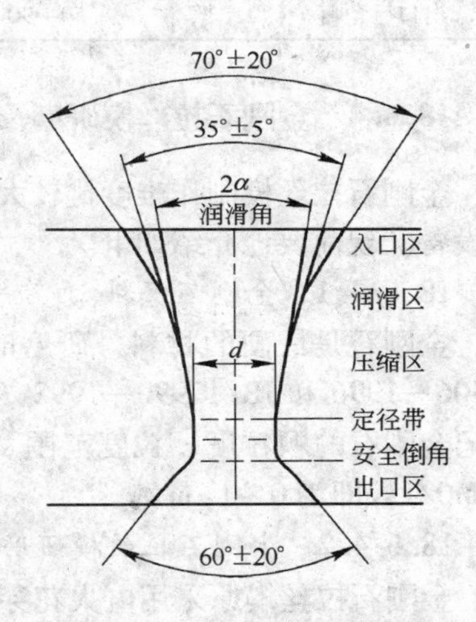

图 18-23　金刚石拉丝模的孔型

金刚石拉丝模的孔型结构与其材质特性和工作条件相关：因为金刚石拉丝模是在湿式润滑条件下工作，润滑液可以直接进入压缩区，无需考虑润滑剂带入的“楔形效应”问题。相反，保留开口角度逐步加大的润滑区，有利于润滑液的流动和模具的冷却。无论是天然金刚石还是人造金刚石都是硬脆型材料，抗冲击性能都比硬质合金差，使用中应尽量避免应力高度集中，降低冲击力。减小压缩区角度可以分散工作面上的应力，在定径带和出口区之间增加一个安全倒角，以及各区之间的圆滑过渡都可以避免应力高度集中，防止产生局部崩裂现象。

18.6.3　金刚石拉丝模标准

我国有关金刚石拉丝模的国家和行业标准见表 18-12。

表 18-12　我国有关金刚石拉丝模的国家标准和行业标准

序号	标准代号	标　准　名　称	序号	标准代号	标　准　名　称
1	GB/T6405—1986	人造金刚石或立方氮化硼品种	5	JB/T5823—1991	聚晶金刚石拉丝模具技术条件
2	GB/T6406—1996	超硬磨料金刚石或立方氮化硼颗粒尺寸	6	JB/T7989—1997	超硬磨料人造金刚石技术条件
3	JB/T3234—1999	拉丝模用人造金刚石烧结体	7	JB/T7990—1998	超硬磨料人造金刚石微粉和立方氮化硼微粉
4	JB/T3943.2—1999	金刚石拉丝模			

综合分析各国和各企业标准，金刚石拉丝模各区技术参数要根据拉拔金属来确定，表18-13显示拉拔不同金属用金刚石模的技术参数。

表18-13 拉拔不同金属用金刚石模的技术参数

技术参数＼材质	筛网丝	电热合金丝	钢帘线	不锈弹簧丝
入口区角度/(°)	70	70	70	70
润滑区角度/(°)	35	35	35	30
压缩区角度/(°)	16	14~12	13	12
压缩区长度/mm	>0.5d	>0.5d	0.5~1.5d	0.6~2.0d
定径带长度/mm	0.25~0.5d	0.3~0.8d	0.3~0.6d	0.5~1.5d
安全倒角/(°)	10~20	10~20	10~20	10~20
出口区角度/(°)	50~90	50~90	50~90	50~90

18.6.4 金刚石拉丝模研磨及修复

金刚石拉丝模制作难度比较大，大部分由专业制模厂生产，中小型企业一般只配备修模设备。现简要地介绍如下。

18.6.4.1 金刚石磨料

金刚石是最硬的材料，研磨时只能选用金刚石粉。现行金刚石粉标准有两个：GB/T6406—1996和JB/T7990—1998（见表18-12）。行业标准（JB/T）以粉末的实际尺寸来标记金刚石的颗粒度，粒度范围从M0/1到M36/54，其号码数为颗粒尺寸，单位为μm，如M0/1，即为0~1μm。

18.6.4.2 金刚石拉丝模研磨工艺

金刚石拉丝模原采用电火花穿孔，现在基本改为激光穿孔，无论激光加工穿孔，还是放电加工穿孔，所得到的孔型基本是粗糙的荒孔，必须经机械研磨才能成型。

传统的机械研磨机分立式和卧式两种，卧式研磨机适用于小规格模具（$\phi<0.05$mm）的研磨。研磨机主轴转速高达3000r/min，托盘转速也达到50r/min，磨针的振动或摆动频率也达到100次/min左右，振幅为1~3mm。目前制模行业已广泛使用超声波研磨机和高速线抛光机，工作效率明显提高，质量也有较大提高。

研磨钢针一般选用高碳钢（T9A）或轴承钢（GCr15），经淬回火制成钢针。研磨针一般磨成5种类型：

(1) 开角针：主要用来研磨润滑区和出口区，根据各区形状要求，针的角度在30°~80°之间，也可研磨安全倒角。

(2) 角度针：用来研磨压缩区，针的角度为10°~16°。

(3) 直径针：用来研磨定径带，工作部位角度为0°。

(4) 圆头针：用来研磨出口区，针头近似圆球形。

(5) 连体针：即综合上面3~4种针型，精磨时运用，提高效率。

模孔的形状是依靠磨针的形状来保证的，研磨时要按预先设计的形状勤磨针、勤换粉，才能保证孔型准确。国外现采用镀金刚石磨针，可以延长换针时间，提高研磨精度和效率。

研磨时多选用橄榄油或黏度适宜的机油调制（人造）金刚石粉，（人造）金刚石粉选用粒度见表18-14。

表18-14　研磨时（人造）金刚石粉选用粒度

模孔直径/mm	粗　磨	精　磨	抛　光
>0.5	M36/54	M12/22	M4/8
>0.2～0.5	M22/36	M12/22	M4/8
>0.05～0.2		M12/22	M4/8
>0.02～0.05		M6/12	M4/8
≤0.02		M4/8	M3/6

新模具的研磨一般从入口区—润滑区—压缩区—定径带—安全倒角—出口区，依次进行粗磨和精磨，精磨可以不磨入口区和出口区，抛光允许只对润滑区、压缩区、定径带和安全倒角进行。旧模具的修复需要根据磨损情况拟定修复工艺。

用过的磨料回收，一般采用柴油或工业酒精，从模口清洗下来进行沉淀或由小离心机分级处理。

18.6.4.3　金刚石拉丝模磨损后修复

金刚石拉丝模使用一段时间出现不同程度的磨损，应及时进行修复，等出现严重损伤再研磨往往降低模具寿命。旧模修复以精磨和抛光为主。金刚石拉丝模常见缺陷和修磨方法见表18-15。

表18-15　金刚石拉丝模常见缺陷和修磨方法

常见缺陷	拉丝表现	产生原因	修磨方法
异　形	丝材不圆、闪光、起刺	模架与塔轮不平整、拉丝时模具摆放不正，使用时间太长	依次进行粗磨、精磨、抛光、研磨压缩区、定径带、倒角及润滑区
出口剥落或后口掉牙	丝材表面划伤、起毛	穿模时拉拔方向不正，长时间未开倒角	用圆头针磨出口，开角针反向磨倒角，再精磨定径带、压缩区，然后抛光
定径带太长	拉丝发涩，表面变色，常断丝	压缩区角度开得太小，直径针研磨时间太长	精磨压缩区，反向开倒角，抛光
定径带短	丝材表面竹节、划伤、起毛、尺寸变化快	角度开得大，角度针研磨时间太长	用直径针反向精磨，然后抛光压缩区及定径带
压缩区环沟	拉丝发涩，丝材表面灰暗，断丝	拉丝量大、磨损较重	用角度针精磨压缩区，然后抛光，第二次需磨定径带
拉　痕	模孔有与拉丝方向一致的沟痕，丝材表面起棱、闪光	丝材表面有氧化色，润滑不良	依次精磨压缩区、定径带，抛光

续表 18-15

常见缺陷	拉丝表现	产生原因	修磨方法
粗 斑	丝材表面起毛	抛光时间不足，抛光前模具清洗不净，抛光粉混号	重新抛定径带、倒角及压缩区
椭 圆	丝材不圆度超差	拉丝时模具摆放不正，前一道模具孔型出问题	精磨压缩区、定径带、润滑区和倒角，然后抛光
裂 纹	丝材表面划伤、闪光、断丝	模具经多次修复接近报废，道次减面率过大，润滑不良，环沟、拉痕未及时修复等	局部、轻微裂纹要彻底研磨干净，裂纹重时模具要报废

18.6.4.4 金刚石拉丝模孔型的检测

金刚石拉丝模孔型尺寸较小，检查也不如硬质合金模那么直观，因此要介绍的内容如下：

A 直径及允许偏差

沿模孔轴线方向，用人工拉伸现场生产的同类金属丝，合金钢丝减面率为5%～10%，用相应精度千分尺直接测出直径，如微细丝采用微米千分尺来测量。

B 模孔形状

拉丝模孔润滑区、压缩区和定径带的角度及高度采用硅胶或其他材料复制出孔形，进行测量。模孔不圆度用生物显微镜，从出口端检查，孔径大于0.1mm的放大30～50倍，孔径大于0.05mm小于0.1mm的放大100倍，孔径不大于0.05mm的放大150倍。

C 模孔表面质量

用立体显微镜检测，可选用从10～160倍连续放大立体显微镜。对模孔表面的质量要求是：

（1）入口区及润滑区：呈暗光滑表面，金刚石模不得有裂纹和碎片状瑕疵，聚晶金刚石模表面可见龟纹，无掉粒。

（2）压缩区、定径带和倒角：表面不得有横圈、沟痕、裂纹、瑕疵及掉粒，呈光亮的光滑镜面，聚晶模表面不得有龟裂和暗圈。

（3）出口区：呈细麻纱表面，不得有掉肉或掉粒。

18.7 拉丝模孔的测量

18.7.1 直径测量仪

国内模孔测量基本沿用传统方法，大规格用量杆或塞尺，小规格直接拉丝测量丝径。量杆一般选用耐磨性良好的高碳钢（T9A或T10A）、轴承钢（GCr15）制作。量杆经矫直后在磨床上磨出一定锥度（见表18-16），表面粗糙度 $R_a \leq 0.63\mu m$。细小模孔用退过火的不锈、卡玛、FeCrAl丝，压缩量约5%～10%过模后用微米千分尺测量。

表 18-16　量杆锥度

量杆直径/mm	量杆锥度（≤）/mm	量杆直径/mm	量杆锥度（≤）/mm
≤1.0	(0.02 ~ 0.03)：100	>2.0 ~ 5.0	(0.07 ~ 0.10)：100
>1.0 ~ 2.0	(0.03 ~ 0.05)：100	>5.0	(0.15 ~ 0.20)：100

瑞典山诺维克公司生产的 PS-200M 拉丝模孔型测量记录仪方便、快捷、准确、实用。

18.7.2　高倍立体显微镜

模孔表面质量检查一般要借助高倍放大镜，当模孔直径较小时应考虑选用立体成像的高倍立体显微镜。立体显微镜具有较长的工作距离，视野宽阔，成像立体感强，犹如直接用肉眼观察一样。立体显微镜带有两个目镜，设上下两个光源，亮度可随意调整，放大 7 ~ 160 倍连续无级调整，可清晰观察模孔各区域表面状况，目前国产立体显微镜，如南京江南光学仪器厂生产的生物显微镜，或北京迪蒙产拉丝模内孔检测显微镜（见图 18-24）性能稳定，使用效果良好。

图 18-24　拉丝模内孔检测显微镜

北京迪蒙产拉丝内孔显微镜主要技术参数如下：

（1）连续变倍放大倍率：7 ~ 160 倍；

（2）镜体垂直移动距离：96mm；

（3）双目镜倾角：45°，视轴角：120°；

（4）目镜在支柱处左右移动范围：75°，镜体回转：360°；

（5）两目镜光瞳中心间距：46 ~ 47mm；

（6）可测模具最大外径：42mm；

（7）测量夹具前后移动距离：20mm；

（8）载模盘可绕轴回转 360°。

18.8　制模、修模主要设备

制模、修模的主要设备包括打孔机、研磨机和抛光机。

18.8.1　立式单头研磨打孔机

立式单头研磨打孔机如图 18-25 所示，它的工作原理属机械式研磨，即在模孔处放硬质磨料，用旋转杆针加压力码研磨（或托盘下加压力簧）。照此原理而组合的多头针杆便形成五头、十头等研磨机。此类设备常用于硬质合金模或聚晶模。

18.8.2 电解扩孔机

电解扩孔机如图 18-26 所示，其工作原理是利用电化学反应的原理进行。电解液由氢氧化钠、酒石酸各 12%、氯化钠 2% 和水 74%。电解扩孔机主要用于钨模。

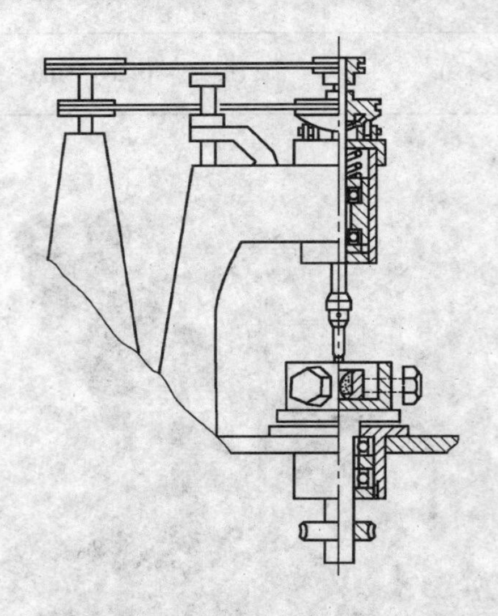

图 18-25 立式单头研磨打孔机示意图

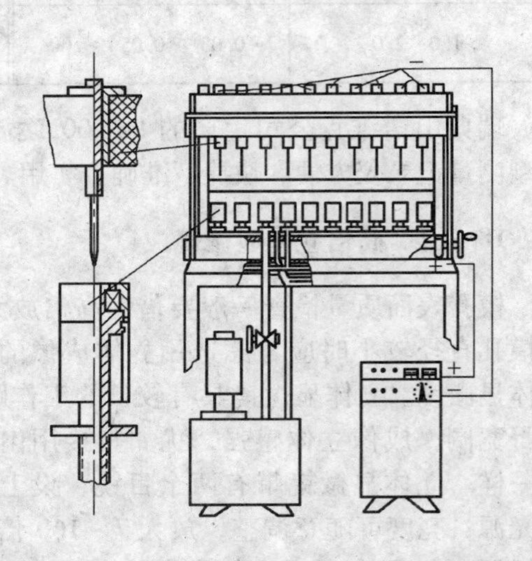

图 18-26 电解扩孔机示意图

18.8.3 激光打孔机

激光打孔机的工作原理是利用红宝石激光发生器发出高能激光束脉冲撞击模芯进行打孔加工。北京半导体所制造的激光打孔机可将聚晶模芯打出 ϕ0.012mm 左右微孔，为研制 ϕ0.02mm 左右微细模具打好基础。上海百事佳公司生产的 LPD-YAG 型激光打孔机技术参数如表 18-17 所列。

表 18-17 激光打孔机的技术参数

主机件	技术项目	技术参数	主机件	技术项目	技术参数
激光器	连续输出功率 激光脉冲频率	70W 1 ~ 5kHz	工作台	定位精度	<5μm
激光打孔	打孔直径 打孔形状	0.01 ~ 1.2mm 分区、分角度、分段	模子夹具	精 度	<2μm
观察系统	目视放大率 CCD 放大率	75 倍 42 倍	光学系统	焦 距 光斑尺寸 扩束器倍率	40mm 8μm 10 倍

18.8.4 超声波研磨抛光机

超声波研磨抛光机工作原理是利用镍皮换能器产生声波振动针杆，带动磨料高速冲撞旋转的模孔，由磨针形状研磨和抛光模孔各个部位。冲击力大小由功率表中数据来调节。

超声波振动频率为 20kHz 左右，远超过机械式研磨机的效率。原上海超声波仪器厂生产的和北京三信新材料技术所（简称为北京三信所）生产的 US 系列超声波研磨抛光机示意图如图 18-27 和图 18-28 所示。

上海超声波仪器厂和北京三信所生产的超声波修模机技术参数如表 18-18 中所列。

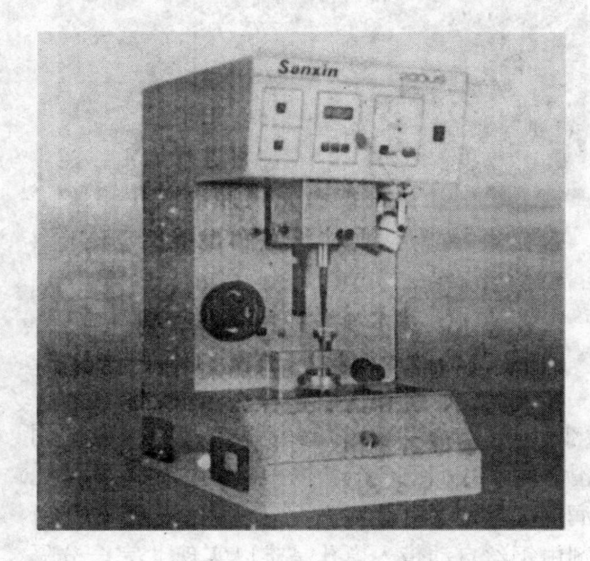

图 18-27 超声波研磨抛光机（北京）

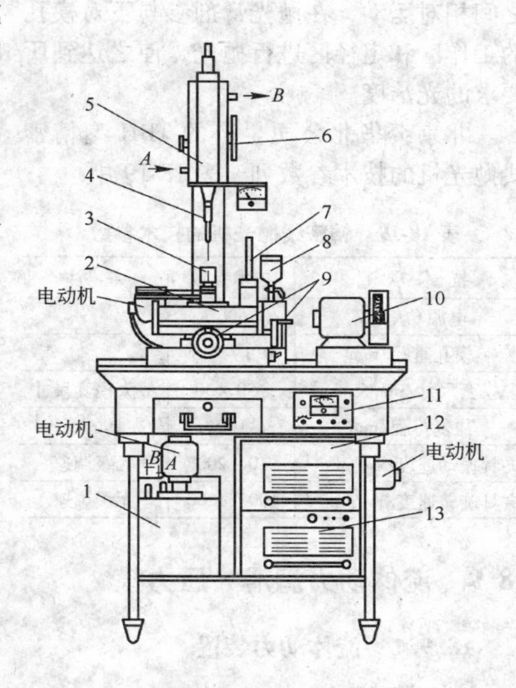

图 18-28 超声波研磨抛光机示意图（上海）

1—水箱；2—移动工作台；3—模座；4—变幅杆；5—换能器；6—升降轮；7—压力杆；8—油缸；9—转动轮；10—砂轮机；11—发生器；12—功率放大器；13—电源箱

表 18-18 北京三信所、上海超声波厂生产的超声波修模机技术参数

技术参数	北京 100US	北京 200US	北京 400US	上海 CSF-8B
超声波功率/W	0.4 ~ 100	5 ~ 200	5 ~ 400	0 ~ 250
超声波频率/kHz	19 ~ 22	18 ~ 23	18 ~ 23	20 ±
工具头行程/mm	80	120	120	100
工具头直径/mm	1.0 ~ 4.0	1.0 ~ 6.0	6.0 ~ 12.0	1.0 ~ 4.0
模具孔径/mm	0.06 ~ 1.60	0.1 ~ 4.0	0.5 ~ 7.5	0.04 ~ 1.5
工作转速/r · min^{-1}				约 52

18.8.5 精密线抛光机

精密线抛光机是对拉丝模定径区和工作区进行抛光的专用设备，可以用于钻石模和硬质合金模的定径区和工作区抛光。IPO 型精密线抛光机如图 18-29 所示。

其工作原理是利用一根垂直穿过模孔的钢丝与可径向振动和高速旋转的夹具（模具）

之间相对运动，在抛光膏剂参与下对模孔的工作区和定径区进行抛光，使之达到所要求的光洁度。

北京泰华北公司生产的 TBH 型精密线抛光机的技术参数列于表 18-19 中。

表 18-19 精密线抛光机的技术参数

技术项目	技术参数	备注
电源功率/W	600	
模孔直径/mm	0.1～7.5	
模套尺寸/mm × mm	$\phi 50 \times 30$	最大模套尺寸
往复行程/mm	100	夹具的行程
夹具振动速度/$r \cdot min^{-1}$	10～200	无级调速
夹具旋转速度/$r \cdot min^{-1}$	100～1200	无级调速

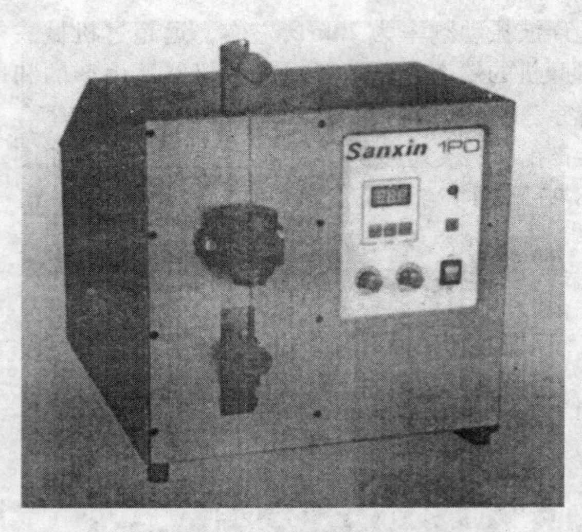

图 18-29 精密线抛光机（北京）

18.9 流体动力润滑—压力模

18.9.1 流体动力装置

一般的拉丝方法进入模孔的润滑剂量较少，只能维持在小变形量和低速拉拔时的润滑。拉后钢丝表面残留的润滑膜极薄。在润滑作用中我们已经分析了润滑剂在钢丝和模孔内壁的润滑作用主要是降低摩擦系数。设想润滑剂能使两个接触面完全分隔开，造成润滑剂内部的摩擦。事实上普通的钢丝拉拔润滑剂由钢丝自动带入模孔是难以实现“完全分隔开”的目的，因为带入的润滑剂量少，即使带进很多也会被挤出模子。所以实际进入变形区的润滑剂是少量的，不足以将接触面完全分隔开。尤其是接触面处凸牙会破坏润滑层，使润滑层呈断续状。我们称这种状态下的润滑为“混合润滑”。如果钢丝沿全长表面普遍地处在固体摩擦的接触中，那么润滑状态称“界面润滑”。这种情况不多，大多则是“混合润滑”。由图 18-30 所示。为了使润滑剂完全隔开接触表面并得到较厚的润滑层以提高拉拔速度降低动力消耗和模子损耗，可采用“流体动力润滑”（亦称强迫润滑）。如图 18-31所示，该装置可以保证以接近钢丝屈服点的压力，自动将润滑剂压入变形区从而保证摩擦面相互之间被一层润滑剂隔离，这便是“流体动力效应”。

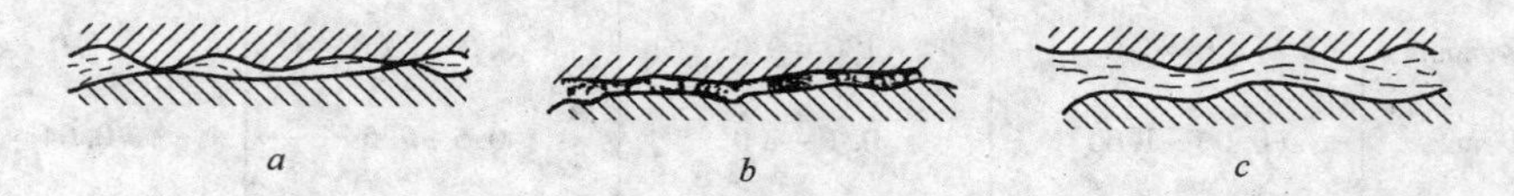

图 18-30 三种润滑方式

a—混合润滑；*b*—界面润滑；*c*—流体动力润滑

钢丝把润滑剂带入压力模至工作模入口前时，润滑剂压力逐渐增大并把润滑剂压入变形区使模壁与钢丝之间产生一定压力起到隔离的作用。压力随拉拔速度增大而增大，压力的大小还与压力模和钢丝之间的间隙，压力模孔的长度，工作模角度有一定关系。

压力模直筒部分长度越长，与钢丝间隙越小，则在一定速度下润滑剂的流量和压力越大。据在这种装置测试得到的压强可达到 0 ~ 350MPa 范围内。图 18-32 曲线表示拉拔速度与润滑剂压力及间隙之间的关系。说明拉速在 100 ~ 300m/min，间隙在 0.15 ~ 0.20mm 时，润滑剂承受的压力最大。

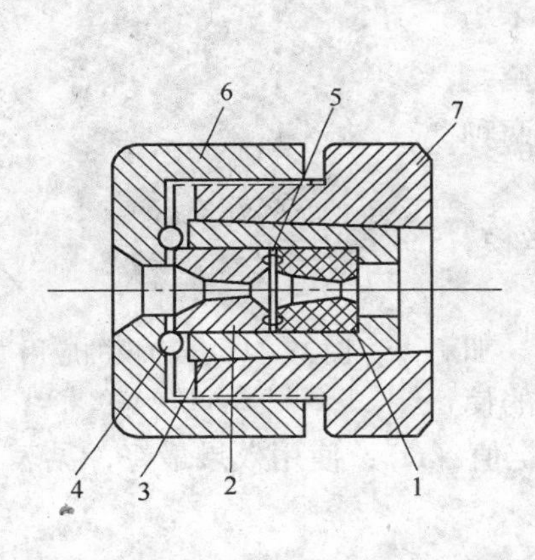

图 18-31　流体动力润滑装置示意图
1—工作模；2—压力模；3—模芯套；4—保护环；
5—密封垫圈；6—卡紧螺帽；7—空心螺管

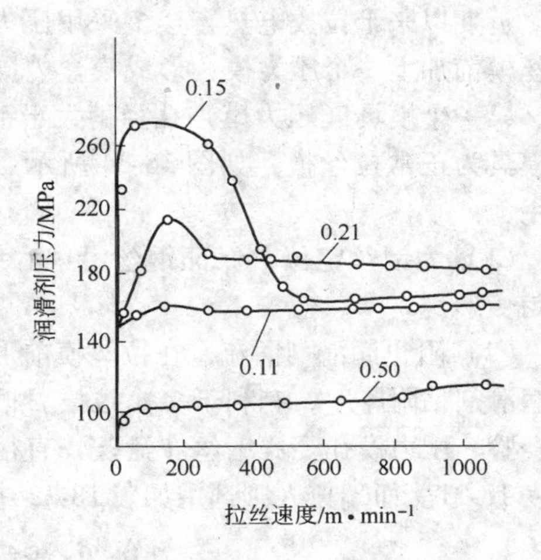

图 18-32　润滑剂压力和拉拔速度及间隙的关系曲线

拉丝速度与间隙对发挥流体动力效果有较大影响。间隙过小，进入润滑室内的润滑剂量越少。如果间隙过大，润滑剂会被反向挤出，润滑室内难以保持高压。为了减少润滑剂的回流，必须提高拉丝速度。试验表明，当拉丝速度超过 450 ~ 500m/min 时，润滑室内润滑剂的压力不再增高。

图 18-33 中曲线表示润滑剂压力与拉丝模角度（2α），拉拔速度之间的关系。说明拉丝模变形区角度 2α = 8° ~ 10°时具有最大的压力。

压力室长度约在 10 ~ 15mm。在较低的拉拔速度下，拉后钢丝表面上残留的润滑剂在 500mg/m 左右。长度太长不一定能得到厚的润滑膜。残留的润滑膜厚度是随拉速的增高而增大到最大值，然后又在高速下减小到最小值。

在用液体润滑剂作流体动力润滑时，可保证从变形区排出相当多的热量从而改善钢丝质量液体润滑剂的黏度和黏附性是保证这种润滑剂进行流体动力润滑达到稳定的必要条件。用液体润滑剂进行流体动力润滑，压力室长度同用干式润滑剂差不多，只是钢丝与压力模之间的间隙要小，一般不小于 0.03 ~ 0.05mm。

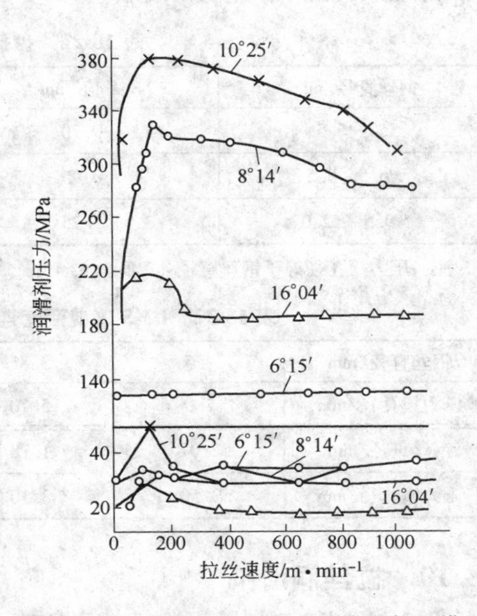

图 18-33　润滑剂压力和拉丝速度及拉丝模变形区锥角（2α）的关系曲线
（上部为干拉，下部为湿拉）

经流体动力润滑拉拔后的钢丝表面质量明显改善，比普通拉拔的钢丝表面的反射光少，润滑剂层厚而致密，厚度增大约1μm。拉拔力可降低5%左右。

18.9.2　压力模的选择

近期以来干拉拔电热合金多采用压力模技术。即在拉丝模前加上一个压力模，形成模盒内同时装有两个模具，第一个模具（压力模）孔径稍大于钢丝直径，第二个模具为正常拉丝模，如图18-34所示。压力模起两种作用：

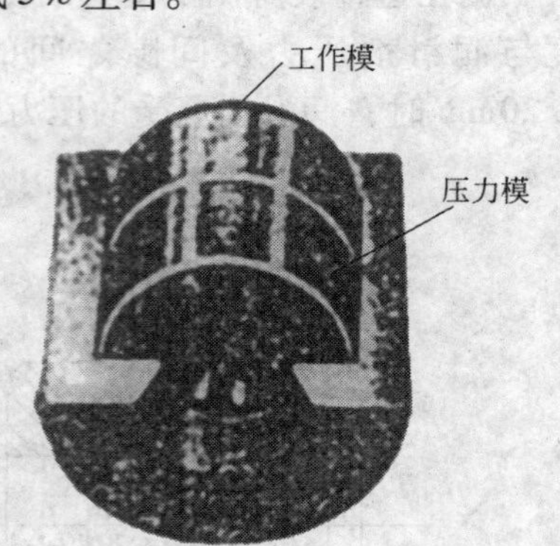

图18-34　压力模的应用
（压力模外径同拉丝模）

（1）为钢丝定位，保证钢丝沿中心线进入拉丝模，均匀变形。

（2）阻止润滑剂回流，在拉丝模前形成高压区，加大润滑剂粘附厚度，有利于多次拉拔。根据加拿大的使用经验，压力模孔径比钢丝（盘条）直径大一个固定值（*K*），使用效果最好，见表18-20和表18-21。而瑞典人则选用如表18-22中的尺寸。

表18-20　钢丝拉拔压力模尺寸的选择

钢丝直径/mm	*K*值/mm	钢丝直径/mm	*K*值/mm
0.75～1.5	0.05	>5.0～8.0	0.35
>1.5～3.0	0.10	>8.0～13.0	0.55
>3.0～5.0	0.20	>13.0～18.0	0.90

注：压力模孔径等于钢丝直径+*K*值。

表18-21　盘条拉拔压力模尺寸的选择

钢丝直径/mm	*K*值/mm	钢丝直径/mm	*K*值/mm
5.0～6.5	0.70	>12.0～18.0	1.80
>6.5～9.5	0.95	>18.0～24.0	2.5
>9.5～12.0	1.25		

注：压力模孔径等于钢丝直径+*K*值。

表18-22　L3-5瑞典活套连拉机选用压力模模孔尺寸（供参考）

钢丝直径/mm	4.5	3.85	3.30	2.85	2.50
压力模孔径/mm	7.0	5.70	5.10	4.40	3.90
钢丝直径/mm	2.07	1.78	1.58	1.42	1.29
压力模孔径/mm	3.50	3.10	2.80	2.60	2.40

18.10　拉丝润滑剂[41]

18.10.1　对润滑剂性能的要求

性能优良的润滑剂必须兼有润滑性能和工艺性能，在各种恶劣的拉丝条件下都能形成稳定的润滑膜。因此优良的拉丝润滑剂应具有如下性能：

(1) 附着性好，能充分覆盖新旧表面，形成连续、完整、并有一定厚度的润滑膜。

(2) 低的摩擦系数。

(3) 耐热性好，软化温度与变形区温度相适应，高温（300～400℃）下仍能保持良好的润滑性能。

(4) 在高压下具有不造成润滑膜破裂的高负荷能力。

(5) 性能稳定，不易发生物理或化学变化，对钢丝和模具不腐蚀。

(6) 不对后续处理加工带来不好的影响或容易去除。

(7) 对人体和环境无害。

18.10.2 拉丝润滑剂的分类与使用

18.10.2.1 润滑剂的分类

拉拔润滑剂分为干式、湿式和油质润滑剂三大类，其中干式润滑剂占80%以上，它们的状态、性质和使用条件见表18-23。

表18-23 拉拔润滑剂的分类

类 别	外观形状	适用条件	使 用 方 法
干式润滑剂	粉末状	电热合金、不锈钢等合金钢	放在拉丝模盒内
湿式润滑剂	膏状或油状	非镀层钢丝	掺水乳化作润滑液，以循环方式注入模具中，或将模具浸在润滑液中
油质润滑剂	油 状	电热合金、不锈钢等	放入模具内或用循环方式注入模具中

18.10.2.2 润滑剂的使用

对拉丝用润滑剂使用区别大体如表18-24所列。

表18-24 拉丝用润滑剂使用区别

润滑剂 金属种类	表面预处理剂	干式润滑剂	油质润滑剂	水溶性润滑剂
不锈钢线、电热合金	◎	◎（粗-中）	◎（细）	△（细）
镍铬线及镍、铬合金	◎	◎	○	×

注：◎—大部分；○——部分；△—极少部分；×—无；（粗-中）—原料线径在约1.0mm以上的拉丝；（细）—原料线径在约1.0mm以下的拉丝。

18.10.3 对钢丝表面预处理

钢丝的表面准备是保证润滑剂吸附量适度最重要的因素，良好的润滑效果往往是通过表面准备和润滑剂之间恰当的组合来实现的。

18.10.3.1 机械除鳞

同酸洗相比，机械除鳞以其成本低、污染轻的优点在钢丝生产中正在得到广泛的应用。高效的无酸洗拉丝粉的应用和日益提高的环保要求正推动着机械除鳞在我国迅速发展。

18.10.3.2 酸洗

为获得良好的润滑效果，除必须保证氧化皮完全洗净外，酸洗后的表面必须充分漂洗，以防残酸带入涂层槽中影响覆膜质量，氯离子的存在还可能使钢丝生锈，降低模具寿命。

18.10.3.3 涂层

涂层也是拉丝润滑膜的组成部分，一定粗糙度的涂层将润滑剂载入模孔内，和润滑剂一起组成足够厚的润滑膜。所以涂层也是广义的拉丝润滑剂，通常称为润滑涂层。

涂层可分为金属镀层和非金属涂层两大类，金属镀层有电镀（铜、锌）、化学镀（铜、镍）和热镀（锌、铝）；非金属涂层分为非转化涂层（如石灰、硼砂）和转化型涂层（如磺化、磷酸盐、草酸盐）。参见表18-25。

表18-25 预处理涂层概况

预处理剂	主要成分	钢 种	处理方法	特 点
石灰皂	消石灰肥皂	特殊钢丝	浓度：5%～25%（固形物） 温度：常温～60℃	（1）具有中和能力、防锈效果； （2）使用安全、价廉，但易脱落，工作环境差
磷酸盐	磷酸二氢锌磷酸	铬-钼钢丝	浓度：30～70point 温度：55～90℃ 时间：30s～8min 浸渍、流水线法	（1）因产生化学反应，管理较难； （2）优良的润滑性、防锈性、重加工性； （3）不适用镀加工线材
硼 砂	$Na_2B_4O_7 \cdot xH_2O$ （x=5或10）	特殊钢丝	浓度：5%～30% 温度：80～90℃ 浸渍、流水线法	（1）具有中和防锈效果； （2）易吸湿；拉丝前需干燥
树 脂	氯系树脂 氟系树脂 溶 剂	不锈钢丝 镍铬丝 钛 丝	树脂浓度：5%～15%（固形物） 常温浸渍	（1）处理简单，润滑性好； （2）因使用溶剂，价格贵，工作环境差
草酸盐	草 酸 草酸盐	不锈钢丝 特殊钢丝	浓度：4%～5% 温度：90℃ 时间：10～20min 浸渍法	（1）冷镦加工性好； （2）有化学反应，管理复杂

上述涂层各有其特点和适用范围，须根据钢种、拉丝速度和工艺等要求灵活选用。

18.10.4 干式润滑剂

18.10.4.1 组成成分

干式拉丝润滑剂主要成分是金属皂、无机物和为提高润滑性能而加入的各种添加剂。其中金属皂占50%～80%，无机物占20%～40%，性能添加剂占2%～10%。其组成见表18-26。

表 18-26　干式拉丝润滑剂的组成及成分

序号	组　成	成　分	序号	组　成	成　分
1	脂肪酸	硬脂酸、油酸、棕榈酸	4	固体添加剂	MoS_2、石墨、云母等层状结构物质
2	金　属	Na、Ca、Ba、Zn、Al、Mg	5	无机物	消石灰、滑石、硼砂、磷酸盐、硫酸盐、磺酸盐
3	极压添加剂	S 系、Cl 系、P 系有机或无机添加剂	6	其他添加剂	防锈剂（亚硝酸钠、苯甲酸钠等）、着色剂

18.10.4.2　金属皂

金属皂是脂肪酸（硬脂酸和软脂酸）与碱金属（钾、钠）或碱土金属（钙、钡、锌、镁）的化合物，可以看作是脂肪酸的盐。

用于制造拉丝润滑剂的脂肪酸，一类是天然脂肪，如牛脂、羊脂、猪油等动物油和棕榈油、棉籽油、菜籽油等植物油。油脂亦称甘油三酸酯，是三个分子饱和脂肪酸、不饱和脂肪酸和一个分子甘油的缩合物，加碱水解都变成一个碳氢链和一个羧基的脂肪酸；另一类是合成脂肪酸和天然脂肪经氢化、磺化后的改性脂肪酸（硬化油、磺化油）。

用于制造拉丝润滑剂的碱是钙、钠、钡、锌、铝的氧化物或氢氧化物。最常用的是石灰和烧碱或纯碱，他们可直接同脂肪皂化，也可和脂肪酸中和得到。钠皂和钙皂的反应式如下：

$$\underset{\text{脂肪}}{C_3H_5(RCOOH)_3} + \underset{\text{烧碱}}{3NaOH} = \underset{\text{钠皂}}{3RCOONa} + \underset{\text{甘油}}{C_3H_5(OH)_3}$$

$$\underset{\text{脂肪}}{C_3H_5(RCOOH)_3} + \underset{\text{纯碱}}{2Na_2CO_3} \longrightarrow \underset{\text{钠皂}}{2RCOONa} + \underset{\text{二氧化碳}}{CO_2} + \underset{\text{水}}{H_2O}$$

$$\underset{\text{硬脂酸}}{C_{17}H_{35}COOH} + \underset{\text{消石灰}}{Ca(OH)_2} \longrightarrow \underset{\text{硬脂酸钙}}{(C_{17}H_{35}COO)_2Ca} + \underset{\text{水}}{H_2O}$$

钡、锌、铅等不溶于水的金属皂还可用复分解法制备，先制成钠皂，再与金属盐反应，生成相应的金属皂。如：

$$\underset{\text{硬脂酸钠}}{2C_{17}H_{35}COONa} + \underset{\text{氯化钡}}{BaCl_2} = \underset{\text{硬脂酸钡}}{(C_{17}H_{35}COO)_2Ba\downarrow} + \underset{\text{氯化钠}}{2NaCl}$$

油脂中饱和脂肪酸或碳链较长的脂肪酸凝固点较高，其金属皂熔点也较高，由它组成的润滑剂的软化温度也高。同一脂肪酸制成不同的金属皂，其熔点和性能有很大差异，见表 18-27。

表 18-27　金属皂的种类与性能

品　名	熔　点/℃	性　　能
硬脂酸钠	260	软化温度高，耐热性好，溶于水，易清洗
硬脂酸钡	240	软化温度高，展性好，不溶于水
硬脂酸锂	220	性质像钠皂，润滑性好，但价格贵
硬脂酸钙	150	润滑性，延展性良好，不溶于水，用途广泛
硬脂酸镁	140	用于有展性要求的软化点调整
硬脂酸锌	120	软化点低，黏度小，用于调整软化点
硬脂酸铝	100	用于软化温度调整（光亮用）

18.10.4.3 无机物

石灰、滑石粉、硼砂等无机物在高温高压下可增加润滑膜的厚度和强度，防止钢丝与拉模熔敷黏着，又有调整润滑剂软化温度的作用。

石灰价廉易得，具有中和、防锈等重要特性，在拉模内处于高压熔融时，能增加润滑剂的耐压强度、黏度和厚度，在盐酸中易溶解去除，是制备干式润滑剂的基本原料，其配比一般为20%～50%，最高可达75%。

硼砂能与金属皂和无机物配合，可作调整软化温度的辅助剂，提高润滑剂的展性，防止结块；缺点是很易吸潮，用量不宜过大。

碳酸盐和硫酸盐及磺酸盐都具有优良的耐热、耐压性能，能提高软化温度，改善润滑。硫酸钠是最常用的增加润滑剂黏附性能的无机物。

18.10.4.4 固体润滑剂

石墨、云母、二硫化钼和二硫化钨等矿物质和金属化合物，都具有层状结构的原子排列，同层内的原子间距小，结合力强，而层与层之间结合力弱，容易产生层间的滑移，由此产生良好的润滑性能。

二硫化钼的耐热性可达400℃，温度升高便分解失效，540℃氧化速度加快并生成SO_2。MoS_2润滑性能良好，但价格昂贵，只在拉制不锈钢、电热合金或高速拉丝时使用，添加量一般为2%～10%。

石墨的耐热性能良好，超过500℃才逐渐失去润滑效能，但时间短暂能耐1000℃的高温，石墨的晶体结构和性能与MoS_2相似，价格较低，是温拉和热拉润滑剂的主要原料。

聚四氟乙烯、聚乙烯、聚酰胺、聚酰亚胺等结晶的高分子化合物，具有摩擦系数低，高温熔融时黏附性好的特性，因价高使用尚不普遍。

18.10.4.5 极压添加剂

极压添加剂也称高压添加剂或化学活性物质，是含硫、磷、氯的有机和无机化合物，如硫磺、磷酸酯、氯化石蜡等。这类物质在摩擦表面的高温高压作用下，能与钢丝表面反应，生成低熔点的FeS、$FeCl_2$、$FePO_4$反应膜，当温度升高时，反应膜熔融化生成润滑膜，从而降低表面摩擦力，防止钢丝表面擦伤。

18.10.5 干式润滑剂的基本特性

18.10.5.1 软化温度范围

软化点通常表示干式润滑剂受热开始软化时的温度。软化温度对润滑状况和焦块的形成有很大影响，过低，拉丝时润滑剂易被挤出影响润滑效果，并使结块量增加；过高，润滑剂不能在变形区中全部熔融成黏度适中的均匀流体，而使润滑效果降低。实践表明，只有当粉状物全部软化为黏稠状时，才能形成摩擦系数最低的流体润滑。润滑剂的软化温度一般为150～300℃，适宜高速拉拔的软化温度应为200～400℃。

18.10.5.2 高温黏度

干式润滑剂在模具和线材接触面上由于热和压力的作用，变成黏稠流体，发挥其润滑作用。其黏度随温度升高而降低，甚至发生润滑膜破裂，产生烧结胶着现象。因此要求干式润滑剂具有黏度变化小，延展性好，高温下仍能保持适度的黏性。

润滑剂的黏度取决于润滑剂的组成和模具变形区的温度，与软化点、耐热性密切相关。钙皂比钠皂黏度大。加入硼砂，硫酸钠等增黏剂，可提高钠皂的黏度。

18.10.5.3 视密度

密度直接影响润滑膜的形成，密度偏大，粉粒会被振动沉于模盒底部，减少润滑剂的导入量；密度偏小，润滑剂流动性差，不能及时补充，可能造成润滑剂中间出现空洞，影响钢丝表面润滑膜的连续性。

干式润滑剂呈粉末状，故其密度有润滑剂本身的粉粒密度（真密度）和润滑剂的表观密度（假密度，亦称视密度）。

真密度 = 试样质量／试样粉粒体积

视(假)密度 = 试样质量／试样体积

润滑剂的密度与金属皂的种类及组成成分有关，钠皂的密度较小（在 0.65 ~ 0.75 g/cm^3），钙皂润滑剂密度为 0.80 ~ 1.02g/cm^3。

18.10.5.4 颗粒度

润滑剂颗粒的大小及分布对钢丝残留润滑膜厚度有明显影响；润滑剂颗粒的大小必须与钢丝的直径和表面粗糙度相适应，颗粒过粗附着性不好，而颗粒过细则易形成“隧道”，并产生粉尘。一般说来，钢丝直径粗、表面粗糙，润滑剂颗粒适当大点，对润滑有利。润滑剂颗粒分布直接影响润滑剂在模盒中的循环，粗细适当搭配才能保证润滑剂连续不断地导入丝材与拉模之间。

粒度分布可用标准套筛振动器由粗到细筛分，用百分数表示。市场上出售的钙基润滑剂直径能通过 20 目的颗粒占 90% 以上。德国推荐粒度分布见表 18-28。试验表明干式润滑剂的粒度在 0.350 ~ 0.246mm（40 ~ 60）目时，其流动性最好。

表 18-28 干式润滑剂的粒度分布

颗粒尺寸/mm	含量/%	颗粒尺寸/mm	含量/%
>2.5	0	1.0 ~ 0.2	75
2.5 ~ 1.0	10 ~ 12	<0.2	5 ~ 15

18.10.5.5 水分

干式润滑剂的含水量应低于 3%。水分过高，会降低润滑剂的流动性和导入性。钠皂有不可逆的吸湿倾向，在大气中存放时间过长会因吸湿降低其润滑效能。钠皂中若加入硼砂、亚硝酸钠等成分会加速吸湿使含水量增加。这也是生产中常见的润滑剂刚放进模盒时润滑性很好，使用一段时间后润滑性变差的原因。

18.10.5.6 灰分

干式润滑剂的灰分表示润滑剂中无机物的百分含量，由灰分的大小能大致推断润滑剂的“肥”、“瘦”程度，粗略了解润滑剂中脂肪酸等有机物的含量。其测定方法是准确称取 2g 样品，置于 700 ~ 800℃ 马弗炉内，灼烧 2h，冷却到室温再称重。灰分一般为 15% ~ 60%。

18.10.6 干拉丝中的问题与对策

正确使用润滑剂有助于拉丝的顺利进行。拉丝时，模盒内应有充足的润滑剂，并连续均匀地导入模盒内，使用中应及时除去模盒中的焦块，还应注意不要让模具冷却水流进模盒，保管时要注意防潮。拉丝中出现与质量有关的问题，要及时采取针对性措施进行解决。表18-29列出干式拉丝中的问题及其对策。

表18-29 干式拉丝中的问题及对策

序号	问题	原因	对策
1	拉模寿命短	润滑剂的特性与钢丝种类，拉丝条件不匹配	使用金属皂含量高，或含有极压添加剂的润滑剂
2	钢丝表面容易产生拉模过热伤痕	氧化皮未彻底去除，润滑剂耐热性差	应使用流动性、耐热性优良的润滑剂
3	模盒内容易产生隧道现象	润滑剂粒度分布不当，流动性不好	应使用表观密度大且流动性好的润滑剂或进行强制润滑
4	模盒内润滑剂焦块多	润滑剂的软化温度不符合拉丝条件	使用软化温度高的金属皂和无机物多的润滑剂
5	钢丝表面残留润滑剂过多	润滑剂的软化温度低	改用软化温度较高的润滑剂，或改变金属皂种类
6	钢丝表面太亮	润滑剂附着量少	应使用软化温度低而展性好的润滑剂或使用高软化温度的润滑剂
7	存放中钢丝很快生锈	润滑剂内硫磺量多或氯盐多	应使用不含硫磺，金属皂含量多的钙型润滑剂、及时净化和干燥
8	润滑剂难以洗去	完工后钢丝表面残留物过多	采用钠基润滑剂

18.10.7 湿式（水溶性）润滑剂

湿式拉丝在小规格（$\phi<1.8$mm）钢丝的生产中占有重要的地位。湿式拉拔中润滑剂必须起到润滑、冷却和洗净钢丝表面的作用，使拉丝后的钢丝有光洁的表面。

18.10.7.1 组成成分

湿式润滑剂由动物油或矿物油加入多种添加剂组成。可分为乳化液和皂液两类，乳化液是由乳化油加水组成的一种水包油型的乳浊液。皂液是由天然脂肪酸的碱金属皂（钾、钠）组成。此外还加入油性剂、防腐剂、消泡剂、抗氧化剂等添加剂，详见表18-30。

表18-30 湿式拉丝润滑剂的组成及成分

序号	组成	成分
1	矿物油	机油、锭子油、透平油
2	动植物油脂	牛脂、羊脂、猪油、椰子油、棕榈油、蓖麻油
3	水溶性皂	钾皂、钠皂、锂皂
4	合成油	聚乙烯、聚丙烯
5	极压添加剂	硫系、氯系、磷系有机或无机添加剂
6	表面活性剂	阴离子及非离子型添加剂
7	油性改善剂	脂肪酸、醇类、酯类
8	其他添加剂	螯合剂、防腐剂（酚化合物、氮化物）、消泡剂（乙醇、硅酮）

18.10.7.2 湿式润滑剂的性能与使用

湿式润滑剂乳化液的特性可按有关标准规定的试验方法进行测定，但润滑剂的特性值与拉拔之间的关系还不太明确。下面介绍湿式润滑剂在配制、使用和保管方面的一些要求。

（1）润滑性。湿式润滑剂应具有良好的润滑性、较小的摩擦系数、较高的油膜强度和抗极压性能，乳化液的稳定性要好，并应具有良好的散热冷却性能。

（2）消泡性。钢丝在水箱中拉拔时产生泡沫会影响操作，故润滑剂自身应有消泡剂。应无不良气味，对环境污染小。

（3）耐石灰性。经石灰处理的钢丝把石灰粉末带进润滑剂的溶液中，会不同程度降低润滑性能，添加硫酸化系的乳化剂耐石灰性好。对集聚在贮液槽底部的沉淀物，应定期进行清理。

（4）耐老化性。湿式润滑剂一般是6个月到1年更换一次，使用期间由于浓度降低，可补充新液。但要考虑老化问题，老化的主要原因是润滑剂成分受热变质、混入杂质及细菌引起的腐败。预防方法是加防腐剂。为防止金属及其他物质沉淀加速老化，润滑液槽必须配备过滤系统，贮液槽的容量一般应是使用量的10倍左右。

（5）丝材表面的金属光泽。湿拔的特点之一就是丝材拉拔后表面光泽好，电镀后的表面光泽度要求还要高，为此，润滑剂中应增添提高表面光泽的附加物。

（6）防锈性能。为防止拉拔后的丝材、模具、设备、贮液槽生锈，润滑液中应有缓蚀剂及防锈剂。

总之，润滑液使用中应注意pH值、油分浓度和沉淀物的管理，防止腐蚀和变质，及时清除金属粉末和脏物，并将温度控制在20～50℃，防止老化，延长润滑液的使用寿命。

18.10.8 拉丝润滑油

为提高钢丝表面的金属光泽，拉丝时可用油质润滑剂。在使用水性润滑剂时润滑效能差，在采用干式润滑剂表面光泽差的情况下，使用油质润滑剂是有效的，然而其润滑性能不如干式润滑剂。

18.10.8.1 组成及成分

油质润滑剂组成及成分见表18-31。

表18-31 油质拉丝润滑剂的组成及成分

序号	组 成	成 分	序号	组 成	成 分
1	矿物油	机油、锭子油、透平油（石油裂解产品）	5	极压添加剂	硫系、氯系、磷系有机或无机添加剂
2	动植物油	鱼油、猪油、椰子油、棕榈油、蓖麻油、菜籽油	6	黏度改善剂	异丁烯、丙烯酯
3	合成油	聚乙烯、聚丙烯	7	其他添加剂	抗氧化剂、防锈剂、消泡剂（硅油）
4	油性改善剂	脂肪酸、醇类、酯类			

拉细丝润滑油性能参数见表18-32。

表 18-32 两种拉细丝润滑油性能参数（供参考）

指标项目	烷基乙二醇（进口拉丝油）	丁炔二醇[国产拉丝油（北京）]	指标项目	烷羟乙二醇（进口拉丝油）	丁炔二醇[国产拉丝油（北京）]
油膜强度 p_b/MPa	1000	800	粒度/nm	细微	细微
极压强度 p_D/MPa	>5000	>5000	颜 色	棕褐色,均匀油状物	红褐色,均匀油状物
黏度（50℃时运动黏度）	6.44 泊	11.85 泊	燃点/℃	—	—
			升华点/℃	—	—
密度/g·cm^{-3}	0.866	0.86	沸点/℃	—	—
热分解温度/℃	150	193	毒 性	无	无

18.10.8.2 对油质润滑剂的性能要求

对油质润滑剂的性能要求如下：

（1）具有符合拉丝条件的适当黏度，并有良好的润滑性；

（2）拉丝后丝材表面呈金属光泽；

（3）不致使丝材、拔丝机和模具生锈；

（4）在拉丝条件下润滑油裂解少，不易老化；

（5）用过的润滑油容易处理；

（6）对拉丝材料、模具等有良好的洗净性，金属粉分离性好；

（7）不发泡，不产生油雾和不良气味；

（8）对人体及环境无恶劣影响。

18.10.8.3 油质润滑剂的黏度

油质润滑剂是以矿物油为主，添加含氯的极压添加剂等成分组成。适于高合金特殊钢丝的拉拔。可根据拉丝方法和拉丝条件选择适当的黏度，如对直径大于2mm的半成品钢丝，应使用高黏度的润滑油，而直径小于1.8mm甚至直径为0.05mm的细丝成品则取低黏度为好。高黏度油可放在模盒中使用，而低黏度润滑剂一般都用循环泵供给，也可将拉模放进油质润滑剂箱里进行高速多模连续拉丝。高黏度油容易出现隧洞现象，可将油品用高压枪注入两个拉模容器内。

使用中应根据钢丝的材质、规格和拉拔条件选择适当的黏度。表18-33列举润滑油的黏度及其使用范围，通常钢丝越细，所用润滑油黏度越低。

表 18-33 润滑油的黏度及其适用范围

黏度（30℃）/cSt	极压剂	特 性 及 用 途
100	无	适用于铜、铝及其合金线材、镀锌丝，光泽性和防变色性好，抗老化性差
	有	适用于特殊钢细丝拉拔，添加极压剂，抗老化性能差，金属分离性良好
100~1000	无	适用于铝、铜合金线材、软钢线、硬钢丝，成品丝光泽性和防锈性良好
	有	适用于特殊钢中、细丝，润滑性能及光泽性较好
>1000	有	适用于不锈钢等粗线，润滑性能及光泽性良好

注：1cSt = 10^{-6}m^2/s。

18.10.8.4 油质润滑剂中添加剂的作用

拉丝润滑剂所承受的压力远远大于机械润滑剂所承受的压力，再好的矿物油也无法满足拉丝的润滑要求。拉丝用润滑油必须在矿物油基础上添加极压添加剂和油性改善剂才能适应拉丝要求。极压添加剂依靠与金属表面起化学反应生成极压膜来改善润滑。油性改善剂依靠极性分子吸附在金属表面来改善润滑。一般说来，极压添加剂所形成的极压膜的摩擦系数远大于油性改善剂所形成的吸附膜的摩擦系数，但两种添加剂作用区域不同，如图 18-35 所示。极压膜在高温区摩擦系数低，吸附膜在低温区摩擦系数低，只有将两种添加剂复合使用（如图 18-35 中虚线所示），才能保证油质润滑剂在高温和低温区域均有较低的摩擦系数。

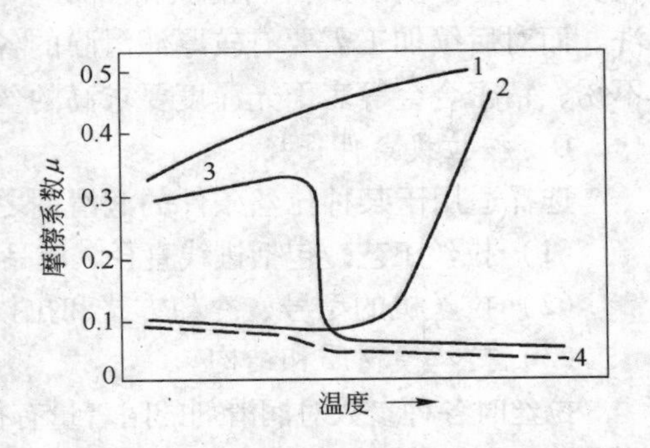

图 18-35 不同润滑剂在不同温度下的润滑效果
1—石蜡；2—脂肪酸；3—极压剂型润滑剂；4—脂肪酸和极压剂混合型润滑剂

18.10.9 拉丝润滑剂的选择

18.10.9.1 润滑剂的选择因素

润滑剂的选择尚无明确的理论根据，一般是按拉拔的钢种、产品的最终用途和拉丝条件，结合润滑剂的特性及使用状态进行综合考虑。因此选择润滑剂之前，首先应考虑拉丝过程的各种因素。

A 按拉拔丝材的种类选择

拉拔丝材的化学成分、退火状态、直径是选择润滑剂时首先应该考虑的因素。在相似拉拔条件下，高合金钢等加工难度大的钢丝，粗拔和中拔应该选择高软化温度的高脂钙型润滑剂；在给定的减面率和拉拔速度下，粗钢丝表面温度较高，就应该采用含金属皂较高的钙基润滑剂来拉拔；不锈钢、精密合金丝材大多经酸洗、涂层处理，可选钙皂、钡皂或钠皂为基的含二硫化钼、硫磺等极压添加剂的润滑剂干拔；小规格钢丝需采用油质润滑剂以获得光泽的表面。

B 按表面准备状况选择

钢丝拉拔前的表面准备包括清除氧化皮及随后进行的涂层处理。涂层处理可以是磺化、硼化、磷化、皂化或用石灰或草酸盐涂层，以及拉拔特殊钢丝专用的各种特殊载体，可根据涂层的特点选择与之适应的钙、钠、钡、锌金属皂及其复合皂为基的润滑剂。

机械去鳞未经酸洗、涂层处理的线材拉拔时，润滑剂要同时承担涂层和润滑双重任务，因此必须采用耐高温、高压的低脂高钙润滑剂，以便在拉丝过程中形成厚的润滑膜，并在此条件下保持延展性，防止润滑膜破裂。为充分发挥无酸洗拉丝粉的优越性，在氧化皮剥除、配模、模具的角度和冷却以及拉拔速度等方面都需要相应调整。

机械去皮后辅以硼砂或石灰皂涂层可增加表面粗糙度，有利于润滑剂的导入，可选用中等脂肪高软化点的钙型润滑剂。

C 按产品的最终用途选择

选择时应着重考虑拉丝后表面残留润滑膜的附着量和去除难易等特性。退火光亮状态交货的钢丝，要求残留润滑膜薄并易于去除，应选择易溶于水的钠基润滑剂，以方便清洗。而对后续加工需要有较厚润滑膜的各种半成品钢丝，成品前最好采用磷酸锌涂层。对不锈、精密合金等表面光泽度要求高的丝材宜采用油质润滑剂。

D 按拉拔条件选择

选择适用于某种拉丝条件的润滑剂之前，应考虑拉丝过程的各种因素如下：

(1) 拉丝工艺，包括进线直径、成品直径、拉拔道次、减面率和最后一道的拉拔速度；

(2) 拉丝机的型号、冷却方式和拉拔过程中钢丝的温度；

(3) 拉丝模材质和结构。

拉丝时各种参数对润滑剂的附着量有很大影响。由于附着量随着钢丝表面粗糙度的增大而增加，但却随着拉丝模工作锥的角度、定径带的长度、道次减面率和拉丝速度的增加而减少。因此，如果想要提高拉丝速度，就要增加拉拔前的表面粗糙度，减少拉丝模工作锥角度或定径带长度，减少部分减面率，并使用能提供较多残留物的高脂钙型或钠钙型润滑剂。

拉丝厂通常根据产品性能要求来选择润滑剂。不影响电镀和焊接。实际生产中主要考虑一是成品丝外观漂亮；二是模具寿命。

18.10.9.2 最佳润滑剂的确定

选择干式润滑剂时应考虑水溶性、软化点、灰分和添加剂的类型及含量，但最佳润滑剂的选择都要经过实际拉拔才能确定。拉丝中润滑状态是用模具使用寿命作为评价尺度的，即用模具每磨损0.01mm时所拉钢丝的长度来衡量，这就需要拉制大量的钢丝，花费较长的时间才能得到。有经验的拉丝工往往通过拉拔少量钢丝就能大体了解润滑剂是否适用，其评价标准和日本发表的一种生产中评价润滑剂的方法是一致的。该方法也是通过拉制少量钢丝，再按下列3条标准判断。

(1) 拉制出的钢丝表面是否有一层均匀的润滑膜（即灰一色）；

(2) 模孔和拉制钢丝表面是否有划伤或“裸露”出金属基体；

(3) 每个正在拉丝的模具所产生的“润滑带出物”和“润滑返回物”的状况。

被带进模具内的润滑剂大部分附着在丝材表面形成润滑膜，起润滑作用，小部分随钢丝带至模具出口处脱落，这些脱落的薄膜即为“润滑带出物”；过剩的润滑剂从模具中被挤回模盒内，冷却后成焦块称为“润滑返回物”。若模具前后端产生一定量带出物和返回物，表明模具内具有足够的润滑剂,起到了充分的润滑作用。反之如出现碎屑状的黑色带出物,就不是良好的润滑状况。返回物过多,会增加润滑剂消耗,提高拉丝成本,显然也是不理想的。

通过观察和分析模具前后端所产生的带出物和返回物的状态，和丝材表面状态，便可以迅速了解各润滑剂在拉丝中的润滑状况，再通过对比，从中选出最佳润滑剂。

18.10.9.3 润滑剂选择实例

根据不同用途选择润滑剂的实例如下。

以拉拔不锈钢丝、精密合金及电热合金丝为例，选择润滑剂的原则如下：1）大规格的钢丝酸洗后，采用盐石灰、草酸盐，硼砂基或硫酸钠基混合盐等涂层，再用以钙皂、钠皂或铝皂为基，加硫磺、MoS_2 或极压添加剂的润滑剂拉拔；2）中、小规格的钢丝，用油质润滑剂加工，拉拔时应根据钢丝规格的大小改变黏度，钢丝越细，所用润滑剂的黏度越低。如电热合金粗拉用法国 CONDAT 公司 TF44 钙基粉，中拉用 TN323 和 2693M 等钠基润滑粉，能得到较好结果。细拉，如上海海联公司和北京化工研究院生产的油质润滑剂可供电热合金细丝拉拔使用，效果不错。

18.11 Fe-Cr-Al 合金盘条和粗丝材的拔制

18.11.1 盘条椭圆度问题

拉拔后合金丝裂纹所在位置是有一定规律的，大多发生在盘条的外侧或与其相对应的内侧，而这内外侧正好是该盘条的椭圆短轴，这短轴正是轧制盘条的辊缝，是成品孔没充满的地方。

18.11.2 夹杂物的影响

单纯的0Cr25Al5 合金中，非金属夹杂物的基本类型是氧化物（铝氧土、钛铁矿等)。三相电渣炉冶炼后，夹杂物的大小很不均匀。经过单相电渣重熔后，夹杂物显著降低，约从0.068%降低到0.009%。

在0Cr25Al5 合金中加入稀土和钛后，夹杂物的类型发生了根本的变化。占主要地位的是氮化物夹杂（TiN 为主)，只加稀土未加钛时，以 AlN 为主。氧化物只占少部分。

由表18-34 可见：稀土元素改善 Fe-Cr-Al 合金室温力学性能，塑性有明显提高，强度有下降。

表 18-34 0Cr25Al5 合金添加和未加添加剂的比较

试样号	σ_b/MPa	δ/%	ψ/%	添加剂
1号	690	22.8	71.4	无稀土、无钛
2号	688	25.4	68.0	有稀土、无钛
3号	672	24.0	77.5	有稀土、有钛

稀土元素的加入还使 Fe-Cr-Al 合金的高温强度提高，而使高温伸长率下降（下降45.7%)，其 ϕ0.80mm 寿命样在整个试验过程中不像未加稀土 Fe-Cr-Al 试样那样严重打卷，只稍有弯曲就是证明。

18.11.3 氢气的影响

实践表明,热轧盘条经淬火其塑性得到改善,北京科技大学和北京钢丝厂合作对氢气的影响进行了探讨分析。对生产中32 批0Cr25Al5 合金的力学性能进行统计分析表明:未经高温退火的热轧淬水盘条其抗张强度变化不大,σ_b 在784~882MPa,但 δ 波动较大,见表18-35。

表 18-35 32 批 0Cr25Al5 热轧盘条淬水后的伸长率统计

伸长率/%	1~3	>3~5	>5~7	>7~9	>9~11	>11~13	>13~15	>15
出现次数	5	3	5	3	5	4	7	0
所占比例/%	16	9	16	9	16	12	22	0

32 批0Cr25Al5 热轧盘条断面收缩率见表18-36。

表 18-36 32 批 0Cr25Al5 热轧盘条淬水后断面收缩率 ψ

断面收缩率/%	0~10	>10~20	>20~30	>30~40	>40~50	>50
出现次数	8	11	6	6	1	0
所占比例/%	25	34	19	19	3	0

研究者对 ϕ8mm 热轧 Fe-Cr-Al 淬水盘条采用200℃左右低温处理，分析了合金中的 H_2 含量与 δ、ψ 之间的关系，甚至进行人为充氢来进行对比试验，结果显示：经 200℃、240min 恒温处理后，其 δ 由 3% 提高到 17%，ψ 由 5% 提高到 70%，再延长处理时间变化缓慢，σ_b 变化很小。对应于合金塑性大幅度提高的同时，盘条中氢气含量从（2.8~2.1）$\times 10^{-6}$ 急剧下降至 0.88×10^{-6}，这证明在200℃进行的保温处理对热轧淬水盘条也是一种脱氢处理。

部分热轧淬水盘条的显微断口呈脆性准解理状，如图 18-36 和图 18-37 所示。而经 200℃保温 240min 处理后转变为等轴韧窝型断口。相反，对 ϕ6.3mm 的 Fe-Cr-Al 圆棒进行充氢试验，与未充氢者进行比较，未充氢者为韧窝型塑性断口，充氢 140min 后的整个断口呈准解理型断口。经估算得出：当盘条中氢气含量为 2.0×10^{-6}，$T = 50$℃时，可估算出氢气产生的内压 p_{H_2} 很高。

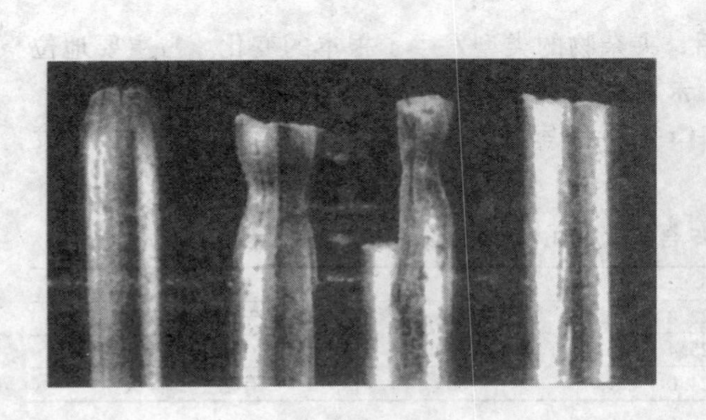

图 18-36 Fe-Cr-Al ϕ8.0mm 盘条纵裂脆断实物照片

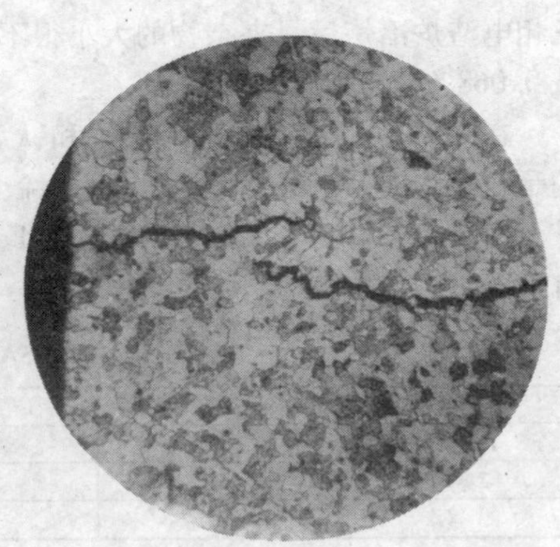

图 18-37 Fe-Cr-Al 盘条纵裂的横截面图像

18.11.4 总压缩比与再结晶温度的关系

0Cr25Al5RTi ϕ8.0mm 原始（未退火）的晶粒组织如图 18-38 所示。

0Cr25Al5RTi 压缩率与再结晶温度关系如图 18-39 和图 18-40 所示。

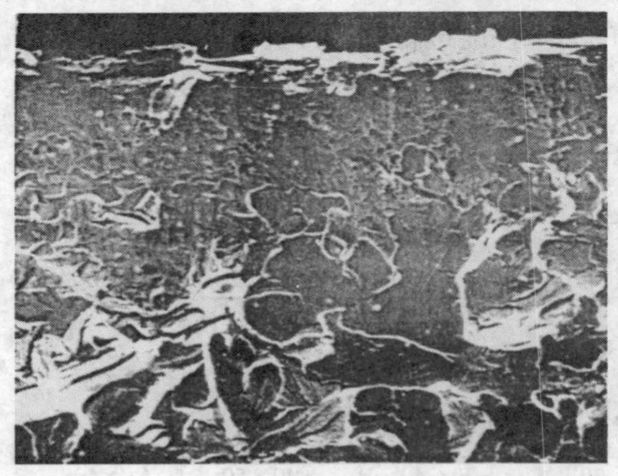

图 18-38 0Cr25Al5RTi 盘条原始（未退火）晶粒组织

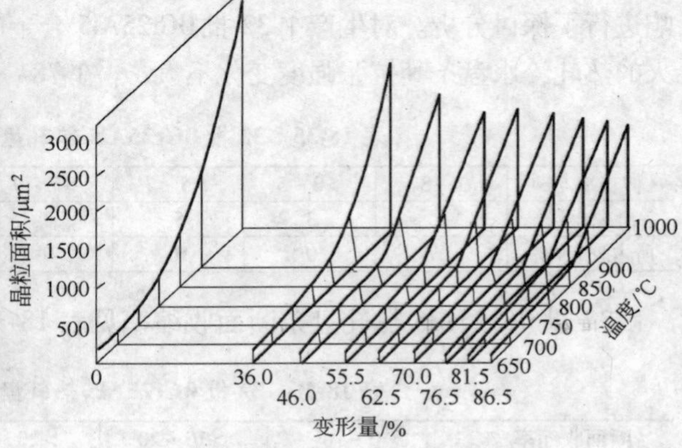

图 18-39 0Cr25Al5RTi 再结晶图

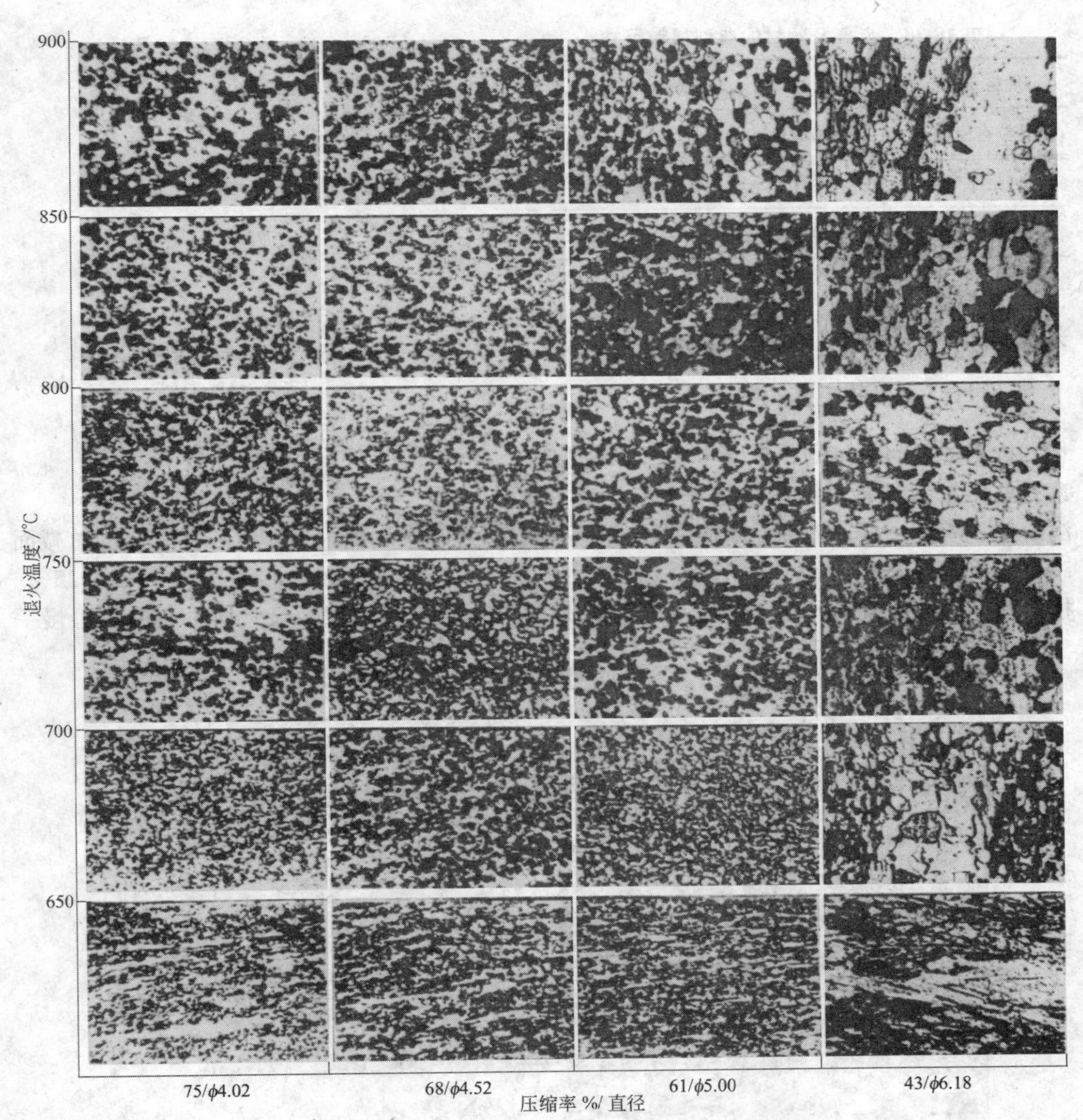

图 18-40 0Cr25Al5 不同压缩率不同温度退火保温 120min 后的组织（×100）

0Cr25Al5 合金不加稀土与加稀土和钛在不同退火温度下对晶粒度（面积）的影响如图 18-41 所示，其晶粒度评级见表 18-37。晶粒尺寸见表 18-38 和图 18-42。

表 18-37 晶粒度评级

晶粒度级别 / 牌号 / 温度/℃	0Cr25Al5RTi	0Cr25Al5	晶粒度级别 / 牌号 / 温度/℃	0Cr25Al5RTi	0Cr25Al5
700	8	7	800	7	6
730	8	7	850	7	6
750	8	7	900	7	6
770	8	7			

表 18-38 盘条及丝材的典型晶粒尺寸

规格 ϕ/mm	12	8
晶粒直径/mm	0.0323	0.0143
规格 ϕ/mm	5.3	3.0
晶粒直径/mm	0.0120	0.0119

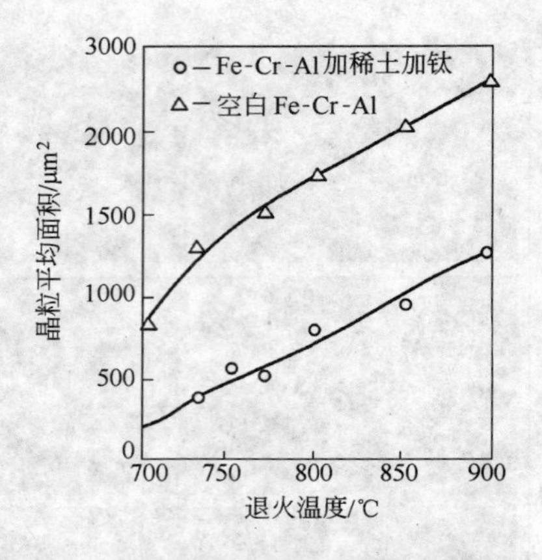

图 18-41 退火温度（保温 1h）对晶粒平均面积的影响

不同退火温度与 Fe-Cr-Al 丝材力学性能的关系如图 18-43 所示。

18.11.5 拔制工艺的制度

拔制主要问题是划伤以至断裂，其影响因素有总压缩量选择、道次压缩率分配、涂层、润滑剂、模具、过道零部件摩擦和阻挡等。在拉拔过程中，加稀土 Fe-Cr-Al 合金的总减面率可取 60% ~80%。但退火后第一道减面率应取 30% ~40%，后步道次为 20% ~25%。拉拔速度可视不同拉拔设备而定，单机和联机有别，联机一般取 2 ~4m/s，单机可慢一

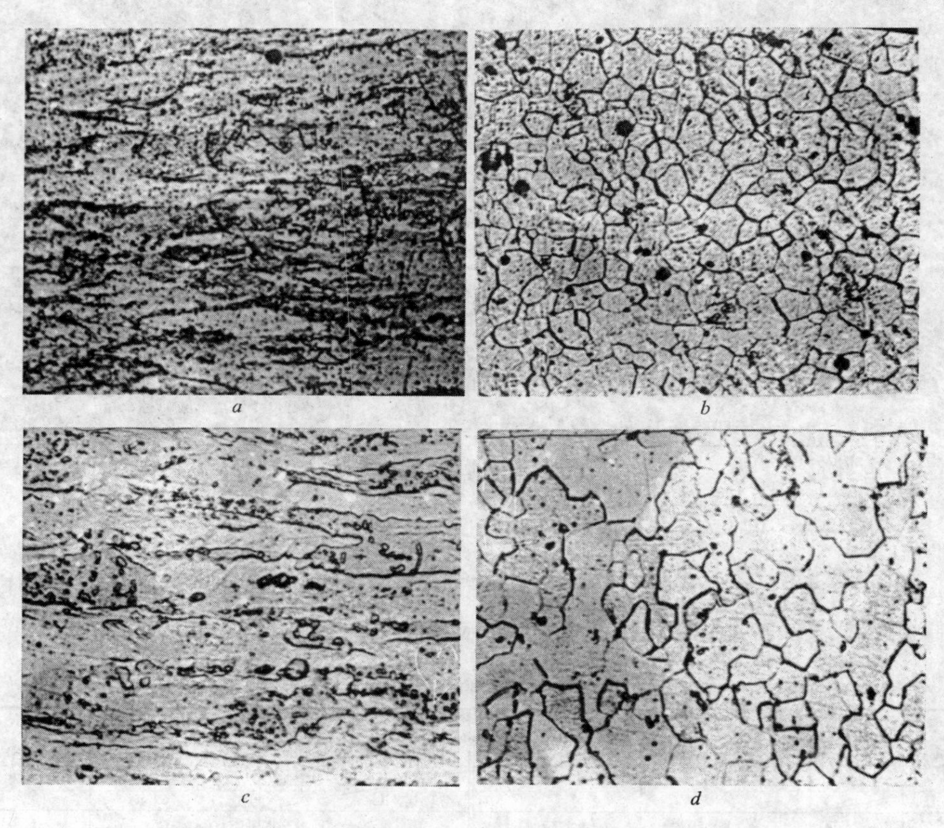

图 18-42 正常拉丝未退火与已退火两种规格晶粒状况

a—ϕ3.0mm 丝材，未退火；*b*—ϕ3.0mm 丝材，已退火(780℃) ×500；
c—ϕ5.3mm 丝材，未退火；*d*—ϕ5.3mm 丝材，已退火(780℃) ×500

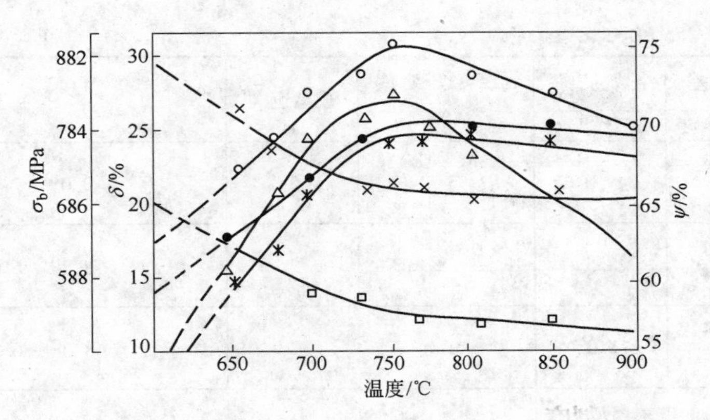

图 18-43 0Cr25Al5 与 0Cr25Al5RTi 在不同温度下的力学性能曲线（保温 75min）

0Cr25Al5RTi：○—ψ；●—δ%；×—σ_b

0Cr25Al5：△—ψ；*—δ%；□—σ_b

些，而连拔机涉及秒流量体积相等的原则。

拉拔 Fe-Cr-Al 合金线需注意的问题如下。

（1）涂层需薄且均匀，经 200℃充分烘干。

（2）润滑剂需充分干燥，无杂质、无结焦，要供给足量和及时。

（3）大于 ϕ2.5mm 规格的 Fe-Cr-Al 丝，每次拔完需装入 200℃保温箱中保温。

（4）高温 Fe-Cr-Al 大规格拔前需充分烘烤，趁热拔制，单机卧罐最好。

（5）压头尖需平滑，不能扁，不能有棱角或台阶。

（6）对接焊头须趁殷红热时对撞，挤出的饼花需大且薄，四周需磨平，不得留有焊渣和焊瘤。

（7）润滑机制如下。目前,实际生产中选用水溶性、吸潮性小的钙基,中小规格则用钠基，或先钙基后钠基的连拔机润滑机制。其目的是为了使半成品丝表面的残余容易去除干净。

（8）凡是断头率很高的某盘或某批次，应立即查找分析原因。

（9）为改善大、中规格连拔机的拉拔润滑剂带入量，除了选择合适的涂层外，往往在每道拉丝模前增加一个比该模孔径规格大 1 ~ 1.5mm 的压力模。而且提倡使用水冷模套和水冷拔丝罐，其冷却水温度应控制在 22 ~ 32℃之间，以 25 ~ 27℃为最佳。

18.11.6 粗拉丝和中拉丝配模举例

拔制工艺配模表如表 18-39 和表 18-40 所示，供参考。

表 18-39 铁铬铝电热合金丝拔制工艺配模表

成品直径 /mm	允许偏差 /mm	半成品直径 /mm	成品总压缩率 /%	成品道次	拔制工艺
7.0	+0.06 −0.05	10.0	51	2	10.0①→8.0→7.0
6.5	+0.06 −0.05	10.0	58	2	10.0①→7.8→6.5

续表18-39

成品直径/mm	允许偏差/mm	半成品直径/mm	成品总压缩率/%	成品道次	拔制工艺
6.0	+0.06 -0.05	9.0	55.5	2	9.0①→7.1→6.0
5.5	+0.04 -0.03	8.5	58	2	8.5①→6.6→5.5
5.0	+0.04 -0.03	8.0	61	2	8.0①→6.2→5.0
4.5	+0.04 -0.03	8.0	68.4	3	8.0①→6.2→5.2→4.5
4.0	+0.04 -0.03	6.2	58.4	2	8.0①→6.2①→4.8→4.0
3.5	+0.04 -0.03	5.3	56.4	2	8.0①→6.3→5.3①→4.2→3.5
3.0	+0.03 -0.025	5.3	68.0	3	5.3①→4.2→3.5→3.0
2.5	+0.03 -0.025	4.0	61.0	3	8.0①→6.2①→4.0①→3.2→2.8→2.5
2.0	+0.03 -0.025	3.5	67.0	3	3.5①→2.7→2.3→2.0
1.8	+0.03 -0.025	3.0	64.0	3	3.0①→2.4→2.0→1.8
1.5	+0.03 -0.025	3.0	75	4	3.0①→2.4→2.0→1.7→1.5
1.2	+0.03 -0.025	3.0	84	5	3.0①→2.4→2.0→1.67→1.4→1.2
1.0	+0.02 -0.02	3.0	88.9	6	3.0①→2.4→2.0→1.67→1.4→1.2→1.0

①退火规格。

表18-40 镍铬电热合金丝拔制工艺配模表

成品直径/mm	允许偏差/mm	半成品直径/mm	成品总压缩率/%	成品道次	拔制工艺
7.0		9.0	39.5	2	9.0①→7.5→7.0
6.5		9.0	48	2	9.0①→7.5→6.5
6.0		8.0	44	2	8.0①→6.8→6.0
5.5		8.0	53	2	8.0①→6.5→5.5
5.0		8.0	61	2	8.0①→6.1→5.0

续表 18-40

成品直径 /mm	允许偏差 /mm	半成品直径 /mm	成品总压缩率 /%	成品道次	拔制工艺
4.5		8.0	68.4	3	8.0①→6.2→5.1→4.5
4.0		8.0	75	4	8.0①→6.2→5.1→4.5→4.0
3.5		5.3	56.4	2	8.0①→6.4→5.3①→4.2→3.5
3.0		4.5	55.5	2	8.0①→6.2→5.1→4.5①→3.6→3.0
2.5		4.0	61	3	8.0①→6.2→5.1→4.5→4.0①→3.3→2.8→2.5
2.0		4.0	75	4	4.0①→3.2→2.7→2.3→2.0
1.8		3.0	64	3	3.0①→2.5→2.1→1.8
1.5		3.0	75	4	3.0①→2.4→2.0→1.7→1.5
1.2		3.0	84	5	3.0①→2.4→2.0→1.67→1.4→1.2
1.0		2.0	75	4	2.0①→1.6→1.35→1.15→1.0

①退火规格。

18.12　合金丝拉拔基础知识[41,58]

18.12.1　拉拔力分析

18.12.1.1　钢丝拉拔时的受力状况

钢丝拉拔时一般受 3 种力的作用，即拉拔力 P、模孔壁给钢丝的正压力 N、模孔与钢丝表面的接触摩擦力 T，如图 18-44 所示。

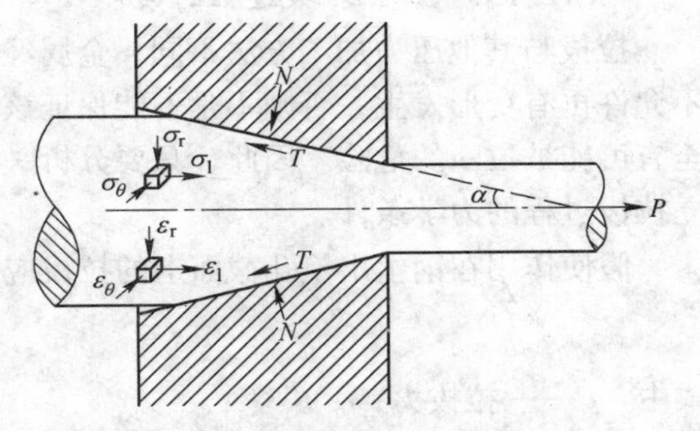

图 18-44　钢丝拉拔时的受力状态

正压力 N 和摩擦力 T 是伴随拉拔力 P 而产生的。其力方向总是垂直于模壁并对钢丝起压缩作用，而摩擦力则是钢丝前进的阻力。摩擦力可按下式计算：

$$T = fN = F\tau \tag{18-1}$$

式中 f——摩擦系数（$f=\tan\beta$）；

β——摩擦角（合力与正压力之间的夹角）；

F——接触摩擦面积；

τ——单位摩擦力。

拉拔力 P 作用于被拉金属的前端（拉拔力的测定在工程上多用在拉丝机上安装测力传感器的办法或在拉力试验机上测定）。在拉拔力的作用下，金属在变形区内产生相应的内力，轴向则分解为压应力 σ_r 和 σ_θ。因此，在拉拔过程中，金属在变形区处于一向受拉和两向受压的应力状态。

作用力为拉力，变形时金属处于一向受拉、两向受压的应力状态是拉拔过程的基本力学特征。这些力学特征决定了拉拔这种压力加工方式的特点。主要表现在：

（1）由于拉拔时金属受到一向受拉两向受压的应力状态，使拉拔时金属变形抗力较低。根据塑性方程式，有

$$\sigma_1 - \sigma_3 = \beta\sigma_s \tag{18-2}$$

式中 σ_1——最大主应力；

σ_3——最小主应力；

β——表示中间主应力 σ_2 影响的系数，一般等于1～1.15；

σ_s——金属单向拉拔时的屈服极限。

由于拉拔时 σ_1 是拉应力，σ_3 是压应力，因此变形过程中任一方向的主应力，其绝对值均不会大于 $\beta\sigma_s$，所以拉拔时变形抗力比轧制、挤压等其他压力加工方式低。

（2）由于应力状态中存在拉应力，因而对于塑性较差的金属或因加工硬化使金属塑性降低时，拉拔比较困难。

（3）当被拉拔金属的横截面为实心圆时，应力分布呈轴对称应力状态，

即
$$\sigma_r = \sigma_\psi$$

（4）一向拉两向压的主应力状态使被拉金属引起相应的三向变形，即长度方向伸长，在径向和周向压缩。

18.12.1.2 建立拉拔过程的条件

拉拔与其他压力加工方法不同，金属经变形区后仍受拉力的作用。但金属出变形区后不允许再有变形发生，否则不是不能保证该道次钢丝尺寸的精确度，就是钢丝有被拉缩甚至有可能被拉断的危险。因此，只要分析一下金属在变形区内的应力状态，就不难明确建立拉拔过程的力学条件。

假使作用在钢丝出模孔截面上的拉拔应力为 σ_z，则

$$\sigma_z = P/F \tag{18-3}$$

式中 P——拉拔力；

F——钢丝出模孔端的截面积。

只有当被拉钢丝出模孔后的屈服极限 σ'_s 大于钢丝拉拔应力 σ_z 时，才能保证不再发生塑性变形，这时拉拔过程才能建立。

从材料进行单向拉伸试验时可以看到，材料达到屈服极限 σ_s 值后，随着变形的增加，应力也随之增高，这是因为产生加工硬化的缘故。故钢丝出模孔后其屈服强度 σ'_s 必然大于 σ_s，并可一直升高到抗拉强度 σ_b 值。由此可知，钢丝拉拔时只要外加拉拔应力小于 σ_b 值（即 $\sigma_z < \sigma_b$ 或 $\sigma_z/\sigma_b < 1$）时，即可实现拉拔条件。

令
$$\sigma_b/\sigma_z = K \tag{18-4}$$

则
$$K > 1$$

$K > 1$ 即为建立拉拔过程的条件。K 称为拉拔的"安全系数"。考虑到实际生产中坯料性能及工艺条件会发生变化，故一般取 $K = 1.4 \sim 2.0$。K 值取得过小，拉拔时对条件的变化的适应性较差，拉断的可能性增大，拉拔过程不易稳定。K 值过大，意味着选取的压缩率不大，拉拔生产效率太低。表18-41给出了拉拔不同钢丝直径时选取的 K 值范围。

表18-41 K值范围

钢丝直径/mm	1.0	1.0～0.4	0.4～0.1	0.1～0.05	0.05～0.015
K	≥1.4	≥1.5	≥1.6	≥1.8	≥2.0

18.12.2 拉拔时变形区内金属流动规律和应力分布

探讨变形区内金属流动规律和应力分布特点，对创造均匀变形条件，改善拉拔过程，减少残余应力，提高产品质量，降低模具消耗和正确计算变形力无疑都是十分有益的。

18.12.2.1 变形区内金属流动特点

为了研讨金属在模孔内的变形分布及其流动规律，传统的研究方法是采用网格法。通过拉拔前后坐标网格的变化情况，可以定性地分析和定量的计算出金属在模孔内的变形情况及其流动规律。

图 18-45 即为采用网格法测得的在锥形模孔内拉拔圆棒材时坐标网格变化的图示。通过对坐标网格拉拔前后的变化分析，可以看到金属在变形区内的流动情况。

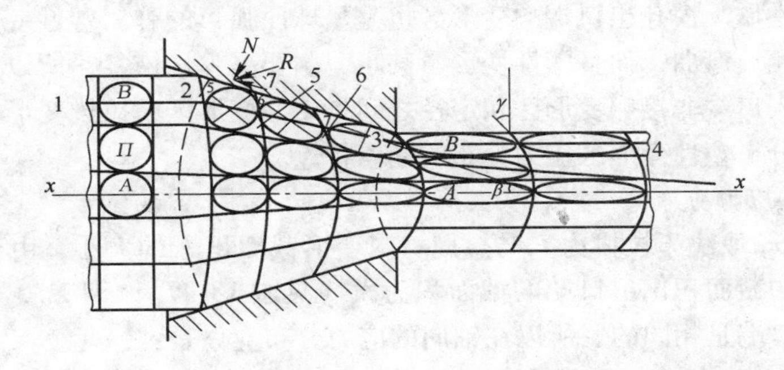

图 18-45 圆棒拉拔时截面坐标网格的变化

A 轴向网格的变化情况

拉拔后轴线上的正方形格子 A 变成了矩形，内切圆变成了正椭圆，其长轴和拉伸方向一致。根据格子的变化情况可以认为：金属轴线上的变形是轴向延伸，在径向和周向方向上则被压缩。

拉拔后在周边上的正方形格子 B 变成了平行四边形，在拉拔方向上被拉长，在径向上被压缩，内切圆变成了斜椭圆，其长轴与拉伸方向交成 β 角。该角度变化的情况是由入口端向出口端逐渐减小。由此可见，周边上的格子除受到轴向拉伸、径向和周向压缩外，还发生了切变形。切变形的大小与模角、减面率、摩擦系数等因素有关。当模角增大，减面率加大以及摩擦系数增加时切变形也将增大。

B 横截面网格变化情况

网格的横截面在拉拔前是直线，进入变形区后开始变成弧形线，凸向钢丝拉拔方向，实际上成一球形弧面。由图 18-48 可知，这些弧形线的曲率由入口到出口端面逐渐增大，直到出口端后才不发生变化。这种网格变化表明：在拉拔过程中周边层的金属流动速度小于中心层。并且随着模角的增大和摩擦系数的增加，这种截面上金属流动速度的不均匀性越加明显，这是因为周边层金属流动阻力较大的缘故。在实际生产中经常能见到拉拔后的圆棒端部呈燕尾形，这就是横截面上金属流动速度差异的例证。

由上述网格变化情况还可以看到，在同一横截面上椭圆长轴与拉拔方向交成 β 角，由中心层向周边层逐渐增大。这就清楚的说明，在同一横截面上切变形也是不同的，周边的切变形大于中心的切变形。

18.12.2.2 变形区内应力分布特点

研究变形区内应力分布离不开对金属在变形区内流动情况的分析。根据对网格法的分析，一般把拉拔变形区分为入口端不接触变形区、塑性变形区和定径区，分区情况如图18-46所示。

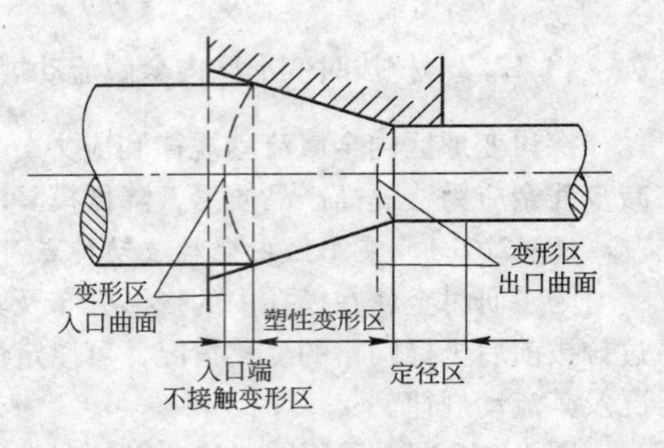

图18-46 拉拔变形区图示

由坐标网格形状变化的测量中发现，试样在未进入模孔之前就已开始了变形，包括弹性变形和少量的塑性变形，形成了球面弧形的入口端非接触变形区。它的大小取决于拉伸条件和拉拔金属材料性质。模孔出口端的变形区也是呈球面弧形的弹、塑性变形区，只是球面朝着与拉拔方向相反弯曲，而且塑性变形量甚小，主要是弹性恢复，所以定径区主要是弹性变形区。处于入口端非接触变形区和定径之间是塑性变形区，拉拔变形主要是在此区内完成。下面着重分析塑性变形区应力分布的基本特点。

A 沿轴向主应力分布

轴向主应力σ_1取决于拉拔力P与金属材料变形截面积F的大小。由于塑性变形区是锥形体，入口端的截面积比出口端的截面积为大（见图18-47），即$F_0 > F_1$。而拉拔力P则从入口端到出口端是相同的。所以在轴向的应力分布应该是：

$$\sigma_{10} < \sigma_{11} \tag{18-5}$$

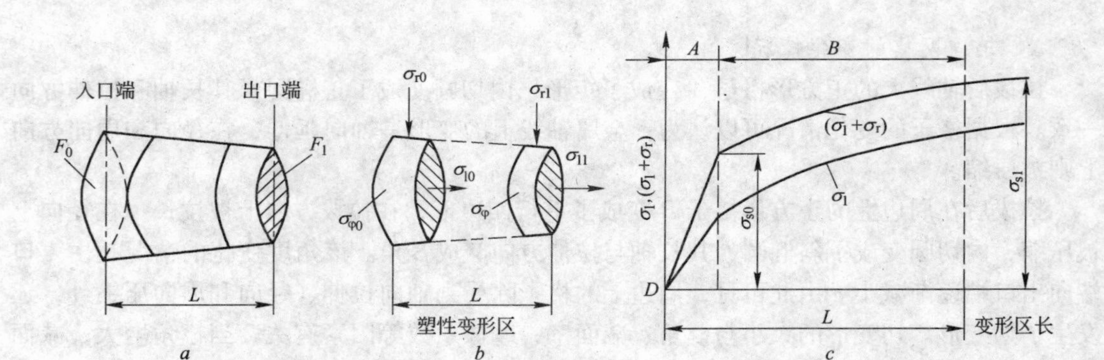

图18-47 变形区内各截面上σ_r和σ_1的关系

a—截面积变化；b—塑性变形区应力变化；c—变形前后的屈服强度图

A—弹性区；B—塑性区；L—变形全长；σ_{s0}—变形前屈服强度；σ_{s1}—变形后屈服强度

径向应力σ_r和周向应力σ_φ在变形区的分布可以从以下两个方面进行分析：

根据塑性方程式σ_1和σ_r间的关系可按轴对称条件导出，即

$$\sigma_1 - (-\sigma_r) = \sigma_s$$

$$\sigma_1 + \sigma_r = \sigma_s$$

但是由于$\sigma_{10} < \sigma_{11}$，故可得到$\sigma_r$在轴向上分布的规律是：

$$\sigma_{r0} > \sigma_{r1} \tag{18-6}$$

同样也可以得到：

$$\sigma_{\varphi 0} > \sigma_{\varphi 1} \tag{18-7}$$

其次，根据模孔磨损的情况也能看出应力分布的规律，当道次减面率较大时，模孔出口处的磨损比减面率小时要少，这是因为道次减面率大，在模孔出口处的拉应力 σ_1 也大，而径向应力 σ_r 较小，从而产生的摩擦力也小的原因。另外由于 $\sigma_{r0} > \sigma_{r1}$，故模孔发生严重磨损的部位恰好在模孔入口平面附近，使模子入口端过早的出现环形沟槽。由此可知，一切可以降低 σ_r 的措施均能收到延长模孔寿命的效果，如增加反拉力、改善润滑条件等。

B　沿横截面主应力分布

径向应力 σ_r 与周向应力 σ_φ 在横截面上分布的情况是由表面层向中心层逐渐减小。也即：

$$\sigma_{r外} > \sigma_{r内} \tag{18-8}$$

$$\sigma_{\varphi外} > \sigma_{\varphi内} \tag{18-9}$$

上述应力分布的情况已为网格法实验所证实。

σ_1 在横向上分布情况也可根据塑性方程式导出，即：

$$\sigma_{1内} > \sigma_{1外} \tag{18-10}$$

上式为塑性变形区内应力分布的基本特点。图 18-48 为拉拔时的应力分布曲线。

从图 18-48 中可以看出，在入口端非接触变形区内应力迅速增加。这种情况与拉力试验时，材料屈服以前的情况相同，这时的变形主要是弹性变形。

进入塑性变形区后，各处相继满足塑性条件，发生塑性变形。区内 σ_1 和 σ_r 沿截面的分布如箭头 4、5 所示。在定径区内如箭头 6、7 所示。沿轴向上的应力分布则如图中曲线 1、2、3 及 1′、2′、3′所示。从曲线不难看出：σ_1 是中心层大于边缘层，出口端大于入口端。σ_r 则正相反，它是中心层小于周边层，出口端小于入口端。

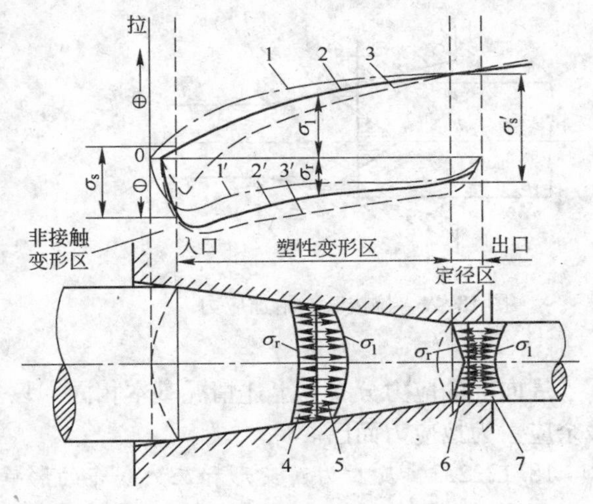

图 18-48　变形区应力分布示意图

1—中心层 σ_1 沿轴向的分布；2—中间层 σ_1 沿轴向的分布；3—边缘层 σ_1 沿轴向的分布；1′—中心层 σ_r 沿轴向的分布；2′—中间层 σ_r 沿轴向的分布；3′—边缘层 σ_r 沿轴向的分布；4—变形区内 σ_r 沿径向的分布；5—变形区内 σ_1 沿径向的分布；6—定径区 σ_r 的径向分布；7—定径区 σ_1 的径向分布

定径区内塑性变形很小，主要是弹性恢复。由于变形很小，故周向和径向压力也就不大，以至于在中心层的某一点上出现了 $\sigma_r = 0$ 的情况。而周边层由于摩擦力的存在，分布的特点是周边大于中心层。轴向拉应力 σ_1 在定径区的分布也是周边层大于中心层。

此外，从图 18-48 中曲线还可以看出：拉拔时的加工硬化使得出口端的 σ'_s 大于入口端的 σ_s。但是在一般情况下，由于加工硬化使屈服强度增加的速度比拉应力 σ_1 增加的速度为慢，故 $\sigma'_s > \sigma_s$ 的斜率要比 $\sigma_1 - \sigma_r$ 的斜率为小。

C　拉拔中的附加应力和残余应力

由于金属材料在变形区内变形不均匀，金属中心层和边缘层的流动速度也不同，材料拉拔后必然存在附加应力（如图 18-49 所示）。拉拔后产生的附加应力以残余应力的形式存在于制品中，残余应力分布的情况如图 18-50 所示。

在拉拔过程中，由于摩擦力的影响，周边层受到较大的切变形和弯曲变形，外层沿轴向的流动速度较中心层为慢，外表层要缩短，中心层要延伸，但金属是一个整体，各部分不能自由延伸，其结果必然使材料外层引起拉应力，而在内层则产生与之相平衡的残余压应力。

在径向上，由于弹性恢复的不同，截面上的同心层都有增大直径的趋势，但由于相邻层的相互制约和阻碍作用而不能自由胀大，从而在径向上产生压应力。中心层受到的阻碍最大，而外层不受阻碍，因此中心层残余压应力最大，而最外层残余压应力为零。

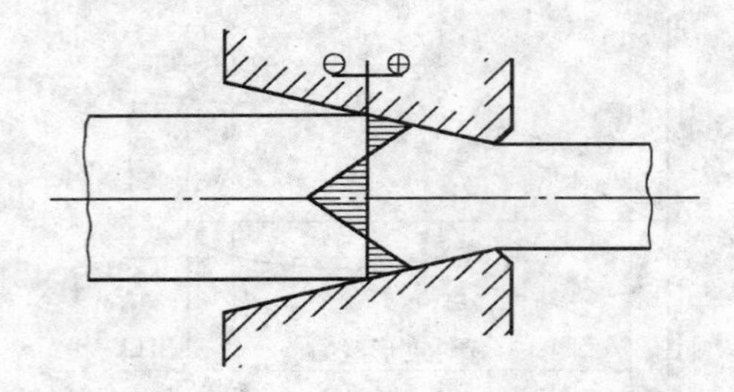

图 18-49　拉拔时的附加应力

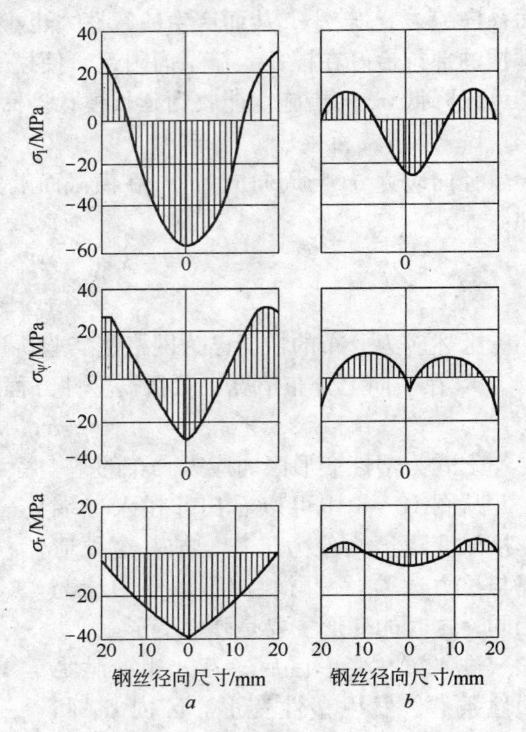

图 18-50　拉拔钢丝时残余应力的分布

a—辊式矫直前；*b*—辊式矫直后

周向上的应力分布与上述情况基本相同，只是中心层周向残余应力为压应力，表面层残余应力为拉应力而已。

18.12.2.3　*反拉力对变形和应力分布的影响*

所谓带反拉力的拉拔，是指对进模前的被拉金属施加一个与金属前进方向相反的拉力的拉拔过程。近年来国内外拉丝设备有采用反拉力拉拔的趋势，由于有反拉力的存在，金属在进入模孔前即产生变形（主要是弹性变形），直径变小，拉拔应力 σ_1 增加，径向应力 σ_r 和摩擦力减小。正是因为如此，反拉力可以减小模孔的磨损，减小不均匀变形和残余应力，并能降低摩擦热，防止钢丝产生自退火作用。图 18-51 反映了反拉力对轴向应力、径向应力以及摩擦应力影响的情况。

图 18-52 为碳含量 0.44% 的铅淬钢丝，当直径从 2.45mm 拉到 2.0mm、反拉力从 0 增加到 2270N 时，外层硬度的变化情况。从图 18-51 中可以看出：反拉力越大，内外层的硬度越趋向一致。这是因为反拉力使 σ_1 增大，模具的发热和摩擦力减小的缘故。但是反拉力也不能太大，以免 σ_1 过分增大而使道次减面率降低。试验表明，反拉力过大时，拉拔后产品的抗拉强度反而下降，这是因为材料内部容易出现晶格缺陷，减弱了材料强度的缘故。拉拔时的反拉力一般不应超过该材料的入口时的屈服强度 σ_s。

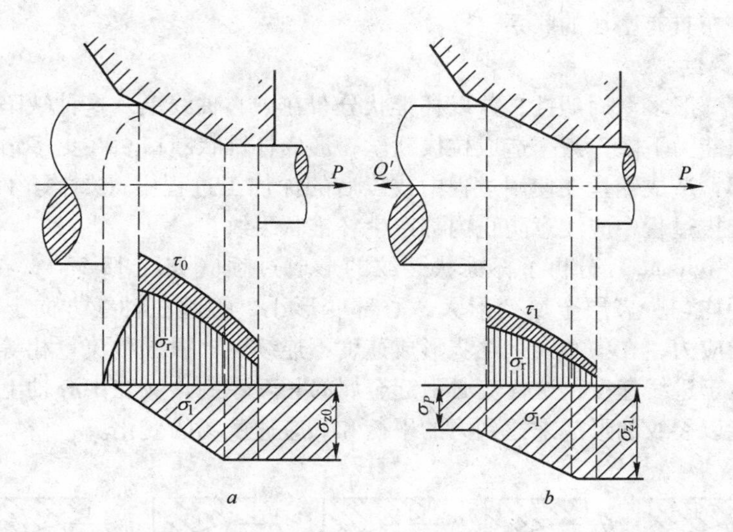

图 18-51 反拉力 Q 对轴向应力 σ_1、径向应力 σ_r 和摩擦应力 τ 的影响

a—无反拉力；*b*—有反拉力

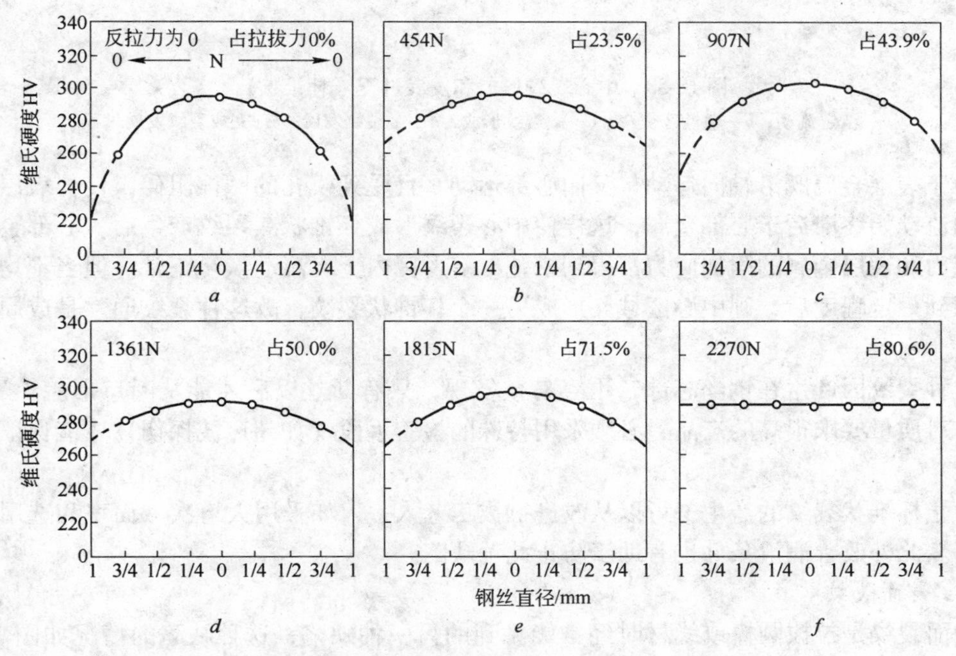

图 18-52 不同的反拉力对钢丝硬度分布的影响

a—反拉力为 0 时丝硬度分布；*b*—反拉力占拉拔力 1/4 时丝硬度分布；*c*—反拉力占拉拔力 43% 时丝硬度分布；*d*—反拉力占拉拔力 1/2 时丝硬度分布情况；*e*—反拉力占拉拔力 2/3 时丝硬度分布；*f*—反拉力占拉拔力 80% 时丝硬度分布情况

18.12.2.4 金属的不均匀流动和应力的不均匀分布对产品质量的影响

拉拔生产中，产品时常产生一些缺陷，如内部的杯锥状裂纹、表面裂纹、起刺、内部晶粒大小不均匀、力学性能不均匀等。这些缺陷的产生与拉拔过程中金属的不均匀流动和

应力的不均匀分布具有密切的联系。

A 杯锥状裂纹

杯锥状裂纹一般多呈周期性，并以杯锥状分布在中心轴线上。这种缺陷一旦产生，必然使钢丝的承载能力下降，甚至造成拉拔断丝，形成杯锥状断口。在更多情况下这种缺陷存在于钢丝芯部，造成钢丝在使用过程中或以后的深加工过程中（如捻丝时）发生断丝。因此，在钢丝拉拔过程中应注意防止内部产生杯锥状裂纹。

阿威瑟（B Avifsouz）分析了杯锥状裂纹的形成过程（如图18-53），在拉拔过程中，由于金属变形不均匀，表层金属变形大，心部变形小，钢丝在轴线方向上表层产生压应力，心部产生拉应力，在中心线上逐步形成速度不连续点。根据秒流量相等原则，钢丝的出口速度必然大于进线速度，这样势必引起金属的相互牵制，又在中心轴上产生很大的拉应力，最后只能以裂纹的形成来达到力的平衡和顺应速度场的变化。

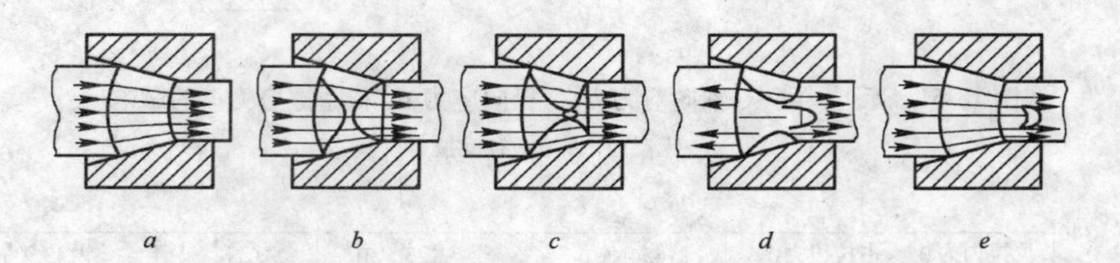

图18-53 中心裂纹形成和发展过程（杯锥状）

a—稳定流动；*b*—塑性区变窄；*c*—微裂纹形成；*d*—微裂纹发展；*e*—完成裂纹发展过程

由于表层金属既沿轴向运动，又向心部运动，且受到模孔的摩擦阻碍，使得表层金属沿轴向流动始终滞后于心部金属，这样使中心裂纹形成杯锥状。裂纹产生后，心部金属的附加应力和表层金属的附加应力都得到松弛，变形区内金属流动恢复正常。但当不均匀变形累积到一定程度后，则中心区域又形成另一个杯锥状裂纹，故这种裂纹通常是成周期性的。

这种裂纹因产生在钢丝芯部，不容易被发现，只有断丝以后才能从断口形貌上看出。所以，对质量要求很高的产品，必须采用特殊的检验手段（如超声波探伤）才能保证产品质量。

防止杯锥状裂纹的产生，可以从改进拉拔工艺入手，如采用大道次减面率和选用小的模角等。此外改善润滑条件也有助于防止此种缺陷。

B 表面裂纹

表面裂纹是拉拔圆棒或线材时经常能见到的另一种缺陷，这种缺陷的情况如图18-54所示。

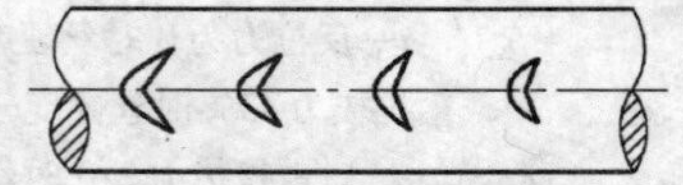

图18-54 表面裂纹示意图

表面裂纹是拉拔过程中不均匀变形和拉拔速度选择不当所引起的。在拉拔时，如果拉拔速度过大，金属不均匀流动加剧，拉拔所产生的热量来不及逸散而产生局部过热，当超出金属的强度极限时，因金属流动不均产生的表面附加拉应力即会在制品上产生周期性裂纹。这种裂纹的形状不仅与应力的性质和分布情况有关，也与金属的流动速度和裂纹向内扩展的速度有关。当模角增大，摩擦系数加大、内外层的应力差值大时，更容易产生表面裂纹。Fe-Cr-Al 合金丝缺口敏感性强，一旦有缺口，则表面裂纹就会产生。

C 起皮

拉拔生产中，如果拉拔模的角度选用过大，容易在钢丝表面产生起皮现象，尤其是含 Mo 的 Fe-Cr-Al 合金丝材更容易发生。

工作锥角度越大，金属流动越是趋于不均匀。当模角达到90°时，不均匀流动达到最大，金属表面与拉丝模接触的区域不参与金属流动，形成所谓的“死区（即弹性区）”。死区的存在阻碍着其他部分金属的流动，使变形变得更不均匀，导致在制品上产生裂纹或形成起皮，并缩短模具的寿命。死区体积大小及其形状与金属的性质、拉拔工艺的合理与否有关。采用较慢的拉拔速度和选用较小的工作锥角度可以避免起皮的发生。

D 金属内外层力学性能不均

图 18-55 为直径 18.5mm 的退火钢棒，分别拉拔到 ϕ17mm、ϕ14.5mm、ϕ10.5mm（减面率分别为 15.5%、39%、68%）时变形不均对制品组织和性能的影响。由图 18-55 可见，棒材中心和外层的强度和塑性都是不同的。外层的 σ_b 值随变形量的增加而上升，其断面收缩率并不随变形量的增加而有较大的变化（$\psi\approx70\%$），而中心层的 σ_b 值不仅较外表层为低，而且其 ψ 值发生剧烈的变化，随变形量的增加呈明显的下降趋势（$\psi\approx15\%$）。究其原因还在于变形时所受的应力不同的缘故。拉拔时外层金属主要是在压应力 σ_r 的作用下进行变形的，中心层则主要是在 σ_1 的作用下进行变形的。芯部金属在拉伸应力 σ_1 作用下变形，将促使其内部组织的缺陷、微裂纹等有增多和扩展的可能，从而导致塑性指标的明显下降。

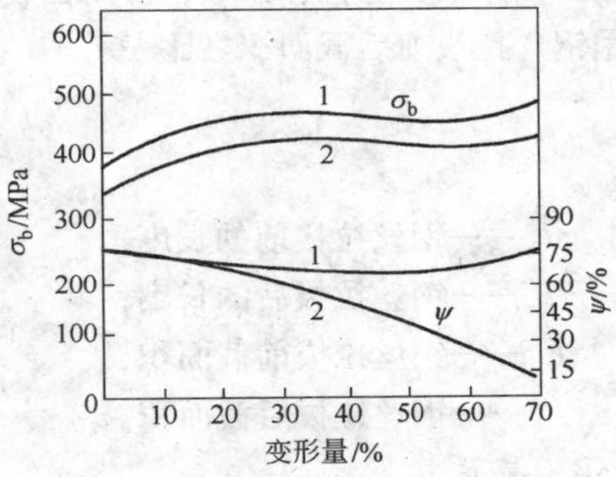

图 18-55 拉拔钢棒内外层 σ_b 和 ψ 与变形量关系

1—表面层；2—中心层

图 18-56 为直径 23mm 的退火棒材通过不同模角的模孔拉拔后断面上强度分布情况。

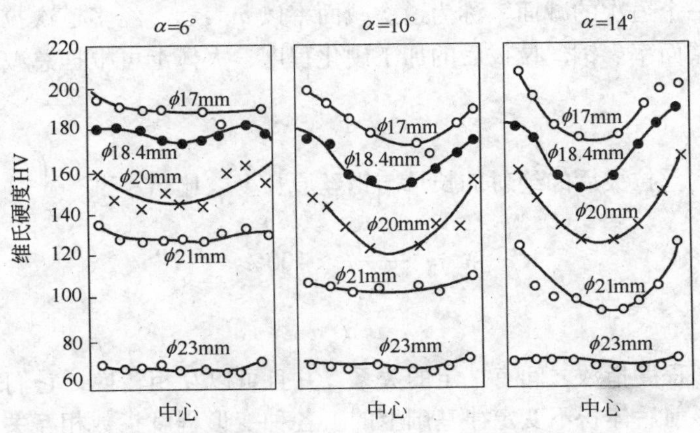

图 18-56 H68 退火棒材拉伸后断面平均硬度的分布

由图 18-56 可见，随工作模角的加大，材料断面上内外的硬度差值增大。但是在增大变形程度后，硬度达到一定值而使内外硬度差值减小。

综上可见，较粗规格金属的不均匀流动和应力分布的不均匀是导致各种拉拔缺陷的主要根源，模角尤为突出。故应妥善选择模角。

18.12.3　合金丝拉拔变形程度的表征及计算

18.12.3.1　变形程度的表示

合金丝经模孔拉拔变形，其变形程度如何，生产中常以下列变形程度指数来反映变形情况。

A　延伸系数

延伸系数又称拉伸系数，常用 μ 表示。它是指钢丝拉拔后的长度与原来长度之比，也可用钢丝拉拔前后截面积之比表示。

$$\mu = \frac{l_k}{l_0} = \frac{F_0}{F_k} \tag{18-11}$$

式中　l_0——钢丝拉拔前的长度；

l_k——钢丝拉拔后的长度；

F_0——钢丝拉拔前截面积；

F_k——钢丝拉拔后截面积。

B　减面率

减面率又称截面压缩率或简称压缩率，表示钢丝在拉拔后，截面积减小的绝对量与拉拔前钢丝截面积之比。

$$q = \frac{F_0 - F_k}{F_0} \times 100\% \tag{18-12}$$

式中　q——减面率。

减面率是反映金属拉拔变形特性的重要指标。因为它能直观的反映金属变形的真实情况。在拉拔生产中，通常钢丝要经过多道次拉拔才能获得所需要的断面尺寸和性能。为此把钢丝通过拉拔一个道次的减面率称为道次减面率以 q 表示。经多道次拉拔获得成品尺寸的减面率称为总减面率。钢丝拉拔后的加工硬化程度，大体上可根据总减面率的大小来判定。

C　伸长率

伸长率是指钢丝拉拔后的绝对伸长量与钢丝原长度之比。

$$\lambda = \frac{l_k - l_0}{l_0} \times 100\% \tag{18-13}$$

式中　λ——伸长率。

上述 3 个变形程度指数之间有一定的关系，并且可以互相转换，它们之间的关系是建立在被拉金属变形前后体积不变定律基础上的。各种变形程度指数相互关系见表 18-42 所示。

表 18-42 各种变形指数的相互关系

变形程度指数	指数符号	变形程度指数表示方式					
		钢丝直径 d_0 及 d_k	截面积 F_0 及 F_k	长度 l_k 及 l_0	延伸系数 μ	减面率 q	伸长率 λ
延伸系数	μ	$\frac{d_0^2}{d_k^2}$	$\frac{F_0}{F_k}$	$\frac{l_k}{l_0}$	μ	$\frac{1}{1-q}$	$1+\lambda$
减面率	q	$\frac{d_0^2-d_k^2}{d_0^2}$	$\frac{F_0-F_k}{F_0}$	$\frac{l_k-l_0}{l_k}$	$\frac{\mu-1}{\mu}$	q	$\frac{\lambda}{1+\lambda}$
伸长率	λ	$\frac{d_0^2-d_k^2}{d_k^2}$	$\frac{F_0-F_k}{F_k}$	$\frac{l_k-l_0}{l_0}$	$\mu-1$	$\frac{q}{1-q}$	λ

18.12.3.2 变形量的计算

A 总延伸系数、道次延伸系数和平均延伸系数

$$\mu_{总} = \frac{F_0}{F_n} = \frac{F_0}{F_1} \times \frac{F_1}{F_2} \cdots \frac{F_{n-1}}{F_n} \tag{18-14}$$

因

$$\mu_1 = \frac{F_0}{F_1};\ \mu_2 = \frac{F_1}{F_2} \cdots \mu_n = \frac{F_{n-1}}{F_n} \tag{18-15}$$

代入，得

$$\mu_{总} = \mu_1 \cdot \mu_2 \cdot \mu_3 \cdot \cdots \cdot \mu_n \tag{18-16}$$

假设各道次延伸系数相同，平均延伸系数以 $\mu_{平均}$ 表示，代入式 18-16 则有

$$\mu_{总} = \mu_{平均}^n \tag{18-17}$$

式中 $\mu_{总}$——总延伸系数；

μ_1，μ_2，…，μ_n——相应道次的延伸系数；

$\mu_{平均}$——平均延伸系数；

n——拉拔道次。

B 总减面率与平均减面率

$$Q = \frac{F_0 - F_n}{F_0} = 1 - \frac{F_n}{F_0} \tag{18-18}$$

因 $\mu_{总} = \frac{F_0}{F_n}$ 代入则有：

$$Q = 1 - \frac{1}{\mu_{总}} = 1 - \frac{1}{\mu_{平均}^n} \tag{18-19}$$

假设各道次减面率相等，称之为平均道次减面率，根据表 18-45 各种变形指数之间的相互关系，推导出：

$$Q = 1 - (1 - q_{平均})^n \tag{18-20}$$

式中 Q——总减面率；

$q_{平均}$——平均道次减面率；

n——拉拔道次。

18.12.3.3 变形效率及其影响因素

拉拔功由 3 部分组成，即有效变形功、外摩擦损耗功和附加变形损耗功。有效变形功在拉拔功中所占的比例称为变形效率。用式（18-21）表示：

$$\eta = \frac{A_i}{A} \times 100\% \tag{18-21}$$

$$A = A_i + A_f + A_s \tag{18-22}$$

式中 η——变形效率；

A_i——有效变形功；

A_f——外摩擦损耗功；

A_s——附加变形损耗功。

变形效率有时也用拉拔力中有效拉拔力与实际拉拔力之比表示：

$$\eta = \frac{p_i}{p} \times 100\% \tag{18-23}$$

式中 p_i——有效拉拔力；

p——考虑各种损耗的实际拉拔力。

应当指出，变形效率只是考虑变形理论功和变形使用功之间的关系，拉拔设备方面的机械传动和电气损耗尚不包括在内，实际上消耗的功还不止于此。

提高变形效率不仅能节省拉拔时的能量消耗，减少模具损耗，而且对提高拉拔产品质量有直接影响。

从上面分析可以看出：变形效率的高低主要取决于外摩擦损耗功和附加变形损耗功的大小。因此，凡是影响外摩擦损耗功和附加变形损耗功的因素都是影响变形效率的因素。影响变形效率的因素很多，如模角大小、润滑剂种类、变形程度、拉拔速度等，下面对一些影响因素进行讨论。

A 摩擦系数的影响

在一般拉拔条件下，外摩擦消耗的功约占总耗功的35% ~50%。因此减少这部分的能量损失是节约拉拔能量消耗、提高变形效率的主要因素。

降低外摩擦损耗功应致力于降低摩擦系数、减小金属对模壁的正压力、实行反拉力拉拔等。拉拔过程中摩擦系数的大小与很多因素有关，如被拉金属材料的种类和表面状态、模具的材质和表面粗糙程度、润滑方式以及润滑剂类别和性质等。例如采用YG6硬质合金模具并有良好的加工表面和较好的润滑条件时，摩擦系数可控制在0.03 ~0.06之间，若润滑条件不好，摩擦系数则波动0.04 ~0.16之间。

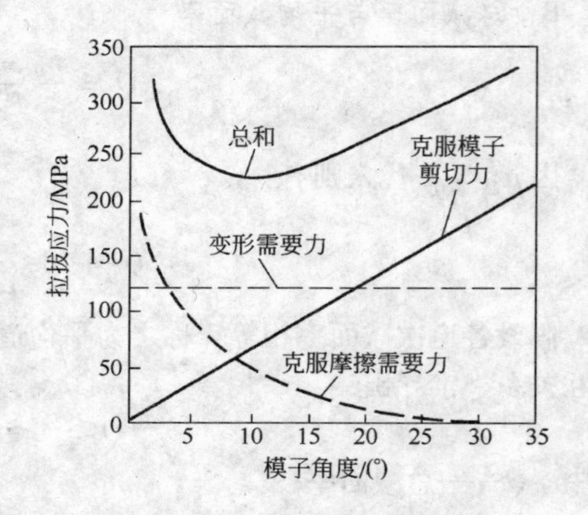

图18-57 模具工作锥角度与拉拔力的关系曲线

值得注意的是改善摩擦条件，减少外摩擦损耗功要选用合适的模角，模角选用过大，无用功中起主导作用的不是外摩擦损耗功而是附加变形损耗功。不同模角大小对拉拔力的影响如图18-57所示。由图中曲线可知，在拉拔过程中选择合适的模角是非常重要的。

B 模角大小的影响

在每一个特定拉拔条件下，都存在着一个合适的模角，用这种模角拉拔力最小，钢丝在模孔内的不均匀变形程度最低，此时的模角即为最佳模角。图18-58即为模角大小对拉拔力的影响，由图可知，拉拔时合适的模角随减面率的增加而增加。当减面率为5%时，α 角为3°；当减面率为45%时，α 角可达9°。

在道次减面率相同的条件下，增大模孔角度会使工作锥有效长度缩短（见图18-59）。从而减小接触面积，使拉拔时的外摩擦力下降并减少外摩擦损耗功（其中模孔角度在一定的范围内，如小于10°时效果明显）；另一方面，增大模角又会加大附加弯曲变形程度，并使横向应力分布更加不均匀，造成钢丝不均匀变形加重。结果导致附加变形损耗功增大，反而抵消了摩擦损耗功下降的好处。因此选择模角要考虑两方面的因素：既要考虑外摩擦损耗功的减少，又要控制不均匀变形的增长，这样才能取得较为好的效果。

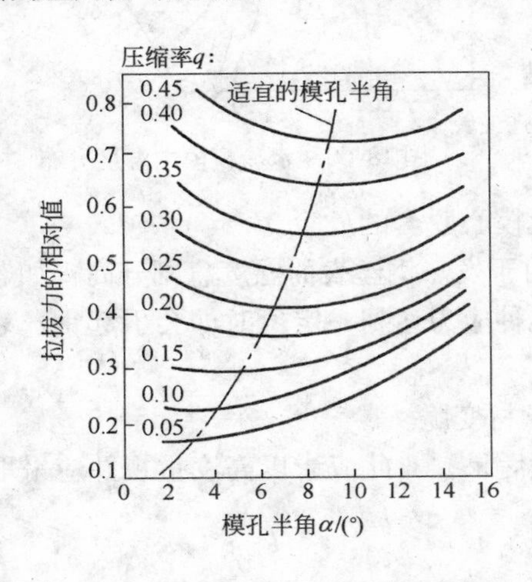

图18-58 模具角度对拉拔力的影响

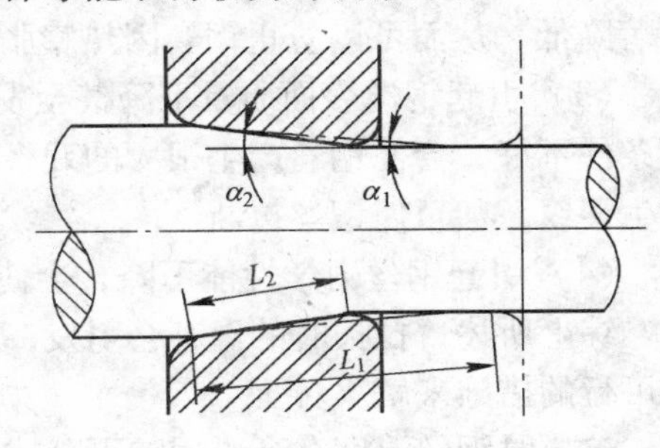

图18-59 模具角度对工作锥长度的影响

此外，合适的模角与摩擦系数大小也有一定的关系。在普通拉拔条件下，摩擦系数和钢丝直径愈大，合适的模角也稍加增加。因为摩擦系数大时，由外摩擦引起的外摩擦损耗功增加，适当增大模角有助于降低这部分无用功的损耗。至于钢丝直径愈大，合适的模角也愈大，这是因为钢丝直径大时选用较大的道次减面率的缘故。

国外企业对 2α 角的采用也各不相同，日本为14°~16°，西德为12°~18°（减面率为12%~16%时取12°，16%~25%时取15°，25%~35%时取18°）。一般模具的工作锥角度取值如表18-43所示。

表18-43 模具的工作锥角

道次减面率/%	工作锥角度 2α/（°）	道次减面率/%	工作锥角度 2α/（°）
10~20	8~12	30~35	16~18
20~25	12~14	>35	18~20
25~30	14~16		

对于模具的材质，大规格钢丝（$\phi>4.0$mm）拉拔时冲击力大，应选用韧性更好的YG8硬质合金模；小规格用YG6硬质合金模。一般认为，模具硬度和光洁程度越高，摩擦力越小，钢丝表面质量越好，模具的寿命也越高。$\phi\leqslant1.0$mm 电热合金多选用聚晶模，$\phi\leqslant0.05$mm 的精密合金多选钻石模。

C 温升的影响

拉拔时温度升高给拉拔生产带来许多不良后果，例如：

（1）引起润滑剂失效。破坏润滑膜、使润滑剂焦化、摩擦系数增加，不均匀变形加剧，拉拔力增大，钢丝甚至被拉断。

（2）降低模具使用寿命，拉拔时约有20%的热量积存在模具中，如不及时散发，模具温度越来越高。虽然硬质合金模在500℃时仍有一定的红硬性，但因温度分布不均，局部的高温度会使模具磨损严重而提前报废，或者由于温度过高，钢套与模心膨胀系数相差悬殊，导致模心脱落造成模心炸裂。

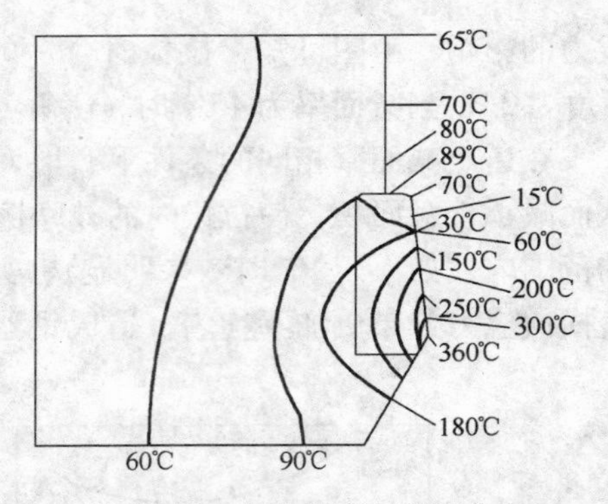

图18-60 水冷模模内温度分布

图18-60为采用水冷模具时模内温度分布的情况。用水冷却模具能散去的热量仅占总热量的10%以下。但水冷能改善模内温度分布，并使钢套温度显著降低，从而可以防止钢套因热膨胀过大，造成模心脱套的危险。

（3）引起钢丝表面质量下降甚至发生断丝，由于发热钢丝表面温度急剧升高，如若润滑条件不好，会使钢丝产生很大的残余应力。当这种应力达到一定值时即会引起钢丝表面产生裂纹，甚至使钢丝拉断。

（4）引起钢丝力学性能下降，会使Fe-Cr-Al丝材变脆。

综上所述，拉拔时的温升会引发一系列的不良后果，对此应予以高度重视并应采取切实可行的措施来解决。

拉拔时钢丝温度升高可用如下公式进行计算：

拉拔变形产生的热量在钢丝内部及外部的分布是不均匀的，沿变形区长度方向，钢丝整个截面上的温度是逐步升高的。但由于钢丝表面摩擦功转化热量的影响，沿钢丝截面上的温度分布也不均匀，即钢丝表面温升更大。表层加热的深度，显然与钢丝的导热系数、钢丝在变形区的时间、钢丝的密度、钢丝的比热等因素有关。威尔逊（Wilion）提出线材拉拔后理论温升值的公式为：

$$t_{\mathrm{B}} = \frac{\sigma_z}{C_p \rho} \times 2.338 - 17.8 \tag{18-24}$$

式中 σ_z——拉拔应力；

C_p——线材的质量热容；

ρ——线材的密度。

对于拉拔钢丝，式18-24可以进一步简化为：

$$\begin{aligned} t_{\mathrm{B}} &= \frac{\sigma_z}{0.115 \times 7.8} \times 2.338 - 17.8 \\ &= 2.606\sigma_z - 17.8 \end{aligned} \tag{18-25}$$

现代化高速拉丝机的高速拉拔，使钢丝和模具的温升更加严重。因此，如何降低发热、减少温升成为提高拉拔速度的重要前提条件，目前降低发热、减少温升的主要措施有：

（1）改进润滑方式（如采用流体动力润滑），降低摩擦系数（如选用高硬度耐磨材料作模心），减少模孔压力（如采用反拉力拉拔等）；

（2）拟定合理的拉拔工艺，选择合适的模具；

（3）对卷筒、模具和钢丝进行冷却。如卷筒风冷、水冷套，模套水冷、钢丝活套无扭，增加停留时间。经过降温措施能使钢丝从原出模200℃以上降至100℃以下。冷却水温度控制在23～32℃之间，最佳约为26～27℃。

19　合金细丝的冷加工

19.1　合金细丝的拉拔设备

合金细丝湿拉机根据可放置拉拔模子数量命名，如 13 模湿拉机、15 模、17 模、18 模、19 模、21 模、22 模湿拉机等。德国沙弗尔 13 模和国产 21 模细拉机如图 19-1 和图 19-2 所示。

图 19-1　13 模细丝湿拉机

图 19-2　21 模细丝湿拉机

德国沙弗尔 13 模、21 模细拉机主要技术性能如表 19-1 所示。

表 19-1　德国沙弗尔细拉机主要技术性能

项目 ＼ 机名	13 模湿拉机	21 模湿拉机
（1）拉拔道次	13 次	21 次
（2）平均压缩率/%	15	15
（3）总压缩率/%	87.8	96
（4）进线直径/mm	ϕ1.42 ~ 0.80	ϕ1.0 ~ 0.5
（5）出线最小直径/mm	ϕ0.35	ϕ0.32 ~ 0.15
（6）成品拉拔速度/$m \cdot s^{-1}$	3（Fe-Cr-Al）	6（Fe-Cr-Al）
	4（Ni-Cr）	10（Ni-Cr）
（7）塔轮级数	6 级	10 级
（8）工艺冷却润滑	油浸式	油浸式
（9）油箱容量①	1t	1t
（10）主拉拔电机功率/kW	17.5（1500r/min）	同 13 模
（11）主电机所属风扇功率/kW	0.75（2850r/min）	同 13 模
（12）收线电机功率/kW	4（300r/min）	同 13 模

①油箱内壁有蛇形冷却水铜管装置。

湿拉机塔轮工作原理如图 19-3 所示。塔轮元件如图 19-4 所示。

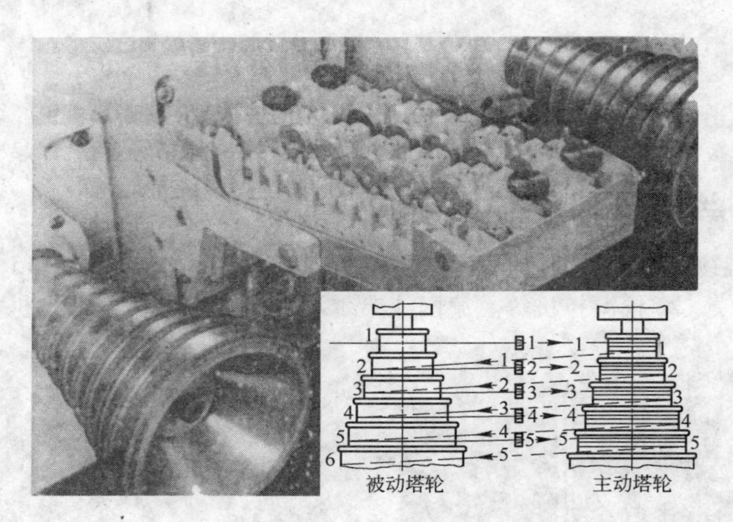

图 19-3　塔轮工作原理

图 19-4　滑动式拉丝机的塔轮照片（例示）

微细丝采用 LS-818 等微型水箱式拉丝机拉拔。

19.2　Fe-Cr-Al 合金细丝的拔制生产

Fe-Cr-Al 合金细丝的拔制生产工艺流程和 Ni-Cr 合金细小规格丝一致。

19.2.1　小规格丝的拔前表面准备

来料必须是成分均匀，非金属夹杂细小均匀级别高，氢、氮、氧等气体微量存在。没有残留的表面折痕、劈裂、严重划伤、毛刺、竹节、扭股、严重的氧化色，明显的酸蚀麻坑，易腐蚀的酸、碱、盐类等。为此，除成分既成事实外，必经分选、采用气体保护连续退火、每批、卷检测电学、力学性能，按相近组合原则重新组批。

其次是拉拔用的润滑剂，既要与丝材表面牢固黏合，保证拉拔时形成良好的润滑膜，又要求与拉丝模材料的黏合力要小，以保证其与拉丝模接触面的摩擦系数小；同时还要易于清洗，最好是水溶性的，或是在气体保护炉中能进行还原性燃烧而在细丝表面无残留物。因此，国内外都在探索和采用水溶性固体润滑剂和碳氢化合物液体润滑剂，例如先经钙皂基拉拔后再用钠皂基拉拔和清洗热处理后再用烷基油类液体润滑剂拉拔。同时应对润滑油加强冷却、净化。

19.2.2 细小规格丝拉拔制度

细小规格产品拉拔制度要点如下：

（1）平均道次压缩率为15%左右。

（2）平均线速为3～6m/s（视设备性能和丝材质量）。

（3）工艺冷却油浸润滑油温一般不超过45～50℃。

（4）用蛇形铜管冷却工艺润滑油时，进水温度为23℃，出水温度不超过32℃。

（5）工艺冷却润滑油应集中分级沉淀、冷却、循环使用。即使这样，也应在工作2000h及时更换、处理、清泥除垢后再重新运行。

（6）采用肥皂水、皂化油、油酸混合液润滑者，起拔温度应在35℃以上，最好在40℃左右运行。

（7）细拉模具无论是天然钻模还是人造聚晶模，其孔型最好采取直线式（如瑞典孔型），工作锥角$2\alpha=12°\sim14°$，定径区长度为$0.6d$左右，且整套换模（100～200kg拉拔量，视来模材质而定）。

（8）所有模具内孔工作面不许有沟环（暗环）。

（9）对细丝表面要求亮洁者，所有过丝塔轮、导轮都不允许有沟槽，凡起沟槽者应及时修换，对塔轮应整个调整，那种松紧不一的弹颤式拔丝，既毁丝、毁模、又毁塔轮。

（10）对细丝有电学性能均匀性要求者，一定要前后都得把关，有的甚至从冶炼、轧制、粗拔和热处理均应严格要求和检验把关。

19.2.3 实例

合金细丝拉拔配模以某厂为例（供参考），如表19-2和表19-3所示。

19.2.4 细丝成品的拉拔

1）Fe-Cr-Al细小规格总压缩率可达93%～95%，Ni-Cr细小规格也可达90%。道次压缩率，粗丝一般都在20%以上，而细小规格一般在14%～16%。

2）拉拔力是钢丝拉拔的一个重要特征参数。

3）有资料介绍，在200～1000m/min的高速拉拔时，拉丝模工作锥内表面上产生的压力可达500～2000MPa。因此，模子材质和孔型、润滑剂的品质和冷却、机器运转质量、合金丝本身材质、均匀性、表面状况等都是密切相关的因素。

19.2.5 细小规格Fe-Cr-Al丝的主要缺陷及防止

19.2.5.1 断丝

主要原因可能是：

（1）夹杂多，颗粒大，尤其是多棱角大颗粒的TiN、AlN之类；

（2）裂纹深，裂口大，抗拉强度低；

表 19-2 配模表之一

进线直径/mm	中间模规格尺寸/mm												出线直径/mm
0.5									0.48	0.46	0.44	0.42	0.4
0.5							0.47	0.45	0.43	0.41	0.39	0.37	0.35
0.5				0.48	0.46	0.44	0.42	0.40	0.38	0.36	0.34	0.32	0.30
0.4							0.37	0.35	0.33	0.31	0.29	0.27	0.25
0.4				0.38	0.36	0.34	0.32	0.30	0.28	0.26	0.24	0.22	0.20
0.4		0.37	0.35	0.33	0.31	0.29	0.27	0.25	0.23	0.21	0.19	0.17	0.15
0.3①			0.27	0.25	0.23	0.21	0.19	0.17	0.15	0.13	0.12	0.11	0.10
0.25①		0.22	0.20	0.18	0.16	0.14	0.12	0.11	0.10	0.09	0.083	0.076	0.07

①退火料。

表 19-3 配模表之二

进线直径/mm	中间模规格尺寸/mm																	出线直径/mm
	1	2	3	4	5	6	7	8	9	10	11	12	13	14	15	16	17	
0.20								0.180	0.160	0.145	0.130	0.115	0.105	0.095	0.085	0.077	0.07	0.063
0.20							0.180	0.160	0.145	0.130	0.115	0.105	0.095	0.085	0.077	0.07	0.064	0.058
0.20						0.180	0.160	0.145	0.130	0.115	0.105	0.095	0.085	0.077	0.07	0.064	0.058	0.053
0.20					0.180	0.160	0.145	0.130	0.115	0.105	0.095	0.085	0.077	0.07	0.064	0.058	0.053	0.048
0.15						0.145	0.130	0.115	0.105	0.095	0.085	0.077	0.07	0.064	0.058	0.053	0.048	0.043
0.15						0.130	0.115	0.105	0.095	0.085	0.077	0.070	0.064	0.058	0.053	0.048	0.043	0.038
0.15					0.130	0.115	0.105	0.095	0.085	0.077	0.07	0.064	0.058	0.053	0.048	0.043	0.038	0.033
0.10								0.09	0.08	0.072	0.065	0.058	0.053	0.048	0.043	0.038	0.033	0.029
0.10						0.09	0.08	0.072	0.065	0.058	0.053	0.048	0.043	0.038	0.033	0.029	0.026	0.024
0.10				0.09	0.08	0.072	0.065	0.058	0.053	0.048	0.043	0.038	0.033	0.029	0.026	0.023	0.021	0.019
0.10		0.09	0.08	0.072	0.065	0.058	0.053	0.048	0.043	0.038	0.033	0.029	0.026	0.023	0.021	0.019	0.018	0.017
0.10	0.09	0.08	0.072	0.065	0.058	0.053	0.048	0.043	0.038	0.033	0.029	0.026	0.023	0.021	0.019	0.018	0.017	0.016
0.02									0.019	0.018	0.017	0.016	0.015	0.014	0.013	0.012	0.011	0.01

（3）干拔粉吸潮性大，造成拉拔严重划伤；
（4）斜口断丝（模子、模架轴线不重合）；
（5）卡模断丝（模子掉钻或崩牙裂口）；
（6）齐口断丝（硬拽，润滑差或夹杂物硬而粗大）；
（7）脆断（料脆）。

解决办法是：
（1）把住原材辅料关；
（2）严格执行工艺，防止模具不配套，道次压缩量忽大忽小；
（3）防止进水；
（4）模具或模套一定要摆正，模口截面必与收线点切线垂直；
（5）润滑剂必干净且充分冷却等，所有过丝的零部件接触面必须光滑、平直，没有夹沟。

19.2.5.2 “花线”

“花线”是指光亮丝表面反光不一，呈花色散光。其主要原因是丝表面被拉毛或润滑剂温度高失效划伤丝面或模孔失常。

19.2.5.3 缠辊筒断丝

微细丝缠住辊筒断丝，使车开不起来，其原因多在摩擦力增大，即塔轮或辊筒出现明显沟槽，或道次间压缩量差异过大，丝在塔轮上松紧不一，局部打滑量过大，造成断丝；或丝表面毛糙及润滑剂黏度大均会造丝缠辊断丝。

19.3 合金细丝的表面润滑剂及去除

19.3.1 过渡性润滑剂

对部分小规格 Fe-Cr-Al 或 Ni-Cr 丝，要求尺寸公差严，表面光滑锃亮。但当采用固体润滑剂时，往往因涂层和残余润滑剂去除不净，而采用油质润滑剂又因耐极压不足和模具成本问题，使人们想起利用氯化石蜡当作润滑剂。

氯化石蜡—52，分子式为 $C_{14}H_{24}Cl_6$，其氯含量为50%～54%。浅黄至黄色油状黏稠液体。25℃时黏度为0.7～1.5Pa·s，凝固点小于－30℃。相对密度为1.22～1.26g/cm³。溶于苯、醚，微溶于醇，不溶于水。

氯化石蜡是一种好的拉丝润滑油，本身又是一种极压剂，资源丰富，价格便宜，适合于合金小规格丝拉拔，拔后丝表面非常光亮，又没有刺激味道。

但是拉拔后的合金丝表面去油污仍是个问题。下面介绍解决这个问题的较好方法。

19.3.2 拔丝的表面清洗和热处理

国内外大多都已采用多根连续清洗方法，连着进行烘干和热处理的流水作业。此种工艺不但效率高，而且可以得到均匀、干净的丝材表面和力学性能连续一致的半成品。

目前对高合金小规格丝表面润滑剂的清洗，多采用电解去盐和超声波清洗法。机械刷洗法在国内应用还不多。

电解去盐法是在特制的塑料长型槽中进行的。以钢板作为阳极，钢丝作为阴极，电压为5～8V，电流为120～200A，槽中装入浓度为16%～18%的 NaOH 溶液，外加连二亚硫酸钠0.4%和环乙二醇4%或中碱性磺酸盐等，液温为60℃左右，钢丝以30～60m/min 的速度连续穿过5m长的电解去盐区，再穿过50℃左右高压喷水区冲洗干净，压缩空气吹干，进入10m长的高温连续退火炉进行再结晶热处理，穿过水冷套快速冷却，最后经过磷酸溶液池进行磷化处理，水洗吹干后作为细丝坯料。

超声波去盐法是在特制的带超声发射头的不锈钢长型槽中进行的。功率为2～4kW，配入浓度为2%～4%磷酸水溶液，少量洗涤剂和水杨酸钠缓蚀剂，液温为50～60℃，工作电压为150V，工作电流为5A左右，超声波频率为20～30kHz。钢丝以15～30m/min速度穿过4～6m长的超声波区域，由超声波激起的液体高压空腔冲击钢丝表面达到清洗油污的目的。再经过高压热水冲净、烘干，再进入10m高温连续退火炉进行再结晶处理，快速冷却，磷化处理、冲洗干净、烘干，即可作为细丝坯料。对Fe-Cr-Al小规格丝的热处理温度为850～950℃，大于ϕ0.5mm为30m/min。小于ϕ0.5mm为40～60m/min。而NiCr合金丝，热处理温度为1050～1150℃，大于ϕ0.8mm为30m/min，小于ϕ0.8mm为40～60m/min。收、放线都采取同步恒速。连续光亮热处理的保护气氛一般采取液氨高温分解后经净化而成。其超声波连续清洗、退火流水线如图19-5所示。超声波清洗原理示意如图19-6所示。

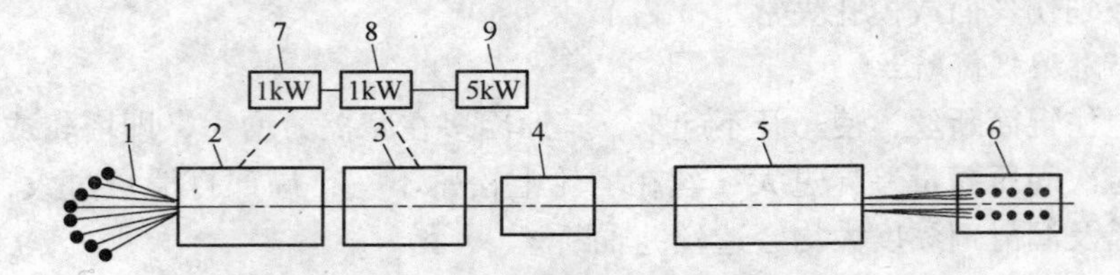

图19-5 超声波连续清洗合金钢丝流水线示意图

1—放线器；2—超声波清洗槽（清洗液段）；3—超声波清洗槽（清水段）；4—烘干炉；5—热处理炉；6—收线机头；7—超声波发生器Ⅰ；8—超声波发生器Ⅱ；9—稳压器

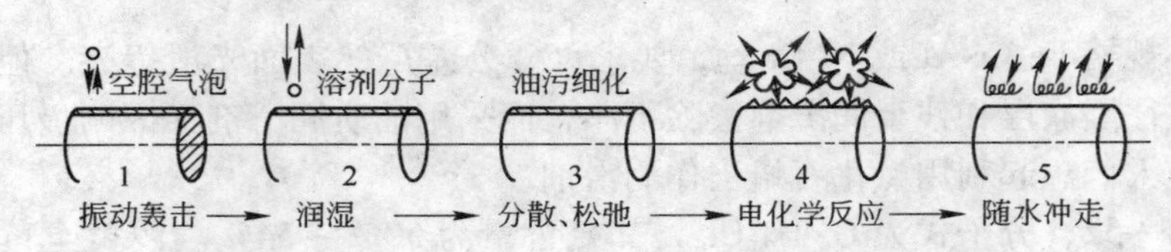

图19-6 超声波清洗解析原理图示

19.4 合金细丝热处理设备

耐热钢管电加热炉结构如图19-7所示，该炉利用电热组件加热马福管或马福砖，能够自动控温，并使其均匀导热，从而使所处理的钢丝通条性能比较均匀，适合于高合金电热、电阻、应变钢丝的热处理。耐热钢管电热加热炉，炉体总长约10m左右，一般在炉膛内设置16～20支耐热钢管，功率一般为100kW左右，炉温为800～1050℃左右，用硅酸铝长纤维保温棉保温。适合于中小规格的热处理。

须注意的是耐热钢管端头应加吊重，有助于钢管热胀伸直。

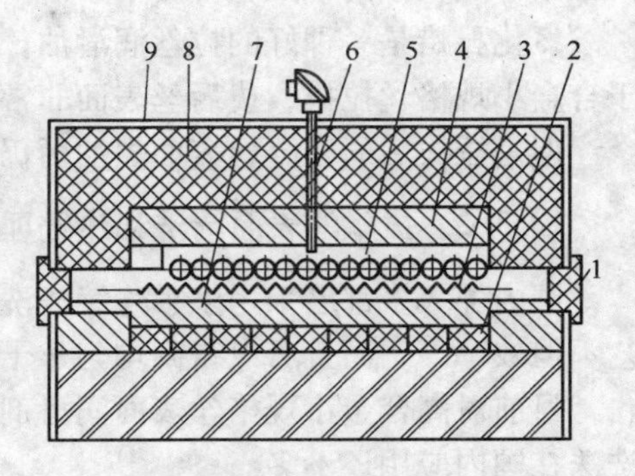

图19-7 耐热钢管电加热炉

1—接线口门；2—隔热炉基；3—电热元件；4—耐火平砖；5—耐热钢管；6—热电偶；7—耐火隔砖；8—绝热炉体；9—钢板外壳

这种炉子升温快，电热组件可做到恒温控制，因此温度比较均匀。耐热钢管加热不漏气，氧化较轻，有条件时向管内通入保护气体来实现光亮退火。国内许多厂家已将这种炉型用于电热合金丝、精密合金丝，不锈钢丝成品退火及中小规格冷拔钢丝的成前退火。该炉的缺点是钢管在炉寿命较短，需经常更换。保护气氛连续退火流水线平面布置如图19-8所示。

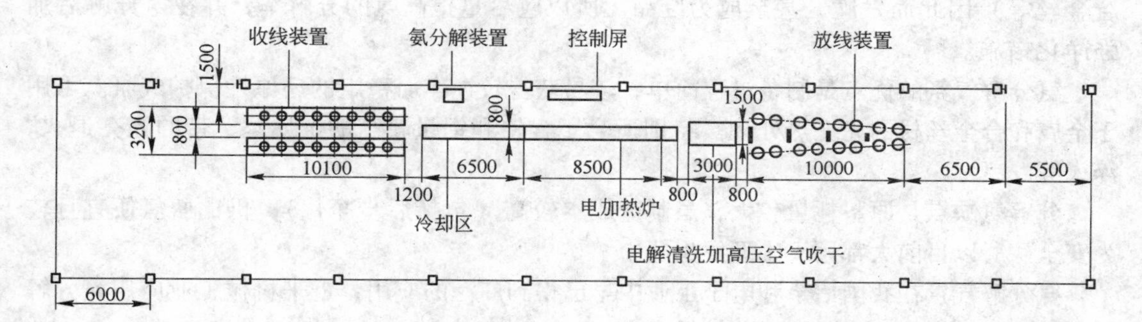

图19-8 保护气氛连续热处理生产线平面布置图

Fe-Cr-Al合金细丝光亮热处理现场如图19-9所示。精密Fe-Cr-Al合金细丝连续光亮热处理是采用液氨分解气作为保护气氛。净化后的保护气的露点在－50～－70℃之间。

图19-9 25头合金细丝（ϕ1.0～0.15mm）气体保护电热连续退火炉

19.5 氨分解保护气氛

19.5.1 氨分解气氛

氨分解气氛是以液氨为原料，在有催化剂帮助下在加热炉管中分解而获得的气氛。氨分解成H_2和N_2的混合气体，它的密度比空气轻，与纯氢近似，是一种强还原性气氛，价格比氢气便宜，可作为氢气的代用品。也是一种常用的保护气体。

氨分解气氛不能防止炉气中存在的水蒸气的氧化作用。所以必须经过充分的干燥，一般要求其露点在－40℃以下（对一般铁铬铝丝材表面要求者）。而更高一些表面光亮要求者，则要求其露点在－50℃以下。最好的精密电阻丝和不锈钢锃亮细丝光面，则要求其露

点在 -60℃以下。

液氨在炉中分解不可能十分完全，其气氛中往往含有少量的残余氨（0.01%~0.1%）。当这分解气通入到热处理炉内又会引起热解而产生微量的原子氮，使金属丝表面发生轻微的氮化，这对电性合金丝不利。它将会使合金丝材（包括电热、电阻、应变合金丝等）因此而发脆，甚至成为废品。所以应尽量提高氨的分解率，并在氨分解后加强净化措施。

氨分解气氛的优点是制备过程简单，较易获得较纯净而稳定的还原性保护气氛。可用于金属和合金丝材的光亮热处理。特别适合于含铬和铝量较高的金属丝、带的光亮退火、淬火等。

分解氨缺点是原料耗量较大，虽制造成本较高（包括后步净化），仍比瓶氢便宜且较为安全。所以目前大都用于小型发生器中。

氨分解气氛在我国冶金和电子工业中早已得到广泛的应用，近来机械工业应用氨分解气氛也日益增多，并取得了显著效果。

下面举例说明氨分解的一些基本情况。

【例1】 国产AQ-5型发生器：产气量为 $5m^3/h$，功率为5kW。反应罐尺寸为 ϕ80mm×880mm，反应温度为680℃，催化剂为A6触媒，气氛露点低于 -40℃，采用分子筛净化。

【例2】 日本大同公司氨分解发生器：RPA—72D型产气量为 $5m^3/h$，功率为10kW，液氨耗量为2kg/h。

【例3】 美国德雷维尔公司氨分解发生器：产气量为 $7.1m^3/h$，功率为7kW，液氨耗量为2.6kg/h，质量为0.9t。

19.5.2 制备原理

在常温及标准大气压下，氨是具有刺激性臭味的无色气体，气态氨在大气压下冷至 -33.4℃时变成液态。

液氨经气化后，在一定的温度下，会发生热分解反应，其反应式如下：

$$2NH_3 \rightleftharpoons 3H_2 + N_2 - 92700J$$

由上式可知，氨分解是吸热反应。分解氨的成分是：75% H_2 和25% N_2。在20℃ 0.1MPa（1大气压下），1kg的液氨可气化为 $1.32m^3$ 的气态氨，分解后可得氮、氢混合气体 $2.64m^3$。式19-1所示反应是可逆反应，升高温度有利于氨的分解。而增加压力则会妨碍反应向分解的方向进行。

氨分解的程度取决于适宜的分解温度和催化剂，据理论计算，氨在190℃以上就开始分解，实际上在这样低的温度下，氨分解的速度是极其缓慢的，随着温度的升高，分解速度加快。氨分解的最高温度可达980~1000℃，常用的反应温度为650~850℃，视催化剂的性能而定。

氨气解的好坏指标是氨气的分解率。如表19-4所示。

$$分解率A = \frac{分解后氨气的摩尔数}{分解前氨气的摩尔数} \times 100\%$$

表 19-4　氨的分解率

温度/℃	残氨含量/%	氨分解率/%	温度/℃	残氨含量/%	氨分解率/%
300	2.24	95.62	700	0.025	99.95
350	0.97	98.08	750	0.017	99.965
400	0.466	99.07	800	0.013	99.974
450	0.244	99.51	850	0.0103	99.979
500	0.139	99.72	900	0.0073	99.985
550	0.083	99.83	950	0.0059	99.988
600	0.053	99.89	1000	0.00498	99.99
650	0.035	99.93			

表 19-4 是理论计算结果。由表可知，氨的分解率在 600 ~ 700℃时，即可达 99.89% 以上。表中氨分解率的数据是氨分解可能达到的最大分解程度，在实际生产中，往往低于此数据。这是由于化学热力学计算时，并未考虑分解的速度问题，即没有考虑要多少时间才能达到那样高的分解率。为了加速氨的分解反应，缩短达到平衡状态的时间，必须采用适当的催化作用。

19.5.3　催化剂

催化剂加快化学反应速度是由于降低了反应的活化能。反应活化能越小，反应速度越大。催化剂使反应物沿着一条需要活化能较小的途径转变为产物。例如，没有催化剂时氨分解的活化能约为 17kJ/mol，而有催化剂时则只有 9.3kJ/mol。

当氨气中含有有害物质时，即使其浓度降低，也能使催化剂的活化速度降低，甚至使其中毒。对于氨的催化剂，O_2、CO 和水是临时作用的有毒物质，如把它们除去后，催化剂的活性能够恢复。而如果遇硫、磷、砷及其化合物则形成永久性的有毒物质，即使采取普通的通气、升温处理，活性并不能恢复。

氨分解常用的催化剂有 3 种：铁镍、镍基和铁基催化剂。以前铁基催化剂用得较多，其优点是反应温度低（600 ~ 650℃），价格也较便宜，如氧化铁皮等。其缺点是易粉化和有烧结现象，寿命仅 4 ~ 6 个月，还原条件也较苛刻（时间长、空速大），所以近年来采用前两种催化剂的日益增多，如铁镍型，像含镍铬型不锈丝材等均可。

在产气量小时，氨分解亦可采用高温无催化剂的制备方式，反应温度在 900℃以上。此时反应罐使用寿命降低，不锈钢制反应罐的寿命仅为 3 ~ 6 个月（高温耐热钢除外）。

19.5.3.1　铁镍催化剂

其载体边长为 10 ~ 20mm 见方的氧化铝泡沫砖块。

在 1500L/h 空速下，不同反应温度下的分解率不同。在 800℃以上时，分解率可达 99.98% 左右，温度降至 700℃时为 99.865%，到 600℃则明显下降，分解率仅为 91.875%。一般反应温度采用 800 ~ 850℃。

催化剂使用前必须进行还原处理，在催化剂中通入 H_2 或分解氨，空速 3000 ~ 5000L/h，加热温度为 800 ~ 850℃，加热时间为 8 ~ 16h。

19.5.3.2　镍基催化剂

其载体是轻质抗渗碳砖或高铝砖切成为 20mm × 20mm × 20mm 方块。

新催化剂使用时先经烘干，再进行还原，使氧化镍还原成活性镍。其反应如下：

$$NiO + H_2 \longrightarrow Ni + H_2O$$

$$NiO + CO \longrightarrow Ni + CO_2$$

还原方法可在600~800℃，通入小流量、低混合比的混合气体，到进出的 CO_2 量差与进出的 H_2 量差相等时，还原结束。如采用镍不锈丝或专制镍豆，无需还原。

镍基催化剂用于氨分解时的空速试验表明，改变空速对分解效果影响不大。在850℃，空速1000L/h 的分解率已达99.979%。

在1500L/h 空速时，温度由950℃逐渐降至750℃时，分解率由99.982%降至99.967%。当温度降至650℃时，分解率仅为99.321%，温度在600℃左右即能嗅到很重的氨味。一般反应温度采用750~800℃。

19.5.3.3 铁基催化剂

用于氨分解的铁基催化剂为 A_6 型催化剂，其主要化学成分为 Fe_3O_4，并含有少量促进剂 Al_2O_3、K_2O 及 CaO 等。制成品是黑色有金属光泽并带磁性、外形为不规则的固体颗粒。

A 主要数据

(1) 颗粒大小（分为4种）：

ϕ2.2~3.3mm（6~8目） ϕ3.3~4.7mm（4~6目）

ϕ4.7~6.7mm（3~4目） ϕ6.7~9.4mm（2~3目）

(2) 堆密度：3.0g/mL

(3) 比表面：21.0m^2/g

(4) 孔隙率：48.4%

(5) 孔容积：0.126cm^3/g

(6) 使用温度：小于700℃

B 还原（活化）工艺

氧化铁本身并无活性，使用前必须进行活化，使其成为活性铁，其反应为：

$$Fe_3O_4 + 4H_2 \rightleftharpoons 3Fe + 4H_2O$$

a 还原条件

为了提高催化剂的活性，必须严格控制还原条件如下：

(1) 气氛：还原必须在 H_2 或氨分解气氛中进行，气氛纯度要求露点在 -20℃以下，O_2 和 CO_2 的含量小于 10^{-5}。

(2) 还原温度：600~650℃。

(3) 空速：10000~30000L/h。

(4) 时间：在采用氨分解气氛下进行还原时，建议采用表19-5所示程序。

表19-5 A6型催化剂还原工艺（中温型）

温度/℃	升温及保温时间/h	气体流量/$m^3 \cdot h^{-1}$	温度/℃	升温及保温时间/h	气体流量/$m^3 \cdot h^{-1}$
室温~350	1.5	0	500~550	4	2
350~400	2	1			
400~450	2	2	550~600	8	4
450~500	3	2	600~650	12	5

b　注意事项

在采用氨分解气氛作为还原气氛时，可边进行氨分解，边进行催化剂的还原，循环进行，直至还原结束。

19.5.4　液氨的蒸发

小型发生器液氨耗量小，不需设置蒸发器，液氨在钢瓶中吸收周围环境的热量即可蒸发为氨气。采用此方法时，应经常地抹去氨瓶上的冷凝水，防止结霜而影响吸热。或可在瓶上喷淋热处理炉冷却循环热水以增加气化速度。

当发生器产气量在 $10m^3/h$ 左右或以上时，液氨耗量增大，靠以上方法就不能满足要求，这时应采用蒸发器。

常用的蒸发器有两种，一种蒸发器是利用氨分解气的热量来加热，实际上是在氨分解炉旁加一个换热器。产气量在 $30m^3/h$ 以上时，就应采用专用的带有电加热管的蒸发器。

19.5.5　氨分解气的净化

氨分解气氛净化的主要目的是除水和去残氨。

用分子筛吸附残氨是一种较好的方法。4×10^{-10}m、5×10^{-10}m 分子筛都具有同时脱除 H_2O 和 NH_3 的共吸附性能，使净化装置能同时达到干燥和除残氨的效果。据测定，由分解炉出来的分解气残氨含量可达0.0175%，通过分子筛后残氨量为0.002%以下，相当于1000℃以上的分解率所达到的效果。

吸附干燥是工业气体达到深度干燥的主要方法，它是利用固体吸附剂硅胶、铝胶和分子筛等来吸附气体中的水分，以达到干燥的目的。吸附剂的特点是孔隙率非常高，比表面积很大，所以能吸附大量的水。吸附水蒸气的过程往往是放热过程。当吸附剂吸收的水分达到饱和时，就不能再吸附，需要进行解吸，解吸的过程为吸热过程，所以吸附剂再生时要求有一定的温度，并不断供给热量。

工业上常用的吸附剂有硅胶，活性氧化铝和分子筛等。

A　硅胶

硅胶是一种高活性、可再生的固体吸附剂。它是由硅酸溶胶溶液凝结而成的人造含水硅石，具有高微孔结构。它的颗粒坚硬，呈中性，其 SiO_2 含量达99%以上。

各种牌号的硅胶，因其制造方法不同，而具有不同的微孔结构和比表面积。粗孔硅胶颗粒尺寸大，且排列疏松，外观为硬玻璃状，为半透明、无光泽的不规则颗粒。其孔径为 $(80\sim100)\times10^{-10}$m，比表面积为 $500m^2/g$，对于高温度气体其吸附率较大。细孔硅胶颗粒尺寸小，且排列紧密，外观为硬玻璃状，为透明或半透明、无光泽的不规则颗粒。其孔径为 20×10^{-10}m 左右。比表面积达 $700m^2/g$ 以上。在相对温度低的条件下，其吸附量比较高。因此，在选择吸附剂时，必须根据硅胶在不同温度下的吸附情况来选择。

硅胶的物理性能如下：

密度：	$\gamma=1200kg/m^3$
定压质量热容：	$c_p=0.054J/(kg\cdot K)$
热导率：	$\lambda=0.15W/(m\cdot K)$
吸附热：	$Q=0.167J/kg$

再生温度： 180~250℃

接触时间： 5~15s

进口气体温度： <35℃

a 硅胶的吸附性能和影响因素

用硅胶吸附气体中的水分时，开始吸水很快，效率很高。大部分的吸附是在很短的一层吸附剂上进行的。此阶段内，气体中的水含量变化极快，可以达到较低的露点，即所谓“吸附区域”。当吸附继续进行时，吸附区域沿吸附层气流前进方向移动，这时吸附剂层始端完全为水分所饱和，当吸附区域到达吸附层的末端时，流出气体内的含水量迅速上升，此时吸附层末端也为水分所饱和，即达到所谓“转效点”。

（1）吸附层厚度（高度）的影响：增加吸附层厚度（高度）能增加转效吸附量。

（2）气体进气湿量影响。在绝热吸附操作中气体绝对湿量与转效吸附值有很大的影响，转效吸附组与进气绝对湿量成反比例。

（3）进气温度和床层温度的影响。温度对吸水量有很大的关系，吸附温度高，吸附能力降低。如硅胶在50℃的吸水能力只有25℃时的1/3，铝胶的能力只有1/2。

（4）气体流速的影响。在其他条件不变的情况下，进入吸附剂床层气流速度增加转效点能力减少，对较低的吸附床层特别显著。如气流速度减慢，转效点能力增加。由于增加了接触时间，使吸收的水分扩散到吸附剂颗粒内部，增加了吸附剂的吸水能力，因此在一个固定高度的吸附器中，采用低速度操作的好处是在达到转效点以前能吸收更多的水分。

（5）再生是否完全。如果硅胶再生不完全，则吸水能力显著下降。

b 硅胶的再生

当硅胶的吸附水分达到饱和后，即需要加热再生，以除去物理状态的吸附水。

细孔硅胶再生温度一般在180~200℃。超过260~300℃将使硅胶表面除去OH基团，不能再水合，实际上降低了干燥能力。再生时温度以每分钟不超过10℃的速度逐渐上升，以免剧烈干燥引起胶粒炸裂，降低硅胶回收率。

再生气体若采用空气为载热体时，加热温度要比采用干燥的氮气等稍高一些。再生气流方向应与吸附气流方向相反，因为在吸附过程中，首先接触气体一端的吸附剂吸水量较多。若再生气流与吸附气体同一方向，则由于再生气体与干燥剂的温度随气流前进方向逐渐降低，致使在吸附器出口一端的吸附剂中的水蒸气分压甚低，于是从高一端解吸出来的水分又被下端的吸附剂再吸附。

据资料介绍，如采用烘箱再生，再生温度必须达到180℃，再生时间为6h，而用加热器加热空气，再生温度为220℃，再生时间为35h，二者可达到同样的再生效果。

B 分子筛

a 分子筛的种类和性能

分子筛是一种新型的高效能、高选择性的吸附剂，是用铝、硅酸钠（钙）等化学物品由人工合成的一种泡沸石。其通式如下：

$$\mathrm{Me}\frac{x}{n}[(\mathrm{AlO_2})_x(\mathrm{SiO_2})_g]m\mathrm{H_2O}$$

式中 $\frac{x}{n}$——能置换的阴离子数；

m——结晶水的分子数。

分子筛晶体加热到一定温度时，其结晶水脱去，就形成一定大小的孔洞，它具有很强的吸附能力。能把小于孔洞的分子吸进孔内，把大于孔洞的分子挡在孔外，从而把分子大小不同的混合物分离。由于它具有这种筛分分子的作用，所以称为“分子筛”。

分子筛的种类很多，目前人工合成分子筛中主要的3个型号是：A、x和Y型。可控气氛热处理常用的是A型分子筛和x型分子筛。其物理化学性质如下：

热容： 在20℃至250℃之间平均质量热容为0.88kJ/(kg·K)

水改强度： 不易龟裂，比硅胶、活性氧化铝稳定

平均孔隙率： 55%～60%

比表面积： 700～900m^2/g

分子筛是一种良好的固体吸附剂，在吸附过程中，其表面原子和内部原子处于不同的状态。内部原子的吸引力均匀地分布到周围原子上，使力场成为饱和的平衡状态；而表面原子则得不到这种力场的饱和，即表面有吸附力场存在，有表面能。当气体或液体分子进入该力场作用范围时，就会被吸附，从而降低体系的表面自由能。这种不饱和力场的作用范围，大约相当于分子直径的大小，即10^{-9}～10^{-10}m左右。根据表面吸附力的大小，又可将吸附现象分为物理吸附和化学吸附。物理吸附的作用力是范德华引力，故吸附热和凝聚热相近，且吸附是可逆的，吸附速度很快，低温时速度更快。化学吸附则有吸附剂与吸附质之间的成键作用，但它与化学反应不同，没有新物质的生成。化学吸附是不可逆的，它必须先有较高的活化能克服表面的阻力后才能进行。

分子筛的吸附，主要是物理吸附。分子筛的吸附不仅在其表面，而且深入到分子筛晶体结构的内部。由于分子筛晶体中有金属离子存在，使其吸附作用具有特殊的情况。被分子筛吸附的气体或液体分子，由于热运动发生解吸，解吸速度随着吸附质的增加而增大。最后，在一定温度和压力条件下，解吸速度和吸附速度相等，此时便达到所谓吸附平衡。由于吸附过程是放热的，因此升高温度，会使吸附物质的数量减少，而压力或浓度越高，则吸附的物质越多。

b 分子筛的吸附特点

和其他固体吸附剂比较，分子筛吸附具有两个最显著的特征，即选择吸附和高效吸附。

(1) 选择吸附特性。分子筛具有选择吸附效能，具体表现在以下几个方面：

1) 根据分子大小和形状不同选择吸附——分子筛效应。

分子筛晶体具有蜂窝状的结构，晶体内的晶穴和孔道相互沟通，孔穴的体积占沸石晶体体积的50%以上，而且孔的大小均匀，固定，与通常分子的大小相当。

实验结果表明在含有仲丁醇和异丁醇的混合物中，分子筛只吸附正丁醇。在含有异构烷烃和芳香烃的混合物中，只选择吸附正烷烃。十分明显只有那些直径比较小的分子才能通过沸石孔道被分子筛吸附，而构型较大的分子由于不能进入沸石孔穴，则不被分子筛吸附（外表面积除外）。硅胶等吸附剂没有选择吸附的作用。

2) 根据分子极性，不饱和度和极化率的选择吸附。

分子筛对于极性分子和不饱和分子有很高的亲和力；在非极性分子中，对于极化率大的分子有较高的选择吸附优势。

图19-10是若干气体在0.4nm（4Å）分子筛上的吸附等温线。图中所有分子的大小都小于0.4nm（4Å）分子筛的孔径。CO和Ar的吸附等温线说明了对极性分子的选择优势，CO和Ar分子的大小相近，CO的平衡吸附量显然较Ar高得多。极性更大的分子如H_2O、NH_3、CO_2、H_2S等，在相同条件下的吸附量更高。

C_2H_6、C_2H_4和C_2H_2的吸附等温线表明：随着不饱和度的提高，吸附量显著增大。例如，在0℃和26.6kPa压力下，1g 0.4nm（4Å）分子筛材料对乙烷、乙烯、乙炔的饱和吸附量分别是52mL，70mL和103mL。

对于非极性分子，随着极化率的增大，分子筛的吸附量也增大，图19-11中分子筛的吸附量（用保留体积表示）与分子的极化率之间基本呈线性关系。与直线有较大偏差的是氧和乙烷分子，这可能是由于分子的大小影响到与沸石表面的平衡距离，因而作用力发生变化的缘故。另外，沸点越低的分子，越不易被分子筛所吸附。

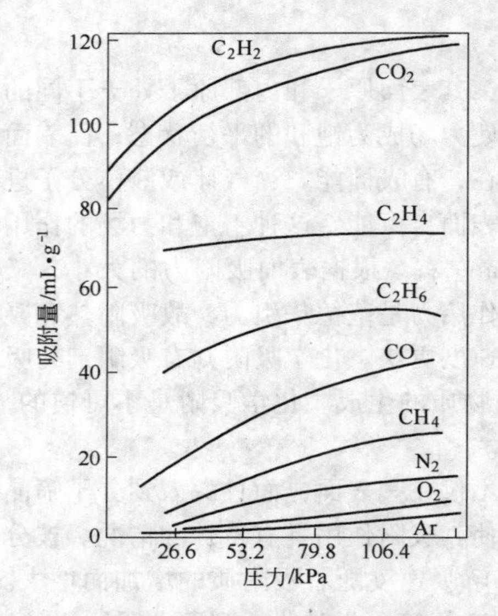

图19-10 气体在分子筛上的吸附等温线

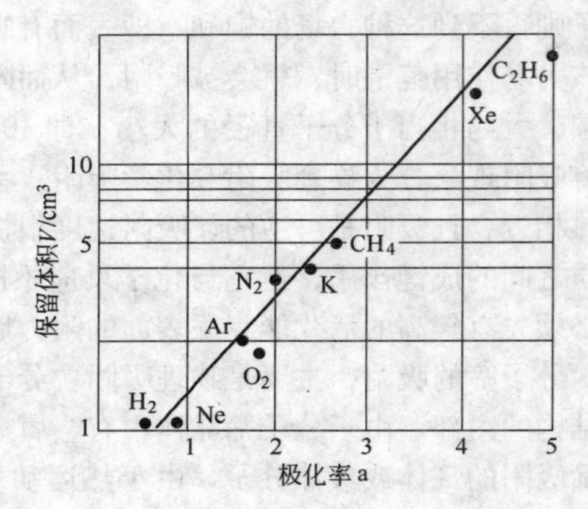

图19-11 若干气体在0.5nm（5Å）分子筛上的保留体积和极化率的关系（100℃）

（2）高效吸附特性。沸石分子筛对于H_2O、NH_3、H_2S、CO_2等高极性分子具有很高的亲和力，特别是对于水，在低分压或低浓度，高温等十分苛刻的条件下仍有很高的吸附能力。

1）低分压或低浓度下的吸附。图19-12是几种吸附剂的平衡吸附线。从图中可以看出，在相对湿度小于30%时，分子筛的吸水量比硅胶和氧化铝都高。随相对湿度的降低，分子筛的优越性越发显著。而硅胶和氧化铝，随着相对湿度的增加，吸湿量不断增大。

2）高温吸附。分子筛是唯一可用的高温吸附剂。如在100℃和相对湿度为1.3%时，分子筛可以吸附质量比为1.5%的水，比相同条件下活性氧化铝的吸水量大10倍，比硅胶大20倍以上。图19-13表示了温度对各种吸附剂平衡吸附量的影响，虚线表示0.5nm（5Å）分子筛在含2%残留水时的吸附量。

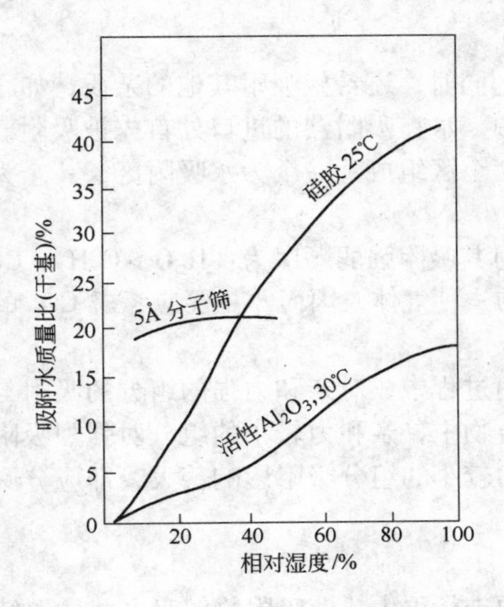

图 19-12　几种固体吸附剂在不同相对湿度下的平衡吸附量

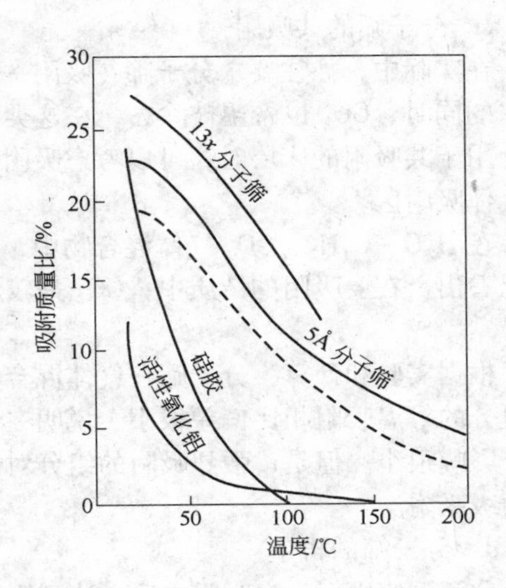

图 19-13　水在各种吸附剂上的高温吸附等压线（压力为 1333Pa）

－－－表示 5Å 分子筛在含 2% 残留水时的吸附量

表 19-6 列出了不同温度下各种吸附剂的吸水量。

表 19-6　不同温度下的吸水量（质量分数）　　（%）

吸附剂	温度						
	25℃	50℃	75℃	100℃	125℃	150℃	250℃
分子筛	22	21	18.5	15	9	6	3.5
氧化铝	10	6	2.5	<3	<1	0	
硅　胶	22	12	3	<1	~0		

（3）高效吸附。大多数的工业过程都是在动态条件下进行的，即使相对湿度在 50% 以上，如果增大气体的线速度，分子筛的吸附效力仍然可以超出其他吸附剂。如在 25℃，0.1MPa 下，气体的相对湿度为 50% 且线速度在 10.5m/min 以下时，硅胶的吸水量高于分子筛，而随着线速度的提高硅胶的吸水率却越来越低于分子筛，如表 19-7 所列。

表 19-7　不同表面线速度下的吸水量（质量分数）　　（%）

吸附剂	线速度/m·min^{-1}				
	15	20	25	30	35
分子筛（绝热）	17.6	17.2	17.1	16.7	16.5
硅胶（恒温）	15.2	13.0	11.6	10.4	9.6

综上所述，分子筛在吸附质的低分压或低浓度，高温或高速等条件下，仍有相当高的吸附能力，所以利用分子筛可以得到露点非常低的干燥气体。但在湿度大时，其吸附容易与硅胶、铝胶相差不大，遇到这种情况时，可以采用二级吸附；即第一级先用硅胶（或铝胶）吸附大量水分，第二级则采用分子筛作为进一步干燥。

c 分子筛的共吸附

在实际中，往往要求分子筛在吸附一种物质的同时，还希望吸附其他的杂质，如在吸附水的同时，CO_2 也希望被除去，在这类吸附器中，水在吸附器的进口处首先被吸附。在设计用于共吸附的床层时，可以考虑吸附床层由两个区组成：一个为水吸附区，一个为其他气体吸附区。

在 H_2O、C_2H_2、CO_2 气体混合物中，分子筛对其吸附强弱顺序为：$H_2O > C_2H_2 > CO_2$。可以看出，在要吸附的杂质中，CO_2 是较难吸附的一种气体，因而，主要应考虑 CO_2 的吸附。

根据实验和计算，分子筛在气体混合物的吸附过程中，对亲和力强的组分的吸附与其纯组分的等温吸附相比偏差很小。说明在气体混合物中，亲和力较小的组分对强烈吸附的组分影响很小。但是，强烈吸附的组分对于亲和力较小的组分吸附影响甚大，即应分两组或两级吸附。

d 分子筛的再生

分子筛使用到一定时间之后，达到饱和，必须进行再生，使吸附物解吸，才能继续使用。再生的方法，通常采用的有3种。

（1）加热解吸法。这是应用最普遍的一种方法。吸附剂加热后被吸附物质即自行解吸。解吸过程中，再生温度越高，再生越完全，但温度太高会使分子筛损坏，一般再生温度在180~350℃之间，高温型可达550℃。

（2）减压吸附法。当分子筛在一定的温度和较高压力下进行吸附时，吸附达到饱和后降低压力即可解吸。在减压情况下解吸一般采用真空泵，可以获得较低的残余水量。此方法不需要加热和冷却步骤，操作较简便，如脱氨气和脱水等。

吸附剂随着再生次数的增加，吸附能力在最初一个阶段尤其在100次以内会有所下降，而在200次以后就基本稳定了。但对破碎皮未必每次更换时都筛除。

（3）吹洗解吸法。运用不被分子筛吸附的气体吹洗吸附器，由于吹洗气降低了吸附组分的分压，因而被逐渐解吸出来。

19.6 新氨分解炉烘炉和净化剂再生制度

19.6.1 新氨分解炉烘炉制度

烘烤新氨分解炉具体操作要求如下：

（1）新氨分解炉（新触媒）均要求缓慢升温，切忌猛升温。

（2）新氨分解炉（旧触媒）虽可省去活化时间，但在600℃前升温速度也应不大于150℃/h。

（3）新炉（新触媒）升温活化程序：

分解炉出来的氢氮混合气体放空至无水、无氨味后，接入干燥净化系统，供退火炉使用。

新氨分解炉（新触媒）升温活化程序见表19-8（高温型）。

19.6.2 净化剂再生处理制度

净化剂再生处理制度见表19-9。

表 19-8　新氨分解炉升温活化程序（高温型）

温度/℃	升、保温时间/h	注 意 事 项	温度/℃	升、保温时间/h	注 意 事 项
室温～350	1.5	不通氨，密闭进气端，打开放气端	650～700	2	
350～400	1		700～750	2	缓慢通氨
400～450	1		750～800	2	
450～500	1.5		800～850	2	
500～550	1.5		850	6	常速通氨，除水至没水、没味为止
550～600	1.5				
600～650	2				

表 19-9　净化剂再生处理制度

净 化 剂	硅 胶	分 子 筛	备 注
再生温度/℃	150	350～550	装入净化剂后，须立即密封好，切勿进空气，低于50℃方可通气
再生保温时间/h	5	5	
装入净化温度/℃	热装或60～70	热装或60～70	
更换期限/d	7	7	
第一次活化温度/℃		550℃（2h）	

19.7　合金细丝光亮连续退火工艺

19.7.1　Fe-Cr-Al 细丝退火工艺

Fe-Cr-Al 细丝退火工艺见表 19-10。

表 19-10　Fe-Cr-Al 细丝退火工艺（供参考）

规格	温度/℃	转速 /r·min^{-1}	线速度 /m·min^{-1}	炉型（以长度为主）	收线轴
ϕ0.55mm	910	50～60		2.5m	特号
ϕ0.50mm	910	60～65		2.5m	特号
ϕ0.45mm	910	65～70		2.5m	特号
27 号、28 号	930	60～70	9.4～24	2m	特号
30 号	930	100～110	16～38	2m	特号
32 号	930	110～120	17～41	2m	特号
34 号、35 号	930	130～140	20～28	2m	1 号
36 号、38 号	930	150～160	23～44	2m	1 号
40 号	930	170～180	24～40	2m	2 号
炉丝料 ϕ0.25mm	800	200	30～55	2m	1 号

注：凡 Fe-Cr-Al 2m 炉已有工艺的，如用 2.5m 炉退火，其退火收线转速与 2m 炉相同，但温度都相应比 2m 炉低 20℃。

19.7.2 6J15、6J20和不锈钢细丝退火工艺

6J15和6J20细丝退火工艺见表19-11，不锈钢细丝退火工艺见表19-12。

表19-11 6J15、6J20细丝退火工艺

规格/mm	温度/℃	转速/r·min^{-1}	线速度/m·min^{-1}	炉型（以长度为主）	收线轴
φ0.02~0.03	920	300	33~51	1m	4号
φ0.04~0.075	950	230~240	25~40	1m	4号
φ0.08~0.15	1030	250	35~55	2m	2号
φ0.15~0.20	1030	180~200	28~55	2m	1号
φ0.20~0.25	1030	160~170	25~53	2m	1号
φ0.25~0.30	1030	150	23~47	2m	1号
φ0.3~0.40	1030	100~120	15~37	2m	1号

注：凡6J15、6J20 2m炉已有工艺的，如用2.5m炉退火，其退火收线转速与2m炉相同，但温度都相应比2m炉低20℃。

表19-12 不锈钢（0Cr18Ni9）等细丝退火工艺

规格/mm	温度/℃	转速/r·min^{-1}	线速度/m·min^{-1}	炉型（以长度为主）	收线轴
φ0.04~0.07	950	200	25~34	1m	4号
φ0.09~0.10	950	200	28~44	2m	2号
φ0.20~0.25	1000	150~170	24~53	2m	1号
φ0.25~0.40	1030	120~150	19~47	2m	1号

19.7.3 Ni-Cr-Al-Mn-Si细丝退火工艺

Ni-Cr-Al-Mn-Si细丝退火工艺见表19-13。

表19-13 镍铬铝锰硅细丝退火工艺

规格/mm \ 项目 \ 钢种	Ni-Cr-Al-Mn-Si			炉型（以长度为主）
	炉温/℃	转速/r·min^{-1}	线速度/m·min^{-1}	
0.009~0.011	950±10	150~160	11.8~14.9	微型退火炉
0.012~0.016	950±10	150~160	10.5~13.2	微型退火炉
0.017~0.019	950±10	130~140	9.1~11.5	微型退火炉
0.018~0.025	990±10	240~250	24.2~37	1m退火炉
0.025~0.030	990±10	230	22.8~34.7	1m退火炉
0.031~0.037	990±10	210~220	21.3~32.4	1m退火炉
0.038~0.049	990±10	190~200	19.3~29.4	1m退火炉
0.05~0.055	990±10	160~170	16.3~24.9	1m退火炉
0.06~0.065	990±10	120~130	12.4~18.4	1m退火炉

续表 19-13

规格/mm \ 项目 \ 钢种	Ni-Cr-Al-Mn-Si			炉　型（以长度为主）
	炉温/℃	转速/r · min^{-1}	线速度/m · min^{-1}	
0.07 ~ 0.075	1050 ± 10	200 ~ 220	23.2 ~ 48.4	2m 退火炉
0.08 ~ 0.085	1050 ± 10	150 ~ 170	18.3 ~ 44.4	2m 退火炉
0.09 ~ 0.10	1050 ± 10	140 ~ 150	16.9 ~ 36.4	2m 退火炉
0.11 ~ 0.16	1050 ± 10	120 ~ 130	14.5 ~ 31.4	2m 退火炉
0.17 ~ 0.20	1050 ± 10	120 ~ 130	14.5 ~ 31.4	2m 退火炉

19.8　精密电阻合金微细丝真空回火处理

19.8.1　真空回火设备

0.15m^3 容积三段温控式高真空回火炉示意图见图 19-14。

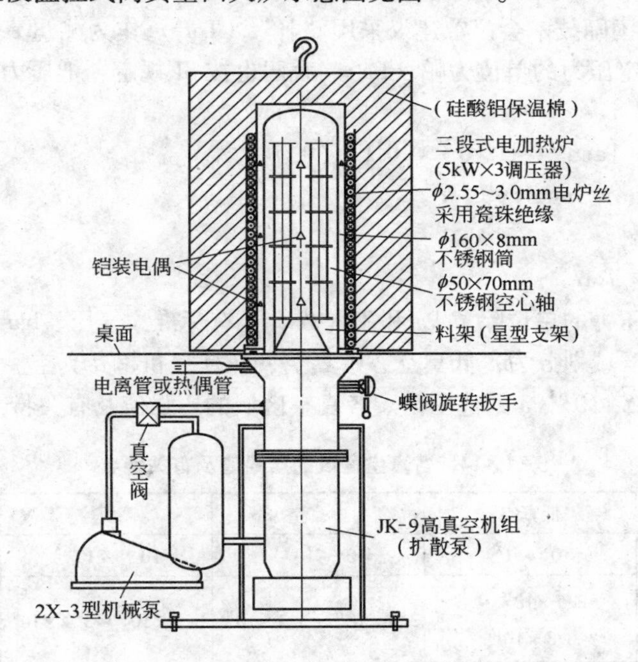

图 19-14　0.15m^3 容积三段温控式高真空回火炉示意图

19.8.2　设备参数

0.15m^3 容积电热三段式温控高真空回火炉技术参数如下，供参考。

（1）真空室总容积约 0.15m^3，其中不锈钢筒为 ϕ160mm ×（8 ~ 6）mm，顶部为氩弧焊半圆帽顶。

（2）电加热炉总功率约为 3100W，其中，上段：36V × 10A；中段：110V × 11A；下段：80V × 18A。上、中段炉丝均为 ϕ2.55mm，下段炉丝为 ϕ3.0mm。各段分别由 5kW 调压器供电。

(3) 温控。由 TCS-10 数字式温度程序控制仪和 T702 及多点温度指示仪进行监控。真空室内、外对应上、中、下3点采用铠装电偶对比指示和调控。其真空室内的铠装电偶引线可利用热偶管管座(改进后)。

(4) 高真空机组。为 JK-9 型真空机组,性能如下:

1) 2X-3 机械泵。抽气速度为 4L/s;极限真空度为 6.66×10^{-2} Pa;电机功率:三相 0.6kW;泵轴转数为 450r/min;油容量为 1.5L。

2) 油扩散泵。抽气速率不小于 150L/s;极限真空度为 6.66×10^{-5} Pa;加热器功率:1000W;泵油用量:500mL。冷却水用量:200L/h。

19.8.3 真空度的单位与区域划分

真空这一术语译自拉丁文 Vacuo,其意是虚无。其实,真空应理解为气体较稀薄的空间。在指定的空间内,低于大气压力的气体状态,统称为真空。真空状态下气体稀薄程度称为真空度,通常用压力值表示。

1958 年第一届国际技术会议曾建议采用"托"(Torr)作为测量真空度的单位。国际单位制(SI)中规定压力的单位为帕(Pa)。我国也按 SI 规定,把压力的法定计量单位规定为 Pa(帕)。

1 标准大气压(1atm) $\approx 1.013 \times 10^5$ Pa(帕)

1Torr $\approx$ 1/760atm = 1mmHg

1Torr $\approx$ 133Pa

1Pa $\approx 7.5 \times 10^{-3}$ Torr

在各种文献中压力的单位除了 Pa 和 Torr 外,还有标准大气压、bar 等。

我国将其真空区域划分为:低真空、中真空、高真空和超高真空。目前真空热处理炉的真空度大多在 $10^3 \sim 10^{-4}$ Pa 的范围内。各真空区域的压强值及有关特点如表 19-14 所示。

表 19-14 各真空区域的压强值及有关特点

真空区域	低真空	中真空	高真空	超高真空
压强/Pa	$10^5 \sim 10^2$	$10^2 \sim 10^{-1}$	$10^{-1} \sim 10^{-5}$	$< 10^{-5}$
每立方厘米中气体分子数目(空气,20℃时)	$2.5 \times 10^{19} \sim 3.3 \times 10^{16}$	$3.3 \times 10^{16} \sim 3.3 \times 10^{13}$	$3.3 \times 10^{13} \sim 3.3 \times 10^9$	$< 3.3 \times 10^9$
气体分子平均自由程(空气,20℃时)/cm	$6.6 \times 10^{-6} \sim 5 \times 10^{-3}$(≤容器尺寸)	$5 \times 10^{-3} \sim 5$(≈容器尺寸)	$5 \sim 5 \times 10^4$(>容器尺寸)	$> 5 \times 10^4$
气体流动状态	黏滞流	黏滞流与分子流的过渡域	分子流	只有少数气体分子的运动
确定真空泵容量的主要因素	炉料的放气和真空容器的容积		炉料的内部和表面的放气量	
适用的主要真空泵	机械泵,各种低真空泵	机械泵,油或机械增压泵,油蒸气喷射泵	扩散泵和离子泵	离子泵,分子泵,扩散泵加冷阱,吸附泵等
适用的主要真空计	U 形管和弹簧压力表等	压缩式真空计,热传导真空计等	冷、热阴极电离真空计	改进型的热阴极电离真空计,磁控真空计

19.8.4 真空气氛的纯度与特点

真空度越高，则气体的压力越低，炉内气体分子数目也越少；相反，气体压力越高，意味着真空度越低。所以低的气体压力与高的真空度是同义词。

低真空容器内残余气体类似于空气的气体组分，但中真空度时，原始空气的比例减小，而以各种材料放出的气体为主，在 1.33×10^{-1}Pa 时残存的空气量只占炉内气氛的 0.5%，而水蒸气的含量则约占 70% ~90%。当用扩散泵抽不锈钢炉体时，炉内气体的分压力从图 19-15 中可看出，氧的分压力最低，水蒸气则最高。

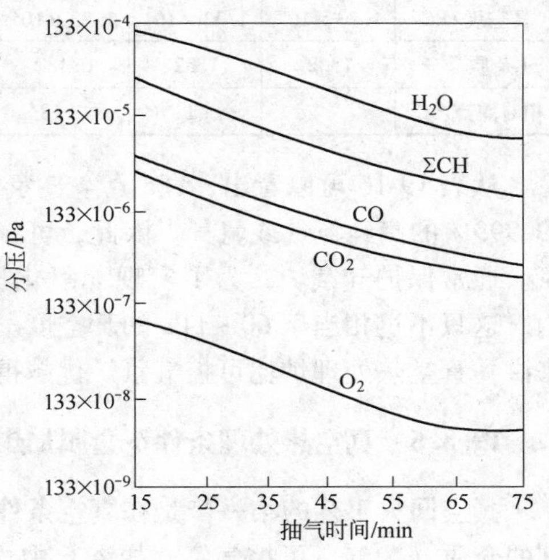

图 19-15 真空炉内排气时分压变化

真空炉残余气体在加热过程中有很大变化，当加热至 1000℃ 以上时，水蒸气 $\varphi(H_2O)$ 会降至 1% ~4%；$\varphi(O_2)$ 将低于 0.1% ~0.01%，即比大气低 2 ~3 个数量级；$\varphi(N_2)$ 降至 1% ~10%，比大气低 1 ~2 个数量级；氢的浓度在室温时为千分之几，高温时 $\varphi(H_2)$ 可增至 40% ~60%；一氧化碳也有所增加。真空炉内各种状态下气体成分比如表 19-15 所示。

表 19-15 各种真空状态下气体成分

系统真空度情况	气体成分（体积分数）/%								
	H_2O	N_2	O_2	CO	CO_2	H_2	CH_4	C_3H_8	Ar
大气状态的空气		78.08	20.95		0.03				0.90
烘烤前（1.33×10^{-2} ~1.33×10^{-3}Pa）	93.00	0.40	0.40	3.50	0.08		0.80	0.80	
烘烤中的真空容器	17.50	17.50	0.40	21.90	0.87	21.90	2.63	17.15	
烘烤后的真空容器	0.20	7.50		7.60	0.20	75.50	6.67	2.20	
不烘烤的真空容器	79.00	0.79	3.10	16.00	0.30		0.80		

如果把真空度与相对杂质量或露点看作等价的话，则两者的关系可推导如下。在一定体积内，压力与分子数目成正比。一个标准大气压下：1.033×10^5Pa：$n = Y:X$。其中 n 为标准大气压下的分子数目。X 为 Y 压力下的分子数，可认为均是杂质。设 Y 压力下的相对杂质为 Z，则

$$Z = \frac{Yn/(1.0133\times10^5)}{n}\times100\% = (Y/1.0133\times10^5)\times100\%$$

例如 $Y=133.32$Pa（1Torr）时，$Z\approx0.132\%$，即为 1320×10^{-6}，以此类推。各种不同

真空度和相对杂质并把相应杂质全部认为是水蒸气时，则得出相对露点，如表19-16所示。

表19-16 真空度和相对杂质及相对露点关系

真空度/Pa	1.33×10^{4}	1.33×10^{3}	1.33×10^{2}	1.33×10	1.33	1.33×10^{-1}	1.33×10^{-2}	1.33×10^{-3}
φ(杂质)/%	13.2	1.32	0.132	1.32×10^{-2}	1.32×10^{-3}	1.32×10^{-4}	1.32×10^{-5}	1.32×10^{-6}
相对露点/℃		+11	−18	−40	−59	−74	−88	−101

从表19-16可以看出，1Pa真空气氛下相对杂质含量相当于10×10^{-6}，即相当于$\varphi=99.999\%$的高纯氮气或氩气。因此，可将真空看成是很纯的气氛，而且是很容易获得的气氛。通常保护气氛炉，为了实现无氧化加热，其露点充其量也不过在−30～−60℃范围内，这只不过相当于60～1Pa的真空度。这种真空度，是轻而易举便可达到。从气氛纯度来讲，真空热处理炉比可控气氛炉优越得多。

19.8.5 真空热处理条件下金属加热特点

真空回火工艺的第一步是在真空条件下对工件进行加热。在真空气氛中加热具有比在别的介质（大气、可控气氛、盐浴）中加热不可能具备的特点。因为，一般的加热实际上不能够在广泛的温度范围和普遍的条件下都完全保持金属炽热表面与气氛碳势严格平衡和不起任何化学反应，因而，氧化、浸蚀等现象是普遍发生的。如前所述，真空加热是在极稀薄的气氛中进行的，因而避免了上述一般加热的弊病。另外，真空状态下的传热是单一辐射传热，理想灰体传热能力$E[\mathrm{J/(m^2\cdot h)}]$与绝对温度的四次方成正比，称为斯忒藩—玻耳兹曼定律，简称四次方定律

$$E = C\left(\frac{T}{100}\right)^4 = 4.96\varepsilon\left(\frac{T}{100}\right)^4$$

式中 C——理想灰体辐射系数，$C=4.96\varepsilon$，$\mathrm{J/(m^2\cdot h\cdot K^4)}$；

ε——灰体黑度。

工程材料都与理想灰体有些偏差。为了计算方便，一般仍是用上述定律。由此可以看出，尤其在低温阶段，升温必然缓慢，工件表面与心部之间的温差小，热应力小，工件变形小。

一般来说，热处理的加热时间应保证完成升温、保温（均温）和组织转变均匀化的3个基本过程。由于真空炉炉胆隔热层蓄热量小，因此，当真空炉中测量热电偶升到设定温度时，被加热的工件还远未到温，这就是所谓真空加热时的“滞后现象”。为了解决滞后现象对工件加热的影响，第一采取真空胆内外对应设铠装电偶显示；第二对所处理的合金微细丝测量其里外多层各段的米电阻（Ω/m）和电阻温度系数α，得到其回火工艺是否对质量有保障。

在生产中，装炉料件互相遮挡，不同丝卷大小、形状、实物规格、厚薄、单重往往不一致，因此加热升温速度和保温时间必须事先试验、摸索、掌握。

关键是要千方百计地改进内外对应、上下对应的多点控温，扩大温度均匀区域及控温精度。

19.8.6　精密电阻合金细丝的真空回火工艺制度

按现行回火工艺曲线，编制程序如图 19-16 所示。

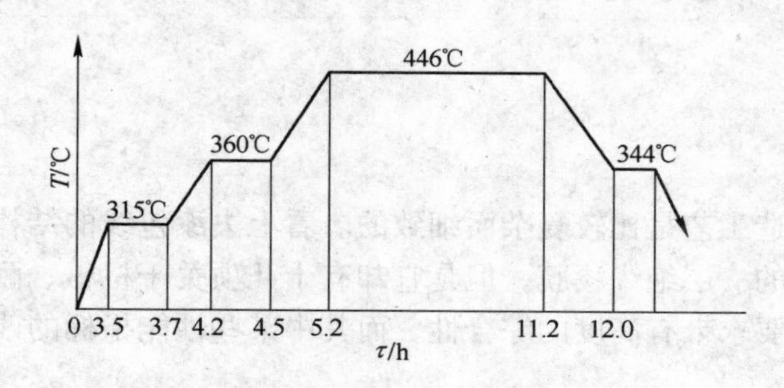

图 19-16　真空回火工艺曲线

注：(1) 先抽低真空，达到 0.13Pa 以上时，才能转入开动高真空系统。

(2) 低真空时用热电偶管测量；低真空达到 0.13Pa 后，开动高真空 5min 以后才用电离管测量高真空度。

(3) 高真空度达到 2.66×10^{-3}Pa 以后，降落电加热炉，按上面真空回火工艺制度操作。升温过程中应注意观察并控制炉内真空度不能低于 6.66×10^{-2}Pa。

20 精密电阻合金微细丝的漆包

20.1 漆包特点

漆包微细线的制造工艺是比较复杂而细致的。看上去漆包线的结构较简单，只是在一根导体上涂敷上薄薄的一层绝缘漆膜，但是它却有十几项关于机械、耐热、电气及耐化学性能要求，这些质量要求带有高度的综合性，而其中某些性能指标的改变往往会造成另外一些性能指标的改变。

漆包工艺的主要参数有：温度、速度、黏度、固体含量等，漆包工艺的一些主要参数不但整个涂漆过程中互相牵制、互相依赖（如温度和速度之间的关系），而且这些参数本身的值又是互相渗透、共同变化的（如黏度和温度之间的关系），同时目前还不能摆脱气候的影响。认识这些参数之间的关系，创造一定的工艺条件，使漆的物理和化学变化按我们要求的方向和程度进行，这样才能使漆包线的生产达到多快好省的统一。

漆包工艺的特点之一就是高速度，即是要在几十秒的时间内完成一道漆膜，这就使通常的物理和化学变化过程要在极短的时间中完成，这与形成高质量的漆膜有着一定的矛盾。

在漆膜的形成过程中，有着一定的阶段性，为此可将漆包炉内外分成若干“区”，即涂漆区、蒸发区、固化区和冷却区，如图20-1所示。其中蒸发和固化都在烘炉内，形成一个烘焙区域。然而这4个阶段不是截然划分的，而是互相联系、互相渗透的。这4个阶段各有其重要性，涂漆是基础，其作用是在导线上涂上一层均匀的漆层；进炉膛后溶剂分子的蒸发，是漆液成膜的前提；固化是关键，漆基分子在此阶段的交联和裂解决定着产品的许多重要性能；为了避免漆膜被擦伤，也应注意冷却问题。

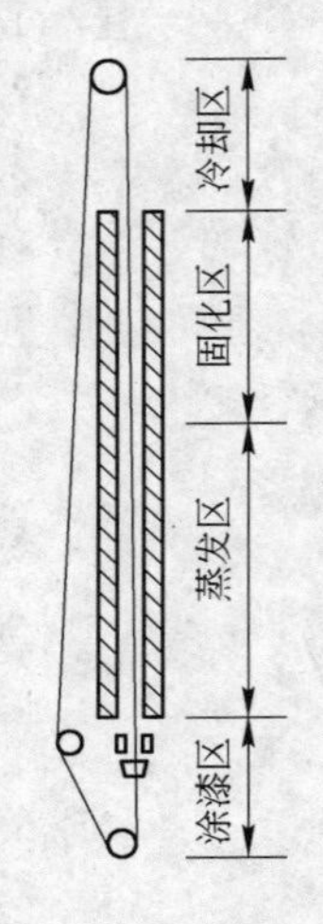

图20-1 漆包各阶段示意图

20.2 漆料的特性参数

合金微细丝经擦拭烘干后进入涂漆区，然后经蒸发区、固化区和冷却区完成一个循环。漆包线一般经多道涂漆，即经过多个循环，使漆膜涂光、涂厚，因此我们首先要讨论一下漆包线漆的一些特性参数。

20.2.1 漆的黏度

液体的黏度显示了液体流动时的黏滞性能。当液体在流动的时候，液体内部呈现出一种摩擦性的阻碍力，液体的黏度就是由于液体内摩擦而产生阻碍其流动的性能的衡量。漆的黏度是涂漆工艺中一个重要参数，它决定着附着于导线上漆液层的厚度。漆液这样的黏滞流体是以层状的方式流动的，例如，立式车上，当漆液涂在圆形的导线上时由上向下流动，可以当作圆环的层状形式进行的，其漆层外部流速最大，愈接近线材则流速愈小。这样在相邻的层间就有力作用着，其中流速较高的漆层对流速较低的漆层有一个拉之向下的力，而流速较低的漆层对流速较高的漆层有一个阻碍向下的力，这时漆液之间就产生了内部摩擦力。内摩擦力大的称为黏度大。这种黏度大的漆料流动性小，外观看来厚，涂线时流失少，涂得的漆膜就厚了；而内摩擦力小的称为黏度小，其流动性大，外观看来薄，涂线时流失多，所涂得漆包线的漆膜也就相应地薄了。而在卧式车上，可能出现上半圆顶薄，下半圆底厚的葫芦状。

漆液黏度的测量常用的是涂料 4 号杯。涂料 4 号杯实际上是一个漏斗，以液体的流出时间来决定其黏度大小。这种仪器结构牢靠、操作简单、易于清洗；但在测量黏度小的漆液时，误差较大。

测量漆液黏度常用的还有恩氏黏度计。其流出孔较小，并有保温装置，被测量液体的温度一般保持在 30 ±2℃。为在漆包线生产中保证漆液黏度的精确性，一些厂家常用这种黏度计。

影响漆料黏度的因素有：漆基的相对分子质量、漆料的固体含量、稀释剂的性能及漆料的温度。一般说来，漆基的相对分子质量愈大、漆料的含固量愈高、稀释剂的溶解性能较强、漆料的温度愈低，漆料的黏度就愈高；反之，漆料的黏度就愈低。某厂 9 号黏度代号的聚酯漆的黏度和温度的关系如图 20-2 所示。图 20-3 表示某批聚酯漆的黏度和固体含量间的关系。

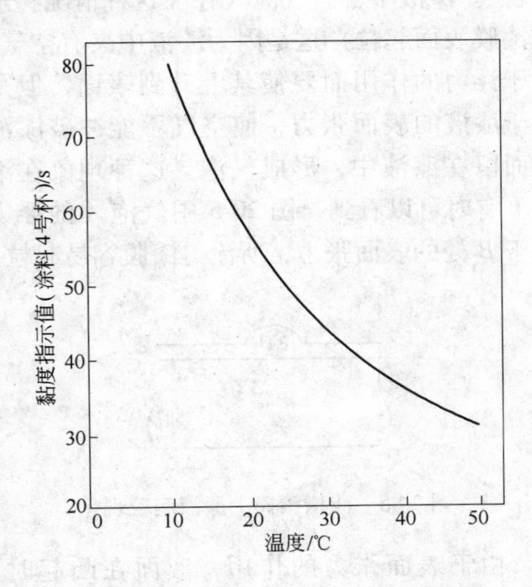

图 20-2　9 号聚酯漆黏度与温度曲线

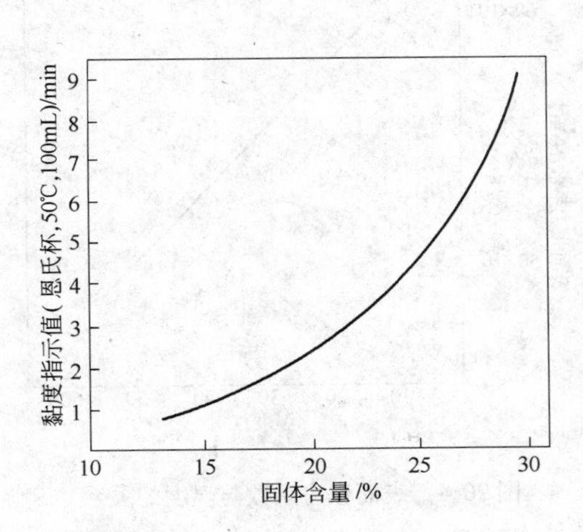

图 20-3　聚酯漆的黏度与固体含量关系曲线

漆料的黏度和涂线工艺有着非常大的关系，这将在漆包工艺部分中详细介绍。

20.2.2　表面张力和湿润角

在液体内部的每个分子的周围都存在着其他分子，这些分子之间产生的引力能达到暂时的平衡；而在液体表面情况就不同了，处在液体表面层的分子一方面受到液相方面分子的引力，其作用力垂直于液面而指向液体深处；在液体表面的另一相则是气体，其分子与液体分子相比数量既少，距离也较远，因此漆液的分子受到液相内部吸引力较大，而气相方面的吸引力却较小，因此不能产生与之相平衡的引力，所以液体表面有一个收缩的趋势。这就是液体具有表面张力的原因。

对于不同的液体，表面张力系数是不同的，表20-1是一些液体的表面张力系数。

表20-1 表面张力系数

测定温度/℃	溶剂名称	表面张力系数/N·m	测定温度/℃	溶剂名称	表面张力系数/N·m
13	甲 酚	40.42×10^{-3}	20	乙 醇	22.75×10^{-3}
13	煤 油	28.18×10^{-3}	20	正丁醇	24.60×10^{-3}
20	间-二甲苯	28.90×10^{-3}	20	甲 苯	28.50×10^{-3}
20	邻-二甲苯	30.10×10^{-3}	20	氯化苯	33.56×10^{-3}
20	对-二甲苯	28.37×10^{-3}	20	糠 醛	43.50×10^{-3}

同一种液体的表面张力系数又随着温度升高而减小，图20-4是某次试验中25%固含量的聚酯漆的表面张力系数与温度的关系。液体的表面张力系数还与液体的纯度有关，杂质尤其是表面上的杂质会使表面张力系数发生变化。

利用表面张力可以解释漆液所特有的若干现象。漆液中含有气泡（存在这种情况将造成漆膜表面起粒）这是因为漆液中夹有空气，由于浮力的作用而要使其上升到表面，但是由于漆液的表面张力，使空气不能冲破漆液层而留在漆液中，形成气泡。这种现象在滚筒上有时可以看到，图20-5中气泡A的浮力等于B处的表面张力，所涂得漆膜容易起粒。

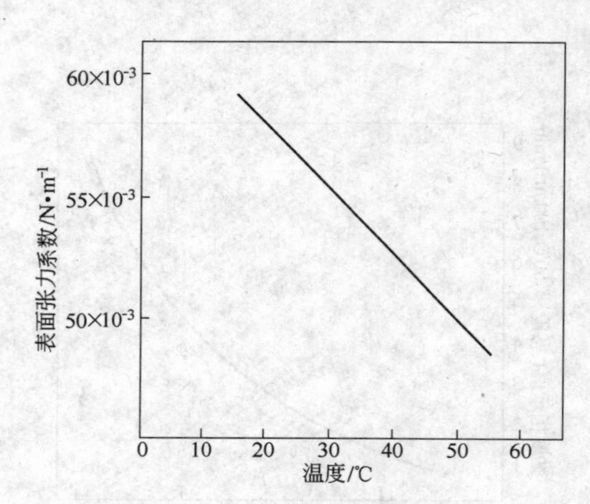

图20-4 表面张力系数与温度的关系

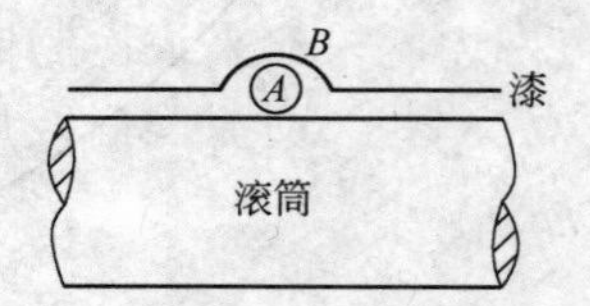

图20-5 漆槽滚筒上漆液起粒现象

由于表面张力的作用，液面在凸起时，其下层液体将产生一个附加压强，其值P为：

$$P=\frac{2\sigma}{R}$$

式中 σ——表示张力系数；

R——该点的曲率半径。

当液面凹下时也将产生数值相同的附加压强，但为负值。

当圆导线从毛毡孔中出来后漆液在较厚处的曲率半径最小，产生了一个很大的附加压强，使漆液向薄处流去，直至相等，起了使漆液层拉圆的作用。在卧式机上这种作用相对弱些。

在扁线生产中，涂漆后，其四角处的曲率半径很小，漆液也向下层产生一个附加压强促使漆液向平面流动，而容易使四角处漆层变薄，这是扁线生产中一个突出的问题。

又如，圆导线中若有毛刺，则这里的曲率半径特别小，既不易上漆，而且即使上了漆也容易流失变薄。若圆导线本身成椭圆形，涂漆时在附加压强的作用下，漆液层则在椭圆长轴的两端偏薄，而在短轴的两端偏厚，形成显著的不均匀现象，所以漆包线用合金单线的椭圆度应符合标准的规定。

下面介绍漆液与裸合金线接触时的表面现象。表面清洁的裸合金线通过漆缸后，裸合金线表面就会附上一层漆液。但是如果裸合金线表面沾染了油污，这时就不易涂上漆了。这是因为漆能够润湿合金，而不能润湿油类等东西，所有的液体都有类似现象，即它们各自能润湿某种固体而不能润湿其他固体的表面。例如：水能润湿玻璃但不能润湿石蜡，水银不能润湿玻璃，却能润湿干净的钢铁等。所以我们把在表面清洁的合金线上，涂上理想的漆膜即称为湿润性好；把在表面污染的合金线上无法涂得理想的漆膜情况，称为湿润性差，或不能湿润。

润湿现象也是分子力作用的一种表现。如果液体的表面张力大于固体与液体间的附着力，则液体就缩成球形，在这种情况下漆就涂不上线；如果固体与液体的附着力大于液体的表面张力，液体就能在固体表面展开成为一个薄层，这种情况就能使漆液很好地涂敷在裸导线上了。

液体与固体接触所构成的角度叫做接触角，当处在润湿好的情况下其接触角是锐角，否则是钝角，如图 20-6 所示。

接触角和表面张力的关系如图 20-7 所示。由图表明接触角 θ 大（$\cos\theta$ 小），则表面张力大，此时涂制漆包线往往容易起粒；接触角 θ 小（$\cos\theta$ 大），则表面张力小，则漆膜的拉圆作用较差，表面容易起粒。因此接触角的值应在一定的范围内。一般来说涂制圆线用的漆，表面张力应大一些，而涂制扁线用的漆，其表面张力应小些。

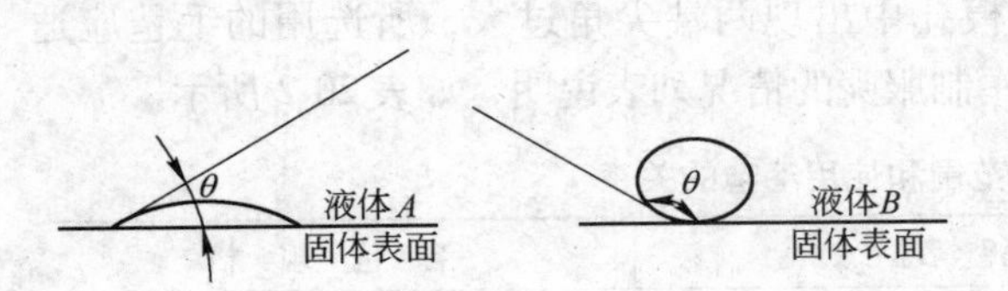

图 20-6　液体和固体表面的接触角

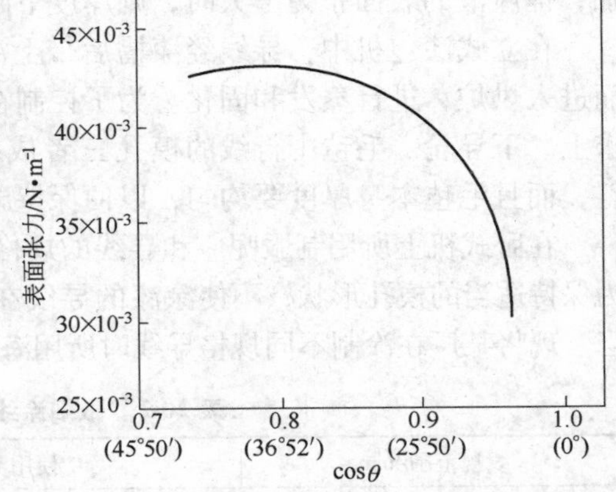

图 20-7　接触角和表面张力的关系

上述漆料特性参数之间存在着内在联系，黏度、表面张力和接触角的值都随着漆液温度的升高或固体含量的降低而下降。特性参数各自具有其针对方面，其值不宜过大，也不宜过小，要求在一定的范围内调整，并相互适应。

20.3 涂漆方法

这里只介绍毛毡（制服呢）法。

目前，我国漆包线生产中广泛的使用着毛毡（制服呢）法涂漆。毛毡法是利用毛毡松软有弹性，在毛细现象的作用下，能形成模孔以抹去多余漆液或弥补漆液不足的一种涂漆方法。在涂制大规格的导线时，上漆量要多，需用松软的、弹性较好的厚毛毡。涂制小规格导线时宜用汗衫布将毛毡包住，以防止脱落的毛毡纤维带入漆液层内。导线经涂漆后通过毛毡可以达到抹去、储藏、弥补漆液的作用，使涂得的漆液层薄而均匀。

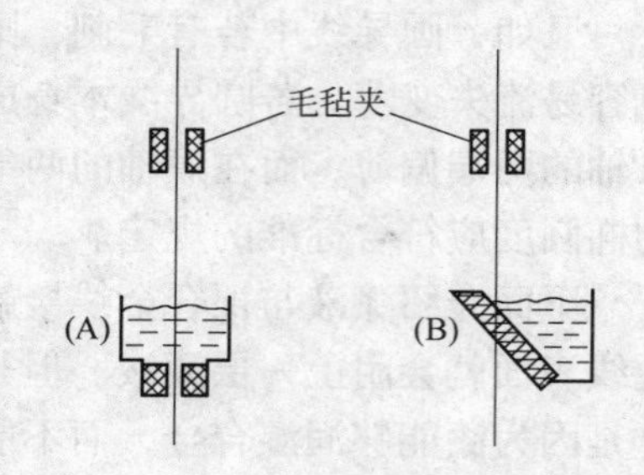

图 20-8 立式漆包机的毛毡涂漆法

涂线时所用漆的黏度随导线规格的增大而增大，而对同一规格的导线来说，在卧式机上涂制时用的漆的黏度要比立式机上涂制时用的漆的黏度大些。

（1）立式漆包机的毛毡涂漆，其结构如图 20-8 所示。

其中（A）为两半式漆槽，（B）为木梳式漆槽。漆槽中也夹有毛毡，以使导线通过时防止漆液的逸出。

当圆导线经牵引而垂直地穿过漆槽时，导线表面黏附的漆液厚度 Δ，与其漆液的黏度 η、车速 v、表面张力 σ 和重力有关。因为涂漆厚度一般很小，重力作用可以忽略不计，那么这时涂漆的厚度 Δ 和其他参数之间的关系为：

$$\Delta \propto \frac{\eta v d}{\sigma}$$

式中 d——圆线直径。

由此可知，漆液厚度随着黏度的增大和车速的加快而增加，随着圆线直径增大而增加；但漆液的表面张力增大时，则厚度下降。

在立式漆包机中，导线经漆槽后带上漆，然后通过处于夹板中的毛毡所形成的模孔，而进入烘炉，进行蒸发和固化。为了控制在出毛毡后导线上所涂得的漆液厚度和形状，要求上、下导轮、毛毡中行线的模孔三者成一线。毛毡夹板本身应平直，夹板位置不能歪斜，而且毛毡本身厚度要均匀，以便保持施加在导线周围的力趋于均匀。

在卧式机上所用制服呢应和导线的规格相配合，导线的规格不同时，其涂漆量也不同，为保持适当的模孔形状，不使涂漆的导线在模孔中出现两端尖角过大，所选用的毛毡应适当。现将某厂在涂制不同规格导线时所用海军制服呢的情况列表说明，如表 20-2 所示。

表 20-2 微细涂线范围和使用毛毡的关系

线规范围/mm	使用毛毡情况	毛 毡 规 格
0.17～0.10	厚 2mm 的海军制服呢外包汗衫布	2mm 毛毡密度为 0.41g
0.09～0.06	厚 2mm 的海军制服呢外包汗衫布	2mm 毛毡密度为 0.41g
0.02～0.05	厚 1mm 的海军制服呢外包汗衫布	1mm 毛毡密度为 0.41g

按线规的大小合理的选用制服呢后，其制服呢压板的压力也要与制服呢相配合，以保持制服呢对导线周围压力分布均匀。若制服呢压得过紧则造成导线与制服呢接触处上下涂

漆过薄；若制服呢压得过松，则导线与呢接触处的上下涂漆过厚。前者会使毛毡丧失弹性，而不能形成良好的模孔；后者又将使导线带漆过多，造成漆膜起粒。所以呢子压板压力应适当调节。

在涂线时，线的规格愈大，所用漆的黏度也大些；同理线的规格小时，则所用漆的黏度就该小一些。由于漆液在制服呢中还有一个渗透的过程，因此若漆的黏度愈高，则毛毡夹板的压力也需调得较大，反之低黏度的漆则需压力较小。因此在用毛毡法涂漆时，由压板所施压力只能处于一定范围中，其相适应的黏度也必然处于一定范围中。

以上就是导线规格、毛毡类型、夹板压力和漆的黏度间的相应关系，在使用和调整时，应该重视。

涂线时在室温较低时，要注意不使漆的黏度过大，常用电灯泡或电热管使漆缸保持一定的温度，使漆的黏度基本不变，以与一定的毛毡（呢）夹板相配合，涂得所需要厚度的漆膜。否则，易出麻面。

由于在立式漆包机上，导线从漆槽中带出的漆液较多，涂漆用的漆缸与毛毡距离不能过近，否则将使毛毡过湿而导致漆包线表面起毛。而卧式微小漆包机的漆缸与呢距离不能过远，否则将不起作用。

带漆导线出毛毡孔后，有一个拉圆的过程。因为导线涂上漆经毛毡后，漆液形状呈橄榄形，这时漆液在表面张力的作用下，克服漆液自身的黏度，而在一瞬间里，转变为圆形。漆液的拉圆过程如图 20-9 所示。

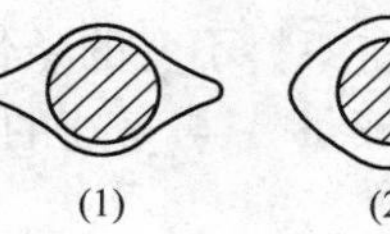

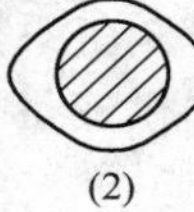

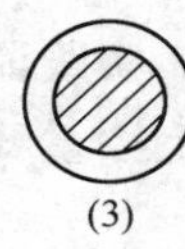

图 20-9　漆液的拉圆过程

图 20-9 中（1）表示涂漆导线在毛毡中；（2）是出毛毡的一瞬间；（3）漆液因表面张力而被拉圆。

若线的规格较小时，漆的黏度较小，这样所需的拉圆时间也较少；若线的规格增大，则所用漆液的黏度也大，这样拉圆所需的时间也较长。在高黏度的漆中，有时表面张力不能克服漆液的内摩擦力的作用，则将造成漆层不均匀。

当带漆导线出毛毡后，在漆层的拉圆过程中还有一个重力作用的问题。若拉圆作用时间很短，则橄榄形的两个尖角很快消失，重力作用对其影响时间很短，导线上漆液层比较均匀。相反若拉圆作用时间长，则两端尖角存在时间也较长，重力作用的时间也较长，这时尖角处的漆液层有向下淌流的趋势，使局部地区漆层增厚，表面张力又促使漆液拉成球状，而成为粒子。由于重力作用在漆层厚时影响非常突出，所以每道涂漆时，不能涂得太厚，这就是漆包线涂制时采用“薄漆多涂”的理由之一。卧式机也应“薄漆多涂”。

漆液在进入炉膛后，如果漆温开始上升，而溶剂尚未大量蒸发，这时漆液的黏度数值将是整个漆包过程中的最低数值，所以特别容易引起淌流。这就必须使进口炉温达到一定数值，以使溶剂迅速蒸发而避免长时间的重力作用而引起的淌流。毛毡与下炉口间也应保持一定距离，以避免由于辐射热的影响而使毛毡硬化。但距离如果过大，也会使重力作用时间增大，并不有利。

（2）卧式漆包机的毛毡（制服呢）涂漆

卧式漆包机涂漆一般采用滚筒毛毡法，其装置如图 20-10 所示。

漆槽分为槽芯和外套两部分，槽芯可以单独拆卸，以便维修，并可在停车后进行清洗。为了使天冷时漆料的黏度稳定，在漆槽外套内用电加热，以保证温度恒定。涂漆辊筒可以调速，以调节漆液层厚度。

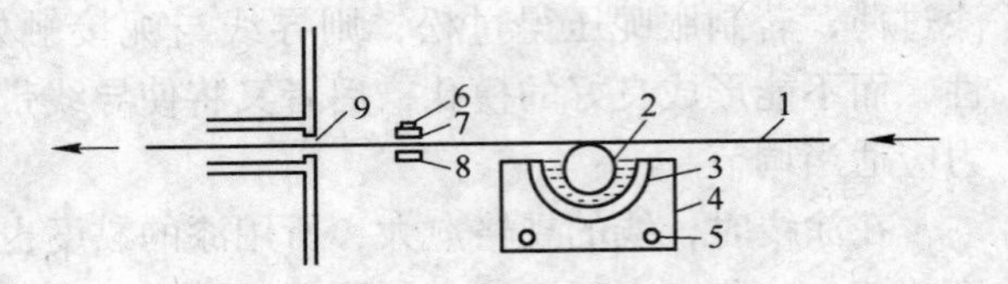

图 20-10 卧式炉滚筒输漆法

1—涂漆导线；2—输漆滚筒；3—漆槽槽芯；4—漆槽外套；5—电热装置；6—压板；7，8—毛毡（呢）；9—炉口

现在设备上都采用了自动加漆，并利用滚筒输漆，其供漆量Δ'与有关参数间的关系是：

$$\Delta' \propto \frac{\eta D v}{\sigma}$$

式中 η——漆的黏度；

D——滚筒直径；

v——滚筒转速；

σ——漆液表面张力。

实践证明，在漆料不变的条件下，通过调节输漆滚筒的转速，可以控制供漆量。导线的上漆量Δ与供漆量Δ'与车速的关系则是：

$$\Delta \propto \frac{\Delta'}{v}$$

式中 v——导线的线速度。

所以，线速度大时其上漆厚度减少，这与立式车上导线经过漆槽时所带的漆液量与车速之间的关系恰好相反。

在卧式炉涂漆时，毛毡（制服呢）规格也应与导线的线径相配合。毛毡及其夹板与导线的位置安排应使形成模孔与导线成水平，以保持毛毡对导线周围的压力均匀。卧式漆包机一般都用以涂制小规格的漆包线，导线在通过毛毡形成模孔时，为了避免拉细和拉断，其夹板压力和漆液黏度都必须比涂制大线时低。此外，毛毡夹板的压力与漆液的黏度关系也应和立式炉情况相同，要保持一定的关系，以保证漆层的均匀。

导线经过毛毡孔后，其漆液层也呈橄榄形，也需要一定的时间使其拉圆，而这时漆液的黏度较小，拉圆的时间也较快，所以小线可在较高的车速下进行涂制。

导线出毛毡孔后如同立式车中情况一样，也受到漆料本身的重力作用，此时重力使漆液层下垂，但表面张力又使表面收缩而保持圆形，从而起了很好的防垂作用。前提是漆层每次应涂薄。

当漆液层过厚、黏度过小，而且从毛毡到炉口距离过大或车速较慢时，则重力作用将特别突出。所以在生产中可以采用变动上述参数的办法，来解决由此而产生的偏心、粒子、针孔等质量问题。

毛毡在使用过程中，由于模孔被合金线表面及漆料中的污秽杂质的积累而堵塞和断线穿线时毛毡被破坏及毛毡本身的逐步硬化，使毛毡失去应有的作用，因此毛毡必须定期更换。

毛毡法的优点是操作方便，调换相近规格的导线时不必停车，漆液层的厚度可由毛毡夹板的压力及输漆滚筒的转速来调节，具有许多方便之处。毛毡法的缺点是要定期更换毛毡，造成漆料和工时的浪费。为保微细合金线漆包的漆膜质量，除采用优质高强度聚酯漆外，采用较好质量的海军蓝制服呢代替毛毡，同时包裹汗衫布来使用。

20.4　漆包设备

20.4.1　微细漆包机

微型漆包机可涂制 0.015 ~ 0.06mm 规格漆包线；可有 2 ~ 12 头收线，最高行线速度达 30m/min；值得提示，涂线愈细，要求设备运行稳定性愈高。

图 20-11　Ⅳ型微细线催化燃烧漆包机

按照线规分类，Ⅳ型漆包机属于小线漆包机。此漆包机可用于涂制 0.07 ~ 0.18mm 规格的聚酯、聚胺酯、缩醛和油基性等各品种的漆包线；可有 40 头收线；最高行线速度可达 150m/min。其外形图和示意见图 20-11 和图 20-12。

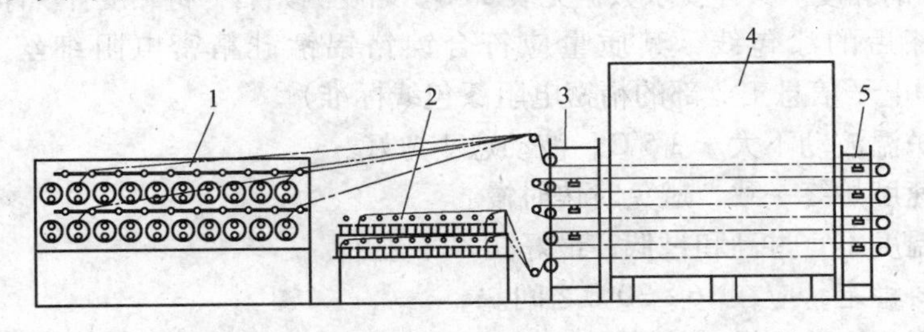

图 20-12　Ⅳ型卧式催化燃烧漆包机示意图

1—收线架；2—放线器；3—前导轮架；4—烘炉；5—后导轮架

20.4.2　设备参数

微细合金线漆包所用设备功能参数及检测仪器如表 20-3、表 20-4 所示。

表 20-3　微细合金线漆包机功能参数表

设备名称	漆包规格（直径）/mm	头数	容量/kW	最高使用温度/℃	机头主机功率/W	加热元件	炉丝设计直径/mm
1 号、2 号漆包机	ϕ0.018 ~ 0.025	2	4	600	250	0Cr25Al5	上层 ϕ1.4　(2kW) 下层 ϕ1.4　(2kW)
3 号、4 号漆包机	ϕ0.028 ~ 0.04	2	5	600	250	0Cr25Al5	上层 ϕ1.4　(2kW) 下层 ϕ2.0　(3kW)
6 号、7 号漆包机	ϕ0.03 ~ 0.045	2	4	600	250	0Cr25Al5	上层 ϕ1.0　(1.5kW) 下层 ϕ2.0　(2.5kW)
9 号漆包机	ϕ0.05 ~ 0.10	4	12	700	250	0Cr25Al5	ϕ1.4
10 号漆包机	ϕ0.045 ~ 0.06	4	9	700	250	0Cr25Al5	ϕ2.0 三段并联

表 20-4 耐电压试验仪

名 称	型 号	高压输出/V	时间控制器/s	电压表	外形尺寸/mm×mm×mm
耐电压试验仪	线60~52K-2型	0~5000	0~120	2.5级、分两个量程：0~1000V，0~6000V	500×360×320

20.5 漆包技术操作要点

本操作要点是以精密电阻合金漆包线包漆操作为准而制定的，其他技术要求较低的钢种可参照本操作规程的要求适当放宽，以交货合同上注明的技术条件为准。

20.5.1 技术操作标准

（1）配漆。将盛有漆的容器放入装有水的桶中，对桶加热升温至80℃左右，再将所需的溶剂（甲苯酚、间甲酚、二甲苯等）缓慢倒入漆中，一边倒，一边搅拌，直至均匀，温度在（30±2）℃，用黏度计测量其黏度。

黏度计测量方法是将配完的漆降至30℃左右，倒入清洁无油的黏度杯内，漆倒入量与黏度杯上口平行，用手封住下口，刮去泡沫，后将下口开启至杯内漆液流出最后一滴，用秒表测定时间为该漆的黏度。具体要求数据见表20-8。黏度测完后，将黏度杯洗净、拭干备用。

（2）经包漆后的漆包线，其质量应符合镍铬铝锰硅精密电阻细丝企业内控标准SB/Q3—78（即电子信息工业部的精密电阻漆包线标准）

（3）工作炉温波动不大于±5℃，波动愈小愈好。

（4）行线速度始终一致，避免时快时慢。

（5）漆槽温度不宜过高和过低，最好在32℃左右。

（6）室温要稳定，应在16~30℃之间。

（7）室内空气清洁干燥，禁止尘土、蝇虫、蚊子飞舞，相对湿度小于85%。

（8）将所生产的漆包线随时进行耐压、针孔试验。

（9）操作中要做到“四勤”（勤加漆、勤观察、勤看仪表、勤校排线）。

20.5.2 技术操作方法

（1）漆包工作炉电源合闸。合闸后观察电流表与炉子功率是否相符，控温仪表指针调到所需要的温度上。

（2）将调好的漆倒入清洁的漆槽。

（3）核对裸线的钢种、批号、规格、重量有无漏写、错写，检查电气性能、电阻率ρ、电阻温度系数α_T、对铜热电势E_{Cu}是否合格、表面质量是否符合要求（即应排线整齐、平整、紧密、表面光亮、清洁、无氧化色，表面不应有严重竹节、划伤、花线），核对检查无误后，上料穿线。

（4）操作中要做到四勤：勤加漆（根据不同规格，每隔20~30min加漆一次），勤观察、勤看仪表、勤校排线。

（5）小车、微车每周清扫炉口，导轮、支辊、压板。小车每两周清理漆槽，微车一周清理一次漆槽，特殊情况例外。

（6）漆包线的耐压试验逐轴进行，试样缠绕在直径为ϕ30mm磨光的金属圆滚筒上成为两个 8 字形，缠绕拉力按 9.8N/mm^2 计算，滚筒中心距离为 55mm，在滚筒和线芯上施以 50Hz 的交流电压，平稳地由零增加到所需求的电压，并保持不少于 5s。耐电压要求和挂重要求见表 20-5 和表 20-6。

表 20-5　耐电压要求

公称直径 ϕ/mm	交流实验电压/V	公称直径 ϕ/mm	交流实验电压/V
0.015~0.02	250	>0.10~0.20	400
>0.02~0.10	320		

表 20-6　耐压试验挂重要求

公称直径 ϕ/mm	挂重/g	公称直径 ϕ/mm	挂重/g
0.02	0.31	0.09	6.50
0.025	0.49	0.10	8.00
0.03	0.75	0.11	9.80
0.04	1.30	0.12	11.00
0.05	2.00	0.13	13.00
0.06	2.90	0.15	18.00
0.07	3.90	0.19	29.00
0.08	5.10		

（7）漆包线针孔试验在针孔试验机上进行，每 15m 长漆包线上针孔数目不超过 3 个。

（8）漆层厚度要求见表 20-7。

表 20-7　漆层厚度要求

裸线公称直径 ϕ/mm	漆包线漆层厚度/mm	裸线公称直径 ϕ/mm	漆包线漆层厚度/mm
0.02~0.03	0.015	0.10~0.14	0.035
0.04	0.02		
0.05~0.09	0.025	0.15~0.20	0.045

注：不符合上下规格者，过半靠上，中间取半，低于半者靠下。

在保证漆层性能的情况下，漆层厚度可适度减薄。

（9）漆包工艺，见表 20-8。

表 20-8　漆包工艺表

设备名称	裸线规格 ϕ/mm	漆黏度指示值 /s	收线速度 /r·min^{-1}	漆辊速度	炉温/℃	穿线道次
1号，2号	0.018~0.025	90~100	100~110	随漆黏度变化	440~460	8
3号，4号	0.028~0.045	90~100	170~180		440~460	8
6号，7号	0.03~0.045 0.02~0.025	90~100	120~140 110~130		440~460 430~450	8
10号	0.04~0.06	130~150	75~80		（头）410~420 （中）430~450 （尾）410~430	8
9号	0.05~0.10	130~150	65~80		（头）400~410 （中）420~430 （尾）400~410	8

（10）漆包过程中经常出现的几个主要问题、原因及处理如下：

1）麻皮。电源电压波动太大，温控失灵，炉温低，漆槽温度低，室温低，漆辊转动太快、炉丝断降温、毡垫脏等都会造成麻皮。属于电源问题只有停车待温，属于温控问题应修理或更换仪表，室温低应设法加温，炉丝断应停炉修理更换，毡垫和车速立即调整、清理之。

2）颜色不均。颜色以金黄色为最好，稍浅或稍深些尚可、如果变得紫黑，灰白或一截一个样，就属于颜色不均。其原因主要是炉温波动太大引起的，也和丝面氧化、扁线有关，应严格控制炉温，尽量避免炉温波动太大，并对来料表面进行检查。

3）漆层不均。漆层厚度应符合厂标要求，同一轴丝漆层波动太大都会造成针孔多和耐压低，其主要原因是炉温波动大，烘箱内温度不均，漆的黏度太大，车速不稳，室温不稳，炉口刮漆，导轮刮漆，丝径扁和不匀。这些都会造成漆层不均。漆层不均和超差，都应及时处理，要勤加漆、少加漆。

4）漆疙瘩。炉口脏、炉口刮漆、炉膛脏、漆槽漆滚脏、毡垫脏等都会造成漆疙瘩，因此应定期清扫，刷洗漆槽、漆辊、勤调毡垫。

20.5.3 操作定额及技术质量、消耗的指标

（1）操作定额见表20-9。

表20-9 操作定额

规格/mm	≤ϕ0.02	ϕ0.05	ϕ0.06～0.08	ϕ0.16
每月每台产量/kg	1.5	10	20	200

（2）成材率（综合）：90%。

（3）合格率（综合）：95%。

（4）漆耗：大车约1kg线、耗漆1.5kg；

小车约1kg线，耗漆1kg。

20.6 产品图示

精密电阻合金微细丝、线及一些产品如图20-13所示。

图20-13 精密电阻合金丝

第5篇

电热合金丝选用

21 电热合金常用牌号化学成分、性能及选用

21.1 常用牌号化学成分和性能

常用 Fe-Cr-Al 电热合金和 Ni-Cr 电热合金的化学成分、物理性能和最高使用温度见表 21-1。

工艺性能，按照 GB/T 1234—1995 规定：直径为 0.50 ~ 6.00mm 的丝材，在规定的芯棒上缠绕 5 圈后，表面不得出现分层及裂纹。铁铬铝丝材允许用反复弯曲试验代替缠绕试验，反复弯曲次数不得少于 5 次。在生产加工前或出厂前都要对实物进行试验，得出结果后才能往下进行。

对于厚度大于 0.80mm 的冷轧带材进行弯曲试验，其弯曲处不得出现分层和裂纹。

其化学性能将在下面使用注意事项中说明。

21.2 选用原则

购买电热合金丝的几个选择原则如下：

(1) 以国家电热合金产品标准为基础。我国电热合金产品的现行标准是 GB/T 1234—1995。在市场经济时代，电热合金产品的“名牌”较多，首先应以符合国家产品标准为前提。

(2) 掌握各类电热合金的主要特性，Fe-Cr-Al 类和 Ni-Cr 类电热合金的主要特性有所不同，其用途也有所不同。

(3) 选购电热合金丝材的目的要明确，“高要求，用高牌号。”

(4) 使用电热合金丝材的环境条件要清楚。工作环境条件好的，选用中、下档材料；工作环境条件差的，选用中、上档材料。

(5) 成本意识要强，心中有一本账。高档材料需高成本、但高档材料的使用寿命长、要考虑综合成本。

21.3 选材应注意的几个问题

21.3.1 最高允许使用温度

表 21-1 标出合金钢丝制成电热元件的最高使用温度，是指炉丝本身表面温度，它不是指具体的炉温，不能和炉温混为一谈。通常，炉温比炉丝的温度要低 150℃ 左右，也即如果把它当作最高允许的炉温，那么炉丝的温度就要超过自已的熔点而烧化。炉温应比将要热处理的材料所需温度高出 5% ~10%。

(1) 即使同一钢号但不同规格尺寸，其最高允许使用温度也有变化，见表 21-2。

表 21-1 常用 Fe-Cr-Al 和 Ni-Cr 两类电热合金牌号、化学成分和性能

性能 \ 钢号		1Cr13Al4	0Cr25Al5	0Cr23Al5	0Cr21Al6	1Cr20Al3	0Cr21Al6Nb	0Cr27Al7Mo2	高稀土 FeCrAl(HRE)	Ni80Cr20	Ni60Cr15	备注
主要化学成分 w/%	C	0.12	0.06	0.06	0.06	0.10	0.05	0.05	0.05	0.08	0.08	
	Cr	12.0~15.0	23.0~26.0	20.5~23.5	19.0~22.0	18.0~21.0	21.0~23.0	26.5~27.8	24.0	20.0~23.0	15.0~18.0	
	Al	4.0~6.0	4.5~6.5	4.2~5.3	5.0~7.0	3.0~4.2	5.0~7.0	6.0~7.0	6.0	≤0.50	≤1.0	
	Fe	余	余	余	余	余	余	余	余	≤1.0	余	
	Ni						Nb 加入量 0.05	Mo 加入量 1.8~2.2		余	55.0~61.0	
元件最高使用温度/℃		950	1250	1250	1250	1100	1350	1400	1400	1200	1150	
电阻率 ρ_{20}/μΩ·m		1.25	1.42	1.35	1.42	1.23	1.45	1.53	1.45	1.09	1.12	
电阻温度修正系数 C_t	800℃	1.132	1.040	1.070	1.046	1.154	0.990	0.970	1.03	1.008	1.078	
	1000℃	1615	1.044	1.078	1.052	1.172	0.990	0.968	1.04	1.014	1.095	
	1200℃		1.047	1.084	1.058	1.186	0.990	0.967	1.04	1.025		
密度/g·cm^{-3}		7.40	7.10	7.25	7.16	7.35	7.10	7.10	7.10	8.40	8.20	
熔点（近似）/℃		1450	1500	1500	1500	1500	1510	1520	1500	1400	1390	
比热容/J·(g·K)$^{-1}$		0.490	0.494	0.460	0.520	0.490	0.494	0.494	0.494	0.440	0.494	
热导率/W·(m·K)$^{-1}$		14.76	12.91	16.86	17.70	12.88	12.91	12.66	12.91	16.88	12.66	
平均线(膨)胀系数 (20~1000℃) α/10^{-6}·K^{-1}		15.4	16.0	15.0	14.7	13.5	16.0	16.0	15.0	18.0	17.0	
组织		铁素体	铁素体	铁素体	铁素体	铁素体	铁素体	铁素体	铁素体	奥氏体	奥氏体	
磁性		磁性	磁性	磁性	磁性	磁性	磁性	磁性	磁性	非磁性	非磁性	
抗张强度 σ_b/MPa		550~750	700~800		600~800					650~800	650~800	供参考
伸长率 δ/%		16	16	16	16	16	12	10	16	20	20	供参考
断面收缩率 ψ/%		65~75	70~75		65~75					60~70	60~75	供参考
硬度 HB		200~260	200~260		200~260					130~150	130~150	

表 21-2　电热合金丝不同规格与最高允许使用温度的关系

合金牌号 ＼ 允许使用温度/℃ ＼ 直径/mm	≥0.15~0.40	≥0.41~1.0	≥1.0~3.0	>3.0
HRE（高稀土）			1200~1350	1400
0Cr21Al6Nb			1250~1350	1400
0Cr27Al7Mo2			1250~1350	1400
0Cr25Al5Re	900~1050	1050~1150	1150~1250	1300
0Cr23Al5RE	900~1000	1000~1100	1100~1200	1250
0Cr20Al5RE	850~950	900~1000	950~1100	1200
1Cr13Al4	800~900	800~950	900~1000	1100
Ni80Cr20	900~1000	1000~1050	1050~1150	1200
Ni60Cr15	900~950	950~1000	1000~1050	1150

注：1. 通常在最高使用温度下工作的电热合金丝元件，其直径不小于3.0mm，同样，扁带厚度不小于2mm。
2. 凡带RE者其稀土残留量不小于0.030%。

如果使用温度过高，将使合金元件变形倒塌（见图21-1），造成短路烧毁。

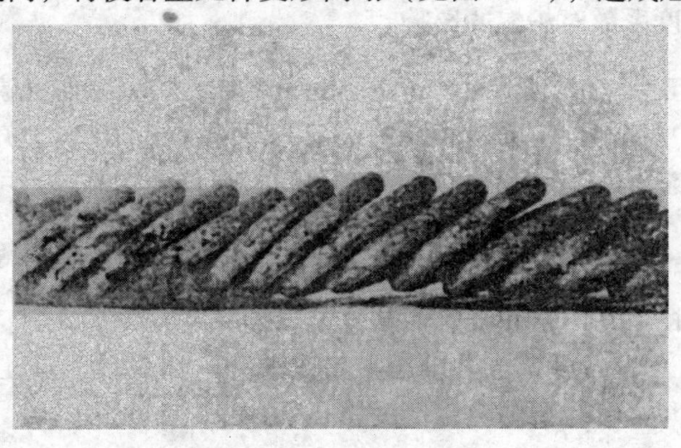

图21-1　0Cr25Al5元件温度过高变形倒塌

（2）炉子气氛不同，同一牌号电热合金丝的允许最高使用温度也不同，见表21-3。

表 21-3　炉中气氛不同，同一牌号电热合金丝允许最高使用的温度

炉内气氛 ＼ 允许使用温度/℃ ＼ 合金牌号		0Cr25Al5Re	0Cr23Al5Re 0Cr20Al5Re	0Cr21Al6Nb 0Cr27Al7Mo2	Ni60Cr15	Ni80Cr20
空　气	干燥	1300	1200	1400	1100	1150
	潮湿	1100	1000	1200	1050	1100
氢　气	干（含水 <5g/m³）	使用温度同上，稳定性较差				
	湿（含水 <20g/m³）					

续表 21-3

炉内气氛 \ 允许使用温度/℃ \ 合金牌号	0Cr25Al5Re	0Cr23Al5Re 0Cr20Al5Re	0Cr21Al6Nb 0Cr27Al7Mo2	Ni60Cr15	Ni80Cr20
氮　气	900	850	950	1100	1150
分解氨	1100	1000	1200	1200	1250
渗碳及渗氮共渗气氛	1050	1000	1100	不能用	
含硫氧化性气氛	1050	1000	1100	易腐蚀	
H_2SO_4，SO_2	900	850	950	不能用	
一氧化碳	不能用			950	1050
二氧化碳	不能用				
放热型气体 10CO，$15H_2$，$5CO_2$，$60N_2$	1100	1000	1150	1150	—
吸热型气体 20CO，$40H_2$，$40N_2$	1000	950	1050	1100	1100

铁铬铝合金电热丝在高真空（10^{-4}mmHg）中和高温下其元素易挥发，故慎用之。

21.3.2　电阻温度系数对炉温的影响

电阻温度系数为正者，高温下由炉丝电阻有所增加，炉温有所升高，而电阻温度系数为负者，高温下电炉丝电阻有所减小，炉温有所下降。由表 21-1 知道，Fe-Cr-Al 丝在 1200℃的 C_t 为 5% 左右，由它引起的炉温波动可受控温仪表控制。这可以由电功率计算公式：$P_{电功率} = U_{电压} \cdot I_{电流} = \frac{U^2_{电压}}{R_{电阻}}$和电阻热公式 $Q_{电阻热} = I^2_{电流} \cdot R_{电阻} \cdot t_{时间}$等看出，电功率和电阻热都与电压、电流的二次方成正比，而与电阻只是一次方关系，而且电阻温度修正系数只为电阻值的 0.05% 左右，可见电源电压稳定是关键。在设计时选足功率、选准表面负荷、选对材质和规格尺寸为首要，电阻温度修正系数只是一个补充。

21.3.3　炉丝表面负荷的选择

表面负荷如何选择，一般产品说明书都有说明。表面负荷是个很重要的指标，它既影响整个加热系统的质量，又影响炉子的寿命和成本。一般按下限选取表面负荷，升温速度慢一些，炉丝规格粗些，多费些材料，但其安全系数大些，整个加热系统寿命也长。相反，表面负荷取上限，规格小些，升温快，节约原材料，但其寿命易低，过烧而发生事故。一般对工业用炉炉丝的表面负荷选用 $1W/cm^2$ 左右较为妥当。炉温高者取下限，炉温低者取上限。Fe-Cr-Al 可比 Ni-Cr 表面负荷选大些。敞开的比遮蔽的取大些。

21.3.4　Fe-Cr-Al 丝或 Ni-Cr 丝的选择

选用 Fe-Cr-Al 丝，可使用温度比 Ni-Cr 丝高、节省材料、成本低。但它的高温强度比 Ni-Cr 低，易倒塌，长时间使用后脆性大，断丝后不易修复。

选用 Ni-Cr 丝，1200℃以内非常好使，高温强度好，不易倒塌。基本上不脆断，断丝较易修复，可使用的时间较长。但投入大、成本高，非重要项目，一般采用较少。

两类电热合金丝对炉子气氛、处理对象（指它会产生的污染物）、接触的耐火材料等都各有所长、各有所忌。请看下面耐蚀性能说明。

21.3.5　影响电热合金丝耐腐蚀性能的因素

21.3.5.1　炉内气氛

(1) 空气。干燥而不被污染的空气和潮湿而不纯的空气对电热丝氧化膜影响不同。

电热合金丝在出厂前虽然经过热处理，表面上形成初始氧化膜，但其薄且不纯、抗蚀性较差，故要求客户在加工成元件后进行再氧化处理。例如 0Cr25Al5 合金丝加热至 1050℃，保温 7~10h，随炉冷至室温即可。

在一定温度下合金丝表面生成氧化膜的厚度与合金本身的耐热性有关。Fe-Cr-Al 合金的耐热性比 Ni-Cr 合金好，所以其氧化膜较薄。薄的氧化膜黏着性较好，不易脱落，这对烧结陶瓷、上釉等工业炉很重要。Al_2O_3 氧化膜的结构细密、黏着牢靠，呈浅灰色，具有良好的耐蚀性。

Ni-Cr 合金在空气中高温下生成以氧化铬为主的氧化膜,呈浅绿色,也有很好的耐蚀性。

在低真空中，没有有害气体的侵蚀，如合金丝表面进行再氧化处理，可生成较纯的氧化膜，会减少合金元素的挥发。

在潮湿、含水蒸气较浓的窑炉中，加热材料会产生大量的水蒸气，严重影响合金丝表面的氧化膜，使之疏松甚至剥落。这种影响对 Fe-Cr-Al 合金更甚，大大降低其使用寿命。

(2) 含碳气氛。电热合金元件直接暴露在含碳气氛中，如果使用温度不高，Fe-Cr-Al 合金丝还行。但随温度的升高，渗碳速率加大，氧化膜逐渐被破坏，生成某些共晶式碳化物，其熔点较低，容易熔断。或者碳化与氧化交替进行使元件基体遭受侵蚀而产生裂缝，毁及元件本身。为防止此种情况发生，可在元件表面涂覆无机釉层，情况会大为改善。

Ni80Cr20 电热合金在含碳气氛中有产生“绿蚀”的危险，即在高温下形成碳化铬腐蚀，所以该合金元件在 900~1100℃温度范围内不能在放热型气体中使用（Ni60Cr15 合金可以）。因此，Ni-Cr 合金元件在高温下使用时要特别注意这一点。

(3) 含卤族元素的气氛。即使在低微量的卤族元素（氟、氯、溴、碘）环境中，都会对所有的电热合金元件产生严重的腐蚀，甚至在很低的温度下也是如此。Fe-Cr-Al 合金对氯的腐蚀很敏感，手汗中沾带的氯盐也会使之产生锈蚀，因此在制作元件时应尽量避免接触食盐。

(4) 含硫气氛。在含硫气氛（包括含硫杂质）中，Fe-Cr-Al 比 Ni-Cr 合金耐用。在含硫的氧化性气氛中 Fe-Cr-Al 比较稳定，而在含硫的还原性气氛中其寿命有所减少。Ni-Cr 合金对硫很敏感，硫与镍反应生成低熔点的硫化镍，并影响氧化铬保护膜的完整性。即使是微量的硫也会降低 Ni-Cr 合金元件的使用寿命。

(5) 含氢和氮的气氛。纯氢对电热合金元件无害。氨分解气有一定影响，尤其当其中混有氨的成分时，会缩短合金的使用寿命。Fe-Cr-Al 合金元件在不含氧的非常干燥的氮气中使用，由于生成氮化铝而降低其最高使用温度。例如，0Cr25Al5 合金在氮气中最高使用温度降到 950℃。

21.3.5.2 盐类和氧化物

碱土金属的盐类，卤族盐类、硝酸盐、硅酸盐和硼化物等都会干扰元件表面氧化膜的完整性。重金属，例如铜、铅或铁的氧化物也是如此。氧化铁的斑点会妨碍氧化膜的形成而造成局部区域受侵蚀。氧化铅因为易蒸发，并会沉积在炉内较冷部位，使氧化铅的侵蚀往往发生在预料不到的地方。

未形成氧化膜的元件即使在低温下也会被水溶性盐类所侵蚀，普通的食盐会对合金产生严重的蚀损。

21.3.5.3 搪瓷和釉

搪瓷和釉常含有有害的化合物，它们通过烟雾或粉末污染元件表面，影响元件的正常使用。因此应考虑隔离措施。

21.3.5.4 金属

一些熔融的金属（例如铟、铝、锑、锌、锡和铅等）蒸气，能与电热合金起化学反应，而且这些金属易氧化，其氧化物多是低熔点，使元件寿命降低。例如，铝蒸气能将几年使用寿命的元件在一周之内报废。

21.3.5.5 耐火材料

电热合金元件免不了要和作为其支撑的耐火材料接触，在选择耐火材料时，除了要考虑其耐火性以外，还应注意其化学成分，在使用温度下是否会与电热元件起化学反应。

由于Fe-Cr-Al合金的氧化膜是Al_2O_3、Ni-Cr合金的氧化膜是Cr_2O_3，因此要求耐火材料最好是中性的，其次是碱性的，不能是酸性的。例如，当要求耐材的氧化铝含量不小于48%（质量分数）时，在许多情况下，特别是在高温下使用时，应采用高铝耐火砖。在中低温情况下才能选用黏土砖。一般要求耐火砖中的SiO_2和Fe_2O_3含量愈低愈好，尤其是Fe_2O_3其含量应低于1%。另外，对强碱性氧化物，例如Na_2O和K_2O等的含量应在0.1%以下。

筑炉有时用水玻璃作为黏结剂，它对电热合金丝表面有损害作用，应避免其直接和元件接触。也应避免其与矿渣棉、蛭石粉直接接触。

高温下使用的支撑材料应具有足够大的绝缘电阻，以防漏电过大而损坏电热元件。

由于电热元件在高温下抗拉强度有限，要求作为其支撑的耐火材料的槽间距不能太大。

小型家电用的电热管中使用的填充材料，例如氧化铝、氧化镁、氧化锆要求比较纯净，对Fe-Cr-Al和Ni-Cr电热元件都适用。

21.4 选用

21.4.1 选用电功率

电功率的计算公式列入表21-4~表21-6中。

表21-4 单相常压电功率和单根元件电阻计算

单相常压电功率 P	$P=UI$	$P=I^2R$	$P=\frac{U^2}{R}$	
单根元件电阻 R	$R=\frac{U^2}{P}$	$R=\frac{P}{I^2}$	$R=\rho\frac{L}{F}$	$\rho=0.785D^2R$

注：U—线电压（V）；I—电流；R—元件电阻；P—电功率。

表 21-5 改变接线方法后电功率的变化比

接线方法转换	‖→+	△→Y	△→∧	Y→>	2△→△	2Y→Y	2△→2Y	Y→△
电功率比	$1:\frac{1}{n^2}$	$1:\frac{1}{3}$	$1:\frac{2}{3}$	$1:\frac{2}{3}$	$1:\frac{1}{2}$	$1:\frac{1}{2}$	$1:\frac{1}{3}$	1 : 3

注：‖—并联；+—串联；△—三角形连接；Y—星形连接。
∧—角形断一相；>—星形断一相；n—串联元件数。

表 21-6 几种接线方法的电功率计算

接线名称	代号	示意图	元件总数	相电压/V	相电阻/Ω	相电流/A	总功率/kW	元件电压/V	备注
串联	+		n	$U_x=U$	$R_x=nr$	$I_x=U/nr$	$P=U^2/10^3nr$	$\frac{U}{n}$	
并联	‖	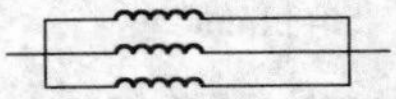	n	$U_x=U$	$R_x=r/n$	$I_x=nU/r$	$P=nU^2/10^3r$	U	
串-并	+-‖	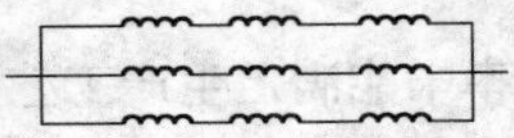	mn	$U_x=U$	$R_x=nr/m$	$I_x=mU/nr$	$P=mU^2/10^3nr$	$\frac{U}{m}$	
并-串	‖-+	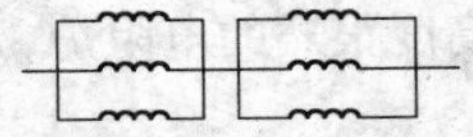	mn	$U_x=U$	$R_x=mr/n$	$I_x=nU/mr$	$P=nU^2/10^3mr$	$\frac{U}{m}$	
星形	Y	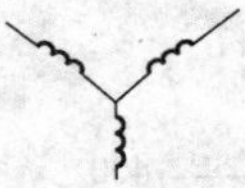	3	$U_x=U/\sqrt{3}$	$R_x=r$	$I_x=U/\sqrt{3}r$	$P=U^2/10^3r$	$\frac{U}{\sqrt{3}}$	
三角形	△	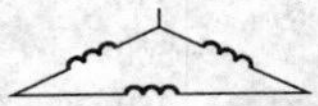	3	$U_x=U$	$R_x=r$	$I_x=U/r$	$P=3U^2/10^3r$	U	
星形断一相	>	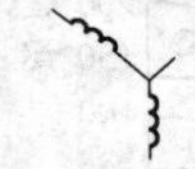	2	$U_x=U/\sqrt{3}$	$R_x=r$	$I_x=U/\sqrt{3}r$	$P=2U^2/3\times10^3r$		
角形断一相	∧	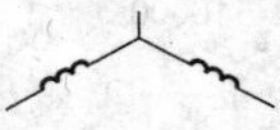	2	$U_x=U$	$R_x=r$	$I_x=U/r$	$P=2U^2/10^3r$		
双星	YY	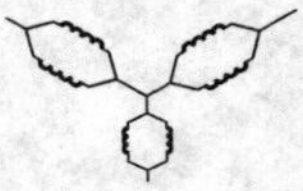	6	$U_x=U/\sqrt{3}$	$R_x=r/2$	$I_x=2U/\sqrt{3}r$	$P=2U^2/10^3r$	$\frac{U}{\sqrt{3}}$	
双角	△△	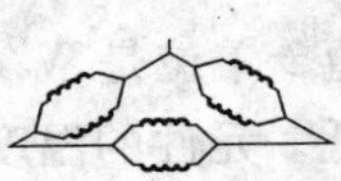	6	$U_x=U$	$R_x=r/2$	$I_x=2U/r$	$P=6U^2/10^3r$	U	

注：U—线电压（V）；r—元件电阻；n—每组电热元件件数；m—电热元件组数。

总电功率的选择与炉子的状况，例如容积、尺寸、所需温度的高低、要求的升温速度、保温状况、热处理周期等密切相关。

电阻炉的功率是炉子的重要指标之一。如果功率选择过大，发热元件温度与炉内温度相差过大，也会缩短电热元件的寿命。如果功率选择过小，炉子温度长时间升不到所要求的温度，达不到生产工艺和产品质量的要求，生产效率也低。

电阻炉电功率应采用热平衡计算方法来确定。这比较准确可靠。但它比较复杂，有些因素也不易确定，因此往往采取估算法来解决。

图 21-2 和图 21-3 可供炉膛容积小于 80dm³，小于 3000dm³ 及小于 10000dm³（1dm³ = 1/1000m³），温度小于 300℃ 至大于 1000℃的各种电阻炉查对。

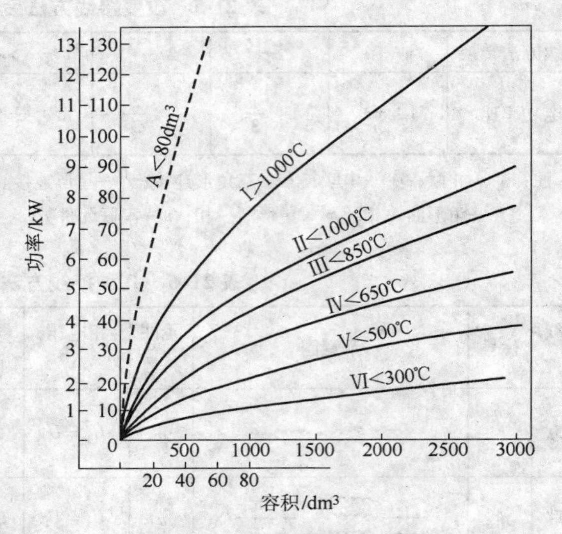

图 21-2 电阻炉容积与功率的关系

如果是现成炉子，炉膛容积已定，图中曲线所示的功率未能满足生产工艺要求时，可适当增加或减小。要求快速升温时就增加功率，相反则减小功率。

对于特殊构造的电阻炉，例如长度很长、宽度很窄或高度很矮的电阻炉，图中所示功率偏低，故在设计时必须注意。

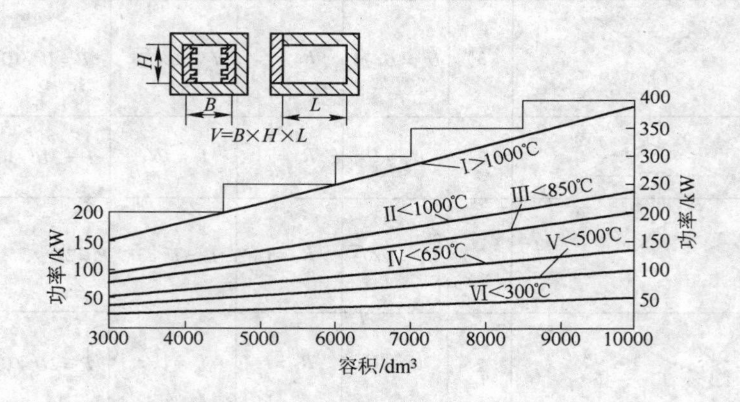

图 21-3 电阻炉容积与功率的关系

21.4.2 元件的表面负荷

表面负荷是指电热合金元件单位表面积上所分担的功率值，单位是 W/cm²。

表面负荷选的高，元件的温度高。相反，表面负荷选的低，元件的温度也低。当电功率确定后，表面负荷选高些，元件尺寸将小些，节省原材料。但是，元件的表面负荷与使用寿命成反比。

由于表面负荷与电热元件的材质、规格、构造、使用温度、散热状况、环境气氛、支撑材质、升降温度频率等有关。工业用电阻炉与家用电器有较大差别，不可能给出一通用数值。

根据多年实践经验，作出炉温与元件表面负荷的关系如图 21-4 所示，供工业炉设计时参考。

对小型家电或工业用电热器具，按安装情况有 3 种类型：

（1）密闭型，一般选择 1 ~ 3W/cm²；

（2）敞露支托型，散热较好，可选 3 ~ 10W/cm²；

（3）敞露悬挂型，受自重作用而易变形，一般取 2 ~ 6W/cm²。

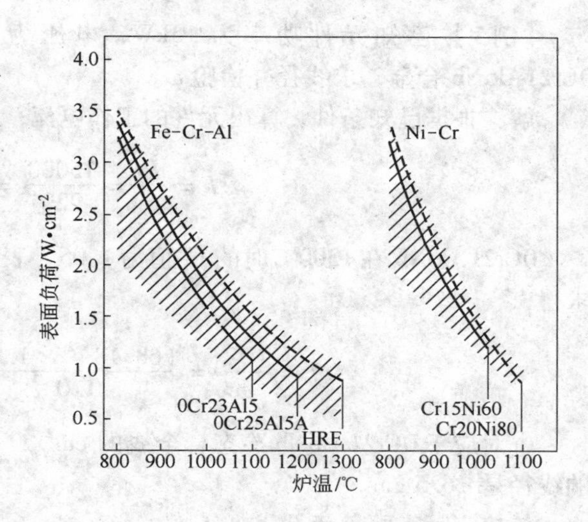

图 21-4 工业电炉加热元件表面负荷与炉温的关系

21.4.3 电热合金元件线径的确定

21.4.3.1 线径计算公式

使用下面公式可确定最合适的线径。

$$d = 0.343\sqrt[3]{\left(\frac{P}{U}\right)^2 \times \frac{\rho C_t}{\omega}} \tag{21-1}$$

式中 d——直径，mm；

P——元件功率，W；

U——电压，V；

ρ——电阻率，$\times 10^{-6}\Omega \cdot m$；

C_t——电阻温度修正系数；

ω——表面负荷，W/cm²。

21.4.3.2 快速计算线径方法

利用合金丝或带材冷态单位电阻的表面积（单位为 cm²/Ω），可迅速计算所需的线径和带的尺寸。而电热合金的各种规格线材或带材的 cm²/Ω 值都可从相应的表格资料（例如《高电阻电热合金手册》或说明书）中查到。具体计算公式如下：

$$f = \frac{I^2 C_t}{\omega} = \frac{PC_t}{\omega R_t} \tag{21-2}$$

式中，R_t 为元件在使用温度 t 时总电阻，从相应的表中可以查出相应于 f（cm²/Ω）值的线径。

适用于炉膛温度为 900 ~ 1200℃ 的箱式、井式、马弗、罩式、车底式电阻炉等由工作电流求表面积的公式为

$$f = 0.65I^2 \tag{21-3}$$

式中，I 为工作电流。

民用盘式电炉由工作电流求表面积的公式为

$$f = 0.172I^2 \tag{21-4}$$

式中，I 为工作电流。

【例1】已知元件功率为15kW，电压为220V，使用温度为1300℃，如果选用0Cr21Al6Nb合金，求线径并检验ω。

解：根据已知条件，算出元件的工作电流：

$$I=\frac{P}{U}=\frac{15000}{220}=68.16(\mathrm{A})$$

0Cr21Al6Nb在1300℃时的C_t值为1.05，表面负荷ω选1W/cm²，将其代入式(21-2)，求得

$$f=\frac{I^2C_t}{\omega}=\frac{(68.18)^2\times1.05}{1.0}=4881(\mathrm{cm^2/\Omega})$$

查对应于0Cr21Al6Nb冷态合金线的cm²/Ω表中最接近于4881的值是4740，其对应的线径是ϕ6.5mm。

核校实际表面负荷是：

$$\omega=\frac{I^2C_t}{f}=\frac{(68.18)^2\times1.05}{4740}=\frac{4881}{4740}=1.03(\mathrm{W/cm^2})$$

实际结果的表面负荷比预选的高0.03W/cm²，证明此结果符合要求。

【例2】已知元件的功率为1500W，电压为220V，使用温度为1000℃，其热态电阻为：

$$R_t=\frac{U^2}{P}=\frac{220^2}{1500}=\frac{48400}{1500}=32.27(\Omega)$$

选用Ni80Cr20合金丝，表面负荷选3W/cm²，1000℃时$C_t=1.05$，将上面数值代入上面公式：

$$f=\frac{PC_t}{\omega R_t}=\frac{1500\times1.05}{3\times32.27}=\frac{1575}{96.81}=16.27(\mathrm{cm^2/\Omega})$$

在Ni80Cr20冷拉合金丝的表中查最接近16.27cm²/Ω的是16.5cm²/Ω，对应的线径为ϕ0.90mm。

校核实际表面负荷是：

$$\omega=\frac{PC_t}{fR_t}=\frac{1500\times1.05}{16.5\times32.27}=\frac{1575}{532.455}=2.96(\mathrm{W/cm^2})$$

校核结果，实际表面负荷比预选的低0.04W/cm²，证明此结果符合要求。

用同样的方法可算出带材的cm²/Ω，然后查找相应合金带的数据表，即可得到所需的合金带尺寸。

21.4.3.3 图解法求线径

利用曲线图21-5～图21-8可以迅速地决定或验证合金丝的直径和长度。

按照实际使用中直径与温度的对应关系，对于Fe-Cr-Al和Ni-Cr两类电热合金分别作出两区段曲线图：一区段适用于1000℃以上，线径为2.0～8.0mm；另一区段适用于1000℃以下，线径为0.20～2.0mm。

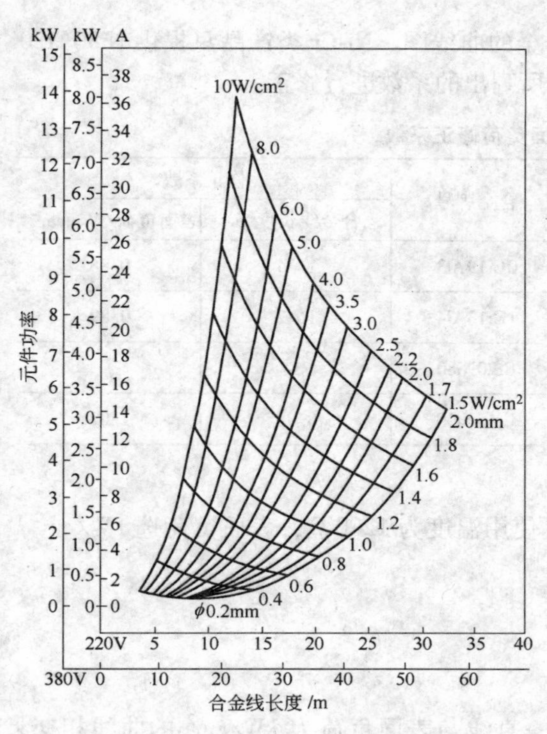

图 21-5 0Cr25Al5A 合金线元件计算曲线图之一
（合金线直径：ϕ0.2～2.0mm，使用温度 1000℃以下）

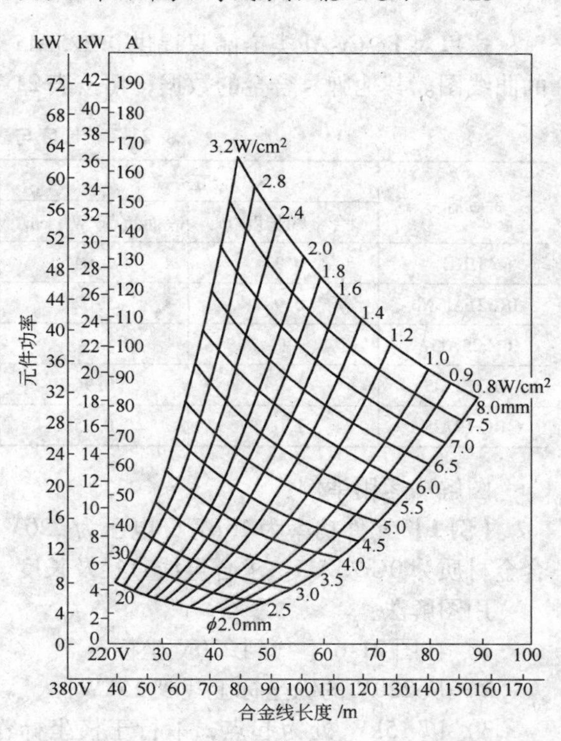

图 21-6 0Cr25Al5A 合金线元件计算曲线图之二
（合金线直径：ϕ2.0～8.0mm，使用温度 1000℃以上）

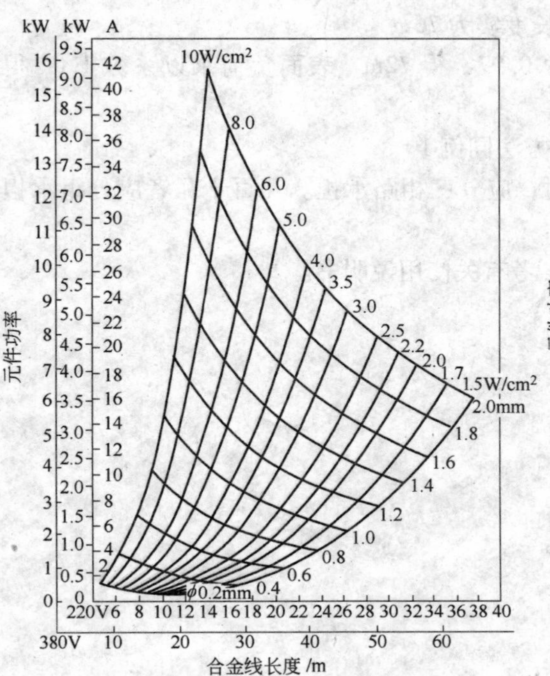

图 21-7 Cr20Ni80 合金线元件计算曲线图之一
（合金线直径：ϕ0.2～2.0mm，使用温度 1000℃以下）

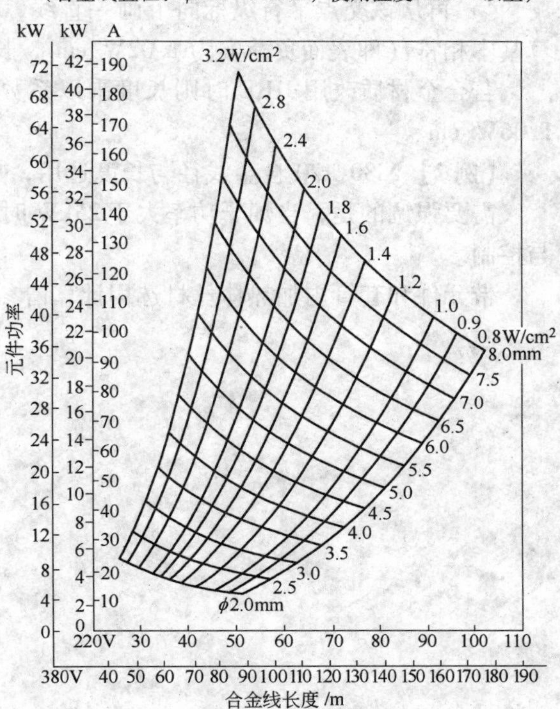

图 21-8 Cr20Ni80 合金线元件计算曲线图之二
（合金线直径：ϕ2.0～8.0mm，使用温度 1000℃以上）

这里对Fe-Cr-Al类产品只提供0Cr25Al5合金的曲线图。Ni-Cr类产品只提供Ni80Cr20的曲线图。其他牌号合金的数据，请按表21-7所列出的系数进行修正。

表21-7 长度与表面负荷修正系数

合金牌号	修正系数	
	合金线长度/m	表面负荷/W·cm^{-2}
HRE	0.97	1.04
0Cr21Al6Nb	0.98	1.02
0Cr25Al5A	1	1
0Cr23Al5	1.04	0.96
0Cr19Al5	1.05	0.95
0Cr19Al3	1.14	0.88
1Cr13Al4	1.12	0.89
Cr20Ni80	1	1
Cr15Ni60	0.98	1.02

图解法运用举例：

【例1】 元件功率为15kW，电压为220V，使用温度为1200℃，表面负荷选1W/cm^2，合金材质为0Cr25Al5，求合金线直径及长度。

用图解法：

1）在图21-6上找到220V坐标；

2）从220V的纵坐标上找到15kW；

3）以15kW处为起点，平行于横坐标作一直线与表面负荷为1W/cm^{2}的曲线相交，这交点对应的线径曲线为ϕ6.5mm；

4）再从该交点平行纵标向下画一直线，与220V的长度标线相交于74m处。此与计算基本相符（即表面负荷实为1.02W/cm^2，长度实为76m）。

若合金材质改用HRE时则长度乘以系数0.97，得72m，表面负荷乘以系数1.04得1.06W/cm^2。

【例2】 Ni80Cr20合金线径与长度选用，方法同例1。

需要强调的是，当炉子功率大于25kW时，应分三相路承担。几百千瓦者应分组承担与控制。

带元件和套管内加热体丝材选用计算请参考有关使用说明书。

参考文献

1 自然科学史研究所．中国古代科技成就．北京：中国青年出版社，1978
2 北京钢铁学院．钢丝生产工艺和设备．北京钢铁学院印刷厂，1988
3 北京钢铁学院．精密合金学．北京钢铁学院印刷厂，1977
4 ［英］W·贝脱立治著．尼莫尼克镍铬耐热合金．梁学群译．北京：中国工业出版社，1964
5 ［苏］马尔莫尔斯斯坦 Л В 著．铁-铬-铝合金．杜明，肖湘译．北京：冶金工业出版社，1958
6 北京钢丝厂科研室．铁铬铝译文集．1965（内部资料）
7 北京钢丝厂技术科（李根山，唐锠世起草）．高电阻精密电阻合金细丝企标．1974（内部资料）
8 应变合金译文集．北京冶金研究院译．北京冶金研究所印刷厂，1976
9 北京钢丝厂．高电阻电热合金说明书．北京机工印刷厂，1970
10 北京钢丝厂．高电阻电热合金手册．北京机工印刷厂，1992
11 瑞典康太尔公司．康太尔电热合金使用手册．1980（内部资料）
12 北京钢丝厂情报室．精密电阻合金文集，1976（内部资料）
13 李铁藩．金属高温氧化和热腐蚀．北京：化工出版社，2003
14 清华大学，北京钢丝厂．关于铁铬铝精密电阻合金实验小结．1966（内部资料）
15 北京钢丝厂科研室（唐锠世执笔）．参加全国应变片交流会总结．1966（内部资料）
16 北京钢丝厂科研室（唐锠世执笔）．参加全国力学会上海科技大会发言材料．1966（内部资料）
17 钢铁研究总院．合金钢手册（上册）．北京：冶金工业出版社，1984
18 上海中国电工厂编印．漆包圆铜线的生产．1977（内部书籍）
19 中科院冶金研究所．高温应变电阻丝试验阶段报告．1966（内部资料）
20 天津冶金材料研究所，北京钢丝厂．张力传感器用应变电阻特细丝研制总结．1972（内部资料）
21 清华大学，北京钢丝厂．“卡玛”合金专题试验小结．1976（内部资料）
22 北京钢丝厂检测组．“卡玛”合金微细漆包线的 α 与骨架及测试方法的影响．1973（内部资料）
23 北京钢丝厂唐锠世，杜永良，侯丽等．提高“卡玛”一级品率途径探索．1978（内部资料）
24 北京钢丝厂邱振声等．镍铬系精密电阻合金研制总结．1979（内部资料）
25 清华大学，北京冶金研究院，北京钢丝厂．稀土元素在铁铬铝合金中应用的转产试验（总结）．1965（内部资料）
26 北京钢丝厂王寿同．稀土在铁铬铝合金中应用．沈阳：东北工学院，1978
27 北京钢丝厂情报室袁德生等．铁铬铝合金研究总结（科技情报）．1985（内部资料）
28 冶金部钢铁司．稀土应用论文汇编．1965（内部资料）
29 天津电工合金厂．稀土元素对 Cr20Ni80 电热合金性能的影响．1976（内部资料）
30 清华大学，北京钢丝厂．铁铬铝合金的研究（微细丝）．1965（内部资料）
31 北京钢丝厂综合组（唐锠世执笔）．电渣双联 0Cr25Al5 成分变化和均匀性的试验报告．1963（内部资料）
32 北京钢丝厂王者旺、杨亚生、袁德生．三相有衬电渣炉冶炼 Fe-Cr-Al 合金．1990（内部资料）
33 北京钢丝厂裴志林．电渣重熔铁铬铝合金问答．王者旺，张维新校．1988（内部资料）
34 北京科技大学，北京冶金研究院，北京钢丝厂．电渣重熔 0Cr25Al5 电热合金非金属夹杂物的变化及去除途径．1965（内部资料）
35 钢中气体夹杂去除．选自：中国钢铁年会论文集〈3〉．北京：冶金工业出版社，2005
36 北京科技大学，北京钢丝厂．真空条件下降低 0Cr25Al5 夹杂物和气体的研究．1965（内部资料）
37 齐俊杰等．微合金化钢．北京：冶金工业出版社，2006
38 袁章福等．金属及合金的表面张力．北京：科学出版社，2006

39 刘志林等．界面电子结构与界面性能．北京：科学出版社，2002
40 王振东，宫元生．电热合金．北京：化工出版社，2006
41 徐效谦，阴绍芬主编．特殊钢钢丝．北京：冶金工业出版社，2005
42 北京科技大学，北京稀土所，北京钢丝厂．稀土渣电渣重熔 Fe-Cr-Al. 1977（内部资料）
43 北京科技大学，北京钢丝厂中试室．稀土渣在电渣重熔高温铁铬铝中的应用．1980（内部资料）
44 北京钢丝厂开发部田庆等．高温铁铬铝试验总结．1992（内部资料）
45 北京 1448 所．高温铁铬铝 0Cr21Al6Nb 使用报告．1979（内部资料）
46 北京科技大学陈崇禧等，北京钢丝厂杜永良等．低能耗电渣重熔制取细晶锭方法．1990（内部资料）
47 北京钢丝厂轧钢车间方崇石，科研室杨学忠，王宁俭等．孔型和终轧温度对（Fe-Cr-Al）盘条组织性能的影响．1965（内部资料）
48 北京科技大学，北京钢丝厂．0Cr25Al5 电渣锭轧制组织分析．2002（内部资料）
49 北京钢丝厂攻关组技术质量部张毅等．0Cr25Al5 电渣锭轧制“白芯”脆断攻关小结．2003（内部资料）
50 北京航空航天大学，北京钢丝厂技术科胡纯玉等．关于铁铬铝丝纵向裂纹研究．1986（内部资料）
51 北京航空航天大学，北京钢丝厂技术科胡纯玉等．关于 0Cr25Al5 合金丝材纵向裂纹的研究总结．1988（内部资料）
52 北京科技大学杜国维，北京钢丝厂胡纯玉等．铁铬铝合金的氢致脆性．1982（内部资料）
53 北京钢丝厂脱氢组．铁铬铝合金盘条低温脱氢处理．1983（内部资料）
54 武汉钢铁学院．炉外精炼．北京：冶金工业出版社，1998
55 唱鹤鸣，杨晓平等．感应炉熔炼与特种铸造技术．北京：冶金工业出版社，2002
56 闫宗承等．真空热处理技术．北京：冶金工业出版社，2006
57 首钢康太尔公司．设备使用与维护．1987（内部资料）
58 Лбвович П И. 等著．拉拔理论．北京钢丝厂译．1986（内部书籍）
59 北京钢丝技术开发部唐锠世等执笔．超声波清洗技术在合金钢小规格丝生产中的应用．1984（特钢分网资料汇编）
60 苏州氨分解设备厂．氨分解保护气氛及设备说明书．1978（内部资料）
61 北京钢丝厂王长林译．影响康太尔电热合金材料使用寿命的因素．杜永良校．1988（内部资料）
62 戴宝昌．我国金属制品现状及展望．北京：冶金工业出版社，2005